普通高等学校“十二五”规划教材

电路分析基础

孙春霞　主编

中国铁道出版社有限公司
CHINA RAILWAY PUBLISHING HOUSE CO., LTD.

内 容 简 介

本书较系统地介绍了电路的基本概念、基本理论和基本分析方法。

本书共分十章，内容为：电路分析的基本概念及定律、电路的等效分析、电阻电路的一般分析、电路分析的重要定理、正弦稳态电路的稳态分析、三相电路、耦合电感和变压器电路、谐振电路、线性电路瞬态的时域分析、电路的计算机辅助分析。为加深理解，本书选编了较丰富的例题、练习题和习题，书末附有习题答案。

本书适合作为普通高等学校电信、电子、电气控制、自动化和计算机等专业电路分析或电工基础课程的教材，也可作为成人高等学校教材，以及供有关科技人员参考。

图书在版编目（CIP）数据

电路分析基础／孙春霞主编. —北京：中国铁道出版社，2011.8（2024.7重印）
普通高等学校"十二五"规划教材
ISBN 978-7-113-13069-5

Ⅰ.①电… Ⅱ.①孙… Ⅲ.①电路分析-高等学校-教材 Ⅳ.①TM133

中国版本图书馆CIP数据核字（2011）第157085号

书　　名：电路分析基础
作　　者：孙春霞

策划编辑：曾亚非　李小军　　**编辑部电话：**（010）63549501
责任编辑：李小军
编辑助理：陈　庆
封面设计：付　巍
封面制作：白　雪
责任印制：樊启鹏

出版发行：中国铁道出版社有限公司（100054，北京市西城区右安门西街8号）
网　　址：https://www.tdpress.com/51des/
印　　刷：三河市宏盛印务有限公司
版　　次：2011年8月第1版　2024年7月第12次印刷
开　　本：787 mm×1 092 mm　1/16　**印张：**18.75　**字数：**516千
书　　号：ISBN 978-7-113-13069-5
定　　价：39.80元

前　言

电路分析基础，是高等工科院校电信、电子、电气、控制、自动化及计算机等专业必修的技术基础先导课程，其主要任务是讨论线性、时不变、集中参数电路的基本理论及一般分析方法，设计学生掌握电路分析的基本概念和基本原理，提高分析电路的思维能力和计算能力，为学习后续课程奠定良好的基础。

本书落实立德树人根本任务，践行二十大报告精神，充分认识党的二十大报告提出的“实施科教兴国战略，强化现代人才建设支撑”的精神，落实“加强教材建设和管理”新要求，为了更好地服务于国家发展战略，为党育人、为国育才，努力培养造就更多大国工匠、高技能人才的要求实时修订。

根据“电路分析基础”课程的性质与任务，本书内容以线性电路为主，稳态分析与瞬态分析并重，并引入计算机软件的应用，将软件工具应用与电路理论相结合，培养学生的创新能力。

本书所采用的体系是先直流后交流，先稳态后瞬态的结构。编者认为，这样一种结构符合由浅入深、由简到繁、由静到动、由局部到一般的认识规律，可以引导学生逐步深入，最终具备比较完整的电路理论基础知识。

本书力求简明准确，突出物理概念，并配有较为丰富的例题、练习题和习题，以利于学生对基本内容的理解和掌握。

本书由孙春霞主编。全书共分十章，第1、8章由孙春霞编写；第2、6章由李锦屏编写；第3、4、9章由田瑞编写；第5、7、10章由苗新法编写。

限于编者水平，书中难免不当之处，敬请批评指正。

编　者

2023年7月

目　录

第1章

电路的基本概念及定律

电路理论是研究电路基本规律和电路分析与综合方法的学科，它经历了一个世纪的漫长发展道路，形成了完整的体系，并成为整个电气和电子工程，其中包括电力、通信、测量、控制及计算机等技术领域的主要理论基础，并在生产实践中获得了极其广泛的应用。

电路分析是电路理论中的一个重要分支，也是整个电路理论的基础。本章作为全书的开始，将介绍有关电路分析的一些基本概念和定律，为以后各章的学习奠定基础。

1.1 电路分析概述

1.1.1 电路理论的发展及其研究领域

电路理论的发展经历了经典电路理论与现代电路理论两个阶段。从19世纪20年代到20世纪60年代，电路理论从物理学中电磁学的一个分支逐步发展成为一门独立的学科。这一阶段称为**经典电路理论的形成与完备阶段**。在这一阶段中，电路理论研究的对象主要是线性非时变无源电路。20世纪60年代，电路理论发生了重大变革，这一变革的主要特征是：从原来主要研究线性非时变无源电路，进一步扩展到非线性时变有源电路。另外，在设计方法上采用了“系统的步骤”，以此与计算机辅助设计(CAD)相适应。20世纪60年代至今的这一阶段称为**近代电路理论的形成及发展阶段**。这一阶段虽然经历的时间不长，但电路理论的发展却极其迅速。通信和控制技术、系统理论、计算机技术及大规模和超大规模集成电路的发展，对电路理论提出了一系列新的课题，从而促进了电路理论的发展。

电路理论研究的领域，包括电路分析与电路综合两个分支。电路分析是在给定的激励下求给定电路的响应；电路综合则是在给定的激励下为达到预期的响应而求得电路的结构及参数。这里所谓“激励”，可理解为电源的作用，所谓“响应”，则可理解为电路各部分对电源作用的反映，例如电流、电压等。

近年来，在电路分析与综合之间，又出现了另一分支，即电路的故障诊断。电路的故障诊断，就是通过对电路的某些可及端子的测量，来确定电路中未知元件的状态及数值，从理论上说，就是元件参数值的可解性问题，从实际上说，就是故障元件的定位及定值问题。

图1.1给出了电路分析、电路综合及故障诊断这三个研究领域的图解说明。

1.1.2 电路与电路模型

“电路”的概念我们并不陌生，在广泛用电的今天，电路可以说是随处可见，举目皆是，任何一个电气装置和电子设备都构成一种功能不同的电路。例如荧光灯(又称日光灯)照明设备是由灯管、镇流器(铁心线圈)和辉光启动器(又称启辉器，相当于制动开关)等连接而成的。灯管、镇流器及辉光启动器等电气零件统称为电路器件或部件(供电电源也是一种电路器件)，如图1.2所示。各种用电设备简繁不一，当接通电源后，即有电流流过，电路进入工作状态。由此可对电路作如下定义：若干电气设备或器件，按照一定的方式连接起来，构成电流的通路，这个通路就称为电路或网络。在电路理论中，“电路”与“网络”这两个术语并无严格的区别，今后可以通用。

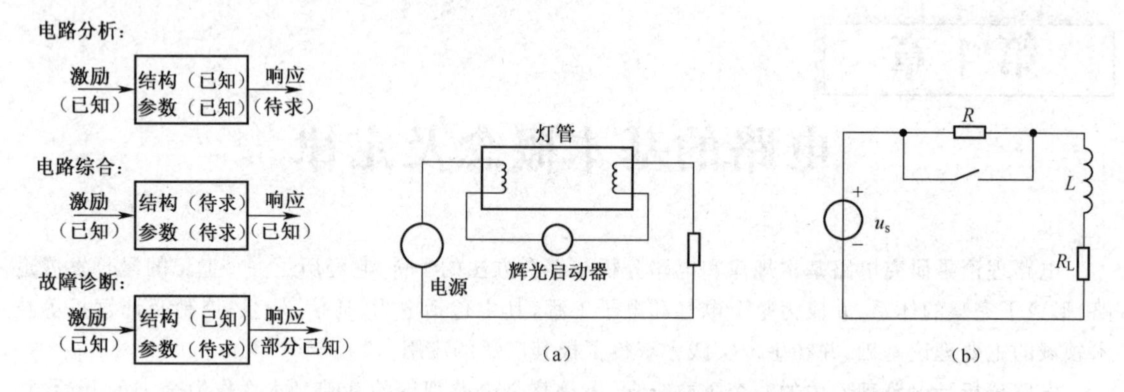

图 1.1　电路理论的三个分支

图 1.2　镇流器实际电路及其电路模型

电路由电源、负载和连接导线组成。电源是供给电能的设备，负载是消耗电能的设备，导线的作用是将它们连接起来进行能量传输。电路的作用是传输与分配能量，或者是传输与处理信号。例如，供电电路就是传输与分配电能的电路；调谐电路则是将输入的多频信号进行处理，然后输出单频或某一频带信号的电路。再如，放大电路是将输入的微弱信号放大“处理”而后输出的电路。

电路器件的特性与其工作时内部的电磁现象有关，根据电磁现象可将器件用某个元件或若干个元件的组合来模拟。例如，荧光灯照明设备中的灯管可用电阻元件来模拟，镇流器可用电感元件与电阻元件串联来模拟。这里的电阻器、电感器等元件，统称为电路元件。所谓**电路元件**是指具有单一电磁现象的器件，它是电路组成的最小单元，是理想化了的器件。理想电路元件有电阻器、电容器、电感器、独立源、受控源、耦合电感、变压器及回转器等。电阻元件是只消耗电能并将其转换为热能或其他形式能量的元件。电容和电感元件是分别储存电场能量和磁场能量的元件。上述前五种元件对外只有两个端钮，故称为**二端元件**。后四种元件对外有四个端钮，称为**四端元件**。类似，对外只有两个端钮的网络称为二端网络，其他还有三端网络，四端网络等。三端以上的网络统称为**多端网络**。二端网络的一对端钮上的电流必定是一进一出且数值相等，具有此特征的一对端钮称为单口，故二端网络亦称为单口网络。四端网络两对端钮上的电流，若都分别是一进一出并且相等，则此四端网络称为**双口网络**。双口网络是四端网络的一种特例。元件及结构完全清楚（已知）的网络称为“白盒”网络，元件及结构不清楚和不太清楚的网络，分别称为“黑盒”和“灰盒”网络。电路分析是研究“白盒”网络。“电路”与“网络”这两个词并无严格的区别，通常作为整体时称为**电路**，仅分析“口”、“口”与“口”之间特性时称为**网络**。

任何电路器件都可用电路元件的恰当组合来模拟，模拟后的模型称为器件的电模型，简称**模型**。同一个电路器件在不同的工作条件下，其内部电磁现象不完全相同，因此对应的模型就不完全一样。例如，电感线圈在低频时的模型为电感 L 与电阻 R 的串联。但在高频时，由于线圈间电场影响较大，因此对应模型除 R、L 串联外，还要在串联支路上并一电容器 C（低频时也存在此电容器 C，但因其效应微弱，故而略去），若再考虑高频时的集肤效应，则模型中的电阻值还应增大。实际电路的各种器件用模型代替后，就构成了实际电路的电模型，称为**电路模型**。电路模型中的连接线应是理想导线，即电阻为零的导线。图 1.2(a)所示的荧光灯照明电路图可按图 1.2(b)表示，称为电路图。

以上介绍了电路及电路模型，由分析可见，电路模型乃是实际电路的一种抽象和近似。如何根据实际电路作出其电路模型，已成为近代电路理论中的一个重要研究课题，称为建模理论。本书只对电路模型进行分析，不考虑建模过程。

1.1.3　电路模型的分类

电路种类繁多，不同种类的电路，其基本特性与分析方法也不尽相同，因此在研究电路的分析方法之前，有必要先说明一下电路的分类以及各种电路的基本特性。

1. 线性电路与非线性电路

仅由线性元件组成的电路称为**线性电路**。若电路中含有非线性元件，则称为**非线性电路**。线性电路最基本的特性是它的叠加性和均匀性。所谓**叠加性**是指，若激励 $f_1(t)$作用于电路产生的响应为 $y_1(t)$，激励 $f_2(t)$作用于电路产生的响应为 $y_2(t)$，则当 $f_1(t)$与 $f_2(t)$同时作用于电路时，产生的响应为 $y_1(t)+y_2(t)$。所谓**均匀性**是指，若激励 $f(t)$作用于电路产生的响应为 $y(t)$，则激励 $Kf(t)$作用于电路产生的响应为 $Ky(t)$，这里 K 为任意常数。非线性电路没有这些性质。

严格来说，真正的线性电路在实际中是不存在的。但是大量的实际电路都可以很好地近似为线性电路，因此对线性电路的研究有着重要的理论和实际意义。在电路理论中，对线性电路的研究已有相当长的历史，并已有了相当成熟的理论与分析方法。随着科学技术的发展，对非线性电路的研究也越来越为人们所重视，并取得了一定的成果。本书主要研究线性电路。

2. 时变与非时变电路

若电路中各元件的参数不随时间变化，则称这种电路为**非时变电路**。若电路中元件参数有一个、几个或全部随时间变化，则称为**时变电路**。非时变电路的基本特性是电路的响应特性不随激励施加的时间而变化。时变电路不具有这种特性，施加激励的时间不同，它的响应也将不同。一般来说，大量的实际电路都可看作是非时变的，因此本书主要研究非时变电路。

3. 集中参数电路与分布参数电路

若电路中的每一个器件都可用一个或一组集中的参数表征，则称为**集中参数电路**。若电路器件用分布性参数表征，则称为**分布参数电路**。

电阻器、电容器、电感器三个元件对应的电阻值 R、电容值 C 及电感值 L 称为**电路参数**。严格地讲，电路中的参数是分布型的，这是因为任何电器内的电磁现象均匀分布在整个器件之中。电路传送能量是通过电磁波的传播而实现的，若实际电路的线性尺寸远小于电路工作时的电磁波波长，则电路的实际尺寸就可以忽略不计，因而电路参数可集中在一起用一个或有限个分立的 R、L、C 描述，这样的一些参数称为**集中参数**，对应的电路称为**集中参数电路**。若实际电路的线性尺寸并不远小于电路工作时的电磁波波长，电路的实际尺寸就不能忽略不计，这时就要用分布型参数模拟电路，这种电路称为**分布参数电路**。电磁波的波长 λ 与电路工作频率 f 及电磁波传播速度 v 有关，它们之间的关系为 $\lambda=v/f$。电磁波在空气中传播的速度近似为光速 $c(3\times10^5\ \text{km/s})$。例如，电路工作频率 $f=50\text{Hz}$（工频），则其电磁波波长 $\lambda=6\ 000\text{km}$。可见，一般电路在工频时都属于集中参数电路，而长距离的输电线才是分布参数电路。有线通信最高音频按 3.4kHz 计算，其对应电磁波的波长 $\lambda=88.2\text{km}$，因此一般架空通信线路是分布参数电路。计算机电路，其频率高达 500MHz，它对应的 $\lambda=0.6\text{m}$，因此用集中参数模拟不太合适，但若计算机采用大规模或超大规模集成电路，电路器件及电路被集成在几毫米的硅片上，这时电路属于集中参数电路。因此本书主要研究集中参数电路。

4. 无源电路与有源电路

含有有源元件的电路称为**有源电路**，反之为**无源电路**。有源和无源的概念是从能量观点定义的。如果元件在任意时刻 t 所消耗的总电能 $W(t)$非负值，即

$$W(t)=\int_{-\infty}^{t}p(\tau)\mathrm{d}\tau\geqslant0 \tag{1.1}$$

且它与元件在电路中的连接方式无关，则此元件称为**无源元件**。不满足式(1.1)的元件称为**有源元

件。对于无源及有源电路,本书予以同样重视。

以上是按电路的基本特性进行的分类,还有其他分类方法。如按工作频率来分有高频电路、中频电路和低频电路;按电路功能来分有放大电路、整流电路、检波电路等,此处不再详述。

1.2 电路的基本变量

电路中最基本的物理量是电流、电压及电功率。一般情况下,它们都是时间 t 的函数,分别用 $i(t)$、$u(t)$ 及 $p(t)$ 表示,简写成 i、u 及 p。电路分析的任务,就是求解已知电路中的电流、电压及功率。

1.2.1 电流

所谓**电流**是指电流强度,其定义为单位时间通过导体横截面的电荷量,即

$$i=\frac{dq}{dt}$$

式中,q 为电荷量。各量均采用国际单位制:q 的单位为库仑,简称库(C);t 的单位为秒(s);i 的单位为安培,简称安(A),1 安=1 库/秒。

电流的实际方向规定为正电荷定向运动的方向。电路中,流过各元件的电流实际方向往往难以预先确定。分析电路时,首先要写出电路方程,而电路方程的列定又必须知道电流的方向。为此,我们先给电流一个假定方向,这个假定方向称为**电流的参考或标定方向**。这样就可按照电流参考方向列写电路方程,若解得电流 $i>0$,则表示电流的实际方向与其参考方向一致。反之,若 $i<0$,则表示电流的实际方向应是参考方向的相反方向。

1.2.2 电压与电位

电压与电位也是电路中的重要物理量。某点的电位,是将单位正电荷由该点移到参考点(电位为零的点,物理学中一般选为无穷远处)电场力所做的功。设参考点为 o,则 a 点电位的表达式为

$$u_a=\int_{l_{ao}}\boldsymbol{E}\cdot d\boldsymbol{l}$$

或

$$u_a=\int_a^o\boldsymbol{E}\cdot d\boldsymbol{l}$$

式中,$\boldsymbol{E}$ 为电场强度,l_{ao} 为 a 点到参考点 o 的路径(线段)。

电压是对两点之间而言的。a、b 两点的电压 u_{ab} 定义为将单位正电荷由 a 点移动到 b 点时,电场力所做的功,即

$$u_{ab}=\int_{l_{ab}}\boldsymbol{E}\cdot d\boldsymbol{l} \tag{1.2}$$

由于电场力做功仅与路径的起点、终点有关,而于路径的选择无关。因此使 l_{ao} 经过参考点 o,于是式(1.2)可表示为

$$u_{ab}=\int_{l_{ab}}\boldsymbol{E}\cdot d\boldsymbol{l}=\int_a^o\boldsymbol{E}\cdot d\boldsymbol{l}+\int_o^b E\cdot d\boldsymbol{l}$$

$$=\int_a^o\boldsymbol{E}\cdot d\boldsymbol{l}-\int_b^o E\cdot d\boldsymbol{l}=u_a-u_b$$

上式表明,a、b 两点之间的电压就是 a、b 两点的电位差。由电压及电位的定义可见,某点的电位,就是该点到参考点的电压。电位与参考点的选择有关,而电压与参考点的选择无关。电压与电位的单位均为伏特,简称伏(V)。

电压的实际方向规定为电位降的方向。例如图1.3(a),a点和b点的电位分别为−1V和3V,于是a、b两点电压的实际方向为由b指向a,其大小为4V。电压也可用极性表示,其实际极性是这样规定的,高电位点定为正极标以"+"号,低电位点定为负极,标以"−"号,图1.3(b)表示出了a、b点的极性。与电流一样,分析电路时,要先给电压一个假定的方向或极性,此方向(极性)称为**参考方向(极性)**。电压参考方向(极性)的意义与电流类似。本书电路中所标的电流、电压方向,若无说明,均系参考方向。

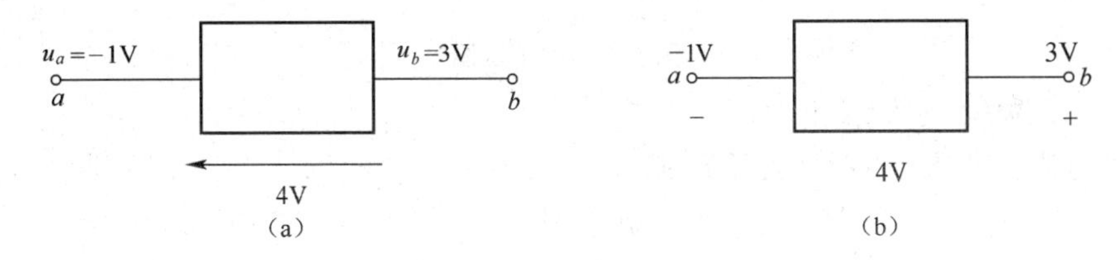

图1.3 电压的实际方向或极性

任一二端元件(或网络),若其电压与电流的方向相同,如图1.4(a)所示,则称电压与电流的方向**关联**;若相反,如图1.4(b)所示,则为**非关联**。通常负载的电压、电流取关联方向,而电源的电压、电流取非关联方向。在图1.4(c)中,对元件A而言,u与i为非关联方向,而对元件B而言,则为关联方向。

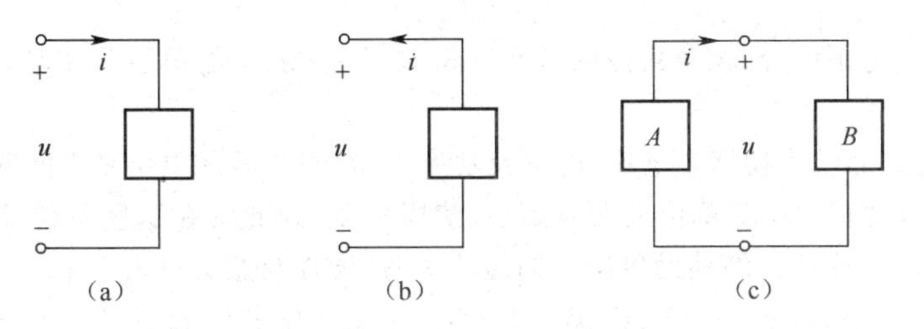

图1.4 电流、电压参考方向

1.2.3 电功率

电流是单位时间通过导体横截面的电量,电压是将单位正电荷由一点移到另一点电场力所做的功。因此,当二端元件(网络)的电流与电压方向关联时,电流与电压乘积,就表示单位时间内将数值为i的电量从二端元件(网络)的一端移到另一端时,电场力所做的功,即**电功率**,简称为**功率**。电场力做功,表明电场力能量减少,减少的能量,显然被二端元件(网络)所吸收或消耗。所以,当元件(网络)上电压u与电流i方向关联时,元件(网络)吸收的功率为

$$p_{吸}=ui$$

反之,若u、i非关联,则吸收的功率为

$$p_{吸}=-ui$$

二端元件(网络)供出的功率应等于其吸收功率的负值,即当u、i关联时,$p_{供}=-ui$;当u、i非关联时$p_{供}=ui$。

功率的单位是瓦特,简称瓦(W),1瓦=1伏·安。在求解功率时,需要注明所用公式($p_{吸}$或$p_{供}$),若求得的$p_{吸}<0$,则表示元件实际上供出的能量。例如$p_{吸}=-10$W,表示供出功率为10W。

【例1.1】 试求图1.5所示二端网络N_1、N_2的功率p_1、p_2以及流过N_3的电流。设N_3供出的功率为6W。

解 $p_{1吸}=4\times1\text{W}=4\text{W}$(吸收4W)

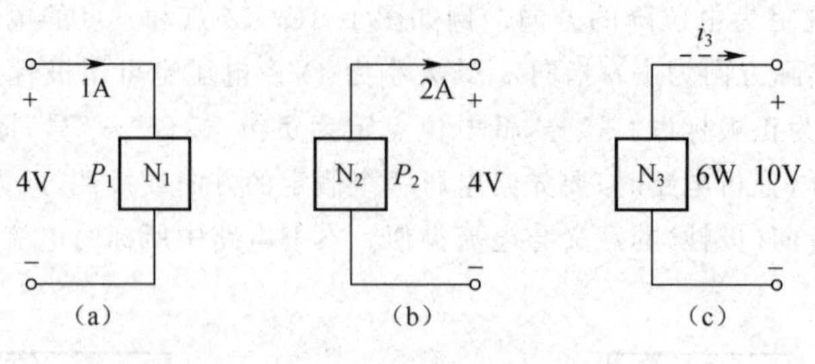

图 1.5　例 1-1 图

$p_{2吸}=-4\times2\text{W}=-8\text{W}$(供出 8W)

设 N_3 的电流 i_3 如图 1.5(c)虚线所示,则

$$p_{3供}=10i_3$$

$$i_3=\frac{p_{3供}}{10}=\frac{6}{10}\text{A}=0.6\text{A}$$

1.2.4　电能量

设元件吸收的功率为 $p(t)$,则 t 时刻元件吸收(或消耗)的总能量为

$$W(t)=\int_{-\infty}^{t}p(\tau)\text{d}\tau$$

式中,积分上限为 t,为了区分,积分式内的时间变量改用 τ。能量的单位是焦耳,简称焦(J),1 焦=1 瓦·秒。

上面介绍了电路的基本物理量电流、电压及功率等,它们在国际单位制中的基本单位分别是安、伏及瓦。实用中,有时感到这些单位太大或太小,使用不便,因此常在这些单位前加某一词冠,用来表示这些单位乘以 10^n 后所得的辅助单位。词冠的书写、读音及意义见表 1.1。

例如:$1\text{mA}=10^{-3}\text{A}$;$1\text{kV}=10^{3}\text{V}$,$1\text{MW}=10^{6}\text{W}$。表 1.1 中各词冠不仅用于安、伏、瓦前,也用于电路参数前,如 kΩ(千欧)、mH(毫亨)、μF(微法)等。

表 1.1　词冠的书写、读音及意义

词冠	T	G	M	k	m	μ	n	p
读音	太 tera	吉 giga	兆 mega	千 kiko	毫 mili	微 micro	纳 mamo	皮 pico
10^n	10^{12}	10^{9}	10^{6}	10^{3}	10^{-3}	10^{-6}	10^{-9}	10^{-12}

思考与练习题

1.1　电路如图 1.6 所示,试求各元件的功率,并说明是产生功率还是吸收功率,同时验证功率守恒。

已知:$u_1=4\text{V},i_1=2\text{A}$;

$u_2=-2\text{V},i_2=-1\text{A}$;

$u_3=5\text{V},i_3=-3\text{A}$;

$u_4=1\text{V},i_4=1\text{A}$;

$u_5=-1\text{V},i_5=4\text{A}$;

$u_6=6\text{V},i_6=-5\text{A}$。

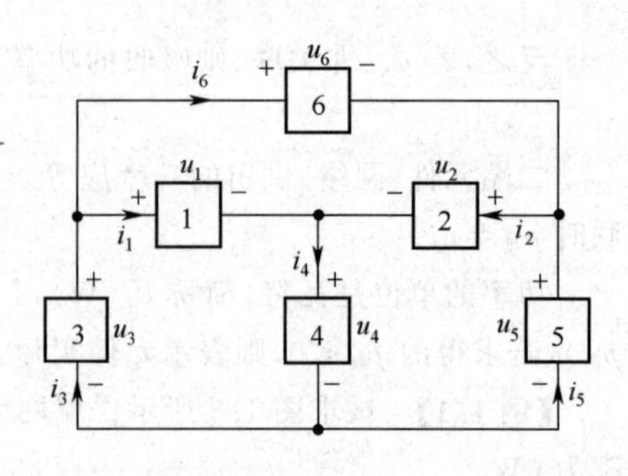

图 1.6　练习题 1.1 图

1.3　电路的基本定律

在集中参数电路中，各电流之间、各电压之间均遵循着一定的规律，这就是本节要介绍的基尔霍夫电流定律和基尔霍夫电压定律。在叙述定律之前，首先介绍支路、节点、回路及网孔等几个名词。

电路中每一个二端元件称为一条**支路**。支路与支路的连接点称为**节点**。例如，图1.7(a)中有7条支路(ab、bc、ac、ae、bd、df及cg)和5个节点(a、b、c、d及e)。其中e、f、g是一个节点，因为它们由理想导线相连。图1.7(a)亦可画成图1.7(b)形式。支路、节点的另一说法是：电路的一个元件或若干元件串联组成的一条分支称为一条支路，三条及三条以上支路的汇聚点成为节点。按此说法，图1.7中有6条支路(ab、bc、ac、ae、bd及cg)和4个节点(a、b、c及e)。电路中，从某点出发，经过若干支路及节点(均不能重复)又回到原始点这一首尾相接的通路称为**回路**。例如图1.7中的$abdfea$、$bdfgcb$、$abca$、$abcgfea$、……等。回路内若不另含支路，这种回路成为网孔。上述前3个回路即为网孔。回路方向是指沿回路各节点绕行的方向。上述4个回路中，两个是顺时针方向，两个是逆时针方向。

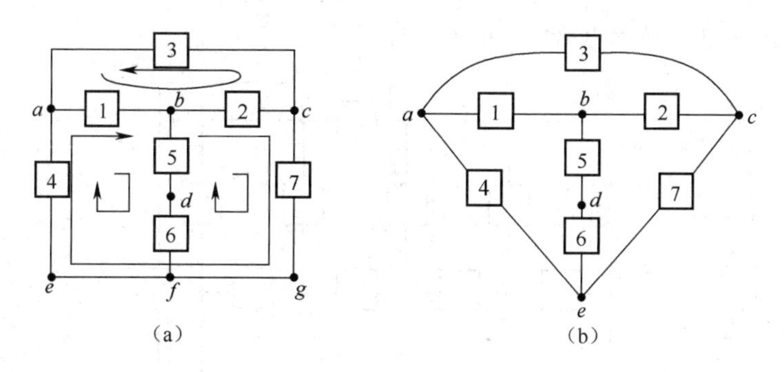

图1.7　支路、节点、回路网孔

1.3.1　基尔霍夫电流定律

基尔霍夫电流定律(Kirchhoff's Current Law，KCL)可表述为：在集中参数电路中，任一瞬间，流出(流入)任一节点电流的代数和恒为零，其表达式为

$$\sum_{k=1}^{N} i_k = 0 \tag{1.3}$$

式中，N为正整数，表示连接该节点的支路数，上式称为**KCL方程**。其中电流正、负号的取法是：当i的方向流出(流入)节点时取"+"，反之取"−"。例如对图1.8(a)的节点A有

$$-i_1 + i_2 + i_3 - i_4 + i_5 = 0$$

即

$$i_2 + i_3 + i_5 = i_1 + i_4$$

上式说明流出节点的总电流等于流入节点的总电流，这一特性称为**电流连续性原理**，实际上就是单位时间内流入节点的电荷量等于流出节点的电荷量。这正是电荷守恒定律在电路中的体现。根据电流连续性原理，在图1.8(b)中，流过各元件的电流应相等，且是同一个电流。KCL方程不仅适用于节点，而且对电路中任一封闭面也有效。此时$\sum i = 0$中的i，是指被封闭面切割的各支路电流。图1.8(c)中虚线所示为一封闭面，它切割的支路电流为i_1、i_2及i_3，根据KCL，于是有

$$i_1 - i_2 + i_3 = 0$$

电路中任一封闭面所包围的部分称为**广义节点**。因此 KCL 方程对节点、广义节点都有效。根据 KCL,图 1.8(d),当 S 打开时有 $i_1 = i_2 = i_3 = 0$(图中符号"⊥"为接机壳符号,a 点与 b 点等电位),当 S 闭合时,$i_1 = i_2 = i_3$,一般不等于零。

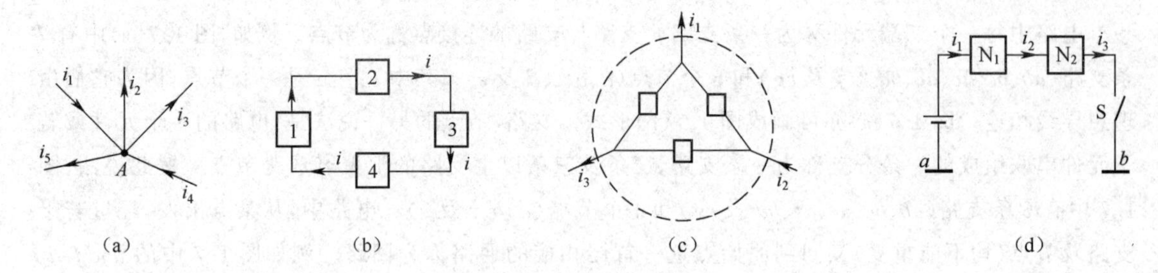

图 1.8　基尔霍夫电流定律

KCL 反映了节点处各支路电流相互制约的关系,它仅与元件的连接方式有关,而与元件的性质无关。这种只与电路结构有关,而与元件性质无关的约束称为**拓扑约束**。

【例 1.2】　试求图 1.9 所示电路中的电流 i_1 与 i_2。

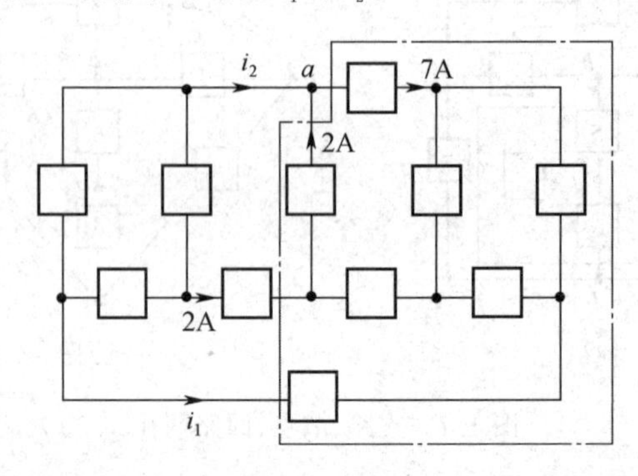

图 1.9　例 1-2 图

解　对节点 a 应用 KCL 得

$$-i_2 - 2 + 7 = 0$$

$$i_2 = (7-2)\text{A} = 5\text{A}$$

作一封闭面如图中虚线所示。对此封闭面应用 KCL,得

$$-i_1 - 2 + 2 - 7 = 0$$

$$i_1 = -7\text{A}$$

由此电路还可求出哪条支路电流?能否求出所有支路电流?若要求出,还需给出哪些条件?

1.3.2　基尔霍夫电压定律

基尔霍夫电压定律(Kirchhoff's Voltage Law,KVL)可表述为:在集中参数电路中,任一瞬间沿回路方向的各段电压代数和恒等于零。其表达式为

$$\sum_{k=1}^{M} u_k = 0 \tag{1.4}$$

式中 M 为正整数,表示组成该回路的支路数。式(1.4)称为 **KVL 方程**,其中 u 的正、负号取法是:当 u 的方向与回路方向一致时取"+",反之取"-"。例如,对图 1.10 的回路 $abdea$ 和 $abcfea$ 分别有

$$u_{ab}+u_{bd}+u_{de}+u_{ea}=0$$
$$u_{ab}+u_{bc}+u_{cf}+u_{fe}+u_{ea}=0$$

若用元件电压表示,则上两式可写成

$$u_1-u_5+u_6-u_4=0$$
$$u_1-u_2+u_7-u_8-u_4=0$$

读者试对图 1.10 中的其他回路写出 KVL 方程。

KVL 是能量守恒原理在电路中的体现。沿回路方向各段电压之和等于零,即表示将单位正电荷沿回路方向移动一周后,电场力所做的功为零,这就意味着此电荷移动一周后,既未获得能量,也未失去能量。

基尔霍夫电压定律反映了回路中各元件电压间相互制约的关系。与 KCL 方程一样,KVL 方程仅与电路结构有关,而与元件的性质无关,因此 KVL 对回路电压间的约束也是拓扑约束。

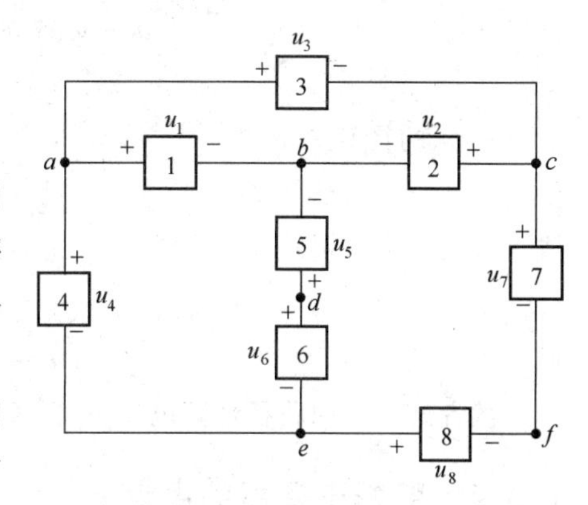

图 1.10　基尔霍夫电压定律

1.3.3　任意两点间的电压

KVL 不仅适用于具体回路,而且对任一虚回路也有效。图 1.10 中的 $bfedb$ 称为**虚回路**,因为 b、f 点之间无支路。根据 KVL,对此回路有

$$u_{bf}+u_{fe}+u_{ed}+u_{db}=0$$

于是

$$u_{bf}=-u_{db}-u_{ed}-u_{fe}$$
$$u_{bf}=u_{bd}+u_{de}+u_{ef} \tag{1.5}$$

同理对虚回路 $bfcb$ 有

$$u_{bf}+u_{fc}+u_{cb}=0$$
$$u_{bf}=u_{bc}+u_{cf} \tag{1.6}$$

式(1.5)表明,u_{bf} 等于沿路径 $bdef$ 方向各段电压之和,式(1.6)表明,u_{bf} 也等于沿路径 bcf 方向各段电压之和。若用元件电压表示各段路径电压,则式(1.5)和式(1.6)可分别写为

$$u_{bf}=-u_5+u_6+u_8$$

和

$$u_{bf}=-u_2+u_7$$

同样分析也可写出

$$u_{bf}=u_{ba}+u_{ae}+u_{ef}=-u_1+u_4+u_8$$

由此可得结论为:任意两点 p、q 之间的电压 u_{pq},等于由起点 p 到终点 q 任一路径上各元件电压 u_k 的代数和,即

$$u_{pq}=\sum_{p\to q}u_j \tag{1.7}$$

式中，当 u_j 方向与路径方向一致时，取“+”，反之取“−”。式(1.7)实际上是KVL方程的另一种形式。在电路分析中，经常要计算任意两点之间的电压，我们不必列回路方程，而可直接应用式(1.7)进行分析，这样要简便得多。计算时，一要注意起点和终点，不能搞错；二要善于选择路径，以便能够求出待求的电压。

例 1.3 图1.10电路中，设 $u_2=3V$，$u_4=-5V$，$u_6=2V$，$u_7=-4V$，$u_8=6V$，试求 u_1、u_3 及 u_5。

解 根据已知条件，应由路径 $aefcb$ 求 u_1：

$$u_1=u_{ae}+u_{ef}+u_{fc}+u_{cb}=u_4+u_8-u_7+u_2$$
$$=[-5+6-(-4)+3]V=8V$$

u_3、u_5 的计算如下：

$$u_3=u_1-u_2=(8-3)V=5V$$

或

$$u_3=u_4+u_8-u_7=[-5+6-(-4)]V=5V$$
$$u_5=u_6-u_4+u_1=[2-(-5)+8]V=15V$$

或

$$u_5=u_6+u_8-u_7+u_2=[2+6-(-4)+3]V=15V$$

读者试从不同路径计算电压 u_{ad} 以资比较。

1.3.4 电路中各点的电位

在电路分析中，常选一个节点并令其电位为零，这个点，称为电位的参考点，简称**参考点**。实际电路中，常将参考点接地或接仪器(设备)的机壳。接地符号为⏚，接机壳符号为⊥。参考点习惯上常称为**接地点**。电路的参考点选定后，其他各点的电位即以此参考点来计算或测量。根据定义，某点 K 的电位，即为 K 点到参考点的电压，记为 u_k。

例 1.4 例1.3中，(1)以 a 为参考点，求 d、f 点的电位及 u_{df}；(2)以 c 为参考点，求 d、f 点电位及 u_{df}。

解 (1)以 a 为参考点时

$$u_d=u_6-u_4=[2-(-5)]V=7V$$
$$u_f=-u_8-u_4=[-6-(-5)]V=-1V$$
$$u_{df}=u_d-u_f=[7-(-1)]V=8V$$

(2)以 c 为参考点时

$$u_d=u_6+u_8-u_7=[2+6-(-4)]V=12V$$
$$u_f=-u_7=-(-4)V=4V$$
$$u_{df}=u_d-u_f=(12-4)V=8V$$

在电子电路中，一般都把激励(电源)的一端和输出的一端连接在一起作为参考点。在此情况下，为了简便，习惯上不再画出电源而是将电源非参考点的一端用电位表示。例如图1.11(a)可画成图1.11(b)的形式，为叙述方便，将图1.11(a)叙述的电路称为常规电路，图1.11(b)叙述的电路称为**电位电路**。图1.11中列举了若干常规电路及其对应的电位电路。需要说明的是，若电位电路未标明参考点，这并不是说没有参考点，而是它无法显示在图中。当画它的常规电路时，必须将参考点画出如图1.11(g)和(h)所示。

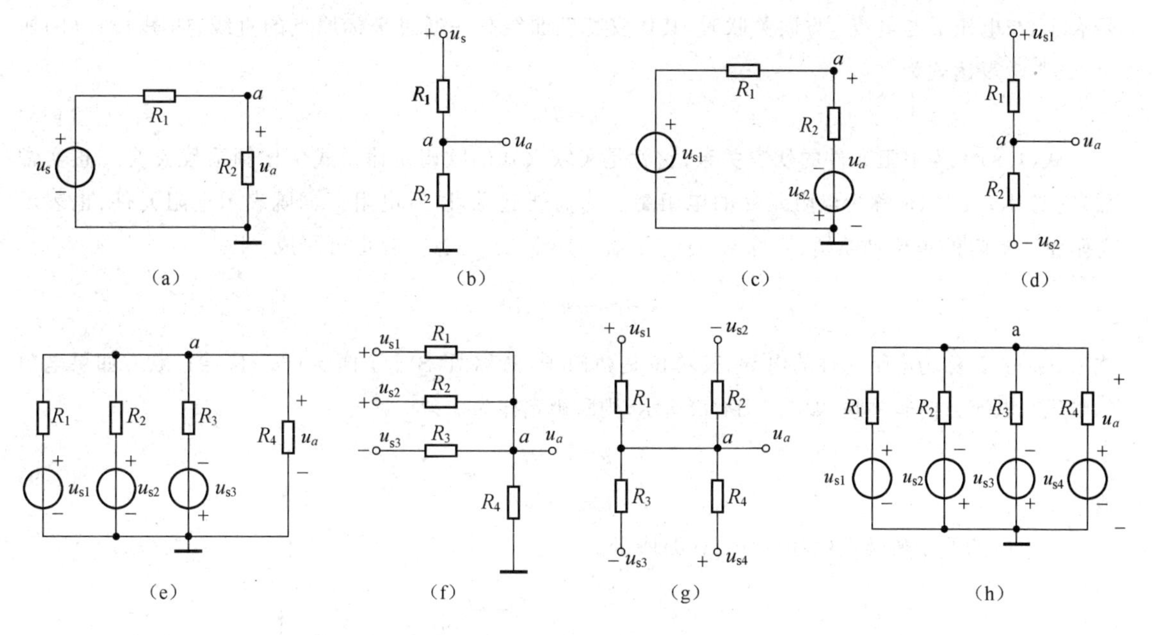

图 1.11 电路图的两种画法

思考与练习题

1.2 电路如图 1.12 所示，试写出各节点的 KCL 方程，若 $i_1=2\text{A}$，$i_2=3\text{A}$，$i_3=4\text{A}$，求其他电流值。

1.3 电路如图 1.13 所示，试写出所有回路的 KVL 方程，若 $u_3=4\text{V}$，$u_4=5\text{V}$，$u_5=6\text{V}$，求其他电压值。

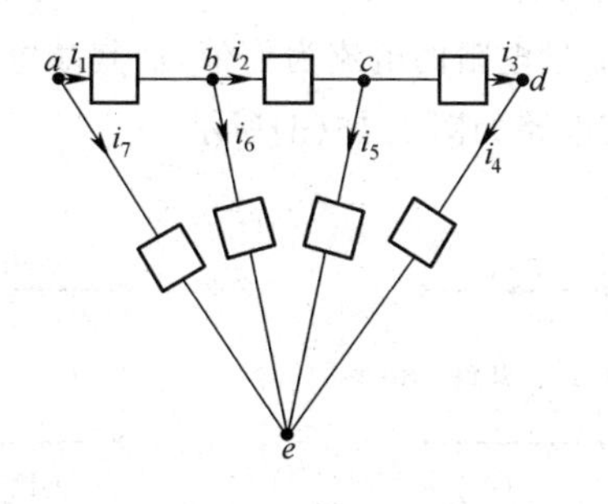

图 1.12 练习题 1.2 图

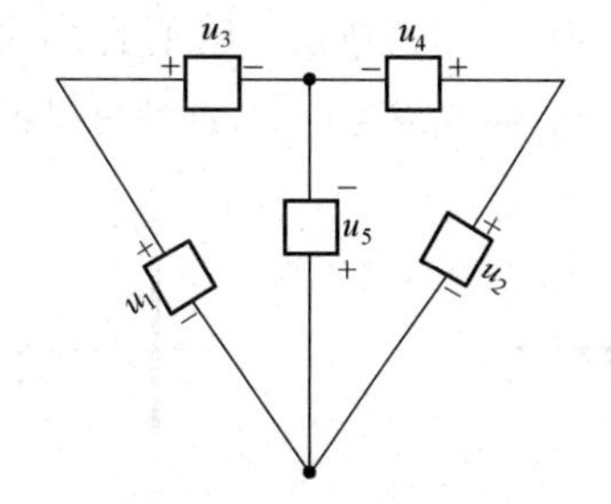

图 1.13 练习题 1.3 图

1.4 无源元件及其特性

电路中最基本的无源元件有电阻、电容及电感，下面对其特性分别予以介绍。

1.4.1 电阻元件

电阻元件是一种只消耗电能的元件。根据电阻的电压-电流特性曲线（伏安特性曲线）是否为通过坐标原点的直线，而将它分为线性电阻和非线性电阻两大类。线性电阻元件以图 1.14(a)所示符号表示，当电压 u 与电流 i 方向关联时，其伏安特性曲线是一通过坐标原点的直线，如图 1.14(b)所示，其数学表达式为

$$u=Ri \tag{1.8}$$

式(1.8)称为电阻元件的**伏安关系**，它就是大家熟知的欧姆定律。式中比例系数 R 是一正实常数，它与 u,i 无关，R 称为电阻元件的**电阻量**。为简便起见，以后电阻一词既表示电阻元件，也表示电阻量。电阻的单位是欧姆，简称欧(Ω)。1 欧＝1 伏/安。式(1.8)也可写成

$$i=\frac{1}{R}u=Gu$$

式中，$G=1/R$ 称为电阻元件的电导，其单位是西门子，简称西(S)。1 西＝1 安/伏＝1/欧。如果电阻的电压与电流方向非关联，如图 1.14(c)所示，则欧姆定律为

$$u=-Ri$$

或

$$i=-Gu \tag{1.9}$$

其对应的伏安特性曲线如图 1.14(d)所示。

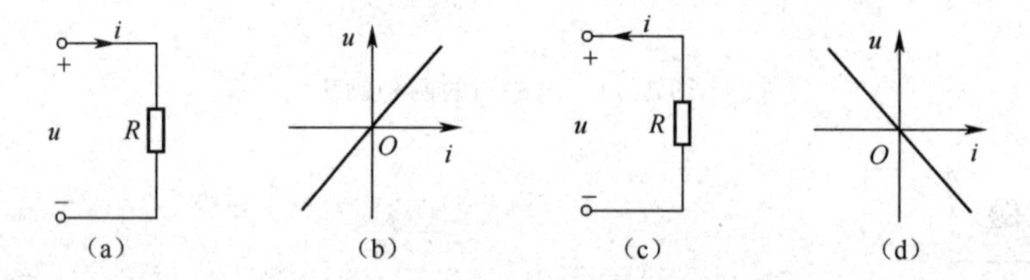

图 1.14　电阻元件及其伏安特性曲线

线性电阻的伏安特性曲线有两种极端情况，一种是通过坐标原点而画在电压轴上的直线，如图 1.15(a)所示，另一种是通过坐标原点而画在电流轴上的直线，如图 1.15(b)所示。图 1.15(a)中，不论电阻两端电压为何值，而流过的电流总为零，因此对应的 $R=u/i=\infty$ 或 $G=0$。这种情况称为**开路**，其电路如图 1.15(c)所示。图 1.15(b)表示，不论流过电阻的电流为何值，而其端电压总为零，因此对应的 $R=u/i=0$ 或 $G=\infty$，这种情况称为**短路**，其电路如图 1.15(d)所示。

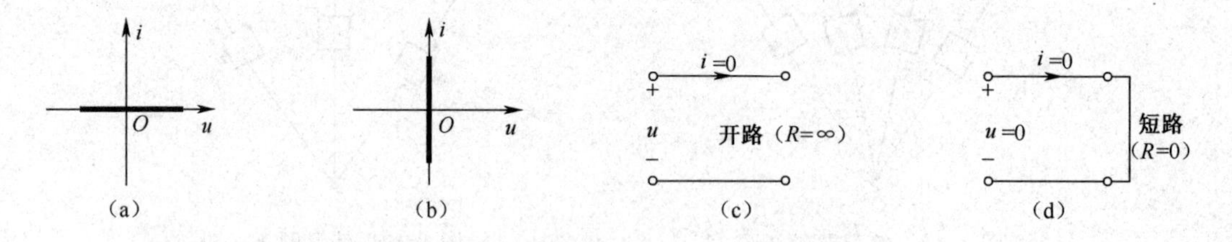

图 1.15　开路、短路及其伏安特性曲线

伏安特性不能用通过坐标原点的直线来表示的电阻元件，称为**非线性电阻**。非线性电阻不服从欧姆定律。例如图 1.16(a)所示的半导体二极管就是非线性电阻元件，其伏安特性曲线如图 1.16(b)所示，对于理想二极管，则如图 1.16(c)所示。理想二极管在正向电压($u>0$ 情况)作用下，相当于短路，而在反向电压($u<0$ 情况)作用下，相当于开路。

电阻还有时变和非时变之分。不论线性电阻还是非线性电阻，若它的伏安曲线随时间而异，则为时变电阻，否则为非时变电阻，图 1.17 表示出了它们的伏安特性曲线。本书主要研究线性非时变电阻，以后若不特殊说明，均指此类。

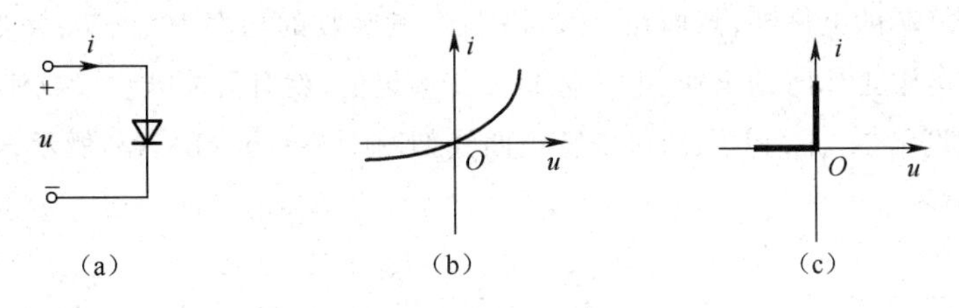

图 1.16　非线性电阻的伏安特性曲线

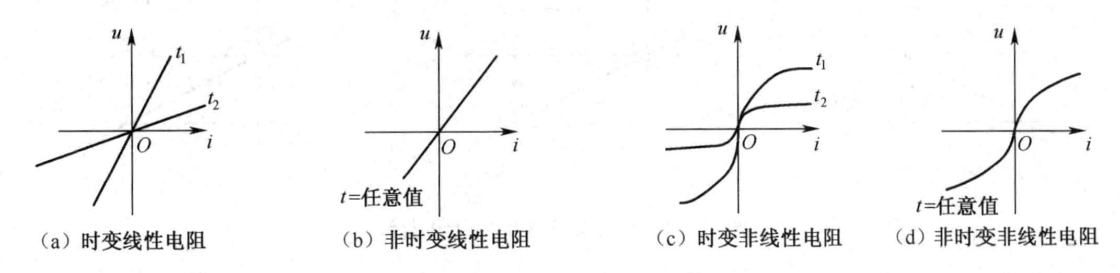

(a) 时变线性电阻　(b) 非时变线性电阻　(c) 时变非线性电阻　(d) 非时变非线性电阻

图 1.17　时变、非时变电阻

电阻的广义定义：在任何时刻 t，能用伏安曲线表征其外部特性的二端网络称为电阻元件，由电阻的伏安关系（欧姆定律）可以看出，电阻的电压完全由同一时刻的电流所决定，而与该时间以前的电流值无关。这一关系反映了电压与电流的即时效应，或者说"无记忆"特性，因此电阻是"无记忆"元件。

线性电阻 R 的端电压 u 与电流 i 方向关联时其吸收的功率

$$p=ui$$

考虑到欧姆定律式(1.8)，于是

$$p=ui=i^2R=\frac{u^2}{R} \tag{1.10}$$

若电阻上 u 与 i 方向非关联，再考虑到欧姆定律式(1.9)则

$$p=-ui=-(-Ri)i=i^2R=\frac{u^2}{R} \tag{1.11}$$

式(1.10)和(1.11)表明，线性电阻吸收的功率恒非负值，因此它在任何时刻都不可能供出能量，它满足式(1.1)，故线性电阻是无源元件。电阻 R 在 $t_1 \sim t_2$ 时间内消耗的能量为

$$W_R=\int_{i_1}^{i_2}p(\xi)\mathrm{d}\xi=R\int_{i_1}^{i_2}i^2(\xi)\mathrm{d}\xi=G\int_{i_1}^{i_2}u^2(\xi)\mathrm{d}\xi$$

式中，u 和 i 分别为电阻的端电压和电流。

图 1.18(a)所示二端网络的 u、i 方向关联，但其伏安曲线图 1.18(b)所示的斜率为负，这种二端网络对应的电阻称为**负电阻**。负电阻的电压、电流方向关联时，其伏安关系为

$$u=Ri$$

式中，$R<0$ 且为常数。它吸收的功率

$$p=ui=i^2R$$

恒非正值。可见，负电阻是有源元件。利用电子技术可以实现负值电阻。

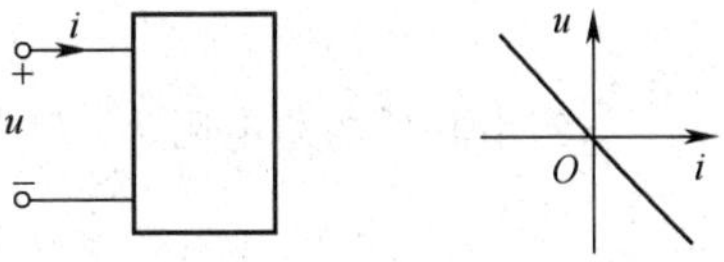

(a)　(b)

图 1.18　负电阻及其伏安特性曲线

电阻元件在正常工作情况下的电流及功率值称为其额定电压、额定电流及额定功率。一般常在电阻元件上标明其中两个数

值。例如 220V、100W 的电烙铁，意即在 220V 作用下其吸收的功率为 100W；又如 100Ω、1A；100Ω、1/4W 电阻等。若电阻工作时的电压、电流值超过其额定值，就有可能被烧毁或使其寿命缩短。

例 1.5 二端网络 N_1、N_2 和 N_3 的伏安特性曲线如图 1.19(a)、(b)、(c)所示，试求各网络对应的电阻 R_1、R_2 和 R_3。

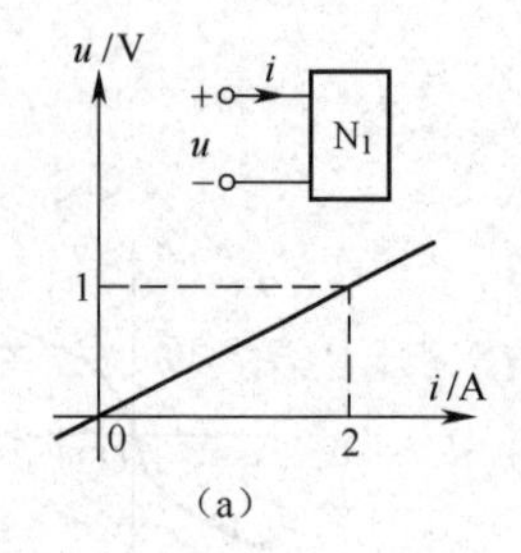

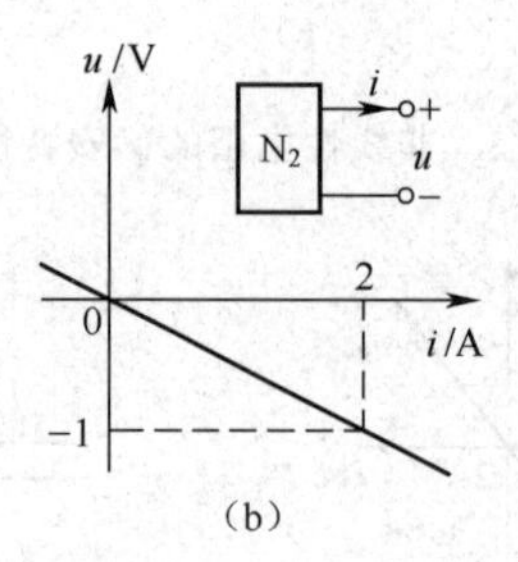

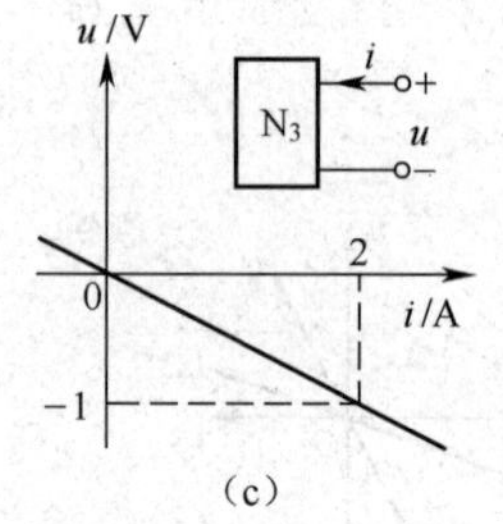

图 1.19 负电阻及其伏安特性曲线

解 图 1.19(a)：因为 u 与 i 方向关联，故

$$R_1=\frac{u}{i}=\frac{1}{2}\Omega=0.5\Omega$$

图 1.19(b)：因为 u 与 i 方向非关联，故

$$R_2=-\frac{u}{i}=-\frac{-1}{2}\Omega=0.5\Omega$$

图 1.19(c)：因为 u 与 i 方向关联，故

$$R_3=\frac{u}{i}=\frac{-1}{2}\Omega=-0.5\Omega$$

例 1.6 (1)100Ω、1/4W 的电阻，允许长期通过的最大电流为多少？

(2)400Ω、1A 的电阻，允许的最大端电压是多少？

解 (1)
$$p=i^2R$$

$$i=\sqrt{p/R}=\sqrt{\frac{1/4}{100}}\text{A}=0.05\text{A}=50\text{mA}$$

故 100Ω、1/4W 的电阻，允许长期通过的最大电流为 50mA。

(2)
$$u=Ri=400\times1\text{V}=400\text{V}$$

故 400Ω、1A 的电阻，允许的最大端电压为 400V。

例 1.7 (1)试求 220V、60W 白炽灯的电阻 R。

(2)两个 220V、60W 白炽灯串联后接于 220V 电压上，它们消耗的总功率为多少？

(3)220V、60W 白炽灯与 220V、25W 白炽灯串联后接于 220V 电压上，试问哪个亮，哪个暗？

解 (1)
$$p=u^2/R$$

$$R=u^2/p=(220^2/60)\Omega\approx806.7\Omega$$

(2)串联后的总电阻为 $2R$，故

$$p=u^2/2R=\frac{1}{2}\frac{u^2}{R}=\frac{1}{2}\times60\text{W}=30\text{W}$$

(3)两灯串联，电流相等，额定电压相等，瓦数较小的灯其电阻较大(因为 $R=u^2/p$)。故 220V、60W 白炽灯与 220V、25W 白炽灯串联工作时，25W 的灯较亮。(读者自行计算两灯各消耗的功率为多少)

1.4.2　电容元件

电容器在实际电路中经常出现，它的品种繁多，但其基本结构都是由两层金属片(称为**隔板**)隔以不同的介质所组成。电容元件(以下简称**电容**)是实际电容器的理想模型，它是一种只储存电场能量的元件。线性电容用图 1.20(a)所示符号表示。当电压 u 作用于电容 C 上时，电容两极板上分别出现正、负电荷 $+q$ 和 $-q$。电容的特性用其极板上的 q-u 曲线表征，称为**库伏特性曲线**。若 q-u 曲线是通过坐标原点的直线，如图 1.20(b)所示，则该电容为**线性电容**。线性电容的库伏关系为

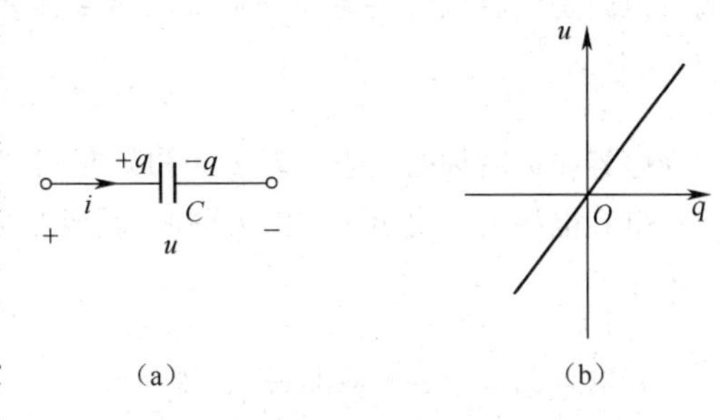

图 1.20　电容及其库伏特性曲线

$$q=Cu$$

式中，比例系数 C 是一个正实常数，它与 q、u 无关，是电容本身故有的物理量，称为电容元件的**电容量**，简称**电容**。电容的单位是法拉，简称法(F)，1F=1 C/V。实际电容元件的电容往往很小，多采用微法(μF)和皮法(pF)为单位。

根据库伏关系曲线的特点，电容也有线性、非线性、时变和非时变之分，其定义与电阻类似。本书主要分析线性非时变电容，以后若无特殊说明，均指此类。

电容的广义定义：在任意时刻 t，能用库伏曲线来表征其外部特性的二端网络称为**电容元件**。

在电路分析中，主要的电路变量是电流与电压，因此有必要分析电容的伏安关系。作用于电容两端的电压若不随时间变化(直流电压)，则极板上的电荷是稳定的。这时导线中不会有电荷的移动，即没有电流。电容相当于开路。若加在电容上的电压随时间变化，则极板上的电荷就会随之而变，于是导线中有电流流过。在图 1.20(a)中，电流

$$i=\frac{\mathrm{d}q}{\mathrm{d}t}$$

将 $q=Cu$ 代入上式，于是

$$i=C\frac{\mathrm{d}u}{\mathrm{d}t} \tag{1.12}$$

这就是电容伏安关系的微分形式。若电容的 u 与 i 方向非关联，则其伏安关系为

$$i=-C\frac{\mathrm{d}u}{\mathrm{d}t} \tag{1.13}$$

式(1.12)、式(1.13)表明，任一时刻，电容的电流与该时刻电压的变化率成正比，而与该时刻的电压值无关。电容电压也可表示为其电流的函数。当 u、i 方向关联时，由式(1.12)有

$$u(t)=\frac{1}{C}\int_{-\infty}^{t}i(\xi)\mathrm{d}\xi \tag{1.14}$$

这就是电容伏安关系的积分形式。式(1.14)表明，t 时刻电容电压与 $-\infty$ 到 t 这一段时间内所有的电流都有关，也就是与电流的全部过去历史有关。可见，电容电压有“记忆”电容电流的作用，故称电容是一种“记忆”元件。设 t_0 为从 $-\infty$ 到 t 之间的一个瞬时，根据分段积分，式(1.14)可写出如下形式

$$\begin{aligned}u(t)&=\frac{1}{C}\int_{-\infty}^{t}i(\xi)\mathrm{d}\xi\\&=\frac{1}{C}\int_{-\infty}^{t_0}i(\xi)\mathrm{d}\xi+\frac{1}{C}\int_{t_0}^{t}i(\xi)\mathrm{d}\xi\end{aligned}$$

$$= u(t_0) + \frac{1}{C}\int_{t_0}^{t} i(\xi)\mathrm{d}\xi \tag{1.15}$$

式(1.15)是电容伏安关系积分形式的另一种表达式,式中

$$u(t_0) = \frac{1}{C}\int_{-\infty}^{t_0} i(\xi)\mathrm{d}\xi$$

称为电容在 t_0 时刻的状态。若 t_0 为初始时刻,则称为电容的初始状态。

电容电压 u 与电流 i 方向关联时,其吸收的功率为 $p=ui$,将式(1.12)代入,于是

$$p = Cu\frac{\mathrm{d}u}{\mathrm{d}t} \tag{1.16}$$

若电容的 u 与 i 方向非关联,则 $p=-ui$,同样可得电容的吸收的功率仍如式(1.16)所示。由式(1.16)可见,p 可能为正,也可能为负,这意味着电容可能吸收功率,也可能供出功率,这一特性不同于电阻元件。t 瞬时,电容吸收的能量为

$$w_C(t) = \int_{-\infty}^{t} p(\xi)\mathrm{d}\xi$$

将式(1.16) 代入上式,于是

$$w_C(t) = \int_{-\infty}^{t} Cu(\xi)\frac{\mathrm{d}u(\xi)}{\mathrm{d}\xi}\mathrm{d}\xi$$

$$= C\int_{u(-\infty)}^{u(t)} u(\xi)\mathrm{d}u(\xi)$$

式中,时间变量 $\xi=-\infty$ 时,电容未充电,$u(-\infty)=0$,于是

$$w_C(t) = C\int_{0}^{u(t)} u(\xi)\mathrm{d}u(\xi) = \frac{1}{2}Cu^2(t) \tag{1.17}$$

这就是从 $-\infty$ 到 t 这段时间内,电容所吸收的能量,即 t 瞬时电容的储能。式(1.17)表明,电容在任意 t 瞬时吸收的能量正比于该时刻电容电压的平方,恒非负值,故电容是无源元件。从 t_1 到 t_2 时间内,电容吸收的能量为

$$w_C(t) = w_C(t_2) - w_C(t_1) = \frac{1}{2}Cu^2(t_2) - \frac{1}{2}Cu^2(t_1)$$

例 1.8 在图 1.21(a)电路中,$C=2\mu\mathrm{F}$,$u(t)$的波形如图 1.21(b)所示,试求 $i(t)$并画出$i(t)$的波形。

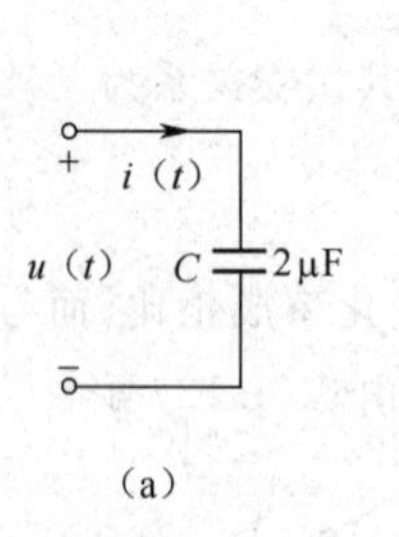

(a)

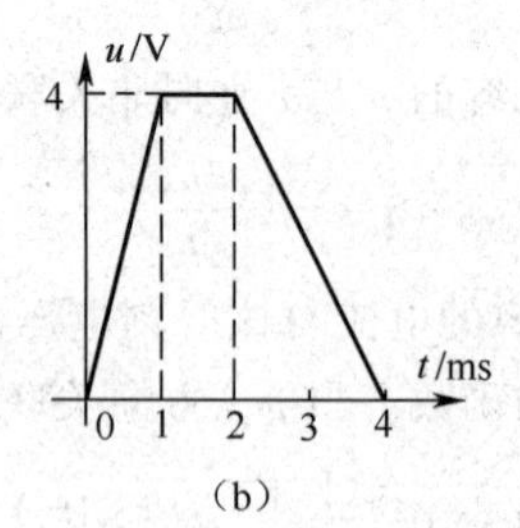

(b)

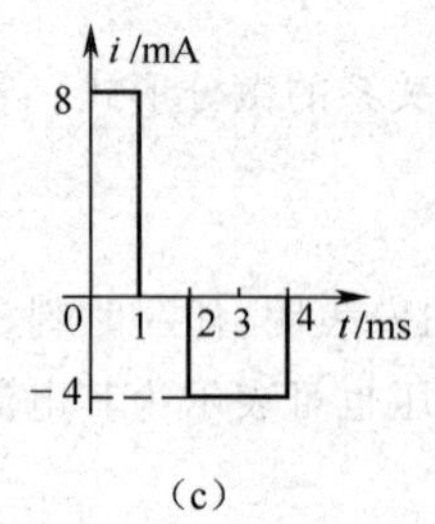

(c)

图 1.21 例 1.8 图

解 当 $0<t<1\mathrm{ms}$,$u=4t$,

$$\frac{\mathrm{d}u}{\mathrm{d}t} = 4\mathrm{V/ms} = 4\times10^3\,\mathrm{V/s}$$

$$i = C\frac{\mathrm{d}u}{\mathrm{d}t} = 2\times10^{-6}\times4\times10^3\,\mathrm{A} = 8\times10^{-3}\,\mathrm{A} = 8\mathrm{mA}$$

当 $1<t<2\mathrm{ms}$;$u=4\mathrm{V}$

$$i=C\frac{\mathrm{d}u}{\mathrm{d}t}=0$$

当 $2<t<4\mathrm{ms}$，$u=(-2t+8)\mathrm{V}$

$$\frac{\mathrm{d}u}{\mathrm{d}t}=-2\mathrm{V/ms}=-2\times10^{3}\mathrm{V/s}$$

$$i=C\frac{\mathrm{d}u}{\mathrm{d}t}=2\times10^{-6}(-2\times10^{3})\mathrm{A}=-4\times10^{-3}\mathrm{A}=-4\mathrm{mA}$$

$i(t)$波形如图 1.21(c)所示。

例 1.9　在图 1.22(a)电路中，$C=100\mu\mathrm{F}$，$i(t)$的波形如图 1.22(b)所示，试求 $u(t)$并画出其波形。

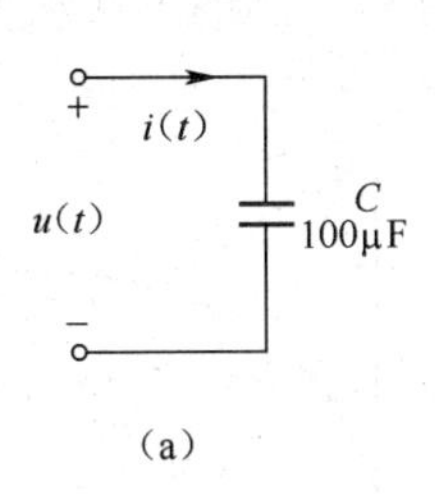

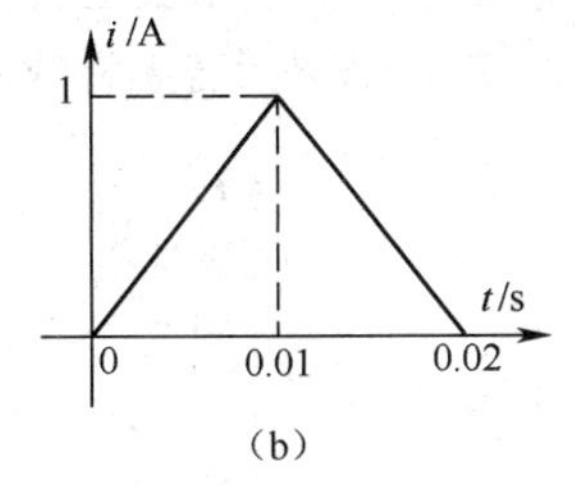

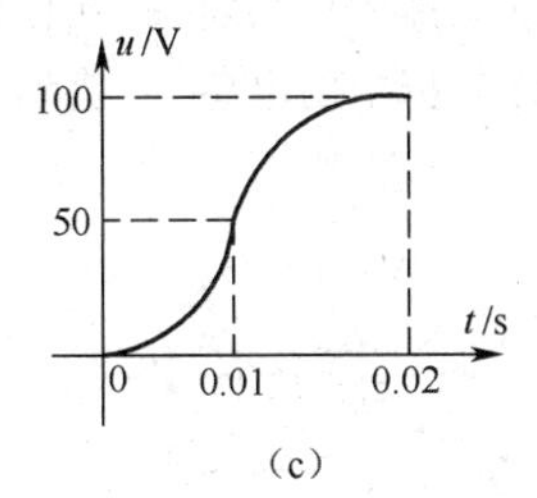

图 1.22　例 1.9 图

解　当 $0<t<0.01\mathrm{s}$，$i(t)=100t$

$$u(t)=\frac{1}{C}\int_{-\infty}^{t}i(\xi)\mathrm{d}\xi=\frac{1}{100\times10^{-6}}\int_{0}^{t}100\xi\mathrm{d}\xi=5\times10^{5}t^{2}\mathrm{V}$$

$$u(0.01)=5\times10^{5}(0.01)^{2}=50\mathrm{V}$$

当 $0.01\mathrm{s}<t<0.025$，$i(t)=(-100t+2)\mathrm{A}$

$$u(t)=u(0.01)+\frac{1}{C}\int_{0.01}^{t}i(\xi)\mathrm{d}\xi=50+\frac{1}{100\times10^{-6}}\int_{0}^{t}(-100\xi+2)\mathrm{d}\xi$$

$$=(-5\times10^{5}t^{2}+2\times10^{4}t-100)\mathrm{V}$$

$u(0.02)=100\mathrm{V}$

当 $t>0.02\mathrm{s}$，$i(t)=0$

根据式(1.15)故有

$$u(t)=u(0.02)=100\mathrm{V}$$

$u(t)$的波形如图 1.22(c)所示。

1.4.3　电感元件

电路中经常出现由导线绕制成的电感线圈，图 1.23(a)为其示意图。电流 i 流过线圈时，线圈周围出现磁场。线圈内磁通 Φ 的参考方向与电流 i 的参考方向规定为右手螺旋关系。磁力线是发散的，因而与线圈各匝交链的磁通不等，如图 1.23(a)所示。与各匝交链的磁通之和称为线圈的磁链，即全磁通，用 Ψ 表示。设线圈匝数为 N，则磁链

$$\Psi=\sum_{j=1}^{N}\Phi_{j}$$

式中，Φ_j 为第 j 匝交链的磁通。若各匝磁通相等且为 Φ(铁心线圈一般近似此情况)，则

$$\Psi=N\Phi$$

磁通和磁链的单位为韦伯，简称韦(Wb)。

电感线圈导线的电阻若为零,则为理想电感线圈,其电路模型是电感元件,简称**电感**,它是一种只储存磁场能量的元件。线性电感的电路符号如图 1.23(b)所示。电感元件的特性曲线由韦安特性曲线(Ψ-i 曲线)表征。若韦安曲线为通过坐标原点的直线,如图 1.23(c)所示,则为**线性电感**,线性电感的 Ψ 正比于 i,即

$$\Psi=Li$$

式中比例系数 L 为一正实常数,它与 Ψ、i 的大小无关,是电感元件本身故有的物理量。L 称为线性电感元件的**电感量**(或**自感量**),简称**电感**(或**自感**)。电感的单位是亨利,简称亨(H)。

根据韦安曲线的特点,电感也有线性和非线性、时变和非时变之分,其定义与电阻的分类相类似。铁芯电感线圈是一种非线性电感元件。

电感元件的广义定义:在任意时刻 t,能用韦安曲线来表征其外部特性的二端网络称为**电感元件**。电路分析中的电感,一般均为线性非时变电感,以后若无特殊说明,均指此类。

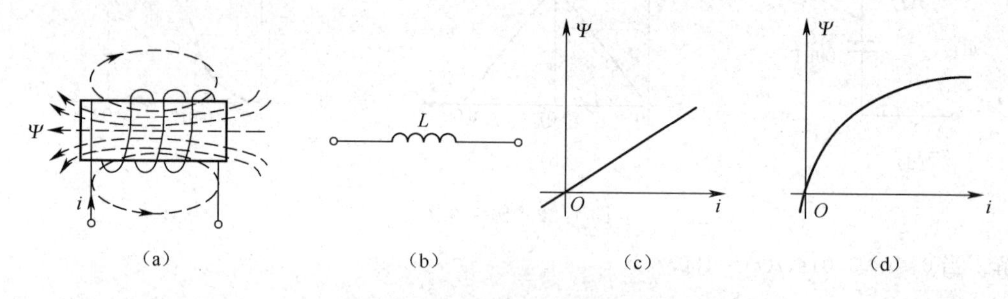

图 1.23 电感及其韦安特性曲线

图 1.24 所示电感的电流 i 若随时间变化,则磁链 Ψ 也随之而变。Ψ 变化将在线圈两端产生感应电压 u。u 与 Ψ 的参考方向一般采用右手螺旋关系,如图 1.24(a)所示。在此方向的前提下,根据法拉利电磁感应定律及楞次定律则有

$$u=\frac{\mathrm{d}\Psi}{\mathrm{d}t}$$

对于线性电感,因为 $\Psi=Li$,故

$$u=L\,\frac{\mathrm{d}i}{\mathrm{d}t} \tag{1.18}$$

这就是线性电感伏安关系的微分形式,其前提条件是 u 与 i 方向关联。若 L 的 u 与 i 方向非关联,则其伏安关系为

$$u=-L\,\frac{\mathrm{d}i}{\mathrm{d}t} \tag{1.19}$$

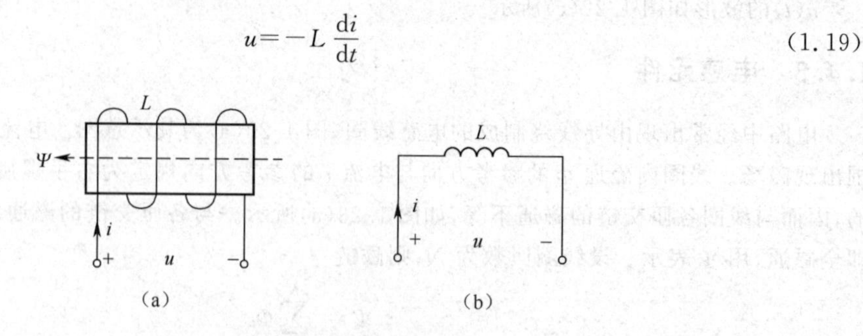

图 1.24 电感的电流与电压

式(1.18)、式(1.19)表明,任一时刻,线性电感的电压与该时刻电流的变化率成正比,而与该时刻的电流值无关。如果电流不随时间变化(直流电流),则电压为零,电感相当于短路。所以在直流稳态电路中,电感视为一根短路线。由式(1.18)可得电感伏安关系的积分形式如下:

$$i(t)=\frac{1}{L}\int_{-\infty}^{t}u(\xi)\mathrm{d}\xi \tag{1.20}$$

式(1.20)表明，电感在 t 时刻的电流值与 t 时刻以前电感电压的全部历史有关，因此，电感电流有“记忆”电感电压的作用，故电感也是“记忆”元件。设 t_0 为从 $-\infty$ 到 t 之间的一个瞬时，于是式(1.20)可写成

$$\begin{aligned}i(t)&=\frac{1}{L}\int_{-\infty}^{t}u(\xi)\mathrm{d}\xi\\&=\frac{1}{L}\int_{-\infty}^{t_0}u(\xi)\mathrm{d}\xi+\frac{1}{L}\int_{t_0}^{t}u(\xi)\mathrm{d}\xi\\&=i(t_0)+\frac{1}{L}\int_{t_0}^{t}u(\xi)\mathrm{d}\xi\end{aligned} \tag{1.21}$$

式(1.21)是电感伏安关系积分形式的另一种表达式，式中

$$i(t_0)=\frac{1}{L}\int_{-\infty}^{t}u(\xi)\mathrm{d}\xi$$

称为电感在 t_0 时刻的状态。若 t_0 为初始时刻，则 $i(t_0)$ 称为电感的初始状态。

电感的功率及能量的分析与电容的类似，此处不再推导。电感 L 在 t 瞬时吸收的功率 $p(t)$ 及储存的能量 $w_L(t)$ 分别为

$$p(t)=Li\frac{\mathrm{d}i(t)}{\mathrm{d}t}$$

$$w_L=\frac{1}{2}Li^2(t) \tag{1.22}$$

式中，$i(t)$ 为 t 瞬时流过电感的电流。式(1.22)表明：电感元件在任意时刻 t 所吸收的能量恒非负值，故电感是一无源元件。从 t_1 到 t_2 时间内，电感吸收的能量为

$$w_L=w_L(t_2)-w_L(t_1)=\frac{1}{2}Li^2(t_2)-\frac{1}{2}Li^2(t_1)$$

思考与练习题

1.4　如图 1.25 所示电路，求 u_{ab}、u_{bc} 和 u_{ac}。

1.5　如图 1.26 所示电路开关 S 打开和闭合时的 u_a、u_b 和 u_{ab}。

1.6　如图 1.27 所示电路，$u(t)$ 波形如图 1.27(b)所示，试画出 $i_R(t)$ 和 $i_C(t)$ 及 $i(t)$ 的波形图。

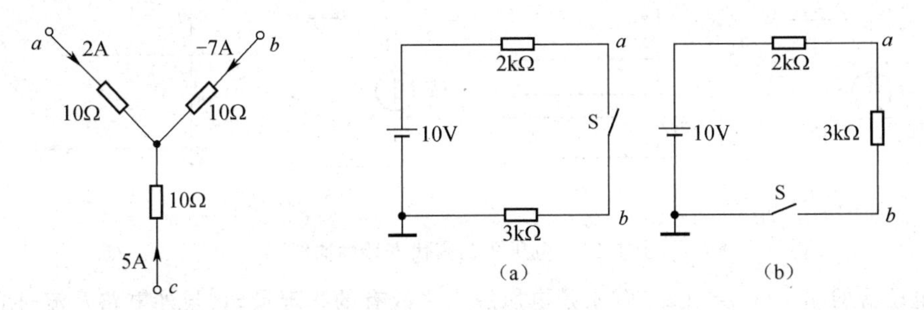

图 1.25　练习题 1.4 图

图 1.26　练习题 1.5 图

1.7　电感为 2H 的电流如图 1.28 所示，若电感电压 $u(t)$ 与电流 $i(t)$ 为关联方向，试画出电压 $u(t)$，功率 $p(t)$ 及能量 $w(t)$ 的波形。

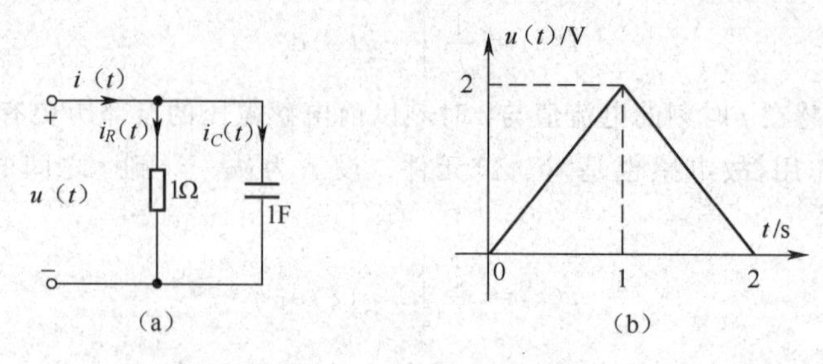

图 1.27 练习题 1.6 图

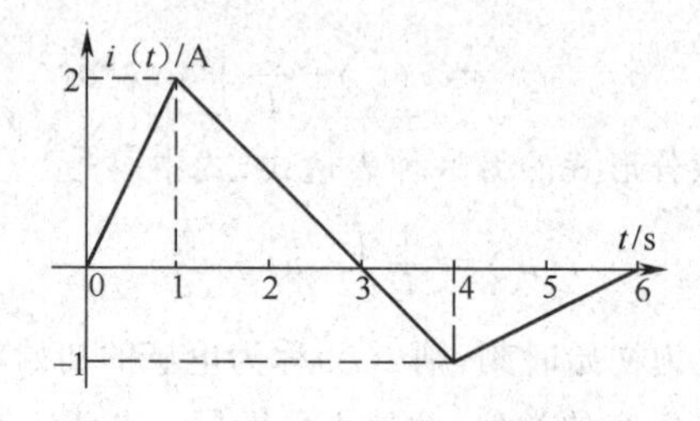

图 1.28 练习题 1.7 图

1.5 有源元件及其特性

电源是为电路提供能量的器件，其理想模型有电压源和电流源两种。

1.5.1 电压源

一个二端元件(或网络)，若能提供一个随时间按一定规律变化的电压 $u_s(t)$，且此电压与流过元件的电流 $i(t)$无关，则此二端元件称为**电压源**，简称为**压源**。电压源的电路符号如图 1.29(a)所示，图 1.29(b)所示为其伏安特性曲线。直流电压源的电压是一与时间无关的常数 U_s，其电路符号及伏安特性曲线分别如图 1.29(c)和(d)所示，由电压源的伏安曲线可以看出，电压源的端电压 u 与流过它的电流 i 无关，而恒有 $u(t)=\pm u_s(t)$。式中，u_s 与 u 方向一致时，取“+”，反之取“−”。流过电压源的电流取决于外电路，且与 $u_s(t)$有关。例如 10V 压源作用于 10Ω 电阻上时，电压源输出电流为 1A，若作用于 5Ω 电阻上，则输出电流为 2A。

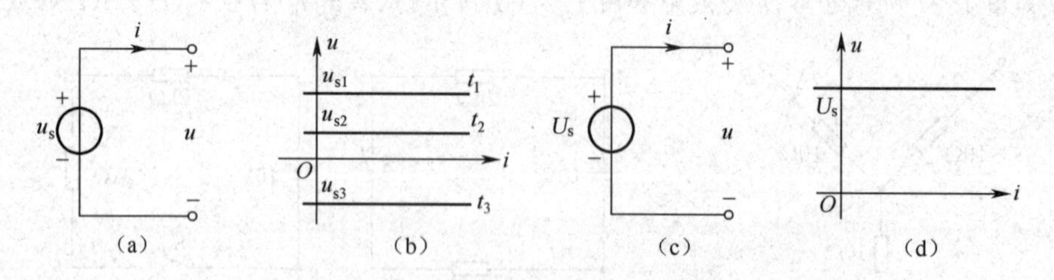

图 1.29 电压源及其伏安特性曲线

由于电压源的端电压 $u=\pm u_s$，而 u_s 是电压源本身故有的物理量，它与外电路及流过它的电流无关，因此不同极性及不同电压值的压源不能并联，但它们可以任意串联，因为通过压源的电流可以为任意值。

图1.30(a)为含压源的电阻支路，其伏安关系为

$$u=R_1 i+u_{s1}+R_2 i-u_{s2}$$
$$=u_{s1}-u_{s2}+(R_1+R_2)i$$

于是支路电流 $$i=\frac{u-u_{s1}+u_{s2}}{R_1+R_2}$$

若支路电压 u 的极性如图1.30(b)所示，则支路电流

$$i=\frac{-u-u_{s1}+u_{s2}}{R_1+R_2}$$

推广到一般情况，对于 n 个压源，m 个电阻串联的支路，支路电流 i 的表达式的普遍形式为

$$i=\frac{\pm u+\sum_1^n u_s}{\sum_1^m R} \tag{1.23}$$

式中，u 为支路电压，当 u 与 i 方向关联时，取"+"，反之取"−"；$\sum u_s$ 为支路中各压源电压的代数和，当压源驱动电流的方向(压源驱动电流的方向为从电压的"+"极通过外电路而指向"−"极)，与支路电流方向一致时，取"+"，反之取"−"；$\sum R$ 为支路各串联电阻之和。式(1.23)称为**压源支路欧姆定律**，实际上它是KVL方程的另一种形式。在电路分析中，用式(1.23)计算、分析压源支路的电流既直接又简便，故常用到它。

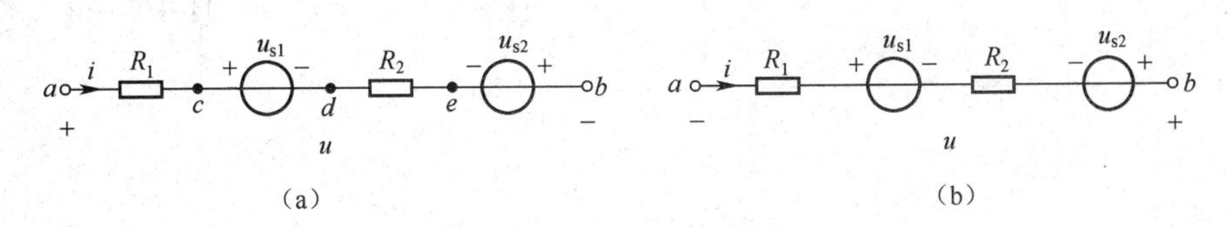

图1.30 含压源的电阻支路

例1.10 图1.30(a)中，若 a 点电位 $u_a=12\text{V}$，b 点电位 $u_b=-4\text{V}$，$u_{s1}=10\text{V}$，$u_{s2}=2\text{V}$，$R_1=3\Omega$ 及 $R_2=1\Omega$，试求电流 i，c、d、e 点的电位 u_c、u_d、u_e 以及该支路吸收的功率 p。

解 根据压源支路欧姆定律式(1.23)有

$$i=\frac{u_{ab}-u_{s1}+u_{s2}}{R_1+R_2}=\frac{12-(-4)-10+2}{3+1}\text{A}=2\text{A}$$

根据任意两点电压的公式(1.7)有

$$u_c=-R_1 i+u_a=(-3\times2+12)\text{A}=6\text{V}$$
$$u_d=-u_{S1}+u_c=(-10+6)\text{A}=-4\text{V}$$
$$u_f=-u_{s2}+u_b=[-2+(-4)]\text{A}=-6\text{V}$$

a-b 支路吸收的功率

$$p=u_{ab}i=(u_a-u_b)i=[12-(-4)]\times2\text{W}=32\text{W}$$

对某些含压源的电阻电路，可直接根据基尔霍夫定律与欧姆定律逐个求出各元件的电流及电压，(不需要列联立方程式求解)，这种分析方法称为观察分析法。下面举例说明。

例1.11 试求图1.31所示电路的电流 i 及电压 u_{ab}。

解 应用KVL及欧姆定律可得

$$15+1200i+3000i-50+800i=0$$

故

$$i=\frac{-15+50}{1200+3000+800}\text{A}=\frac{35}{5000}\text{A}=7\times10^{-3}\text{A}=7\text{mA}$$

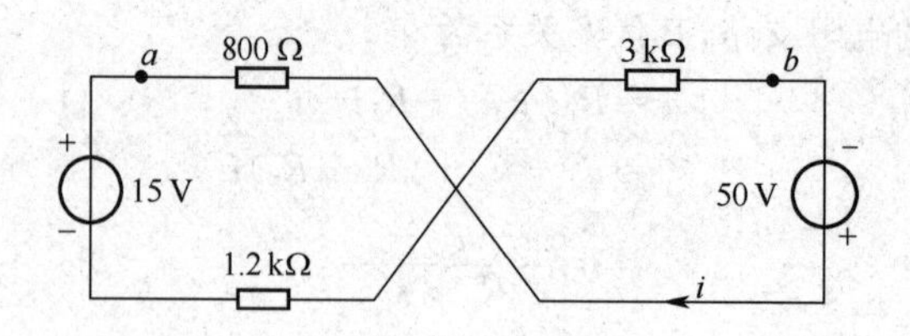

图 1.31 例 1.11 图

根据式(1.7)

$$u_{ab}=15+1200i+3000i=44.4\text{V}$$

或

$$u_{ab}=-800i+50=44.4\text{V}$$

例 1.12 (1)求图 1.32(a)所示电路的 I_1、I_2、u_2、u_s、R_1 及 R_2。(2)在图 1.32(b)电路中,开关 S 闭合时,电流表读数为 1A,试求开关 S 断开、闭合两种情况下的 u_a、i_1 和 i_2(电流表内阻很小,忽略不计)。

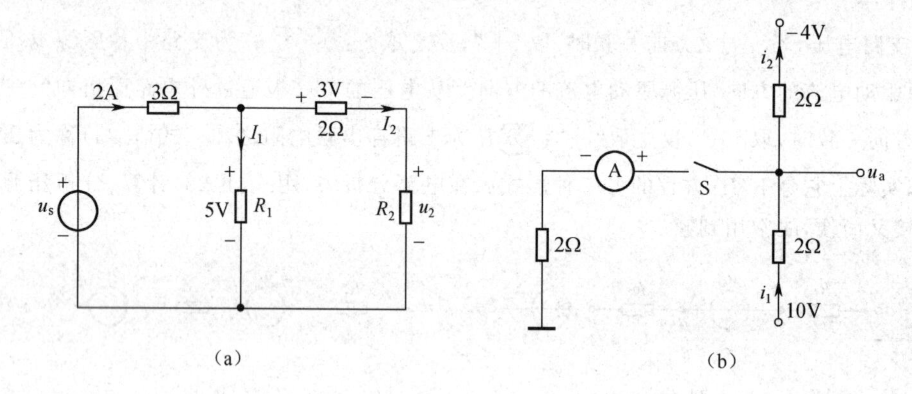

图 1.32 例 1.12

解 (1)

$$I_2=\frac{3}{2}\text{A}=1.5\text{A}$$

$$u_2=(-3+5)\text{V}=2\text{V}$$

$$R_2=\frac{u_2}{I_2}=\frac{2}{1.5}\Omega\approx 1.33\Omega$$

$$I_1=2-I_2=0.5\text{A}$$

$$R_1=\frac{5}{I_1}=10\Omega$$

$$u_s=(2\times 3+5)\text{V}=11\text{V}$$

(2)S 断开时:

$$i_1=i_2=\frac{10-(-4)}{2+2}\text{A}=3.5\text{A}$$

$$u_a=-2i_1+10=3\text{V}$$

S 闭合时:

$$u_a=2\times 1\text{V}=2\text{V}$$

$$i_1=\frac{10-u_a}{2}=\frac{10-2}{2}\text{A}=4\text{A}$$

$$i_2=\frac{u_a-(-4)}{2}=\frac{2+4}{2}\text{A}=3\text{A}$$

例 1.13　试求图 1.33 所示电路的 i，若以 b 点为参考点，试求 a、c 点的电位。

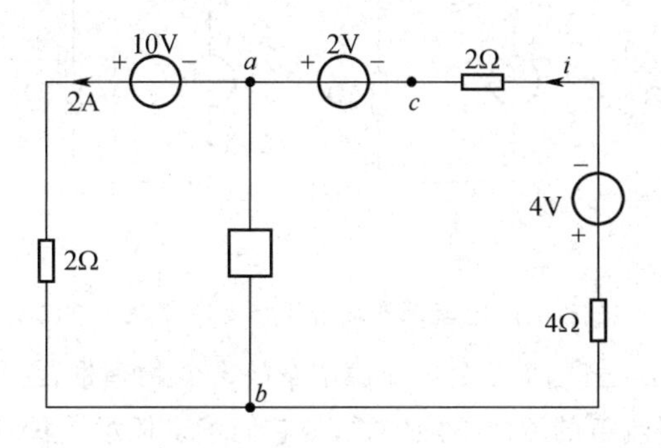

图 1.33　例 1.13 图

解　根据压源支路欧姆定律有

$$i=\frac{u_{ba}+2-4}{2+4}$$

而

$$u_{ba}=(-2\times 2+10)\text{V}=6\text{V}$$

故

$$i=\frac{6+2-4}{6}\text{A}=\frac{2}{3}\text{A}$$

a 和 c 点电位分别为

$$u_a=u_{ab}=-u_{ba}=-6\text{V}$$

$$u_c=-2+u_a=-8\text{V}$$

或

$$u_c=-2i-4-4i=-4-6i=-8\text{V}$$

1.5.2　电流源

电流源（简称流源）也是一个二端元件，它为电路提供一个随时间按一定规律变化的电流 $i_s(t)$，且该电流与元件的端电压 $u(t)$ 无关。图 1.34(a) 及 (b) 分别为电流源的电路符号和伏安特性曲线。图 1.34(c) 和 (d) 分别为直流电流源 I_s 的电路符号和伏安特性曲线。由电流源的伏安特性曲线可以看出，电流源的输出电流 i 与流源端电压 u 无关，而恒有 $i(t)=\pm i_s(t)$。式中“+”号对应于 i 与 i_s 方向一致的情况，“−”对应于相反的情况。电流源的端电压取决于外电路，且与 $i_s(t)$ 有关。例如图 1.35(a)～(d) 电路中，根据欧姆定律，电流源的端电压分别为：$u_1=1\text{V}$，$u_2=2\text{V}$，$u_3=-4\text{V}$ 及 $u_4=0\text{V}$。初学者在分析电路时，往往自觉或不自觉的不考虑流源的端电压，而将它作为零对待，这是非常错误的，要特别注意。

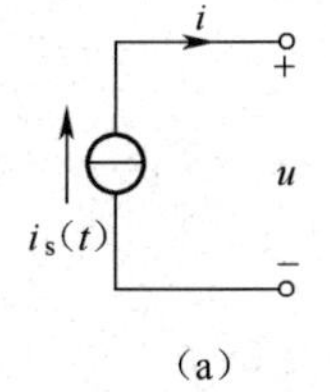

(a)

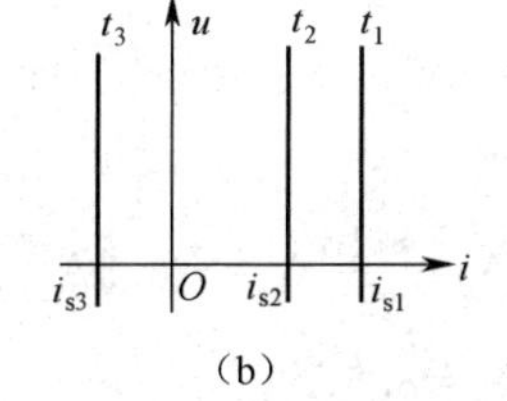

(b)

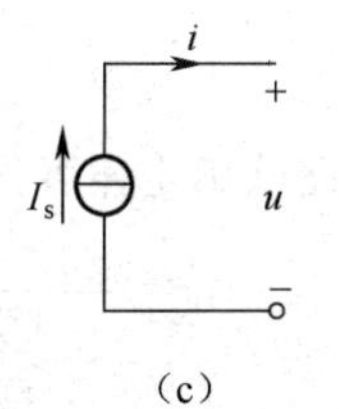

(c)

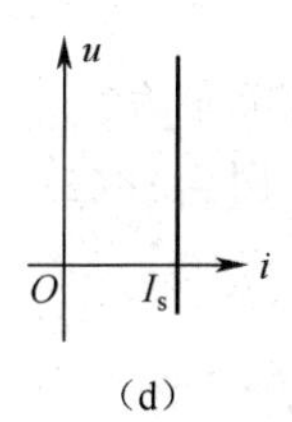

(d)

图 1.34　电流源及其伏安特性曲线

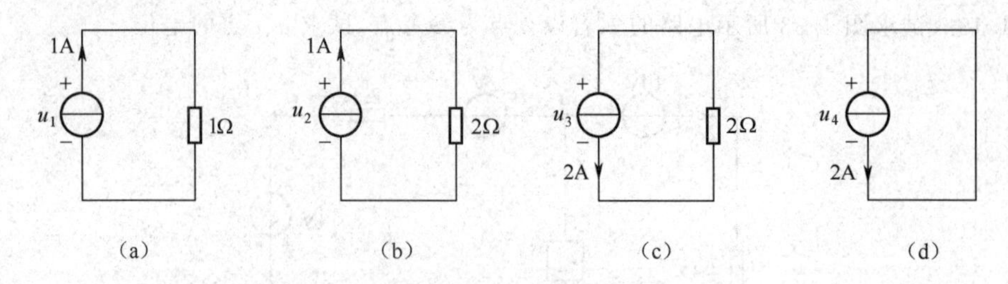

图 1.35　电流源的端电压与外电路及 I_S 有关

由于电流源输出电流 $i=\pm i_s$，而 i_s 是电流源本身故有的物理量，它与外电路及其两端的电压无关，因此不同方向及不同电流值的流源不能串联，但它们可以任意并联，这是因为电流源的电压可以为任意值。

对某些含流、压源的电阻电路，也可用观察法，即直接应用基尔霍夫定律与欧姆定律进行分析。下面举例说明。

例 1.14　试求图 1.36 电路中所示的电压、电流及功率。

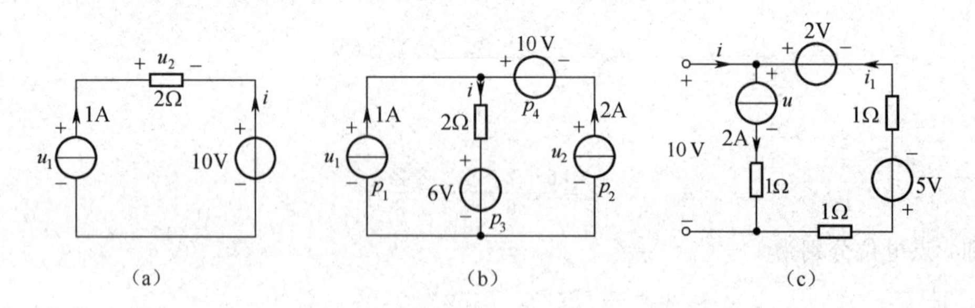

图 1.36　例 1.14 图

解　图 1.36(a)：$i=-1\text{A}$

$$u_2=-2i=2\text{V}$$
$$u_1=u_2+10=12\text{V}$$

图 1.36(b)：设电流 i，于是有

$$i=(1+2)\text{A}=3\text{A}$$
$$u_1=2i+6=(6+6)\text{V}=12\text{V}$$
$$u_2=-10+u_1=(-10+12)\text{V}=2\text{V}$$
$$p_1=u_1\times 1=12\text{W}(\text{供出})$$
$$p_2=u_2\times 1=4\text{W}(\text{供出})$$
$$p_3=6i=18\text{W}(\text{吸收})$$
$$p_4=(10\times 2)\text{W}=20\text{W}(\text{供出})$$

思考：更改中间支路哪个元件参数可使 $u_1=0\text{V}$，如何改？更改后，它对各支路电流和各电源功率有无影响？

图 1.36(c)：由压源支路欧姆定律可得

$$i_1=\frac{-10+2-5}{1+1}\text{A}=\frac{-13}{2}\text{A}=-6.5\text{A}$$

于是

$$i=2-i_1=8.5\text{A}$$
$$u=(10-2\times 1)\text{V}=8\text{V}$$

电压源的 $u_s(t)$ 和电流源的 $i_s(t)$ 均与电路中其他的物理量无关，这种电源称为独立源。从上式看出，独立源可能供出能量,也可能吸收能量。因此独立源不满足式(1.1),故为有源元件。从独立源的伏安特性曲线来看,它属于一种非线性电阻元件,但通常并不这么称呼它,而是称为电源。这是因为从物理概念上看,它模拟的是实际电路中的电源或信号源,它主要起对电路馈送能量或信息的作用。

以上介绍了电阻、电容、电感、电压源和电流源,其固有的物理量分别是 R、C、L、$u_s(t)$和 $i_s(t)$,它们均由元件本身的特点所确定,故称为元件的特性参数。

1.5.3　受控源

上述电压源与电流源称为**独立电源**。除此之外还有另一种与之不尽相同的电源,这种电源的特点是其电压(或电流)受电路中某个电压或电流所控制,故而称为**受控源**,又称为**非独立源**。根据电源参数与控制量之间的关系,受控源可分为 4 种:电压控制的电压源(VCVS)、电流控制的电压源(CCVS)、电压控制的电流源(VCCS)及电流控制的电流源(CCCS)。它们分别简称为**压控压源**、**流控压源**、**压控流源**及**流控流源**。若受控压源的电压及受控流源的电流与控制它的量成正比,则这种受控源称为**线性受控源**,本书只分析这类电源。为区别于独立源,受控源用菱形符号表示,如图 1.37 所示。受控源属于四端元件,其中一对端子为受控压源或受控流源的输出端钮,另一对为控制电压或控制电流所对应的端钮。图中 μ、r、g 和 β 称为受控源的参数,μ、β 无量纲,r 和 g 的量纲分别为欧姆和西门子。

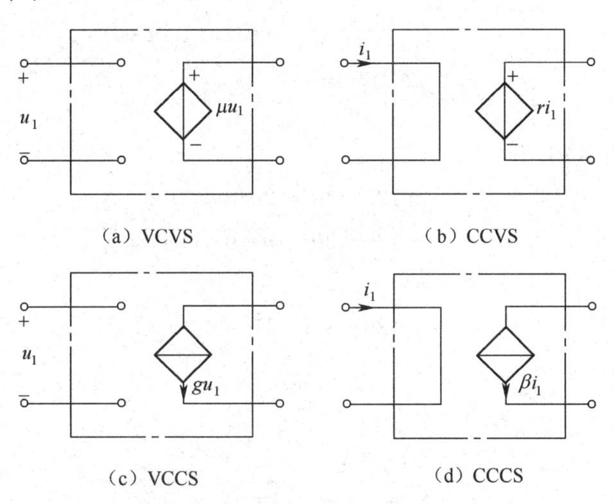

图 1.37　4 种受控源电路模型

受控源是某些电子器件的抽象模型,图 1.38 所示即为一例。其中图 1.38(a)所示为半导体三极管的电路符号,b、c 和 e 分别称为三极管的**基极**、**集电极**和**发射极**。在一定条件下,集电极电流 i_c 与基极电流 i_b 成正比,即 $i_c=\beta i_b$。另外,考虑到基极与发射极之间的电阻 R_b,于是三极管的电路模型近似如图 1.38(b)所示,它也可以画成图 1.38(c)形式,图中虚线方框所示部分正是流控流源的电路模型。受控源不能保证无源条件式(1.1)成立,因此它是有源元件。

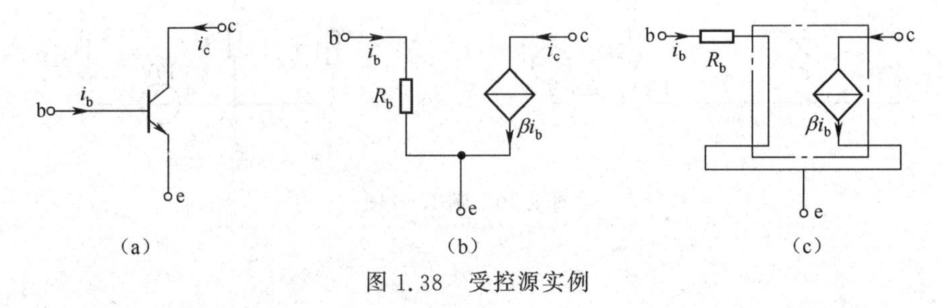

图 1.38　受控源实例

在电路分析中，对受控源的处理与独立源一样，只不过其控制量是未知量，但它可通过对电路的分析求得。对于某些含受控源的电阻电路，可以直接由基尔霍夫定律和欧姆定律进行分析，下面举例说明。

例 1.15 (1)求图 1.39(a)所示电路中的电流 i_2；(2)求图 1.39(b)所示电路的 i 及 u_{ab}。

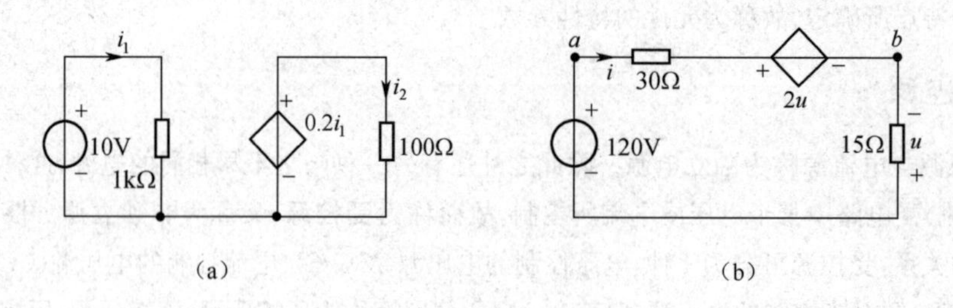

图 1.39 例 1.15 图

解 (1)图 1.39(a)：

$$i_2=\frac{0.2i_1}{100}$$

而

$$i_1=\frac{10}{10^3}\text{A}=0.01\text{A}$$

于是

$$i_2=\frac{0.2\times10^{-2}}{100}\text{A}=2\times10^{-5}\text{A}$$

(2)图 1.39(b)：由 KVL 有

$$-120+30i+2u-u=0$$

即

$$-120+30i+u=0$$

而

$$u=-15i$$

故

$$-120+30i-15i=0$$

从而求得

$$i=8\text{A}$$

$$u_{ab}=120+15i=0\text{V}$$

或

$$u_{ab}=30i+2u=30i+2(-15i)=0$$

思考：若将图中 a、b 两点短接，试问此时电路中电压、电流有无改变？短路线中的电流为多少？

例 1.16 (1)求图 1.40(a)所示电路中的 i_1、i_2、u 及 R_x。(2)求图 1.40(b)所示电路中的 u_s。

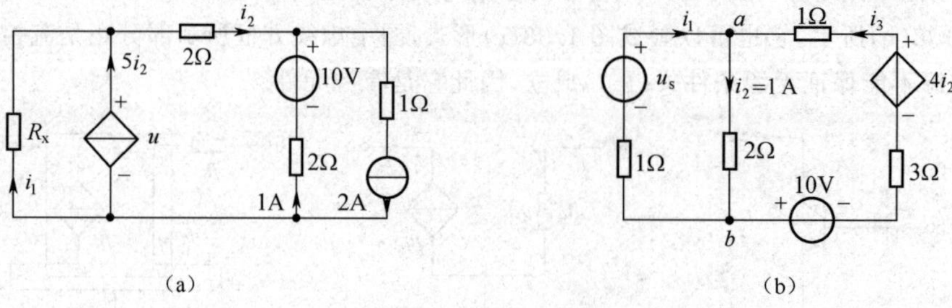

图 1.40 例 1.16 图

解　图 1.40(a)：

$$i_2=(2-1)\text{A}=1\text{A}$$

$$u=2i_2+10-2\times1=10\text{V}$$

$$i_1=i_2-5i_2=-4i_2=-4\text{A}$$

$$R_x=-\frac{u}{i_1}=-\frac{10}{-4}\Omega=2.5\Omega$$

图 1.40(b)：

$$u_{ab}=2i_2=(2\times1)\text{V}=2\text{V}$$

$$i_3=\frac{u_{ba}-10+4i_2}{1+3}=\left(\frac{-2-10+4}{4}\right)\text{A}=-2\text{A}$$

$$i_1=i_2-i_3=[1-(-2)]\text{A}=3\text{A}$$

$$u_s=u_{ab}+1\times i_1=(2+3)\text{A}=5\text{V}$$

思考与练习题

1.8　求图 1.41 所示各段电路的 u_{ab}。

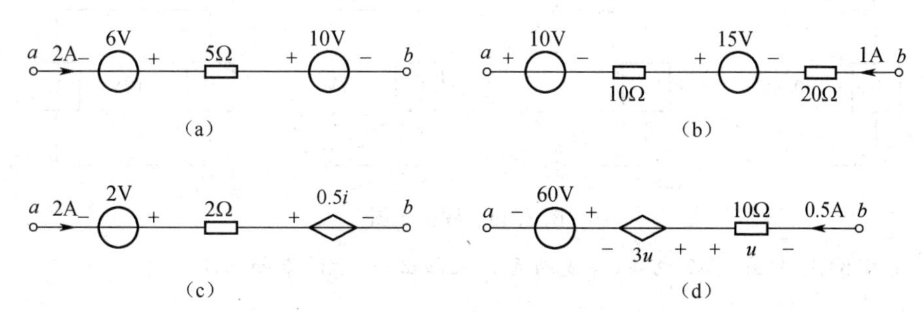

图 1.41　练习题 1.8 图

1.9　求图 1.42 所示电路的 u。

1.10　求图 1.43 所示电阻 R 消耗的功率。

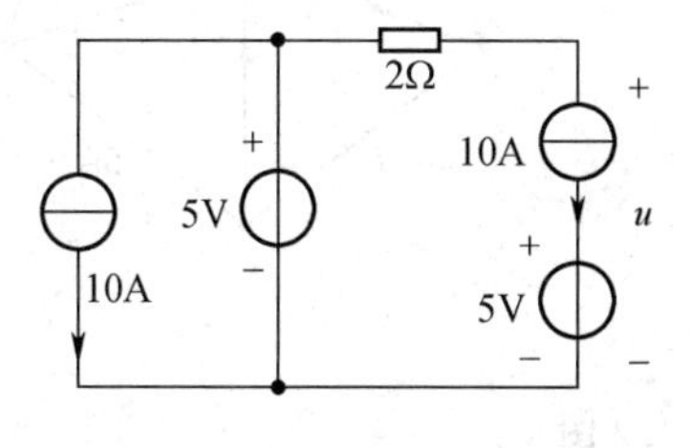

图 1.42　练习题 1.9 图

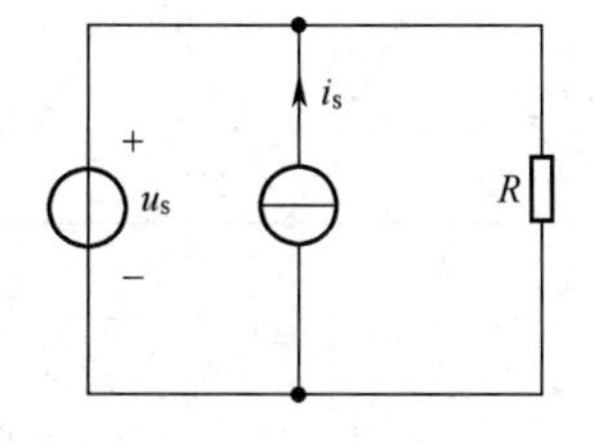

图 1.43　练习题 1.10 图

1.11　电路如图 1.44 所示，已知 $i=4\text{A}$，求电流源电流 i_S。

1.12　电路如图 1.45 所示，求各元件的功率，并注明供出或吸收。

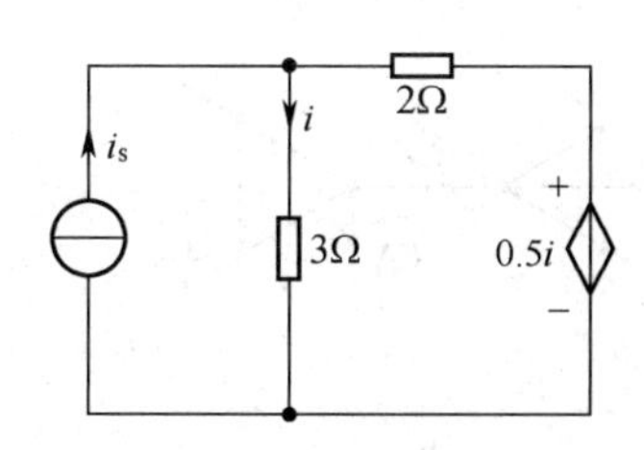

图 1.44　练习题 1.11 图

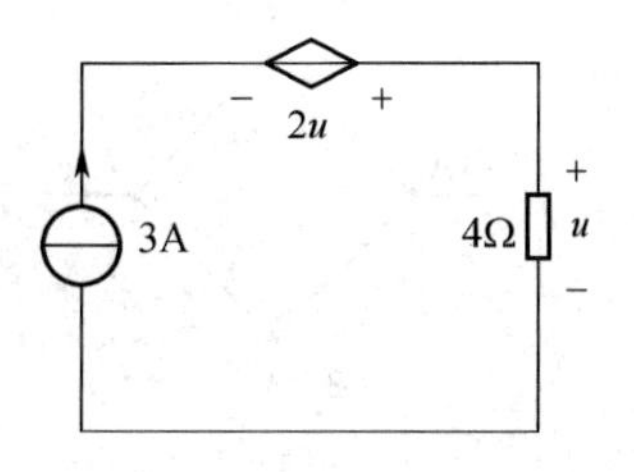

图 1.45　练习题 1.12 图

习题 1

1.1 对于图 1.46 所示各元件，(1)元件 A 吸收功率为 10W，求 u_a；(2)元件 B 吸收功率为 10W，求 i_b；(3)求元件 C 吸收的功率；(4)元件 D 供出功率为 10W，求 i_d；(5)求元件 E 吸收的功率；(6)元件 F 吸收功率为 10W，求 u_f；(7)求元件 G 供出的功率；(8)元件 H、K 是吸收还是供出功率(指实际的)，各为多少？

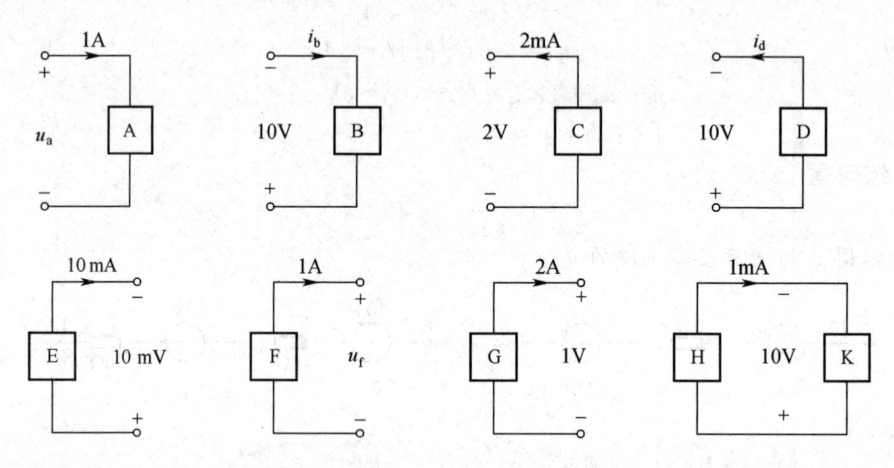

图 1.46 题 1.1 图

1.2 应用 KCL 求图 1.47 电路(各支路元件未画出)所示的未知电流。

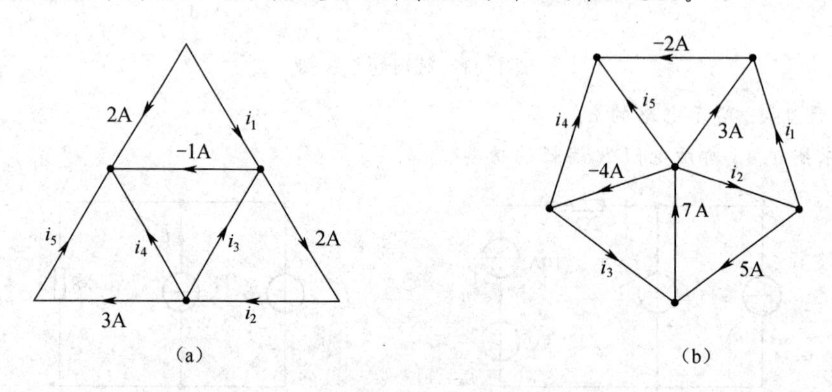

图 1.47 题 1.2 图

1.3 对图 1.47(b)电路，应用广义节点的 KCL 直接由图示的已知电流求 i_2 和 i_4。

1.4 求图 1.48 电路(各支路元件未画出)中所示的未知电流。

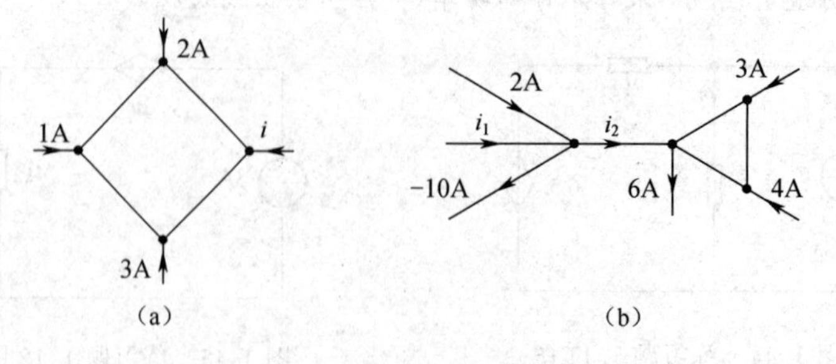

图 1.48 题 1.4 图

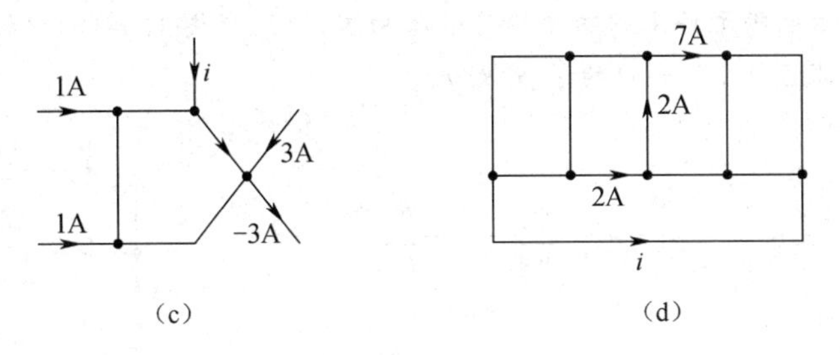

续图 1.48　题 1.4 图

1.5　试根据任意两点电压的计算公式,尽可能地求出图 1.49 电路中所示的未知电压。不能确定的,试指出还需知道哪些电压即可。

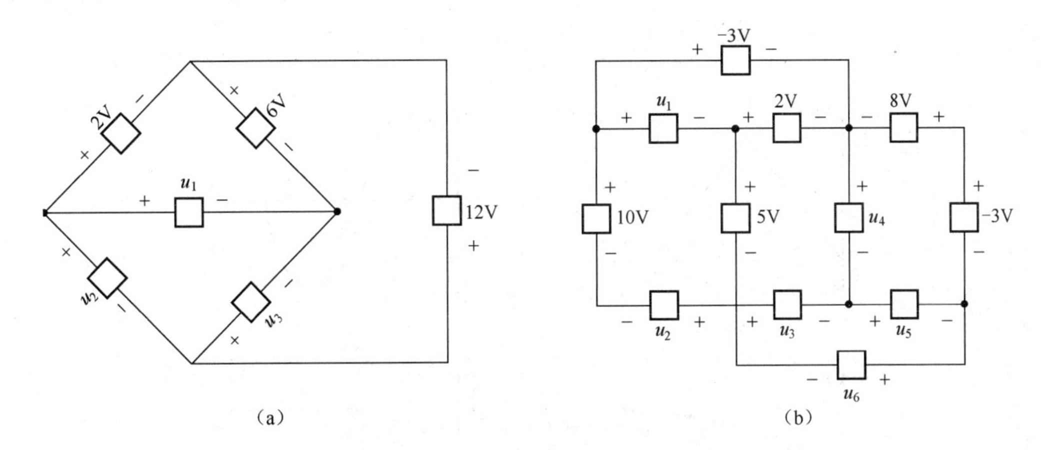

图 1.49　题 1.5 图

1.6　试计算图 1.50 所示电路各元件吸收的功率。

1.7　求图 1.51 各电阻元件上所示的未知量(R 或 i 或 u)及功率。

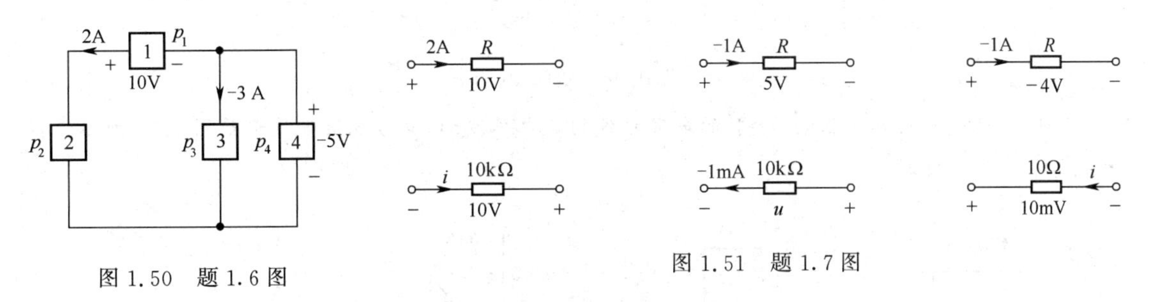

图 1.50　题 1.6 图

图 1.51　题 1.7 图

1.8　根据图 1.52 所示各二端网络的伏安特性曲线确定其电阻值。

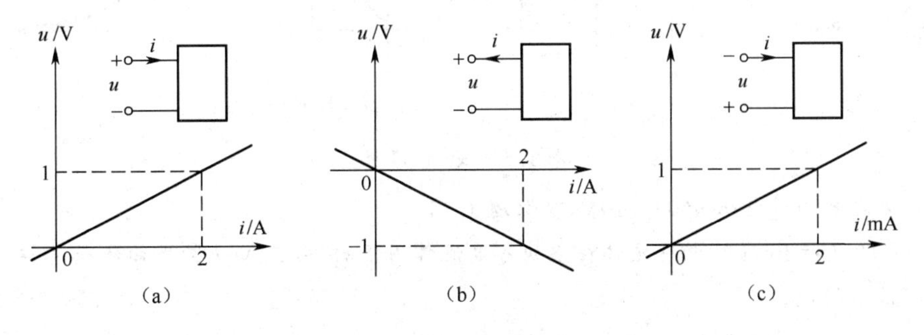

图 1.52　题 1.8 图

1.9　图1.53所示电阻元件上的功率均为吸收功率。(1)求图1.53(a)中的R；(2)求图1.53(b)中的R_1、R_2和p_2；(3)求图1.53(c)中的i_1、i_2及p_2。

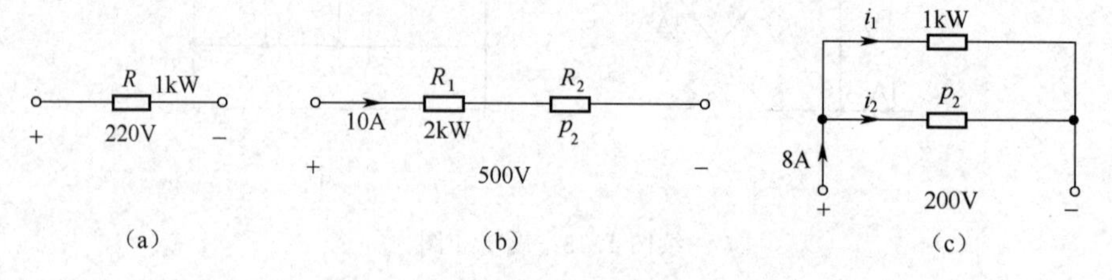

图1.53　题1.9图

1.10　30μF的电容元件，其电流和电压方向关联。若电压波形如图1.54所示，试求对应的电流波形。

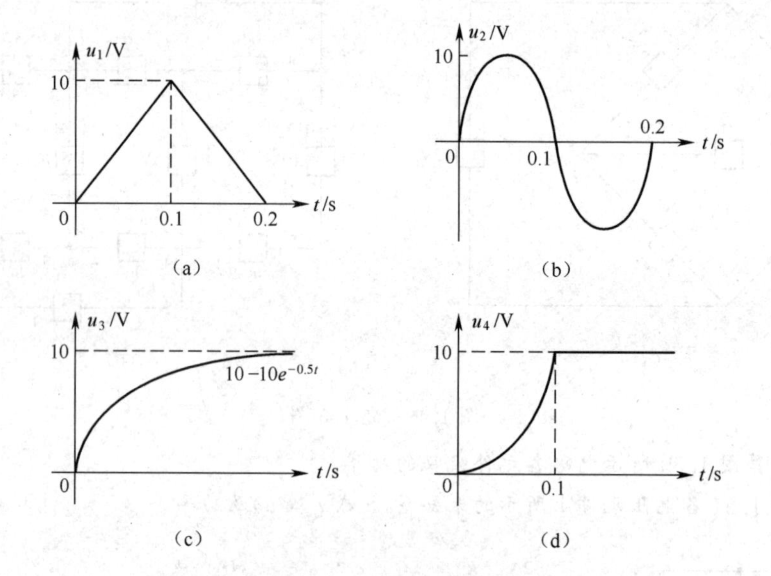

图1.54　题1.10图

1.11　求一无初始电压的30μF的电容元件的端电压波形，电容电流的波形如图1.55所示。设电流与电压方向关联。

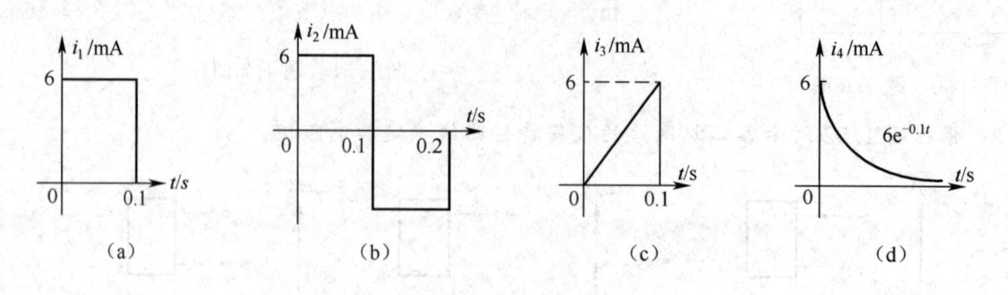

图1.55　题1.11图

1.12　若电容初始电压$u(0)=10\text{V}$，重做题1.11。

1.13　一个$L=2\text{mH}$的电感元件在下列各电流作用下的u-i及Ψ-i特性曲线是怎样，比较两种曲线能说明什么问题。

(1)$i(t)=(4t+2)\text{A}$；(2)$i(t)=6\ \text{e}^{-2t}\text{A}$；(3)$i(t)=4\cos(10t)\text{A}$；(4)$i(t)=6\text{A}$。

1.14　对于图 1.56 所示支路，(1)求图 1.56(a)的 i 及支路消耗的功率 p；(2)求图 1.56(b)的 i 及各元件的功率；(3)在图 1.56(c)中，a 和 b 点的电位分别为 −3V 和 4V，试求支路电流 i 及 c 点的电位 u_c(分别由两条不同路径求解)；(4)在图 1.56(d)中，a 和 b 点的电位分别为 4V 和 −6V，试求 i 及 c 点的电位 u_c。

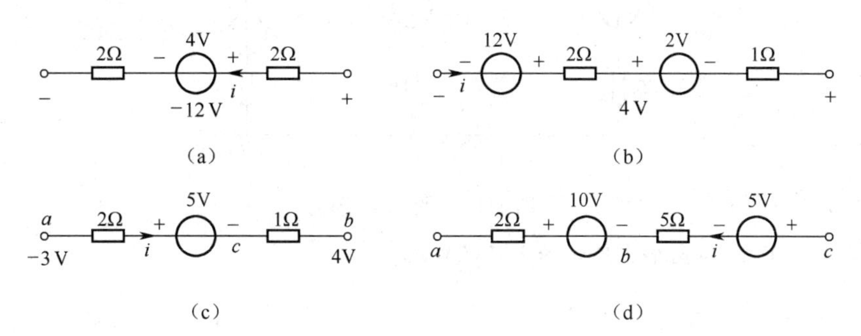

图 1.56　题 1.14 图

1.15　求图 1.57 各电路中 a、b、c 点的电位 u_a、u_b、u_c。

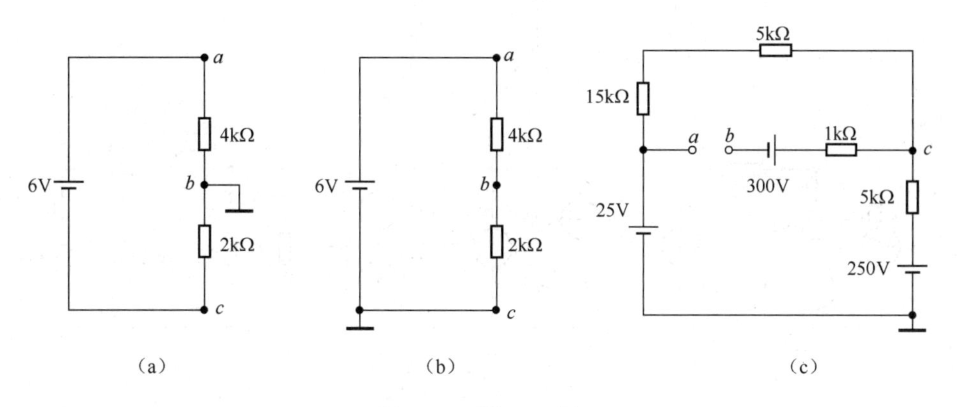

图 1.57　题 1.15 图

1.16　(1)用观察法求图 1.58(a)所示电路的 i_1、i_2 及 N 网络所消耗的功率 p。
(2)用观察法求图 1.58(b)所示电路的 i_1、i_2、u_s 及 u_{ab}(分别由几条不同路径计算)。

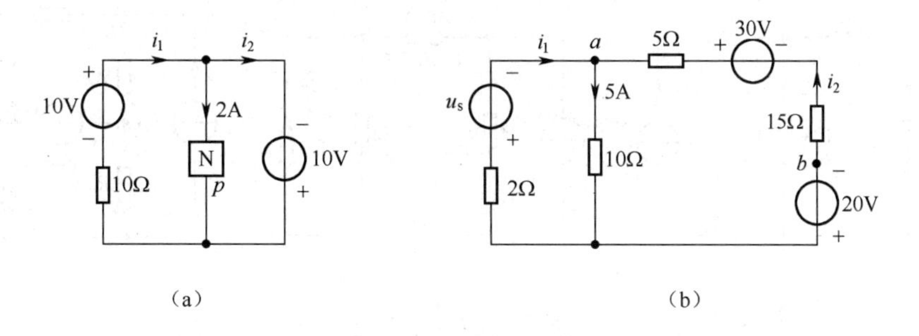

图 1.58　题 1.16 图

1.17　(1)电路如图 1.59 所示，当以 d 点为参考点(即 $u_d=0$V)时，a 点和 b 点的电位分别为 $u_a=2.5$V 及 $u_b=-2.5$V，试求各支路电流及 R_3；(2)若以 b 点为参考点($u_b=0$V)，试求 u_a、u_c、u_d。各支路电流是否改变，为什么？

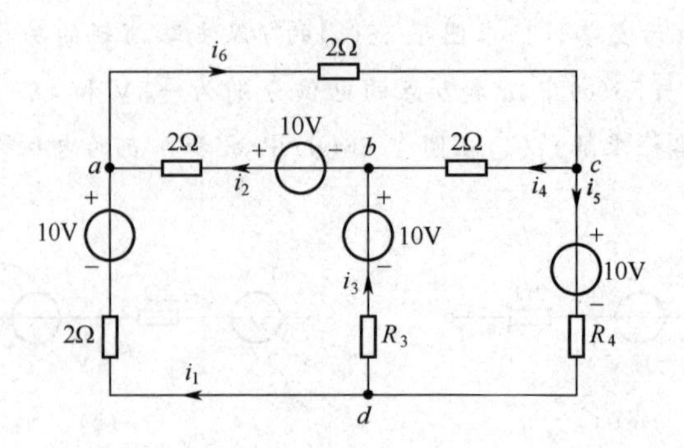

图 1.59 题 1.17 图

1.18 试求图 1.60 各电路中所示的电压及电流。

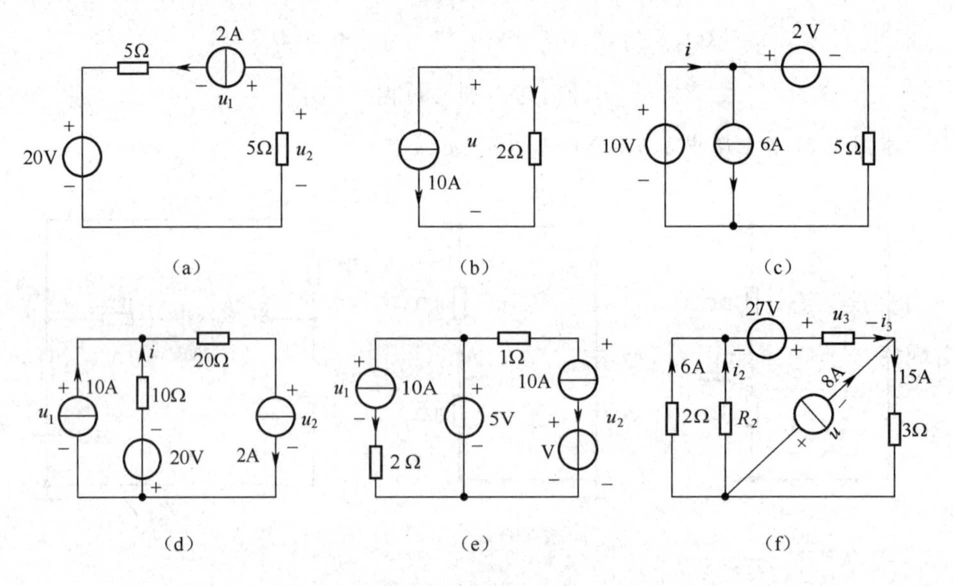

图 1.60 题 1.18 图

1.19 试求图 1.61 各电路中的 i_x 及 u_x。

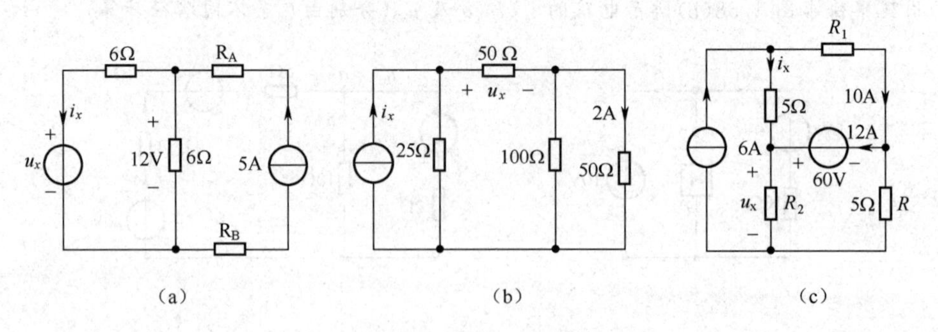

图 1.61 题 1.19 图

1.20 试求图 1.62 电路中所示的 i、u 及 p_x。

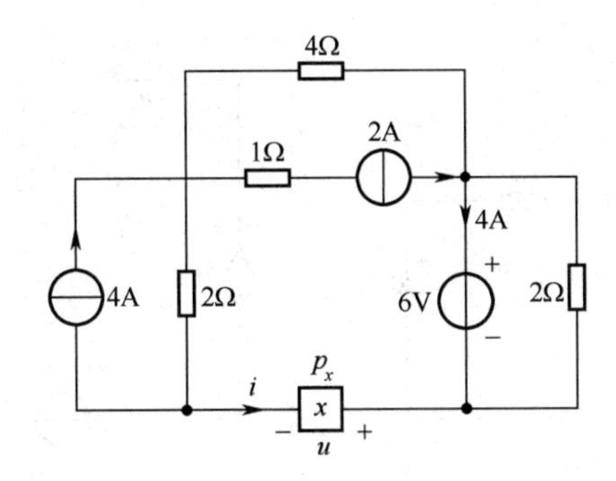

图 1.62　题 1.20 图

1.21　(1)求图 1.63(a)所示电路的 i_1、i_2、i_3；(2)求图 1.63(b)所示电路的 u_{ac}、u_{bd}。

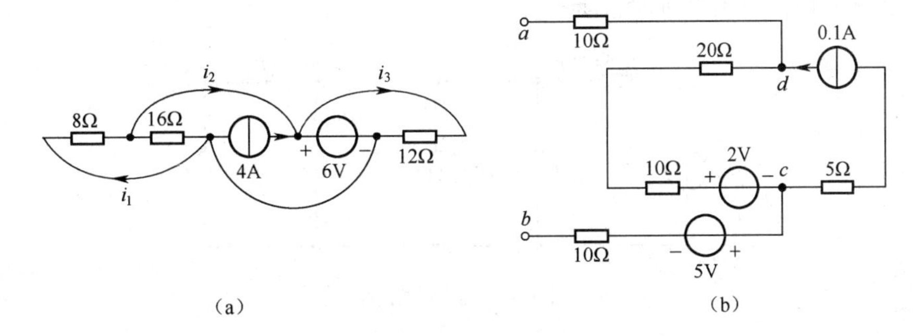

图 1.63　题 1.21 图

1.22　(1)求图 1.64(a)所示电路的 u_2；(2)求图 1.64(b)所示电路的 i。

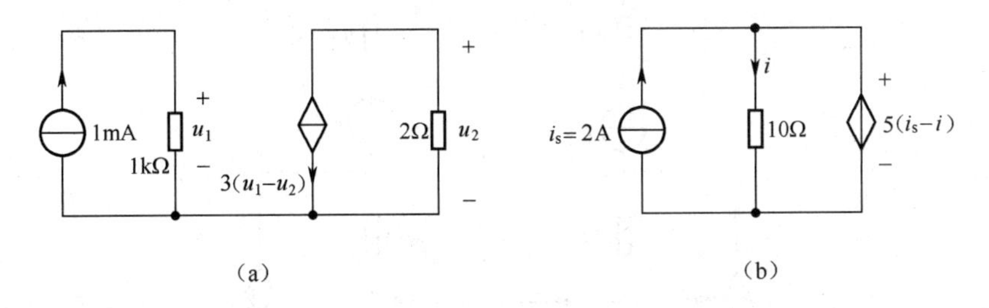

图 1.64　题 1.22

1.23　求图 1.65 所示电路的 i。图中方框内为任意电阻电路(设不短路)。

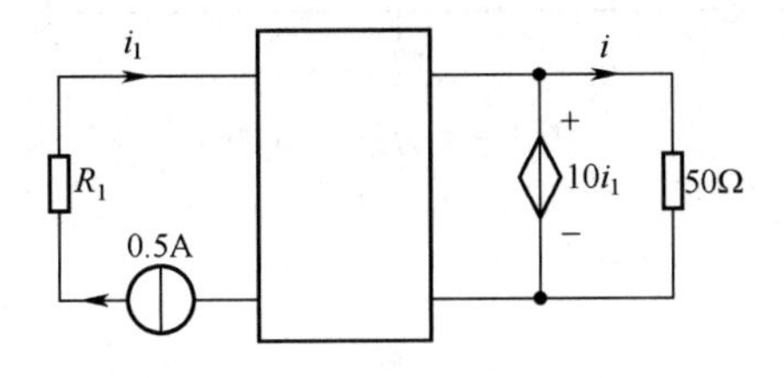

图 1.65　题 1.23 图

1.24　(1)求图 1.66(a)电路的 i；(2)求图 1.66(b)电路的 u_a、u_b。

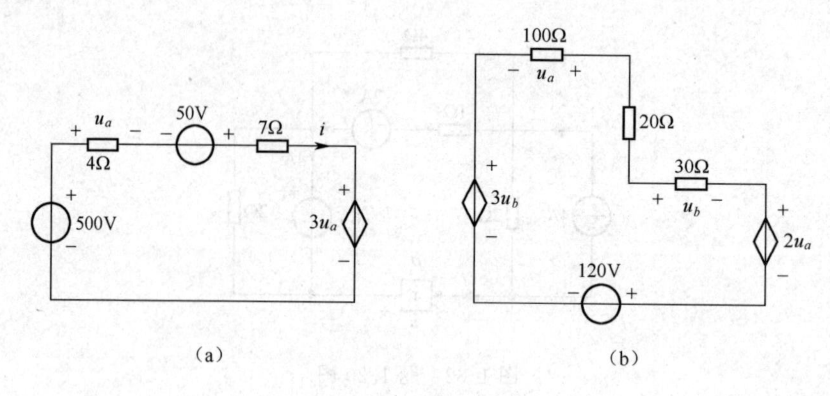

图 1.66　题 1.24 图

1.25　求图 1.67 所示电路中的 u 和 u_{ab}。

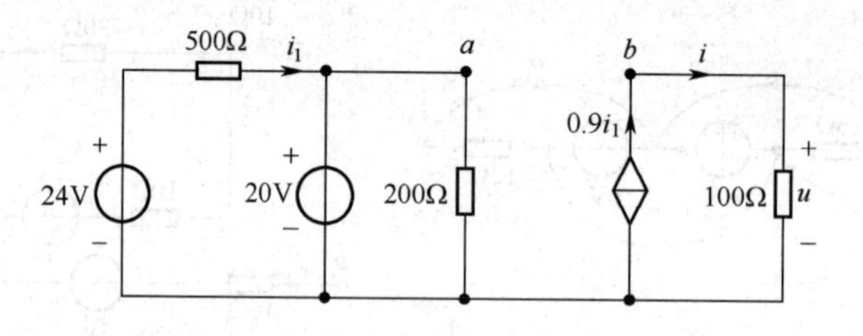

图 1.67　题 1.25 图

1.26　求图 1.68 所示电路中的 u_{ab}。

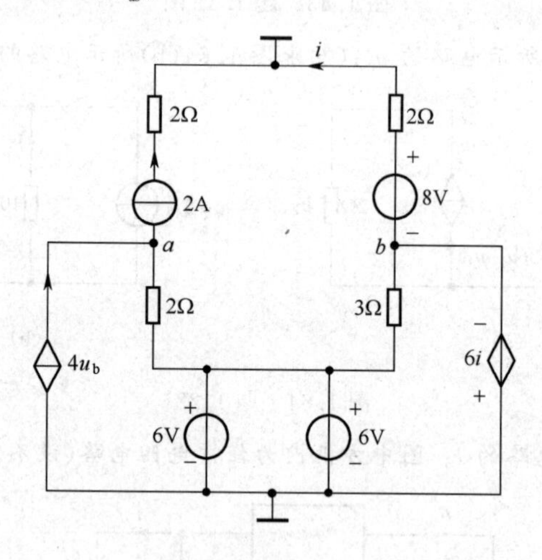

图 1.68　题 1.26 图

第 2 章

电路的等效分析

本章给出电路分析的等效概念。在此基础上，讨论了电阻的连接；介绍电阻的连接及等效电阻；电阻的星形、三角形连接及变换；分压与分流公式；简单电阻电路分析；实际电压源与电流源的互换；无独立源二端网络输入电阻的分析方法。最后介绍有关运算放大器的基本概念，并用观察法分析含运放的电路。

2.1 等效的概念及电阻的等效分析

2.1.1 等效的概念

在电路分析中，若一个网络只有两个端钮与外电路相连，则称其为二端网络或一端口网络。每一个二端元件便是二端网络的最简单形式。

一个二端网络的端子间的电压、流过端子的电流分别称为**端口电压** u 和**端口电流** i。如图 2.1 所示，图中 u、i 的参考方向对二端网络为相关联参考方向。

一个内部没有独立源（电压源或电流源）的电阻性二端网络，总可以用端口电压和电流（相关联方向）的比值表示，这个元件称为该网络的**等效电阻**或**输入电阻**，用 R_{eq} 表示。

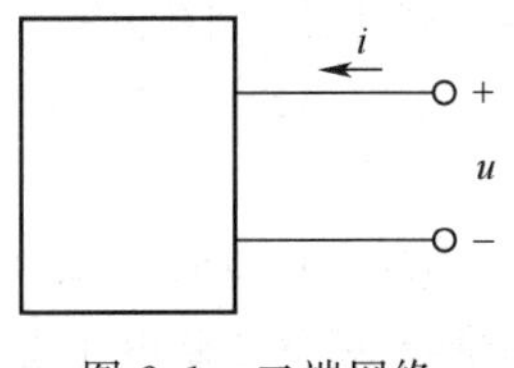

图 2.1 二端网络

一个二端网络的端口电压、电流关系和另一个二端网络的端口电压、电流关系相同.即它们端钮上的伏安关系完全相同或伏安曲线重合，这两个网络称为**等效网络**。两个等效的网络的内部结构可以相同也可以不同，但对外部而言，若在它们端钮外部接以相同电路时，外电路中电压、电流的分布情况将完全一样。它们的影响完全相同。即等效网络互换后，它们的外部情况不变，故“等效”是指“对外等效”。

用结构简单的网络代替结构较复杂的网络，将使电路的分析计算简化。因此，网络的等效变换，是分析计算电路的一个重要手段。

2.1.2 电阻的串联

在电路中，把两个或两个以上的电阻元件一个接一个地顺次连接起来，并且当有电流流过时，它们流过同一电流，这样的连接方式称为电阻的**串联**。

串联电阻可用一个等效电阻来表示，如图 2.2 所示。等效的条件是在同一电压 u 的作用下电流 i 保持不变。根据 KVL，有

$$\begin{aligned} u &= u_1 + u_2 + \cdots + u_n = iR_1 + iR_2 + \cdots + iR_n \\ &= i(R_1 + R_2 + \cdots + R_n) = iR_{eq} \end{aligned} \tag{2.1}$$

式中，$R_{eq} = R_1 + R_2 + R_3 + \cdots + R_n = \sum_{i=1}^{n} R_i$ 。

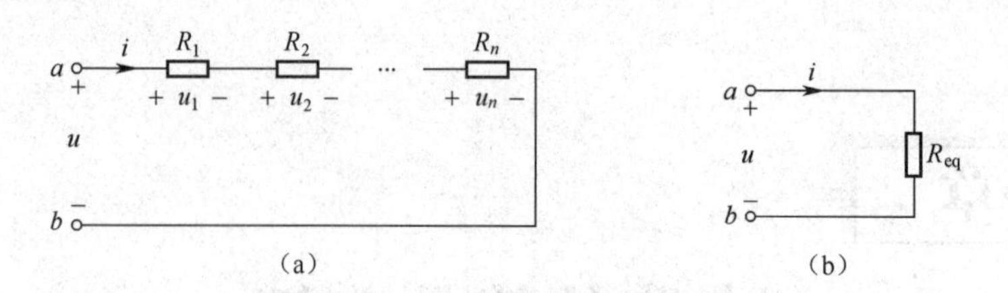

图 2.2　电路串联及等效电路

当满足式(2.1)时，图 2.2(a)、(b)所示两电路对外电路完全等效。电阻串联时，每个电阻上的电压分别为

$$\begin{cases} u_1 = iR_1 = \dfrac{R_1}{R_{eq}}u \\ u_2 = iR_2 = \dfrac{R_2}{R_{eq}}u \\ \cdots\cdots \\ u_n = iR = \dfrac{R_n}{R_{eq}}u \end{cases} \tag{2.2}$$

式(2.2)称为**串联电阻的分压公式**。它表明，当外加电压一定时，各串联电阻的端电压与其电阻成正比，它们均小于输入电压。

图 2.2(a)中各电阻消耗的功率分别为

$$p_1 = i^2 R_1 \quad p_2 = i^2 R_2 \quad \cdots \quad p_n = i^2 R_n$$

如果将式(2.1)两边同乘以电流 i，则有

$$p = i^2 R_{eq} = i^2 R_1 + i^2 R_2 + \cdots + i^2 R_n = p_1 + p_2 + \cdots + p_n \tag{2.3}$$

可见，R_{eq}消耗的功率等于各串联电阻消耗的功率之和，这一关系正是等效的必然结果。

电阻串联时，每个电阻的功率与电阻值的关系为

$$p_1 : p_2 : \cdots : p_n = R_1 : R_2 : \cdots : R_n \tag{2.4}$$

式(2.4)说明，电阻的功率与它的电阻值成正比。电阻串联的应用很多，例如，为了扩大电压表的量程，就需要将电压表与电阻串联；当负载的额定电压低于电源电压时，可以通过串联一个电阻来分压；为了调节电路中的电流，通常可在电路中串联一个变阻器。

电压表是串联电阻电路的一个实例。指示仪表的核心是表头，表头的内阻和满度电流分别设为 R_g 和 I_g。所谓**满度电流**，是指表头允许通过的最大电流。在此电流作用下，指针处于满刻度位置。满度电流 I_g 很小，一般为微安级，表头内阻 R_g 也不大，因此表头直接可测的最大电压 $U_g = R_g I_g$ 很小，无实用性。为测量大于 U_g 的电压，必须与表头串一电阻 R_f，如图 2.3(a)所示，R_f 称为**分压电阻**。分压电阻的大小取决于电压表的量程 U_m（指针满度时，电压表两端的电压）、表头内阻 R_g 及满度电流 I_g。

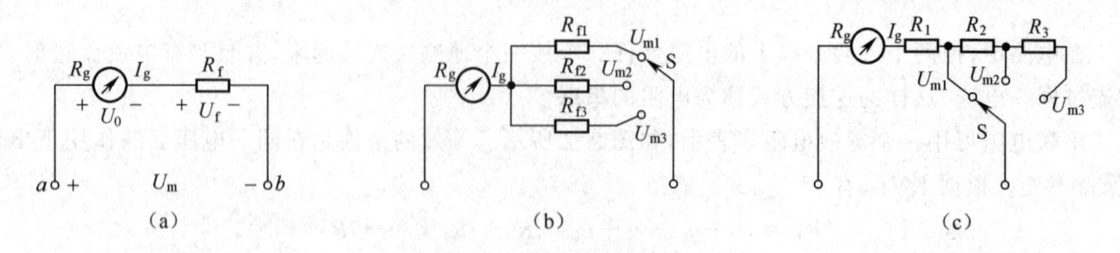

图 2.3　电压表电路图

【例 2.1】　在图 2.3(a)中，$R_g = 1\ \text{k}\Omega$，$I_g = 50\mu\text{A}$，电压表量程 $U_m = 10\text{V}$，试求分压电阻 R_f。

解　$U_m=10\text{V}$ 时，表头指针满度，故

$$R_{ab}=\frac{U_m}{I_g}=\frac{10}{50\times10^{-6}}\Omega=(2\times10^5)\Omega=200\text{k}\Omega$$

$$R_f=R_{ab}-R_g=(200-1)\text{k}\Omega=199\text{k}\Omega$$

电压表亦可做成多量程的，其电路如图 2.3(b)、(c)所示，分析方法与上类似。

在图 2.4(a)中，R_1 与 R_2 串联，R_3 与 R_4 串联，若 $R_1/R_2=R_3/R_4$，则由分压公式有

$$u_1=\frac{R_1}{R_1+R_2}u=\frac{\frac{R_2R_3}{R_4}}{\frac{R_2R_3}{R_4}+R_2}u=\frac{R_3}{R_3+R_4}u=u_3$$

这意味着 c 点与 d 点等电位，因此将 c、d 两点短接[见图 2.4(b)]或接一电阻 R 时，电路各处电压、电流不变，c、d 连线上的电流为零。图 2.4(c)电路称为**电桥电路**。c、d 之间电流 $i=0$ 时，称为**平衡电桥**。平衡电桥的条件是 $R_1/R_2=R_3/R_4$ 或 $R_1R_4=R_2R_3$(常用此式)。电桥平衡原理广泛用于各种测量电路中。图 2.4(c)平衡电桥可等效为图 2.4(a)、(b)所示的 c、d 开路和 c、d 短路两种情况。

以上是根据串联电阻的分压原理对平衡电桥的分析。根据这一分析，图 2.4(d)电路在满足 $R_1/R_2=R_3/R_4=R_5/R_6$ 条件时，则可等效为图 2.4(e)或图 2.4(f)。

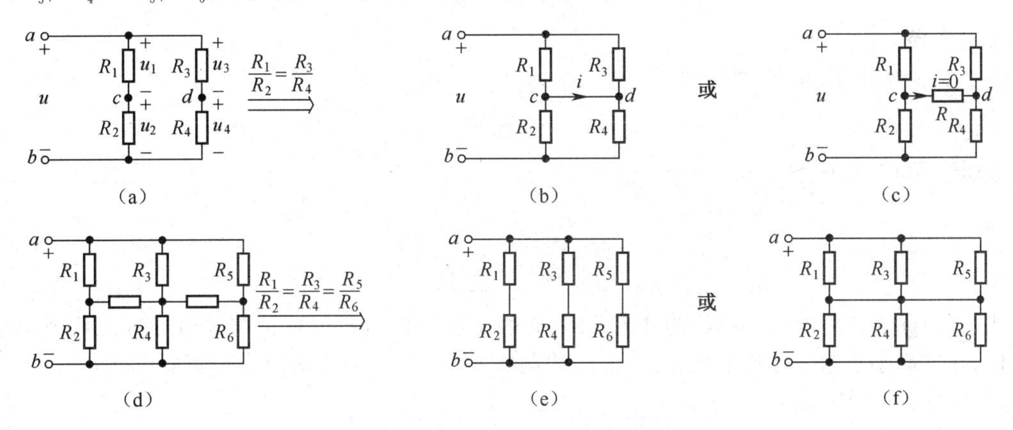

图 2.4　用分压原理分析平衡电桥

2.1.3　电阻的并联

图 2.5(a)所示为 n 个电阻并联的二端网络，各电阻处于同一电压下的连接方式，称为电阻的**并联**，并联电阻也可以用一个等效电阻来代替，如图 2.5(b)所示。

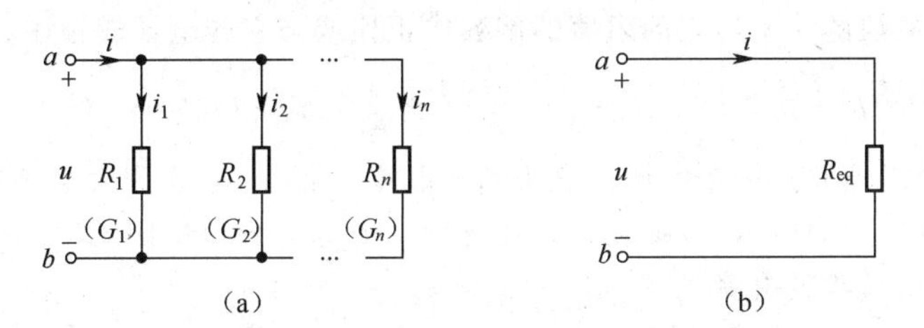

图 2.5　电阻的并联及等效电阻

根据 KCL，图 2.5(a)有下列关系：

$$i=i_1+i_2+\cdots+i_n=\frac{u}{R_1}+\frac{u}{R_2}+\cdots+\frac{u}{R_n}$$

$$=u\left(\frac{1}{R_1}+\frac{1}{R_2}+\cdots+\frac{1}{R_n}\right)=\frac{u}{R_{eq}} \tag{2.5}$$

式(2.5)中

$$\frac{1}{R_{eq}}=\frac{1}{R_1}+\frac{1}{R_2}+\cdots+\frac{1}{R_n}=\sum_{i=1}^{n}\frac{1}{R_i}$$

若以电导表示,并令

$$G_1=\frac{1}{R_1},\quad G_2=\frac{1}{R_2},\cdots,G_n=\frac{1}{R_n}$$

则有

$$G_{eq}=G_1+G_2+\cdots+G_n=\sum_{i=1}^{n}G_i \tag{2.6}$$

由式(2.6)可见,n 个并联电导的等效电导大于任一并联电导,即 n 个并联电阻的等效电阻小于任一并联电阻。并联电阻越多,等效电阻越小。n 个并联电阻,若有一个为零(短路),则等效电阻为零;若各电阻相等且为 R,则等效电阻为 R/n。电阻并联常用符号"//"表示,例如 R_1 与 R_2 并联可表示为 $R_1 // R_2$,其等效电阻

$$R_{eq}=R_1 // R_2=\frac{1}{\frac{1}{R_1}+\frac{1}{R_2}}=\frac{R_1R_2}{R_1+R_2}$$

这是常用公式。

图 2.5(a)中电阻(电导)的电流为

$$i_k=G_ku$$

而图 2.5(b)有 $u=\frac{i}{G_{eq}}$,故

$$i_k=\frac{G_k}{G_{eq}}i=\frac{G_k}{\sum_{i=1}^{n}G_i}\cdot i \tag{2.7}$$

式(2.7)称为**并联电阻(电导)的分流公式**,它表明各并联电阻的电流与其电导成正比或与电阻成反比,并且都小于输入电流 i,根据式(2.7)R_1 与 R_2 并联时,各对应电流亦可写成

$$i_1=\frac{R_2}{R_1+R_2}\cdot i,\quad i_2=\frac{R_1}{R_1+R_2}\cdot i \tag{2.8}$$

式(2.8)也是常用公式。

如果将式(2.5)两边同乘以电压 u,则有

$$p=ui=\frac{u^2}{R_1}+\frac{u^2}{R_2}+\cdots+\frac{u^2}{R_n} \tag{2.9}$$

式(2.9)说明,n 个电阻并联的总功率等于各个电阻吸收的功率之和。

电阻并联时,各电阻的功率与它的阻值的倒数成正比或与它的电导成正比。

$$p_1:p_2:\cdots:p_n=\frac{1}{R_1}:\frac{1}{R_2}:\cdots\frac{1}{R_n}=G_1:G_2:\cdots:G_n$$

电流表是并联电阻电路的一个实例。表头满度电流 I_g 很小,若要测大于 I_g 的电流,就必须与表头并一电阻 R_p,如图 2.6(a)所示,否则表头会被烧毁。R_p 称为分流电阻,其大小取决于电流表的量程 I_m 以及表头内阻 R_g 及满度电流 I_g。

【例 2.2】 在图 2.6(a)中,$R_g=1\text{k}\Omega$,$I_g=50\mu\text{A}$,电流表量程 $I_m=1\text{A}$,试求分流电阻 R_p。

解 在 $I_m=1\text{A}$ 作用下,指针满度,故

$$R_p=\frac{I_g}{I_m-I_g}R_g=\left(\frac{50\times10^{-6}}{1-50\times10^{-6}}\times10^3\right)\Omega=0.05\Omega$$

实际应用中,电流表常做成多量程的,其对应电路如图 2.6(b)所示。这种电路的主要缺点是,开关转换瞬间或接触不良时,被测电流全部通过表头,可能烧毁表头。一种改进的电路如图 2.6(c)

所示，在此不再分析。

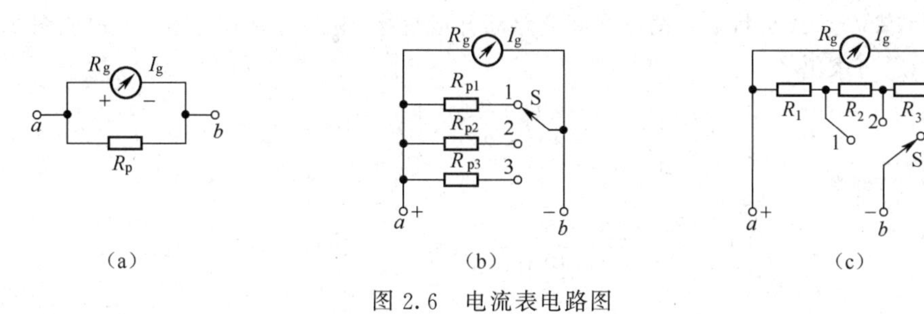

图 2.6　电流表电路图

2.1.4　电阻的混联

电阻串联与并联相结合的连接称为**混联**。电阻混联的二端网络可以通过电阻串、并联化简，最后等效为一个电阻。混联电路各元件的电压和电流可通过 KVL、KCL 及分压和分流公式求得。

在计算串联、并联及混联电路的等效电阻时，关键在于识别各电阻的串、并联关系，其工作大致可分成以下几步：

(1)几个元件是串联还是并联是根据串、并联特点来判断的，串联电路所有元件流过同一电流；并联电路所有元件承受同一电压。

(2)将所有无阻导线连接点用节点表示。

(3)在不改变电路连接关系的前提下，可根据需要改画电路，以便更清楚地表示出各电阻的串、并联关系。

(4)对于等电位点之间的电阻支路，必然没有电流流过，所以既可以将它看做开路，也可将它看做短路。

(5)采用逐步化简的方法，按照顺序简化电路，最后计算出等效电阻。

【例 2.3】　电路如图 2.7(a)所示，试求 a、b 两端的等效电阻 R_{ab}。

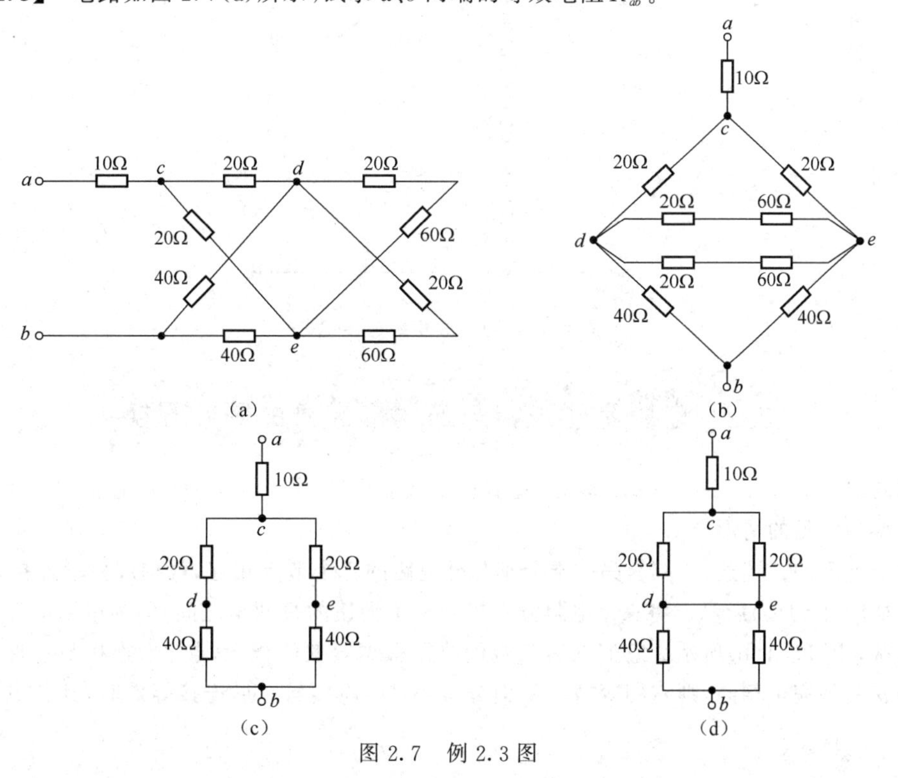

图 2.7　例 2.3 图

解 图 2.7(a)所示电路为较复杂的电路，可先改画电路为图 2.7(b)所示电路，可见为一平衡电桥，d、e 两点为等位点，故可将 d、e 两点之间支路断开或短接，电路可改画为图2.7(c)或图 2.7(d)。

由图 2.7(c)可求出

$$R_{ab}=\left[10+\frac{(20+40)\times(20+40)}{(20+40)\times 2}\right]\Omega=(10+30)\Omega=40\Omega$$

由图 2.7(d)可求出

$$R_{ab}=\left[10+\frac{20\times 20}{20+20}+\frac{40\times 40}{40+40}\right]\Omega=(10+10+20)\Omega=40\Omega$$

思考与练习题

2.1 在图 2.8 所示电路中，试求 a、b 两端的等效电阻 R_{ab}。

2.2 图 2.9 所示电路为连续可调分压器，a、b 端输入 50V，求 c、d 间输出电压的可调范围。

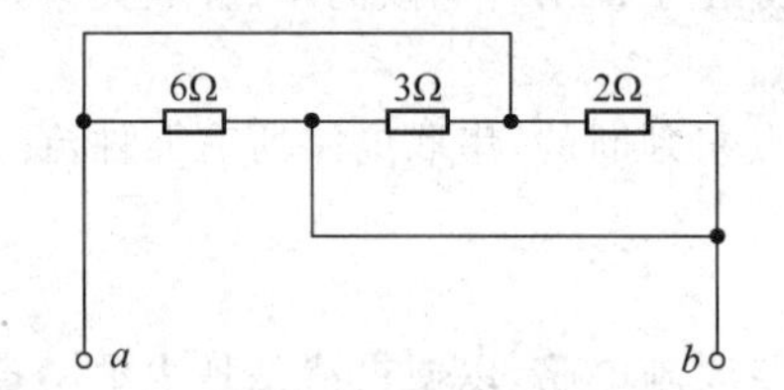

图 2.8 练习题 2.1 图

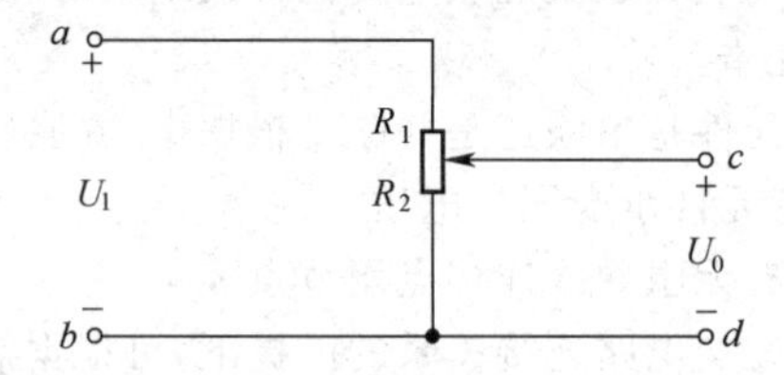

图 2.9 练习题 2.2 图

2.3 图 2.10 所示电路为步级分压电路。已知 $U_1=100\text{V}$，要求输出电压 U_0 分别为 100V、50V、10V，今限定总电阻 $R_1+R_2+R_3=100\Omega$，试计算各电阻值。

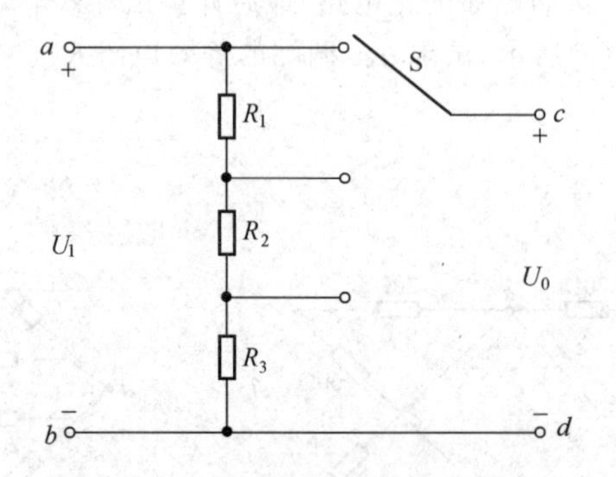

图 2.10 题 2.3 步级分压电路

2.2 电阻星形连接与三角形连接的等效互换

电阻的连接方式，除了串联和并联外，还有更复杂的连接，本节介绍的星形连接和三角形连接就是复杂连接中常见的情形。

将三个电阻的一端连在一起，另一端分别与外电路的三个节点相连，就构成星形连接，又称为Y**形连接**。如图 2.11(a)所示。将三个电阻分别接到三个端钮的每两个之间，称为电阻的**三角形连接**或△**形连接**，图 2.11(b)所示。它们均属三端网络。根据等效的概念，若Y形连接与△形连接对应端钮的伏安关系完全相同，则它们等效。下面分析当Y形连接与△形连接等效时，其各电阻之间的关系。

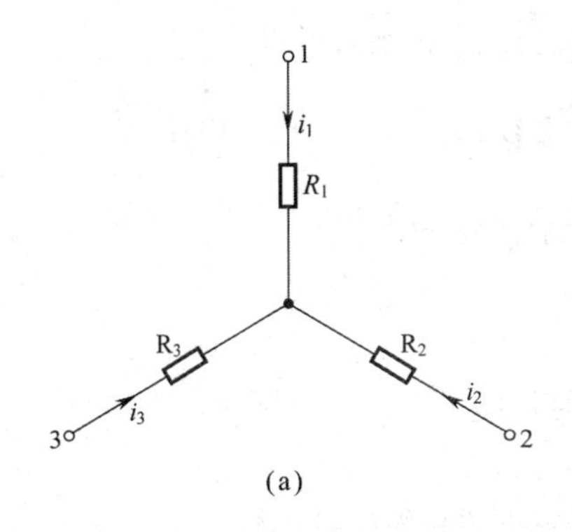

(a)

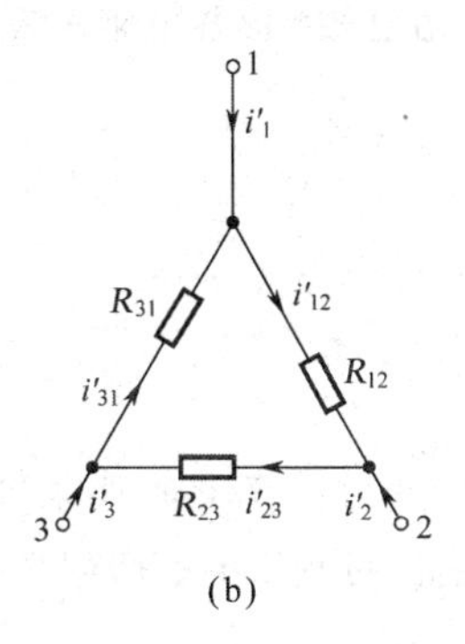

(b)

图 2.11 电阻的Y形连接与△形连接

设图 2.11(a)图 2.11(b)各对应端钮之间的电压相同,分别为 u_{12}、u_{23}和 u_{31}。在图 2.11(a)中,各端钮输入电流分别为 i_1、i_2和 i_3,于是

$$u_{12}=R_1 i_1-R_2 i_2 \tag{2.10}$$

$$u_{23}=R_2 i_2-R_3 i_3 \tag{2.11}$$

$$i_1+i_2+i_3=0 \tag{2.12}$$

式(2.10)、(2.11)和(2.12)是一组独立方程,可解出电流与电压之关系如下

$$i_1=\frac{R_3}{R_1R_2+R_2R_3+R_3R_1}u_{12}-\frac{R_2}{R_1R_2+R_2R_3+R_3R_1}u_{31} \tag{2.13}$$

$$i_2=\frac{R_1}{R_1R_2+R_2R_3+R_3R_1}u_{23}-\frac{R_3}{R_1R_2+R_2R_3+R_3R_1}u_{12} \tag{2.14}$$

$$i_3=\frac{R_2}{R_1R_2+R_2R_3+R_3R_1}u_{31}-\frac{R_1}{R_1R_2+R_2R_3+R_3R_1}u_{23} \tag{2.15}$$

图 2.11(b)中,各端钮输入电流分别为 i'_1、i'_2 和 i'_3,由图可知

$$i'_1=i'_{12}-i'_{31}=\frac{1}{R_{12}}u_{12}-\frac{1}{R_{31}}u_{31} \tag{2.16}$$

$$i'_2=i'_{23}-i'_{12}=\frac{1}{R_{23}}u_{23}-\frac{1}{R_{12}}u_{12} \tag{2.17}$$

$$i'_3=i'_{31}-i'_{23}=\frac{1}{R_{31}}u_{31}-\frac{1}{R_{23}}u_{23} \tag{2.18}$$

若图 2.11(b)与图 2.11(a)各对应端钮的电流相等,即 $i_1=i'_1$、$i_2=i'_2$和 $i_3=i'_3$,则两网络等效。对照式(2.13)、(2.16),当 $i_1=i'_1$时,两式右侧各项对应的系数应相等。同理,式(2.14)和(2.17),式(2.15)和(2.18)对应的系数也应相等,于是得到

$$\begin{cases} R_{12}=R_1+R_2+\dfrac{R_1R_2}{R_3} \\ R_{23}=R_2+R_3+\dfrac{R_2R_3}{R_1} \\ R_{31}=R_3+R_1+\dfrac{R_3R_1}{R_2} \end{cases} \tag{2.19}$$

式(2.19)还可写成

$$\begin{cases} R_{12}=\dfrac{R_1R_3+R_2R_3+R_1R_2}{R_3} \\ R_{23}=\dfrac{R_1R_2+R_1R_3+R_2R_3}{R_1} \\ R_{31}=\dfrac{R_2R_3+R_1R_2+R_3R_1}{R_2} \end{cases}$$

式(2.19)是由已知Y形各电阻求等效△形各电阻的公式。由上式可得

$$\begin{cases} R_1 = \dfrac{R_{31}R_{12}}{R_{12}+R_{23}+R_{31}} \\ R_2 = \dfrac{R_{12}R_{23}}{R_{12}+R_{23}+R_{31}} \\ R_3 = \dfrac{R_{23}R_{31}}{R_{12}+R_{23}+R_{31}} \end{cases} \tag{2.20}$$

式(2.20)是由已知△形各电阻求等效Y形各电阻的公式。

为了便于记忆,可利用下面所列文字公式:

$$\text{星形连接电阻} = \frac{\text{三角形连接电阻中两相邻电阻之积}}{\text{三角形连接电阻之和}}$$

$$\text{三角形连接电阻} = \frac{\text{星形连接电阻中各电阻两两相乘之和}}{\text{星形连接中另一端所连电阻}}$$

当星形各个电阻值相等,即 $R_1=R_2=R_3=R_Y$ 时,则此星形称为**对称星形**。同样,当三角形各个电阻相等,即 $R_{12}=R_{23}=R_{31}=R_\triangle$ 时,则称为**对称三角形**。根据式(2.19)和(2.20),可得Y、△对称等效互换的公式为

$$\begin{cases} R_\triangle = 3R_Y \\ R_Y = \dfrac{1}{3}R_\triangle \end{cases} \tag{2.21}$$

【例 2.4】 试求图 2.12 点画线所示二端网络的等效电阻 R_{ab} 及电流 I。

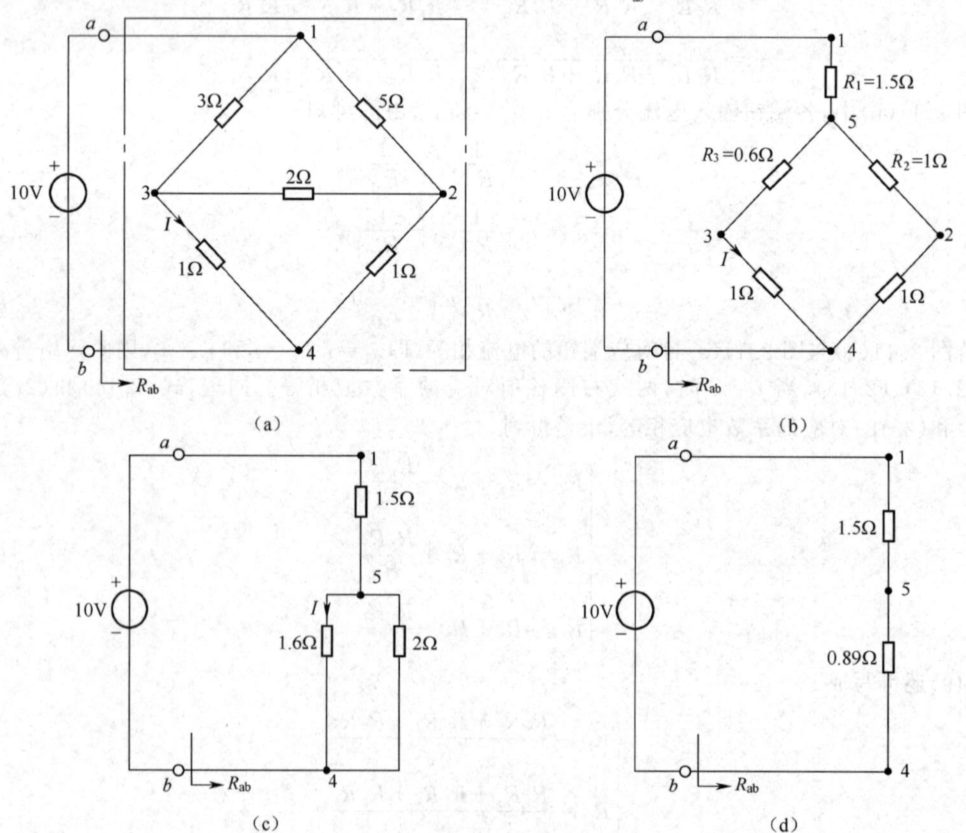

图 2.12 例 2.4 图

解　图2.12(a)等效转换为图2.12(b),图中

$$R_1=\left(\frac{3\times5}{3+5+2}\right)\Omega=1.5\Omega$$

$$R_2=\left(\frac{2\times5}{3+5+2}\right)\Omega=1\Omega$$

$$R_3=\left(\frac{2\times3}{3+5+2}\right)\Omega=0.6\Omega$$

图2.12(b)是一混联电路,它可简化为图2.12(c)、图2.12(d)电路。由图2.12(d)有

$$R_{ab}=(1.5+0.89)\Omega=2.39\Omega$$

$$U_{54}=\left(\frac{0.89}{1.5+0.89}\times10\right)\text{V}\approx3.72\text{V}$$

返回到图2.12(c),于是

$$I=\frac{U_{54}}{1.6}=\frac{3.72}{1.6}\text{A}\approx2.33\text{A}$$

亦可直接由图2.12(c)求I,如下:

$$I=\left[\frac{10}{1.5+(1.6/\!/2)}\times\frac{2}{1.6+2}\right]\text{A}=\left(\frac{10}{1.5+\frac{1.6\times2}{1.6+2}}\times\frac{2}{3.6}\right)\text{A}=2.33\text{A}$$

思考与练习题

2.4　将图2.13三角形连接网络变换成等效星形连接网络。

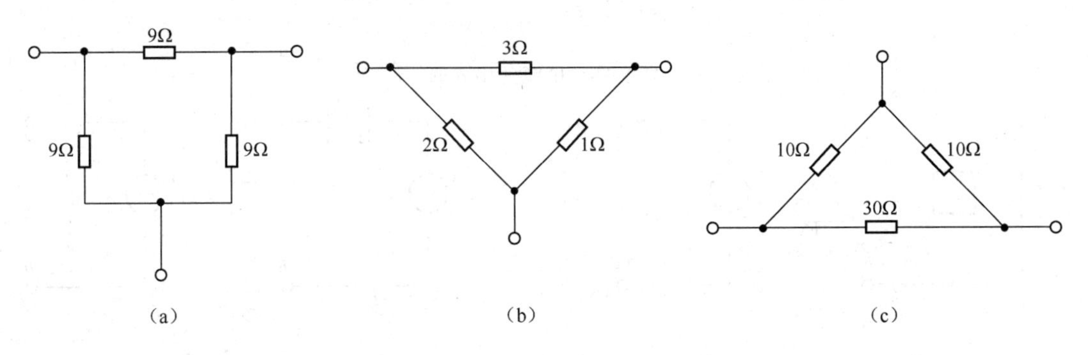

图2.13　练习题2.4图

2.5　将图2.14星形连接网络变换成等效三角形连接网络。

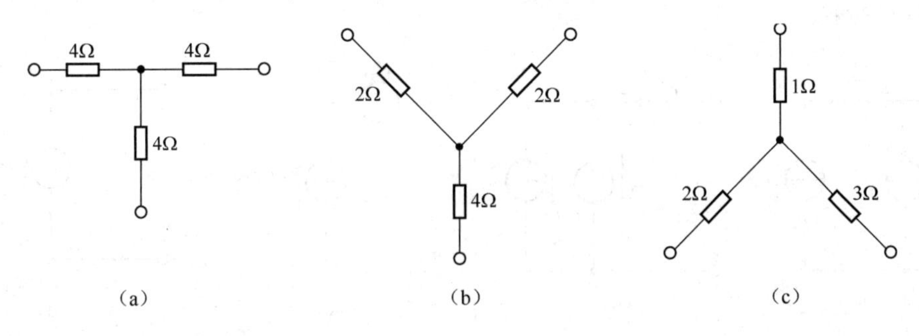

图2.14　练习题2.5图

2.3 电源的等效分析

2.3.1 独立电源的串并联

若干个独立压源可以串联，而只有电压相等、极性相同的独立压源才能并联，否则违反 KVL。若干个独立流源可以并联，而只有电流相等、方向相同的独立流源才能串联，否则违反 KCL。根据等效条件，上述情况可分别等效为一个电压源和一个电流源，如图 2.15 所示。

电压源的输出电压和电流源的输出电流均与外电路无关，因此电压源与任何二端网络 N(不能短路)并联所构成的二端网络仍等效为原电压源；电流源与任何二端网络(不能开路)串联所构成的二端网络仍等效为原电流源。图 2.16 表明了这两种情况。

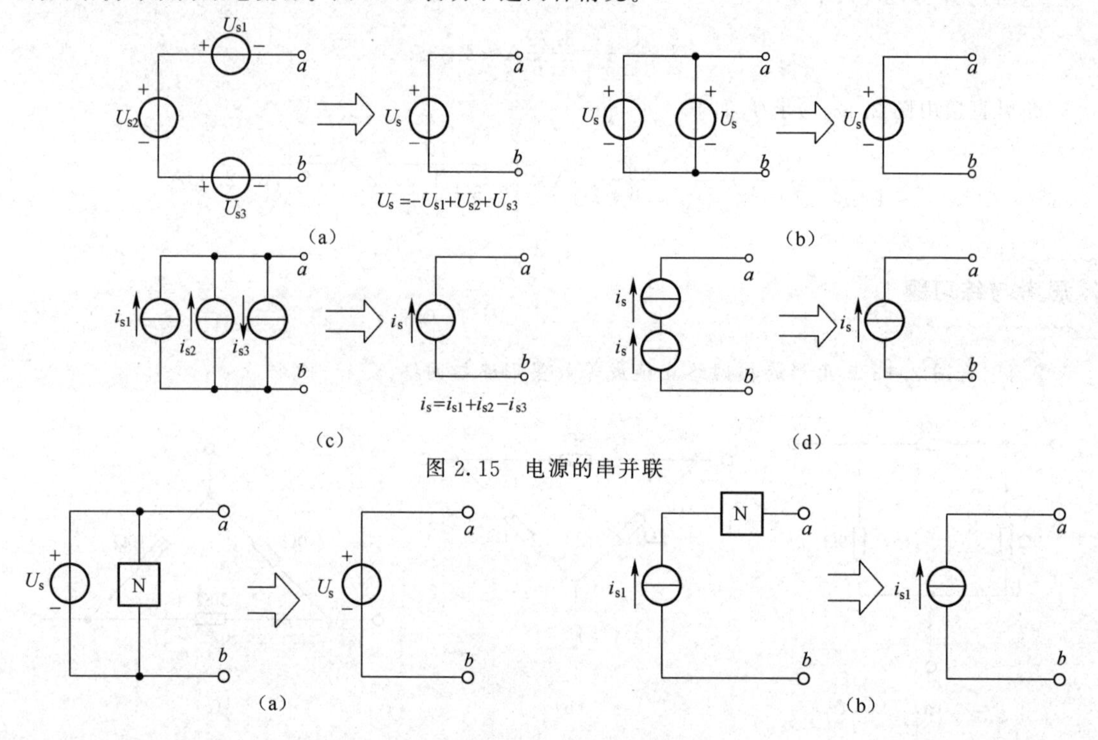

图 2.15 电源的串并联

图 2.16 电源与网络 N 的串并联

应用以上基本等效变换，一个复杂的仅含电源的二端网络可等效为一个电源。图2.17给出了电路等效变换的过程。

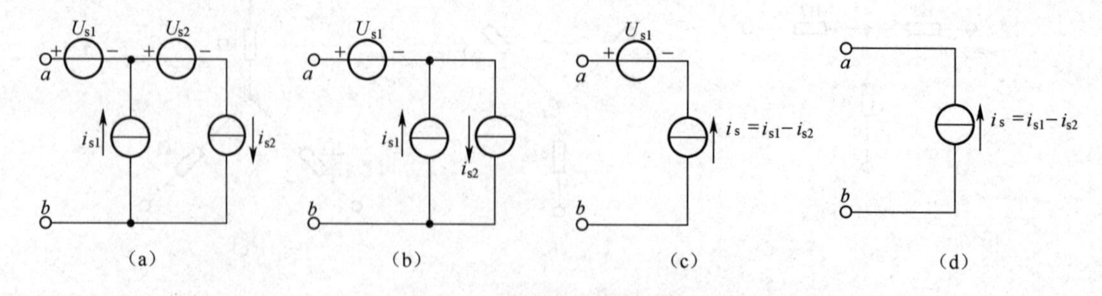

图 2.17 仅含电源的二端网络的等效图

【例2.5】 将图2.18所示电路分别化简为关于a、b端的等效电源模型。

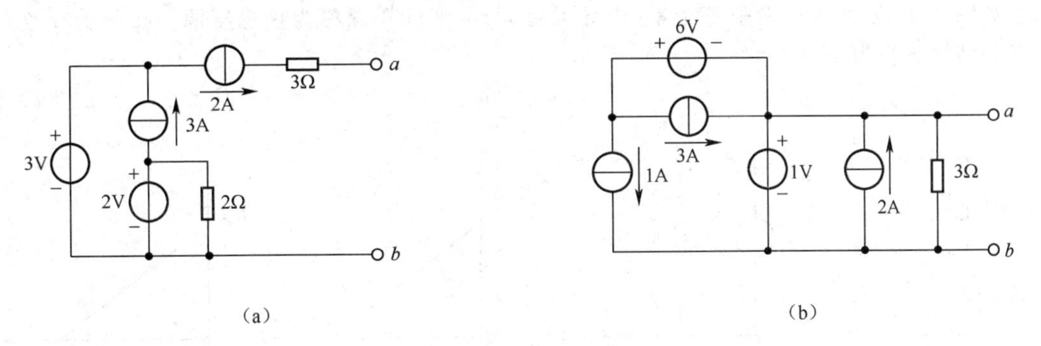

图2.18　例2.5图

解　任何元件或支路与理想电流源串联，对外等效为理想电流源；任何元件或支路与理想电压源并联，对外等效为理想电压源，按此原则对电路进行化简。

图2.18(a)电路化简过程如图2.19(a)～(d)所示。

图2.18(b)电路化简过程如图2.19(e)～(g)所示。

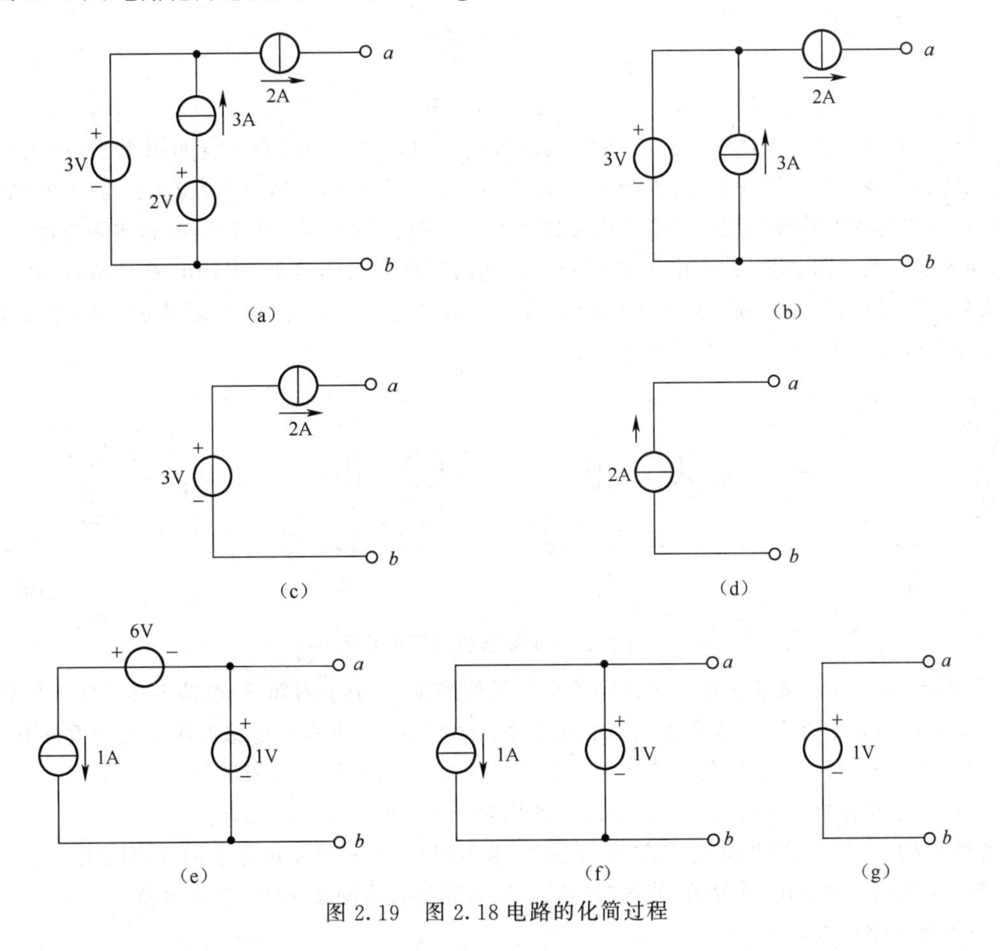

图2.19　图2.18电路的化简过程

2.3.2　实际电压源和实际电流源的等效互换

一个实际的直流电压源在给电阻负载供电时，其端电压随负载电流的增大而下降，这是由于实际电压源内阻引起的内阻压降造成的。实际的直流电压源可以看成是由理想电压源和电阻串联构成的，如图 2.20(a)所示。内阻等于零(内导无穷大)的实际压源称为理想压源。在图示参考方向下，其外特性方程为

$$u=u_s-R_1 i \tag{2.22}$$

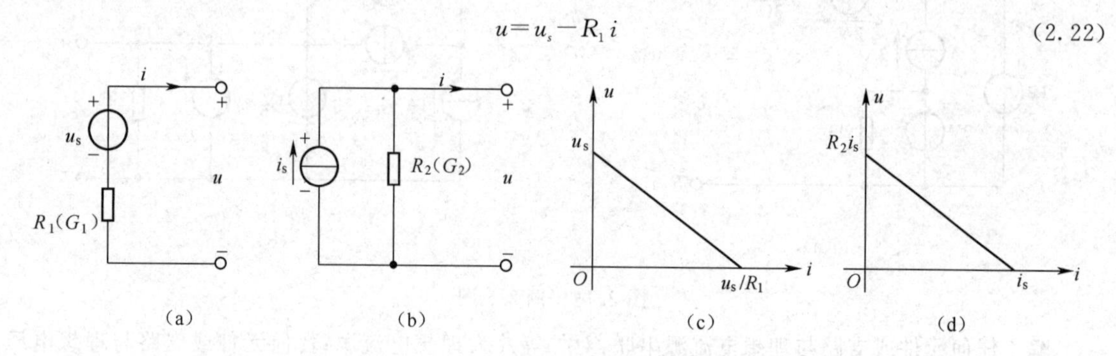

图 2.20　实际电源及其伏安曲线图

实际的直流电流源可以看成是由理想电流源和电导并联构成的，如图 2.20(b)所示，内阻为无穷大(内导为零)的实际流源称为理想流源，在图示参考方向下，其外特性方程为

$$i=i_s-\frac{u}{R_2}$$

或

$$u=R_2 i_s-R_2 i \tag{2.23}$$

式(2.22)对应的伏安曲线如图 2.20(c)所示，式(2.23)对应的伏安曲线如图 2.20(d)所示。对照式(2.22)和(2.23)可以看出，若 $R_1=R_2=R_0$ 及 $u_s=R_0 i_s$ 或 $i_s=u_s/R_0$，则式(2.22)与(2.23)完全相同，它们对应的伏安曲线也完全重合。因此图 2.20(a)和(b)所表示的实际压源和实际流源等效，可以互相等效转换。图 2.21 表示出了它们相互转换的情况。由图可见，实际电源互换时，其内阻不变，实际压源转换为实际流源时，流源的电流等于实际压源的短路电流；实际流源转换为实际压源时，压源的电压等于实际流源的开路电压。

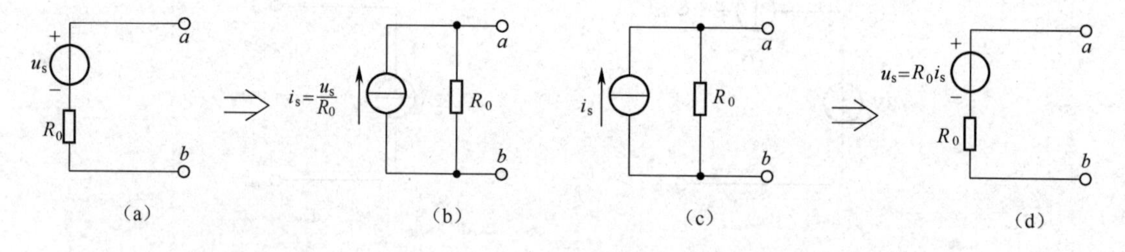

图 2.21　实际电源的等效互换

需要指出，实际压源和实际流源的等效只是对外部而言，至于内部，一般是不等效的。例如开路时，实际压源不消耗功率，而实际流源却消耗功率。另外，理想压源和理想流源不能相互转换，因为前者的内阻为零，而后者的内阻为无穷大。对于受控源，也有实际受控压源和实际受控流源之分，它们也可相互等效转换。当然理想受控压源与理想受控流源同样不能互相转换。

【例 2.6】　用电压源和电流源的“等效”方法求出图 2.22(a)所示电路中的开路电压 u_{ab}。

解　利用电压源和电流源的“等效”互换，将原电路等效为图 2.22(b)所示电路：

由等效电路可得 $u_{ab}=(8-4-6)\text{V}=-2\text{V}$

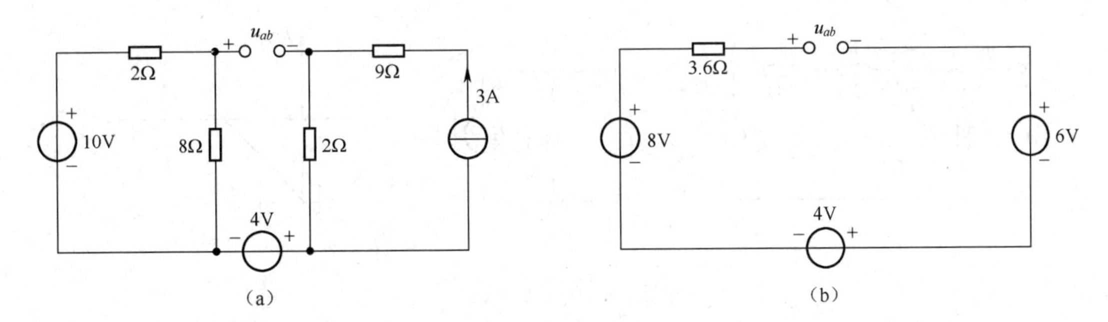

图 2.22 例 2.6 图

【例 2.7】 试求图 2.23(a)所示二端网络的最简等效网络,并画出其端钮上的伏安曲线。

解 图 2.23(a)二端网络等效简化过程如图 2.23(b)~(f)所示。图 2.22(e)~(f)均为图 2.22(a)的最简形式。由图 2.22(e)、(f)可得二端网络的伏安关系,它们对应的伏安曲线如图 2.23(g)所示。

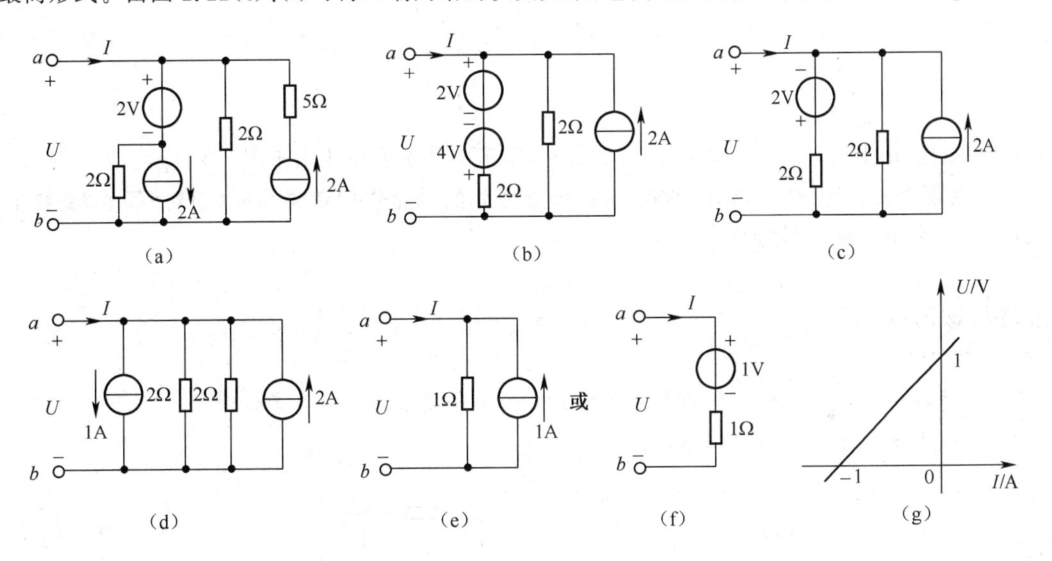

图 2.23 例 2.7 图

【例 2.8】 求图 2.24(a)所示含受控源二端网络的等效电路,并画出其伏安曲线。

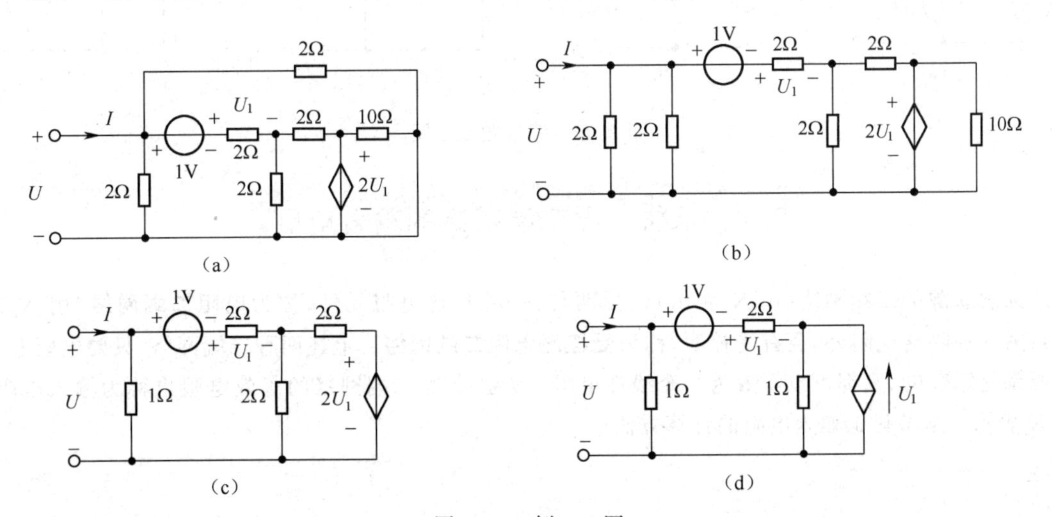

图 2.24 例 2.8 图

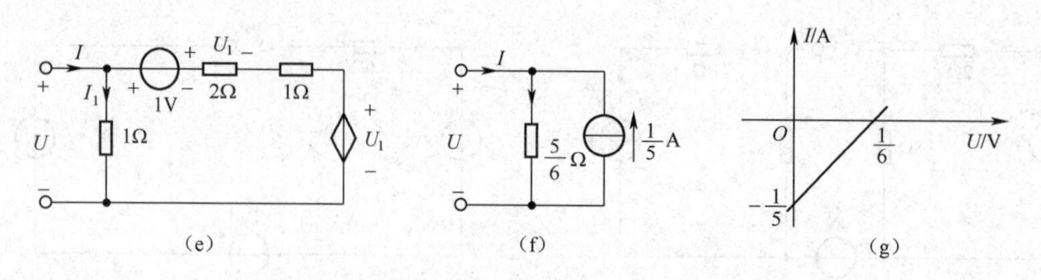

图 2.24 例 2.8 图(续)

解 图 2.24(a)电路通过压、流源转换可简化为图 2.24(e)所示电路。其简化过程如图 2.24(b)～(e)所示。在转换过程中,要注意受控源的控制量不能消失。由图 2.24(e)可求得二端网络的 VAR(伏安关系)为

$$U=1+3(I-I_1)+U_1=1+5I-5U$$

即

$$U=\frac{1}{6}+\frac{5}{6}I$$

或

$$I=-\frac{1}{5}+\frac{6}{5}U$$

根据 KCL,由上式可得等效电路如图 2.24(f)所示。其伏安曲线示于图 2.24(g)。

以上例题表明,“等效”是指对“等效”变换部分之外的电路作用效果相同,而对“等效”变换的部分来讲,一般作用效果是不同的。

思考与练习题

2.6 两种实际电源等效变换的条件是什么？如何确定 u_s 和 i_s 的参考方向。

2.7 画出图 2.25 所示电路的最简形式。

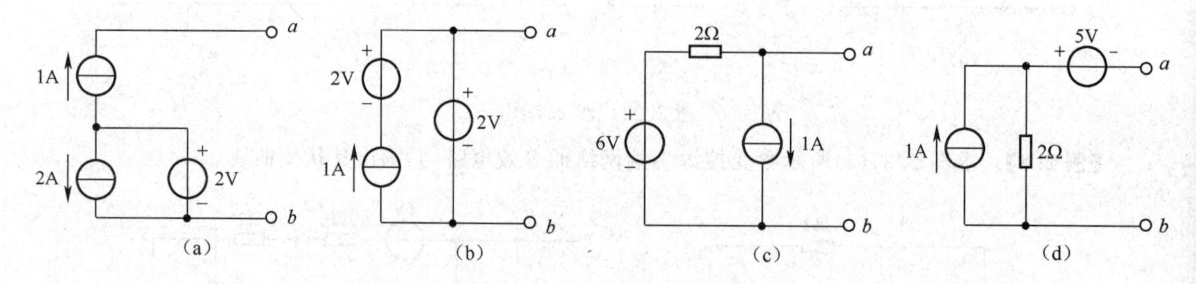

图 2.25 练习题 2.7 图

2.4 无独立源二端网络的输入电阻

无独立源的二端网络(用 N_0 表示)包括两种:一种只含电阻元件,称为**电阻二端网络**(用 N_R 表示);另一种除含电阻外,还有受控源,称为**受控源电阻二端网络**。上述两种二端网络,只要电阻和受控源都是线性的,则都可以等效为一个线性电阻。无独立源二端网络的等效电阻也称为输入电阻,用 R_i 表示。本节讨论输入电阻的计算方法。

2.4.1 输入电阻的串并联分析法

电阻二端网络，其输入电阻一般可通过电阻串并联或Y-△变换化简求得，这种方法简称为**串并联法**，在2.1.4中有详细介绍。受控源电阻二端网络的输入电阻不能用串并联法求得。

2.4.2 输入电阻的伏安分析法

根据欧姆定律，电阻等于输入电压与输入电流之比，因此可在无独立源二端网络的输入端假设一个电压 u 或电流 i，求出对应的输入电流 i 或电压 u，于是输入电阻 $R_i=\pm u/i$。u、i 方向关联时取"+"，反之取"—"，这就是伏安分析法，简称**伏安法**。图2.26为伏安法的示意图。

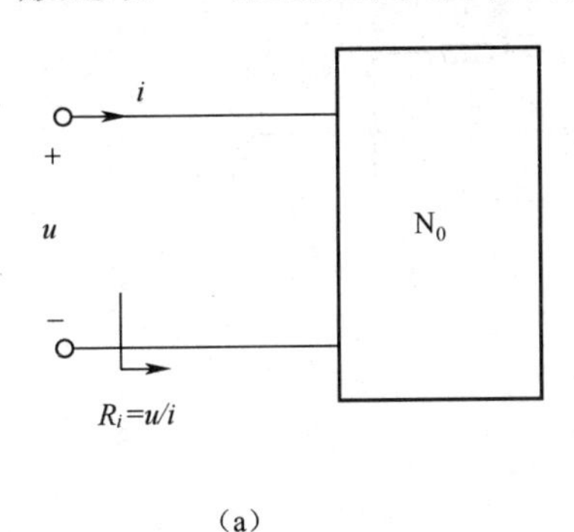

(a)

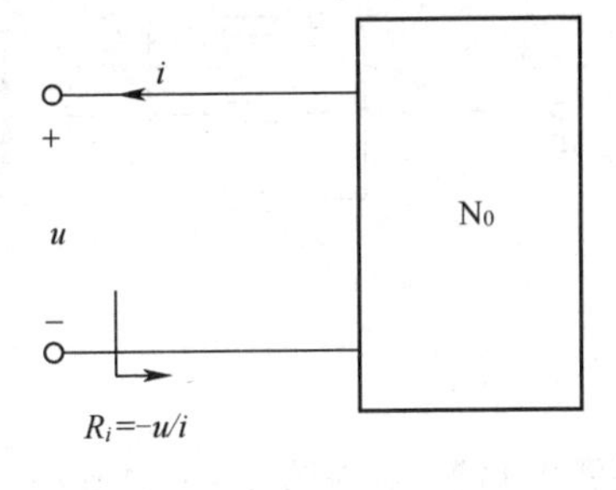

(b)

图2.26 求输入电阻的伏安法

电阻二端网络的输入电阻一般可用串并联法求得，因而没有必要用伏安法。但是对某些电阻网络，用伏安法要比串并联法简便得多。含受控源电阻的二端网络，其输入电阻不能用串并联法求得，可以用伏安法求出。

【例2.9】 已知图2.27中的 R_1、R_2 及 R_3，试用伏安法计算输入电阻 R_i。

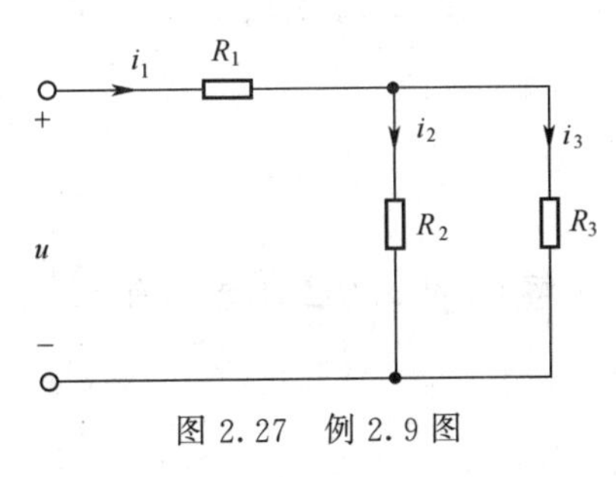

图2.27 例2.9图

解 设输入电流为 i_1，求出输入电压 u，因为方向关联，故输入电阻 $R_i=u/i_1$，由图2.27有

$$i_2=\frac{R_3}{R_2+R_3}i_1$$

$$u=R_1i_1+R_2i_2=\left(R_1+\frac{R_2R_3}{R_2+R_3}\right)i_1$$

$$R_i=\frac{u}{i_1}=R_1+\frac{R_2R_3}{R_2+R_3}$$

由上可见，求得的 R_i 与用串并联法求出的相同。该题宜于用串并联法解，这里只是为了说明伏安法的解题过程。

【例2.10】 图2.28(a)各电阻均为1Ω，试求 a、g 端的输入电阻 R_{ag}。

解 设二端网络的输入电流为 i，由于电路对称，故各支路电流如图2.28(b)所示。

由图2.28(b)可得

$$u_{ag}=1\times\frac{i}{3}+1\times\frac{i}{6}+1\times\frac{i}{3}=\frac{5}{6}i$$

故

$$R_{ag}=\frac{u_{ag}}{i}=\frac{5}{6}\Omega$$

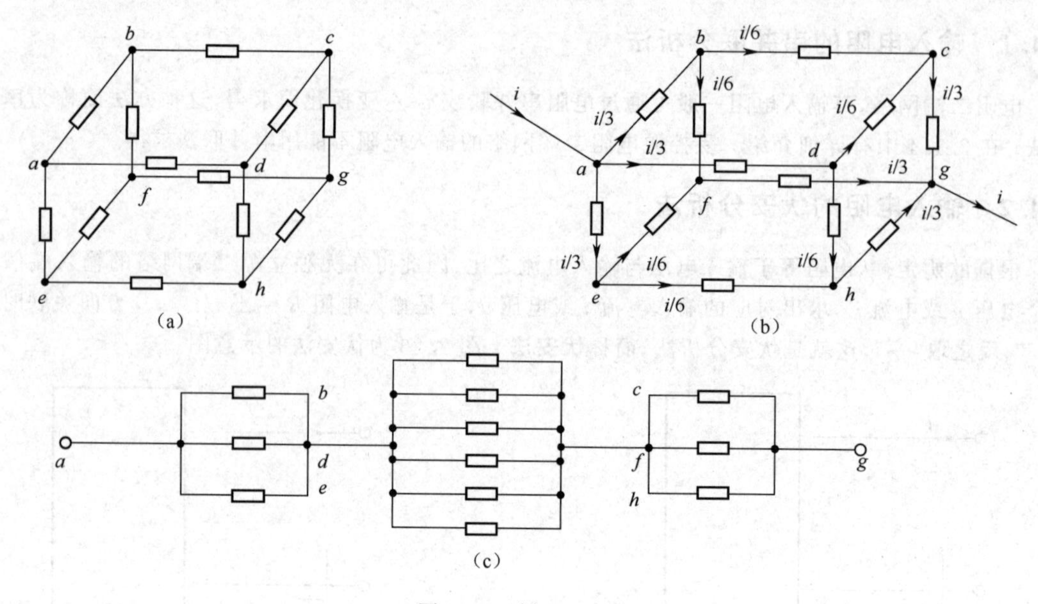

图 2.28　例 2.10 图

【例 2.11】 试求图 2.29(a)所示二端网络的输入电阻。

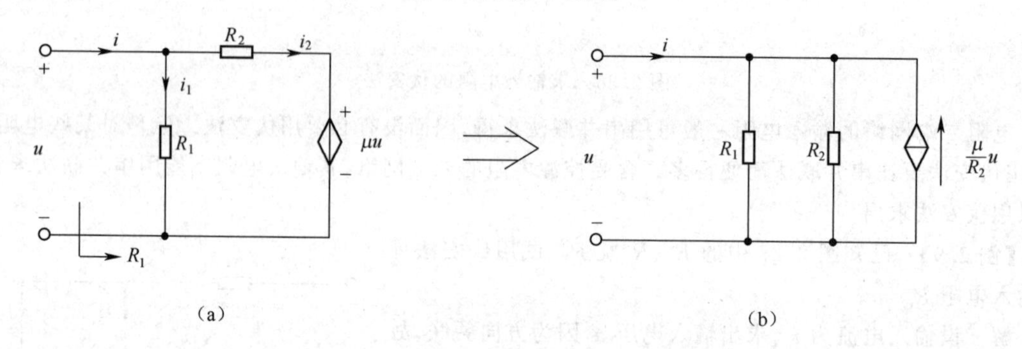

图 2.29　例 2.11 图

解 1　设 u 为已知，求 i，有

$$i=i_1+i_2=\frac{u}{R_1}+\frac{u-\mu u}{R_2}=\frac{(1-\mu)R_1+R_2}{R_1R_2}u$$

故

$$R_i=\frac{u}{i}=\frac{R_1R_2}{(1-\mu)R_1+R_2}$$

解 2　设 i 为已知，求 u。由 R_2 支路有

$$u=R_2i_2+\mu u$$

而

$$i_2=i-i_1=i-\frac{u}{R_1}$$

于是

$$u=R_2\left(i-\frac{u}{R_1}\right)+\mu u$$

$$u=\frac{R_1R_2}{(1-\mu)R_1+R_2}i$$

故

$$R_i=\frac{u}{i}=\frac{R_1R_2}{(1-\mu)R_1+R_2}$$

解 3　将图 2.29(a)等效转换为图 2.29(b)设 u 求 i。由图 2.29(b)有

$$i=\frac{u}{R_1}+\frac{u}{R_2}-\frac{\mu}{R_2}u=\left[\frac{1}{R_1}+(1-\mu)\frac{1}{R_2}\right]u$$

$$R_i=\frac{u}{i}=\frac{1}{\frac{1}{R_1}+(1-\mu)\frac{1}{R_2}}=\frac{R_1R_2}{(1-\mu)R_1+R_2}$$

由上例看出，若$(1-\mu)R_1+R_2>0$时，即$\mu<(R_1+R_2)/R_1$时，$R_i>0$，说明二端网络在电路中吸收能量；若$(1-\mu)R_1+R_2<0$即$\mu>(R_1+R_2)/R_1$时，$R_i<0$，二端网络供出能量。可见，含受控源电阻二端网络的输入电阻R_i可能为正，也可能为负。这一特点是因为受控源是一有源元件所致。对于不含受控源的电阻二端网络（不含有负电阻），其R_i不可能为负。

2.4.3　输入电阻的等电位分析法

输入电阻的等电位分析法，是在伏安法分析的基础上，判断电路中的等电位点，从而简化电路，求出输入电阻，这种方法特别适用于一些平衡电路和对称电路。例如，平衡电桥的输入电阻即可用等电位法简便地求出。对于某些对称电路，例如图2.28(a)所示的六面体电路，其输入电阻R_{ag}，也可用等电位法进行计算。由图2.28(b)电路可见，b、d、e为等电位点，c、f、h也是等电位点。于是图2.28(a)可等效为图2.28(c)电路。由图2.28(c)可求得

$$R_{ag}=\left(\frac{1}{3}+\frac{1}{6}+\frac{1}{3}\right)\Omega=\frac{5}{6}\ \Omega$$

由等电位法求输入电阻R_i时，并不需要算出各支路的电流值，而是根据电路的对称性，判断电流的分布，确定等电位点，从而简化电路，求出R_i。

以上介绍了无独立源二端网络输入电阻的三种分析方法——串并联法、伏安法和等电位法。这三种方法对电阻二端网络均适用，至于选择哪一种，这要视具体电路而定。对于受控源电阻二端网络，其输入电阻只能用伏安法进行分析。

思考与练习题

2.8　求图2.30所示各二端网络的输入电阻。

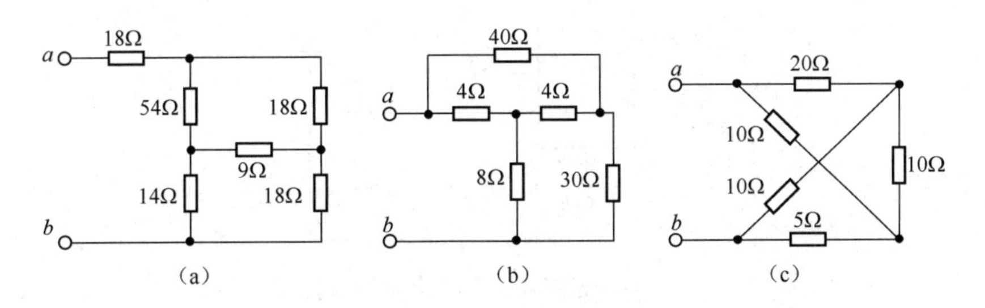

图2.30　练习题2.8图

2.9　求图2.31所示各二端网络的输入电阻。

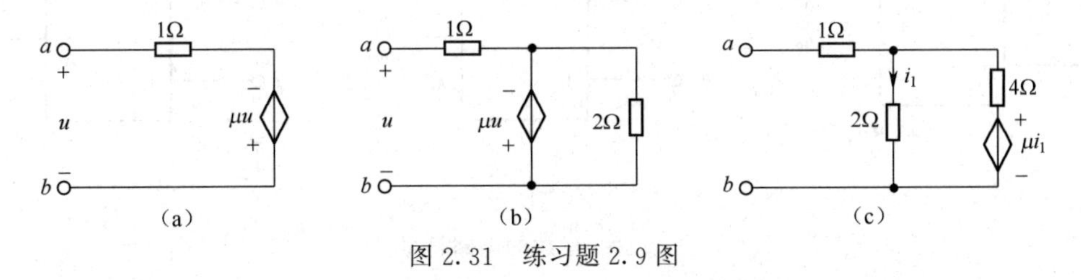

图2.31　练习题2.9图

2.5 含运算放大器电路的分析

运算放大器是一种在电路中有广泛用途的电路器件,用它可以方便地制作许多有用的电路,如放大器、比较器、震荡器等。运算放大器在实际电路设计中受到欢迎的另一个原因在于,它是通用的、便宜的和容易使用的。早期的运算放大器主要用于计算机中,当加上一些外部元件如电阻、电容后,运算放大器能够实现加、减、乘、除、微分和积分等数学运算,因此而得名。现在,运算放大器已成为常用的构成电路的"建筑模块"。

2.5.1 运算放大器的电路模型

运算放大器是一种具有高放大倍数带有深度负反馈的直接耦合的多级放大器,具有负反馈放大器的各种优点。它的内部包含许多电阻、电容、二极管、晶体管,这些复杂的电路被集成在面积很小的硅片上,便构成运算放大器。尽管它的内部结构比较复杂,但制成的运算放大器只有几个端点和外部相连接。对运算放大器内部结构的详细讨论将在模拟电子电路课程中介绍,我们只是把运算放大器视为一个电路元件看待,研究它的外部特性及其电路模型。

实际运放有许多引出端子。型号不同,其端子数目也可能不同。但从分析角度看,它们均可看作一个四端元件,其电路符号如图 2.32 所示。图中"▷"表示的是"放大器"、A 是运放的开环增益,也称**放大倍数**。端子 a、b 为输入端,c 为输出端,d 为接地端。E^+ 端接正电压,E^- 端接负电压,这里电压的正负是对"地"而言的。运放也采用图 2.33(b)所示符号,这是因为很多实际运放没有引出接地端子。但是考虑到图 2.33(b)中的 u_+、u_- 是对地电压,所以往往由外电路引入一个接地端,如图 2.33(c)所示。运放 b、a 端子的输入电压(电位)分别为 u_+、u_-,b、a 之间的电压为 u_d。$u_d=u_+-u_-$ 称为**差动输入电压**。输出端子的电压(电位)为 u_0, 需要指出图 2.33(b)和(c))中的运放,绝不能视为三端网络,因为运放本身有接地端,通过电源实现。偏置电源是运放连接的直流偏置电压,以维持运算放大器内部晶体管的正常工作。在分析运算放大器的放大作用时常常不考虑偏置电源,采用图 2.33(a)所示的电路符号,但应该记住偏置电源是存在的。

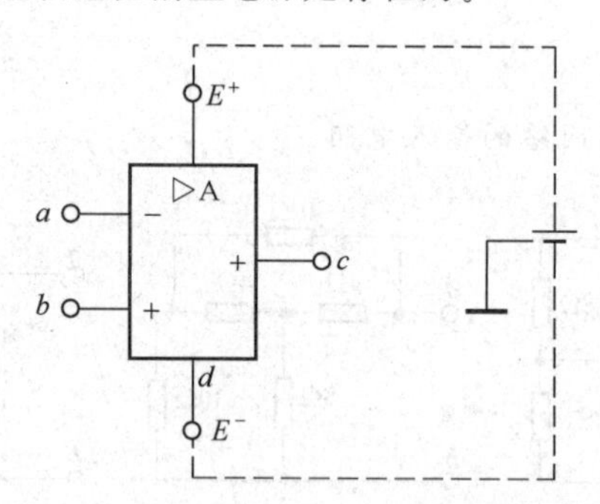

2.32 运算放大器的电路图形符号

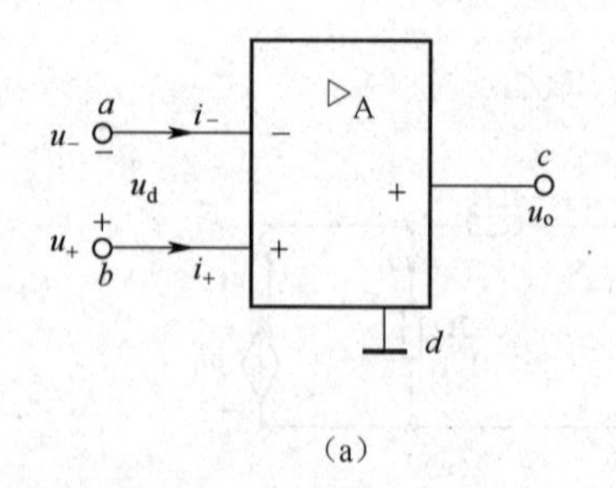

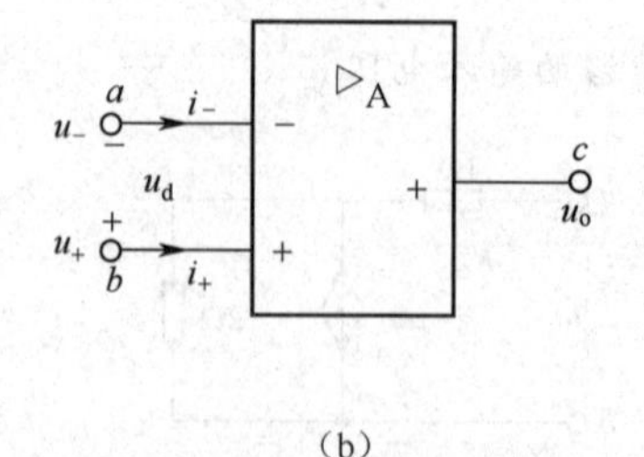

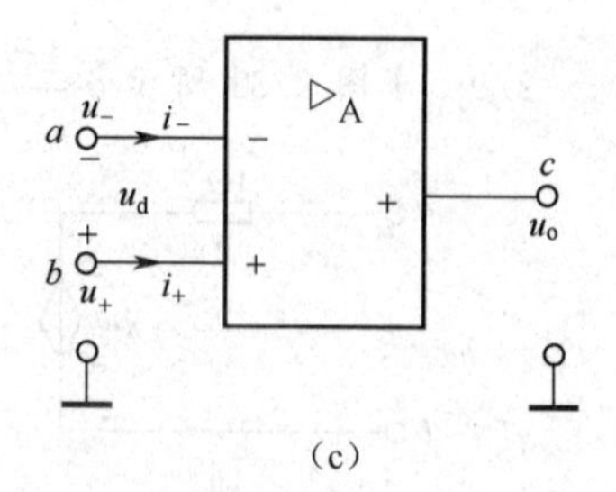

图 2.33 运放的电路符号

当图 2.33 所示运放输出端开路时,测得 u_0 与 u_d 的输入—输出曲线如图 2.34(a)所示,它可近似成图 2.34(b)所示形状。我们仅对图 2.34(b)进行分析。图 2.34(b)中,$-\varepsilon \leqslant u_d \leqslant \varepsilon$ 是线性区,ε 很小,曲线很陡,斜率很大。输出电压 u_0 达到一定值后趋于饱和。$|u_d| > \varepsilon$ 是饱和区,饱和电压用 $\pm u_{sat}$ 表示,它略低于运放的直流偏置电压。

运放一般工作在线性区域。由图 2.34(b)所示的输入—输出曲线可见,在 $-\varepsilon \leqslant u_d \leqslant \varepsilon$ 线性范围内,输入—输出关系可表示为

$$u_0 = Au_d = A(u_+ - u_-) \tag{2.24}$$

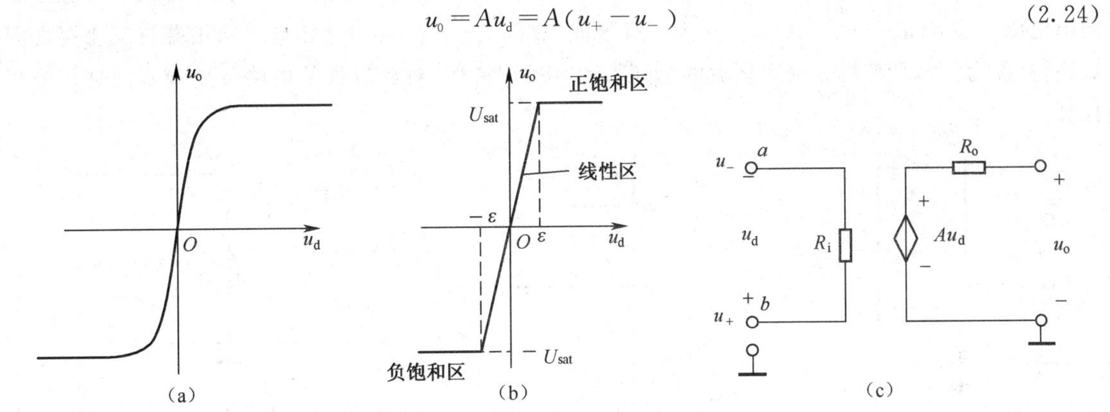

图 2.34 运放的输入—输出曲线及电路模型

式(2.24)称为**运放的输入-输出特性**或**传输特性**。式中 $A = u_{sat}/\varepsilon$,称为运放的**电压放大倍数**或**开环增益**。A 很大,其典型值是 10^5。

若运放输入端的 b 端接地($u_+ = 0$),a 端输入信号为 u_-。则由式(2.24)可得输出电压

$$u_0 = -Au_-$$

可见,当 $u_- > 0$ 时,$u_o < 0$,反之 $u_o > 0$。这种关系称为输出电压 u_o 与输入电压 u_d **反相**,故 a 端称为**反相输入端**。同理,若运放输入的 a 端接地($u- = 0$),b 端输入信号为 u_+。则由式(2.24)可得输出电压

$$u_0 = Au_+$$

可见,当 $u_+ > o$ 时,$u_o > 0$,反之 $u_o < 0$。这种关系称为输出电压 u_o 与输入电压 u_d **同相**,故 b 端称为**同相输入端**。

运放反相输入端和同相输入端的电流分别为 i_- 及 i_+(见图 2.33)。实测表明,i_- 和 i_+ 很小(有的还不到 1nA),可近似看作为零。运放的输入—输出特性一般与输入电流无关。

运放只有在输入端加信号电压时,输出端才有如式 2.24 所示的输出,即实现电压的放大作用。反之,如果信号加于输出端,这时输入端不能实现这种放大。所以运放是"单方向"工作的器件。

运放工作在线性区域时,其电路模型如图 2.34(c)所示。图中 R_i 为运放的输入电阻,其值很大,可达几兆欧,故输入电流很小,接近于零。R_o 称为运放的输出电阻,其值很小($R_o \ll R_i$)。输出端开路时,输出电压为

$$u_o = A(u_+ - u_-) = Au_d$$

它与式(2.24)一致。由图 2.34(b),当 $u_d = \varepsilon$ 时,$u_o = u_{sat}$,将它们代入上式,于是有

$$u_{sat} = A\varepsilon \text{ 或 } \quad \varepsilon = \frac{u_{sat}}{A}$$

u_{sat} 一般为十几伏或几伏(由运放本身结构确定)。若 $u_{sat} = 13\text{V}$、$\text{A} = 10^5$,则 $\varepsilon = 0.13\ \text{mV}$。可见,当运放工作在线性放大区内时,可近似认为 $u_d = 0$($u_d \leqslant \varepsilon$)。

运放同相端和反相端的输入电流 i_+ 及 i_- 很小，理想情况视为零，故输入电阻 $R_i=\infty$。运放的开环增益 A 很大、输出电阻 R_o 很小，理想情况下视 $A=\infty$、$R_o=0$。理想运放的电路符号、输入—输出特性曲线和电路模型分别如图 2.35(b)、(c)所示。理想运放实际上不存在，但在一定条件下，一个实际运放可以很好地近似为一个理想运放。一般情况下这样造成的误差不大，是允许的。在某些特殊情况下，也可以通过引入附加的电路元件来改进理想运放的电路模型，以提高分析计算的准确度。

理想运放同相端和反相端的输入电流为零，相当于输入端断路，这称为“虚断”特性。理想运放输出电压 $u_o=A(u_+-u_-)$，$A=\infty$，u_o 为一有限值，故 $(u_+-u_-)=0$。这相当于同相端与反相端之间短路，这称为“虚短”特性。利用运放的“虚断”和“虚短”特性，对含运放的电路可用观察法进行分析计算。

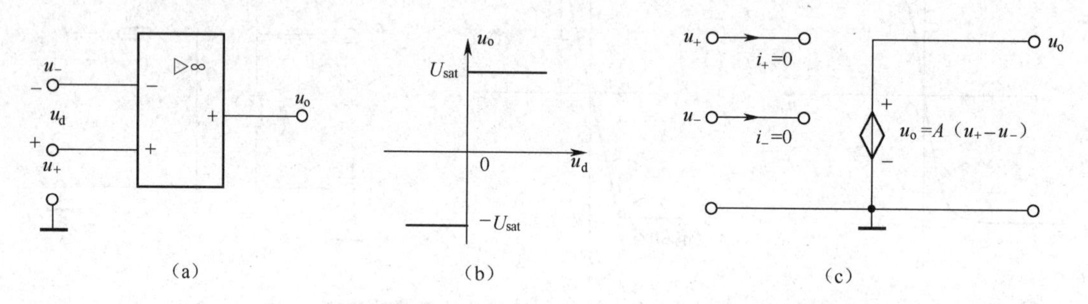

图 2.35 理想运放的电路符号、输入—输出曲线及电路模型

以上已介绍了 A 是运算放大器的开环电压增益，要理解开环、闭环电压增益，反馈的概念至关重要。所谓**反馈**，就是把电路的输出量的一部分或全部，经过一定的电路送回到它的输入端来影响输入量。如果反馈量对输入信号起增强作用，则称为**正反馈**；如果反馈量对输入信号起削弱作用，则称为**负反馈**。运算放大器的负反馈是通过将输出引回运算放大器的反向输入端来实现的。当电路有从输出到输入的反馈回路时，输出电压与输入电压的比称为**闭环增益**。

由于 A 很大，即使 u_d 很小，其输出电压就能达到饱和电压，即运放已不再工作在线性放大区。只有引入负反馈，方可使运放工作在线性放大区。此节中我们假定运放工作在线性放大区，这意味着输出电压被限制在以下范围

$$E^-\leqslant u_o\leqslant E^+$$

虽然我们设定运放工作在线性放大区，但在含有运放的电路设计中，一定要考虑到饱和的可能性，以避免设计出的运放在实验室中不能工作。表 2.1 所示为运算放大器的参数的典型值范围。

表 2.1 运算放大器的参数的典型值范围

参　　数	典型值范围	理　想　值
开关电压增益 A	$10^6\sim10^8$	∞
输入电阻 R_i	$10^6\sim10^{13}\Omega$	∞
输出电阻 R_o	$10\sim100\Omega$	0
供出电源 E	$5\sim24$V	

【**例 2.12**】 已知 A741 运算放大器的开环电压增益为 2×10^5，电路如图 2.36 所示，输入阻抗 $R_i=2\text{M}\Omega$，输出阻抗 $R_o=50\Omega$，$u_s=2$V。试计算闭环电压增益 u_o/u_s 和电流 i。

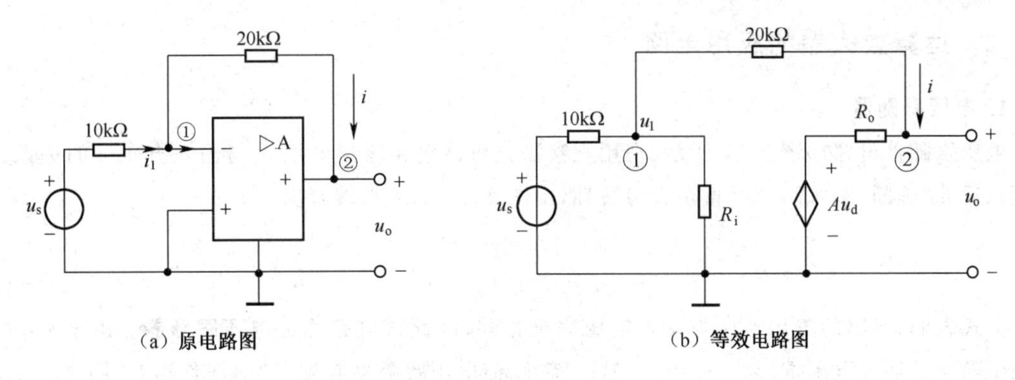

（a）原电路图　　（b）等效电路图

图 2.36　例 2.12 图

解 1：图 2.36(a)电路可用图 2.36(b)表示。通过分析图 2.36(b)所示电路，列节点①的 KCL 方程

$$\left(\frac{1}{10\times10^3}+\frac{1}{2\times10^6}+\frac{1}{20\times10^3}\right)u_1-\frac{1}{20\times10^3}u_o=\frac{1}{10\times10^3}u_s$$

整理得

$$200u_s=301u_1-100u_o$$

或

$$2u_s\approx3u_1-u_o\Rightarrow u_1=\frac{2u_s+u_o}{3} \tag{2.25}$$

列节点②的 KCL 方程

$$-\frac{1}{20\times10^3}u_1+\left(\frac{1}{20\times10^3}+\frac{1}{50}\right)u_o=\frac{Au_d}{50}$$

由于 $u_d=u_+-u_-=-u_1$，$A=200\ 000$，则

$$u_1-u_o=400(u_o+200\ 000u_1) \tag{2.26}$$

将式(2.25)代入式(2.26)，并整理可得

$$\frac{u_o}{u_s}=-1.999\ 969\ 9$$

已知 $u_s=2\text{V}$，则 $u_o=-3.999\ 939\ 8\mu\text{V}$，代入(2.25)式，得 $u_1=20.066\ 667\mu\text{V}$，由此推出

$$i=\frac{u_1-u_o}{20\times10^3}=0.199\ 9\text{mA}$$

解 2：该电路是具有负反馈的运放，我们把它视为理想运放，由理想运放的两个重要特性 $u_+=u_-$、$i_+=i_-=0$ 得

$$i_1=\frac{u_s-u_1}{10\times10^3}=\frac{2-0}{10\times10^3}\text{A}=0.2\text{mA}$$

$$i=i_1=0.2\text{mA}$$

则

$$u_0=u_1-20\times10^3i=(0-20\times10^3\times0.2\times10^{-3})\text{V}=-4\text{V}$$

$$\frac{u_0}{u_s}=\frac{-4}{2}=-2$$

将例 2.13 的两种解法结果相比较，可见结果十分接近。解法 1 直接用非理想运故解题是很麻烦的。现代的运放参数更加接近理想运放的参数，如 OP-77，其开环电压增益达 10^8 。，输入电阻达 2GΩ，因此直接把运放作为理想运放来分析是合理的，计算非常简单而且结果与实际相当一致。

2.5.2 运算放大器的应用电路

1. 电压跟随器

电压跟随器电路如图 2.37 所示，现用观察法分析该电路输出电压 u_o 与输入电压 u_i 的关系。根据理想运放“虚断”和“虚短”可直接看出特性，由图 2.37(a)可直接看出

$$i_i = i_+ = i_- = 0$$

$$u_o = -u_d + u_i = u_i$$

上式表明，电路的输出电压与输入电压完全相同，因此该电路称为**电压跟随器**。由于 $i_i = 0$，故电压跟随器的输入电阻 $R_i = u_i / i_i = \infty$。这一特性，使电压跟随器起到了“隔离作用”。图 2.37(b)所示电路中，负载 R_L 的电压将随 R_L 而变。如果要求在负载 R_L 上获得一个与 R_L 值无关的稳定电压，我们可应用电压跟随器的特性将电路接成图 2.37(c)形式，这时 R_L 上的电压

$$u_o = u_2 = \frac{R_2}{R_1 + R_2} u_i$$

它与负载 R_L 无关，这相当于负载的作用被“隔离”了。调整 R_1、R_2 值，可得到负载所需的电压。

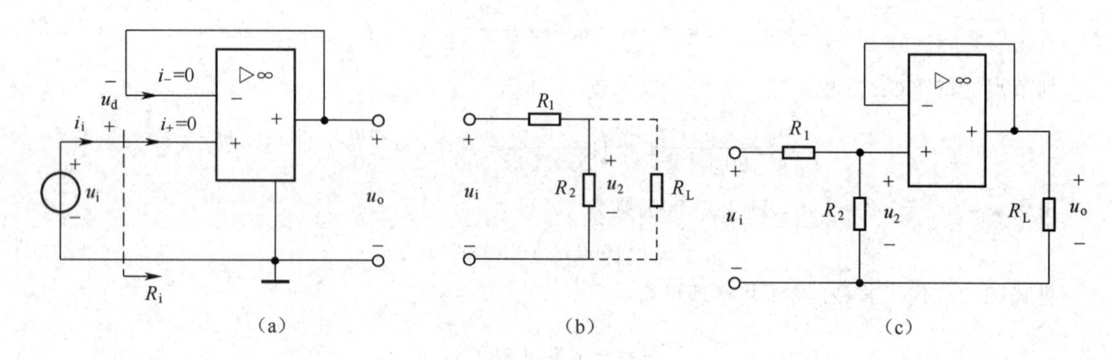

图 2.37 电压跟随器及其应用

2. 比例器(反相放大器)

比例器电路如图 2.38 所示，由于 $i_- = 0$ 及 $u_d = 0$，所以有

$$i_f = i_1 = \frac{u_1}{R_1}$$

故

$$u_o = -u_f = -R_f i_f = -\frac{R_f}{R_1} u_i$$

$$\frac{u_o}{u_i} = -\frac{R_f}{R_1}$$

由上式可见，该电路的输出电压 u_o 与输入电压 u_i 符号相反、成比例，故称为**比例器**，又称**反相放大器**。R_f / R_1 称为**放大倍数**，选择不同的 R_f/R_1，可以得到不同的放大倍数。

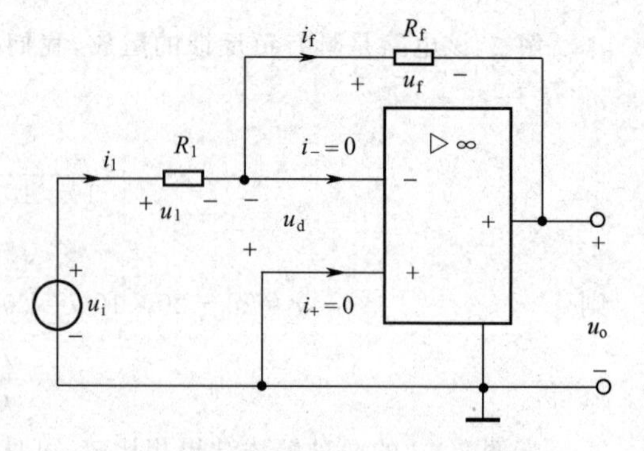

图 2.38 反相放大器电路

3. 同相放大器

同相放大器的电路如图 2.39 所示，由于 $u_d = 0$ 及 $i_- = 0$，所以有

$$u_1 = u_i$$

$$i_1 = i_f = \frac{u_i}{R_1}$$

$$u_f = R_f i_f = \frac{R_f}{R_1} u_i$$

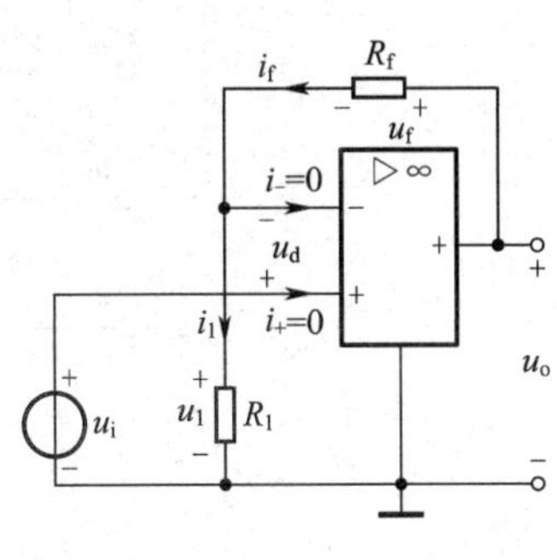

图 2.39　同相放大器电路

于是
$$u_o = u_f + u_1 = \frac{R_f}{R_1} u_i + u_i = \left(1 + \frac{R_f}{R_1}\right) u_i$$

由此可见，该电路的输出电压与输入电压符号相同，$u_o > u_i$ 且是 u_i 的 $(1 + R_f/R_1)$ 倍，故称为**同相放大器**。改变 R_f/R_1，即可改变放大倍数。

4. 加法器

加法器电路如图 2.40 所示。

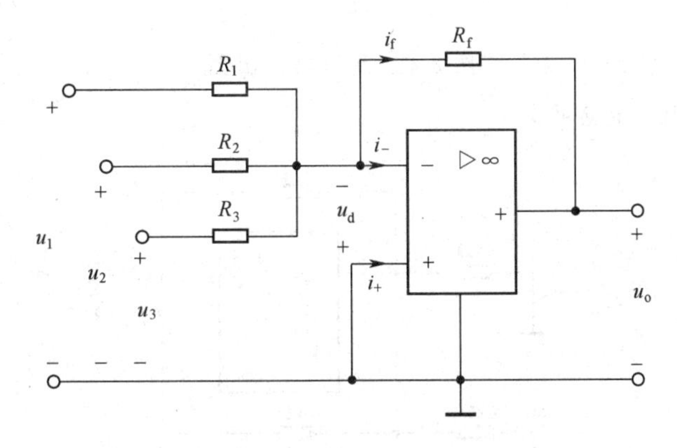

图 2.40　加法器电路

图 2.40 中，因为 $u_d = 0$ 和 $i_- = 0$，故

$$u_o = -R_f i_f$$

$$i_f = \frac{u_1}{R_1} + \frac{u_2}{R_2} + \frac{u_3}{R_3}$$

于是
$$u_o = -R_f \left(\frac{u_1}{R_1} + \frac{u_2}{R_2} + \frac{u_3}{R_3}\right)$$

若
$$R_1 = R_2 = R_3 = R_f,$$

则
$$u_o = -(u_1 + u_2 + u_3)$$

这就实现了三个电压相加的运算。式中负号说明输出电压与输入电压反向。

由以上各电路的分析可以看出，用观察法分析含运放的电路时，关键是要正确应用理想运放的“虚断”、“虚短”特点。根据这些特性，再结合电路的具体情况，应用基尔霍夫定律及欧姆定律，问题即可解决。

思考与练习题

2.10　求图 2.41 所示电路 u_o 的表达式。

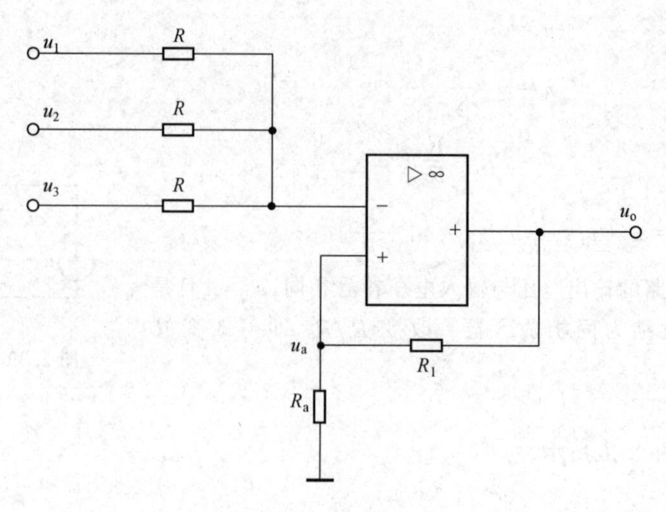

图 2.41　练习题 2.10 图

2.11　求图 2.42 所示电路的 u_o。

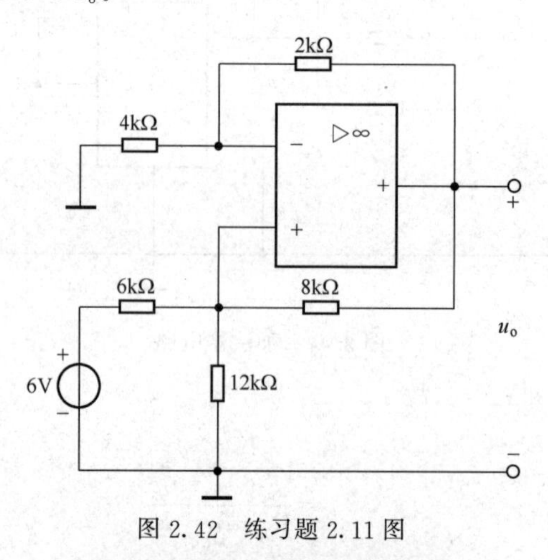

图 2.42　练习题 2.11 图

2.6　电路的对偶性

通过第 1、2 章的分析，我们发现电路分析中的一些关系式是成对出现的。例如欧姆定律的两种形式

$$u=Ri \tag{2.27}$$

和

$$i=Gu \tag{2.28}$$

若将式(2.27)中的 u 以 i 代替、i 以 u 代替、R 以 G 代替，则式(2.27)就变成了式(2.28)，反之亦然。又如电感和电容的伏安关系分别为

$$u_L=L\frac{di_L}{dt} \tag{2.29}$$

和

$$i_C=C\frac{du_C}{dt} \tag{2.30}$$

同样，若将式(2.29)中的 u_L、i_L 和 L 分别以 i_c、u_c 和 C 代替，则它就变成了式(2.30)，反之亦然。具有这种特点的两个公式称为对偶关系式。电阻的电压与电导的电流是对偶量，电阻与电导是对偶量、电容的电流、电压和 C 分别与电感的电压、电流和 L 对偶。实际上，这种对偶关系具有普遍性，在电路

理论中，称它为**对偶性**。根据第1、2章内容可列出电路变量与元件参数的时偶关系，如表2.2所示。电阻串联电路与电导并联电路时偶，它们的对应关系式如表2.3所示。另外，KCL与KVL对偶，电压源的VAR与电流源的VAR对偶等等。在今后几章的学习过程中，将会发现更多的对偶关系。

认识电路的对偶性，可以帮助我们掌握电路的规律，由此及彼，举一反三。

表2.2　电路变量与元件参数的对偶关系

电荷 q	电流 i	电阻 R	电容 C	电压源 u_s	开路
磁通 Φ	电压 u	电导 G	电感 i	电流源 i_s	短路

表2.3　电阻串联电路与电导并联电路对偶

电阻串联电路	i 相同	$u=\sum u_i$	$R=\sum R_k$	$u_k=\dfrac{R_k}{\sum R_k}u$
电导并联电路	u 相同	$i=\sum i_i$	$G=\sum G_k$	$i_k=\dfrac{G_k}{\sum G_k}i$

习题2

2.1　求图2.43所示各电路的等效电阻 R_{ab}。

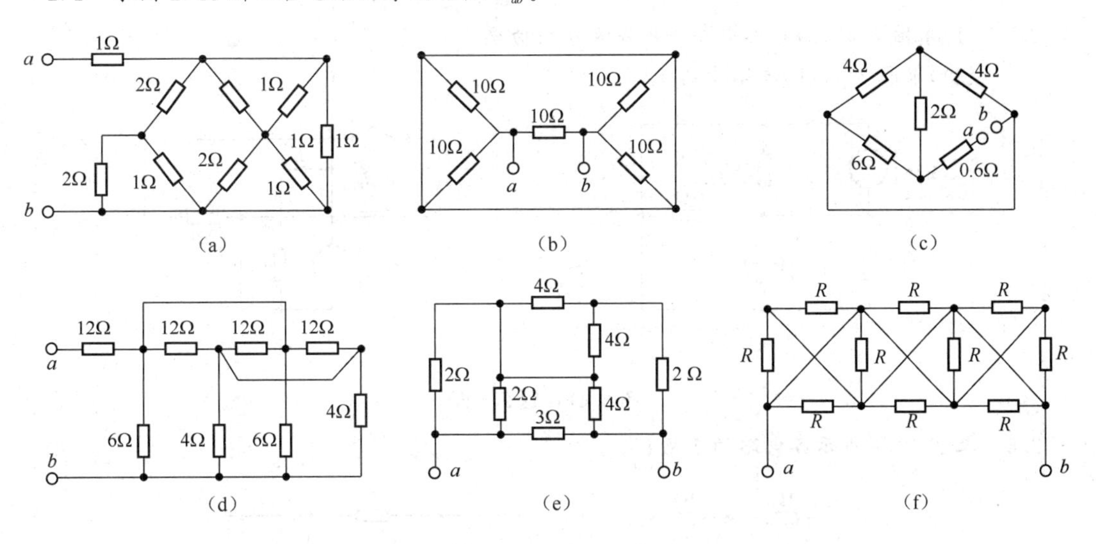

图2.43　题2.1图

2.2　求图2.44所示各分压器当触头由 a 移至 b 时，输出电压 u_o 的变化范围。

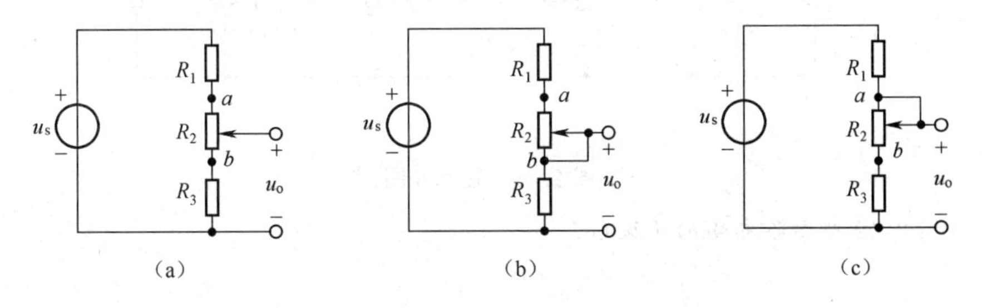

图2.44　题2.2图

2.3　求图 2.45 所示各电路的入端电阻 R_{ab}。

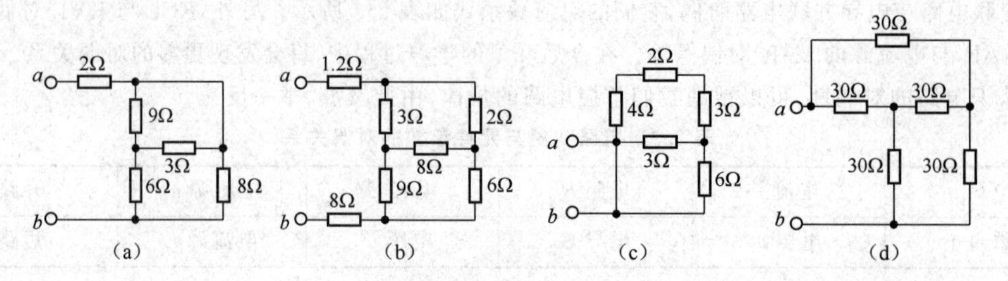

图 2.45　题 2.3 图

2.4　求图 2.46 所示各电路的未知电流和电压。

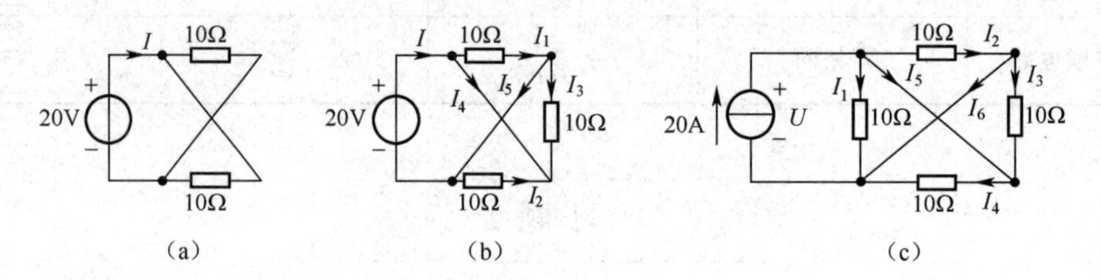

图 2.46　题 2.4 图

2.5　(1)求图 2.47(a)电路中每个元件吸收的功率；

(2))求图 2.47(b)电路中的 I_a。

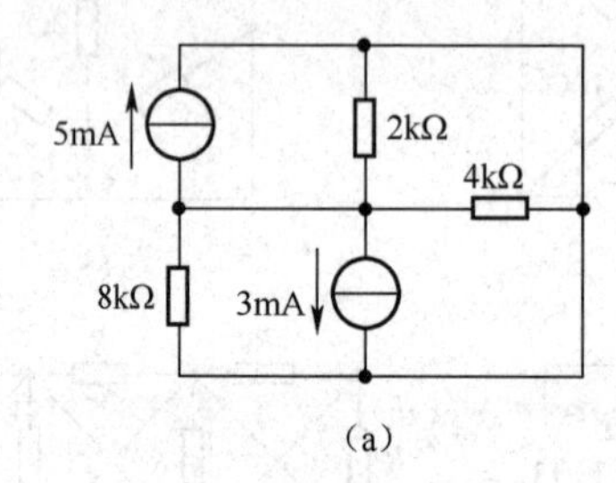

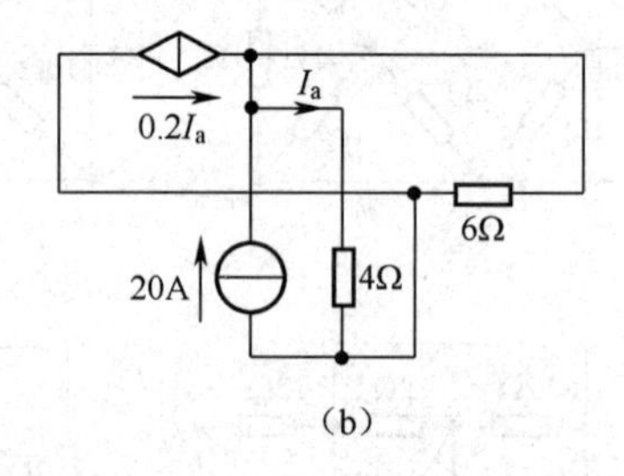

图 2.47　题 2.5 图

2.6　求 2.48 图所示各电路的 I 及 U。

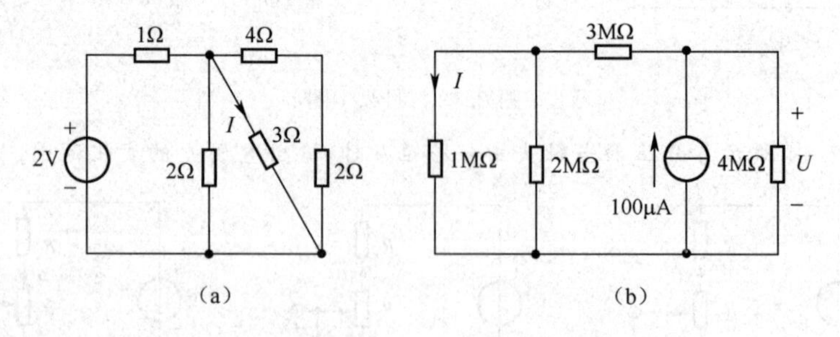

图 2.48　题 2.6 图

2.7　求图 2.49 所示各电路的 I 及 U。

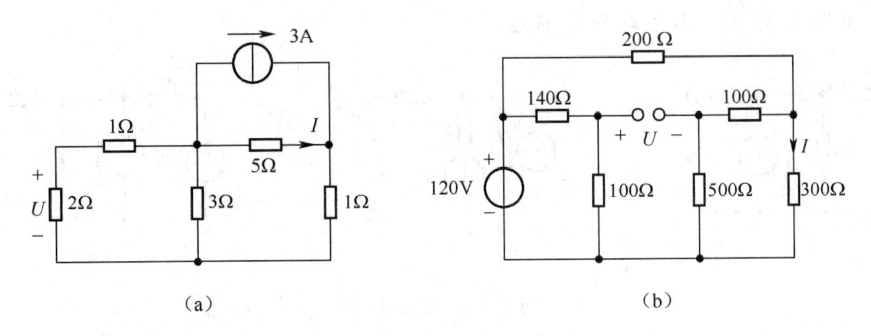

图 2.49　题 2.7 图

2.8　(1)求图 2.50(a)所示分压器无负载和有负载时的电压 U_1 和 U_2。

(2)求图 2.50(b)所示电路 a、b 点的电位 U_a、U_b 和电流 I_1、I_2。

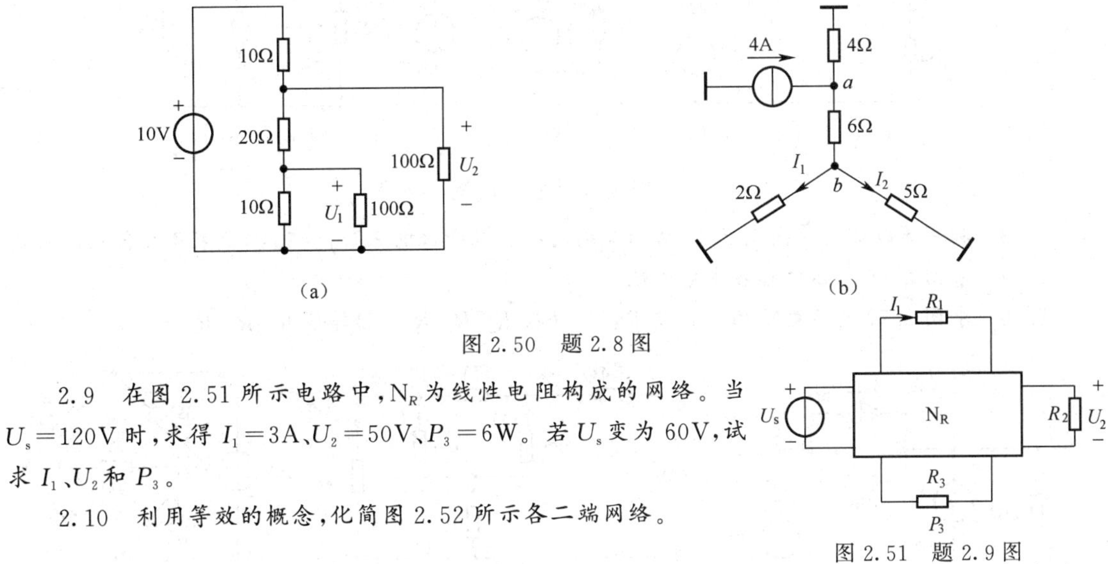

图 2.50　题 2.8 图

2.9　在图 2.51 所示电路中，N_R 为线性电阻构成的网络。当 $U_s=120V$ 时，求得 $I_1=3A$、$U_2=50V$、$P_3=6W$。若 U_s 变为 60V，试求 I_1、U_2 和 P_3。

图 2.51　题 2.9 图

2.10　利用等效的概念，化简图 2.52 所示各二端网络。

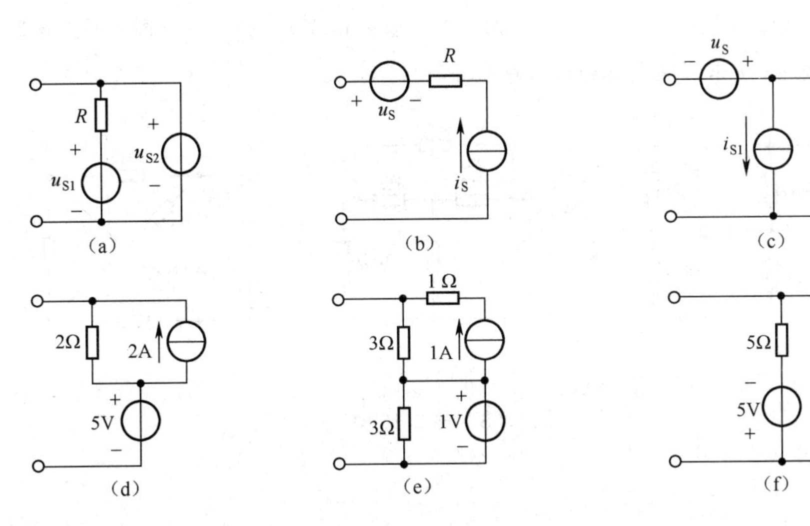

图 2.52　题 2.10 图

2.11　求图 2.53 所示各电路的 U_o 或 I。

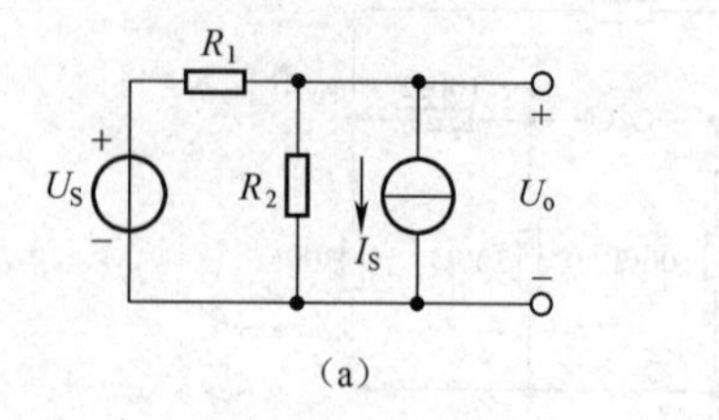

(a)

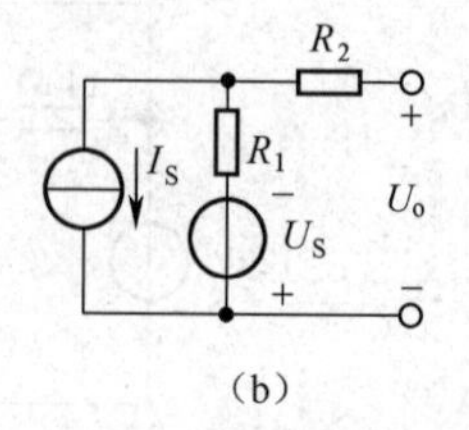

(b)

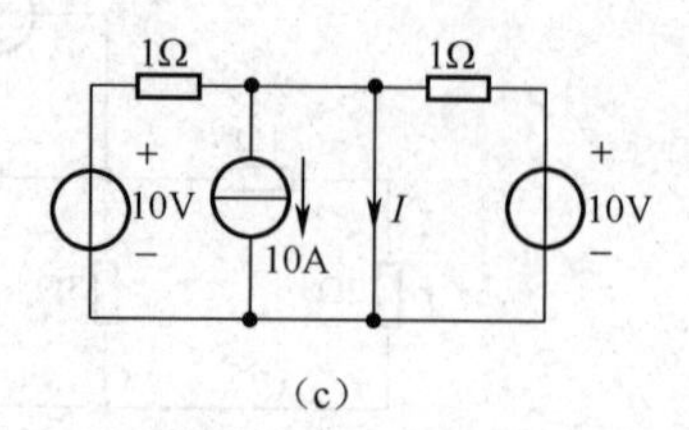

(c)

图 2.53　题 2.11 图

2.12　求图 2.54 所示各电路的 U 或 I。

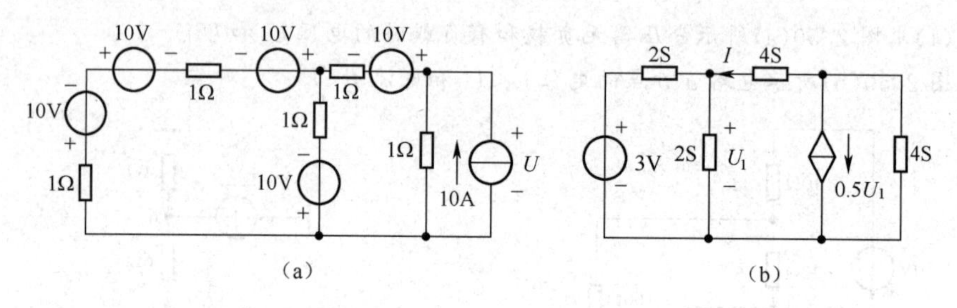

(a)　(b)

图 2.54　题 2.12 图

2.13　利用等效概念化简图 2.55 所示二端网络。若输入电压 $U_{ab}=50\text{V}$,试求 I 及各元件电流

2.14　求图 2.56 所示电路各支路电流。

2.15　求图 2.57 所示电路的 I_5。要求:(1)转换 R_3、R_4、R_5;(2)转换 R_2、R_4、R_5。

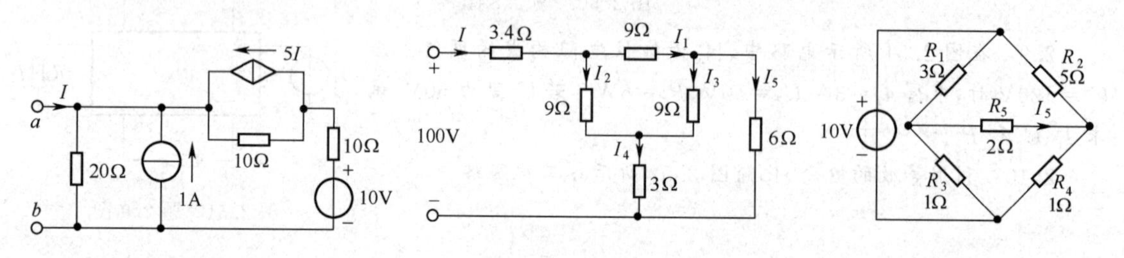

图 2.55　题 2.13 图　　图 2.56　题 2.14 图　　图 2.57　题 2.15 图

2.16　求图 2.58 所示二端网络的输入电阻。

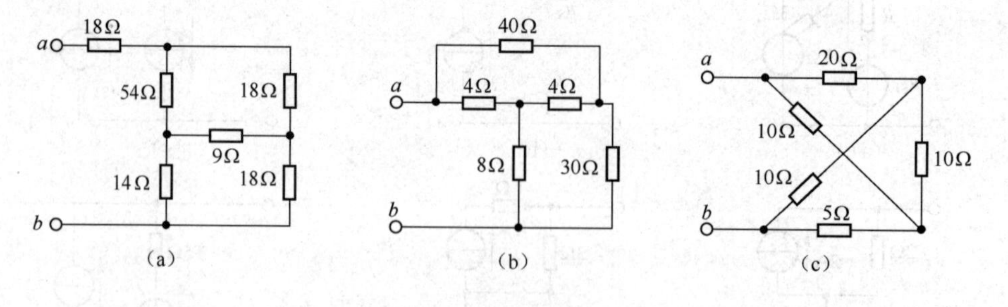

(a)　(b)　(c)

图 2.58　题 2.16 图

2.17　求图 2.59 所示二端网络的输入电阻。

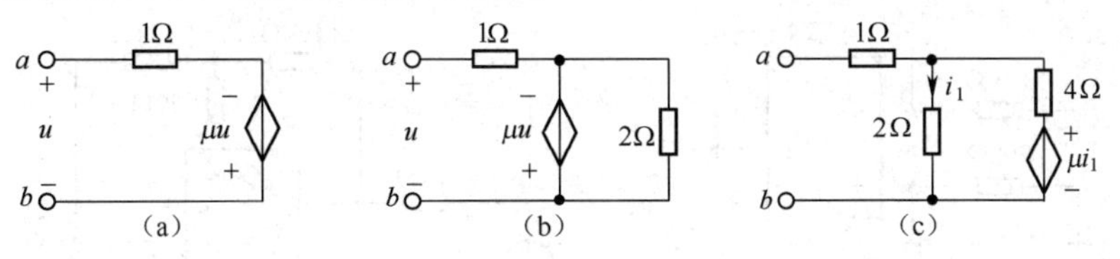

图 2.59　题 2.17 图

2.18　求图 2.60 所示二端网络的输入电阻。

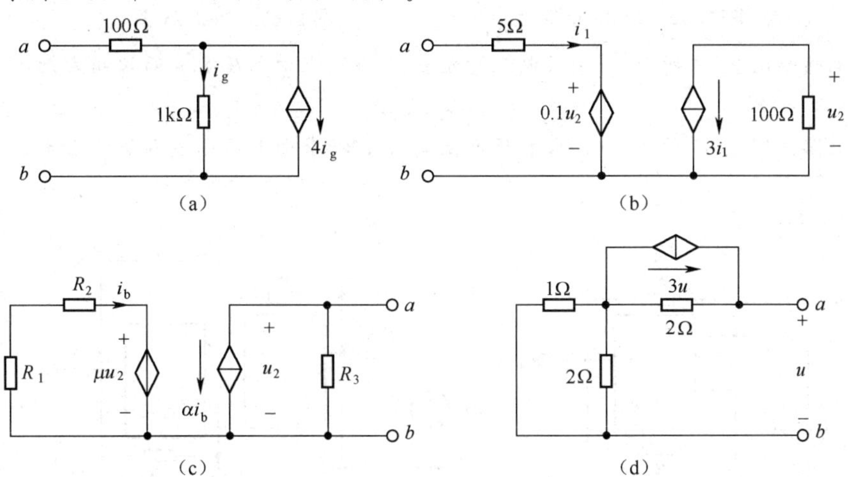

图 2.60　题 2.18 图

2.19　求图 2.61 所示各二端网络的 R_{ab}。图 2.61(a)、(d)中各电阻均为 1Ω。

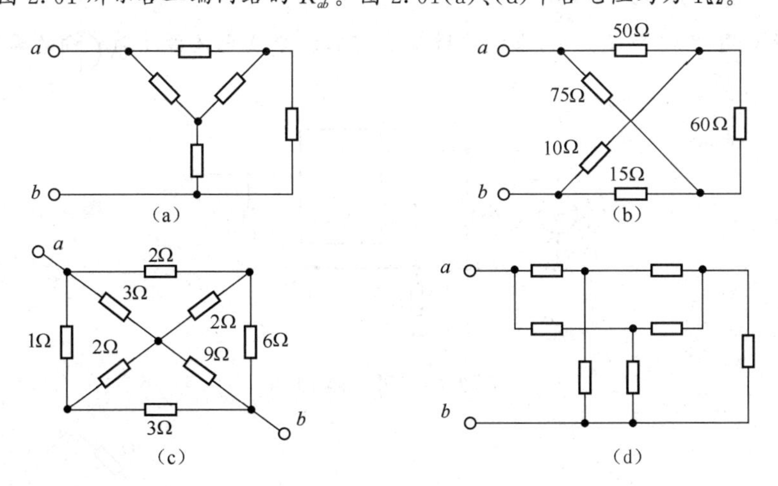

图 2.61　题 2.19 图

2.20　求图 2.62 所示电路中的输出电压 u_o。

2.21　求图 2.63 所示电路中的输出电压 u_o。

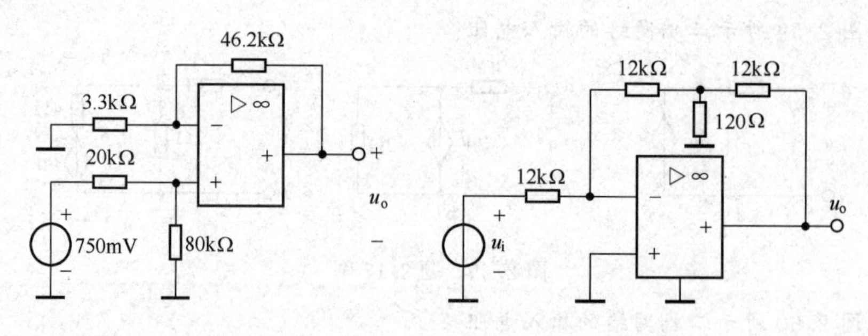

图 2.62　题 2.20 图　　　　图 2.63　题 2.21 图

2.22　电路如图 2.64 所示。(1)求电压增益 u_o/u_i;(2)求由电压源 u_i 两端向右看进去的输入电阻 R_i。

2.23　电路如图 2.65 所示。(1)求电压增益 u_o/u_i;(2)求由电压源 u_i 两端向右看进去的输入电导 S_i。

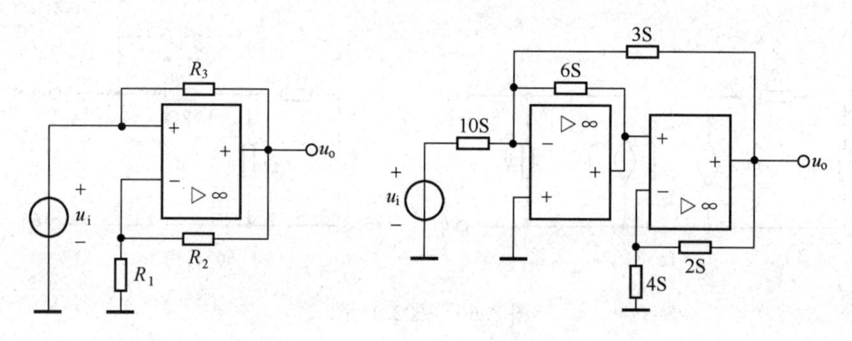

图 2.64　题 2.22 图　　　　图 2.65　题 2.23 图

2.24　电路如图 2.66 所示。(1)求电流增益 I_o/I_i;(2)求由电流源 I_i 两端向右看进去的输入电阻 R_i。

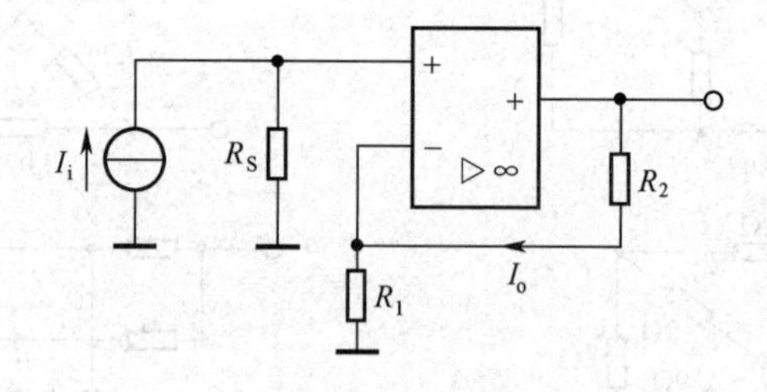

图 2.66　题 2.24 图

第 3 章

电阻电路的一般分析

电路分析的任务是在已知电路结构和元件参数的条件下，求解电路各支路（或元件）的电流和电压。电路分析的基本依据是基尔霍夫定律及元件的伏安特性。第 1 章介绍了电路的观察法，第 2 章介绍了简单电阻电路分析的等效变换法，但是这些方法都局限于一定结构形式的电路，并且不够规范。本章将介绍分析电路的 2*b* 法、支路电流法、网孔法、节点法和回路法。

3.1 电路方程的独立性

设电路有 *b* 条支路。以 *b* 个支路电流和 *b* 个支路电压为变量列写 2*b* 个独立电路方程以求得这些变量的方法，称为 **2b 法**。我们知道，支路的伏安关系仅取决于该支路元件的特性，因此它们彼此独立，这样，*b* 条支路可以提供 *b* 个独立的支路伏安方程。剩余的 *b* 个独立方程显然应由 KCL 和 KVL 提供。那么，独立的 KCL 方程和 KVL 方程各个多少？下面以图 3.1(a)电路为例进行分析。

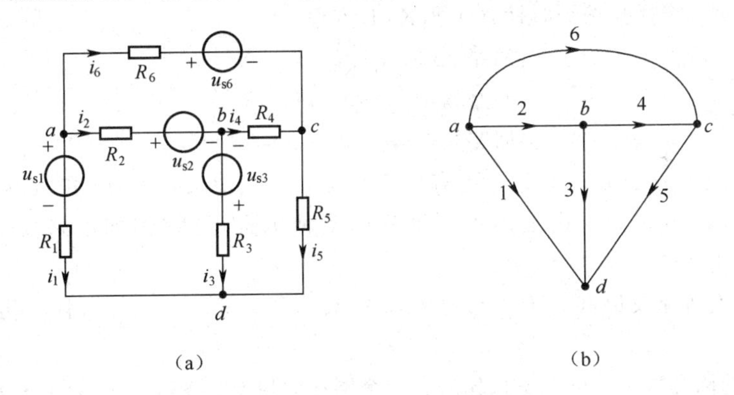

图 3.1　电路及其对应的有向图

图 3.1(a)电路中，设支路电压与支路电流方向关联。第 1 章已介绍过，电路的 KCL、KVL 仅与电路的结构有关，而与元件的性质无关。因此在分析 KCL、KVL 时，可将图 3.1(a)电路中的各条支路用有向线段表示，使线段的方向与支路电流方向一致，这就构成了图论（数学中的一个分支）中的有向图，如图 3.1(b)所示。有向图并不妨碍对 KCL、KVL 的分析，相反，它可使分析更为简便。在图论中，图用 G(Graph)标示。图中的线段称为**支路**（或边），线段的端点称为**节点**（或顶点）。图 3.1(b)为平面图。所谓**平面图**，是指没有空间交叉支路的图，否则为**非平面图**。图 3.2(a)、(b)为平面图。图 3.2(b)虽看起来有交叉电路，但可将它画成图 3.2(c)形式，可见其为平面图。图 3.2(d)为非平面图。对图的介绍，还将在第 3.5 节进一步说明。

图 3.1 有四个节点，其 KCL 方程分别为

节点 *a*：$i_2+i_2+i_6=0$

节点 *b*：$-i_2+i_3+i_4=0$

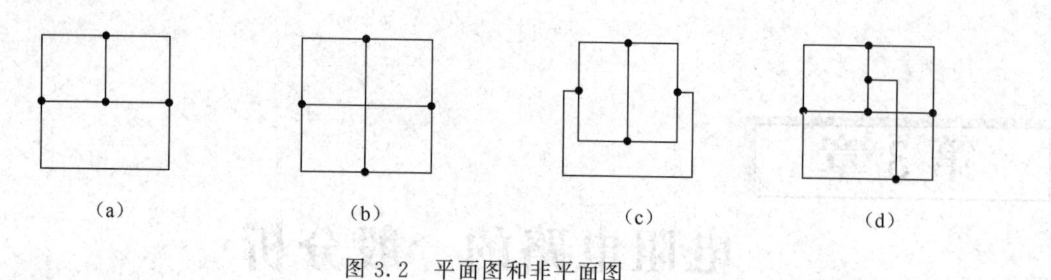

图 3.2 平面图和非平面图

节点 c：$-i_4+i_5-i_6=0$

节点 d：$-i_1-i_3-i_5=0$

由这组方程可以看出，将任意 3 个方程相加，可得到另一个方程，这表明独立方程数不会大于 3。现任选 3 个方程(例如前 3 个方程)进一步分析，可以看出，任意两个方程相加都不能得到另一个，可见这 3 个方程之间没有约束关系，故它们彼此独立。于是独立的 KCL 方程数为 3。可以证明，具有 n 个节点的电路或图，其独立的 KCL 方程有 $n-1$ 个，且为任意的 $n-1$ 个。论证如下：

每一条支路都接于两个节点之间，因此每一条支路电流对一个节点流入，对另一个节点则必为流出。当对所有节点列写 KCL 方程时，在这些方程中，每个电流势必都会出现两次，一次为正，一次为负，故 n 个节点的 KCL 方程之和必为零，因此 n 个 KCL 方程中至少有一个不独立。现在去掉一个方程，分析余下的 $n-1$ 个。显然可见，被去掉的方程中的电流在余下的 $n-1$ 个方程中只可能出现一次，因此这 $n-1$ 个方程相加不可能为零，故此 $n-1$ 个 KCL 方程必定独立。

提供独立 KCL 方程的节点称为独立节点。显然，独立节点数为 $n-1$。

根据图 3.1，对三个网孔按顺时针方向列 KVL 方程：

$$\begin{cases}\text{回路 } abda: u_2+u_3-u_1=0\\ \text{回路 } bcdb: -u_3+u_5+u_4=0\\ \text{回路 } acba: u_6-u_4-u_2=0\end{cases} \tag{3.1}$$

可以看出，上组方程独立。图 3.1 还有四个回路($acda$、$abcda$、$acbda$ 和 $acdba$)，但是它们的 KVL 方程不独立，因为它们可由上面三个方程的某种组合得到(例如回路 $acda$ 的 KVL 方程 $u_6+u_5-u_1=0$ 可由三个方程之和得到)。

可以证明，具有 b 条支路和 n 个节点的平面图，其网孔数 $m=b-n+1$，且网孔的 KVL 方程组独立。

论证平面图的网孔数 $m=b-n+1$，先研究一个网孔的情况。图 3.3(a)为由 $k(k=2,3,\cdots)$条边构成的一个网孔。由图可见，画第一条边"1"时，同时出现两个点 0 和 1，以后每增加一条边就相应地增加一个点，最后一条边"k"对应的点 k 必与"1"边的 0 点重合，由此可见，k 条边构成的网孔，其支路数 b 等于 k，节点数 n 也等于 k，于是 $b-n+1=1$，网孔数公式($m=b-n+1$)正确。现在再来分析两个网孔的情况。设第一个网孔已经形成如图 3.3(b)所示，它有 k 条边及 k 个点($k\geqslant2$)，现在来形成第二个网孔。由图可见，每增加一条边，同样相应地增加一个点，而最后的一个边"j"所对应的 j 点必与网孔 1 的某个点重合，可见这两个网孔的支路数 $b=k+j(k\geqslant2,j\geqslant1)$，而节点数 $n=k+(j-1)$，于是 $b-n+1=(k+j)-(k+j-1)+1=2$，网孔数公式仍正确。这样的分析方法可用于任意个数网孔的情况。设网孔数为 m，由分析可知，只有第一个网孔的节点数与支路数相等，以后，每增加一个网孔，对应增加的节点数总比增加的支路数少一。故当增加 $m-1$ 个网孔时，增加的节点数比增加的支路数少 $m-1$。设 m 个网孔的边数为 b，则对应的节点数 n 应为 $b-(m-1)$，于是 $b-n+1=b-(b-m+1)+1=m$，这正是网孔数，由此即证明了网孔数＝支路数－节点数＋1。

再来论证 $b-n+1$ 个网孔的 KVL 方程是独立的。设图 3.4(a)所示的平面图 G_1 有 m 个网孔，现

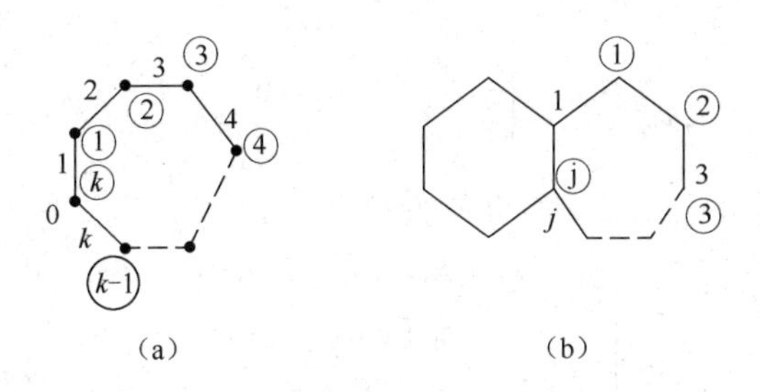

图 3.3　网孔数 $m=b-n+1$ 的证明

将 G_1 画在一个球体上为图 3.4(b)所示的 G_2，可见，G_1 边界的各边在 G_2 中也构成二个网孔，这个网孔称为**外沿网孔**或**外沿回路**。构造外沿网孔后，G_1 中的每条边则均为两个网孔所共有，现对每个网孔写 KVL 方程。设网孔方向均取顺时针方向如图 3.4(a)所示，这样，每个支路电压在一个网孔方程中为正，在另一个方程中必为负，因此，$m+1$ 个网孔的 KVL 方程之和必为零。若去掉一个网孔方程(通常是去掉外沿网孔方程)，则余下的 m 个网孔方程必定独立，其分析与 KCL 方程独立性的论证相类似。

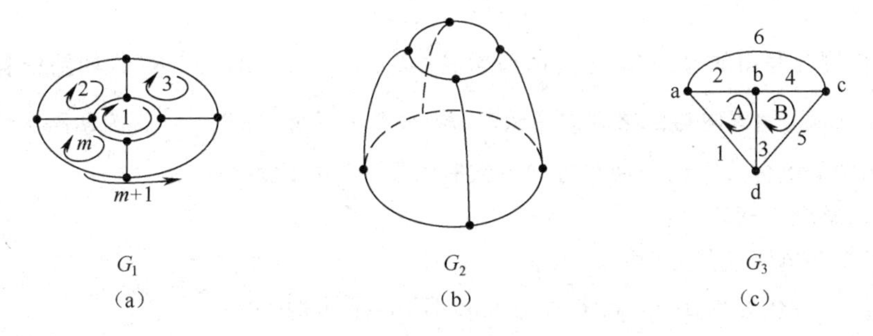

图 3.4　网孔 KVL 方程独立性的证明图

提供独立 KVL 方程的回路称为独立回路。网孔是一组独立回路，但并不是唯一的一组。不论哪一组，其独立回路数总是等于 $b-n+1$。

如前所述，若一个电路有 b 条支路和 n 个节点，则有 $2b$ 个待求量(b 个支路电流和 b 个支路电压)，根据元件约束关系及电路的 KCL 和 KVL，可分别写出 b 个独立的支路伏安方程、$n-1$ 个独立的节点电流方程和 $b-n+1$ 个独立的网孔电压方程。它们的总数为 $2b$，由这 $2b$ 个方程，即可求出 $2b$ 个待求量，这就是 $2b$ 法。$2b$ 法适用于任何集中参数电路，不仅适用于线性电路，而且也适用于非线性电路。

3.2　支路电流法

$2b$ 法设置的变量太多，联立方程式多，计算过程冗长，所以一般很少应用。如何在 $2b$ 法的基础上简化电路的分析，这是我们要讨论的问题。我们将 $2b$ 法的 $\sum u=0$ 方程中的 b 个支路电压用支路伏安方程代入，于是 KVL 方程的变量就变成了支路电流。由 $b-n+1$ 个 KVL 方程和 $n-1$ 个 KCL 方程即可解出 b 个支路电流。这种以支路电流为变量列方程，求解支路电流的方法称为**支路电流法**。下面以图 3.1(a)电路为例说明。

选独立节点 a、b、c，列 KCL 方程如下：

$$\begin{cases} i_1+i_2+i_6=0 \\ -i_2+i_3+i_4=0 \\ -i_4+i_5-i_6=0 \end{cases} \tag{3.2}$$

网孔 KVL 方程为式(3.1)。各支路的伏安方程为

$$\begin{cases} u_1=u_{s1}+R_1 i_1\,;u_2=R_2 i_2+u_{s2} \\ u_3=-u_{s3}+R_1 i_3\,;u_4=R_4 i_4 \\ u_1=R_5 i_5\,;u_6=R_6 i_6+u_{s6} \end{cases} \tag{3.3}$$

将式(3.3)代入式(3.1),经整理后得

$$\begin{cases} -R_1 i_1+R_2 i_2+R_3 i_3=u_{s1}-u_{s2}+u_{s3} \\ -R_3 i_3+R_4 i_4+R_5 i_5=-u_{s3} \\ -R_2 i_2-R_4 i_4+R_6 i_6=u_{s2}-u_{s6} \end{cases} \tag{3.4}$$

式(3.2)和式(3.4)联立,即可求得六个支路电流。式(3.4)是网孔 $\sum u=0$ 方程与支路伏安方程相结合的结果,它是 KVL 方程的另一种形式。式(3.4)的一般形式为

$$\sum Ri = \sum u_s \tag{3.5}$$

虽然它是由网孔写出的,但它对任何回路均成立。式(3.5)中的 $\sum Ri$ 为回路中各电阻压降的代数和,当支路电流 i 的方向与回路方向一致时,取“+”,反之取“−”; $\sum u_s$ 为回路中各压源电压 u_s 的代数和,当压源的电位升方向与回路方向一致时,取“+”,反之取“−”。

支路电流法解题步骤如下:

(1)设定各支路电流及其方向;

(2)任选 $n-1$ 个独立节点,按 KCL 列节点的 $\sum i=0$ 方程;

(3)任选一组独立回路,按 KVL 列回路的 $\sum Ri = \sum u_s$ 方程;

(4)联立 $\sum i = 0$ 和 $\sum Ri = \sum u_s$ 方程,解出各支路电流。

与支路电流法类似,我们也可用支路电压为变量列方程求解支路电压,这就是支路电压法。它仍以方程组 $\sum i = 0$ 和 $\sum u = 0$ 为基础,只不过是将 $\sum i = 0$ 中的支路电流按支路伏安关系表示为支路电压的函数(即欧姆定律或压源支路欧姆定律),这样就得到了 b 个支路电压方程,从而解出 b 个支路电压,一般常用支路电流法而很少用支路电压法。

对于 $2b$ 法支路电流(压)法仅取支路电流(压)为变量,从而减少了一半方程,故使计算得到了简化。

【例 3.1】 试求图 3.5 所示电路各支路电流及各元件电压。

解 (1)设定各支路电流如图 3.5 所示。

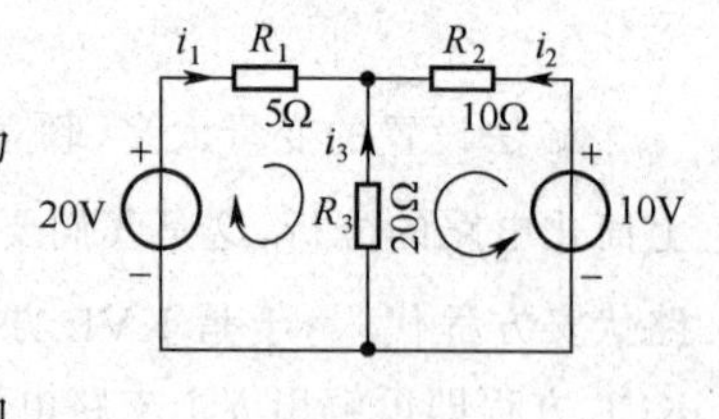

图 3.5 例 3.1

(2)列独立的 $\sum i = 0$ 方程。该电路节点数 $n=2$,独立节点数为 1。任选一点,于是有

$$i_1+i_2+i_3=0 \quad ①$$

(3)列独立回路的 $\sum Ri = \sum u$ 方程。独立回路选为网孔,方向如图 3.5 所示,于是有

$$\begin{cases} 5i_1-20i_3=20 \\ 10i_2-20i_3=10 \end{cases} \quad ②$$

(4)联立上两组方程，求解支路电流。

式①代入②，经整理后得

$$-i_2-5i_2=4$$
$$i_2-2i_3=1$$

应用行列式解方程，有

$$i_2=\frac{\begin{vmatrix}4 & -5\\ 1 & -2\end{vmatrix}}{\begin{vmatrix}-1 & -5\\ 1 & -2\end{vmatrix}}=\frac{-8+5}{2+7}\text{A}=-\frac{3}{7}\text{A}\approx-0.43\text{A}$$

$$i_3=\frac{\begin{vmatrix}-1 & 4\\ 1 & 1\end{vmatrix}}{\begin{vmatrix}-1 & -5\\ 1 & -2\end{vmatrix}}=\frac{-1-4}{2+5}\text{A}=-\frac{5}{7}\text{A}\approx-0.71\text{A}$$

$$i_1=-(i_2-i_3)=\frac{8}{7}\text{A}\approx1.14\text{A}$$

(5)求各元件电压。设各元件电压与对应电流方向关联，于是

$$u_{R1}=R_1i_1=5\times1.14=5.7\text{V}$$
$$u_{R2}=R_2i_2=10(-0.43)=-4.3\text{V}$$
$$u_{R3}=R_3i_3=20(-0.71)=-14.2\text{V}$$

(6)校核。上述结果可以由其他回路的 $\sum u$ 是否为零来校核，例如外沿网孔。外沿网孔的 $\sum u$ 为

$$R_1i_1-R_2i_3+10-20=5\times1.14-10(-0.43)+10-20=0$$

可见，以上计算结果正确。

【例3.2】 试用支路电流法求解图3.6电路的支路电流和支路电压。

解 (1)设各支路电流方向如图3.6所示。该电路有六条支路，但是 ad 支路有一个3A电流源，因而 $i_4=3\text{A}$ 为已知，故未知量(支路电流)就有5个，只需要列5个独立方程。

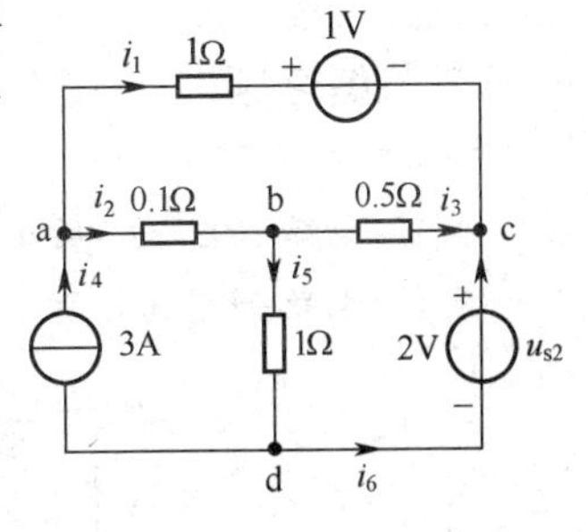

图3.6　例3.2图

(2)对 a、b、c 点列 $\sum i=0$ 方程如下

$$\begin{cases}i_1+i_2-3=0\\ i_2-i_3-i_5=0\\ i_1+i_3+i_6=0\end{cases}\qquad①$$

(3)只需列两个回路的 $\sum Ri=\sum u_s$ 方程。因为流源电压未知，故在选回路时应避开流源支路。现选回路 $acba$ 和 $bcdb$，于是有

$$i_1-0.5i_3-0.1i_2=-1$$
$$0.5i_3-i_5=-2$$

(4)求各支路电流。

$$1.1i_2+0.5i_3=4$$
$$-i_2+1.5i_3=-2$$

因此

$$i_2=\frac{\begin{vmatrix}4 & -0.5\\ -2 & 1.5\end{vmatrix}}{\begin{vmatrix}1.1 & 0.5\\ -1 & 1.5\end{vmatrix}}=\frac{6+1}{1.65+0.5}\text{A}\approx 3.256\text{A}$$

$$i_3\approx\frac{\begin{vmatrix}1.2 & 4\\ -1 & -2\end{vmatrix}}{\begin{vmatrix}1.1 & 0.5\\ -1 & 1.5\end{vmatrix}}=\frac{-2.2+4}{1.65+0.5}\text{A}\approx 0.837\text{A}$$

i_2、i_3 之值代入式①得

$$i_1=(3-3.256)\text{A}\approx-0.256\text{A}$$
$$i_5=(3.256-0.837)\text{A}\approx 2.419\text{A}$$
$$i_6=(0.256-0.837)\text{A}\approx-0.581\text{A}$$

(5)求解各支路电压。

各支路电压为

$$u_{ab}=0.1i_2\approx 0.3256\text{V}$$
$$u_{bc}=0.5i_3\approx 0.419\text{V}$$
$$u_{bd}=1i_5\approx-2.419\text{V}$$
$$u_{ac}=1i_1+1\approx-0.744\text{V}$$
$$u_{ad}=u_{ab}+u_{bd}\approx 2.744\text{V}$$
$$u_{s2}=2\text{V}$$

(6)校核。由外沿网孔 KVL 方程校核,有

$$u_{ac}+u_{cd}+u_{da}=0.744+2-2.744=0$$

因此上列各计算值正确。

思考与练习题

3.1 电路如图 3.7 所示,用支路电流法求各支路电流及 3Ω 电阻上所消耗的功率。

3.2 电路如图 3.8 所示,试列出支路电流法所需的联立方程组。

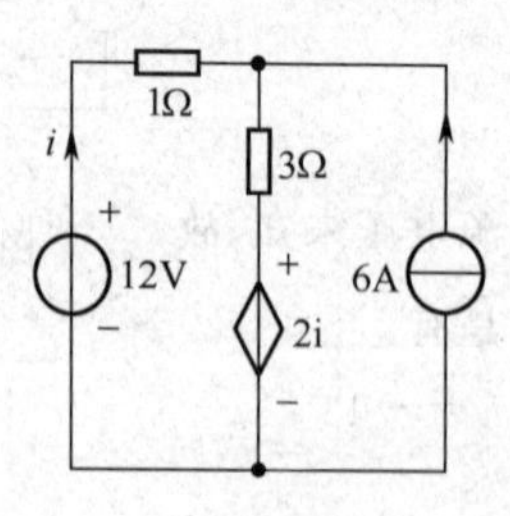

图 3.7 练习题 3.1 图

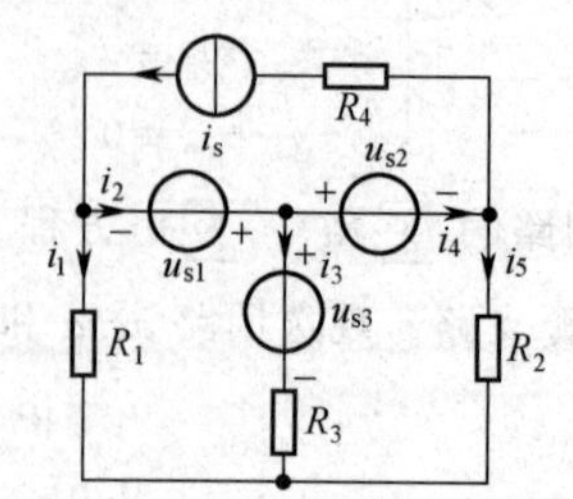

图 3.8 练习题 3.2 图

3.3　网孔分析法

3.3.1　电路分析的解变量

支路电流法比 $2b$ 法简单，但当支路较多时，联立方程也随之增多，计算仍然繁杂。为此，我们希望能进一步减少联立方程，以使电路分析得到进一步简化。此外，我们还希望分析方法规范，即方程的列写有固定规律可循，便于掌握且不易出错。$2b$ 法的联立方程是由3组独立方程—— $\sum i=0$、$\sum u=0$ 和支路伏安方程组成。支路电流法的联立方程是由2组独立方程—— $\sum i=0$、$\sum Ri=\sum u_s$ 组成。为了进一步减少联立方程数，我们可以考虑只选支路电流法中两组独立方程中的一组进行分析。当只用一组方程。例如 $\sum Ri=\sum u_s$ 时，显然方程的变量不能用支路电流，否则方程数 $b-n+1$ 少于变量数 b，无法解出。为此，我们需要寻求一组与方程数相等的独立变量，对这组独立变量的要求是，各支路电流能由它们简便地表示。这样一组独立变量称之为**解变量**。一组解变量，应是一组同时具有完备性和独立性的变量。这里，所谓完备性是指它是一组数目最少的能表示其他量(例如上述的支路电流)的变量，即它不多也不少，多一个没必要，少一个又不行。所谓独立性是指它们之间没有约束关系，相互独立。本节的分析方法就是通过一组解变量来求得支路电流或支路电压的间接分析法。虽然它是一种间接法，但由于方程数量少，列写规范，且解题方法简便，故在电路分析中得到了广泛应用。

3.3.2　网孔电流

图3.9(a)所示为具有两个网孔的电路，其对应的平面图(G)如图3.9(b)所示。各支路电流已示于图中。按KCL有 $i_3=i_1-i_2$，于是图3.9(b)可等效为图3.9(c)。由图3.9(c)可见。电流 i_1、i_2 分别在左、右网孔中流动，它们各自连续。这种在网孔中连续流动的电流称为**网孔电流**，为清楚起见，将它们画成图3.9(d)中所示的连续形式。为了看清支路电流和网孔电流之关系，图3.9(d)中也示出了支路电流。由图可见。

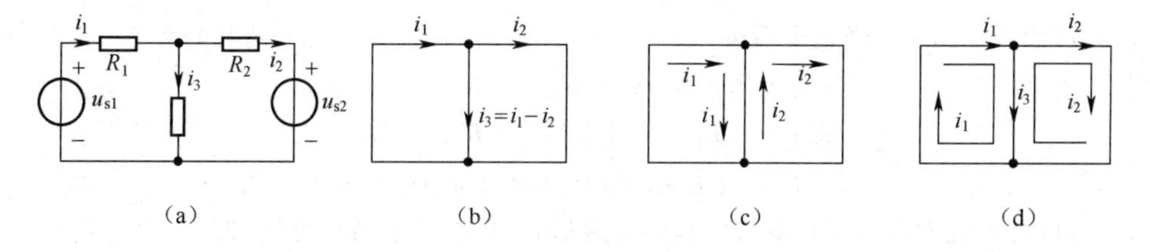

图3.9　网孔电流

支路电流 i_1 = 网孔电流 i_1

支路电流 i_2 = 网孔电流 i_2

支路电流 i_3 = 网孔电流 i_1 − 网孔电流 i_2

上述分析虽是对具有两个网孔的电路进行的，但实际上对任何平面电路的任一网孔，均可假设一个网孔电流。这种假设的合理性在于，它对网孔中的任何节点来说，总是流入一次又流出一次，自然的满足KCL。支路电流和网孔电流之普遍关系可表示为

$$i_b=\sum I_m$$

式中，i_b 为支路 b 的电流，$\sum I_m$ 为流过支路 b 的网孔电流的代数和，当 I_m 方向与 i_b 方向一致时，取“+”，反之取“−”。$\sum I_m$ 中最多为 2 项，因为任一支路或仅在一个网孔中，或为两网孔所共有。由此可见，任一支路电流可用网孔电流表出，且网孔电流数不多也不少，故网孔电流具有完备性。网孔电流之间没有如节点电流之间的 KCL 约束关系，因此他们彼此独立。综上所述，可见网孔电流是一组解变量。

3.3.3 网孔分析法

支路电流法中，网孔的 KVL 方程的形式为 $\sum Ri_b = \sum u_s$（全部独立），式中 i_b 为支路电流。这一方程组有 $b-n+1$ 个，未知量为 b 个，无法解。但是各支路电流 i_b 若用网孔电流 I_m 表示，则 $\sum Ri_b = \sum u_s$ 就可以写成 $\sum(R\sum I_m) = \sum u_s$ 形式。该式中，网孔电流 I_m 有 $b-n+1$ 个且独立，它和方程数相等，故由这组方程可解出 $b-n+1$ 个网孔电流。这种以网孔电流为变量列网孔 KVL 方程，求解网孔电流的方法，称为**网孔分析法**。下面分几种情况具体分析。

图 3.10 为不含流源及受控源具有三个网孔的标准型电路，设网孔电流分别为 i_{m1}、i_{m2}、i_{m3} 如图中所示。按网孔电流方向列网孔的 KVL 方程如下：

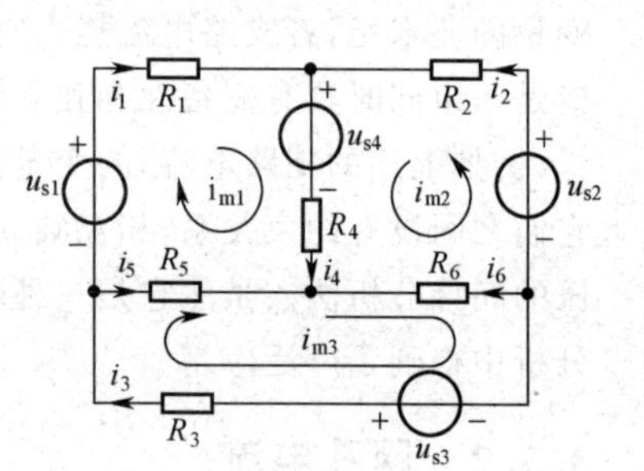

图 3.10 网孔分析法

$$\begin{cases}\text{网孔 1}: R_1 i_1 + R_4 i_4 - R_5 i_5 = u_{s1} - u_{s4} \\ \text{网孔 2}: R_2 i_2 + R_4 i_4 - R_6 i_6 = u_{s2} - u_{s4} \\ \text{网孔 3}: R_3 i_3 + R_5 i_5 - R_6 i_6 = u_{s3}\end{cases} \tag{3.6}$$

各支路电流与网孔电流之关系为

$$\begin{cases} i_1 = i_{m1} \\ i_2 = i_{m2} \\ i_3 = i_{m3} \\ i_4 = i_{m1} + i_{m2} \\ i_5 = -i_{m1} + i_{m3} \\ i_6 = -i_{m2} - i_{m3} \end{cases} \tag{3.7}$$

式(3.7)代入式(3.6)，经整理后得

$$\begin{cases}(R_1 + R_4 + R_5) i_{m1} + R_4 i_{m2} - R_5 i_{m3} = u_{s1} - u_{s4} \\ R_4 i_{m1} + (R_2 + R_4 + R_6) i_{m2} + R_6 i_{m3} = u_{s2} - u_{s4} \\ -R_5 i_{m1} + R_6 i_{m2} + (R_3 + R_5 + R_6) i_{m3} = u_{s3}\end{cases} \tag{3.8}$$

这就是网孔电流方程。网孔电流方程的普遍形式（仍以三个网孔为例）为

$$\begin{cases}R_{11} i_{m1} + R_{12} i_{m2} + R_{13} i_{m3} = u_{s11} \\ R_{21} i_{m1} + R_{22} i_{m2} + R_{23} i_{m3} = u_{s22} \\ R_{31} i_{m1} + R_{32} i_{m2} + R_{33} i_{m3} = u_{s33}\end{cases} \tag{3.9}$$

式中，R_{11}、R_{22} 和 R_{33} 分别称为网孔 1、网孔 2 和网孔 3 的**自电阻**，它们分别是各自网孔内所有电阻之和，即 R_{kk} = 网孔 k 中各电阻之和。例如图 3.10 电路中，$R_{11} = R_1 + R_4 + R_5$，$R_{22} = R_2 + R_4 + R_6$ 等。R_{12} 称为网孔 1 与网孔 2 的**互电阻**，它是该两网孔共有支路的电阻。其他 R_{13}、R_{21}、…的概念类似。互电阻可能取正，也可能取负，它的普遍表达式为：$R_{jk} = \pm$（网孔 j 与网孔 k 的公共电阻）。式中“+”、“−”号的取法是：当流过公共电阻的两个网孔电流方向一致时取“+”，反之取“−”。可以看出 $R_{jk} = R_{kj}$。图 3.10 电路中，$R_{12} = R_{21} = R_4$，$R_{13} = R_{31} = -R_5$ 等。如果所有网孔电流的方向均为顺（逆）时针

方向，则全部互电阻都为负。由于 $R_{jk}=R_{kj}$，因此网孔电流方程式的系数行列式对称。式(3.9)中，u_{s11} 为网孔 1 中各电压源电压的代数和，u_{s22}、u_{s33} 与 u_{s11} 类似。它们的一般表达式为 $u_{skk}=\sum u_s$。式中，当压源电位升方向与网孔方向一致时，取“＋”，反之取“－”。

由上分析可见，只需判断各个自电阻、互电阻以及 u_s 的正、负，就可直接而容易地列出全部网孔电流方程式，它是一种规范化的方程组。网孔分析法只适用于平面电路。

【例 3.3】 应用网孔电流法求解图 3.11 所示电路中的各支路电流。

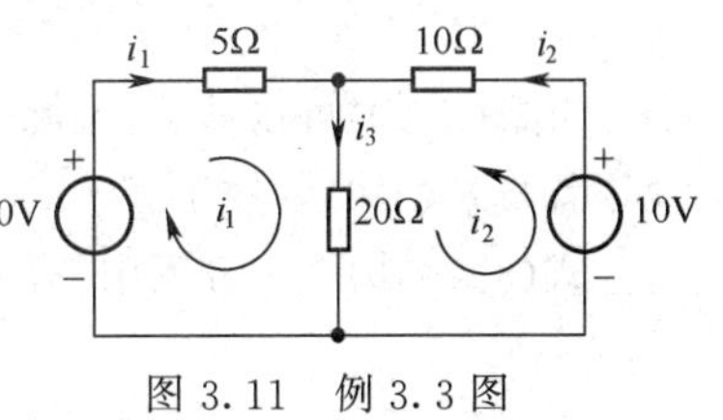

图 3.11　例 3.3 图

解　(1)设各支路电流和各网孔电流如图所示。根据支路电流和网孔电流的关系，两网孔电流可表为 i_1 和 i_2（不一定要用 i_{m1} 和 i_{m2} 表示）。

(2)列网孔电流方程

$$25i_1+20i_2=20$$
$$20i_1+30i_2=10$$

化简上式得

$$5i_1+4i_2=4$$
$$2i_1+3i_2=1$$

因此

$$i_1=\frac{\begin{vmatrix}4 & 4\\1 & 3\end{vmatrix}}{\begin{vmatrix}5 & 4\\2 & 3\end{vmatrix}}=\frac{12-4}{15-8}\text{A}=\frac{8}{7}\text{A}\approx 1.14\text{A}$$

$$i_2=\frac{\begin{vmatrix}5 & 4\\2 & 1\end{vmatrix}}{\begin{vmatrix}5 & 4\\2 & 3\end{vmatrix}}=\frac{5-8}{15-8}\text{A}=\frac{-3}{7}\text{A}\approx -0.43\text{A}$$

显然，各支路电流为

$$i_1=1.14\text{A}$$
$$i_2=-0.43\text{A}$$
$$i_3=i_1+i_2=(1.14-0.43)\text{A}=0.71\text{A}$$

上述结果与用支路法(例 3.1)解得的结果相同。

若电路中含有实际流源，可将它等效为实际压源，然后按上述方法列网孔电流方程。若电路中含有理想流源，则不能将它转换为压源。理想流源的位置有两种情况，或仅在一个网孔中，或为两个网孔所共有，下面分别对这两种情况进行分析。

图 3.12(a)所示电路，理想流源仅在一个网孔中，流过它的网孔电流只有一个 i_1，显然 $i_1=i_S$ 为已知，未知网孔电流只有两个：i_2 和 i_3。因此只需列网孔 2、3 的网孔电流方程。

$$-R_2i_S+(R_2+R_4)i_2-R_4i_3=u_{s2}-u_{s4}$$
$$-R_1i_S-R_4i_2+(R_1+R_3+R_4)i_3=-u_{s3}$$

联立该两方程，即可求得网孔电流 i_2 和 i_3。由此可见，当一个流源仅在一个网孔中时，网孔电流方程式可相应地减少一个。若有 j 个类似情况，则方程相应地减少 j 个。可以看出，只有当流源处在外沿回路的支路中时，它才会仅属一个网孔(不包含外沿网孔)所有。若不是这样，则它必为两个网孔所共有。图 3.12(b)即属此情况。对图 3.12(b)列写网孔电流方程时需要注意，流源端压必须考虑。应先设定流源的两端电压，例如为 u_o，如图 3.12(b)中所示。这样三个网孔的方程为

$$(R_1+R_2)i_1-R_2i_2-R_1i_3+u_o=u_{s1}$$
$$-R_2i_1+(R_2+R_4)i_2-R_4i_3-u_o=-u_{s4}$$
$$-R_1i_1-R_4i_2+(R_1+R_3+R_4)i_3=-u_{s3}$$

或

$$\begin{cases}(R_1+R_2)i_1-R_2i_2-R_1i_3=u_{s1}-u_o\\-R_2i_1+(R_2+R_4)i_2-R_4i_3=-u_{s4}+u_o\\-R_1i_1-R_4i_2+(R_1+R_3+R_4)i_3=-u_{s3}\end{cases} \tag{3.10}$$

由式(3.10)可以看出,流源端电压 u_0 的处理与压源电压 u_s 完全一样。这样处理后,式(3.10)的规律就与式(3.9)一样了。

式(3.10)的3个方程中,有4个未知量,因此必须补充一个方程。根据已知条件,该补充方程为

$$-i_1+i_2=i_S$$

有上列4个方程即可求出i_1、i_2、i_3和u_o。

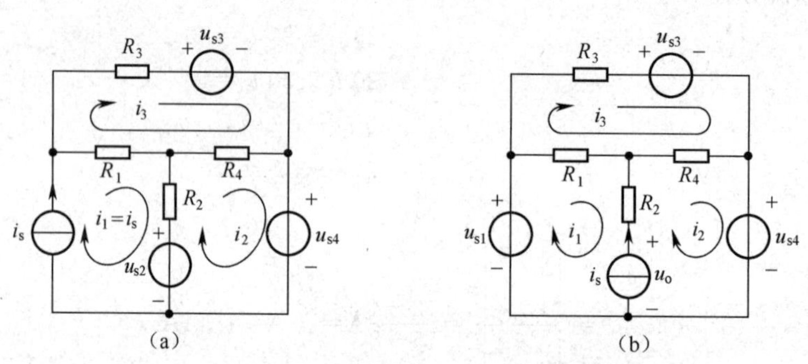

图 3.12 含有理想流源电路的网孔分析法

【例 3.4】 试用网孔分析法求图 3.13(a)电路中的支路电流 i。

解设网孔电流i_1和 i_2 如图 3.13(b)所示,由图可见,$i_2=2\text{A}$,故只需列网孔1方程。

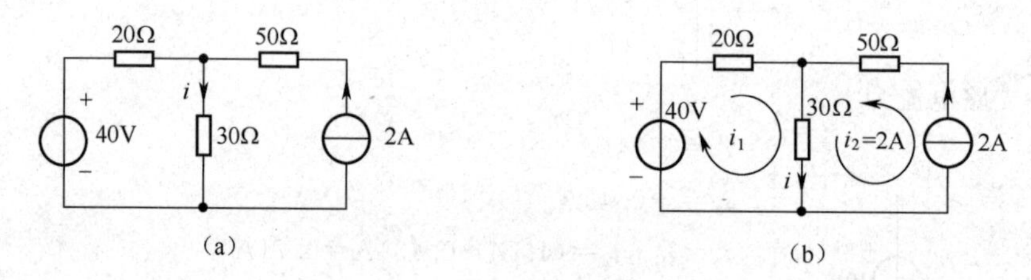

图 3.13 例 3.4 图

$$(20+30)i_1+30\times i_2=40$$

即

$$50\,i_1+60=40$$

故

$$i_1=\frac{40-60}{50}\text{A}=-0.4\text{A}$$

$$i=i_1+i_2=(-0.4+2)\text{A}=1.6\text{A}$$

【例 3.5】 试求图 3.14 所示电路的网孔电流

解 设3A流源的端电压为u_o,于是有

$$i_2=2\text{A}$$
$$(1+5+4)i_1-4i_3+2\times5=5-u_o$$
$$-4i_1+(2+3+4)i_3+2\times2=u_o$$
$$-i_1+i_3=3$$

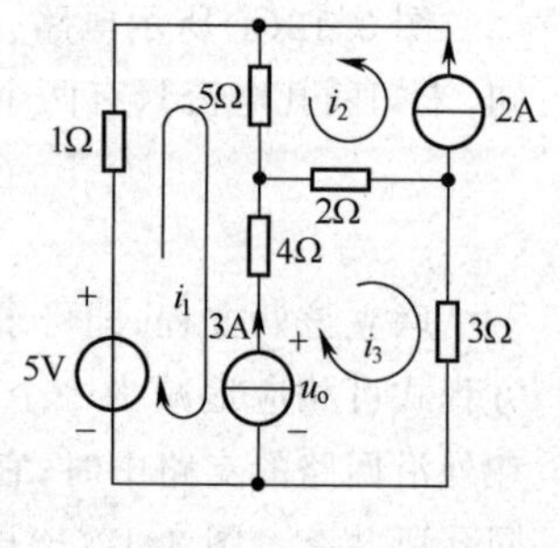

图 3.14 例 3.5 图

联立上面后3个方程,解得

$$i_1=-\frac{24}{11}\text{A},i_3=\frac{9}{11}\text{A},u_o=\frac{211}{11}\text{V}$$

当电路含有受控源时,受控压源和受控流源的处理分别与独立压源和独立流源的处理一样,但要注意的是,受控源的控制量必须用网孔电流表示。下面举例说明。

【例3.6】 试列图3.15电路的网孔电流方程。

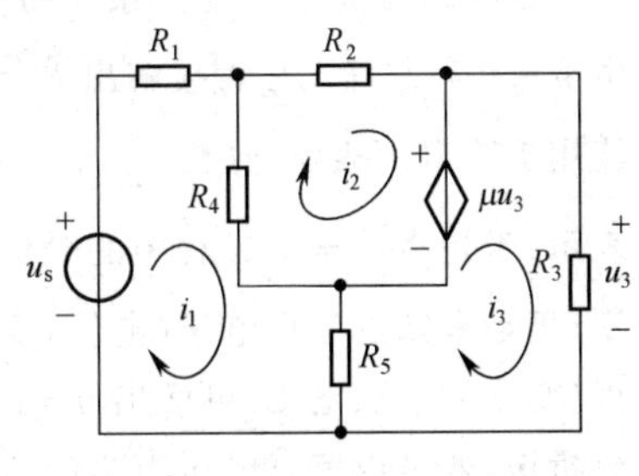

图3.15 例3.6图

解网孔电流方程为

$$(R_1+R_4+R_5)i_1-R_4i_2-R_5i_3=u_s$$
$$-R_4i_1+(R_2+R_4)i_2=-\mu u_3$$
$$-R_5i_1+(R_3+R_5)i_3=\mu u_3$$

控制量u_3必须用网孔电流表示,由图可见

$$u_3=R_3i_3$$

将上式代入方程组中,经整理后得

$$(-R_1+R_4+R_5)i_1-R_4i_2-R_5i_3=u_s$$
$$-R_4i_1+(R_2+R_4)i_2+\mu R_3u_3=0$$
$$-R_5i_1+(R_3+R_5-\mu u_3)i_3=0$$

上组方程中,互电阻$R_{23}=\mu R_3$,而$R_{32}=0$,$R_{23}\neq R_{32}$。由此看出,在含受控源的电路中,受控源所在网孔与控制量所在网孔间的互电阻不等。因此含受控源电路的网孔电流方程中的系数行列式不对称。

思考与练习题

3.3 用网孔分析法计算图3.16所示电路中各支路的电流。

3.4 用网孔分析法计算图3.17所示的电流i。

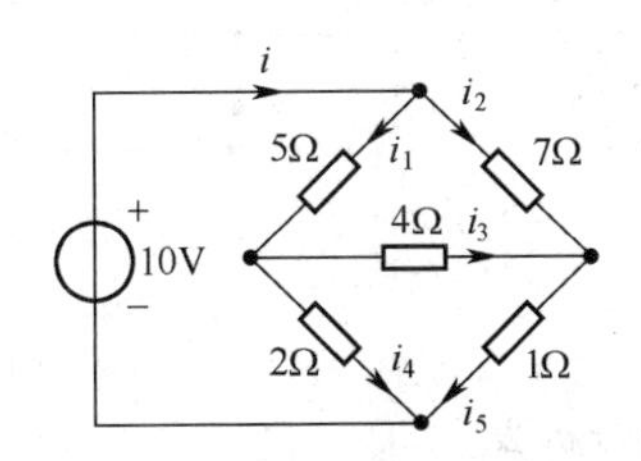

图3.16 练习题3.3图

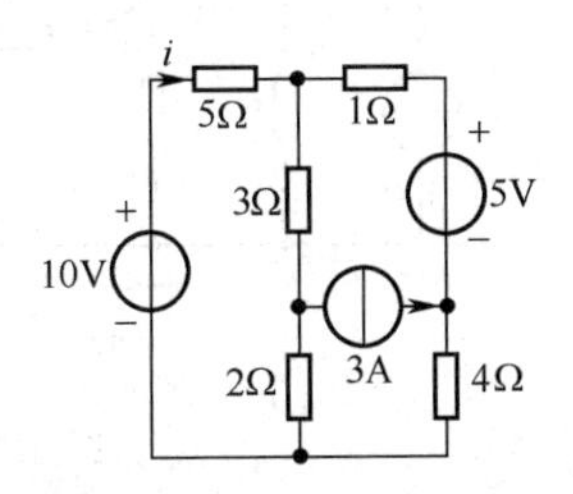

图3.17 练习题3.4图

3.5 按所给出的网孔电流方向,列出图3.18所示各电路的网孔电流方程。

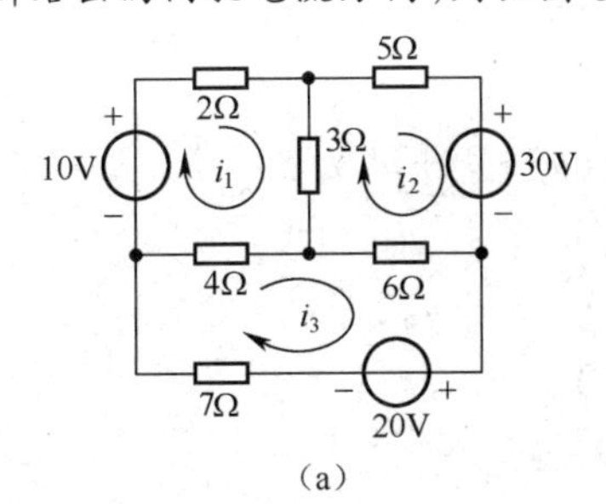

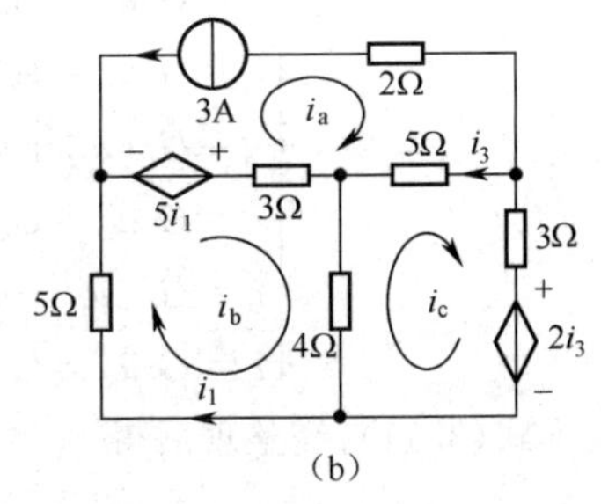

图3.18 练习题3.5图

3.4 节点分析法

设电路有 n 个节点，b 条支路。独立的 $\sum i=0$ 方程有 $n-1$ 个，但未知量有 b 个。由于 $n\leqslant b$，故由 $n-1$ 个方程无法直接解出 b 个未知电流。根据欧姆定律和压源支路欧姆定律，我们可将各支路电流用支路电压表示。这样，$\sum i=0$ 方程中的变量就转换成了支路电压。支路电压可用节点的电位差表示，于是 $\sum i=0$ 方程中的变量进一步转变成了节点电压。电路中任选一参考点，该点的电位为零，于是未知的节点电压(电位)只有 $n-1$ 个，它与所列的独立方程数相等。因此由 $n-1$ 个 KCL 方程(变量为节点电压)可解出 $n-1$ 个未知的节点电压。这就是我们要介绍的节点分析法。所谓**节点分析法**，就是以节点电压为变量列独立节点 KCL 方程，求解节点电压的方法。

容易证明，节点电压是一组完备、独立的解变量。首先，电路所有的支路电压均可用节点电压表示，因此一旦求得节点电压，所有的支路电压也就相应地解得，这表明节点电压是一组完备的变量。另外可以看到，各节点电压之间不能用 KVL 相联系，这表明节点电压是一组独立变量。

下面分几种情况讨论节点分析法。

图 3.19(a)电路不含理想压源及受控源，具有四个节点。选点 4 为参考节点，列节点 1、2、3 的 KCL 方程为

$$\begin{cases}i_1+i_2-i_7-i_{S1}+i_{S2}=0\\-i_2+i_3-i_4-i_5=0\\i_4+i_5-i_6+i_7-i_{S2}=0\end{cases}\tag{3.11}$$

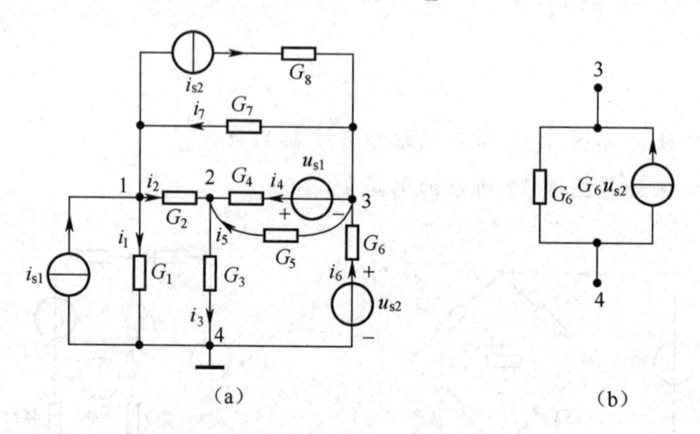

图 3.19 节点分析法

根据欧姆定律或压源支路欧姆定律，各支路电流可表示为

$$\begin{cases}i_1=G_1u_{14}=G_1u_1\\i_2=G_2u_{12}=G_2(u_1-u_2)\\i_3=G_3u_{24}=G_3u_2\\i_4=G_4(u_{32}+u_{s1})=G_4(u_3-u_2+u_{s1})\\i_5=G_5u_{32}=G_5(u_3-u_2)\\i_6=G_6(u_{43}+u_{s2})=G_5(-u_3+u_{s2})\\i_7=G_7u_{31}=G_7(u_3-u_1)\end{cases}\tag{3.12}$$

式(3.12)代入式(3.11)，经整理后得

$$\begin{cases}(G_1+G_2+G_7)u_1-G_2u_2-G_7u_2=i_{s1}-i_{s2}\\-G_2u_1+(G_2+G_3+G_4+G_5)u_2-(G_4+G_5)u_3=G_4u_{s1}\\-G_2u_1-(G_4+G_5)u_2+(G_4+G_5+G_6+G_7)u_3=i_{s2}-G_4u_{s1}+G_6u_{s2}\end{cases}\tag{3.13}$$

式(3.13)的普通形式为

$$\begin{cases}G_{11}u_1+G_{12}u_2+G_{13}u_3=i_{s11}\\G_{21}u_1+G_{22}u_2+G_{23}u_3=i_{s22}\\G_{31}u_1+G_{32}u_2+G_{33}u_3=i_{s33}\end{cases}\tag{3.14}$$

式(3.14)就是具有3个独立节点电路的节点电压方程。现对照电路说明式中各量的概念。G_{11}称为节点1的自电导，它是连接在节点1上所有非流源支路的电导之和，恒为正。G_{22}、G_{33}与其类似。这里$G_{11}=G_1+G_2+G_7$、$G_{22}=G_2+G_3+G_4+G_5$。它们的一般表达式为

$$G_{kk}=\sum_{\text{节点}K}G(\text{不包括流源支路电导})$$

G_{12}称为节点1与2的**互电导**，它是连接在节点1与2之间所有非流源支路的电导之和，为负值。G_{21}、G_{13}、G_{23}、…与其类似。这里$G_{12}=G_{21}=-G_2$，$G_{13}=G_{31}=-G_7$，$G_{23}=G_{32}=-(G_4+G_5)$。它们的一般表达式为

$$G_{jk}=G_{kj}=-\sum_{j、k\text{之间}}G(\text{不包括流源支路电导})$$

由此可见式(3.14)的系数行列式对称。所有自电导、互电导都不包含流源支路的电导，这是因为流源支路对节点提供的电流与其支路电导无关。由式(3.13)可见

$$i_{skk}=\sum i_s+\sum Gu_s$$

式中，$\sum i_s$为流入节点k各电流源电流的代数和。当i_s指向节点k是，取“+”，反之取“−”。$\sum Gu_s$为连接在节点k上各实际压源支路（u_s串联G）的Gu_s的代数和。当压源电位升方向指向节点k时，取“+”，反之取“−”。这里，$i_{s11}=i_{s1}-i_{s2}$，$i_{s22}=G_4u_{s1}$，$i_{s33}=i_{s2}-G_4u_{s1}+G_6u_{s2}$。

Gu_s的物理概念可以从图3.19(b)看出。图3.19(b)是图3.19(a)中实际压源支路——u_{s2}串联G_6等效转换的结果。G_6u_{s2}即为转换后的电流源的电流，它指向节点3，故在i_{s33}中取“+”。需要指出，节点电压方程的规律与支路电流无关。在列写节点电压方程时，支路电流一概不必考虑。应用节点法时，宜选支路数最多的节点为参考点，这样可使方程简单。节点分析法对平面电路及非平面电路均适用。它的最大优点是，独立节点极易判断。

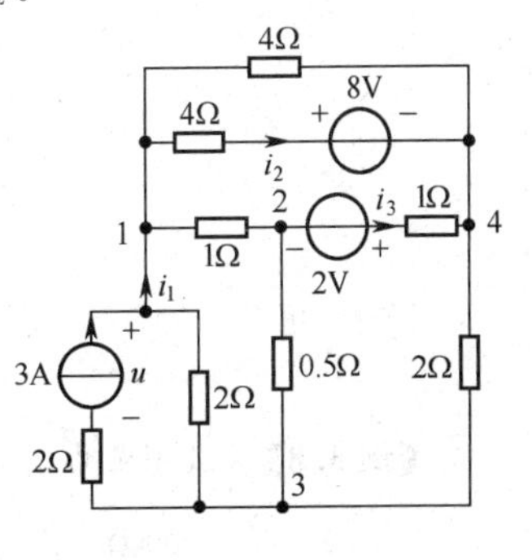

图3.20 例3.7图

【例3.7】 试对图3.20电路用节点法求i_1、i_2、i_3和u。

解 选节点4为参考点，列节点1、2、3的节点电压方程为

$$\left(\frac{1}{2}+1+\frac{1}{4}+\frac{1}{4}\right)u_1-u_2-\frac{1}{2}u_3=3+\frac{8}{4}$$

$$-u_1+\left(1+\frac{1}{0.5}+1\right)u_2-\frac{1}{0.5}u_3=-2$$

$$-\frac{1}{2}u_1-\frac{1}{0.5}u_2+\left(\frac{1}{2}+\frac{1}{0.5}+\frac{1}{2}\right)u_3=-3$$

化简后为

$$2u_1-u_2-0.5u_3=5$$
$$-u_1+4u_2-2u_3=-2$$
$$-0.5u_1-2u_2+3u_3=-3$$

用行列式法求解上组方程,有

$$u_1=\frac{\Delta_1}{\Delta},u_2=\frac{\Delta_2}{\Delta},u_3=\frac{\Delta_3}{\Delta}$$

式中

$$\Delta=\begin{vmatrix}2 & -1 & -0.5\\ -1 & 4 & -2\\ -0.5 & -2 & 3\end{vmatrix}=2\begin{vmatrix}4 & -2\\ -2 & 3\end{vmatrix}-(-1)\begin{vmatrix}-1 & -0.5\\ -2 & 3\end{vmatrix}+(-0.5)\begin{vmatrix}-1 & -0.5\\ 4 & -2\end{vmatrix}=10$$

$$\Delta_1=\begin{vmatrix}5 & -1 & -0.5\\ -2 & 4 & -2\\ -3 & -2 & 3\end{vmatrix}=5\begin{vmatrix}4 & -2\\ -2 & 3\end{vmatrix}-(-2)\begin{vmatrix}-1 & -0.5\\ -2 & 3\end{vmatrix}+(-3)\begin{vmatrix}-1 & -0.5\\ 4 & -2\end{vmatrix}=20$$

$$\Delta_2=\begin{vmatrix}2 & 5 & -0.5\\ -1 & -2 & -2\\ -0.5 & -3 & 3\end{vmatrix}=-5$$

$$\Delta_3=\begin{vmatrix}2 & -1 & 5\\ -1 & 4 & -2\\ -0.5 & -2 & -3\end{vmatrix}=-10$$

最后求得

$$u_1=\Delta_1/\Delta=(20/10)\text{V}=2\text{V}$$
$$u_2=\Delta_2/\Delta=(-5/10)\text{V}=-0.5\text{V}$$
$$u_3=\Delta_3/\Delta=(-10/10)\text{V}=-1\text{V}$$

由此可得支路电流 i_1、i_2、i_3 及 u 为

$$i_1=3+\frac{u_{31}}{2}=3+\frac{-1-2}{2}\text{A}=1.5\text{A}$$

$$i_2=\frac{u_{14}-8}{4}=\frac{u_1-8}{4}=\frac{2-8}{4}\text{A}=-1.5\text{A}$$

$$i_3=\frac{u_{24}+2}{1}=\frac{u_2-u_4+2}{1}=1.5\text{A}$$

$$u=u_{13}+2\times3=u_1-u_3+6=9\text{V}$$

【例 3.8】 试用节点分析法求图 3.21 电路中的 i。

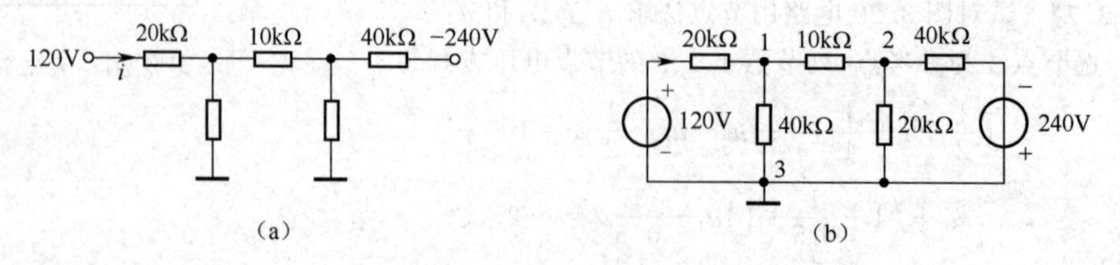

图 3.21 例 3.8 图

解 将图 3.21(a)画成图 3.21(b)所示常规电路形式。以节点 3 为参考点,节点电压方程为

$$\left(\frac{1}{20}+\frac{1}{40}+\frac{1}{10}\right)u_1-\frac{1}{10}u_2=\frac{120}{20}$$

$$-\frac{1}{10}u_1+\left(\frac{1}{20}+\frac{1}{40}+\frac{1}{10}\right)u_2=-\frac{240}{40}$$

即
$$0.175u_1-0.1u_2=6$$
$$-0.1u_1+0.175u_2=-6$$

待求量为 i，它与 u_2 无关，故只需由上组方程求解 u_1。由上组方程消去 u_2，求得
$$u_1=21.8\text{V}$$
于是
$$i=\frac{u_{31}+120}{20}=\frac{-u_1+120}{20}=4.91\text{mA}$$

图 3.22 电路含有理想压源 u_s。当以节点 3 为参考点时，显然节点 1 的电压 $u_1=u_s$ 为已知，因此只需要列节点 2 的方程，该方程为
$$-G_2u_1+(G_2+G_3)u_2=i_s$$

$u_1=u_s$ 代入上式，即可求得 u_2。由上分析可见，这种情况，节点电压方程数减少了，问题得到了简化。该电路亦可选节点 2 为参考点，这时必须列节点 1 和 3 的方程。u_s 支路提供的电流设为 i，对它的处理同 i_s，于是有
$$(G_1+G_2)u_1-G_1u_3=-i_s+i$$
$$-G_1u_1+(G_1+G_3)u_3=-i$$

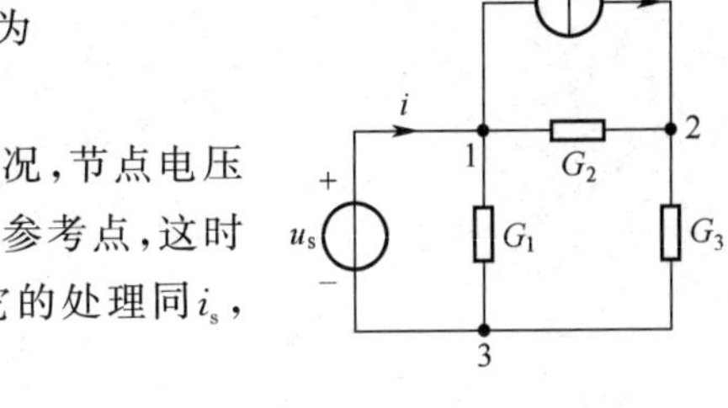

图 3.22 含理想压源电路的节点分析法

该方程组各项概念及规律仍与式(3.14)的一样，只不过 i_{skk} 中包含了理想压源支路电流。这两个方程含有 3 个未知量，因此还需补充一个方程。由已知条件，补充方程为
$$u_1-u_3=u_s$$

联立上面的三个方程，即可解得 u_1、u_3 和 i。

【例 3.9】 用节点分析法求图 3.23 电路中各支路电流。

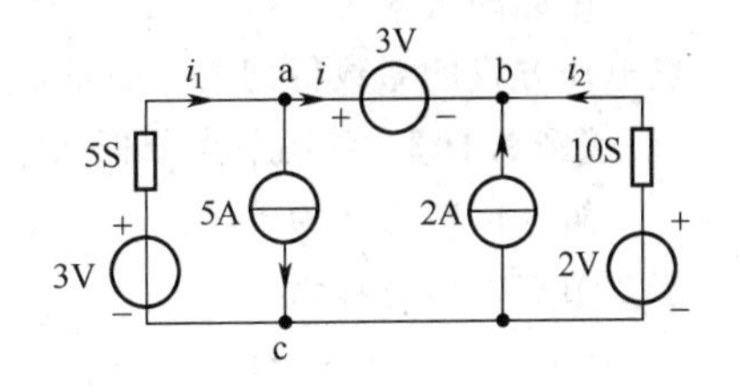

图 3.23 例 3.9 图

解 1 以 b 点为参考点，于是有
$$u_a=3\text{V}$$
$$-5u_a+(5+10)u_c=5-2-5\times3-10\times2$$

上式可写为 $\quad -5u_a+15u_c=-32$

$u_a=3\text{V}$ 代入，解得 $u_c=-\frac{17}{15}\text{V}$
$$i_1=5(u_c-u_a+3)=-\frac{17}{3}\text{A}\approx-5.7\text{A}$$
于是
$$i_2=10(u_c-u_b+2)=\frac{130}{15}\text{A}\approx8.7\text{A}$$
$$i=i_1-5=-10.7\text{A}$$

解 2 以 c 点为参考点列方程
$$5u_a=15-5-i$$
$$10u_b=20+2+i$$
$$u_a-u_b=3$$

联立上列方程，解得
$$u_a=\frac{62}{15}\text{V},u_b=\frac{17}{15}\text{V},i=-\frac{32}{3}\doteq-10.7\text{A}$$
于是
$$i_1=5+i=-5.7\text{A}$$
$$i_2=-(2+i)=8.7\text{A}$$

若电路含有受控源，则在列节点方程时，受控源按独立源一样对待。需要注意的是，受控源的控

制量必须用节点电压表示。

图 3.24 电路含有受控源，以 c 点为参考点进行分析。节点 a、b 的节点电压方程为

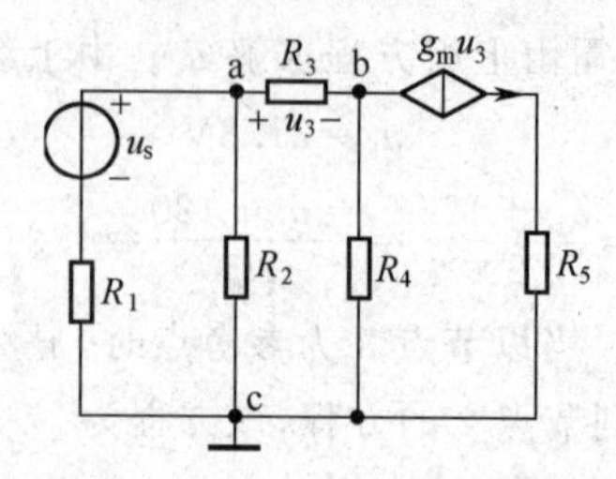

图 3.24　含受控源电路的节点分析法

$$\left(\frac{1}{R_1}+\frac{1}{R_2}+\frac{1}{R_3}\right)u_a-\frac{1}{R_3}u_b=\frac{u_s}{R_1}$$

$$-\frac{1}{R_3}u_a+\left(\frac{1}{R_3}+\frac{1}{R_4}\right)u_b=-g_m u_3$$

式中 u_3 用节点电压表示为

$$u_3=u_a-u_b$$

将它代入上组方程，于是有

$$\left(\frac{1}{R_1}+\frac{1}{R_2}+\frac{1}{R_3}\right)u_a-\frac{1}{R_3}u_b=\frac{u_s}{R_1}$$

$$-\left(\frac{1}{R_3}-g_m\right)u_a+\left(\frac{1}{R_3}+\frac{1}{R_4}-g_m\right)u_b=0$$

由此即可求得 u_a 和 u_b。该方程组中 $G_{12}\neq G_{21}$。这是由受控源所造成。因此，含受控源电路的节点电压方程的系数行列式一般不对称。

【例 3.10】 试用节点分析法求图 3.25 电路的 i 及 u。

解　以节点 4 为参考点。设 10V 压源支路电流为 i'，于是节点电压方程为

$$(2+2)u_1-2u_2=5\times2+5+3u$$

$$-2u_1+(2+5+2)u_2=2i+i'$$

$$2u_3=3-i'-5$$

3 个方程有 6 个未知量. 故还需补充 3 个方程，它们是：

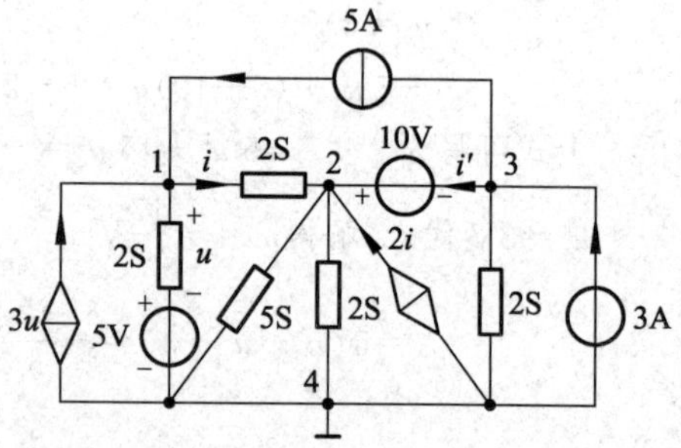

$$u_2-u_3=10$$

$$u=u_1-5$$

$$i=2(u_1-u_2)$$

图 3.25　例 3.10 图

上两组方程联立，消去 u_3、i、i'，于是有

$$4u_1-2u_2=15+3u_1-15$$

$$-2u_1+11u_2=18+4u_1-4u_2$$

简化为

$$u_1-2u_2=0$$

$$-6u_1+15u_2=18$$

解得

$$u_1=12\text{V},u_2=6\text{V}$$

因此

$$u=u_1-5=7\text{V}$$

$$i=2(u_1-u_2)=12\text{A}$$

思考与练习题

3.6　列出图 3.26 所示电路中 1、2、3 三节点的节点方程，并解出这三个节点电压。

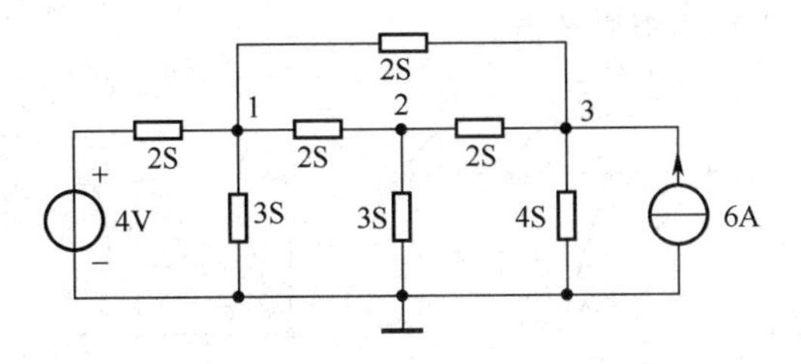

图 3.26　练习题 3.6 图

3.7　列出图 3.27 所示各电路的节点方程。

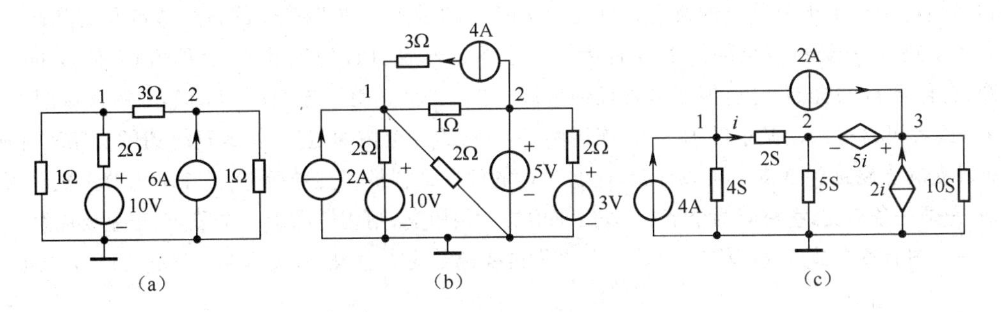

图 3.27　练习题 3.7 图

3.8　试用节点分析法计算图 3.28 所示电路中的 u_{ab}。

3.9　试用节点分析法求图 3.29 所示电路中的 u 和 i。

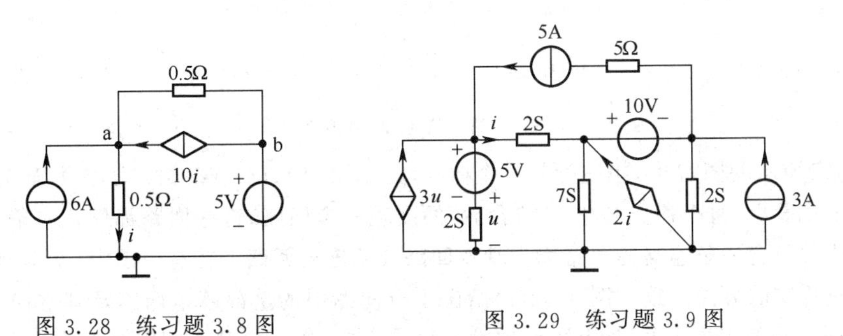

图 3.28　练习题 3.8 图　　图 3.29　练习题 3.9 图

3.5　回路电流法

3.5.1　图论的基本概念

上面我们介绍了网孔分析法和节点分析法。它们对应的解变量分别是网孔电流和节点电压。这两种方法的方程数量少，而且都有固定规律可循，因此得到了广泛应用。除了这两种方法外，是否还有其他规范方法呢？这就要介绍一些有关图论的基本概念。

在第一节中已提出了图的概念。确切的说，图是一组节点与支路的集合，其中每一支路的两端都终止在节点上，这就是图的定义。若图的支路标有方向，则称其为**有向图**，否则为**无向图**。如果图的任意两个节点之间至少存在一条支路，则称其为**连通图**，否则为非连通图。每一个连通图可看成是一个分离部分，非连通图至少有两个分离部分。图 3.30 所示的 G_1、G_2 为连通图。G_1 为平面图，G_2 为非平面图。G_3、G_4 为非连通图，它们均由两个分离部分组成。G_4 中的一个分离部分仅为一个节点，这种没有支路连接的节点称为**孤立节点**。

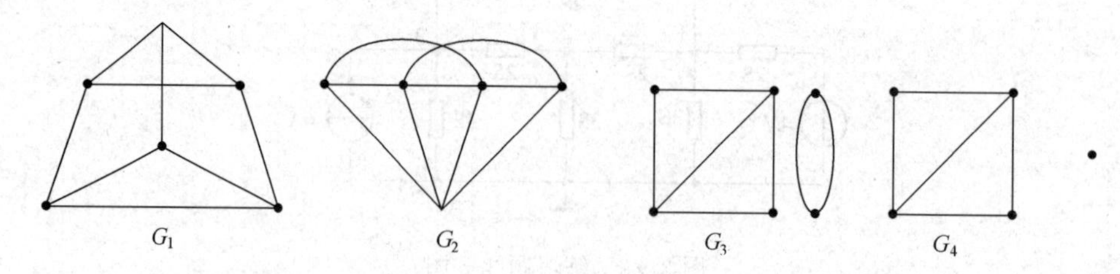

图 3.30　连通图和非连通图

树是图论中一个十分重要的概念。首先定义图 G 的子图。如果图 G_1 的每个节点和支路都是图 G 的节点和支路的一部分(或全部)，则 G_1 称为 G 的子图。连通图 G 的生成树(简称树)T 是 G 的一个连通子图，它包含 G 的全部节点，但不包含任何回路。图 3.31 表明了连通图 G 的部分树。该图 G 共有 16 个树，读者可自行画出其余的 13 个。连通图 G，当它的一个树确定后，构成这个树的支路称为**树支**，G 中非树支的支路称为**连支**。可以证明，连通图 G 的任一个树的树支数等于 $n-1$，n 为节点数。可以这样论证：先画一条树支，它对应两个节点，以后每增加一条树支，则相应增加一个节点，于是支路数总比节点数少一。图有 n 个节点，故树支数$=n-1$。若图的支路数为 b，显然，连支数$=b-(n-1)=b-n+1$。

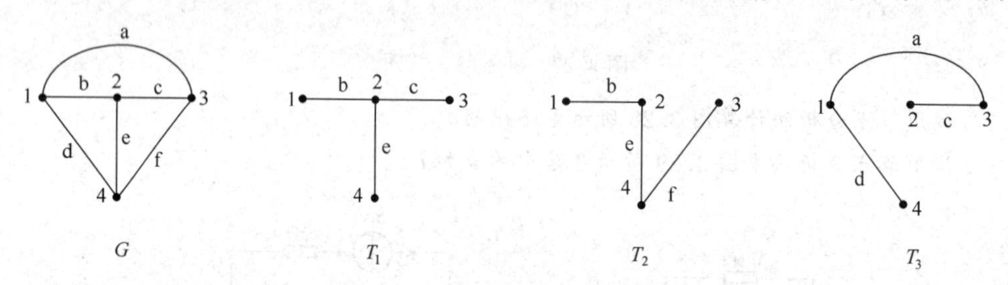

图 3.31　图 G 的生成树

图 3.32(a)所示的图 G 中，粗线为其一个树 T，图 3.32(b)、(c)、(d)给出了各个连支与树 T 结合后的情况。不难看出，每个连支与树 T 结合后，便出现一个回路，这些回路都仅含一条连支，而其余都是树支。这种只含一条连支的回路称为**基本回路**或**单连支回路**。在有向图中，基本回路的方向一般选为与对应连支的方向一致。图 3.32(e)给出了有向图中的全部基本回路及其方向。由图可见，图 G 的基本回路数等于连支数，即基本回路数$=b-n+1$。任一个基本回路都含有一条其他回路所没有的支路(连支)，因此任一个基本回路的 KVL 方程不可能由其他基本回路的 KVL 方程的组合得到，所以基本回路是一组独立回路。

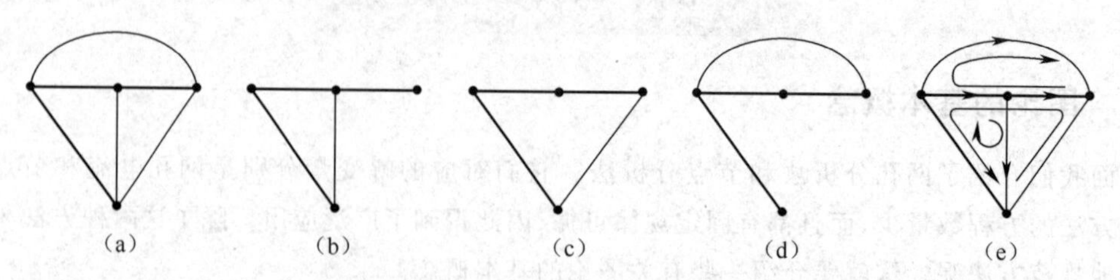

图 3.32　基本回路

现在介绍有关割集的概念。连通图 G 的一个割集是图 G 的一部分支路的集合，切割（或移去）它们后，将使图分为且仅分为2个分离部分（可以是孤立节点），但若少切割（或移去）其中任一支路，图仍连通，具有这种性质的支路集合称为**割集**。以图3.33(a)为例，支路集Ⅰ＝{1,3,4}和Ⅱ＝{1,2,4,6}是割集，因为分别移去它们后使图分成了2个部分，如图3.33(b)、(c)所示。支路集Ⅲ＝{1,2,3,4,6}不是割集，因为移去它们后，使图分成了3部分，如图3.33(d)所示。支路集{1,2,3,4}也不是割集，虽然移去它们后也将图分成了两部分，如图3.33(e)所示，但若少移去支路2，图仍为两部分。由图3.33(a)可以看出，割集I对应一个孤立节点（节点a），这种对应一个孤立节点的割集称为**节点割集**。为了便于对割集的观察，我们在图 G 上作一封闭面，被此面切割的支路集即为割集。封闭面一般只画出切割支路的那一部分，如图3.33(a)所示。不难看出，割集封闭面所围部分，正是第一章所说的广义节点。有向图的割集具有方向，其方向或由闭合面向外，或由闭合面向内，如图3.33(f)所示。

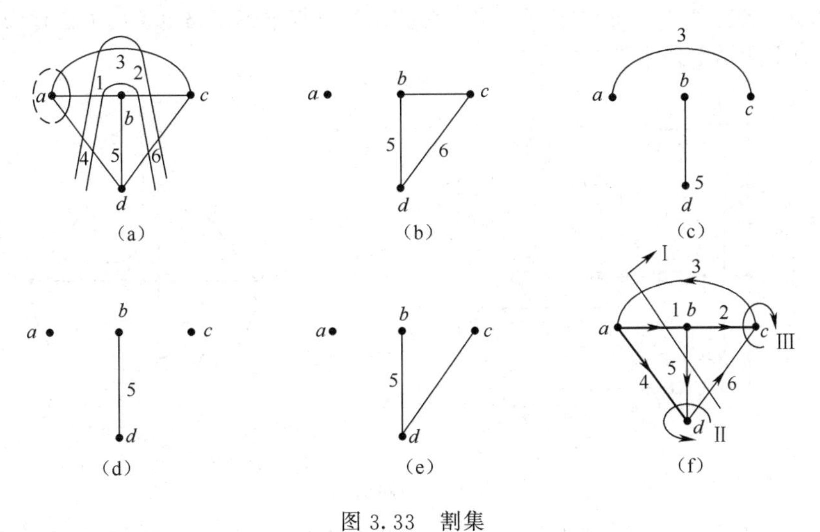

图3.33　割集

KCL对广义节点有效，因此它也适用于割集。故对任一割集均存在KCL方程 $\sum i=0$ 。式中，当支路电流方向与割集方向一致时，取“＋”，反之取“－”。例如图3.33(f)为某电路的有向图，于是割集Ⅰ、Ⅱ、Ⅲ的 KCL 方程分别为

$$i_1-i_3-i_5+i_6=0$$

$$i_4+i_5-i_6=0$$

$$i_2-i_3+i_6=0$$

图 G 的任何树所对应的连支集绝不可能构成割集，因为切割它们后，树还完整地存在，图仍连通。因此任何一组连支电流不满足KCL方程时，也即 $b-n+1$ 个连支电流是一组独立变量。

任何连支集不能构成割集，也就是说任何割集必含有树支。如果割集只含有一个树支，而其余的都是连支，这样的割集称为基本割集或单树支割集。图3.33(f)中，粗线表示图 G 的一个树，割集Ⅰ、Ⅱ和Ⅲ是其对应的基本割集。有向图中，基本割集的方向一般选为与对应的树支方向一致。基本割集与所选的树有关。当图 G 的一个树选定后，其基本割集数等于树支数，即等于 $n-1$,。每个基本割集都有一个不为其他基本割集所占用的支路（树支），故每个基本割集对应的KCL方程组必定独立。

3.5.2　回路分析法

与网孔电流相类似，基本回路也可设一个回路电流。当回路方向与连支电流方向一致时，如图 3.32(e)所示，基本回路电流就等于连支电流。连支电流是一组独立变量，故基本回路电流也是一组独立变量，且其数量＝连支数＝$b-n+1$。基本割集中的树支仅有一条，故其 $\sum i=0$ 方程可写成$i_T+\sum i_L=0$形式，即$i_T=-\sum i_L$。式中 i_T 为树支电流，i_L 为连支电流，因此各支路电流均可由连支电流表出，也即可由基本回路电流表出。可见，基本回路电流具有完备性。以上说明基本回路电流是一组解变量。

支路电流法中，KVL 的方程的形式为 $\sum i_b=\sum u_s$。现将各支路电流 i_b 用基本回路电流（即连支电流）i_L 表示，于是该式可写成$\sum(R\sum i_L)=\sum u_s$。它有 $b-n+1$ 个，且均独立，故可由它们解出 $b-n+1$ 独立回路电流 i_L 。这种以回路电流为变量列方程求解回路电流的方法称为**回路分析法**。下面以图 3.34(a)所示电路为例具体分析。

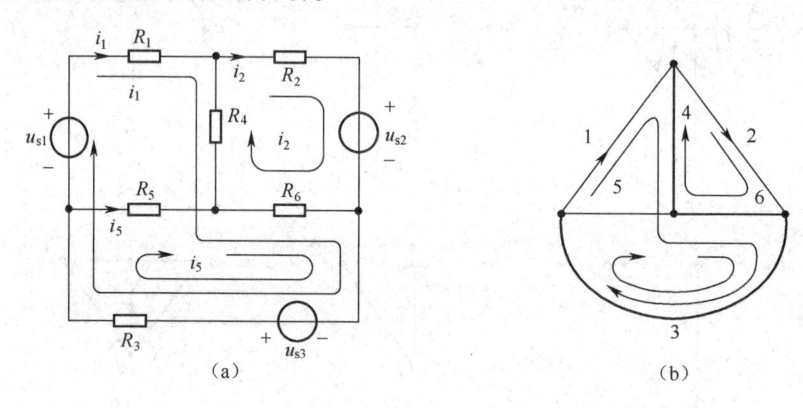

图 3.34　回路分析法

图 3.34(b) 为图 3.34(a) 电路的有向图，粗线表示部分为它的一棵树，图中示出了其所对应的三个基本回路。为了便于分析，我们将基本回路标于图 3.34(a) 中。对于基于回路列出 $\sum Ri_b=\sum u_s$ 形式的路程，式中各支路电流 i_b 可用 i_1、i_2 和 i_5 表示，于是有

$$R_1 i_1+R_4(i_1-i_2)+R_6(i_1-i_2+i_5)+R_3(i_1+i_5)=u_{s1}+u_{s3}$$
$$R_2 i_2+R_6(i_2-i_1-i_5)+R_4(i_2-i_1)=-u_{s2}$$
$$R_5 i_5+R_6(i_1-i_2+i_5)+R_3(i_1+i_5)=u_{s3}$$

经整理后得

$$\begin{cases}(R_1+R_3+R_4+R_6)i_1-(R_4+R_6)i_2+(R_3+R_6)i_5=u_{s1}+u_{s3}\\-(R_4+R_6)i_1+(R_2+R_4+R_6)i_2-R_6 i_5=-u_{s2}\\(R_3+R_6)i_1-R_6 i_2+(R_3+R_5+R_6)i_5=u_{s3}\end{cases}\tag{3.15}$$

式(3.15)就是回路电流方程，其规律以及各项系数的概念与网孔电流方程的完全一样，这里不再赘述。有一点需要指出，网孔法中，若网孔电流方向全为顺(或逆)时针方向，则各互电阻全为负，这一结论对回路法不适用。互电阻的正负，仍要由流过互电阻的两个回路电流的方向是相同还是相反而定。

图 3.34(b)中，若树选为{4,5,6}，不难看出，基本回路就是网孔。一般情况下，网孔是一组基本回路①。故网孔分析法是回路分析法的特例。由于一个电路有若干个树，因而与网孔分析法相比，

①对某些电路，选不出一棵树使其基本回路就是网孔，例如 3.4(*a*)所示的平面图。

回路分析法具有更大的灵活性,回路分析法是以连支电流作为方程式的变量,我们可以充分利用选树的灵活性,将最感兴趣的支路选为连支,使其电流成为直接求解的变量。另外,应将已知的电流源电路定为连支,这样可以减少未知量及方程式数量,从而使计算得到简化。网孔分析法只适用于平面电路,回路分析法则无此限制,所以说回路法是更加一般性的方法。

应用回路分析法,应首先选树,确定基本回路及回路电流,然后列回路电流方程并联立求解。最后由回路电流求出各支路电流及元件电压。

【例 3.11】 应用回路分析法求图 3.35(a)电路中各支路的电流。

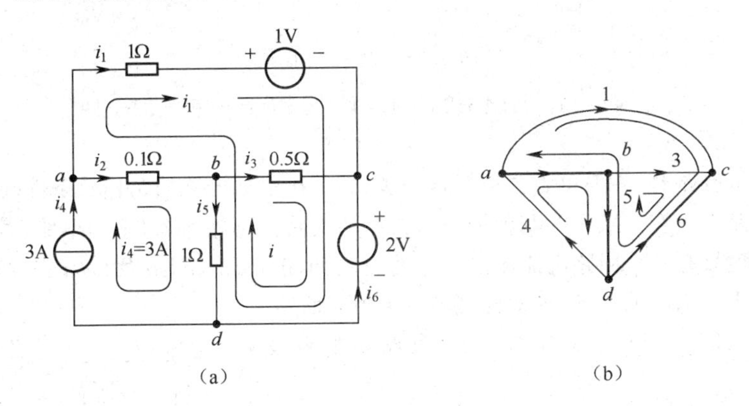

图 3.35　例 3.11 图

解　画出图 3.35(a)所对应的图 G 如图 3.35(b)所示。为了减少未知回路电流的数目,应选 3A 流源支路为连支,以使所选的树不含支路 4。图 3.35(b)给出了所选的树(粗线所示)及其对应的基本回路。为了便于观察和分析,将回路示于图 3.35(a)中。由于回路电流 $i_4=3\text{A}$ 为已知,因此只需列出 i_1 回路和 i_3 回路的 KVL 方程。它们是

$$(1+1+0.1)i_1+i_3-(0.1+1)3=-1-2$$

$$i_1+(0.5+1)i_3-3=-2$$

经整理后有

$$2.1\,i_1+i_3=0.3$$

$$i_1+1.5\,i_3=1$$

解得

$$i_1=-0.26\text{A},i_3=0.84\text{A}$$

其他各支路电流为

$$i_2=i_4-i_1=(3+0.26)\text{A}=3.26)\text{A}$$

$$i_5=-i_1-i_3+i_4=0.26-0.84+3=2.42\text{A}$$

$$i_6=-i_1-i_3=+0.26-0.84=-0.58\text{A}$$

其结果与前面支路法(例 3.2)求得的相同。

由该例的分析可以看出,在列回路电流方程时,互电阻的判断不如网孔法简单,这是回路法不如网孔法的地方。该例宜用网孔分析法,因为这时流源支路也只有一个网孔电流流过。

【例 3.12】 应用回路分析法求图 3.36(a)中的 i_1。

解　作图 3.36(a)的图 G 如图 3.36(b)所示,它有 3 个节点和 5 条支路,因此树支数为 2,连支数为 3,。根据图 3.36(a)电路结构及题意,应选电流源支路、i_1 支路及受控流源支路为连支。图 3.36(b)中示出了树及基本回路。基本回路也示于图 3.36(a)。三个回路的回路电流分别为 i_1、4A 及 $1.5\,i_1$,变量只有一个(i_1),因此只需对 i_1 回路列回路电流方程,于是有

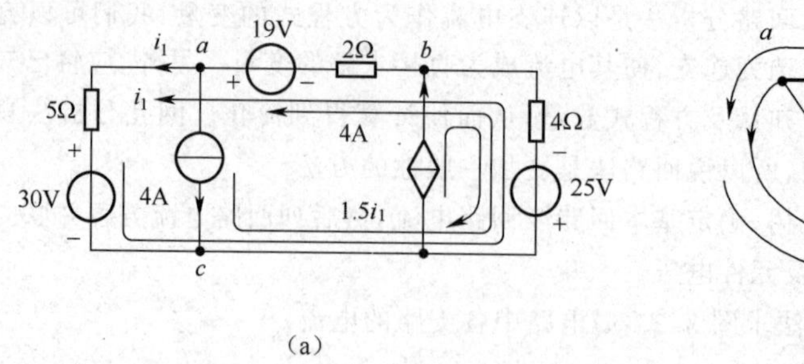

(a)

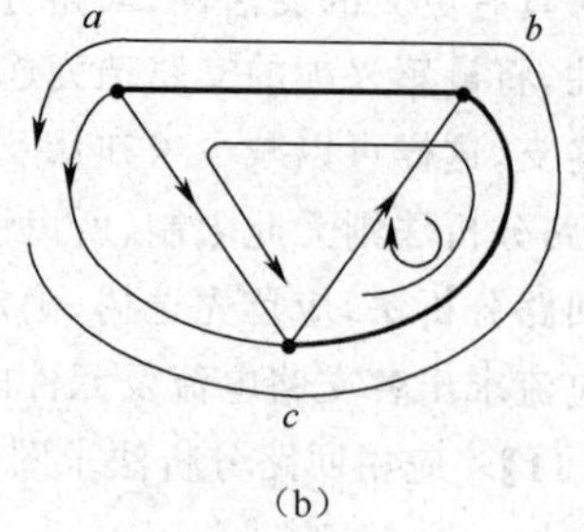

(b)

图 3.36　例 3.12 图

$$(5+4+2)i_1+(4+2)\times 4-4\times 1.5\,i_1=-30-25+19$$

解得

$$i_1=-12\text{A}$$

用回路法分析电路时，一般可省去选树这一步，而直接根据电路的结构及条件确定独立回路，其方法是使每一回路至少有一条不为其他回路所占有的支路。例如图 3.35(a)电路，若要求 i_5，则应使支路 4 和支路 5 均只有一个回路电流流过。这时可选回路 *abcda*，*bdcb* 及 *acba* 三个独立回路，对应的回路电流分别为 3A，i_5 及 i_1。读者试再另选一组独立回路。

【例 3.13】　试用回路法求解图 3.37 电路中的各支路电流。

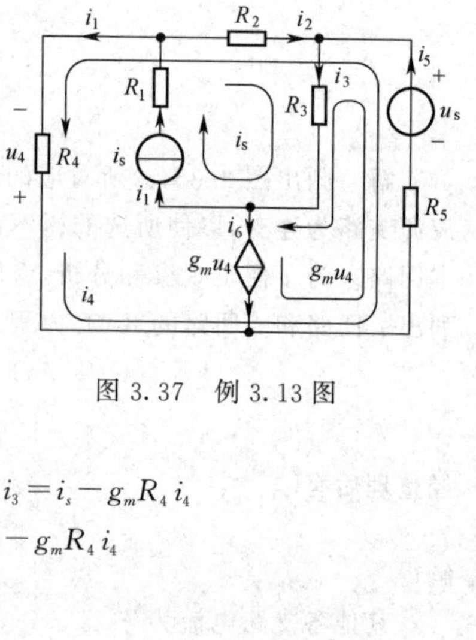

解　选独立回路如图 3.37 所示，回路电流分别为 i_s、$g_m u_4$ 及 i_4。受控流源的控制量 u_4 用回路电流表示为 $u_4=-R_4 i_4$，可见，三个回路电流只有一个变量 i_4。对 i_4 的回路方程为

$$(R_2+R_4+R_5)i_4-R_2 i_s+R_5 g_m u_4=u_s$$

将 $u_4=-R_4 i_4$ 代入上式，经整理后得

$$(R_2+R_4+R_5-g_m R_4 R_5)i_4=u_s+R_2 i_s$$

于是

$$i_4=\frac{u_s+R_2 i_s}{R_2+R_4+R_5-g_m R_4 R_5}$$

其他各支路电流为

$$i_1=i_s,\quad i_2=i_2-i_4,\quad i_3=i_s-g_m R_4 i_4$$

$$i_5=i_4-g_m R_4 i_4,\quad i_6=-g_m R_4 i_4$$

将 i_4 代入上列各式即可求出各支路电流。

图 3.37　例 3.13 图

思考与练习题

3.10　试用回路分析法重解练习题 3.4。

3.11　按给定的回路电流方法，写出图 3.38 所示电路的回路电压方程。

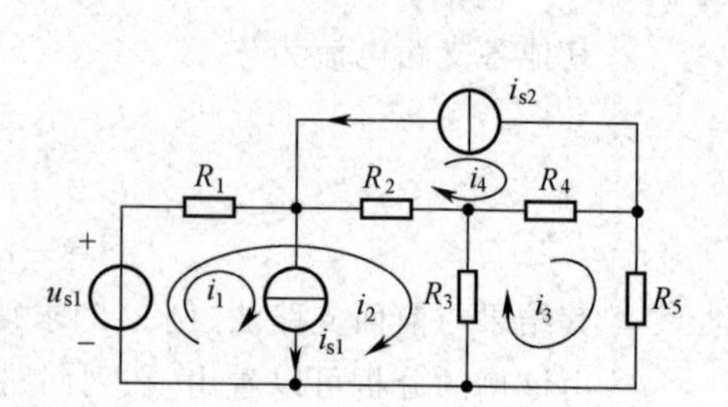

图 3.38　练习题 3.11 图

习题 3

3.1　用支路电流法求解图 3.39 所示电路各支路电流。

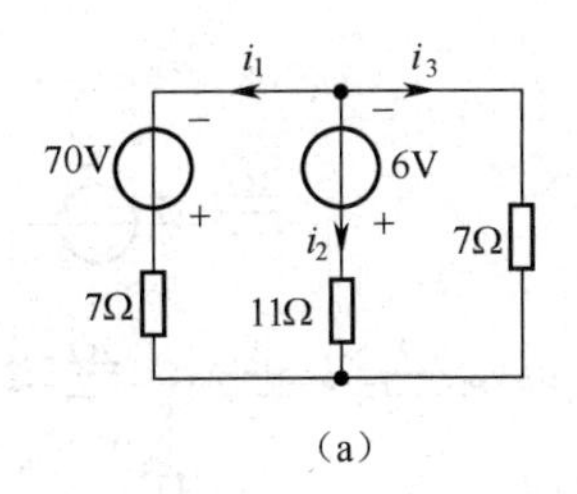

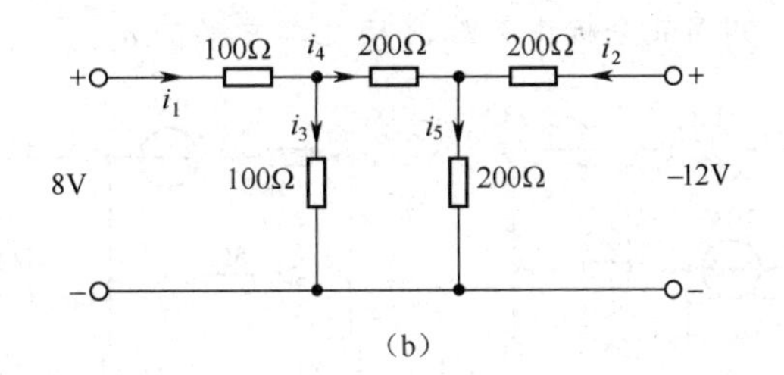

图 3.39　题 3.1 图

3.2　应用支路电流法求图 3.40 中的各支路电流。

3.3　用网孔分析法求图 3.41 所示电路中的i_1、i_2及i_3。

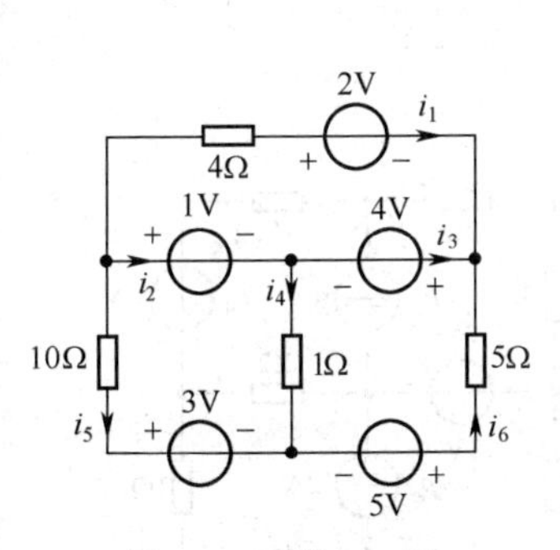

图 3.40　题 3.2 图

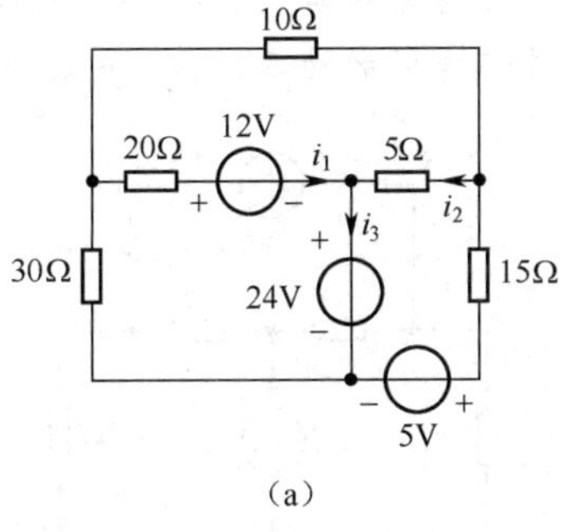

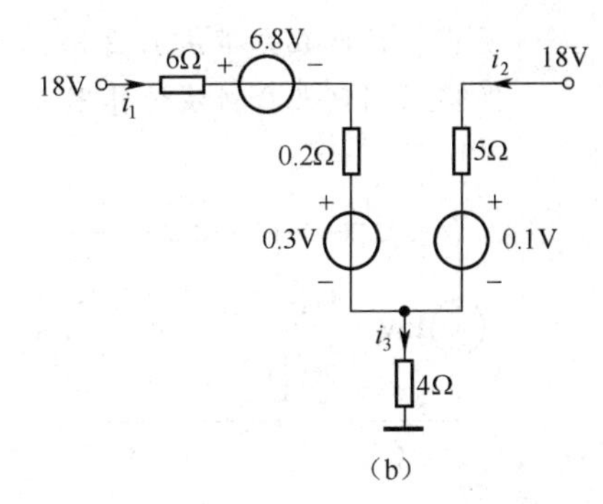

图 3.41　题 3.3 图

3.4　图 3.42 所示电路，(1)求 a 点对地电压；(2)a 点对地短路时，求从 a 入地的电流。

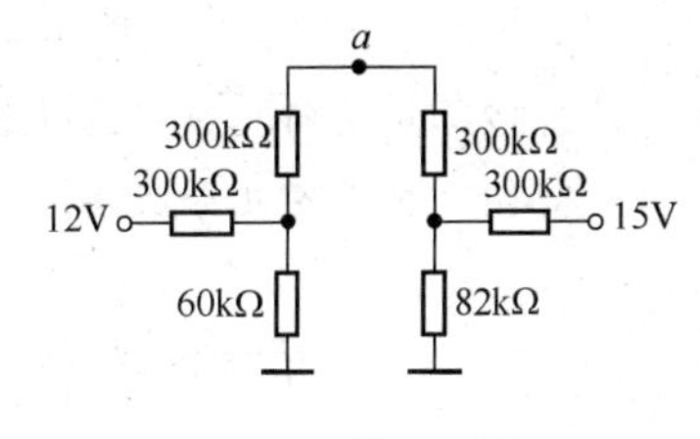

图 3.42　题 3.4 图

3.5　已知网孔方程式如下，试画一种可能的电路结构。

$$\begin{cases}10\,i_1-5\,i_2=10\\-5\,i_1+10\,i_2-i_3=10\\-i_2+10\,i_3=0\end{cases}$$

3.6　一个 3 网孔电路，已知其中网孔电流i_1如下式所示。试画出三种不同的电路结构图。

$$i_1=\frac{\begin{vmatrix}-5 & 0 & -1\\2 & 1 & -1\\0 & -2 & 3\end{vmatrix}}{\begin{vmatrix}2 & 0 & -1\\0 & 1 & -1\\-1 & -1 & 3\end{vmatrix}}$$

3.7　用网孔分析法求图 3.43 电路中的u_x。已知$u_{ab}=2\text{V}$。

3.8　用网孔分析法求图 3.44 中各支路电流及 u。若与流源串联的电阻为零，试分析电路中何处的电流、电压将受影响。

3.9　用网孔分析法求图 3.45 电路中的 i_1、u_2。

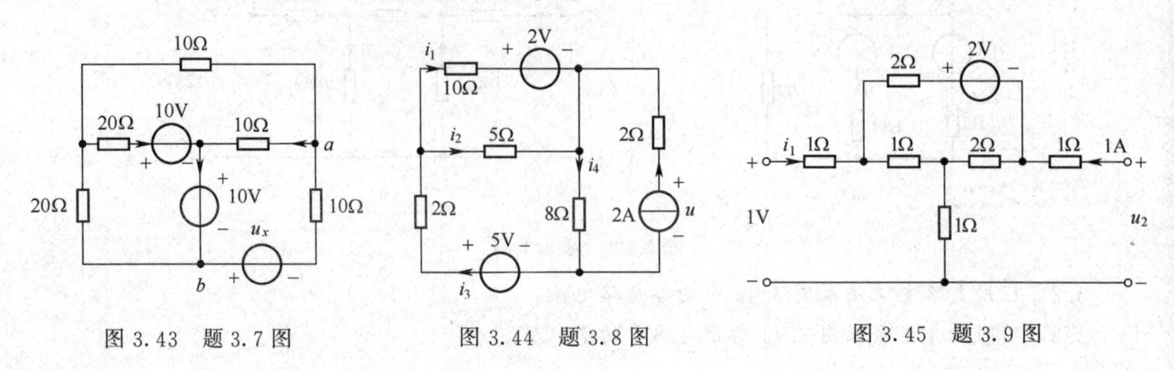

图 3.43　题 3.7 图　　图 3.44　题 3.8 图　　图 3.45　题 3.9 图

3.10　用网孔分析法求图 3.46 电路中各电功率。

3.11　用网孔分析法计算图 3.47 中各电源的功率 p_1、p_2、p_3 及 p_4。

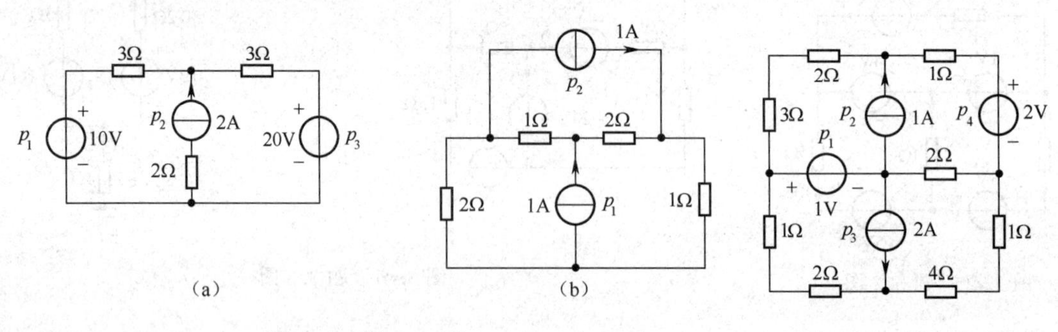

图 3.46　题 3.10 图　　图 3.47　题 3.11 图

3.12　应用网孔分析法计算图 3.48 中的 u_1 及 u_2。

3.13　应用网孔分析法求图 3.49 中的 i_A 及受控源的功率。

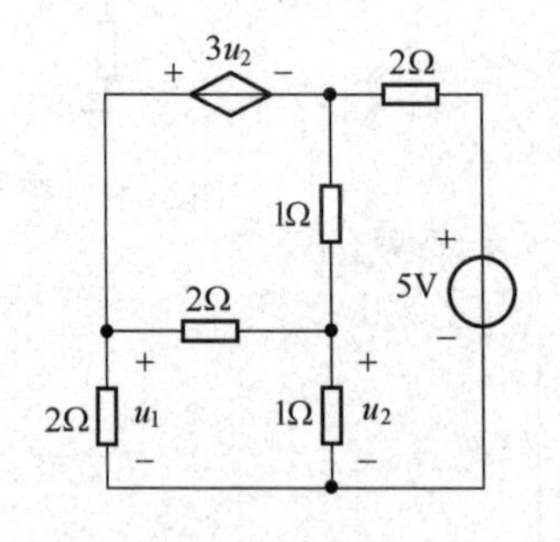

图 3.48　题 3.12 图

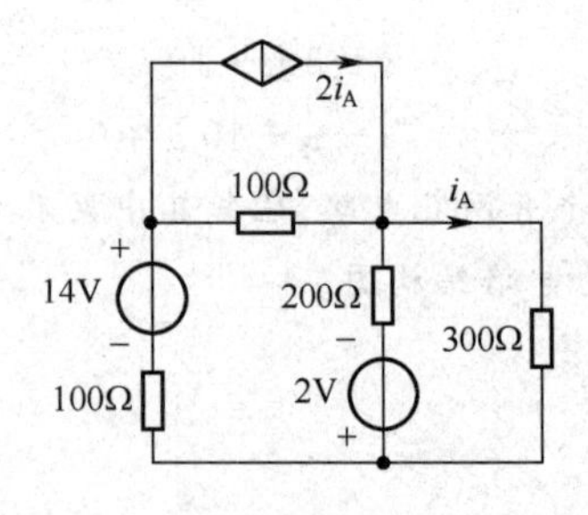

图 3.49　题 3.13 图

3.14　用节点分析法重解题 3.1。

3.15　用节点分析法重解题 3.8。

3.16　用节点分析法重解题 3.9。

3.17　(1)用节点分析法求图 3.50(a)中的 u_a；(2)用节点分析法求图 3.50(b)中的 i。

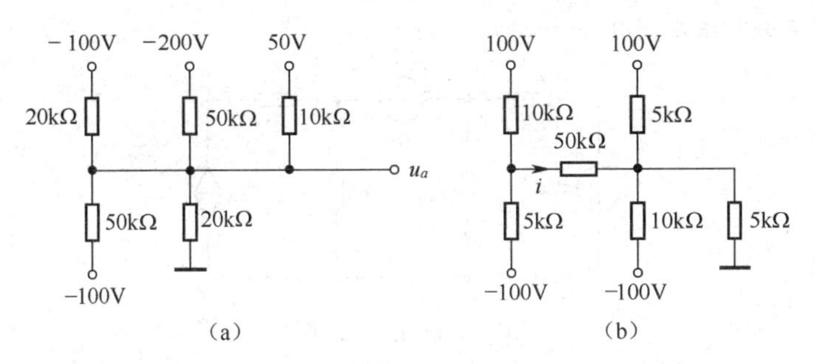

图 3.50　题 3.17 图

3.18　用节点分析法重解题 3.2。

3.19　用节点分析法重解题 3.3 中的图 3.41(a)。

3.20　图 3.51 所示电路中，$u_{ab}=5\text{V}$，试用节点分析法求 u_s。

3.21　列写图 3.52 所示电路的节点电压方程式。

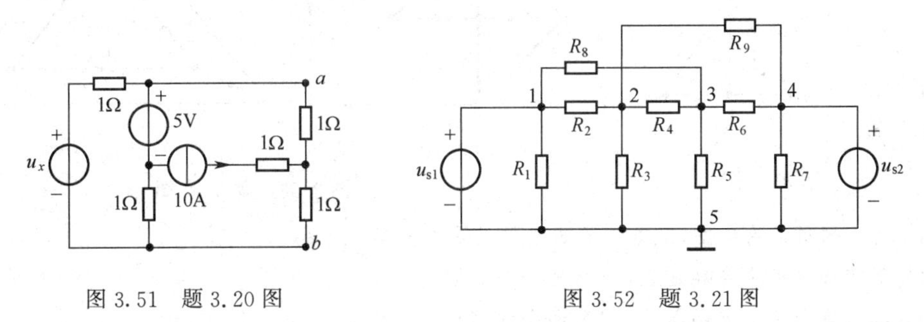

图 3.51　题 3.20 图　　图 3.52　题 3.21 图

3.22　列写求解图 3.53 电路的节点电压所必须的方程式。

3.23　应用节点分析法求图 3.54 电路中电压源的输出功率 p_1 和 p_2。

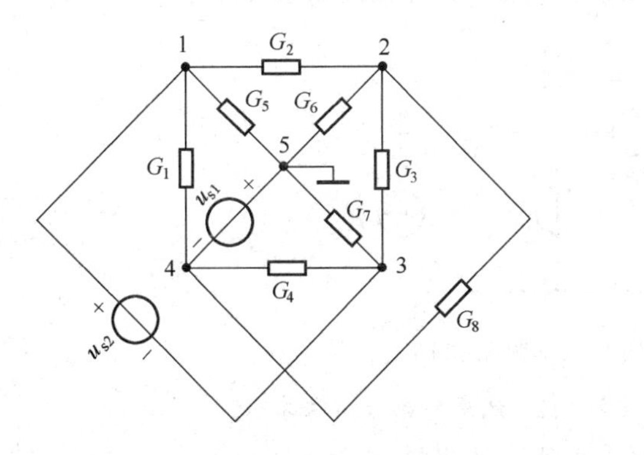

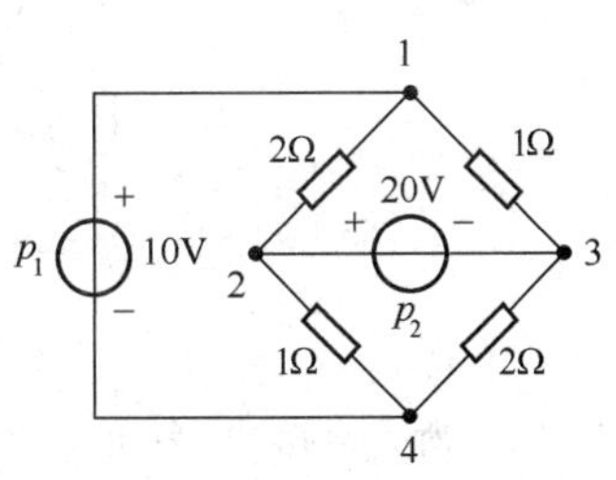

图 3.53　题 3.22 图　　图 3.54　题 3.23 图

3.24　应用节点分析法求图 3.55 中的 u_o。

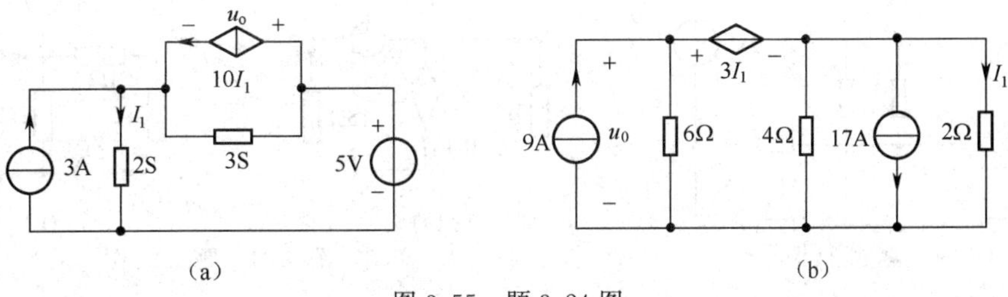

图 3.55　题 3.24 图

3.25 应用节点分析法求图 3.56 中的i_1。

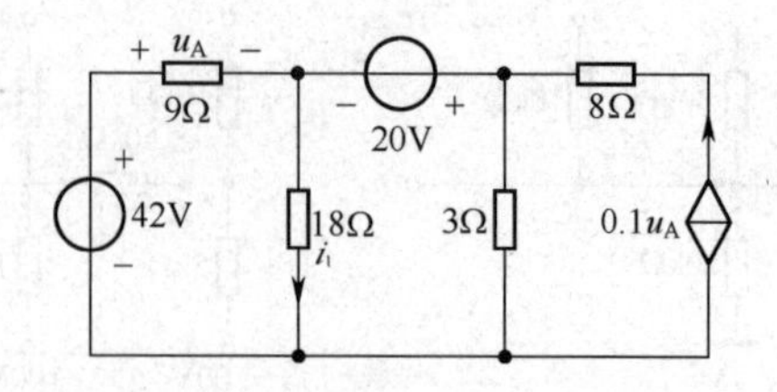

图 3.56 题 3.25 图

3.26 连通图如图 3.57(a)、(b)所示,试分别画出它们的全部树。

3.27 有向图如图 3.58(a)、(b)所示,其中粗线表示树支。试分别画出它们的基本回路及方向。

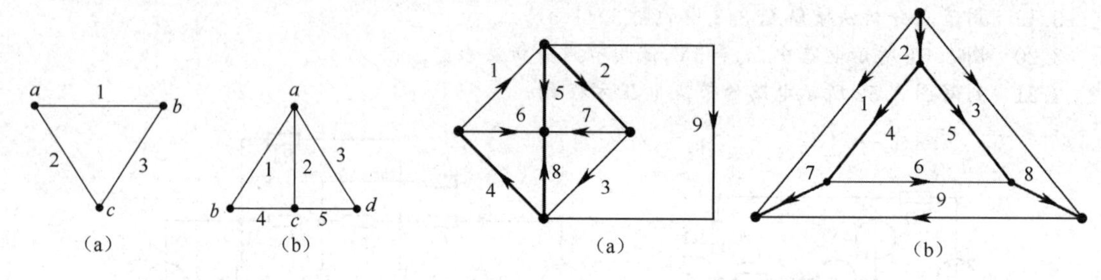

图 3.57 题 3.26 图

图 3.58 题 3.27 图

3.28 对上题所示有向图,试分别画出它们的基本割集及方向。

3.29 用回路分析法重解题 3.10(只列一个方程)。

3.30 用回路分析法重解题 3.11(列两个方程)。

3.31 用回路分析法重解题 3.20。

3.32 电路如图 3.59 所示,试用回路分析法列出一个方程,并求解电流 i。

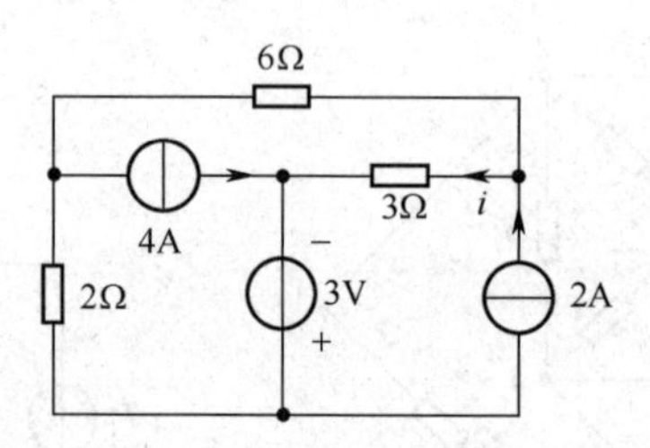

图 3.59 题 3.32 图

3.33 图 3.60 所示电路中,所有电阻均为 1Ω。试用回路分析法求i_1。

3.34 应用回路分析法,只列一个方程式求图 3.61 中的i_1。

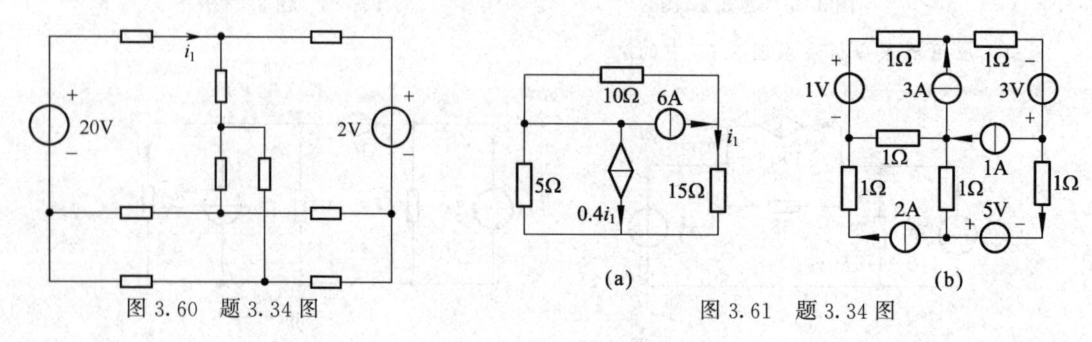

图 3.60 题 3.34 图

图 3.61 题 3.34 图

第4章

电路分析的重要定理

本章介绍线性电路的若干重要定理。它们是叠加定理、替代定理、戴维南定理与诺顿定理、最大功率传输定理、特勒根定理及互易定理。每个定理既是电路分析的重要理论，又是电路分析的基本方法，因此得到了广泛的应用。

4.1 叠加定理

叠加定理体现了线性电路的基本特性，在电路分析中占有很重要的地位。下面先看一个简单例子。

图4.1(a)电路有三个独立源，我们用网孔分析法分析R_1支路和电流i_1。网孔电流方向如图4.1(a)所示。因为$i_3=i_s$为已知，故只需列i_1网孔电流方程，其为

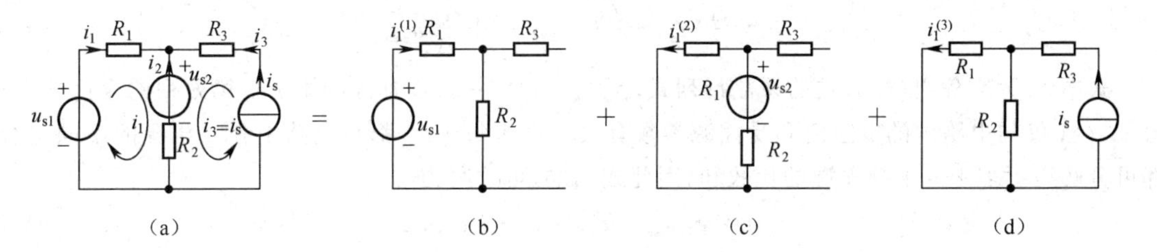

图4.1　叠加定理的图示

$$(R_1+R_2)i_1+R_2i_s=u_{s1}-u_{s2}$$

于是

$$i_1=\frac{1}{R_1+R_2}u_{s1}-\frac{1}{R_1+R_2}u_{s2}-\frac{R_2}{R_1+R_2}i_s \tag{4.1}$$

或表示为

$$i_1=i_1^{(1)}-i_1^{(2)}-i_1^{(3)} \tag{4.2}$$

式中

$$\left.\begin{aligned}i_1^{(1)}&=\frac{1}{R_1+R_2}u_{s1}\\ i_1^{(2)}&=\frac{1}{R_1+R_2}u_{s2}\\ i_1^{(3)}&=\frac{R_2}{R_1+R_2}i_s\end{aligned}\right\} \tag{4.3}$$

由式(4.1)看出，当$u_{s2}=0$及$i_s=0$时

$$i_1=\frac{1}{R_1+R_2}u_{s1}=i_1^{(1)}$$

由此可见，$i_1^{(1)}$是u_{s1}单独作用时(其余独立源全为零值)在R_1中产生的电流。同理，$i_1^{(2)}$和$i_1^{(3)}$分别是u_{s1}和i_s单独作用时在R_1中产生的电流。各独立源单独作用所对应的电路分别如图4.1(b)、(c)、(d)所示。由他们不难求出$i_1^{(1)}$、$i_1^{(2)}$和$i_1^{(3)}$的表达式与式(4.3)完全相同。

式(4.2)可写成

$$i_1 = \sum_{k=1}^{3} i_1^{(k)} \tag{4.4}$$

它表明：R_1 支路电流 i_1 是各个独立源（u_{s1}、u_{s2}、i_s）单独作用时在 R_1 支路产生的电流的代数和。当 $i_1^{(k)}$ 方向与 i_1 方向相同时，取“+”，反之取“−”。式(4.4)就是 i_1 的叠加公式，$i_1^{(k)}$ 是 i_1 的第 k 个分量。各分量对应的电路不同。叠加公式所对应的叠加电路如图 4.1 所示。叠加定理可表述为：在任何含有多个独立源的线性电路中，每一支路的电流(电压)都可以看成是各个独立源单独作用(除该电源外，其他独立源全置零)时在该支路产生的电流(电压)的代数和。定理中独立源置零，对电压源就是短路($u_s=0$)，即电压源用短路线代之；对电流源就是开路($i_s=0$)，即将电流源移去。

叠加定理可以用不同的方法加以证明，我们采用网孔分析法证明如下：

任意线性电路，其中含有线性电阻、线性受控源及独立源。电路有 m 个网孔和 n 个独立源。按照网孔分析法列出的网孔电流方程式为

$$\begin{cases} R_{11}i_1 + R_{12}i_2 + \cdots + R_{1m}i_m = u_{s11} \\ R_{21}i_1 + R_{22}i_2 + \cdots + R_{2m}i_m = u_{s22} \\ \cdots \\ R_{m1}i_1 + R_{m2}i_2 + \cdots + R_{mm}i_m = u_{smm} \end{cases} \tag{4.5}$$

式中，等号左方的 u_{skk} 表示第 k 个网孔中所含独立压源的代数和。受控源的影响可计入自电导和互电导中。应用克莱姆法则，任一网孔电流 $i_k(k=1,2,\cdots,m)$ 可表示为

$$i_k = \frac{\Delta_{1k}}{\Delta}u_{s11} + \frac{\Delta_{2k}}{\Delta}u_{s22} + \cdots + \frac{\Delta_{mk}}{\Delta}u_{smm} \tag{4.6}$$

式中，Δ 为方程组(4.5)式的系数行列式，$\Delta_{jk}(j=1,2,\cdots,m)$ 为 Δ 的第 j 行第 k 列的余因式。比值 Δ_{jk}/Δ 仅与电路中的电阻值和受控源参数有关。由于每个 u_{skk} 都是电路中独立压源的不同组合，都可分解为不多于 n 个独立源的代数和，因此式(4.6)可改写为

$$i_k = a_{1k}u_{s1} + a_{2k}u_{s2} + \cdots + a_{mk}u_{sm} \tag{4.7}$$

式中 $a_{pk}(p=1,2,\cdots,n)$ 为系数，取决于 Δ_{jk}/Δ 的不同组合，u_{sp} 为各独立压源的电压。可见，电路中任一网孔电流是各个独立压源单独作用时在该网孔产生的电流的叠加。我们知道，电路中任一支路电流都可由相对应的网孔电流的代数和表示，因此电路中任一支路电流也是各个独立压源单独作用时在该支路产生的电流的叠加。各独立源单独产生的电流，其方向可任定，故电流的叠加是代数和。这样就证明了叠加定理。若电路中含有电流源，也可类似地证明叠加定理。

叠加定理集中体现了第 1 章中所述的线性电路的叠加性和均匀性，它是一切线性电路所具有的基本特性。应用叠加定理，可使电路的分析计算得到一定的简化，特别是当电路中某个独立源参数发生变化或某支路增、减一个电源时，电路中电流、电压的增减量最宜用叠加定理进行分析。需要指出，应用叠加定理时，可以一个一个独立源单独作用，也可以一部分一部分独立源单独作用。例如求图 4.1(a)电路的 i_1 时，可以使 u_{s1} 和 u_{s2} 共同作用(令 $i_s=0$)在 R_1 支路产生的电流与 i_s 单独作用(令 $u_{s1}=u_{s2}=0$)在 R_1 支路产生的电流叠加，其结果与式(4.1)相同。

值得注意的是，虽然支路电流和支路电压可以应用叠加定理计算，然而功率却不能。例如在含有两个独立电源的线性电路中，某支路 k 的电流与电压由叠加定理求的为

$$u_k = u_k^{(1)} + u_k^{(2)}$$

$$i_k = i_k^{(1)} + i_k^{(2)}$$

则其功率为

$$\begin{aligned} p_k = u_k i_k &= (u_k^{(1)} + u_k^{(2)})(i_k^{(1)} + i_k^{(2)}) \\ &= u_k^{(1)}i_k^{(1)} + u_k^{(1)}i_k^{(2)} + u_k^{(2)}i_k^{(1)} + u_k^{(2)}i_k^{(2)} \end{aligned}$$

$$\neq u_k^{(1)} i_k^{(1)} + u_k^{(2)} i_k^{(2)}$$

由此可见：不能应用叠加定理计算功率。

由叠加定理可以看出，当线性电路中所有激励（独立压源u_s及独立流源i_s）都同时增大或缩小k倍时，响应（电流和电压）也将同时增大或缩小k倍，这就是线性电路的均匀性。显然，当电路中只有一个激励时，响应将与激励成正比。

【例 4.1】 试用叠加法求图 4.2(a)电路的电流i_1、i_2、i_3及支路的功率p。

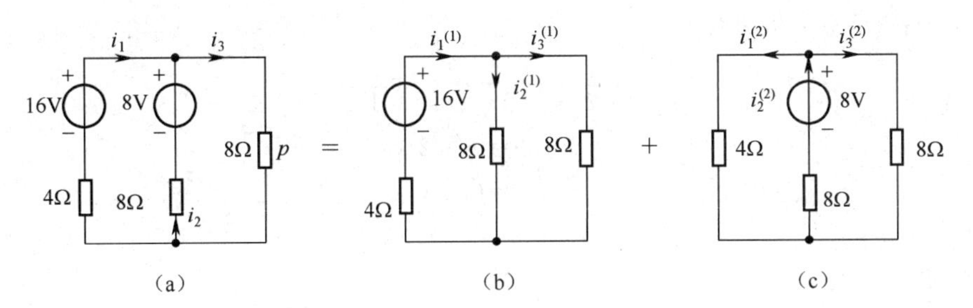

图 4.2 例 4.1 图

解 叠加图如图 4.2 所示。

图 4.2(b)：

$$i_1^{(1)} = \frac{16}{4+\frac{8}{2}} \text{A} = 2\text{A}$$

$$i^{(1)} = i_3^{(1)} = \frac{i_1^{(1)}}{2} = 1\text{A}$$

图 4.2(c)：

$$i_2^{(2)} = \frac{8}{8+\frac{4\times 8}{4+8}} \text{A} = \frac{8}{8+\frac{8}{3}} \text{A} = \frac{3}{4} = 0.75\text{A}$$

$$i_1^{(2)} = \frac{8}{4+8} i_2^{(2)} = \frac{8}{12} \times \frac{3}{4} \text{A} = 0.5\text{A}$$

$$i_3^{(2)} = \frac{4}{4+8} i_2^{(2)} = \frac{4}{12} \times \frac{3}{4} \text{A} = \frac{1}{4} \text{A} = 0.25\text{A}$$

于是有

$$i_1 = i_1^{(1)} - i_1^{(2)} = (2-0.5)\text{A} = 1.5\text{A}$$

$$i_2 = -i_2^{(1)} + i_2^{(2)} = (-1+0.75)\text{A} = -0.25\text{A}$$

$$i_3 = i_3^{(1)} + i_3^{(2)} = (1+0.25)\text{A} = 1.25\text{A}$$

$$p = i_3 \times 8 = (1.25)^2 \times 8\text{W} = 12.5\text{W} \quad \text{（吸收）}$$

【例 4.2】 电路如图 4.3(a)所示，试用叠加定理求i及u。

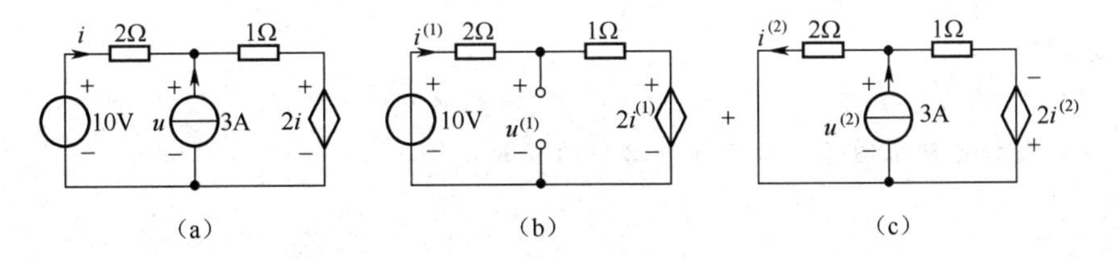

图 4.3 例 4.2 图

解　图 4.3(a)所示电路含有一个流控压源。在应用叠加定理时应注意受控源不能单独作用，而应与电阻一样，始终存在于各电路中。

图 4.3(b)：

$$(2+1)i^{(1)}+2i^{(1)}=10$$

$$i^{(1)}=2\text{A}$$

$$u^{(1)}=-2i^{(1)}+10=6\text{V}$$

图 4.3(c)：由节点分析法有

$$\left(\frac{1}{2}+1\right)u^{(2)}=3-\frac{2i^{(2)}}{1}$$

$$i^{(2)}=u^{(2)}/2$$

解得

$$i^{(2)}=0.6\text{A}$$

$$u^{(2)}=2i^{(2)}=1.2\text{V}$$

图 4.3(a)：

$$i=i^{(1)}-i_1^{(2)}=2-0.6=1.4\text{V}$$

$$u=u^{(1)}+u^{(2)}=6+1.2=7.2\text{V}$$

电压 u 也可由图(a)通过 i 直接求出

$$u=-2i+10=[-2(1.4)+10]\text{V}=7.2\text{V}$$

结果一致。

【例 4.3】　图 4.4 电路中，N_0 为一线性无独立源网络，内部结构不详。已知当 $u_s=1\text{V}$，$i_s=1\text{A}$ 时，$u_2=0$；当 $u_s=10\text{V}$，$i_s=0$ 时，$u_2=1\text{V}$。求当 $i_s=10\text{A}$，$u_s=0$ 时，$u_2=$ ？

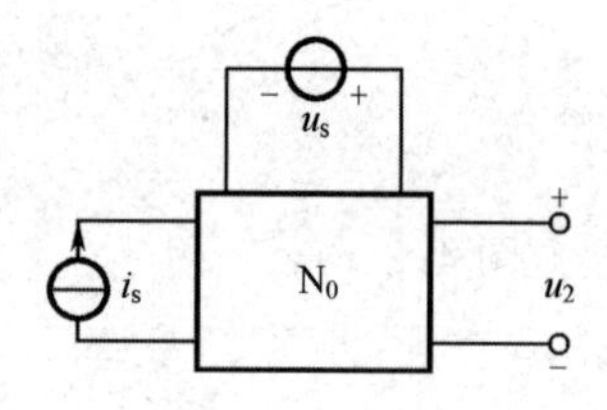

图 4.4　例 4.3 图

解　根据叠加定理，u_2 可以看成是两个独立源单独作用时的叠加，因此有

$$u_2=k_1u_s+k_2i_s$$

式中，系数 k_1、k_2 可由给定条件确定。由已知条件有

$$k_1+k_2=0$$

及

$$10k_1=1$$

于是

$$k_1=\frac{1}{10},k_2=-\frac{1}{10}$$

$$u_2=\frac{1}{10}(u_s-i_s)$$

将 $u_s=0$、$i_s=10\text{A}$ 代入上式，得

$$u_2=-1\text{V}$$

此即为所求。

思考与练习题

4.1　利用叠加定理求图 4.5 所示各电路中的 u 和 i。

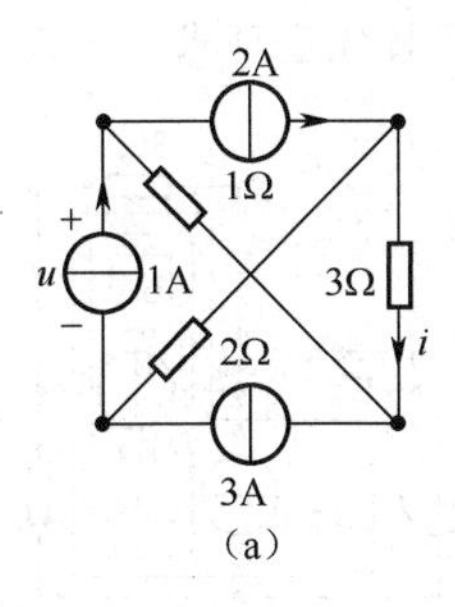

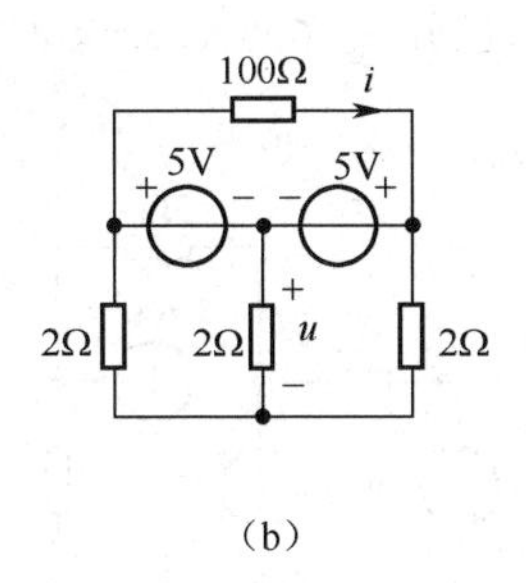

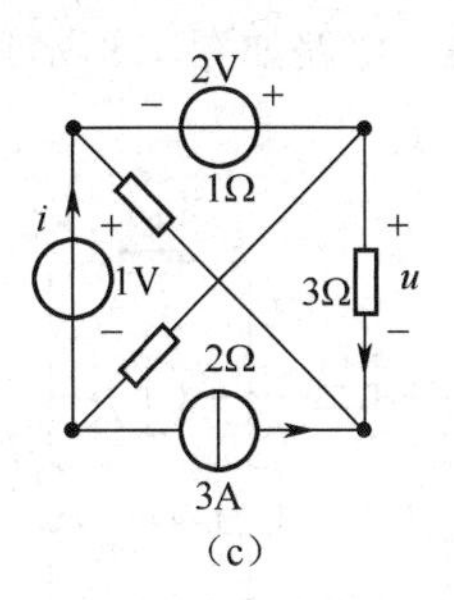

图 4.5　练习题 4.1 图

4.2　利用叠加定理求图 4.6 所示电路的 u。

4.3　利用叠加定理求图 4.7 所示电路的 i_1、i_2 和 u。

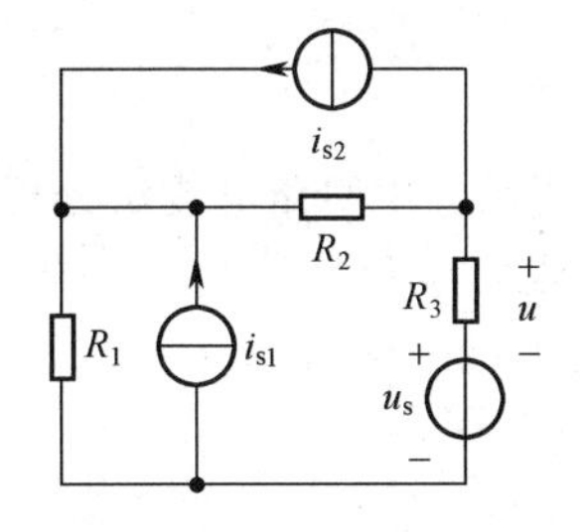

图 4.6　练习题 4.2 图

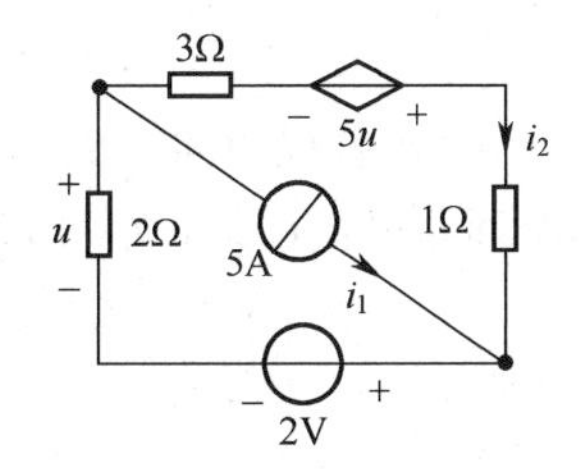

图 4.7　练习题 4.3 图

4.2　替代定理

替代定理可表述为：

在任意电路(线性、非线性、非时变、时变)中，若已知第 k 条支路的电压 u_k 和 i_k，则该支路可用大小为 u_k、极性与 u_k 相同的理想电压源替代，也可用大小为 i_k、方向与 i_k 相同的理想电流源替代，还可用阻值为 u_k/i_k(当 u_k 与 i_k 方向关联时)的电阻替代。替代后，电路所有的支路电压及支路电流仍保持原值不变。替代定理的图示如图 4.8 所示。

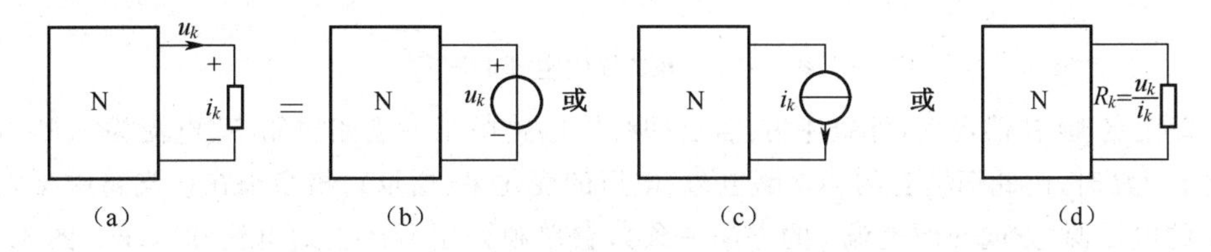

图 4.8　替代定理的图示

替代定理的正确性是基于上述替代并不改变被替代支路端钮上的工作条件，因此它也不会影响电路中其他部分的工作状态。

替代定理充分体现了电路中局部支路对于整体电路的灵活性。只要保持支路电压与支路电流不变，则该支路对整体电路的作用和影响也将不变。由于替代定理着眼于局部支路在任意某个时刻的等效替代关系，而对整个电路并未加以其他约束，因此，它不仅适用于线性非时变电路，而且适用于时变电路及非线性电路。不同的是，对于时变电路，定理只表征某个时刻的情况，而对于非线性电路，定理只描述某个电压值与某个电流值时的情况，这两种情况都只能是特殊情况而不具有普遍意义。下面举例说明替代定理的应用。

【例 4.4】 电路如图 4.9(a)所示，已知 $i=0.2\text{A}$，$u=4\text{V}$，试应用替代定理求i_1。

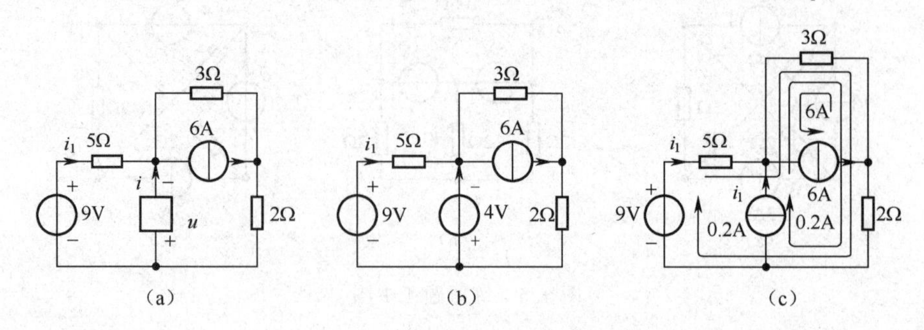

图 4.9 例 4.4 图

解 应用替代定理，以理想压源$u_s=4\text{V}$替代中间支路如图(b)所示，此时容易求得

$$i_1=\frac{9+4}{5}\text{A}=2.6\text{A}$$

或以理想流源$i_s=0.2\text{A}$替代中间支路如图 4.9(c)所示。用回路电流法分析，选定三个独立回路如图所示，其中两个回路电流已知，故只需列i_1回路电流方程为

$$(5+3+2)i_1+(3+2)0.2-3\times6=9$$

于是求得

$$i_1=2.6\text{A}$$

结果一致。

若电路结构及各支路电流、电压均已知，当某电阻值发生变化时，利用替代及叠加定理，可以很简便地算出各支路电流及电压的变化量，图 4.10(a)电路中，N 为一线性二端网络，R 支路的电流 i 为已知。若 R 增加了 ΔR，如图 4.10(b)所示，这时该支路电流增加 $i+\Delta i$。由替代和叠加定理可以证明，增量 Δi 以及各支路电压、电流的增量均可由图 4.10(c)电路进行计算。图 4.10(c)中的 N_0 是 N 网络中所有独立源置零时所对应的无独立源网络。这称为第二替代定理或补偿定理。

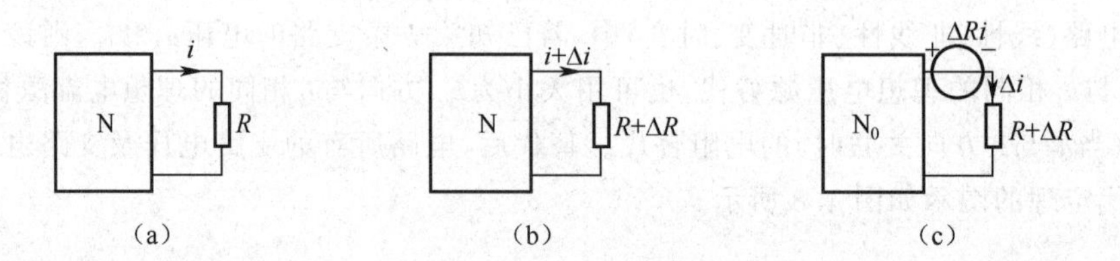

图 4.10 第二替代定理的图示

第二替代定理(补偿定理)可叙述为：若已知线性电路中某一支路电阻 R、电流为 i、则当该支路电阻变化了 ΔR 时，由此而引起的各支路电流、电压的变化量(增量)，相当于在该支路中接入一个电压为 $i\Delta R$ 的电压源(方向与原电流 i 的方向一致)，它单独作用所产生的电流和电压。图 4.10 为定理的图示。证明如下：

图 4.11(a)为原电路，在 R 支路中串两个电阻 $+\Delta R$ 和 $-\Delta R$，如图 4.11(b)所示，显然它与图 4.11(a)等效。根据替代定理，图 4.11(b)可等效为图 4.11(c)。用叠加法计算图 4.11(c)的电流 i。叠加电路如图 4.11(d)、图 4.11(e)所示，$i=i^{(1)}+i^{(2)}$。图 4.11(d)与图 4.10(b)相同，所以$i^{(1)}=i+\Delta i$，因此$i^{(2)}=i-i^{(1)}=-\Delta i$。将图 4.11(e)等效为图 4.11(f)，可见 ΔR 引起的电流增量 Δi 可由图 4.11(f)进行计算。同理，ΔR 所引起的各支路电流、电压的增量均可由图 4.11(f)进行计算。

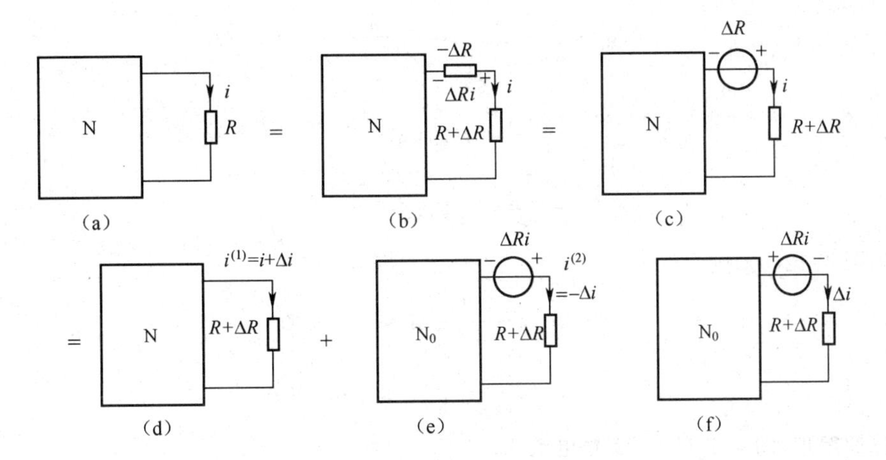

图 4.11　第二替代定理的证明

【例 4.5】　图 4.12(a)所示为一平衡电桥，若 R_L 由 20Ω 增至 24Ω，如图 4.12(b)所示，试求各支路电流的变化及各支路电流。

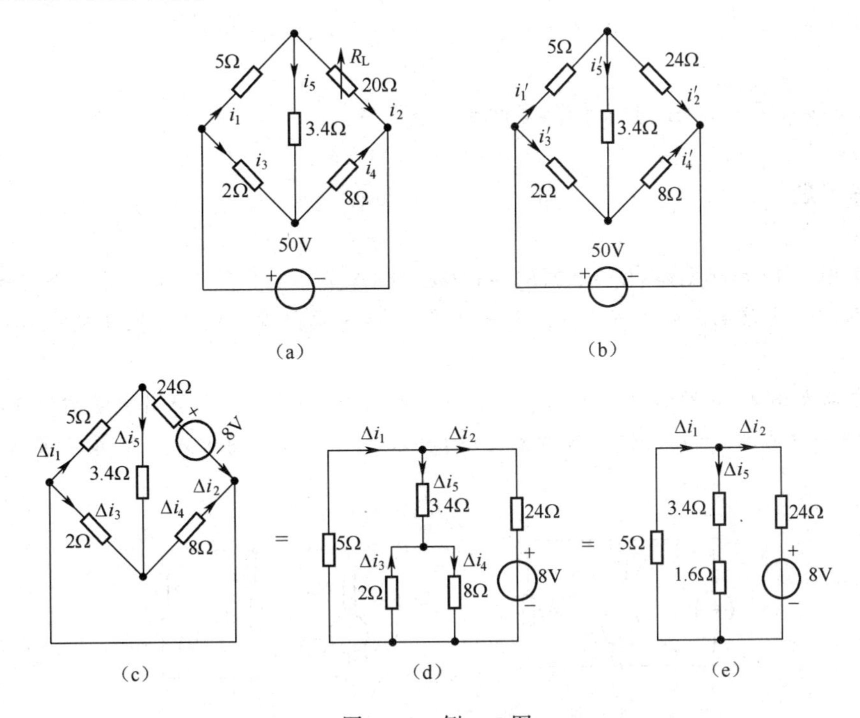

图 4.12　例 4.5 图

解　图 4.12(a)电路为一平衡电桥，故

$$i_5=0$$

$$i_1=i_2=\frac{50}{20+5}\text{A}=2\text{A}$$

$$i_3=i_4=\frac{50}{2+8}\text{A}=5\text{A}$$

R_L 由 20Ω 增至 24Ω 时，各条支路电流的增量可根据上述的第二替代定理求。画出增量计算电路如图 4.12(c)所示，改画成图 4.12(d)，再简化为图 4.12(e)。由图 4.12(e)有

$$\Delta i_2=\frac{-8}{24+\frac{5\times5}{5+5}}\text{A}=\frac{-8}{26.5}\text{A}\approx-0.302\text{A}$$

$$\Delta i_1=\frac{\Delta i_2}{2}=-0.151\text{A}$$

$$\Delta i_5=-\frac{\Delta i_2}{2}=0.151\text{A}$$

返回到图 4.12(d),则

$$\Delta i_3=-\frac{8}{2+8}\Delta i_5\approx-0.121\text{A}$$

$$\Delta i_4=-\frac{2}{2+8}\Delta i_5\approx-0.030\text{A}$$

根据叠加定理,图 4.12(b)各支路电流为

$$i'_1=i_1+\Delta i_1=(2-0.151)\text{A}=1.849\text{A}$$

$$i'_2=i_2+\Delta i_2=(2-0.302)\text{A}=1.698\text{A}$$

$$i'_3=i_3+\Delta i_3=(5-0.121)\text{A}=4.879\text{A}$$

$$i'_4=i_4+\Delta i_4=(5+0.030)\text{A}=5.030\text{A}$$

$$i'_5=i_5+\Delta i_5=0.151\text{A}$$

该题若直接对图 4.12(b)进行计算,显然要复杂得多。

思考与练习题

4.4 如图 4.13 所示电路,$R_1=9\Omega$,$R_2=18\Omega$,$i_s=4\text{A}$,$u_s=54\text{V}$。(1)试选择一个电阻代替原电路中的i_s而保持各支路电压电流不变;(2)同一电路,选择一电流源i_{s2}代替原电阻$R_2=18\Omega$而保持各电压电流不变。

4.5 电路如图 4.14 所示,(1)求i_1,i_2,i_3和 u;(2)用一电压源$u_s=u$代替电路右侧支路,再求i_1,i_2和i_3;(3)用一电流源$i_s=i_3$代替电路右侧支路,再求i_1,i_2和 u。通过以上运算结果,说明了什么问题?

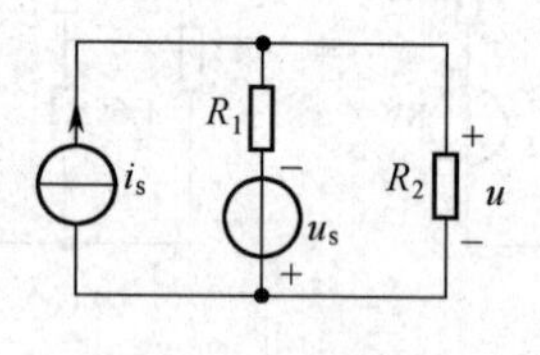

4.13 练习题 4.4 图

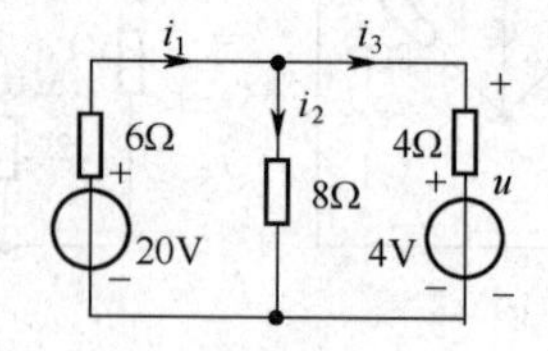

4.14 练习题 4.5 图

4.3 戴维南定理和诺顿定理

戴维南定理和诺顿定理提供了简化任意含独立源线性二端网络的有效方法,因而是电路分析中极为重要的两个定理。两个定理概念相同,仅表现形式不同。

4.3.1 戴维南定理

戴维南定理可表述为:任意一个线性含独立源的二端网络N_s,均可以等效为一个电压源u_0与一

个电阻R_0相串联的支路。u_0等于N_s网络输出端的开路电压u_{OC}；R_0等于N_s中全部独立源置零后所对应的N_0网络输出端的等效电阻。图 4.15 为戴维南定理的图示。图 4.15(a)、(b)为戴维南定理的中心内容，图 4.15(c)和图 4.15(d)分别表示求u_0和R_0的电路。

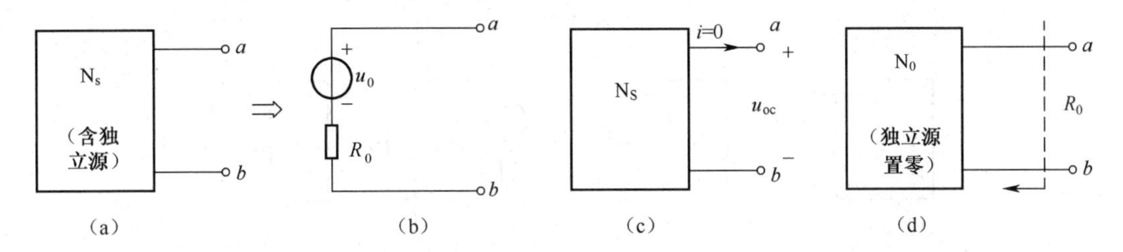

图 4.15　戴维南定理的图示

应用叠加定理和替代定理可以证明戴维南定理。我们从等效的概念出发，分析任意一个含独立源线性二端网络输出端的伏安关系。根据这个关系，即可得到该二端网络的等效电路。设图 4.16(a)的N_s为任意线性含独立源二端网络，输出电流为 i，输出电压为 u。根据替代定理，N_s外部网络可以用$i_s=i$的电流源替代，如图 4.16(b)所示。替代后，N_s输出端的电压 u 及电流 i 仍保持原值不变。现在分析 u 和 i 的关系，根据叠加定理，图 4.16(b)中输出电压 u 可看成

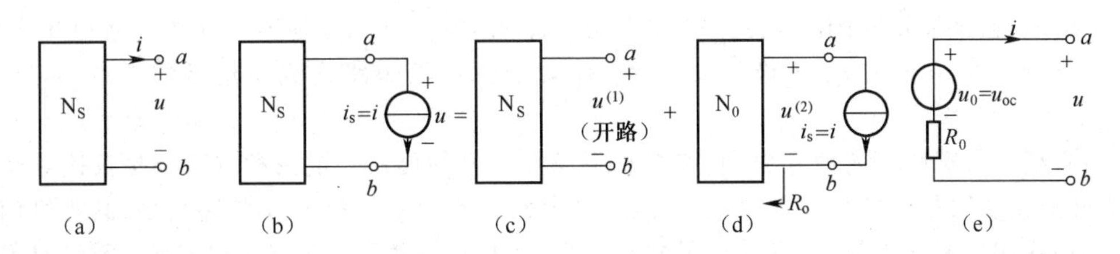

图 4.16　戴维南定理证明图

是仅N_s内部所有独立源共同作用(令外部的$i_s=0$)产生的电压$u^{(1)}$与电流源i_s单独作用产生的$u^{(2)}$之叠加。$u^{(1)}$和$u^{(2)}$分别对应图 4.16(c)、(d)所示电路。于是

$$u=u^{(1)}+u^{(2)} \tag{4.8}$$

由图 4.16(c)可知，$u^{(1)}$就是N_s的开路电压u_{OC}，即

$$u^{(1)}=u_{OC} \tag{4.9}$$

图 4.16(d)中的N_0是将N_s中各独立源置零后的无独立源二端网络，它可等效为一个电阻，设为R_0，于是由图 4.16(d)可以看出

$$u^{(2)}=-R_0 i \tag{4.10}$$

式(4.9)、(4.10)代入(4.8)得

$$u=u^{(1)}+u^{(2)}=u_{OC}-R_0 i \tag{4.11}$$

式(4.11)即为含独立源二端网络N_s输出端的伏安方程。按此式，我们可得N_s的等效电路如图 4.16(e)所示，它是一个实际电压源支路，其中$u_0=u_{oc}$为 N_s的开路电压，而R_0为N_0的等效电阻。这样就证明了戴维南定理。图 4.16(e)所示电路称为N_s的**戴维南等效电路**或**戴维南等效电源**，R_0称为**戴维南等效电阻**或N_s的**输出电阻**。

需要注意的是，在计算N_s的开端电压u_{oc}时，应首先画出N_s网络，并令其输出端开路。u_{oc}的极性必须与戴维南等效压源中u_0的极性相对应，如图 4.15(b)、(c)所示。若图 4.16(b)中，u_0的"＋"在 a 点，则图 4.16(c)中，u_{oc}的"＋"也在 a 点，这样才有$u_0=u_{oc}$，否则$u_0=-u_{oc}$。u_{oc}的计算可以运用前面的一些基本分析方法(分压、分流、等效变换、回路法、节电法、叠加法等)进行。

求戴维南等效电阻R_0有三种方法：

(1)电阻串并联法。画出N_s所对应的N_0网络(令N_s中各独立源为零值)，通过电阻Y-△及串并联

简化法，求出其端钮的等效电阻R_0。此时对含受控源的N_0网络无效。

(2)伏安法。画出N_0网络如图4.17(a)所示，在N_0的两端钮处设一输入电压u(输入电流i)求出对应的输入电流i(输入电压u)，当u与i方向关联时，则有

$$R_0=u/i$$

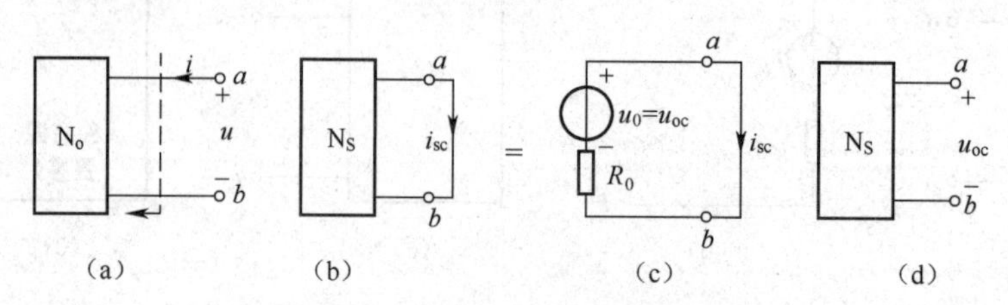

图4.17　求R_0的伏安法及开短路法

(3)开短路法。由戴维南定理可知，当N_s输出端短路如图4.17(b)所示时，其等效电路为图4.17(c)，它们的短路电流i_{sc}相等。由图4.17(c)可得

$$R_o=\frac{u_o}{i_{sc}}=\frac{u_{oc}}{i_{sc}} \tag{4.12}$$

即R_0等于N_s的开路电压u_{OC}与其短路电流i_{sc}之比。这一方法称为**开短路法**。需要指出，在应用式(4.12)求R_0时，必须注意N_s的u_{OC}与i_{sc}方向的配合。图4.17(b)、(d)分别为N_s外部短路和开路状态。根据上面分析，i_{sc}的方向应u_{OC}正极的a点见[图4.17(d)]经短路线流向负极的b点，否则$R_0=-u_{OC}/i_{sc}$。

上面介绍了求解R_0的三种方法：串并联法、伏安法及开短路法。前两种方法都是直接对N_0网络求解，而开短路法则是对N_s网络求解，这一点必须分清。不含受控源的N_s二端网络，其戴维南等效电阻R_0一般用串并联法求解，而含受控源的N_s网络，其对应的R_o只能用伏安法或开短路法计算。不论用那种方法分析，都应先画出对应电路，然后求解。

【例4.6】　试求图4.18(a)所示二端网络的戴维南等效电阻。

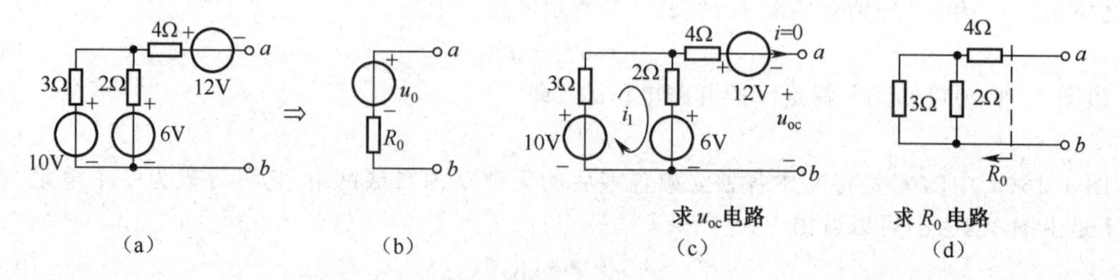

图4.18　例4.6图

解

(1)画出图4.18(a)的戴维南等效电路，如图4.18(b)所示。

(2)求$u_0=u_{OC}$。画出a、b开路情况的电路如图4.18(c)所示，因为$i=0$，故只有一个回路电流i_1，由图可见

$$i_1=\frac{10-6}{3+2}\text{A}=0.8\text{A}$$

因此
$$u_{OC}=-12+2i_1+6=-(12+1.6+6)\text{V}=-4.4\text{V}$$

即
$$u_0=u_{OC}=-4.4\text{V}$$

(3)求R_0。画出N_0网络如图4.18(d)所示，于是

$$R_0=R_{ab}\big|_{N_0}=[4+(3/\!/2)]\Omega=5.2\Omega$$

【例 4.7】 求图 4.19(a)所示电路戴维南等效电路。

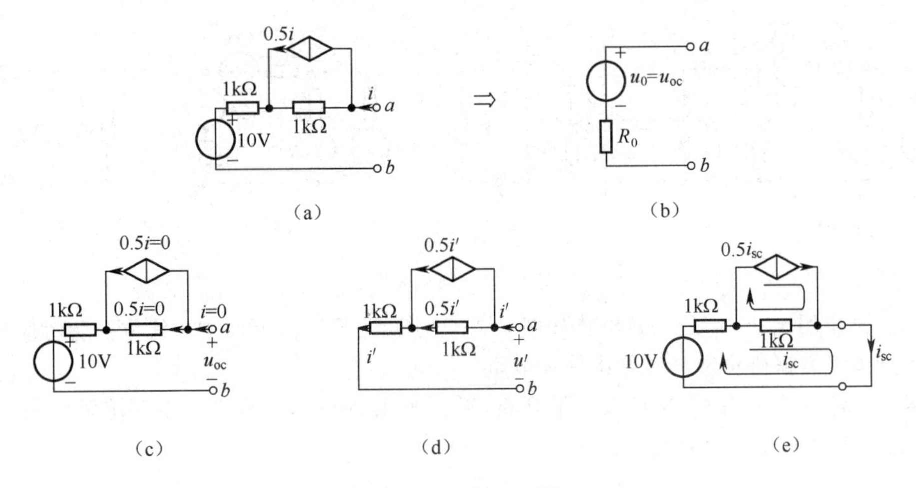

图 4.19 例 4.7 图

解 (1)画出图 4.19(a)的戴维南等效电路如图 4.19(b)所示。

(2)求$u_0=u_{OC}$。画出 a、b 端开路状态时的电路如图 4.19(c)所示。各部分电流已示于图中。由图 4.19(c)可知,

$$u_{OC}=10\text{V}$$

即

$$u_0=u_{OC}=10\text{V}$$

(3)伏安法求R_0。画出伏安法对应电路如图 4.19(c)(d)所示。设输入电流为i',求输入电压u'。电路各部分电流已示于图中,可见

$$u'=1000\times0.5\,i'+1000\,i'=1500i'$$

于是

$$R_0=u'/i'=1\,500\Omega=1.5\text{k}\Omega$$

R_0也可用开短路法计算。

(4)开短路法求R_0。第二步已求出开路电压$u_{OC}=10\text{V}$,现求短路电流i_{sc}。求解短路电流的电路如图 4.19(e)所示。应用回路法(回路电流已示于图(e)中)有

$$(1000+1000)i_{sc}-1000\times0.5\,i_{sc}=10$$

$$1500\,i_{sc}=10$$

$$i_{sc}=\frac{1}{150}\text{A}$$

于是

$$R_0=\frac{u_{OC}}{i_{sc}}=1\,500\Omega$$

与伏安法解得的相同。

上述用伏安法及开短路法求R_0时,也可先将受控流源与 1kΩ 并联部分转换为实际受控压源,然后再计算。

电路中,往往要分析某一支路或元件的的响应,在这种情况下,用戴维南定理进行分析最为简便。将感兴趣支路的其余部分(含独立源二端网络)用戴维南定理将其等效为一个实际压源支路,这样原电路就转换成了一个单回路电路,于是可以很简便地求出待求支路的响应。

【例 4.8】 试求图 4.20(a)所示电路中负载R_L的电流 i。

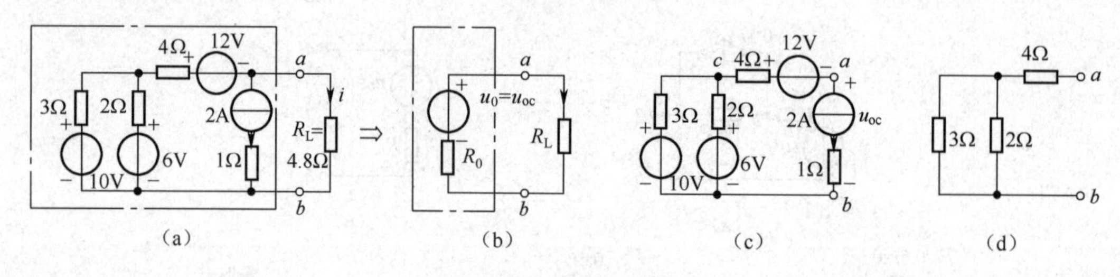

图 4.20 例 4.8 图

解 (1)画出图 4.20(a)的等效电路如图 4.20(b)所示。图 4.20(b)中虚线方框所示部分即为图 4.20(a)中点画线方框所示N_s的戴维南等效电阻。

(2)求u_0。使图 4.20(a)中N_s的输出端开路,得到图 4.20(c),用节点分析法求解N_s的开路电压u_{OC}。以 b 点为参考点列节点 c 的方程为

$$\left(\frac{1}{3}+\frac{1}{2}\right)u_c=\frac{10}{3}+\frac{6}{2}-2$$

即

$$\frac{5}{6}u_c=\frac{15}{3}$$

解得

$$u_c=5.2\text{V}$$

于是

$$u_{oc}=u_{ac}+u_c=(-12-4\times2+5.2)\text{V}=-14.8\text{V}$$

$$u_0=u_{oc}=-14.8\text{V}$$

(3)求R_0。画出N_0网络如图 4.20(d)所示,于是

$$R_0=[(3/\!/2)+4]\Omega=5.2\Omega$$

(4)求 i。由图 4.20(b)可得

$$i=\frac{u_0}{R_0+R_L}=\frac{-14.8}{5.2+4.8}\text{A}=-1.48\text{A}$$

【例 4.9】 试求图 4.21(a)所示电路中的电流 i。

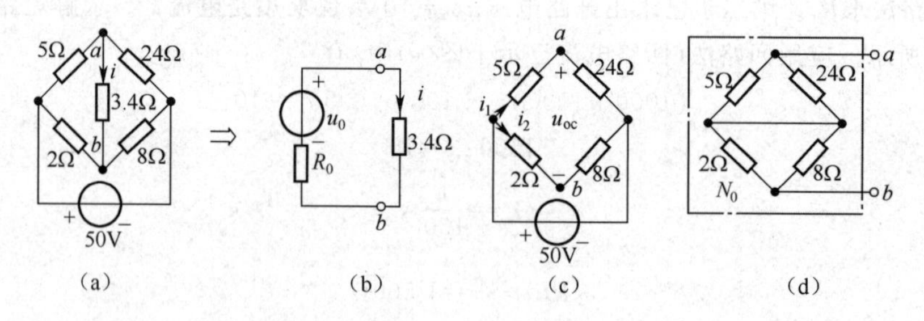

图 4.21 例 4.9 图

解

(1)应用戴维南定理将图 4.21(a)转换为图 4.21(b)。

(2)求u_0。画出图 4.21(c)电路,它对应图 4.21(a)中 a、b 点断开的情况。因此 a、b 之间的电压为开路电压u_{oc}。由图 4.21(c)有

$$u_{oc}=24\,i_1-8\,i_2=\left(24\times\frac{50}{5+24}-8\times\frac{50}{2+8}\right)\text{V}\approx(41.38-40)\text{V}=1.38\text{V}$$

于是

$$u_0=u_{oc}=1.38\text{V}$$

(3)求R_0。画出图 4.21(d)所示的N_0网络,于是

$$R_0=R_{ab}\big|_{N_0}=(5/\!/24)+(2/\!/8)=\left(\frac{5\times24}{5+24}+\frac{2\times8}{2+8}\right)\Omega\approx5.74\Omega$$

(4)求 i。由图 4.21(b)有

$$i=\frac{u_0}{R_0+3.4}=\frac{1.38}{5.74+3.4}\text{A}\approx0.151\text{A}=151\text{mA}$$

此结果与例 4.5 中的$i_5{}'$一致。

【例 4.10】 试用戴维南定理求图 4.22(a)电路中的 i 及该支路的功率 P。

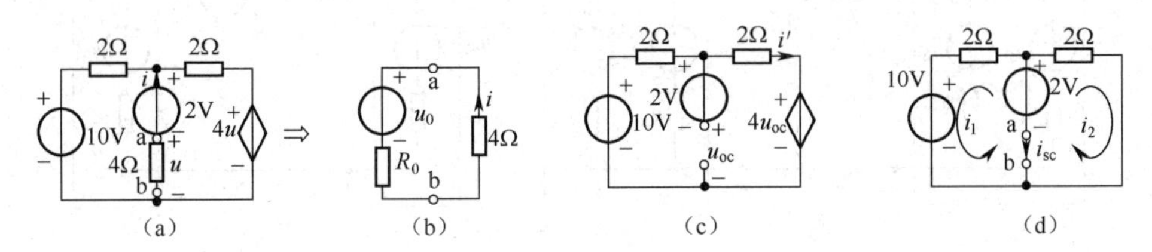

图 4.22 例 4.10 图

解

(1)图 4.22(a)电路等效为图 4.22(b)。

(2)求u_0。画出图 4.22(a)a、b 端开路状态的电路如图 4.23(c)所示。设回路电流 i',于是回路电流方程为

$$(2+2)i'+4u_{oc}=10$$

由图可见
$$u_{oc}=-2-2i'+10=8-2i'$$

即
$$i'=\frac{8-u_{oc}}{2}$$

将上式代入回路电流方程,则

$$4\times\frac{8-u_{oc}}{2}+4u_{oc}=10$$

解得
$$u_{oc}=-3\text{V}$$

即
$$u_0=u_{oc}=-3\text{V}$$

(3)求R_0。用开短路法计算R_0。画出计算 a、b 端短路电流的电路如图 4.22(d)所示。由图可见

$$i_1=\frac{2-10}{2}\text{A}=-4\text{A}$$

$$i_2=\frac{2}{2}\text{A}=1\text{A}$$

故
$$i_{sc}=-i_1-i_2=(4-1)\text{A}=3\text{A}$$

于是有
$$R_0=u_{oc}/i_{sc}=(-3/3)\Omega=-1\Omega$$

读者试用伏安法求R_0以资比较。

(4)求 i、p。

由图 4.22(b)有

$$i=\frac{-u_0}{R_0+4}=\frac{+3}{-1+4}\text{A}=1\text{A}$$

图 4.22(a)中 4Ω 支路的功率必须由图 4.22(a)电路进行计算。该支路吸收的功率为

$$p=4i^2-2i=2\text{W}$$

应用戴维南定理的目的是为了使电路简化为一个单回路。因此在解题时,需要灵活应用。其原则是,将待求量支路(或元件)以外的部分尽量等效为一个实际压源或若干个实际压源串联的形式。以使它们与待求支路(元件)构成单回路。例如图 4.23(a)所示电路,当要求解i_3时,可将左、右两个含

独立源的二端网络(点画线部分)分别等效为两个实际压源u_{01}、R_{01}和u_{02}、R_{02}，如图 4.23(b)所示。于是得到

$$i_3=\frac{-u_{01}+u_{s3}+u_{02}}{R_{01}+R_3+R_{02}}$$

读者试计算u_{01}、R_{01}和u_{02}、R_{02}。

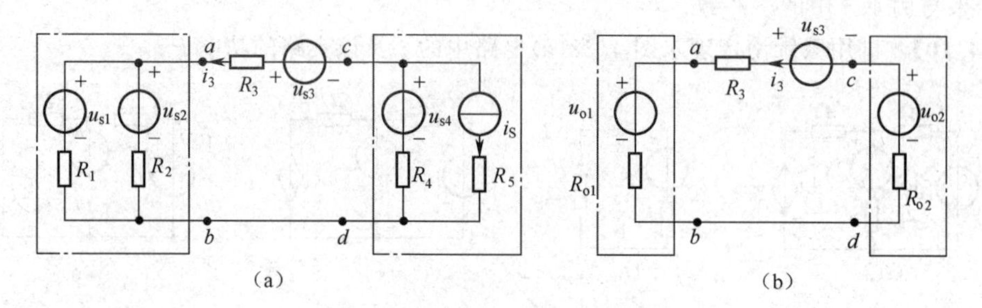

图 4.23 戴维南定理的应用

4.3.2 诺顿定理

诺顿定理与戴维南定理类似，仅电路的形式不同。诺顿定理可表述为：任意一个线性含独立源的二端网络N_s，均可以等效为一个电流源i_0与电阻R_0相并联的电路。i_0等于N_s网络输出端的短路电流i_{sc}；R_0等于N_s中全部独立源置零后所对应的N_0网络输出端的等效电阻。R_0也称为N_s的输出电阻。图 4.24 为诺顿定理的图示。图 4.24(a)、(b)是诺顿定理的中心内容，图 4.24(b)称为图 4.24(a)的诺顿等效电路或诺顿等效电源。图 4.24(c)和图 4.24(d)分别表示求i_0和R_0的电路。需要指出的是，图 4.24(c)中i_{sc}与图 4.24(b)中i_0方向的配合：图 4.24(b)中，若i_0是由 b 点指向 a 点，则图 4.24(c)中，N_s的短路电流i_{sc}应由 a 点经短路线流向 b 点。

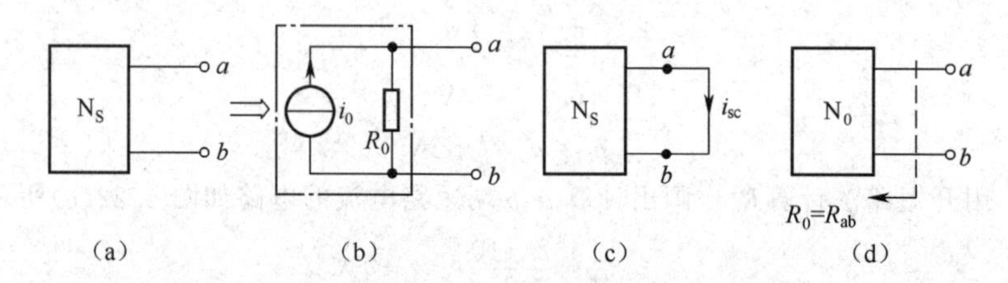

图 4.24 诺顿定理的图示

诺顿定理的证明方法与戴维南定理的类似，在此略。读者可自行证明。诺顿定理中的R_0与戴维南定理中的R_0概念是一致的。因此它的计算也同样有三种方法：串并联法、伏安法和开短路法，在此不再赘述。不难看出，戴维南等效电路通过压、流源等效转换后就是诺顿等效电路，这从另一个角度也说明了诺顿定理的正确性。

【例 4.11】 试求图 4.25(a)所示二端网络的诺顿等效电路。

解

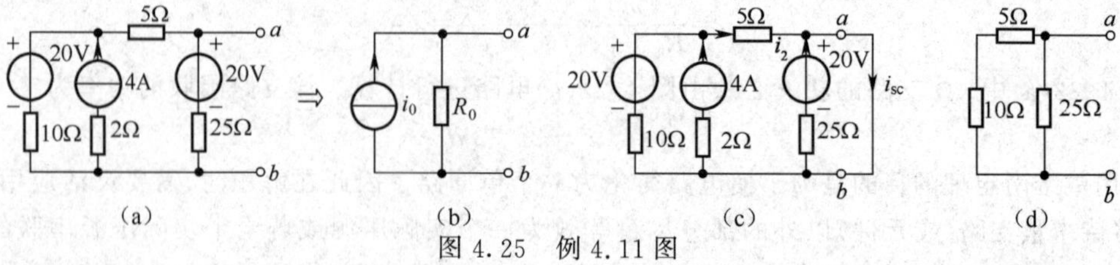

图 4.25 例 4.11 图

(1)画出图4.25(a)的诺顿等效电路如图4.25(b)所示

(2)求$i_0=i_{sc}$。画出求解i_{sc}的电路如图4.25(c)所示，采用节点分析法。选b点为参考点，则c点电压方程为

$$\left(\frac{1}{10}+\frac{1}{5}\right)u_c=\frac{20}{10}+4$$

$$0.3u_c=6$$

解得

$$u_c=20\text{V}$$

$$i_1=\frac{u_{ca}}{5}=\frac{u_c}{5}=4\text{A}$$

由图可见

$$i_2=\frac{20}{25}=0.8\text{A}$$

于是

$$i_{sc}=i_1+i_2=48\text{A}$$

$$i_0=i_{sc}=4.8\text{A}$$

(3)求R_0。画出图4.25(a)二端网络N_s所对应的无独立源二端网络N_0如图4.25(d)所示，由图可得

$$R_0=R_{ab}\big|_{N_0}=(10+5)/\!/25=\frac{15\times25}{15+25}\Omega=9.375\Omega$$

【例4.12】 应用诺顿定理求图4.26(a)电路中i。

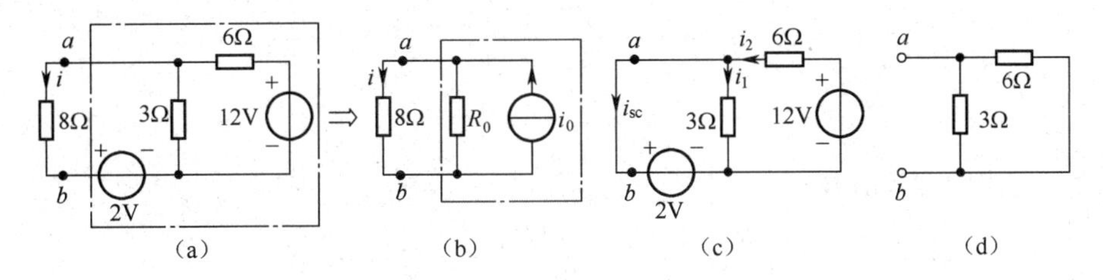

图4.26　例4.12图

解　(1)应用诺顿定理将图4.26(a)简化为图4.26(b)电路。

(2)求i_0。画出求解的电路如图4.26(c)所示，由图可见

$$i_1=\frac{2}{3}\text{A}$$

$$i_2=\frac{12-2}{6}\text{A}=\frac{5}{3}\text{A}$$

于是

$$i_{sc}=i_2-i_1=\left(\frac{5}{3}-\frac{2}{3}\right)\text{A}=1\text{A}$$

$$i_0=i_{sc}=1\text{A}$$

(3)求R_0。画出图4.26(d)所示N_0网络，可得

$$R_0=3/\!/6=\frac{3\times6}{3+6}\Omega=2\Omega$$

(4)求i。由图4.26(b)电路可得

$$i=\frac{R_0}{8+R_0}i_0=\frac{2}{8+2}\times1\text{A}=0.2\text{A}$$

【例 4.13】 试用诺顿定理求图 4.27(a)电路中 i。

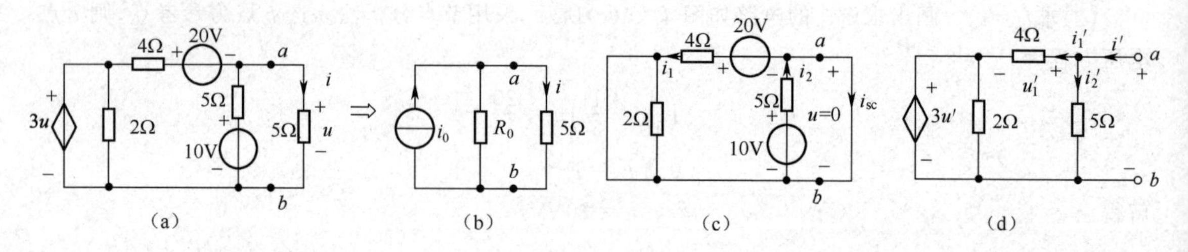

图 4.27 例 4.13 图

解 (1)应用诺顿定理将图 4.27(a)简化为图 4.27(b)。

(2)求 i_0。画出求短路电流 i_{sc} 的电路如图 4.27(c)所示。根据压源支路欧姆定律有

$$i_1=\frac{20}{4}\text{A}=5\text{A}$$

$$i_2=\frac{10}{5}\text{A}=2\text{A}$$

于是

$$i_{sc}=-i_1+i_2=-3\text{A}$$

$$i_0=i_{sc}=-3\text{A}$$

(3)求 R_0。

用伏安法求 R_0,对应电路如图 4.27(d)所示。设 u',于是

$$i'=i'_1+i'_2=\frac{u'_1}{4}+\frac{u'}{5}=\frac{u'-3u'}{4}+\frac{u'}{5}=-\frac{3}{10}u'$$

故

$$R_0=\frac{u'}{i'}=-\frac{10}{3}\Omega$$

(4)求 i。由图 4.27(b)有

$$i=\frac{R_0}{R_0+5}i_0=\frac{-10/3}{(-10/3)+5}(-3)\text{A}=6\text{A}$$

思考与练习题

4.6 求图 4.28 所示各电路的戴维南等效电路。

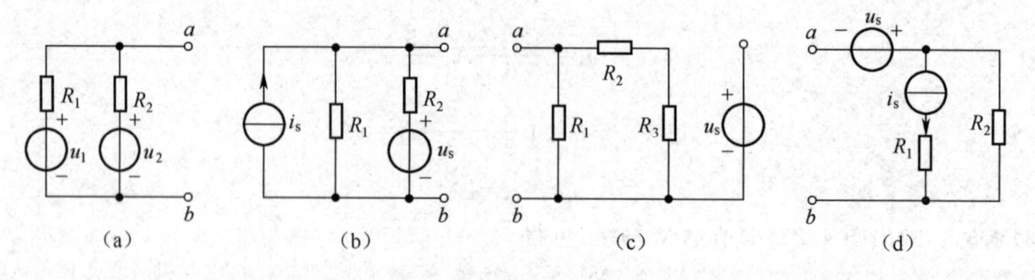

图 4.28 练习题 4.6 图

4.7 求图 4.29 所示各电路 ab 端左侧的戴维南等效电路,并求 u_0/u_i。

4.8 利用戴维南定理求图 4.30 所示电路中 6Ω 电阻上的电压。

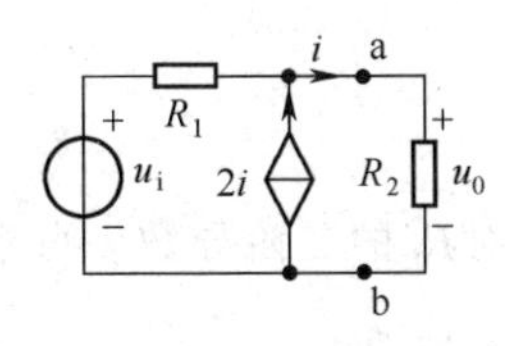

4.29　练习题 4.7 图

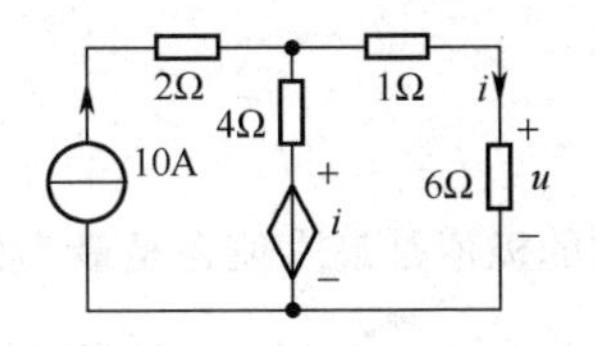

图 4.30　练习题 4.8 图

4.9　求图 4.31 所示各电路的诺顿等效电路。

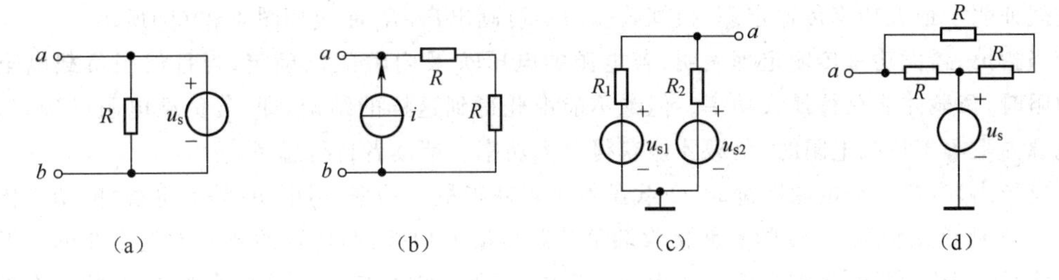

图 4.31　练习题 4.9 图

4.10　求图 4.32 所示电路以 ab 为输出端的诺顿等效电路,并计算 i 值。

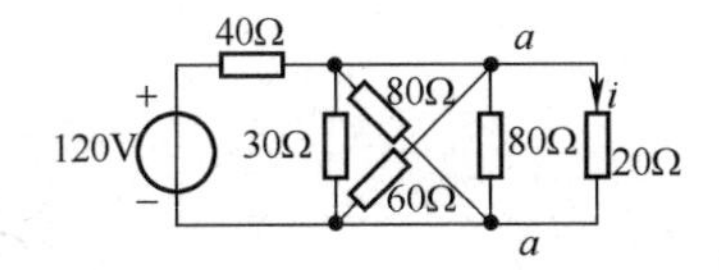

图 4.32　练习题 4.10 图

4.11　利用诺顿定理,重求练习题 4.8。

4.4　最大功率传输定理

最大功率传输定理是讨论如何使负载电阻获得最大功率的问题。我们不难想象,当电路电源确定不变时,负载电阻的功率将直接取决于负载电阻的数值。负载电阻过大或过小都会使负载所得功率变小。因此,负载电阻只能在某个确定数值时才能获得最大功率。

最大功率传输定理可表述为:对于给定的电路电源(可以是戴维南或诺顿等效电源),负载电阻获得最大功率的条件是,负载电阻必须等于电源内阻。这称为负载与电源匹配。

最大功率传输定理可证明如下:

图 4.33(a)所示为实际压源或戴维南等效压源给负载R_L供电的直流的电路,负载R_L吸收的功率为

$$P_L = I^2 R_L = \left(\frac{U_o}{R_0 + R_L}\right)^2 R_L \qquad (4.12)$$

为求得P_L为最大值时所对应的R_L值,应求出P_L对R_L的一阶导数,并令其为零,即

$$\frac{\mathrm{d}P_L}{\mathrm{d}R_L} = U_o^2\left[\frac{(R_0+R_L)^2 - 2(R_0+R_L)R_L}{(R_0+R_L)^4}\right]$$

$$= \frac{U_o^2(R_0 - R_L)}{(R_0+R_L)^3} = 0$$

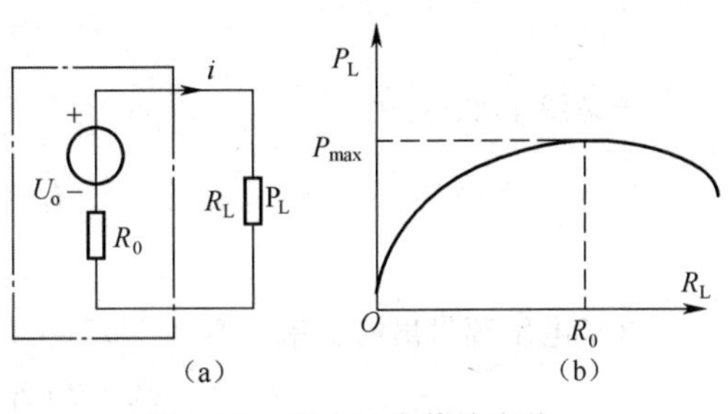

图 4.33　最大功率传输定律

由此可得

$$R_L = R_0$$

为了辨认函数的极值是最大值还是最小值，还应求P_L对R_L的二阶导数。可求得$\frac{d^2 P_L}{d R_L}<0$，故该极值为最大值。因此当$R_L=R_0$时，R_L可获得最功率 P_{max}。不难看出

$$P_{max} = I^2 R_L = \left(\frac{U_0}{R_0 + R_L}\right)^2 R_L = \frac{U_0{}^2}{4 R_0}$$

这就证明了最大功率传输定理，根据式(4.12)可画出P_L-R_L曲线如图 4.33(b)所示。

应当指出，最大功率传输定理表明，若电源的电压U_0及内阻R_0已确定，当且仅当负载电阻等于电源内阻时，负载才能获得最大功率。但绝不能由此得到这样的结论，即，若负载电阻已确定，当且仅当电源内阻等于负载电阻时，负载才能获得最大功率。请读者自行思考。

还应指出，当负载与电源匹配时，负载虽然可以获得最大功率，但电源(等效电源)的功率传输只有 50%。在通信系统中，重要的是使接收端负载获得最大功率，而传输的效率不是主要的。但是在电力传输系统中，重要的是减少传输过程中的损失，以保证电力使用的最大效率，50%的效率是不允许的。

【例 4.14】 电路如图 4.34(a)所示，求负载电阻R_L为何值时能获得最大功率，并计算此时功率传输的效率。

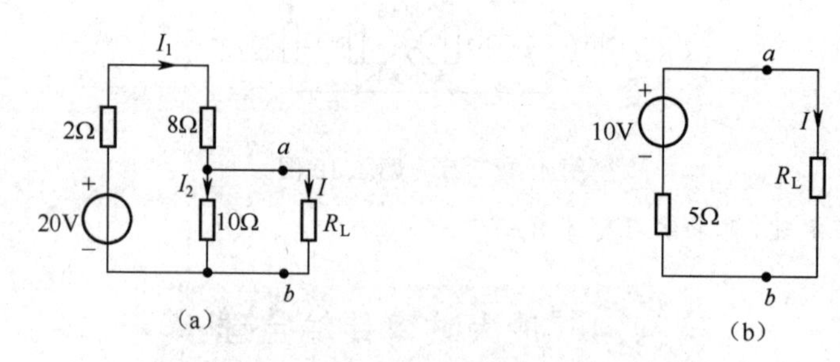

图 4.34 例 4.14 图

解 首先根据戴维南定理将图 4.34(a)等效为图 4.34(b)。虽然 $R_L=5\Omega$ 时，可获得最大功率。

$$P_L = P_{max} = \frac{10^2}{4\times 5}\text{W} = 5\text{W}$$

如果由图 4.34(b)计算功率传输的效率 $\eta=50\%$，这是错误的。应该由图 4.34(a)进行计算。由图 4.34(b)可得

$$I = \frac{10}{5+5}\text{A} = 1\text{A}$$

于是图 4.34(a)中

$$I_2 = \frac{P_L I}{10} = \frac{5}{10}\text{A} = 0.5\text{A}$$

$$I_1 = I_2 + I = 1.5\text{A}$$

20V 电压源供出的功率

$$P_S = 20\ I_1 = 20\times 1.5\text{W} = 30\text{W}$$

功率传输效率

$$\eta = \frac{P_L}{P_S}\times 100\% = \frac{5}{30}\times 100\% \approx 16.7\%$$

思考与练习题

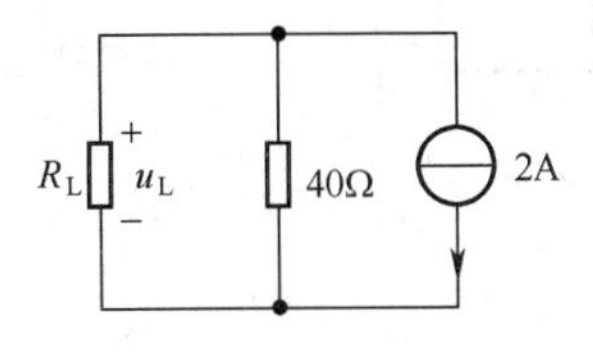

图 4.35　练习题 4.12 图

4.12　图 4.35 电路中 (1)若$R_L=10\Omega$,求u_L;(2)把电流源与 40Ω 并联组合化为等效的电压源串联电阻组合后,求u_L;(3)以上两种情况中 40Ω 电阻的功率是多少?(4)如要求R_L获得最大功率R_L应为多少?并求最大功率P_{max}。

4.13　如图 4.36 所示各电路,R_L为何值时可获得最大功率,并求此最大功率。

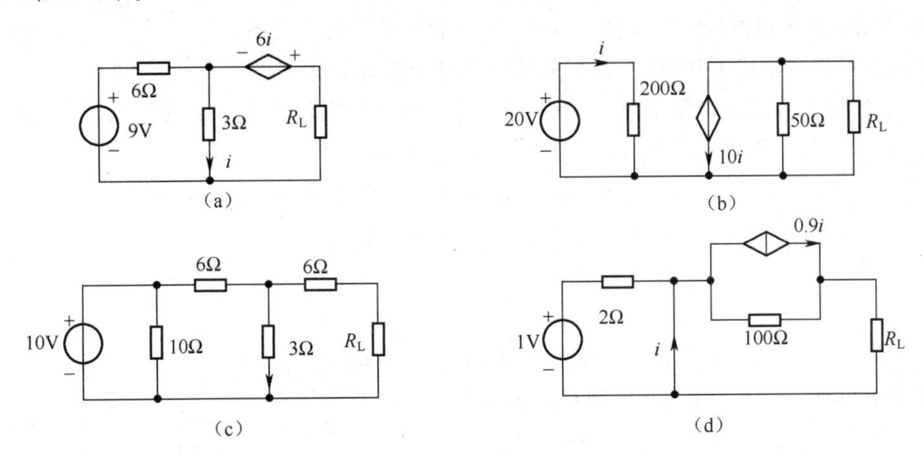

图 4.36　练习题 4.13 图

4.5　互易定理

图 4.37 所示的两个电路均只有一个电压源。图中点画线方框所示部分完全相同且为无源线性电阻网络。图 4.37(b)与图 4.37(a)仅电压源位置与所求支路位置互换而已。计算结果表明,两个支路电流完全完全相等(见图中所示)。可以证明,对于任何仅含一个电压源的电阻电路,此结论均成立。这就是线性电路的互易特性。对于仅含一个电流源的电阻电路,也有类似的结论,但响应必须是电压而不是电流。

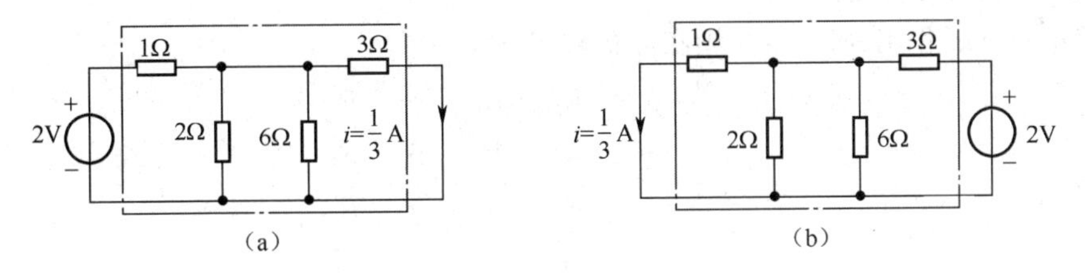

图 4.37　线路电路的互易特性

互易定理可表述为:

(1)在只含一个独立压源的线性电阻电路中,设 j 支路的压源u_s在 k 支路产生的电流为i_k,则当压源u_s移至(插入)k 支路,且u_s方向与原i_k方向一致(相反)时,其在 j 支路产生的电流i_j与原i_k相等,方向与原u_s方向相同(相反)。图 4.38(a)、(b)表示出了这一关系。

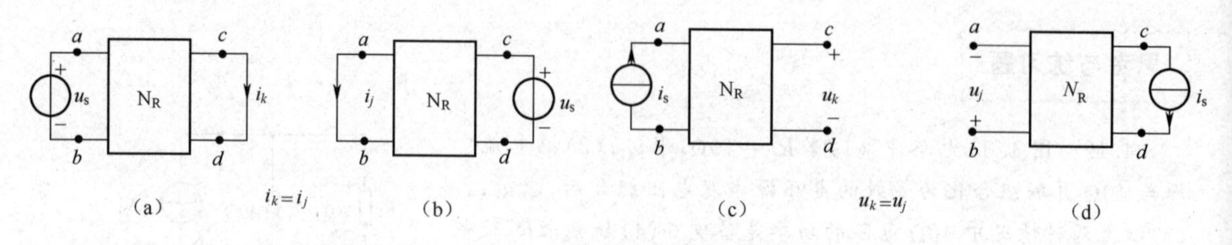

图 4.38　互易定理的图示

(2)在只含一个独立流源的线性电阻电路中，设 a、b 两点间的流源i_s在 c、d 两点间产生的电压为u_k。则当流源i_s移至 c、d 两点。且方向与原u_k方向相同(相反)时，其在 a、b 两端产生的电压u_j与原u_k相等，方向与原i_s方向相同(相反)。图 4.38(c)、(d)表示出了这一关系。

互易定理可以用不同方法证明，我们采用网孔分析法证明如下：

图 4.39 所示为一线性电阻电路，其有 m 个网孔、两个分别作用于 1、2 支路电流源u_{s1}和u_{s2}。根据网孔分析法，不失一般性，我们可写出电路的网孔方程为

$$\begin{cases} R_{11}i_1+R_{12}i_2+R_{13}i_3+\cdots+R_{1m}i_m=-u_{s1} \\ R_{21}i_1+R_{22}i_2+R_{23}i_3+\cdots+R_{2m}i_m=-u_{s2} \\ R_{31}i_1+R_{32}i_2+R_{33}i_3+\cdots+R_{3m}i_m=0 \\ \qquad\cdots \\ R_{m1}i_1+R_{m2}i_2+R_{m3}i_3+\cdots+R_{mm}i_m=0 \end{cases} \tag{4.13}$$

若电路中只有u_{s1}作用，而$u_{s2}=0$，则在u_{s1}的作用下

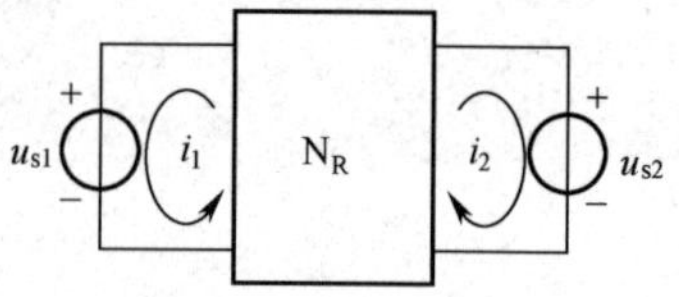

$$i_2=\frac{1}{\Delta}\begin{vmatrix} R_{11} & -u_{s1} & R_{13} & \cdots & R_{1m} \\ R_{21} & 0 & R_{23} & \cdots & R_{2m} \\ R_{31} & 0 & R_{33} & \cdots & R_{3m} \\ \vdots & \vdots & \vdots & & \vdots \\ R_{m1} & 0 & R_{m3} & \cdots & R_{mm} \end{vmatrix}$$

$$=\frac{u_{s1}}{\Delta}\begin{vmatrix} R_{21} & R_{23} & \cdots & R_{2m} \\ R_{31} & R_{33} & \cdots & R_{3m} \\ \vdots & \vdots & & \vdots \\ R_{m1} & R_{m3} & \cdots & R_{mm} \end{vmatrix} \tag{4.14}$$

图 4.39　互易定理的证明

式中 Δ 为式(4.13)等号左边的系数行列式。

若电路中只有u_{s2}作用，而$u_{s1}=0$，则在u_{s2}的作用下

$$i_1=\frac{1}{\Delta}\begin{vmatrix} 0 & R_{12} & R_{13} & \cdots & R_{1m} \\ -u_{s2} & R_{22} & R_{23} & \cdots & R_{2m} \\ 0 & R_{32} & R_{33} & \cdots & R_{3m} \\ \vdots & \vdots & \vdots & & \vdots \\ 0 & R_{m2} & R_{m3} & \cdots & R_{mm} \end{vmatrix}$$

$$=\frac{u_{s2}}{\Delta}\begin{vmatrix} R_{12} & R_{13} & \cdots & R_{1m} \\ R_{32} & R_{33} & \cdots & R_{3m} \\ \vdots & \vdots & & \vdots \\ R_{m2} & R_{m3} & \cdots & R_{mm} \end{vmatrix} \tag{4.15}$$

由于网络 N_R是由线性电阻构成，且不含受控源，固有$R_{12}=R_{21}$，$R_{13}=R_{31}\cdots$，$R_{mn}=R_{mn}$。根据行列式

行与列互换其值不变的特性，令式(4.15)中的行和列互换，再考虑到$R_{jk}=R_{kj}$，于是式(4.15)变为

$$i_1=\frac{u_{s2}}{\Delta}\begin{vmatrix} R_{21} & R_{23} & \cdots & R_{2m} \\ R_{31} & R_{33} & \cdots & R_{3m} \\ \vdots & \vdots & & \vdots \\ R_{m1} & R_{m3} & \cdots & R_{mm} \end{vmatrix} \tag{4.16}$$

比较式(4.14)和式(4.16)可见，当$u_{s1}=u_{s2}=u_s$时有

$$i_1=i_2$$

以上证明了互易定理的第一种情况。同样，应用节点分析法可以证明互易定理的第二种情况，在此略。

在应用互易定理时，应注意以下几点：

(1)互易定理仅适用于双向线性、非时变电路，且只能有一个独立电源。因受控源不具有双向性，故含有受控源的电路，一般情况下互易定理不成立。

(2)激励与响应互换时，电路中其他元件必须保持不变。

(3)定理中的响应变量，只能是电压源激励下的电流或电流源激励下的电压，应注意激励源与相应变量对调时参考方向的标定。

互易定理在电路理论与电路测量中都有重要的应用。线性电路的互易特性表明，从甲方向乙方传输信号的效果(压源产生的电流或流源产生的电压)与从乙方向甲方传输信号的效果相同，这就是信号传输的双向性。在电路测量中，互易定理意味着电压源(激励)与内阻近于零的电流表的连接位置互换后，电流表的读数不变。这为电流测量提供了方便，因而得到了广泛的应用。

【例4.15】 应用互易定理，求图4.40(a)电路中的电流I。

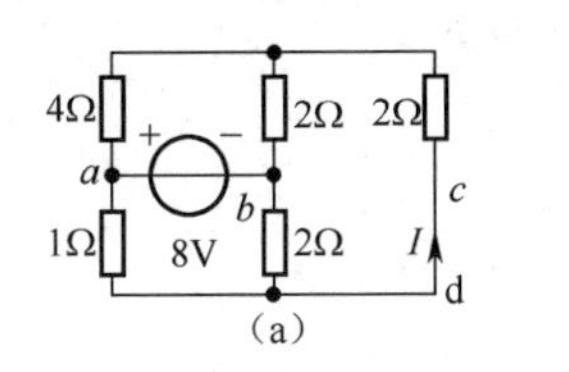

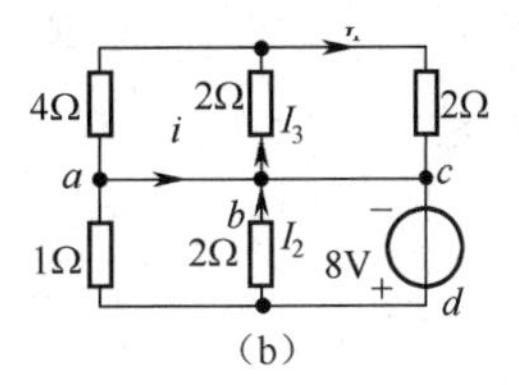

图4.40　例4.15图

解　根据互易定理，图4.40(a)互易后的电路如图4.40(b)所示，图4.40(b)中，设电流I_1、I_2及I_3，由图可见

$$I_1=\frac{8}{2+\frac{2\times 1}{2+1}+\frac{4\times 2}{4+2}}\text{A}=2\text{A}$$

$$I_2=\frac{1}{2+1}I_1=\frac{2}{3}\text{A}$$

$$I_3=\frac{4}{4+2}I_1=\frac{4}{3}\text{A}$$

于是有

$$I=I_3-I_2=\left(\frac{4}{3}-\frac{2}{3}\right)\text{A}=\frac{2}{3}\text{A}$$

显然，这比直接由图4.40(a)进行计算要简便得多。

【例4.16】 图4.41(a)中N_R为线性非时变电阻网络。已知电流源为2A，输入电压为10V，输出电压为5V。若将电流源移至输出端，而输入端接以5Ω电阻，如图4.41(b)所示。试求图4.41(b)中的I。

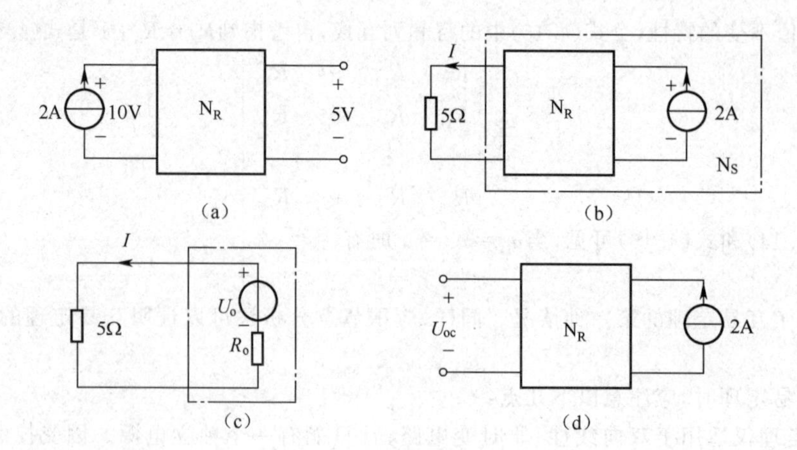

图 4.41 例 4.16 图

解 此题应该用戴维南定理及互易定理进行求解。图 4.41(b)点画线方框所示为一含独立源的二端网络N_s。根据戴维南定理,图 4.41(b)可等效为图 4.41(c)。图 4.41(c)中,U_0等于N_s的开路电压U_{oc},如图 4.41(d)所示。由图可见,图 4.41(d)是图 4.41(a)的互易电路,所以

$$U_{oc}=5\text{V}$$

即

$$U_0=U_{oc}=5\text{V}$$

图 4.41(c)中的R_0是图 4.41(b)虚线方框独立源置零后二端网络的等效电阻,这正是图 4.41(a)流源右侧部分的输入电阻。R_0可用伏安法计算,由图 4.41(a)即可得

$$R_0=\frac{10}{2}\Omega=5\Omega$$

于是图 4.41(c)的电流

$$I=\frac{U_0}{5+R_0}=\frac{5}{5+5}\text{A}=0.5\text{A}$$

此即为所求。

【例 4.17】 图 4.42(a)中的N_R是一无源电阻网络。已知当$u_1(t)=30t$、$u_2(t)=0$ 时,$i_1(t)=5t$,$i_2(t)=2t$。电源互易后,$i_2(t)=-4t$。试求当$u_1(t)=30t+60$ 及$u_2(t)=60t+15$ 时,$i_1(t)=?$ $i_2(t)=?$。

解 现将已知条件及求解过程示于图 4.42(b)~(f)。由图 4.42(b)的已知条件,根据线性电路的均匀性,可求得图 4.43(e)的

$$i_1^{(1)}=\frac{5t}{30t}(30t+60)=5t+10$$

$$i_2^{(1)}=\frac{2t}{30t}(30t+60)=2t+4$$

由图 4.42(b)的已知条件,根据互易定理及均匀性原理,则图 4.42(f)的$i_1^{(2)}$应为

$$i_1^{(2)}=\frac{2t}{30t}(60t+15)=4t+1$$

根据图 4.42(c)已知条件,可得图 4.42(f)的

$$i_2^{(2)}=\frac{4t}{30t}(60t+15)=8t+2$$

于是由叠加定理有

$$i_1=i_1^{(1)}-i_1^{(2)}=(5t+10)-(4t+1)=t+9$$

$$i_2=i_2^{(1)}-i_2^{(2)}=(2t+4)-(8t+2)=-6t+2$$

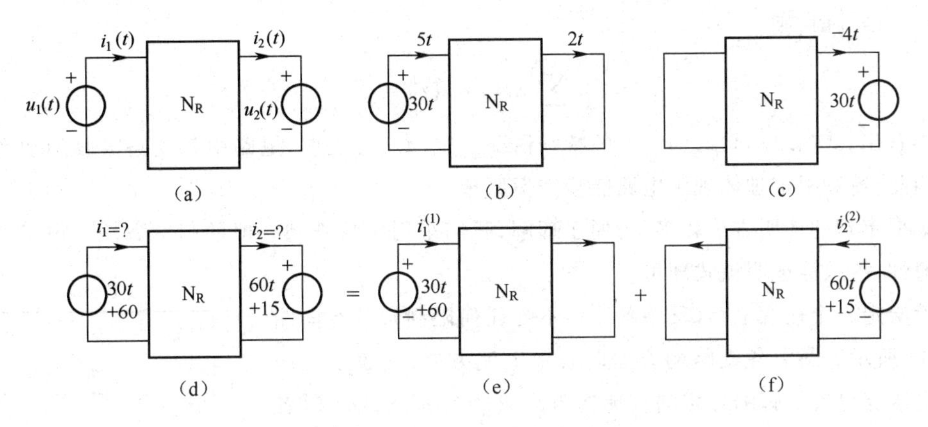

图 4.42　例 4.17 图

思考与练习题

4.14　利用互易定理求图 4.43 所示电路的 i。

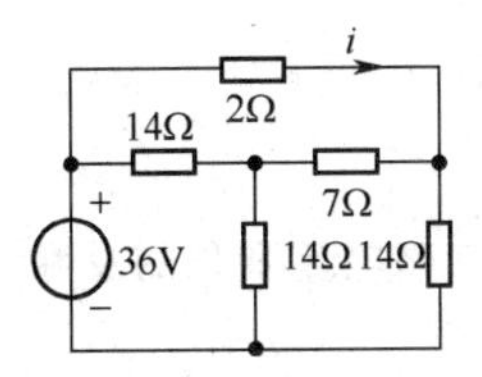

图 4.43　练习题 4.14

4.15　如图 4.44(a)所示电路，测得 $i_1=0.6\,i_s$，$i_1'=0.3\,i_s$，电路改接如图 4.44(b)后，测得 $i_2=0.2\,i_s$，$i_2'=0.5\,i_s$，试用互易定理求 R_1。

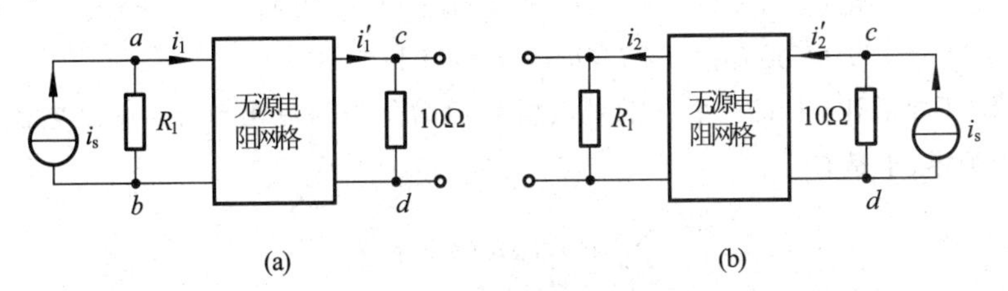

图 4.44　练习题 4.15

4.6　特勒根定理

特勒根定理是电路理论中的一个重要定理。由于它具有广泛的适应性，可用于一切线性、非线性、时变及非时变电路，因而近年来不断受到人们的重视，并在网络分析与综合以及非线性电路分析中取得了卓有成效的作用。

特勒根定理可表述为：对于具有 b 条支路和 n 个节点的任意集中参数电路，若支路电压为 u_k、支路电流为 $i_k(k=1,2,\cdots,b)$ 并取关联参考方向，则有

$$\sum_{k=1}^{b} u_k(t_1)\,i_k(t_2)=0 \tag{4.17}$$

当$t_1=t_2=t$时,则

$$\sum_{k=1}^{b} u_k(t)i_k(t)=0 \tag{4.18}$$

不难看出,式(4.18)是式(4.17)的特殊情况。式(4.18)表明,电路中各支路吸收的功率之和恒为零。因此,特勒根定理体现了电路能量守恒原理。

特勒根定理的证明方法较多,为便于理解,我们采用由特殊到一般的归纳方法。由于式(4.17)具有普遍性,故只需证明该式即可。

假设给定一个任意电路(其中各原件不受任何限制),其有向图如图 4.45 所示。图中各支路的方向既表示电流方向,又表示电压方向。电压与电流下脚编号相同。现选节点 d 为参考点,则t_1时各支路电压与节点电压之关系为

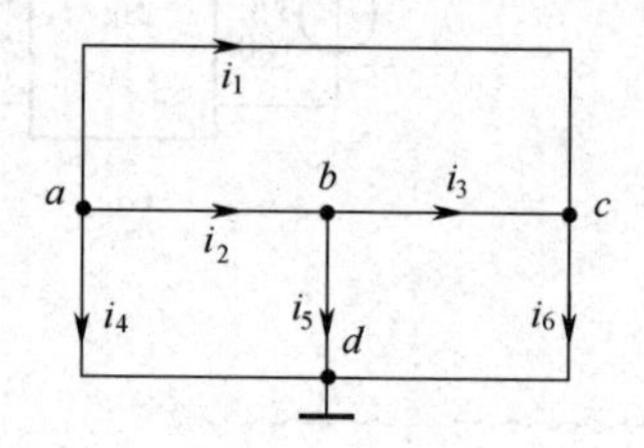

图 4.45 特勒根定理的证明

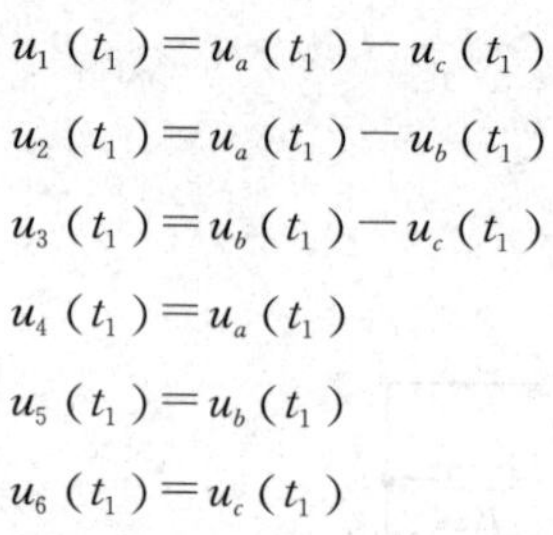

$$u_1(t_1)=u_a(t_1)-u_c(t_1)$$
$$u_2(t_1)=u_a(t_1)-u_b(t_1)$$
$$u_3(t_1)=u_b(t_1)-u_c(t_1)$$
$$u_4(t_1)=u_a(t_1)$$
$$u_5(t_1)=u_b(t_1)$$
$$u_6(t_1)=u_c(t_1)$$

今计算t_1时各支路电压与t_2时对应支路电流乘积的总和,于是有

$$\begin{aligned}\sum_{k=1}^{6} u_k(t_1)i_k(t_2) &= u_1(t_1)i_1(t_2)+u_2(t_1)i_2(t_2)+\cdots+u_6(t_1)i_6(t_2)\\ &=[u_a(t_1)-u_c(t_1)]i_1(t_2)+[u_a(t_1)-u_b(t_1)]i_2(t_2)+\\ &\quad [u_b(t_1)-u_c(t_1)]i_3(t_2)+u_a(t_1)i_4(t_2)+u_b(t_1)i_5(t_2)+u_c(t_1)i_6(t_2)\\ &=u_a(t_1)[i_1(t_2)+i_2(t_2)+i_4(t_2)]+u_b(t_1)[i_3(t_2)+i_5(t_2)-i_2(t_2)]+\\ &\quad u_c(t_1)[i_6(t_2)-i_1(t_2)-i_3(t_2)]\end{aligned}$$

对照图 4.45 不难看出,上式三个方括号内所表示的分别为流出节点 a、b、c 电流的代数和。根据 KCL,它们均为零,于是有

$$\sum_{k=1}^{6} u_k(t_1)i_k(t_2)=0$$

按照数学归纳法,上式可推广到一般情况。若给定任意具有 b 条支路、n 个节点的集中参数电路(各支路元件不受限制),当支路电压与支路电流方向关联时,若以 n 点为参考点,则有

$$\begin{aligned}\sum_{k=1}^{6} u_k(t_1)i_k(t_2) &= u_a(t_1)\Big[\sum i(t_2)\Big]_a+u_b(t_1)\Big[\sum i(t_2)\Big]_b+\cdots+u_{n-1}(t_1)\Big[\sum i(t_2)\Big]_{n-1}\\ &=\sum_{j=1}^{m-1}\Big\{u_j(t_1)\Big[\sum i(t_2)\Big]_j\Big\}=0\end{aligned} \tag{4.19}$$

这就证明了特勒根定理。当$t_1=t_2=t$时,则有

$$\sum_{k=1}^{b} u_k(t)i_k(t)=0$$

从式(4.19)证明过程中可以看出,若N_1、N_2两个电路的有向图完全一样,当N_1支路电压与支路电流分别为u_k与$i_k(k=1,2,\cdots,b)$、N_2的支路电压与支路电流分别$u_k{}'$与$i_k{}'(k=1,2,\cdots,b)$时,则有

$$\sum_{k=1}^{b} u_k(t_1)i'_k(t_2)=0 \quad \sum_{k=1}^{b} u'_k(t_1)i_k(t_2)=0$$

及
$$\sum_{k=1}^{b} u_k(t_1)i'_k(t_2)=0 \quad \sum_{k=1}^{b} u'_k(t_2)i_k(t)=0$$

上两组式为特勒根定理的另种形式，它可表述为：对于具有 b 条支路、n 个节点的任意两个集中参数电路（各支路元件不受限制），若它们的有向图完全相同，两支路的支路电压、电流分别为 u_k、i_k 和 u'_k、i'_k（$k=1,2,\cdots,b$），则当电压、电流取为关联方向时有

$$\begin{cases} \sum_{k=1}^{b} u_k(t_1)i'_k(t_2)=0 \\ \sum_{k=1}^{b} u'_k(t_1)i_k(t_2)=0 \end{cases} \tag{4.20}$$

及

$$\begin{cases} \sum_{k=1}^{b} u_k(t)i'_k(t)=0 \\ \sum_{k=1}^{b} u'_k(t)i_k(t)=0 \end{cases} \tag{4.21}$$

特勒根定理的灵活性是令人惊奇的，它不仅适用于一个电路同一时刻的电压、电流以及某时刻的电压与另一时刻的电流，而且还适用于完全不同的恒有相同拓扑结构的两个电路。因此特勒根定理在近代电路理论中具有重要意义，并得到了广泛的应用。值得注意的是式(4.17)、(4.20)及(4.21)已不再具有功率的意义，因此不能用能量守恒原则加以解释。不过它们仍具有功率之和的形式，所以又称**"拟功率定理"**。

在特勒根定理的证明过程中，并不涉及元件的性质，因此，该定理对任何线性或非线性、时变或非时变的集中参数电路均适用。

【例 4.18】 图 4.46(a)、(b)为两个拓扑结构相同、但含有不同元件的电路，试验证特勒根定理的正确性。

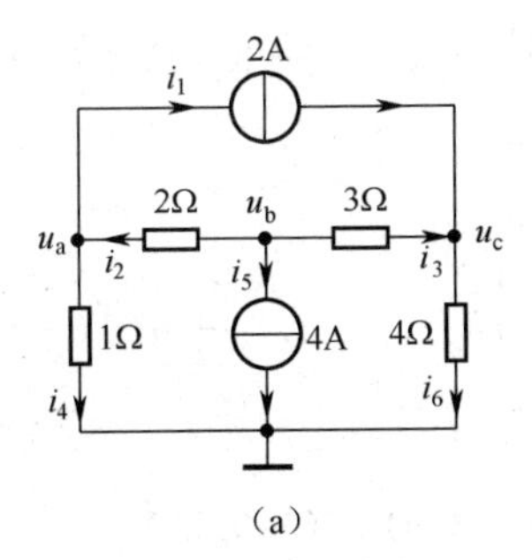

(a)

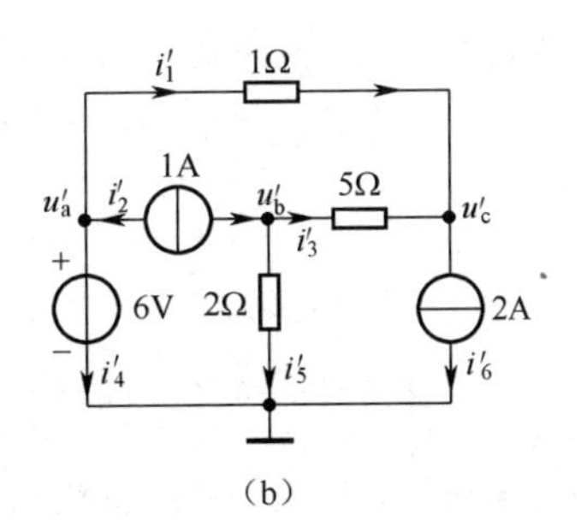

(b)

图 4.46　例 4.18 图

解　首先分析图 4.46(a)电路。应用节点分析法可得节点电压方程式为

$$\begin{cases} \left(1+\frac{1}{2}\right)u_a-\frac{1}{2}u_b=-2 \\ -\frac{1}{2}u_a+\left(\frac{1}{2}+\frac{1}{3}\right)u_b-\frac{1}{3}u_c=-1 \\ -\frac{1}{3}u_b+\left(\frac{1}{2}+\frac{1}{4}\right)u_c=2 \end{cases}$$

由上解得

$$u_a=-0.17\text{V},u_b=-0.11\text{V},u_c=0.28\text{V}$$

因此各支路电压为

$$u_1=u_a-u_c=-4.5\text{V},u_2=u_b-u_a=0.6\text{V}$$
$$u_3=u_b-u_c=-3.9\text{V},u_4=u_a=-1.7\text{V}$$
$$u_5=u_b=-1.1\text{V},u_6=u_c=2.8\text{V}$$

各支路电流为

$$i_1=2\text{A},i_2=0.3\text{A},i_3=-1.3\text{A}$$
$$i_4=-1.7\text{A},i_5=1\text{A},i_6=0.7\text{A}$$

将对应支路电压、电流相乘，再求和，于是有

$$\begin{aligned}\sum_{k=1}^{b}u_k i_k &= -4.5\times2+0.6\times0.3+(-3.9)\times(-1.3)\\ &\quad+(-1.7)\times(-1.7)+(-1.1)\times1+2.8\times0.7=0\end{aligned}\tag{4.22}$$

其次分析图 4.46(b)电路。同样可列节点电压方程式为

$$\begin{cases}u'_a=6\\ \left(\dfrac{1}{2}+\dfrac{1}{5}\right)u'_b-\dfrac{1}{5}u'_c=1\\ -\dfrac{1}{5}u'_b+\left(1+\dfrac{1}{5}\right)u'_c=6+2\end{cases}$$

解得

$$u'_a=6\text{V},u'_b=3.5\text{V},u'_c=7.25\text{V}$$

各支路电压为

$$u'_1=u'_a-u'_c=-1.25\text{V},u'_2=u'_b-u'_a=-2.5\text{V}$$
$$u'_3=u'_b-u'_c=-3.75\text{V},u'_4=u'_a=6\text{V}$$
$$u'_5=u'_b=3.5\text{V},u'_6=u'_c=7.25\text{V}$$

各支路电流为

$$i'_1=-1.25\text{A},\quad i'_2=-1\text{A},\quad i'_3=-0.75\text{A},$$
$$i'_4=0.25\text{A},\quad i'_5=1.75\text{A},\quad i'_6=-2\text{A},$$

于是有

$$\begin{aligned}\sum_{k=1}^{b}u'_k i'_k &= (-1.25)\times(-1.25)+(-2.5)\times(-1)+(-3.75)\times(-0.75)\\ &\quad+6\times0.25+3.5\times1.75+7.25(-2)=0\end{aligned}\tag{4.23}$$

并且还有

$$\begin{aligned}\sum_{k=1}^{b}u'_k i_k &= (-1.25)\times2+(-2.5)\times0.3+(-3.75)\times(-1.3)+6\times(-1.7)\\ &\quad+3.5\times1+7.25\times0.7=0\end{aligned}\tag{4.24}$$

$$\begin{aligned}\sum_{k=1}^{b}u_k i'_k &= (-4.5)\times(-1.25)+0.6\times(-1)+(-3.9)\times(-0.75)\\ &\quad+(-1.7)\times0.25+(-1.1)\times1.75+2.8(-2)=0\end{aligned}\tag{4.25}$$

由式(4.22)～(4.25)即可看出特勒根定理的正确性。

【例 4.19】 图 4.47(a)、(b)中的N_R为同一线性纯电阻网络，已知$u_{s1}=20\text{V}$时$i_1=-10\text{A}$、$i_2=2\text{A}$，若$u_{s2}=10\text{V}$，试求u'_1及i'_1。

解 我们可以应用特勒根定理求解u'_1。设电路有 b 条支路，根据 $\sum\limits_{k=1}^{b}u_k i'_k=0$ 有

$$u_1 i'_1+u_2 i'_2+\sum_{k=3}^{b}u_k i'_k=0$$

设N_R中各支路电压u_k与支路电流i_k方向关联，再考虑到N_R各元件均为电阻，故$u_k=R_k i_k$ ($k=3,4,\cdots,b$)，将它代入上式，于是有

$$u_1 i'_1+u_2 i'_2=-\sum_{k=3}^{b}R_k i_k i'_k\tag{4.26}$$

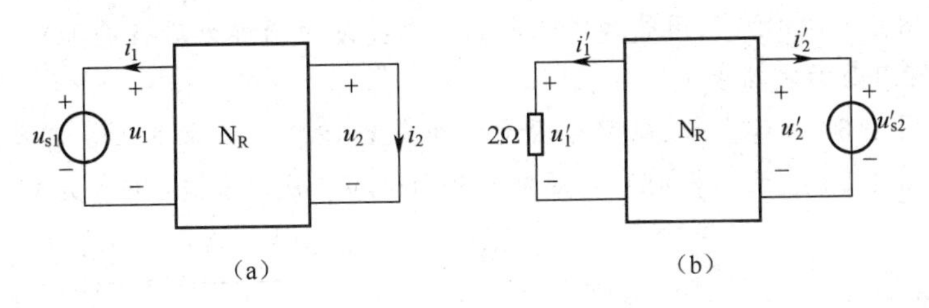

图4.47　例4.19图

根据特勒根定理 $\sum_{k=1}^{b} u_k' i_k = 0$ 有

$$u_1' i_1 + u_2' i_2 + \sum_{k=3}^{b} u_k' i_k = 0$$

同样 $u_k' = R_k i_k'$，将它代入上式，于是有

$$u_1' i_1 + u_2' i_2 = -\sum_{k=3}^{b} R_k i_k' i_k \tag{4.27}$$

比较式(4.26)和式(4.27)可见

$$u_1 i_1' + u_2 i_2' = u_1' i_1 + u_2' i_2 \tag{4.28}$$

根据已知条件，上式可写成即

$$20 \times \frac{u_1'}{2} + 0 = -10\, u_1' + 10 \times 2$$

即
$$20\, u_1' = 20$$

因此
$$u_1' = 1\text{V},\ i_1' = \frac{u_1'}{2} = 0.5\text{A}$$

附带说明，若将图4.47(b)中2Ω电阻短路，即 $u_1' = 0$，再考虑到图4.47(a)中 $u_2 = 0$，于是式(4.28)变为，

$$u_1 i_1' = u_2 i_2'$$

当 $u_{s1} = u_{s2}$ 即 $u_1 = u_2$ 时，于是有

$$i_1' = i_2$$

这正是线性电路的互易定理。

习题 4

4.1　应用叠加定理求图4.48中的 u 及 i。

4.2　应用叠加定理求图4.49中的 u 及 i。

4.3　电路如图4.50所示，试用叠加定理求 i(将电源分为两部分，进行叠加运算)。

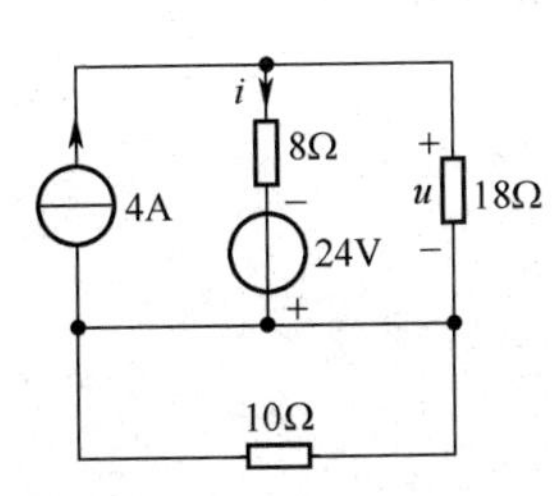

图4.48　题4.1图

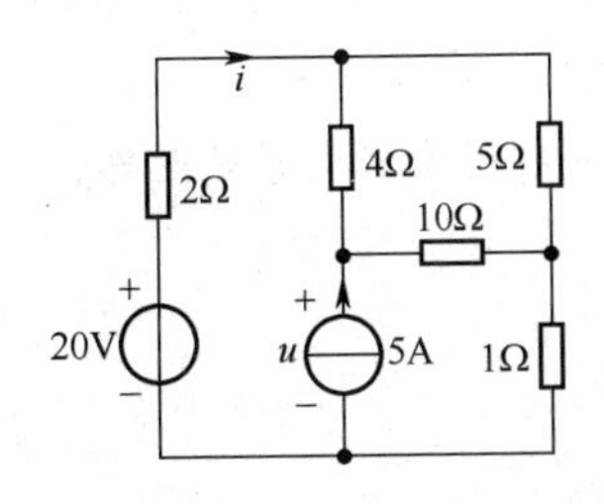

图4.49　题4.2图

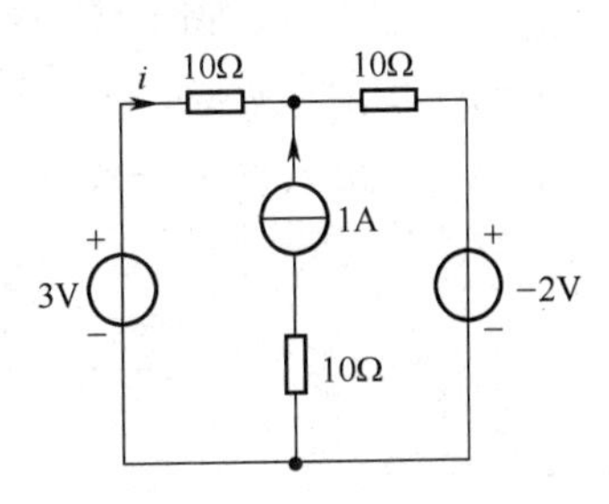

图4.50　题4.3图

4.4　电路如图 4.51 所示，试用叠加定理求 i、u(电源分为两部分进行叠加)。若与 20V 压源串一个 2Ω 电阻，如何用叠加定理求 i，$i=$？。

4.5　电路如图 4.52 所示。若 100V 电源突然升高至 120V。试求电压 u_o 有多大变化。

4.6　电路如图 4.53 所示。若 48V 压源突然降为 24V。试求电流 i_2 有多大变化。

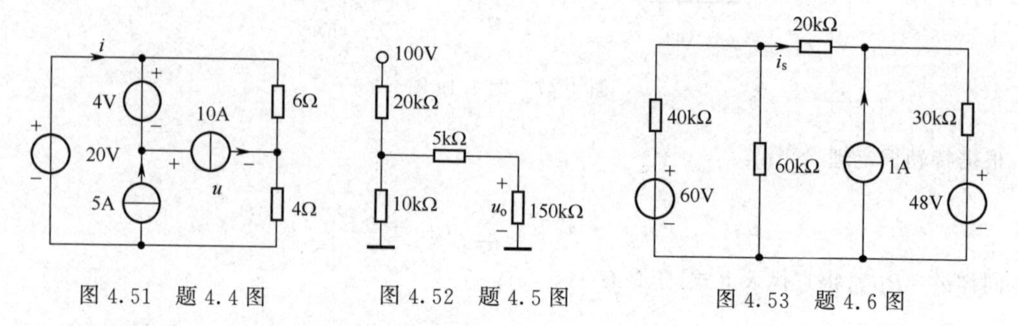

图 4.51　题 4.4 图　　图 4.52　题 4.5 图　　图 4.53　题 4.6 图

4.7　电路如图 4.54 所示，试用叠加定理求 u。

4.8　电路如图 4.55 所示，试用叠加定理求 i_x。

4.9　电路如图 4.56 所示，N_R 为线性电阻网络。已知：当 $u_s=5$V、$i_s=2$A 时，$i_2=1$A；当 $u_s=2$V、$i_s=4$A 时，$i_2=2$A。求当 $u_s=1$V、$i_s=1$A 时，$i_2=$？。

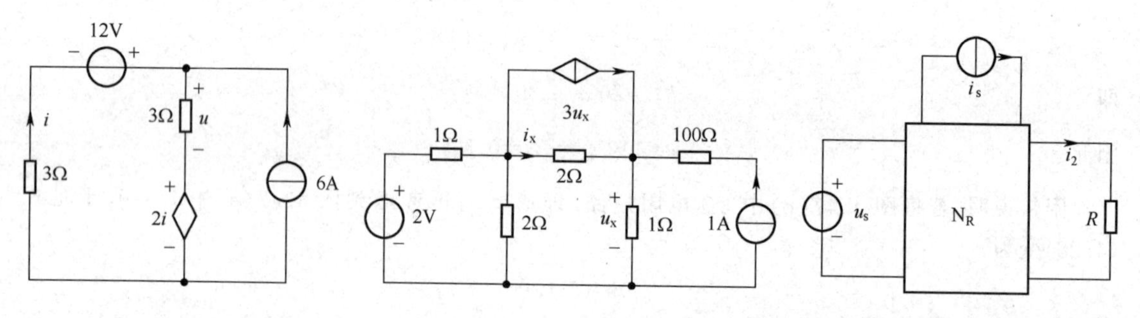

图 4.54　题 4.7 图　　图 4.55　题 4.8 图　　图 4.56　题 4.9 图

4.10　求图 4.57 电路中的 i_a，然后应用替代定理求 u_o。

4.11　图 4.58 电路中，已知 $i_x=0.5$A，求 R_x。

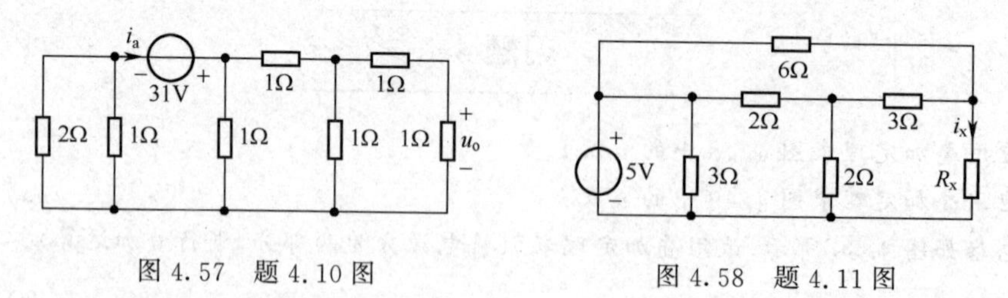

图 4.57　题 4.10 图　　图 4.58　题 4.11 图

4.12　试应用叠加定理和替代定理证明诺顿定理。

4.13　求图 4.59 所示各含源二端网络的戴维南等效电路。

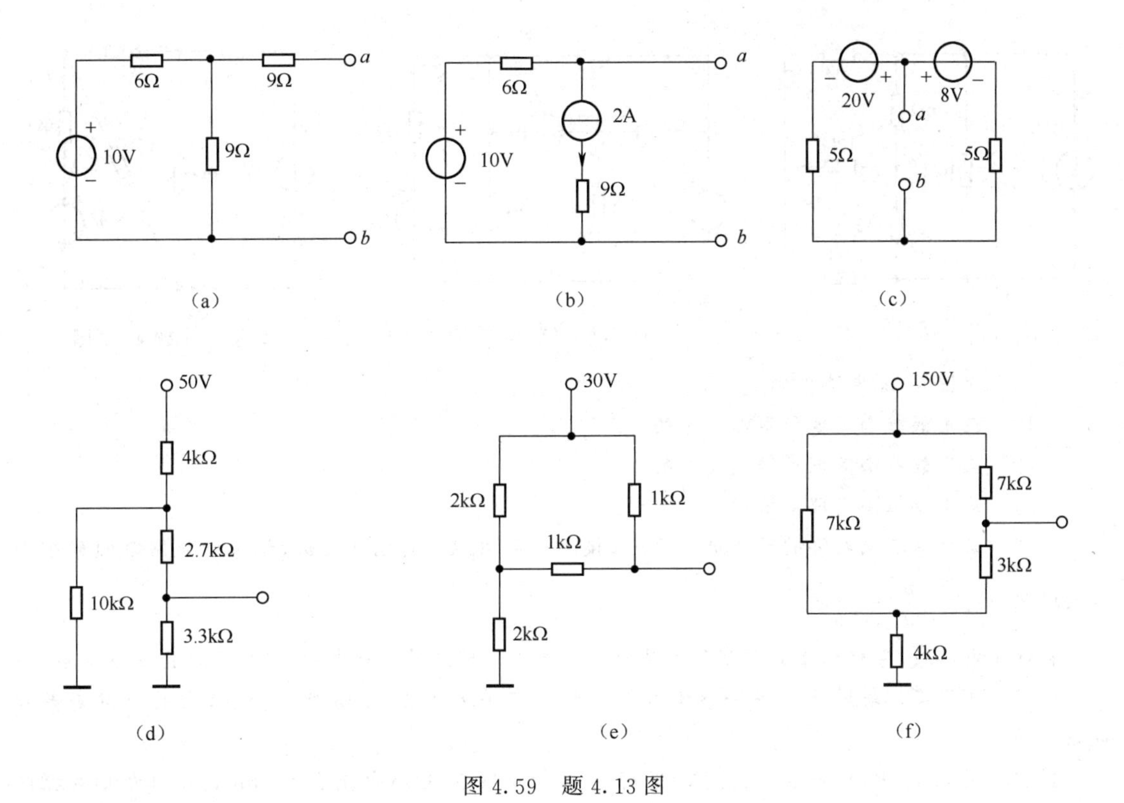

图 4.59　题 4.13 图

4.14　电路如图 4.60 所示。

(1)用戴维南定理求图 4.60(a)中的 i；

(2)用戴维南定理求图 4.60(b)中的u_a。

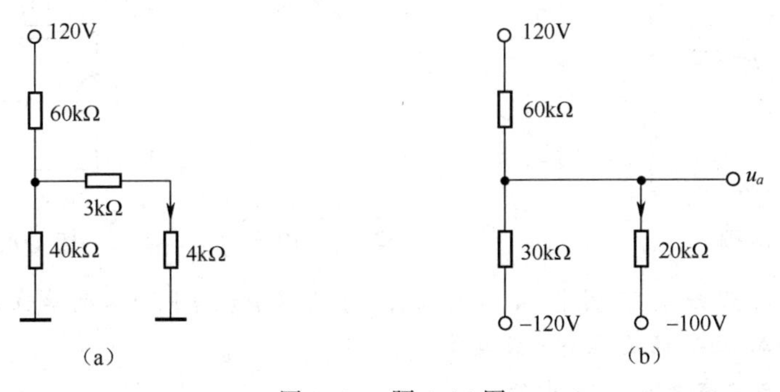

图 4.60　题 4.14 图

4.15　用戴维南定理求图 4.61 中的 i。

4.16　用戴维南定理求图 4.62 中的 u。

4.17　电路如图 4.63 所示，当$u_s=8V$时，$i=?$，若欲使 $i=0$，u_s应为多少？

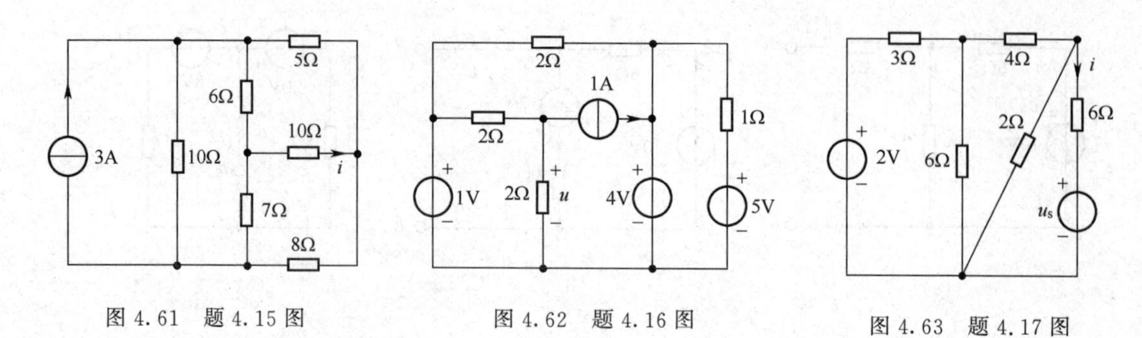

图 4.61 题 4.15 图　　图 4.62 题 4.16 图　　图 4.63 题 4.17 图

4.18 求图 4.64 电路中的 i。

4.19 应用戴维南定理重解题 4.1 的 u。

4.20 应用戴维南定理重解题 4.2 的 i。

4.21 应用戴维南定理重解题 4.6。

4.22 若含源二端网络的开端电压为 u_{oc}，接上负载 R_L 后，其电压为 u_L，试证明该网络的戴维南等效电阻为 $R_0=\left(\frac{u_{oc}}{u_L}-1\right)R_L$

在电子电路中，常根据上式用实验方法测定含源二端网络的输出电阻，这样可避免短路实验。

4.23 测得某二端网络在关联参考方向下的伏安关系如图 4.65 所示，试求它的戴维南等效电路。

4.24 图 4.66 中，已知 $u_s=12.5$V，若将 A、B 两端短路，短路电流 $i_{sc}=10$mA(方向为由 A 指向 B)，求网络 N 的戴维南等效电路。

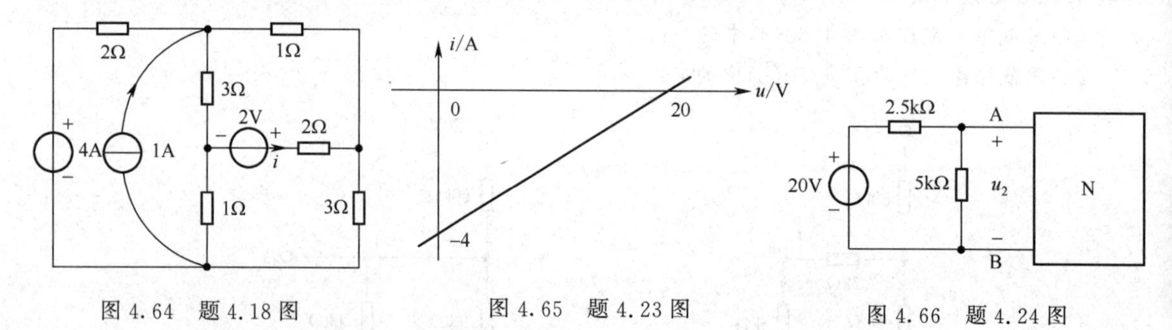

图 4.64 题 4.18 图　　图 4.65 题 4.23 图　　图 4.66 题 4.24 图

4.25 已知图 4.67 题 4.25 图中，A、B 两端伏安关系为 $u=2i+10$，u 的单位为伏，i 的单位为毫安。现已知 $i_s=2$mA，求 N 的戴维南等效电阻。

4.26 用戴维南定理求图 4.68 中的 i。

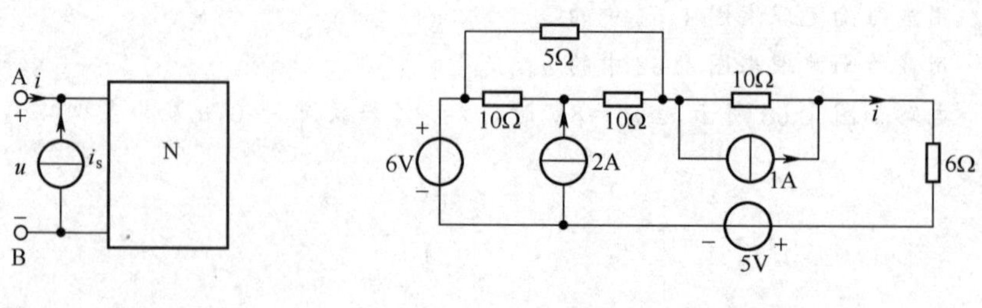

图 4.67 题 4.26 图　　图 4.68 题 4.26 图

4.27 电路如图 4.69 所示，设二极管为理想二极管。(1)分析图 4.69(a)中二极管是否导通。若导通，试求流过二极管的电流；(2)求图 4.69(b)中 a 点的电位 u_a。

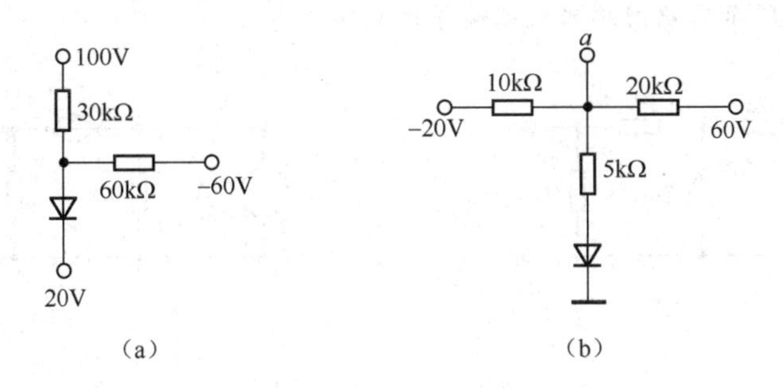

图 4.69　题 4.27 图

4.28　电路如图 4.70 所示，(1)求图 4.70(a)中的 i_1 及 i_2；(2)求图 4.70(b)中的 u_a。

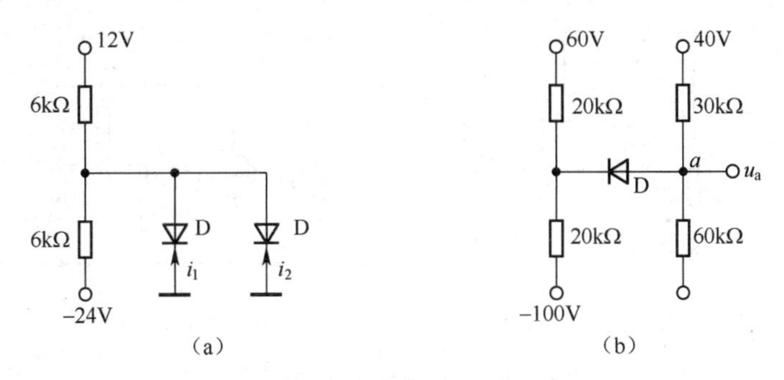

图 4.70　题 4.28 图

4.29　求图 4.59 各含源二端网络的诺顿等效电路。

4.30　用诺顿定理重解题 4.15。

4.31　用诺顿定理重解题 4.16。

4.32　应用诺顿定理求图 4.71 中的 i。

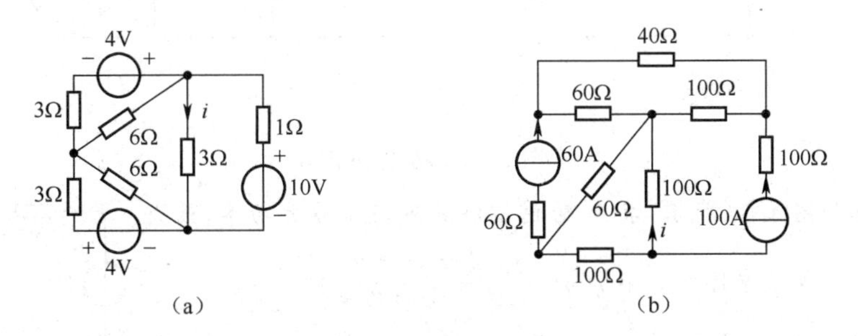

图 4.71　题 4.32 图

4.33　电路如图 4.72 所示，(1)求图 4.72(a)的戴维南等效电路，R_o 用伏安法算；(2)求图 4.7 (b)的诺顿等效电路，R_o 用开短路法算。

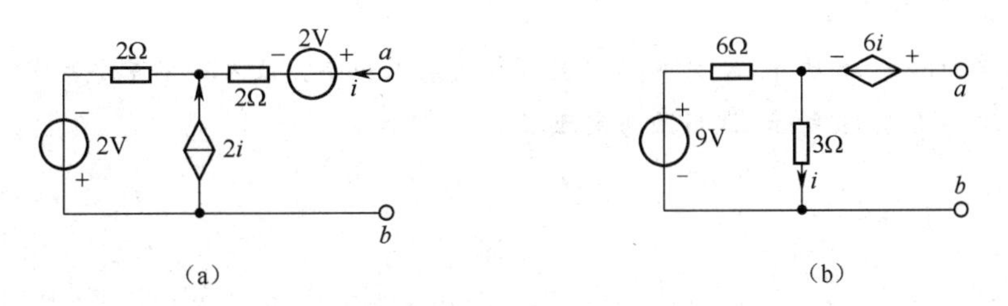

图 4.72　题 4.33 图

4.34　求图 4.73 所示二端网络的戴维南等效电路。

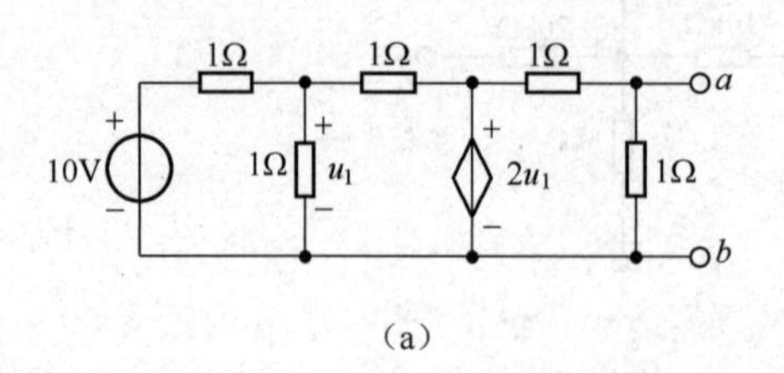

（a）

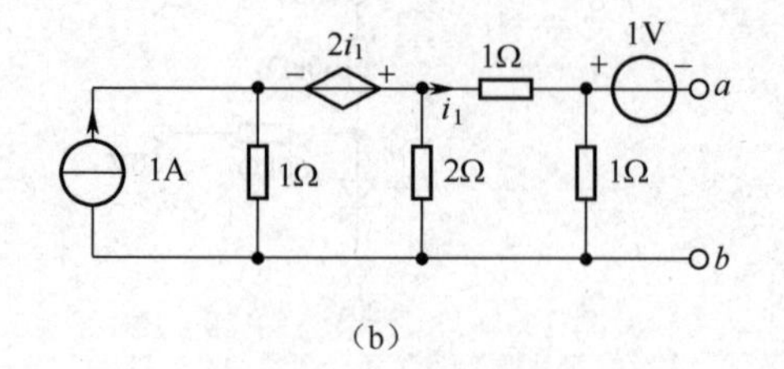

（b）

图 4.73　题 4.34 图

4.35　求图 4.74 所示二端网络的诺顿等效电路。

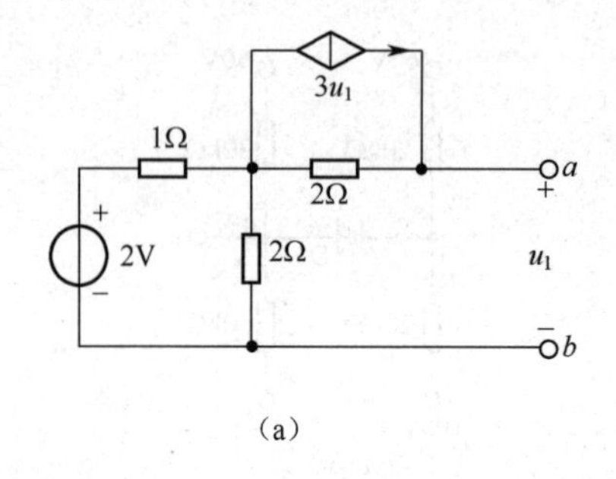

（a）

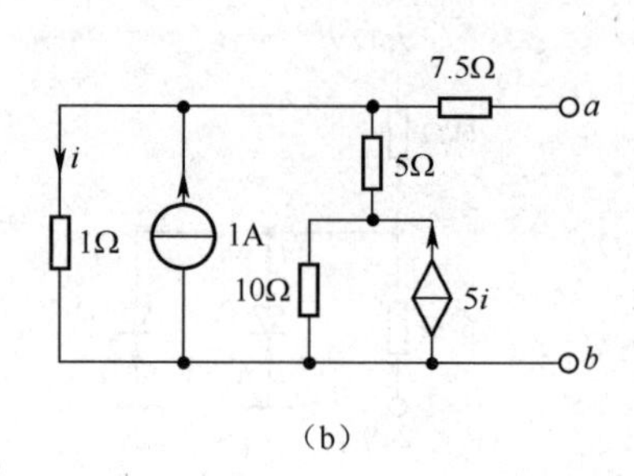

（b）

图 4.74　题 4.35 图

4.36　用戴维南定理求图 4.75 电路中的 i。

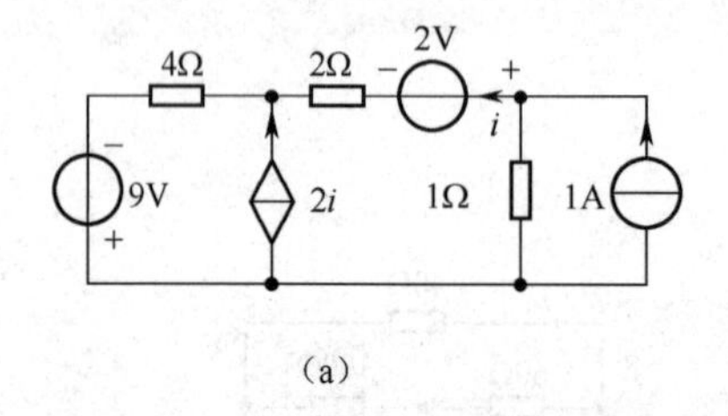

（a）

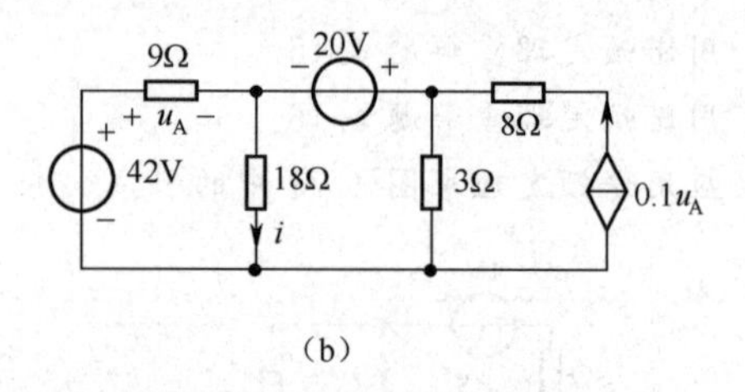

（b）

图 4.75　题 4.36 图

4.37　电路如图 4.76 所示，求 R_L 为何值时其可获得最大功率，最大功率等于多少？计算功率传输效率 $\eta(\eta=\frac{R_L\text{吸收的功率}}{\text{电源产生的功率}})$。

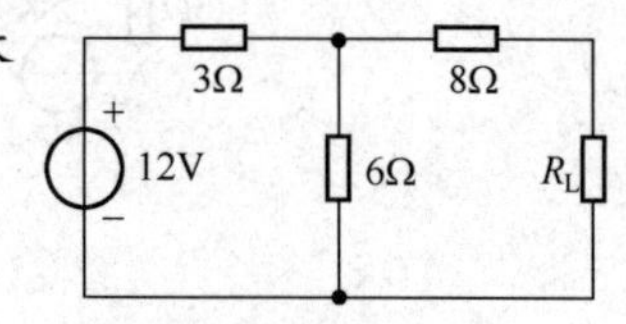

图 4.76　题 4.37 图

4.38　电路如图 4.77 所示。

(1) R_L 为多大时其吸收的功率最大？并求此最大功率；

(2) 若 $R_L=80\Omega$，欲使 R_L 中电流为零，a、b 间应并接什么理想元件，其参数多大？画出对应电路图。

4.39　电路如图 4.78 所示，R_L 为何值时其可获得最大功率？最大功率等于多少？

4.40　电路如图 4.79 所示，试用互易定理求 i。

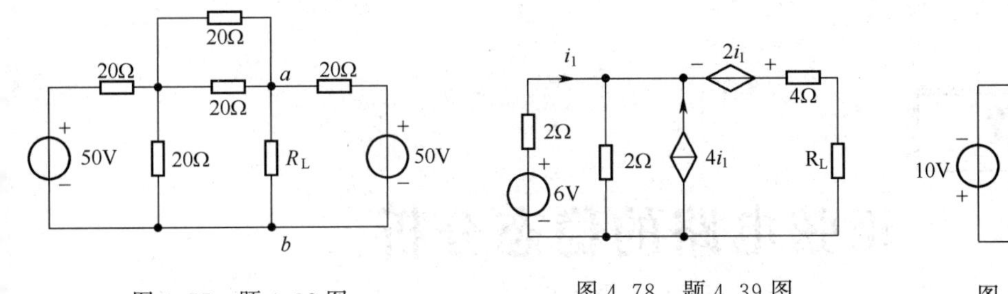

图 4.77 题 4.38 图

图 4.78 题 4.39 图

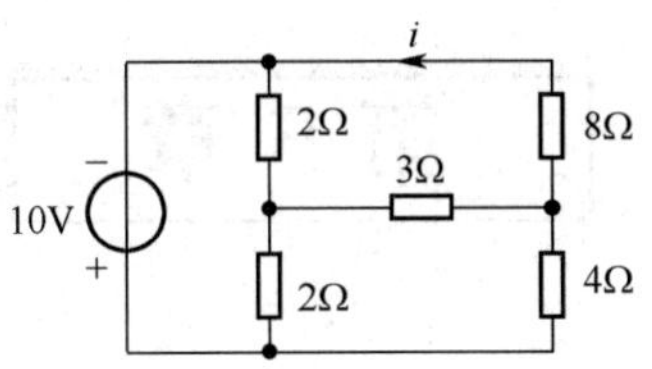

图 4.79 题 4.40 图

4.41 线性电阻网络 N_R 有一对输入端和一对输出端。当输入电流为 2A 时，输入端电压为 10V，而输出端电压为 5V。如将电流源移到输出端，同时输入端跨接 5Ω 电阻，求 5Ω 电阻中的电流。(提示：应用互易定理和戴维南定理)

4.42 图 4.80 中的 N_R 为一线性电阻网络，已知当 $u_1(t)=50t$ 及 $u_2(t)=0$ 时，$i_1(t)=5t$、$i_2(t)=10t$，电源互易后，$i_2(t)=-20t$。试求当 $u_1(t)=75t+25$ 及 $u_2(t)=100t+50$ 时，$i_1(t)=?$ $i_2(t)=?$。

4.43 计算图 4.81 电路中各支路的电压与电流，以其结果证明特勒根定理。

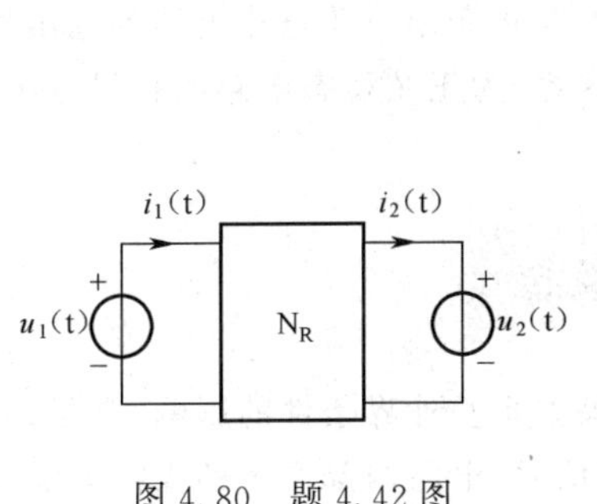

图 4.80 题 4.42 图

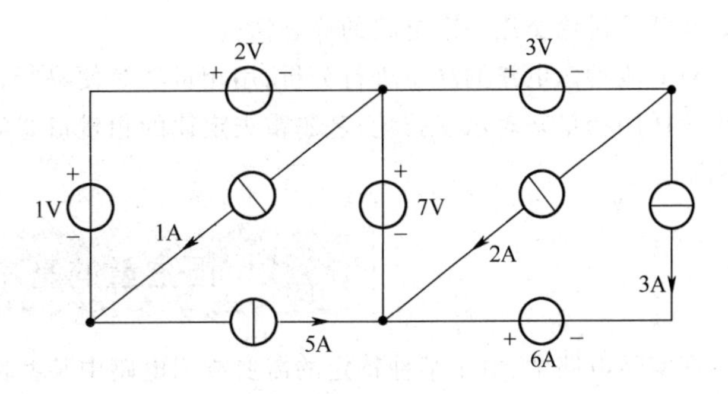

图 4.81 题 4.43 图

第5章

正弦电路的稳态分析

前几章介绍的电路中所含的电源都是直流电源，这样的电路称为直流电路。若电路中所含的电源为交流电源，则称这样的电路为交流电路。交流电路中的电压和电流都是时间的周期函数。正弦函数是周期函数的一种，在工程技术中，尤其是在电力系统中，正弦电压和电流是使用非常广泛的周期量。本章所讨论的交流电路即为正弦交流电路。

在交流电路中，如果只含有交流电源和电阻元件，则称之为交流电阻电路，交流电阻电路的分析方法与直流电阻电路的完全相同。

如果交流电路中，除了含有电阻元件外，还含有电感电容等动态电路元件，则称之为交流动态电路。本章只讨论交流动态电路的稳态情况。

对交流动态电路的稳态进行分析，用相量法简便易行。本章将介绍正弦电流电路的基本概念，讨论怎样用相量来表示正弦量，基尔霍夫定律的相量形式等内容，为正弦稳态电路的相量分析法打下基础。

5.1 正弦量的基本概念

在实际电路中，由于某种特定的需要或因电路中某些因果关系及外界条件的影响，常常存在着变化的电压和电流，其中有些无规律可循，如电路接收的干扰信号、电路内部产生的噪声电流等，有些则按一定的规律变化，我们把这种随时间变化的电压或电流称为时变电压或时变电流。下面分析时变量的特殊情况——周期量。

5.1.1 周期电压和电流

若电路中的时变电压和电流随时间作周期性的变化，则这样的电压和电流称为周期电压和周期电流。以电流为例，周期电流用函数式表示为

$$i(t)=i(t+kT) \tag{5.1}$$

式中，k 为正整数，式(5.1)表明，在时刻 t 和 $t+kT$ 时，电流的瞬时值是相等的。即周期电压和电流是按一定的时间间隔以相同的波形重复出现。式(5.1)中的 T 表示电流波形再次重复出现的时间间隔，称为**周期**，单位为秒(s)。周期电压和电流在单位时间里的周期数称为频率，用 f 表示。很显然，频率和周期的关系为

$$f=1/T \tag{5.2}$$

频率的单位为赫兹，用 Hz 表示，1Hz 表示周期量每秒为 1 周期。

图 5.1 给出了几种周期电压和电流的波形。其中图 5.1(b)、(d)所示波形，仅大小作周期性变化，而其方向不变。图 5.1(a)、(c)所示波形，其大小和波形都随时间作周期性变化，这样的周期电压或电流称为交流电压或交流电流。

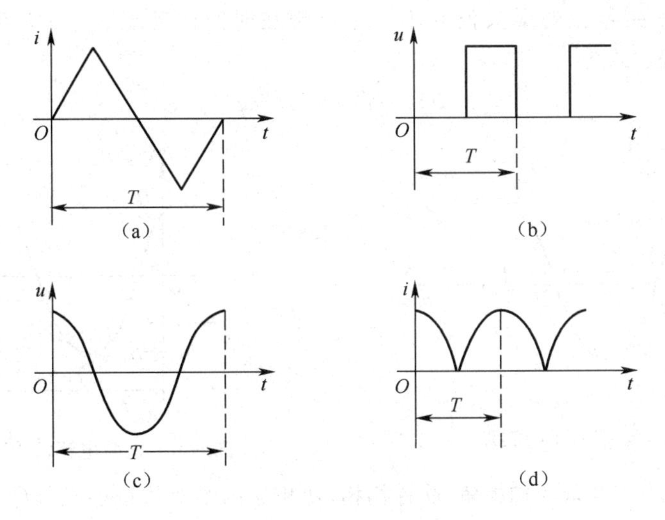

图5.1　几种周期电压和电流波形

5.1.2　正弦电压和电流

图5.1(c)所示的交流电压是按正弦规律变化的,称为**正弦交流电压**。本章所研究的均为正弦交流电压和电流。我们研究正弦交流电,一是因为正弦交流电在工程技术中得到了广泛的应用,例如目前世界上的电力系统中绝大多数采用的是正弦交流电;另一方面,电路中的非正弦周期电压或电流,可以通过傅里叶变换被分解为无限多个与其频率成整数倍的正弦电压或电流之和,这样就可以在一定条件下把此类非正弦周期电流电路按正弦电流电路来分析。由此可见,正弦电流电路的分析是各种周期电流电路分析的基础。

正弦量可以用sin函数表示,也可以用cos函数表示。本书用cos函数表示正弦量。以正弦电流为例,有正弦电流如图5.2所示,其瞬时值表达式为

$$i(t)=I_m\cos(\omega t+\varphi) \tag{5.3}$$

式(5.3)$i(t)$称为正弦电流的瞬时值,I_m称为正弦电流的$i(t)$最大值或振幅。ωt是一个随时间变化的角度,ω是表示这个角度随时间变化快慢亦即正弦量随时间变化快慢的量,称为正弦量的**角频率**,其单位是弧度/秒(rad/s)。正弦量的变化快慢也可以用周期T或频率f表示。从图5.2波形中可以看出,正弦量经过一个周期,即时间$t=T$时,其角度的变化为$\omega t=\omega T=2\pi$弧度,从而有ω和T有关系为

$$\omega=\frac{2\pi}{T} \tag{5.4}$$

根据式(5.2),$T=\dfrac{1}{f}$,于是ω和f的关系为

$$\omega=2\pi f \tag{5.5}$$

有时我们把角频率ω和频率f都称为正弦量的**频率**。我国电力系统规定正弦交流电的频率为50Hz,其周期T为0.02s,它的角频率ω为100πrad/s或314rad/s。

一般情况下，正弦量正的最大值并不一定出现在时间的起点（$t=0$ 时刻），如图 5.3 所示。图 5.3正弦电流的表达式为

$$i(t)=I_{\mathrm{m}}\cos(\omega t+\varphi_i) \tag{5.6}$$

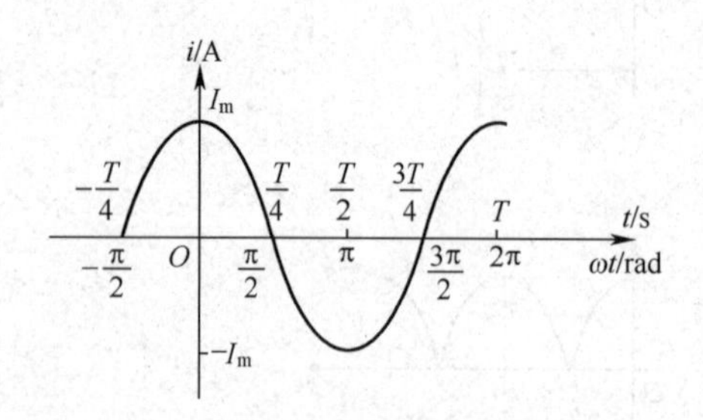

图 5.2　正弦电流的波形

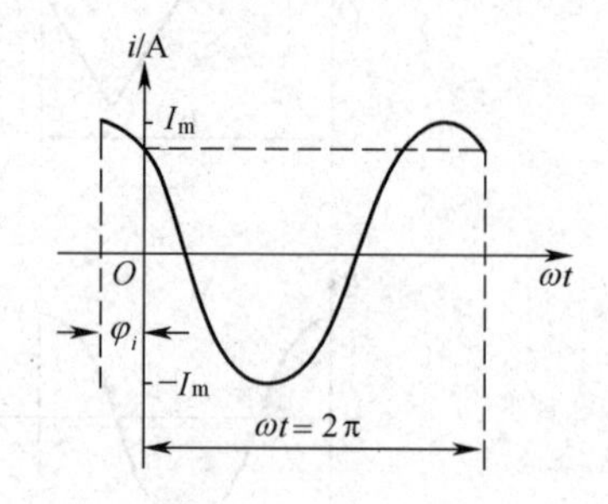

图 5.3　正弦电流波形的一般情况

式(5.6)的 φ_i 称为正弦量的**初相角**，简称**初相**，初相 φ_i 的绝对值按小于 π 计，它决定了正弦量的初始值的大小，即

$$i(0)=I_{\mathrm{m}}\cos\varphi_i$$

同样，在一般情况下，正弦电压的表达式也有

$$u(t)=U_{\mathrm{m}}\cos(\omega t+\varphi_u) \tag{5.7}$$

在式(5.6)和式(5.7)中，当 φ_i 或 φ_u 为正值时，说明正弦量最大值出现在时间起点左端；当 φ_i 或 φ_u 为负值时，说明正弦量最大值出现在时间起点右端。

对任一正弦量，只要确定了它的振幅、频率和初相角，这个正弦量便被唯一地确定了，因此，常常把振幅（最大值）、频率（或角频率）及初相角称为正弦量的**三要素**。

【例 5.1】 画出下列正弦电压或电流的波形，并指出其振幅、角频率 ω、频率 f 和初相角。

(1)$U_{\mathrm{m}}=10\mathrm{V}, \omega=10^3\ \mathrm{rad/s}, \varphi_u=-30°$

(2)$i(t)=5\sqrt{2}\cos(100\pi t+90°)\mathrm{A}$

解　(1)振幅 $U_{\mathrm{m}}=10\mathrm{V}, \omega=10^3\ \mathrm{rad/s}, f=\omega/2\pi=159\mathrm{Hz}$，初相角 $\varphi_u=15°$，波形如图 5.4(a)所示。

(2)振幅 $I_{\mathrm{m}}=5\sqrt{2}\mathrm{A}, \omega=100\pi\mathrm{rad/s}, f=\omega/2\pi=50\mathrm{Hz}$，初相角 $\varphi_i=90°$，波形如图 5.4(b)所示。

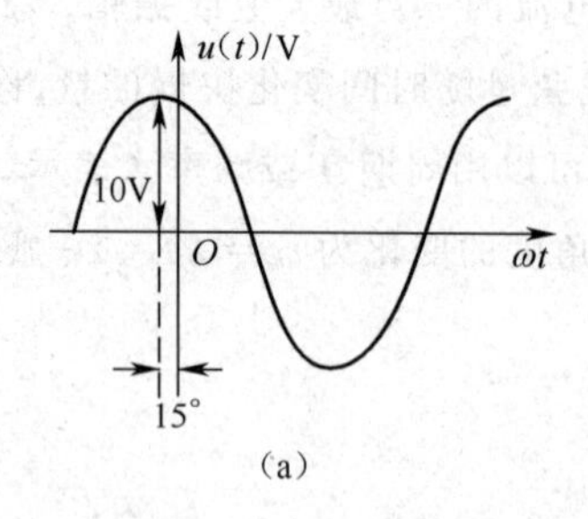

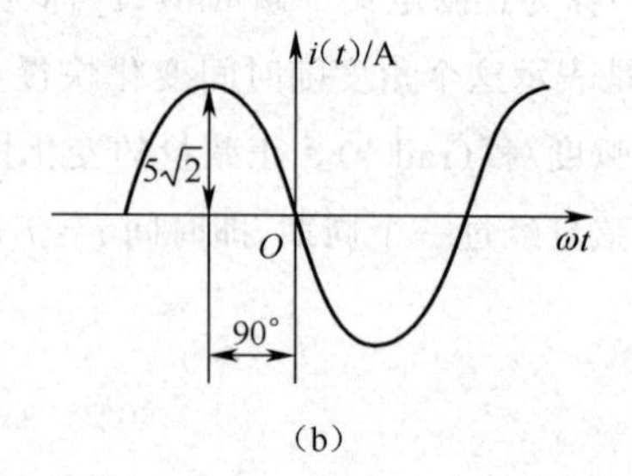

图 5.4　例 5.1 图

【例 5.2】 写出下列正弦电压和电流的瞬时表达式。

(1)$U_{\mathrm{m}}=10\mathrm{V}, \omega=10^3\ \mathrm{rad/s}, \varphi_u=-30°$

(2)$U=5\mathrm{V}, f=50\mathrm{Hz}, \varphi_u=120°$

(3)$I=10\sqrt{2}\mathrm{A}, f=200\mathrm{Hz}, \varphi_i=-60°$

解　(1)$u(t)=10\cos(10^3 t-30°)\mathrm{V}$

(2)$u(t)=5\sqrt{2}\cos(100\pi t+120°)\mathrm{V}$

(3) $i(t)=\sqrt{2}\cdot\sqrt{2}\cdot 10\cos(400\pi t-60^\circ)\text{A}=20\cos(400\pi t-60^\circ)\text{A}$

【例5.3】 某正弦电流的角频率 $\omega=100\text{rad/s}$，初相角 $\varphi_i=-60^\circ$，当 $t=0.02\ \text{s}$ 时瞬时值为 5.79A，写出该电路的瞬时表达式。

解　设 $i(t)=I_\text{m}\cos(\omega t-60^\circ)\text{A}$

因为 $$t=0.02\text{s 时}, \omega t=100\times 0.02=2\text{rad}=114.6^\circ$$

则 $$5.79=I_\text{m}\cos(114.6^\circ-60^\circ)=I_\text{m}\times 0.579$$

$$I_\text{m}=10\text{A}$$

所以 $$i(t)=10\cos(100t-60^\circ)\text{A}$$

【例5.4】 已知电压 $u(t)=10\cos(3t)\text{V}$，求

(1)当纵坐标向右移动 $\pi/6$，该电压的初相角；

(2)当纵坐标向左移动 $\pi/3$，该电压的初相角。

解　(1) $u(t)=10\cos(3t+\pi/6)\text{V}$，则 $\varphi_u=\pi/6$

(2) $u(t)=10\cos(3t-\pi/3)\text{V}$，则 $\varphi_u=-\pi/3$

在正弦稳态电路中，常常会遇见几个同频率的正弦量，由于其初相角的不同，这些正弦量达到最大值的先后次序也就不一致，我们称其相位不一致，这种同频率正弦量之间相位的差异称为**相位差**。例如有两个同频率的正弦电流

$$i_1(t)=I_{1\text{m}}\cos(\omega t+\varphi_1)$$
$$i_2(t)=I_{2\text{m}}\cos(\omega t+\varphi_2)$$

则 i_1 与 i_2 之间的相位差为

$$\varphi=(\omega t+\varphi_1)-(\omega t+\varphi_2)=\varphi_1-\varphi_2$$

当 $0<\varphi<\pi$ 时，我们称 i_1 **超前** i_2 为 φ 角，或者说 i_2 **滞后** i_1 为 φ 角，其波形如图5.5(a)所示。从图上可以看出，在 ωt 轴上 i_1 比 i_2 波形到达最大值要提前 φ 角度，如果将 i_1 波形向右移动 φ 角度，则它将与 i_2 波形步调一致。当 $\varphi=\varphi_1-\varphi_2=0$ 时，我们称 i_1 与 i_2 **同相位**，其波形如图5.5(b)所示。从图上可以看出，在 ωt 轴上 i_1 与 i_2 到达最大值的时刻相同，二者的步调完全一致。当 $-\pi<\varphi<0$ 时，结论与 $0<\varphi<\pi$ 相反。当 $\varphi=\pm\pi$ 时，称 i_1 与 i_2 **反相**，其波形如图5.5(c)所示。当 $\varphi=\pm\frac{\pi}{2}$ 时，称 i_1 与 i_2 **相位正交**，其波形如图5.5(d)所示。

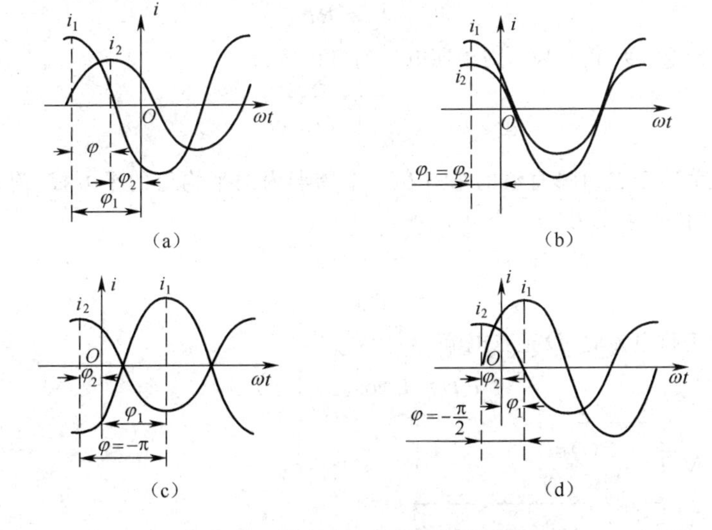

图5.5　同频率正弦量之间的关系

【例 5.5】 已知某元件上的电压与流过元件的电流分别为

$$u(t)=U_{\mathrm{m}}\cos(\omega t-30^\circ)\,\mathrm{V}$$
$$i(t)=I_{\mathrm{m}}\cos(\omega t+45^\circ)\,\mathrm{A}$$

试求 $u(t)$和 $i(t)$之间的相位差,并标明超前滞后关系。

解 u 超前 i 的角度为

$$\varphi=\varphi_u-\varphi_i=-75^\circ<0^\circ$$

即 $\varphi<0$ 电压滞后电流 75°。其波形如图 5.6 所示。

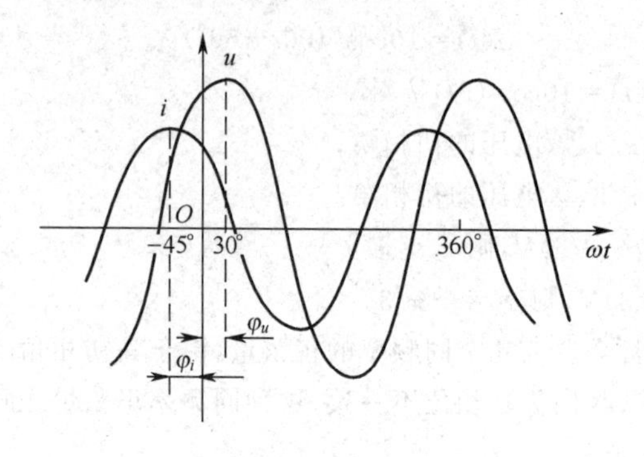

图 5.6 例 5.5 图

5.1.3 周期信号的有效值

周期电压、电流的瞬时值是随时间变化的,为了确切衡量其大小,在电工技术中,常采用一个称为有效值的量。例如,在电力工程中,就是用有效值来表示电网中正弦电压和电流的大小的。

以电流为例,当周期电流 i 流过电阻 R 时,在一个周期 T 内,电阻所消耗的电能如果与一个直流电流 I 流过该电阻,在相同的时间内所消耗的电能相等,则这个直流电流 I 的大小定义为周期电流 i 的**有效值**。周期电流 i 流过电阻 R,在一个周期内电阻消耗的电能为

$$W_1=\int_0^T p(t)\mathrm{d}t=\int_0^T i^2(t)R\mathrm{d}t=R\int_0^T i^2(t)\mathrm{d}t$$

直流电流 I 流过电阻 R 时,在相同的时间 T 内电阻 R 消耗的电能为

$$W_2=W_1=RI^2T$$

根据有效值的定义,令 $W_2=W_1$,则周期电流的有效值为

$$I=\sqrt{\frac{1}{T}\int_0^T i^2(t)\mathrm{d}t} \tag{5.8}$$

即周期电流的有效值等于它的瞬时值的平方在一个周期内的平均值的平方根,简称**方均根值**。同理,周期电压的有效值可表示为

$$U=\sqrt{\frac{1}{T}\int_0^T u^2(t)\mathrm{d}t} \tag{5.9}$$

当周期电流为正弦电流时,设正弦电流

$$i(t)=I_{\mathrm{m}}\cos(\omega t+\varphi_i)$$

其有效值 $I=\sqrt{\dfrac{1}{T}\int_0^T i^2(t)\mathrm{d}t}$

$$=\sqrt{\frac{1}{T}\int_0^T I_{\mathrm{m}}{}^2\cos^2(\omega t+\varphi_i)\mathrm{d}t}$$

$$= \sqrt{\frac{I_m{}^2}{2T}\int_0^T[1-\cos 2(\omega t+\varphi_i)]dt}$$

$$= \sqrt{\frac{I_m^2}{2}} = \frac{I_m}{\sqrt{2}} \approx 0.707 I_m \tag{5.10}$$

即正弦电流的有效值是其最大值的 0.707 倍。同理，正弦电压的有效值与其最大值之间的关系为

$$U=\frac{1}{\sqrt{2}}U_m \approx 0.707U_m \tag{5.11}$$

我们用交流电表测出的正弦交流电压和电流的读数都是有效值。要注意的是，非正弦周期电压和电流的有效值和最大值之间的关系一般并不符合(5.10)或(5.11)式。

注：①I 是周期电流 $i(t)$ 的有效值；若有周期电压 $u(t)$，则用 U 表示有效值。

②周期电流通过电阻 R，其平均功率 $P=I^2R$。市电电压 220V 是有效值，而不是最大值。

思考与练习题

5.1　试求下列正弦波的周期和频率

(1) $4\cos(314t)$　　(2) $6\sin(5t+17°)$

(3) $4\sin(2\pi t)$　　(4) $\cos\left(2t+\frac{\pi}{4}\right)+2\sin\left(2t-\frac{\pi}{6}\right)$

5.2　已知 $i_1(t)=10\cos(\omega t+30°)$ A，$i_2(t)=5\cos(2\omega t+15°)$ A，故相位差 $\varphi=30°-15°=15°$，对吗？为什么？

5.3　已知某正弦电压的振幅为 15V，频率为 50Hz，初相为 15°。

(1)写出它的瞬时表达式，并画出它的波形图；

(2)求当 $t=0.0025$s 时的相位和瞬时值。

5.4　某一正弦电压当相位为时 $\frac{\pi}{6}$，其瞬时值是 5V，问它的振幅是多少？

5.2　正弦量的相量表示

在正弦稳态电路分析中，如果用正弦量的瞬时值直接进行运算，就会涉及到繁杂的三角运算，所以在正弦稳态电路分析中，一般都不直接对瞬时值进行运算，而是采用一种变换的方法——相量法进行分析。相量在数学上的运算规律就是复数的运算规律，为了用相量法对正弦稳态电路进行分析，有必要复习一下复数的表示和运算规律。

5.2.1　复数及其四则运算

复数 A 的**代数式**(又称**直角坐标式**)为

$$A=a_1+\mathrm{j}a_2 \tag{5.12}$$

式中，a_1 称为复数 A **的实部**，即 $a_1=\mathrm{Re}[A]$；a_2 称为复数 A **的虚部**，即 $a_2=\mathrm{Im}[A]$，$\mathrm{j}=\sqrt{-1}$，称为虚数单位。

每一个复数 $A=a_1+\mathrm{j}a_2$，在复平面上都有一个点 $A(a_1,a_2)$ 和它对应，如图 5.7 所示。从复平面的原点 O 到复数对应的点 A 作一个矢量，这个矢量也和复数 $A=a_1+\mathrm{j}a_2$ 对应，即复数可以用矢量表示。

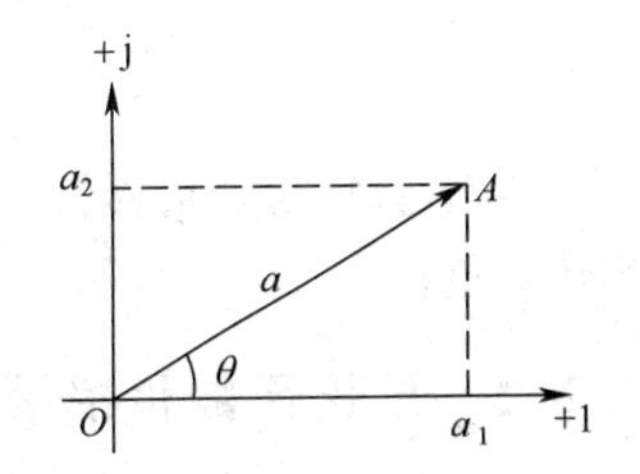

图 5.7　复数在复平面上的表示

矢量的长度 a 叫做复数 A 的**模**，θ 称为复数 A 的**辐角**，其关系为

$$\begin{cases} a_1 = a\cos\theta \\ a_2 = a\sin\theta \\ a = \sqrt{a_1^2 + a_2^2} \\ \theta = \arctan\dfrac{a_2}{a_1} \end{cases} \tag{5.13}$$

这样，复数 A 可以用代数形式，也可以用三角形式。根据欧拉公式，还可以用指数形式，即

$$A = a_1 + \mathrm{j}a_2 = a\cos\theta + \mathrm{j}a\sin\theta = a\mathrm{e}^{\mathrm{j}\theta}$$

通常将指数形式简写为极坐标形式 $a\angle\theta$，即 $a\mathrm{e}^{\mathrm{j}\theta} = a\angle\theta$。

在正弦稳态电路的分析过程中，需经常进行复数的代数形式和极坐标形式的等效变换。根据不同的要求，可以采用(5.13)相应的形式进行计算，即在代数形式、三角形式、指数形式（极坐标形式）中任选一种来简化计算。

复数的四则运算有乘、加、减、除运算。

复数的加减运算规律：两个复数相加（或相减）时，如图 5.8 所示。将实部与实部相加（或相减），虚部与虚部相加（或相减），如

$$A = a_1 + \mathrm{j}a_2 = a\angle\theta$$

$$B = b_1 + \mathrm{j}b_2 = b\angle\varphi$$

则 $A \pm B = (a_1 \pm b_1) + \mathrm{j}(a_2 \pm b_2)$

复数乘除运算规律：两个复数相乘，将模相乘，辐角相加；两个复数相除，将模相除，辐角相减，如

$$A \cdot B = a\angle\theta \cdot b\angle\varphi = a \cdot b\angle\theta + \varphi = ab\mathrm{e}^{\mathrm{j}(\theta+\varphi)}$$

$$\frac{A}{B} = \frac{a\angle\theta}{b\angle\varphi} = \frac{a}{b}\angle\theta - \varphi = \frac{a}{b}\mathrm{e}^{\mathrm{j}(\theta-\varphi)}$$

通常规定：逆时针的辐角为正，顺时针的辐角为负。因此复数相乘时相当于逆时针旋转矢量；复数相乘相当于顺时针旋转矢量。

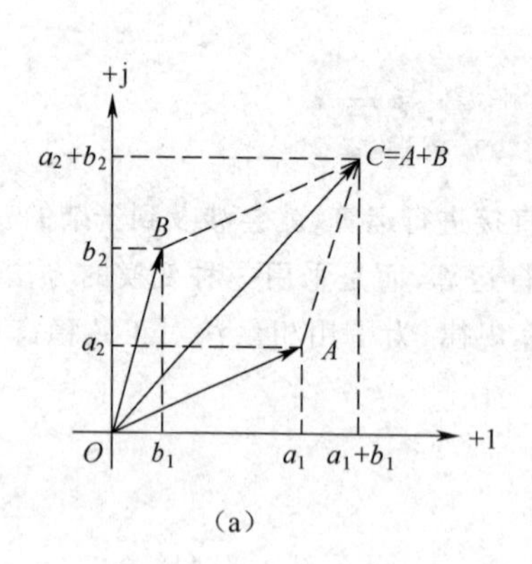

(a)

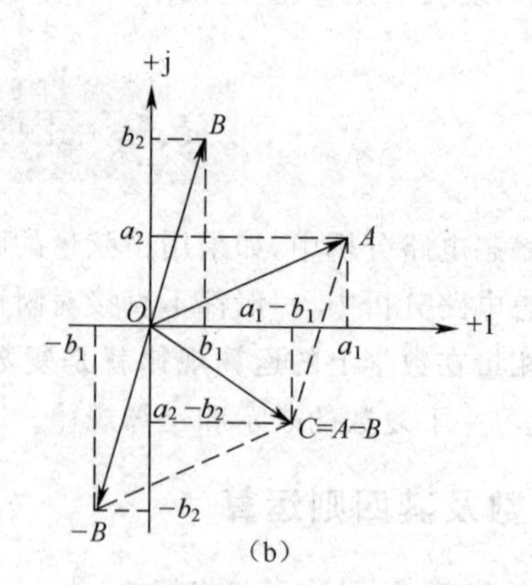

(b)

图 5.8 复数的加减

特别地，复数 $\mathrm{e}^{\mathrm{j}\varphi}$ 的模为 1，辐角为 φ。把一个复数乘以 $\mathrm{e}^{\mathrm{j}\varphi}$ 就相当于把此复数对应的矢量逆时针旋转 φ 角。

5.2.2 正弦函数和相量的关系

前面我们已经讲到过三角函数运算较为繁杂，因此在正弦稳态电路分析中，人们采用了与正弦量有关的复值常数——相量。用相量表示正弦量，找出各电路定理及分析方法的相量关系，就可以

把复杂的三角运算转化为求解复数方程的问题，使计算过程大为简化。

我们发现，在一个电阻支路上施加一个正弦电压

$$u(t)=U_m\cos(\omega t+\varphi_u) \tag{5.14}$$

取复值函数 $U_m e^{j(\omega t+\varphi_u)}$，其代数式为

$$U_m e^{j(\omega t+\varphi_u)}=U_m\cos(\omega t+\varphi_u)+jU_m\sin(\omega t+\varphi_u) \tag{5.15}$$

比较式(5.14)和(5.15)可以看出，是(5.14)中的正弦电压 $u(t)$ 就是式(5.15)所示复值函数的实部，即

$$u(t)=\mathrm{Re}[U_m e^{j(\omega t+\varphi_u)}]=\mathrm{Re}[U_m e^{j\varphi_u}\cdot e^{j\omega t}]=\mathrm{Re}[\dot{U}_m e^{j\omega t}] \tag{5.16}$$

式中，$\dot{U}_m=U_m e^{j\varphi_u}=U_m\angle\varphi_u$ 是一个复数，它的模就是正弦电压 $u(t)$ 的最大值，它的辐角就是 $u(t)$ 的初相位。我们将表示正弦量 $u(t)$ 的这一复数 $\dot{U}_m$ 称为**电压最大值相量**。式(5.16)若用有效值的形式表示，则有

$$u(t)=\mathrm{Re}[\sqrt{2}Ue^{j(\omega t+\varphi_u)}]=\mathrm{Re}[\sqrt{2}\dot{U}e^{j\omega t}]$$

式中，$\dot{U}=Ue^{j\varphi_u}=U\angle\varphi_u$ 称为正弦电压 $u(t)$ 的**有效值相量**，且有 $\dot{U}_m=\sqrt{2}\dot{U}$。对于正弦电流 $i(t)$，类似的也有电流最大值相量 $\dot{I}_m=I_m e^{j\varphi_i}=I_m\angle\varphi_i$ 和电流有效值相量 $\dot{I}=Ie^{j\varphi_i}=I\angle\varphi_i$。

需要特别注意的是，在大写字母 U、I(或 U_m、I_m)加一点“·”即表示电压或电流相量，它们是代表正弦电压或电流的复数，字母上不带“·”则表示电压或电流的有效值(或最大值)，是实数，在阅读和书写时要严格区分开。另外，相量与正弦量只是一一对应的关系，而不是相等。相量与正弦量的对应关系表示为

$$u(t)\leftrightarrow\dot{U}$$

$$i(t)\leftrightarrow\dot{I}$$

因为相量是复数，所以可以在复平面上用有向线段表示，称为**相量图**，如图5.9表示。利用相量图可以较直观地比较各正弦量的相位关系，还可以用图示法进行相量的加减运算。

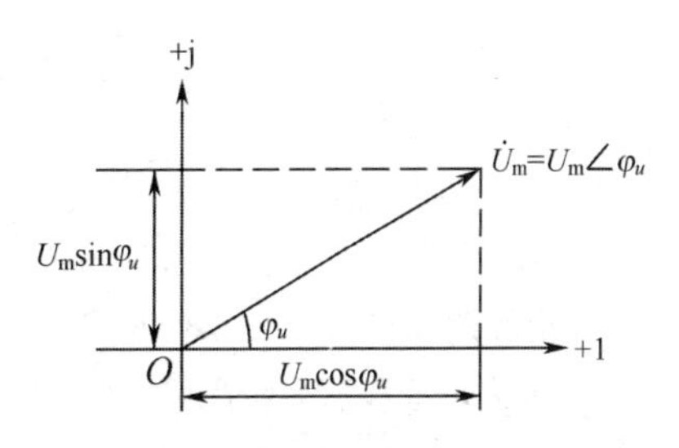

图5.9 正弦量的相量图

相量与正弦量之间有对应关系，没有相等的关系，但可用相量代替正弦量去参与运算，会使运算量大大减少。根据正弦量与相量的对应的关系，我们可以由正弦量写出其相量，也可以由相量及电量的频率，写出对应的正弦量(本书用 $1\angle 0°$ 表示 $\cos\omega t$)。

【例5.6】 已知一电路的电压、电流分别为

$$u(t)=10\cos(1\ 000t-20°)\ \mathrm{V}$$

$$i(t)=2\cos(1\ 000t-50°)\ \mathrm{A}$$

试分别写出它的振幅相量和有效值相量，求它们的相位差，说明哪个相量滞后，并求出它们的比值 $\dot{U}/\dot{I}$。

解 $u(t)=10\cos(1000t-20°)\ \mathrm{V}\leftrightarrow\dot{U}_m=10\angle-20°\ \mathrm{V}$

$$\dot{U}=\frac{10}{\sqrt{2}}\angle-20°\ \mathrm{V}$$

$i(t)=2\cos(1000t-50°)\ \mathrm{A}\leftrightarrow\dot{I}_m=2\angle-50°\ \mathrm{A}$

$$\dot{I}=\sqrt{2}\angle-50°\ \mathrm{A}$$

则相位差 $\varphi=-20^\circ-(-50^\circ)=30^\circ$(电流滞后)

$$\dot{U}/\dot{I}=\frac{10}{2}\angle-20^\circ-(-50^\circ)=5\angle30^\circ$$

【例 5.7】 写出下列正弦量的相量,画出相量图。

(1)$u=-5\cos(\omega t-60^\circ)$V

(2)$u=-10\sin\omega(t+0.2\text{T})$V

(3)$i=50\cos(\omega t-90^\circ)+30\sin\left(\omega t-\frac{\pi}{6}\right)$A

解 (1)$u=-5\cos(\omega t-60^\circ)=5\cos(\omega t-60^\circ+180^\circ)=5\cos(\omega t+120^\circ)$V

则振幅相量$\dot{U}_\text{m}=5\angle120^\circ$V

有效值相量 $\dot{U}=\frac{5}{\sqrt{2}}\angle120^\circ$V

相量图如图 5.10(a)所示。

(2)$u=-10\sin\omega(t+0.2T)=10\sin\left(\omega t+\frac{2\pi}{T}\times0.2T-\pi\right)=10\sin(\omega t-0.6\pi)$V

则振幅相量$\dot{U}_\text{m}=10\angle-0.6\pi=10\angle-108^\circ$V

有效值相量 $\dot{U}=\frac{10}{\sqrt{2}}\angle-108^\circ$V

相量图如图 5.10(b)所示。

(3)如果一个正弦量是几个同频率正弦量的线性组合,在写出其相量或有效值之前,必须将各量用一致的余弦或正弦函数表示,它们的相位角一律用度或弧度表示。

$$\begin{aligned}i&=50\cos(\omega t-90^\circ)+30\sin\left(\omega t-\frac{\pi}{6}\right)\\&=50\cos(\omega t-90^\circ)+30\cos\left(\omega t-\frac{\pi}{6}-\frac{\pi}{2}\right)\\&=50\cos(\omega t-90^\circ)+30\cos(\omega t-120^\circ)\end{aligned}$$

$$\dot{I}_\text{m}=50\angle-90^\circ+30\angle-120^\circ=77.5\angle-101^\circ\text{A}$$

相量图如图 5.10(c)所示。

所以 $i=77.5\cos(\omega t-101^\circ)$A

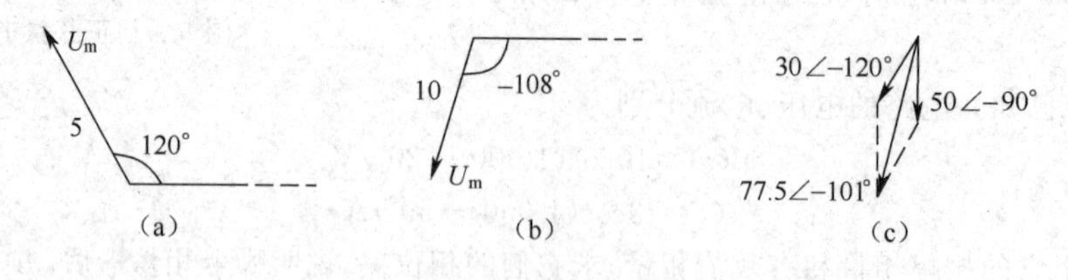

图 5.10 例 5.7 图

思考与练习题

5.5 设 $A=3+\text{j}4$、$B=10\angle60^\circ$,试计算 $A+B$、$A\cdot B$ 及 A/B。

5.6 求代表下列正弦波的相量并作相量图:(1)$5\sin(\omega t+30^\circ)$;(2)$-8\cos(\omega t-45^\circ)$;(3)$-6\sin(\omega t-120^\circ)$。

5.3 基尔霍夫定律的相量形式和元件伏安关系的相量形式

线性非时变稳态电路中，当激励是正弦信号时，响应也是同频率的正弦量。本书分析正弦稳态电路中基尔霍夫定律的相量形式和元件伏安关系的相量形式。

5.3.1 基尔霍夫定律的相量形式

由耗能原件 R、储能元件 L、C 以及供能元件正弦稳态电压源、电流源组成的复杂电路，它的分析计算仍然根据基尔霍夫定律。如果是单个元件，直接用相量形式的欧姆定律。

对于复杂电路中的任一节点，基尔霍夫电流定律(KCL)是 $\sum i_k(t)=0$，和直流不同的是，每一支路电流都是同频率的正弦量(包括电流源)，按相量法及复数的运算规律

$$i_k(t)=\sqrt{2}I_k\cos(\omega t+\varphi_i)$$

则 $$\sum_{k=1}^{n}i_k(t)=\sum_{k=1}^{n}[\mathrm{Re}(\dot{I}_{km}\mathrm{e}^{\mathrm{j}\omega t})]=\mathrm{Re}[\sqrt{2}(\sum_{k=1}^{n}\dot{I}_k)\mathrm{e}^{\mathrm{j}\omega t}]=0$$

式中，$i_k(t)$代表第 k 条支路的电流，n 为该节点相连的支路数，从而

$$\sum\dot{I}_k=0 \tag{5.17}$$

上式就是 KCL 的相量形式。

对于任一回路，基尔霍夫电压定律(KVL)是 $\sum_{k=1}^{n}u_k(t)=0$，当各电压为同频率正弦量时，同样可得其相量形式为

$$\sum_{k=1}^{n}\dot{U}_k=0 \tag{5.18}$$

基尔霍夫定律的相量形式表明：在正弦稳态电路中，流出(流入)任一节点(包括广义节点)的各支路电流相量的代数和恒等于零；沿任一回路各元件电压相量的代数和恒等于零。

5.3.2 电阻、电感及电容元件伏安关系的相量形式

在交流电路中，电压和电流是变动的，是时间的函数。电路元件不仅有耗能元件的电阻，而且有储能元件电感和电容。下面分别讨论它们的伏安关系式(即 VAR)的相量形式。

在关联参考方向下，线性非时变电阻、电容和电感的伏安关系分别为

$$u=Ri$$

$$i=C\frac{\mathrm{d}u_C}{\mathrm{d}t}$$

$$u=L\frac{\mathrm{d}i_L}{\mathrm{d}t}$$

在正弦稳态电路中，这些元件的电压、电流都是同频率的正弦波。为适应使用相量进行正弦稳态分析的需要，我们将导出这三种基本元件 VAR 的相量形式。设要研究的元件接在一正弦稳态电路中，则元件两端的电压和电流可表示为：

$$u(t)=U_{\mathrm{m}}\cos(\omega t+\varphi_u)=\mathrm{Re}(\sqrt{2}\dot{U}\mathrm{e}^{\mathrm{j}\omega t})$$

$$i(t)=I_{\mathrm{m}}\cos(\omega t+\varphi_i)=\mathrm{Re}(\sqrt{2}\dot{I}\,\mathrm{e}^{\mathrm{j}\omega t})$$

式中 $\dot{U}=U\angle\varphi_u$，$\dot{I}=I\angle\varphi_i$。

现在要求出 $\dot{U}$ 和 $\dot{I}$ 之间的关系。

(1)电阻元件。如图 5.11 所示,根据欧姆定律 $u_R=Ri_R$ 得到

$$\sqrt{2}U_R\cos(\omega t+\varphi_u)=\sqrt{2}RI_R\cos(\omega t+\varphi_i)$$

式中,R 是常数。该式表明电阻两端的正弦电压和流过的正弦电流是同相的,波形图如图 5.12(a)所示。

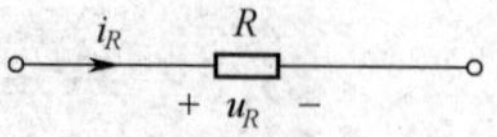

图 5.11 电阻中的正弦电流

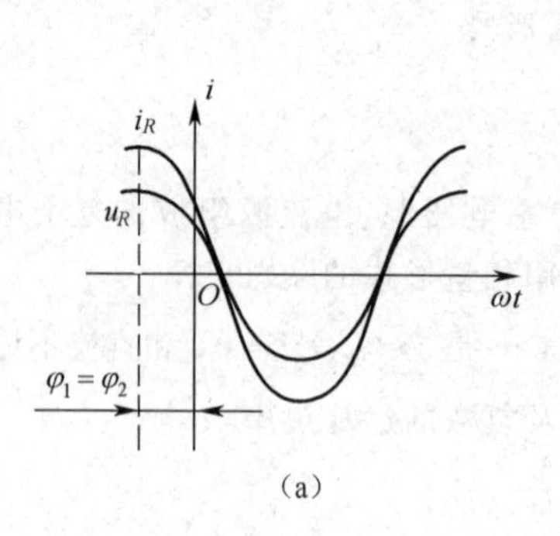

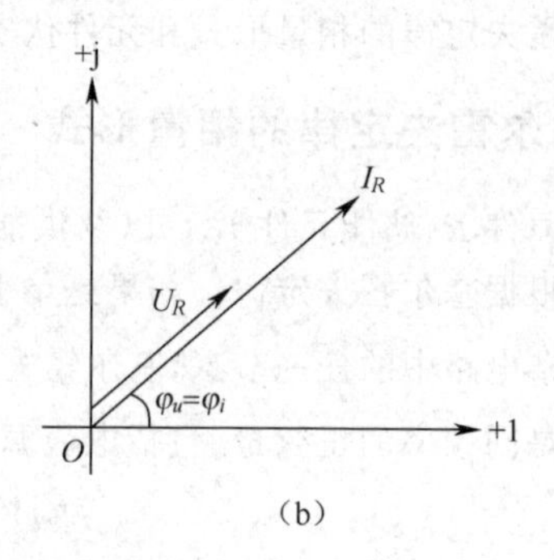

图 5.12 电阻元件电压、电流的波形和相量图

根据复数的运算规则,得到

$$\sqrt{2}\dot{U}_R=\sqrt{2}R\dot{I}_R$$

即

$$\dot{U}_R=R\dot{I}_R$$

式中, $\dot{U}_R=U_R\angle\varphi_u$,$\dot{I}_R=I_R\angle\varphi_i$。 (5.19)

式(5.19)就是所求的电阻元件上电压、电流的相量关系式。这个式子和直流电路中欧姆定律的表达式有完全相似的形式。它是一个复数关系式,它既能表明电压、电流有效值之间的关系,又能表明电压、电流相位之间的关系。如果对式(5.19)改写,则为

$$U_R\angle\varphi_u=RI_R\angle\varphi_i$$

即

$$U_R=RI_R,\varphi_u=\varphi_i \tag{5.20}$$

前者表明电压有效值和电流有效值符合欧姆定律;后者表明电压和电流是同相的,反应的相位关系可以通过相量图 5.12(b)表示出来。当然,电阻元件上电压振幅和电流振幅也符合欧姆定律。

(2)电容元件。如图 5.13 所示,设 $u_C=U_C\cos(\omega t+\varphi_u)$。则时域模型为

$$\begin{aligned}i_C&=C\frac{\mathrm{d}u_C}{\mathrm{d}t}=-U_CC\omega\sin(\omega t+\varphi_u)\\&=\omega CU_C\cos(\omega t+\varphi_u+90°)\\&=I_C\cos(\omega t+\varphi_i)\end{aligned}$$

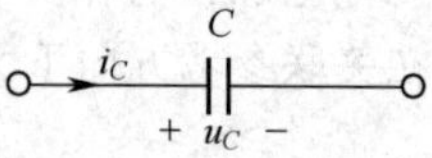

图 5.13 电容中的正弦电流

式中,$I_C=\omega CU_C$,$\varphi_i=\varphi_u+90°$。

根据复数相等的条件,则相量模型为

$$\dot{U}_C=U_C\angle\varphi_u$$

$$\dot{I}_C=I_C\angle\varphi_i$$

则

$$\frac{\dot{U}_C}{\dot{I}_C}=\frac{1}{\mathrm{j}\omega C}\text{或}\dot{I}_C=j\omega C\dot{U}_C$$

$$I_C\angle\varphi_i=\omega CU_C\angle\varphi_u+90°$$

式中

$$\begin{cases}I_C=\omega CU_C\\\varphi_i=\varphi_u+90°\end{cases} \tag{5.21}$$

这就是电容元件上电压、电流之间的相量关系式。式(5.21)也包含了电压、电流有效值之间的

关系和它们相位之间的关系式。表明电容电流超前电容电压的角度为 90°,也可以用相量图或波形图清楚地说明,如图 5.14(a)、(b)所示。

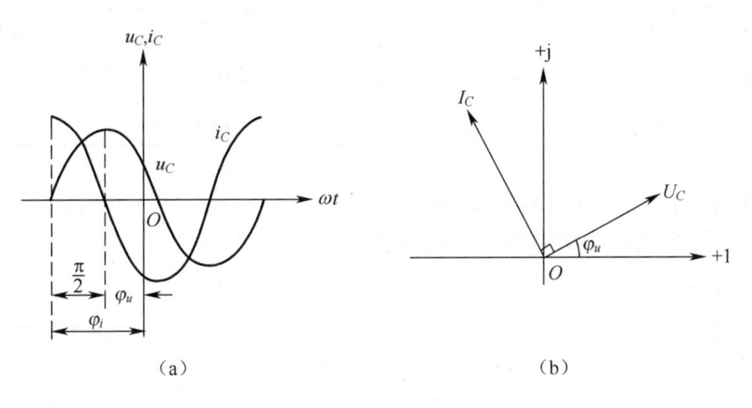

图 5.14　电容元件电压、电流的波形和相量图

(3)电感元件。如图 5.15 所示,设 $i_L=I_L\cos(\omega t+\varphi_i)$。则时域模型为

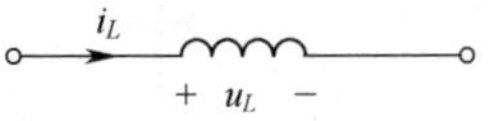

图 5.15　电感中的正弦电流

$$\begin{aligned}u_L&=L\frac{\mathrm{d}i_L}{\mathrm{d}t}=-I_L L\omega\sin(\omega t+\varphi_i)\\&=\omega L I_L\cos(\omega t+\varphi_i+90^\circ)\\&=U_L\cos(\omega t+\varphi_u)\end{aligned}$$

根据复数相等的条件,则相量模型为

$$\dot{U}_L=U_L\angle\varphi_u$$

$$\dot{I}_L=I_L\angle\varphi_i$$

则

$$\frac{\dot{U}_L}{\dot{I}_L}=j\omega L\ 或\ \dot{U}_L=j\omega L\dot{I}_L$$

$$U_L\angle\varphi_u=\omega L I_L\angle\varphi_i+90^\circ$$

式中

$$\begin{cases}U_L=\omega L I_L\\\varphi_u=\varphi_i+90^\circ\end{cases}\tag{5.22}$$

表明电感元件上电流滞后电压的角度为 90°。如图 5.16(a)、(b)所示。

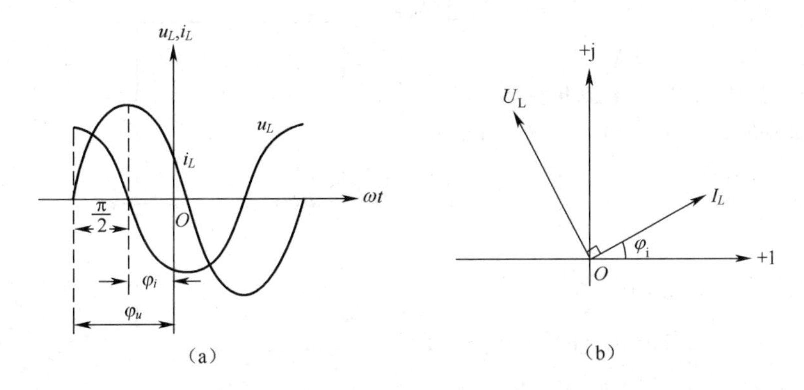

图 5.16　电感元件电压、电流的波形和相量图

表 5-1 说明电感与电容在电路中的作用与工作频率有关。

表 5-1　电感与电容在电路中的作用

元　件	电　阻	电　感	电　容
相量模型	R	$j\omega L(=jX_L)$	$(1/j\omega C)(=-jX_C)$
直流 $\omega=0$	R	0(短路)	∞(开路)
交流 $\omega\to\infty$	R	∞(开路)	0(短路)

【例 5.8】 电路如图 5.17(a)所示，激励源 $u_s(t)=20\sqrt{2}\cos(10^3t-30^\circ)\,\text{V}$，$L=10\text{mH}$，(1)试求 i_L，并画出相量图；(2)若激励频率增长 10 倍，再求 i_L。

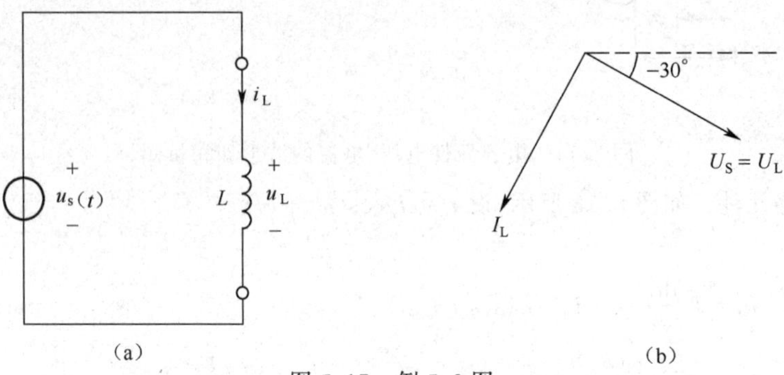

图 5.17　例 5.8 图

解　用相量法求解：

(1)
$$\dot{U}_S=20\angle-30^\circ\text{V}$$
$$X_L=\omega L=10^3\times10\times10^{-3}\,\Omega=10\Omega$$

则
$$\dot{I}_L=\frac{\dot{U}_S}{jX_L}=\frac{20\angle-30^\circ}{10\angle90^\circ}=2\angle-120^\circ\text{A}$$

相应时域函数 $i_L(t)=2\sqrt{2}\cos(10^3t-120^\circ)\,\text{A}$

相量图如图 5.17(b)所示。

(2)
$$X_L=\omega L=10\times10^{-3}\times10\times10^3\,\Omega=100\Omega$$

则
$$\dot{I}_L=0.2\angle-120^\circ\text{A}$$
$$i_L(t)=0.2\sqrt{2}\cos(10^3t-120^\circ)\,\text{A}$$

【例 5.9】 如图 5.18(a)所示，$C=1\mu\text{F}$，激励源 $i_s(t)=0.01\sqrt{2}\cos(10^3t+60^\circ)\,\text{A}$。

(1)试求 u_C，并画出电压、电流相量图。

(2)若激励源角频率为 $\omega=100\text{rad/s}$，再求 u_C。

解　用相量法求解：

(1)
$$\dot{I}_S=0.01\angle60^\circ\text{A}=\dot{I}_C$$
$$X_C=\frac{1}{\omega C}=\frac{1}{10^3\times1\times10^{-6}}\Omega=10^3\,\Omega$$
$$\dot{U}_C=-jX_C\dot{I}_C=10^3\angle-90^\circ\times0.01\angle60^\circ=10\angle-30^\circ\text{V}$$

则
$$u_C(t)=10\sqrt{2}\cos(10^3t-30^\circ)\,\text{V}$$

相量图如图 5.18(b)所示。

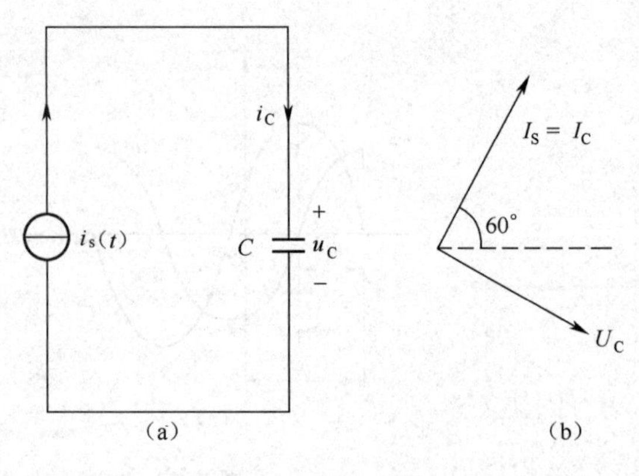

图 5.18　例 5.9 图

(2)
$$X_C=\frac{1}{\omega C}=\frac{1}{10^2\times1\times10^{-6}}\Omega=10^4\,\Omega$$
$$\dot{U}_C=100\angle-30°\text{V}$$
则
$$u_C(t)=100\sqrt{2}\cos(10^2t-30°)\text{V}$$

思考与练习题

5.7　电流 $\dot{I}=(30-\text{j}10)\text{mA}$ 流过 40Ω 电阻，求电阻两端的电压 $\dot{U}$ 是多少？

5.8　电容两端电压为 $u(t)=141\cos(314t+15°)\text{V}$，若 $C=0.01\mu\text{F}$，求电容电流 $i(t)$。

5.9　电感两端电压为 $u(t)=80\cos(1000t+105°)\text{V}$，若 $L=0.02\text{H}$，求电感电流 $i(t)$。

5.4　阻抗和导纳

相量方法的引入使得正弦交流电路的分析和计算变得相当简单。但事物的发展永远不会停止在一个水平上。1911 年，海维塞德提出了阻抗的概念，丰富和发展了正弦稳态电路的理论。使电阻电路的分析方法可以运用于交流电路。这里就来建立阻抗和导纳的概念。阻抗的单位是欧姆(Ω)；导纳的单位是西门子(S)。

5.4.1　基本元件(R、L、C)的阻抗和导纳

在基本元件的相量模型中，其共同特点都是以端口上的电压和电流相量表示，如 R、L、C 元件，都有简单的代数形式，即当 R、L、C 元件上电压和电流方向关联时，它们的伏安关系为：

$$\begin{cases}R: & \dot{U}_R=R\dot{I}_R\\ L: & \dot{U}_L=\text{j}\omega L\dot{I}_L\\ C: & \dot{U}_C=\dfrac{1}{\text{j}\omega C}\dot{I}_C\end{cases}\tag{5.23}$$

则
$$\dot{U}=Z\dot{I}\tag{5.24}$$

式(5.24)中 Z 称为元件的**阻抗**，一般为复数，单位为(Ω)。式(5.24)称为欧姆定律的**相量形式**。对于单个理想元件来说，它们的阻抗分别是

$$\begin{cases}R:Z_R=R\\ L:Z_L=\text{j}\omega L=\text{j}X_L\\ C:Z_C=\dfrac{1}{\text{j}\omega C}=-\text{j}X_C\end{cases}\tag{5.25}$$

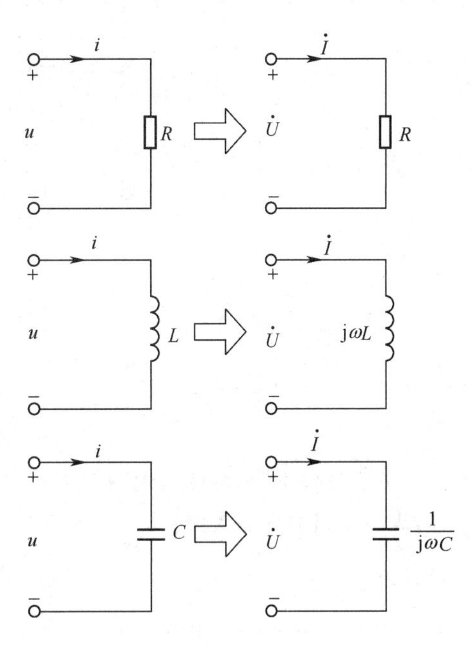

图 5.19　基本元件的相量模型

根据相量形式的欧姆定律，可以分别画出三种元件对应的电路相量模型，如图 5.19 所示。式(5.25)中，$X_L=\omega L$ 称为电感的**感抗**；$X_C=\dfrac{1}{\omega C}$称为电容的**容抗**。它们的单位均为欧姆(Ω)。

一般而言，设一不含独立电源的二端网络 N_0 在正弦稳态下，其端口电压和电流分别用相量 $\dot{U}$ 和 $\dot{I}$ 表示，并设参考方向关联，则该二端网络的阻抗 Z 定义为

$$Z=\frac{\dot{U}}{\dot{I}} \tag{5.26}$$

这一阻抗 Z 就是二端网络的等效阻抗，如图 5.20 所示。

定义阻抗的倒数为**导纳**。用符号 Y 表示，即

$$Y=\frac{\dot{I}}{\dot{U}}=\frac{1}{Z} \tag{5.27}$$

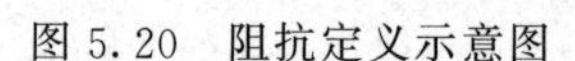

图 5.20　阻抗定义示意图

对于 R、L 和 C 来说，它们在交流电路中所呈现的导纳分别为

$$\begin{cases} R:Y_R=\dfrac{1}{R}=G \\ L:Y_L=\dfrac{1}{\mathrm{j}\omega L} \\ C:Y_C=\mathrm{j}\omega C \end{cases} \tag{5.28}$$

导纳的单位是西门子(S)。其中 G 称为**电导**，$B_L=\dfrac{1}{\omega L}$ 称为电感的**感纳**，$B_C=\omega C$ 称为电容的容纳。

5.4.2　阻抗的串联与并联

现在我们研究图 5.21(a)所示 R、L、C 串联电路。在交流电源的作用下，各元件均可用相量模型表示，从而得到图 5.21(b)，它是原电路的相量模型。由 KVL 得

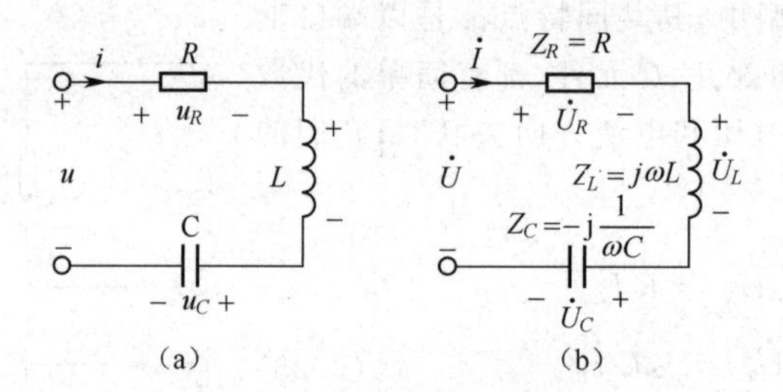

图 5.21　R、L、C 的串联电路

$$\dot{U}_R+\dot{U}_L+\dot{U}_C=\dot{U}$$

即

$$R\dot{I}+\mathrm{j}\omega L\dot{I}+\frac{1}{\mathrm{j}\omega C}\dot{I}=\dot{U}$$

由于参数不同，可能出现图 5.22(a)、(b)的相量关系，图 5.22(a)表示支路为感性支路，图 5.22(b)表示支路为容性支路。

或者

$$\dot{U}=\left(R+\mathrm{j}\omega L+\frac{1}{\mathrm{j}\omega C}\right)\dot{I}=Z\dot{I}$$

式中，Z 为该电路的总阻抗。

该阻抗又写为

$$Z=R+\mathrm{j}\left(\omega L-\frac{1}{\omega C}\right)=R+\mathrm{j}X \tag{5.29}$$

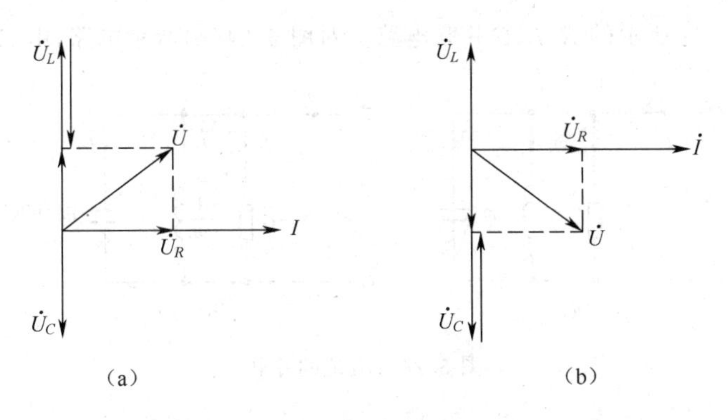

图 5.22 串联阻抗的相量图

$Z=R+\mathrm{j}X$ 称为**阻抗的一般形式**。其中 R 为阻抗的电阻分量，X 为阻抗的电抗分量。由阻抗的一般复数形式，可以得

$$Z=R+\mathrm{j}X=|Z|\angle\varphi_Z \tag{5.30}$$

式(5.30)中

$$\begin{cases}|Z|=\sqrt{R^2+X^2}\\ \varphi_Z=\arctan\dfrac{X}{R}\end{cases} \tag{5.31}$$

式(5.31)中，$|Z|$ 称为阻抗 Z 的**模或绝对值**，φ_Z 称为阻抗 Z 的**阻抗角**。R、$|Z|$ 和 X 构成一个直角三角形，称之为**阻抗三角形**；U、U_R 和 U_x 也构成一个直角三角形，称之为**电压三角形**。这两个三角形相似，其阻抗三角形如图 5.23(a)、(b)所示。

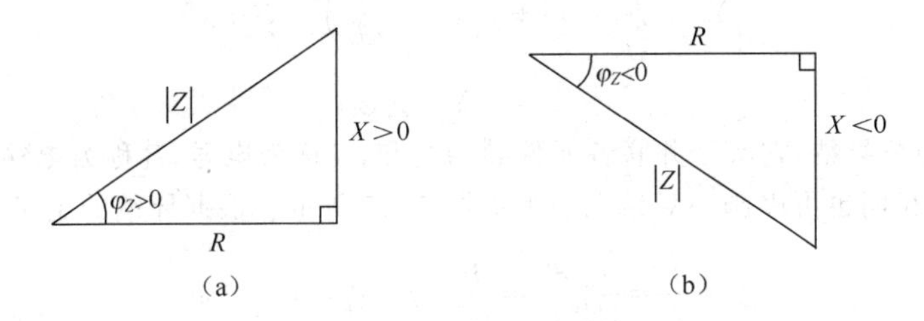

图 5.23 阻抗三角形

反过来，又有

$$\begin{cases}R=|Z|\cos\varphi_Z\\ X=|Z|\sin\varphi_Z\end{cases} \tag{5.32}$$

另一方面，由于 $Z=\dfrac{\dot{U}}{\dot{I}}=\dfrac{U\angle\theta_u}{I\angle\theta_i}=\dfrac{U}{I}\angle\theta_u-\theta_i$

与式(5.30)相比较，有

$$\begin{cases}|Z|=\dfrac{U}{I}=\dfrac{U_\mathrm{m}}{I_\mathrm{m}}\\ \varphi_Z=\theta_u-\theta_i\end{cases} \tag{5.33}$$

式(5.33)中 θ_u 和 θ_i 分别为阻抗上正弦电压与电流的初相位。上式表明，阻抗模 $|Z|$ 等于阻抗上的电压有效值(或最大值)之比；阻抗角 φ_Z 等于电压初相位与电流初相位之差，也就是表示电压超前电流的相位角或电流滞后电压的相位角。若 $\varphi_Z>0$，表示电流滞后电压为 φ_Z，由图 5.23(a)可以看出，这时电抗 $X>0$，这种阻抗我们称为**感性阻抗**，其对应的二端网络称为**感性网络**，或者说电路呈感性；当 $\varphi_Z<0$，表示电流超前于电压为 $|\varphi_Z|$，这时 $X<0$，如图 5.23(b)所示，这种阻抗称为**容性阻抗**，其对应的二端网络呈容性；当 $\varphi_Z=0$ 时，对应的电抗 X 也为零，电压与电流同相位，电路呈阻性。

我们再来看图 5.24 所示的 R、L、C 并联电路。对图 5.24(b)所示电路，由 KVL 得

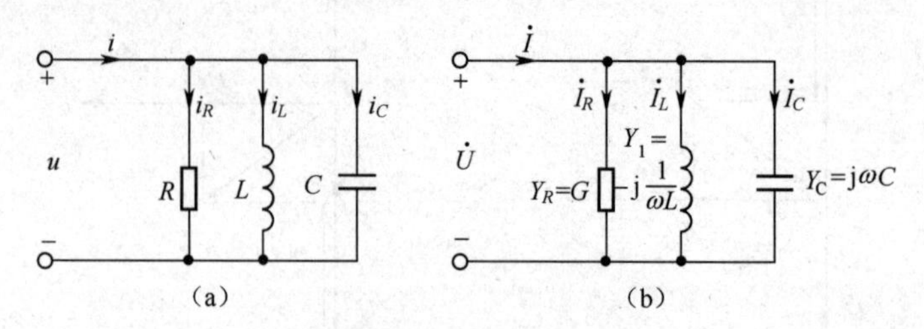

图 5.24 阻抗的并联

$$\dot{I}=\dot{I}_R+\dot{I}_L+\dot{I}_C$$

由于

$$\begin{cases}\dot{I}_R=\dfrac{\dot{U}}{R}=G\dot{U}\\ \dot{I}_L=\dfrac{\dot{U}}{j\omega L}=-j\dfrac{\dot{U}}{\omega L}\\ \dot{I}_C=j\omega C\dot{U}\end{cases}$$

故

$$\dot{I}=\left(G+j\omega C-j\frac{1}{\omega L}\right)\dot{U}$$

从而

$$\begin{cases}Y=\dfrac{\dot{I}}{\dot{U}}=G+j\left(\omega C-\dfrac{1}{\omega L}\right)=G+jB\\ Y=|Y|\angle\varphi_y\end{cases}\tag{5.34}$$

式中，Y 称为电路的**总导纳**，它等于并联各元件导纳之和，G 称为**电导**，B 称为**电纳**。

根据式(5.34)我们也可以画出导纳三角形如图 5.25 所示。根据导纳的定义有

$$Y=\frac{\dot{I}}{\dot{U}}=\frac{I\angle\theta_i}{U\angle\theta_u}=\frac{I}{U}\angle\theta_i-\theta_u=|Y|\angle\varphi_y$$

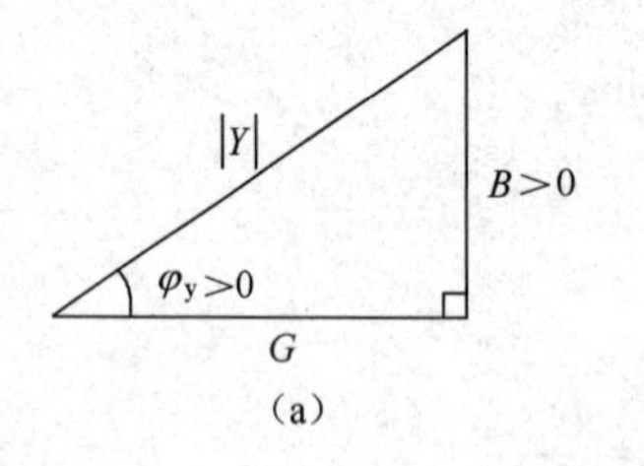

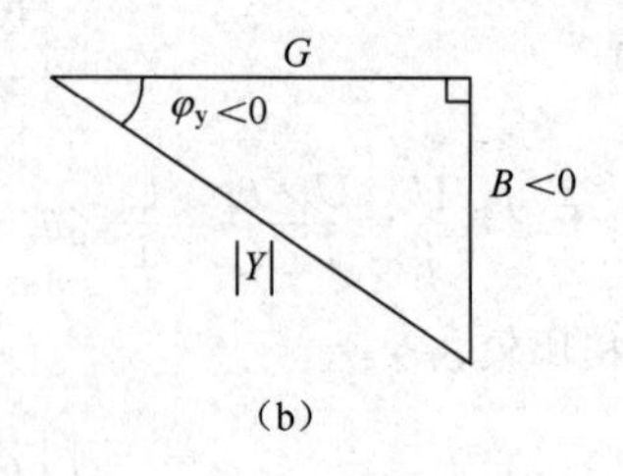

图 5.25 导纳三角形

由此可见

$$\begin{cases}\text{导纳的模}\ |Y|=\dfrac{I}{U}\\ \text{导纳角}\ \varphi_y=\angle\theta_i-\theta_u\end{cases}\tag{5.35}$$

若 $\varphi_y>0$，表示电流超前电压 φ_y，由图 5.25(a)可以看出，这时的电纳 $B>0$，这样的电路呈容性；当 $\varphi_y<0$ 时，如图 5.25(b)所示，电路呈感性；当 $\varphi_y=0$ 时，电路呈阻性。

关于阻抗与导纳有两点必须强调说明：

(1)若阻抗 $Z=R+jX$，$Y=G+jB$，但其中 $R\neq 1/G$，$X\neq 1/B$。因为当 $Z=R+jX$ 已知时

$$Y=\frac{1}{Z}=\frac{1}{R+\mathrm{j}X}=\frac{R-\mathrm{j}X}{(R+\mathrm{j}X)(R-\mathrm{j}X)}=\frac{R}{R^2+X^2}+\mathrm{j}\frac{-X}{R^2+X^2}=G+\mathrm{j}B$$

所以

$$\begin{cases}G=\dfrac{R}{R^2+X^2}\\ B=\dfrac{-X}{R^2+X^2}\end{cases}\tag{5.36}$$

(2)阻抗 Z 和导纳 Y 通常是频率的函数。因为 $X_L=\omega L$ 与频率成正比，$X_C=\dfrac{1}{\omega C}$与频率成反比，所以在一般阻抗中，电感和电容对不同频率的阻抗作用必然有所反应。例如，对 $Z=R+\mathrm{j}\left(\omega L-\dfrac{1}{\omega C}\right)=R+\mathrm{j}X$ 时，当 $\omega L<\dfrac{1}{\omega C}$，$X<0$，电路呈电容性；当 $\omega L>\dfrac{1}{\omega C}$，$X>0$，电路呈电感性；当 $\omega L=\dfrac{1}{\omega C}$，$X=0$，电路呈电阻性。

建立了阻抗与导纳的概念之后，再与复电压和复电流相联系，那么建立电路方程的方法、分流、分压等，完全与电阻性电路中一样，仅是复数运算而已。

【例 5.10】 求图 5.26 中各支路阻抗 Z_{AB} 及导纳 Y_{AB}，图中给出了元件阻抗模数。

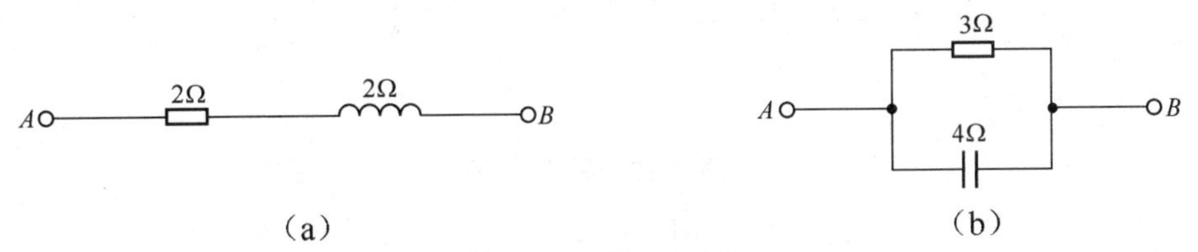

图 5.26　例 5.10 图

解　(1)

$$Z_{AB}=2+\mathrm{j}2=2.83\angle 45°\ \Omega$$

$$Y_{AB}=\frac{1}{2+\mathrm{j}2}=0.354\angle -45°\mathrm{S}$$

(2)

$$Z_{AB}=\frac{3\times(-4\mathrm{j})}{3-4\mathrm{j}}=\frac{-12\mathrm{j}}{3-4\mathrm{j}}=2.4\angle -36.9°\ \Omega$$

$$Y_{AB}=\frac{1}{Z_{AB}}=0.417\angle 36.9°\mathrm{S}$$

【例 5.11】 求解图 5.27 中各个电路的问题。图中所给的电压、电流皆为有效值，待求的也是相应的有效值。

解　用相量图求解。

(1)$U_C=\sqrt{2^2-1^2}\mathrm{V}=1.73\mathrm{V}$，电容电压滞后于电流 90°。

(2)由于 $R=\omega L$，则有效值 $I_R=I_L$，

由于

$$\dot{I}=\dot{I}_R+\dot{I}_L$$

则

$$I=\sqrt{I_R^2+I_L^2}$$

故

$$I=2\mathrm{A},I_R=I_L=1.414\mathrm{A}$$

(3)由于电阻电压与电流同相，电感电压超前电流 90°，电容电压滞后于电流 90°，相量和

$$\dot{U}=\dot{U}_R+\dot{U}_L+\dot{U}_C$$

且

$$U=30\mathrm{V},U_R=U_L=1/2U_C$$

则

$$\begin{cases}U_R^2+U_L^2=30^2\\ 2U_R^2=30^2\end{cases}$$

故

$$\sqrt{2}U_R=U=30\mathrm{V}$$

$$U_R=U_L=21.2\mathrm{V}$$

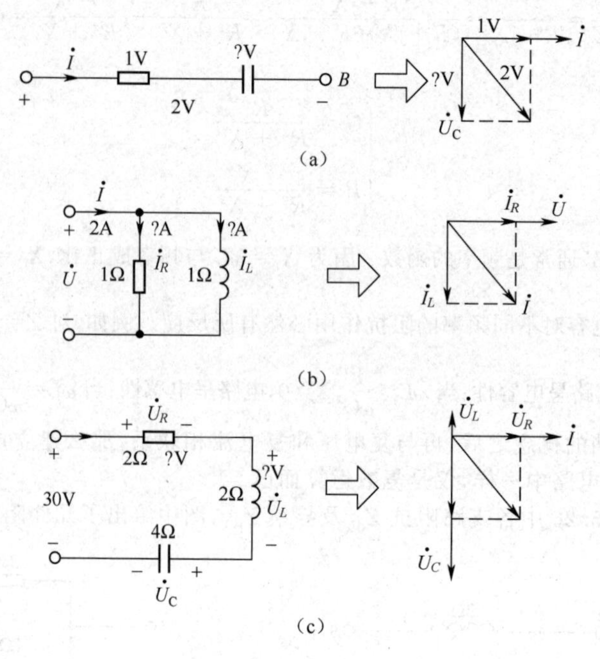

图 5.27　例 5.11 图

$$U_C=42.4\text{V}$$

【例 5.12】　二端网络及其相量模型如图 5.28(a)、(b)所示，当 $\omega=5\text{rad/s}$ 时，求其等效相量电路及时域电路。

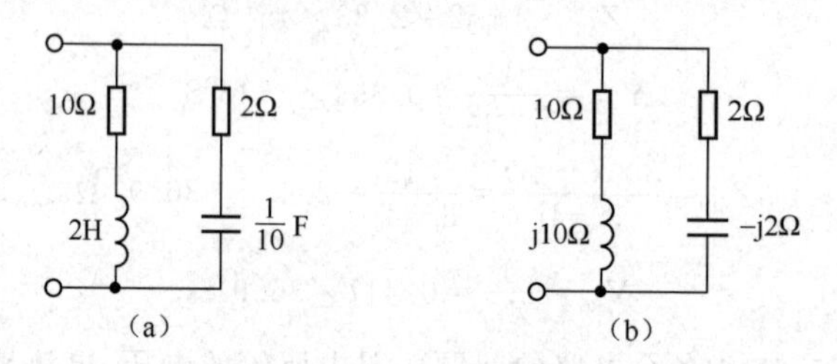

图 5.28　例 5.12 图

解　当 $\omega=5\text{rad/s}$ 时，二端网络的阻抗为

$$Z=\frac{(10+\text{j}10)(2-\text{j}2)}{10+\text{j}10+2-\text{j}2}=\frac{40}{12+\text{j}8}=\frac{40(12-\text{j}8)}{(12+\text{j}8)(12-\text{j}8)}$$

$$=\frac{480-\text{j}320}{144+64}=2.31-\text{j}1.54=R-\text{j}X_C$$

这个电路是容性的，其中

$$X_C=\frac{1}{\omega C}=1.54\Omega$$

等效串联电容为

$$C=\frac{1}{1.54\omega}=\frac{1}{1.54\times5}\text{F}\approx0.13\text{F}$$

其等效串联相量电路和时域电路如图 5.29(a)、(b)所示。

再求该二端网络的导纳

$$Y=\frac{1}{Z}=\frac{1}{2.31-\text{j}1.54}=\frac{2.31+\text{j}1.54}{(2.31-\text{j}1.54)(2.31+\text{j}1.54)}$$

$$=\frac{2.31+\mathrm{j}1.54}{7.71}=0.30+\mathrm{j}0.20=G+\mathrm{j}B_C$$

等效并联电阻 $R=\frac{1}{G}=\frac{1}{0.30}\Omega=3.33\Omega$

等效并联电容 $C=\frac{B_C}{\omega}=\frac{0.2}{5}\mathrm{F}=0.04\mathrm{F}$

等效并联相量电路和时域电路分别如图 5.29(c)、(d)所示。

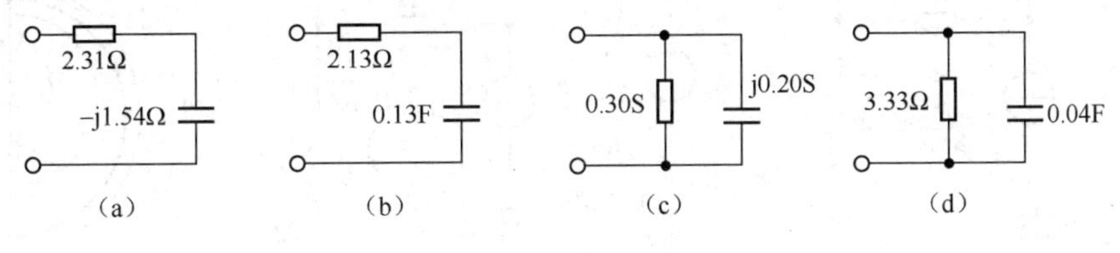

图 5.29 等效电路

思考与练习题

5.10 (1)若某电路的阻抗 $Z=(2+\mathrm{j}3)\Omega$,则其导纳为 $Y=\left(\frac{1}{2}+\mathrm{j}\frac{1}{3}\right)\mathrm{S}$,对吗? 为什么?

(2)若某串联电路为电感性的,与其等效的并联电路,也一定是电感性的吗?

5.11 有一个 RC 并联电路,其电阻 $R=40\Omega$,电容 $C=0.25\mu\mathrm{F}$。试求 $\omega=10^3$ rad/s 时的等效串联电路。

5.5 正弦稳态电路的分析

正弦稳态电路可用其对应的相量电路表示。根据前面的分析已知,相量电路存在相量形式的 KCL、KVL 以及广义欧姆定律,即在相量电路中有

$$\begin{cases}\sum \dot{I}=0\\ \sum \dot{U}=0\\ \dot{U}_Z=Z\dot{I}_Z\end{cases}\tag{5.37}$$

而直流电阻电路的相应规律为

$$\begin{cases}\sum I=0\\ \sum U=0\\ U_R=R\cdot I_R\end{cases}\tag{5.38}$$

对照式(5.37)和(5.38)可见,它们的形式完全相同,将式(5.38)中的 I、U、R 改为 $\dot{I}$ 、$\dot{U}$、$\dot{Z}$ 即得(5.37)。直流电路的分析和计算方法全是依据式(5-38)而得的,因此直流电路的一切分析和计算方法对正弦电路全部适用,只不过这时的电压、电流必须用对应的相量 $\dot{U}$、$\dot{I}$ 表示,电路参数 R、L、C 以及它们的组合必须用阻抗表示罢了。正弦相量电路的计算方法同样有观察法、支路分析法、网孔电流法、节点电压法等,同样存在叠加定理、置换定理、戴维南定理、诺顿定理、互易定理等。由于一切计算方法都是对相量进行的,故称这种方法为相量分析法,简称相量法。

在对正弦电路应用相量法进行分析时,应先写出该电路各已知正弦量的相量,作出原电路的相量电路,相量电路中各电压、电流必须用相量表示,电阻、电感、电容元件既可用阻抗表示,也可用元

件参数表示，然后借用直流电路的各种分析方法对相量电路进行分析计算，求出待求量的相量，写出相应的正弦量。

【例 5.13】 用网孔分析法求解图 5.30(a)所示电路的电感电压 u_L。

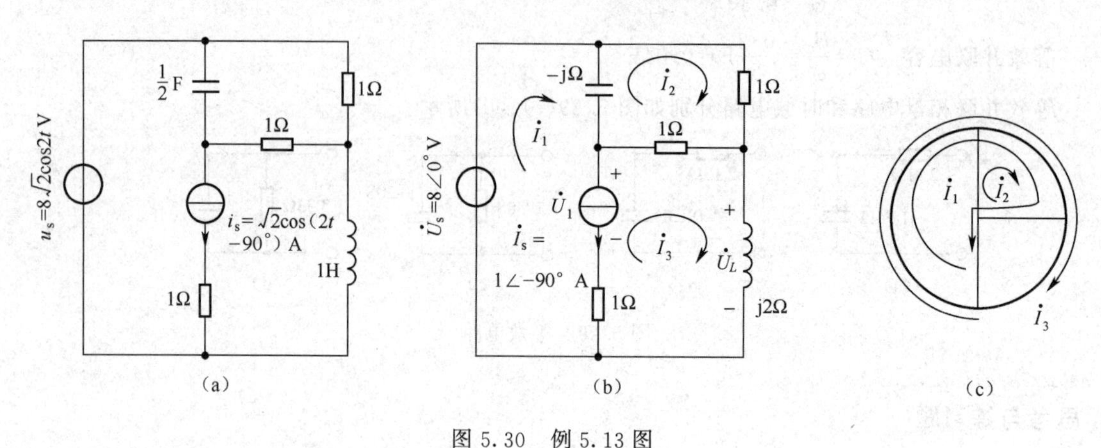

图 5.30 例 5.13 图

解 先作出图 5.30(a)电路的相量电路，并标出网孔电流如图 5.30(b)所示，电流源端电压设为 $\dot{U}_1$。列网孔电流方程如下：

$$(1-\mathrm{j})\dot{I}_1-(-\mathrm{j})\dot{I}_2-1\cdot\dot{I}_3=8-\dot{U}_1 \quad ①$$

$$-(-\mathrm{j})\dot{I}_1+(2-\mathrm{j})\dot{I}_2-1\cdot\dot{I}_3=0 \quad ②$$

$$-1\dot{I}_1-1\cdot\dot{I}_2+(2+\mathrm{j}2)\dot{I}_3=\dot{U}_1 \quad ③$$

$$\dot{I}_1-\dot{I}_3=\dot{I}_s=1\angle-90° \quad ④$$

由④得 $\dot{I}_1=-\mathrm{j}+\dot{I}_3$ 代入式①、②、③式中并整理后有

$$\mathrm{j}\dot{I}_2-\mathrm{j}\dot{I}_3=9+\mathrm{j}-\dot{U}_1 \quad ⑤$$

$$(2-\mathrm{j})\dot{I}_2-(1-\mathrm{j})\dot{I}_3=-1 \quad ⑥$$

$$-\dot{I}_2+(1+\mathrm{j}2)\dot{I}_3=-\mathrm{j}+\dot{U}_1 \quad ⑦$$

式⑤＋式⑦得

$$(-1+\mathrm{j})\dot{I}_2+(1+\mathrm{j})\dot{I}_3=9 \quad ⑧$$

由⑧式得

$$\dot{I}_2=\frac{9-(1+\mathrm{j})\dot{I}_3}{-1+\mathrm{j}}=6.83\angle-135°+1\angle 90°\dot{I}_3$$

代入⑥式中解得

$$\dot{I}_3=4.45\angle-70.2°\mathrm{A}$$

电感两端电压为

$$\dot{U}_L=\mathrm{j}2\dot{I}_3=8.9\angle 19.8°\mathrm{V}$$

$\dot{U}_L$ 所对应的正弦电压为

$$u_L(t)=8.9\sqrt{2}\cos(2t+19.8°)\mathrm{V}$$

下面我们再用戴维南定理来分析含受控源的正弦交流电路。

【例 5.14】 图 5.31(a)中，电源电压为 $\dot{U}_s=50\angle 0°$V，$\omega=1\,000$rad/s，试用戴维南定理求流过

35Ω 电阻的电流 $\dot{I}$。

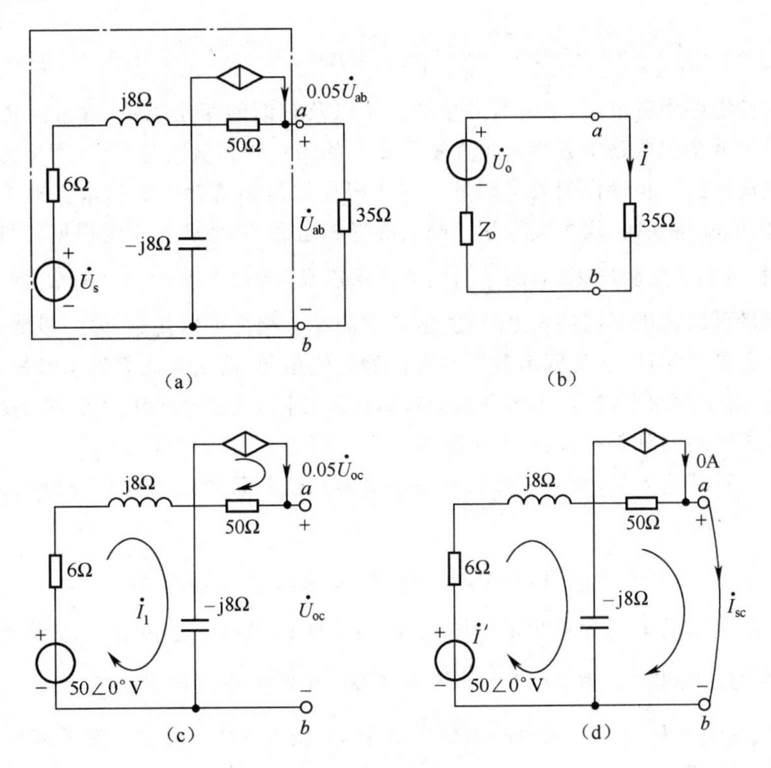

图 5.31 例 5.14 图

解 (1)作出图 5.31(a)的戴维南等效等效电路如图 5.31(b)所示。

(2)求$\dot{U}_0=\dot{U}_{oc}$。令图 5.31(a)电路的 a、b 端开路，得图 5.31(c)所示电路，现用回路法求 a、b 端开路电压$\dot{U}_{oc}$，由图 5.31(c)得：

$$\dot{U}_{oc}=50\times0.05\,\dot{U}_{oc}+(-\mathrm{j}8)\times\dot{I}_1=2.5\,\dot{U}_{oc}-\mathrm{j}8\times\frac{50}{6+\mathrm{j}8-\mathrm{j}8}=2.5\,\dot{U}_{oc}-\mathrm{j}\,\frac{200}{3}$$

$$1.5\,\dot{U}_{oc}=\mathrm{j}\,\frac{200}{3}$$

$$\dot{U}_{oc}=\mathrm{j}\,\frac{200}{3\times1.5}=\mathrm{j}\,\frac{400}{9}=44.4\angle90^\circ\mathrm{V}=\dot{U}_0$$

(3)求 Z_0。画出图 5.31(a)中 a、b 端短路的电路图。如图 5.31(d)所示，图中受控电流源的电流为零，相当于开路。用网孔分析法求 $\dot{I}_{sc}$，再用开短路法求 Z_0。图 5.31(d)的网孔电流方程如下：

$$(6+\mathrm{j}8-\mathrm{j}8)\,\dot{I}'-(-\mathrm{j}8)\,\dot{I}_{sc}=50 \qquad ①$$

$$-(-\mathrm{j}8)\,\dot{I}'+(50-\mathrm{j}8)\,\dot{I}_{sc}=0 \qquad ②$$

整理后得

$$6\,\dot{I}'+\mathrm{j}8\,\dot{I}_{sc}=50 \qquad ③$$

$$\mathrm{j}8\,\dot{I}'+(50-\mathrm{j}8)\,\dot{I}_{sc}=0 \qquad ④$$

解得$\dot{I}_{sc}=1.09\angle-82.5^\circ\mathrm{A}$

于是 $Z_0=\dfrac{\dot{U}_{sc}}{\dot{I}_{sc}}=\dfrac{44.4\angle90^\circ}{1.09\angle-82.5^\circ}=40.7\angle172.5^\circ\Omega=(-40.4+\mathrm{j}5.3\,)\Omega$

(4)求 $\dot{I}$。由图 5.31(b)有

$$\dot{I}=\frac{\dot{U}_0}{Z_0+35}=\frac{44.4\angle 90^\circ}{-40.4+j5.3+35}\text{A}=\frac{44.4\angle 90^\circ}{-5.4+j5.3}\text{A}=\frac{44.4\angle 90^\circ}{7.57\angle -135.5^\circ}\text{A}=5.87\angle -45.5^\circ\text{A}$$

为了表明正弦电路中各电压、电流有效值的关系以及它们的相位关系，常常需要画出电路的相量图。所谓相量图就是把电路中各相量画在复平面上的图。画相量图时，复平面上的实轴与虚轴一般省略不画。先选择某一相量作为参考相量。参考相量就是幅角为零的相量。被选为参考相量的相量，不论其实际的幅角如何，均令其为零。画出参考相量后，其他各相量则根据其与参考相量之间的相位差画出，相量图要反映出 KCL 的 $\sum\dot{I}=0$ 关系以及 KVL 的 $\sum\dot{U}=0$ 关系。同一相量图中，电压相量和电流相量可以选用不同的长度单位。电路中的参考相量可以任选，但一般情况下，串联电路常选电流相量作为参考相量，这是因为各串联元件的电流相同，选用电流作为参考相量，便于画出各元件的电压相量。对于并联电路，由于各并联元件的电压相同，故选电压作为参考相量为宜。

进行正弦稳态电路的分析时，画出相量图可以十分清楚地反映各相量的相位关系，以便于我们进行分析和比较。对某些电路，我们还可以利用相量的几何关系对电路进行分析和计算，这往往比用解析法更直接，简便。

【例 5.15】 作出 R、L、C 串联电路的相量图(假定$\dot{U}_s$超前 $\dot{I}$ 53.1°)。

解 因为串联电路以 $\dot{I}$ 为参考相量作图比较方便，所以先将参考相量 $\dot{I}$ 按零度角画出。然后根据$\dot{U}_R$与 $\dot{I}$ 同相位，$\dot{U}_L$超前 $\dot{I}$ 为 90°以及$\dot{U}_C$滞后 $\dot{I}$ 为 90°之关系画出 $\dot{U}_R$、$\dot{U}_L$ 和 $\dot{U}_C$ 相量如图 5.32(a)所示。根据$\dot{U}_s=\dot{U}_R+\dot{U}_L+\dot{U}_C$，从而画出额$\dot{U}_s$相量，如图 5.32(a)所示。为了减少相量图的辅助线[图 5.32(a)中的虚线]，可使相加运算的各相量首尾相接，最后画出$\dot{U}_s$，如图 5.32(b)所示。

图 5.32 的相量图反映了各元件电压与电流的相位关系，也反映了各电压之间的相位关系和数值关系，即反映了 KVL。

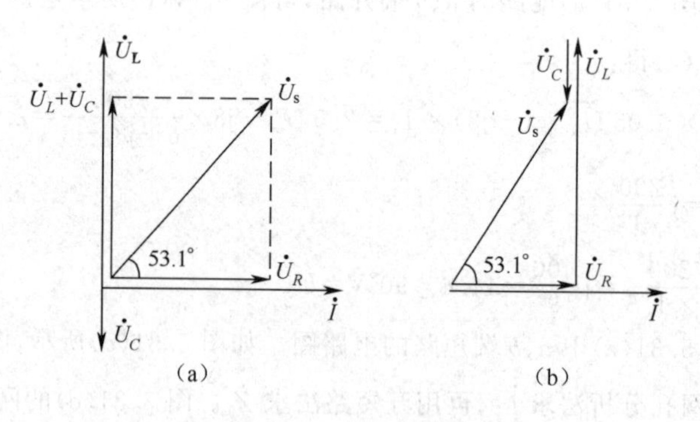

图 5.32 例 5.15 图

【例 5.16】 在图 5.33 所示电路中，已知 $R=\frac{1}{\omega C}$，$Z_{ab}=|Z|\angle 45^\circ$，测得 $I=2\text{A}$，试由该电路的相量图的几何关系求 I_1 和 I_2。

解 因为该电路为两条支路并联，所以应选 $\dot{U}$ 为参考相量。R、C 支路为容性的，且 $R=\frac{1}{\omega C}$，可知$\dot{I}_1$超前$\dot{U}$45°。$\dot{I}_2$滞后于$\dot{U}$90°，又因 Z_{ab} 的阻抗角为 45°，因而 $\dot{I}$ 滞后于$\dot{U}$45°。再考虑到 $\dot{I}=\dot{I}_1+\dot{I}_2$，可以画出包含 $\dot{U}$、$\dot{I}$、$\dot{I}_1$ 和$\dot{I}_2$的相量图如图 5.34 所示。

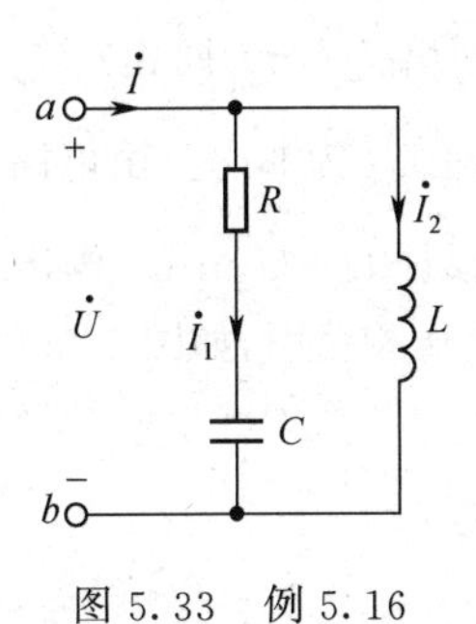

图 5.33 例 5.16

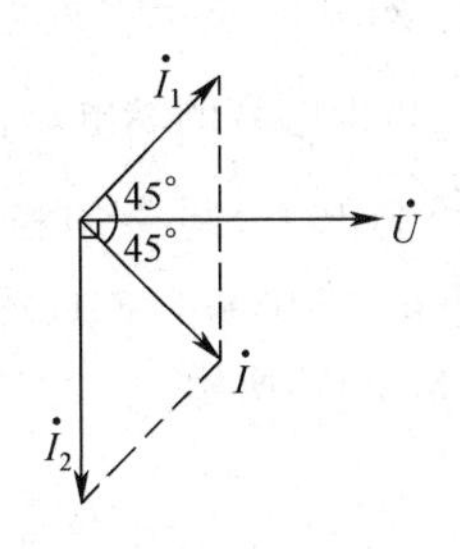

图 5.34 例 5.16 相量图

由图中各相量的几何关系可以清楚地看出：$I_1=I=2\text{A}$，$I_2=\sqrt{2}I=2\sqrt{2}\text{A}\approx 2.83\text{A}$，由此例可以看出，有些电路用各相量之间的几何关系求解比用解析法要容易。

【例 5.17】 在图 5.35 所示电路中，已知 $\dot{U}=10\angle 0^\circ\text{V}$，试求：

(1)电路中的电流 $\dot{I}$、$\dot{I}_1$ 和 $\dot{I}_2$。

(2)电压 $\dot{U}_{ab}$、$\dot{U}_{bc}$、$\dot{U}_{cd}$、$\dot{U}_{bd}$。

(3)画出各电压、电流的相量图。

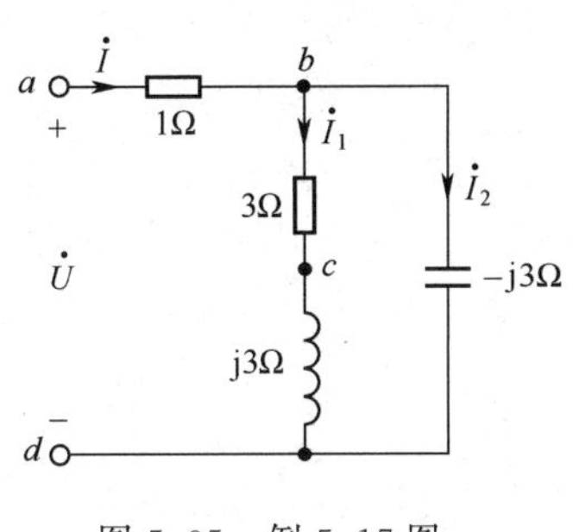

图 5.35 例 5.17 图

解 (1)电路的等效阻抗为

$$Z_{ab}=1+\frac{(3+\text{j}3)(-\text{j}3)}{(3+\text{j}3)+(-\text{j}3)}=4-3\text{j}=5\angle 36.9^\circ\Omega$$

输入电流为

$$\dot{I}=\frac{\dot{U}}{Z_{ab}}=\frac{10\angle 0^\circ\text{V}}{5\angle -36.9^\circ\Omega}=2\angle -36.9^\circ\text{A}$$

由分流公式有

$$\dot{I}_1=\frac{-\text{j}3}{3+\text{j}3-\text{j}3}\times 2\angle 36.9^\circ\text{A}=2\angle 53.1^\circ\text{A}$$

$$\dot{I}_2=\frac{3+\text{j}3}{3+\text{j}3-\text{j}3}\times 2\angle 36.9^\circ\text{A}=2\sqrt{2}\angle 81.9^\circ\text{A}$$

根据欧姆定律，各电压值为

$$\dot{U}_{ab}=\dot{I}\cdot 1=2\angle 36.9^\circ\ \text{V},\dot{U}_{bc}=\dot{I}_1\cdot 3=6\angle -53.1^\circ\ \text{V}$$

$$\dot{U}_{cd}=\dot{I}_1\cdot \text{j}3=6\angle 36.9^\circ\ \text{V},\dot{U}_{bd}=\dot{I}_2\cdot(-\text{j}3)=6\sqrt{2}\angle -8.1^\circ\ \text{V}$$

(2)画相量图。

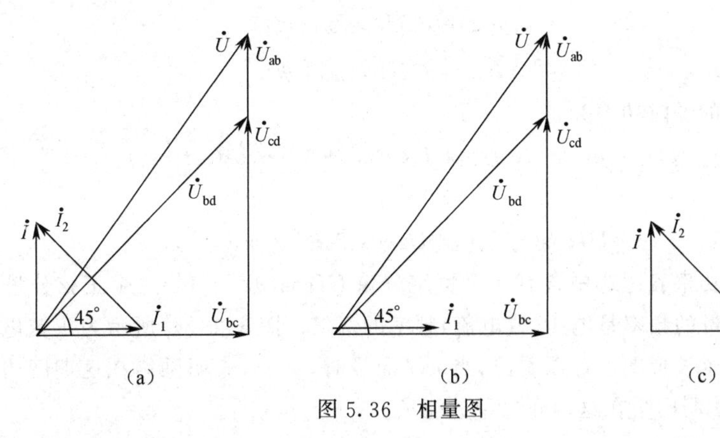

图 5.36 相量图

选$\dot{I}_1$为参考相量,如图5.36(a)所示,画图的过程是:根据$\dot{I}_1$画出$\dot{U}_{bc}$(与$\dot{I}_1$同相)、$\dot{U}_{cd}$(超前$\dot{I}_1$为90°)和$\dot{U}_{bd}=\dot{U}_{bc}+\dot{U}_{cd}$。$\dot{U}_{bd}$也即电容的端电压,故可根据$\dot{U}_{bd}$画出$\dot{I}_2$(超前$\dot{U}_{bd}$为90°)。由电路知,$\dot{I}=\dot{I}_1+\dot{I}_2$,即可画出$\dot{I}$。根据$\dot{I}$,画出$\dot{U}_{ab}$(与$\dot{I}$同相)使其与$\dot{U}_{bd}$相接,最后根据$\dot{U}=\dot{U}_{ab}+\dot{U}_{bd}$画出$\dot{U}$。图5.36(a)的相量图也可分为图5.36(b)和5.36(c)所示的两个图,一个是电压相量图,如图5.36(b)所示;另一个是电流相量图,如图5.36(c)所示。

思考与练习题

5.12 电路相量模型如图5.37所示,利用网孔法求电流相量$\dot{I}_1$和$\dot{I}_2$。

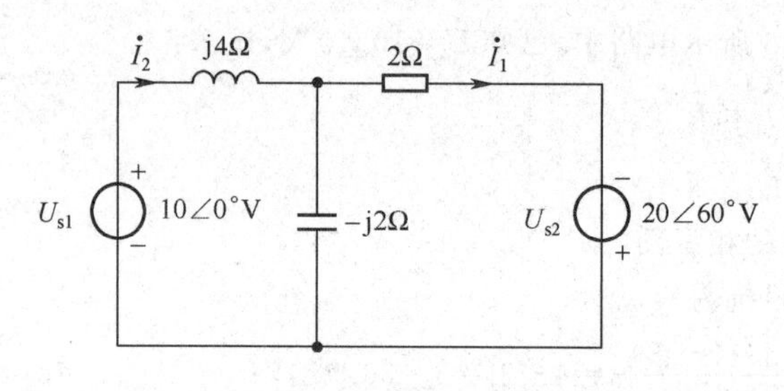

图5.37 练习题5.12图

5.6 正弦电流电路的功率

正弦电流电路的功率的基本概念和直流电路的功率概念相同。但在正弦交流电路中,除了能量的消耗和供出外,还涉及能量的存储关系,因而交流电路的功率和能量问题比直流电路复杂。我们在本节要通过电路的瞬时功率引出交流电路有功功率、无功功率、视在功率及功率因数的概念。

5.6.1 瞬时功率

当任一二端网络端口上的电压$u(t)$和电流$i(t)$方向关联时,该二端网络吸收的瞬时功率为

$$p(t)=u(t)\cdot i(t) \tag{5.39}$$

在图5.38(a)所示二端网络中,设输入电压和电流分别为

$$u(t)=\sqrt{2}U\cos(\omega t+\theta_u)$$

$$i(t)=\sqrt{2}I\cos(\omega t+\theta_i)$$

于是该网络吸收的瞬时功率为

$$\begin{aligned}p(t)&=u(t)\cdot i(t)=2UI\cos(\omega t+\theta_u)\cdot\cos(\omega t+\theta_i)\\&=UI[\cos(\theta_u-\theta_i)+\cos(2\omega t+\theta_u+\theta_i)]\\&=UI\cos(\theta_u-\theta_i)+UI\cos(2\omega t+\theta_u+\theta_i)\end{aligned} \tag{5.40}$$

式(5.40)的瞬时功率表达式中含有一个恒定分量$UI\cos(\theta_u-\theta_i)$与一个正弦分量$UI\cos(2\omega t+\theta_u+\theta_i)$。其中正弦分量的频率是电压(或电流)频率的两倍。图5.38(b)所示为正弦电压、电流和瞬时功率的波形。从这个波形图上可以看出,当u,i同号时,$p>0$,表明网络在这期间内吸收能量,当u,i为异号时,$p<0$,表明网络在这期间内释放能量。

我们在研究交流电路的功率时,通常更需要了解电路的平均功率,即电路消耗的功率。

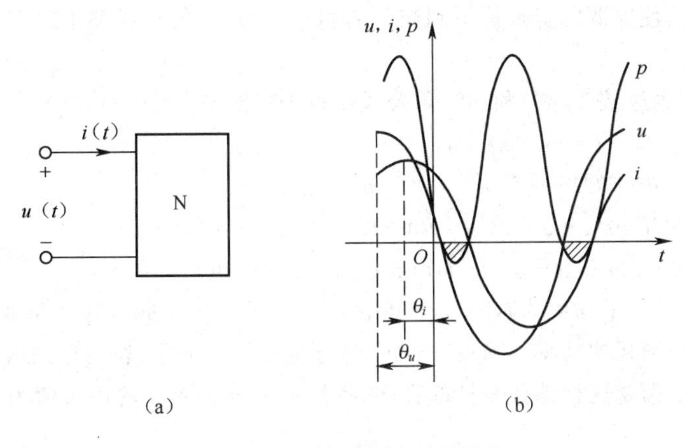

图 5.38　二端网络的瞬时功率

5.6.2　平均功率

电路的瞬时功率在一个周期内的平均值,称为平均功率或有功功率,简称为功率,用 P 表示。图 5.38(a)所示网络的有功功率为

$$P = \frac{1}{T}\int_0^T p(t)\mathrm{d}t = \frac{1}{T}\int_0^T [UI\cos(\theta_u - \theta_i) + UI\cos(2\omega t + \theta_u + \theta_i)]\mathrm{d}t$$

$$= UI\cos(\theta_u - \theta_i) = UI\cos\varphi \tag{5.41}$$

上式表明,有功功率 P 就是式(5.40)瞬时功率的 $p(t)$ 的恒定分量。式中,U、I 为二端网络输入电压和电流的有效值,$\varphi=\theta_u-\theta_i$ 为电压超前于电流的相位,$\cos\varphi$ 称为该二端网络的功率因数。

若二端网络内不含独立源和受控源,式(5.41)中 $\varphi=\theta_u-\theta_i$ 即为该二端网络的阻抗角 φ_z。式(5.41)可写为

$$P = UI\cos\varphi_z \tag{5.42}$$

式中当 $\theta_u=\theta_i$,亦即 $\varphi_z=0$ 时,$\cos\varphi_z=1$,电路相当于一个纯电阻 R,其有功功率 $P=U\cdot I=U^2/R=I^2\cdot R$ 为最大。当 $\theta_u\neq\theta_i$ 时,$\cos\varphi_z<1$,则 $P=UI\cos\varphi_z=I^2|Z|\cos\varphi_z=U^2/|Z|\cos\varphi_z=\sum P_k<UI$,式中,$\sum P_k$ 为二端网络内各电阻消耗的平均功率之和,这是符合功率守恒原则的。当 $\theta_u-\theta_i=\varphi_z=\pm 90°$ 时,$\cos\varphi_z=0$,电路为纯电抗性,$P=0$,电路不耗能,仅仅与外电路进行能量的交换。

如果式(5.41)中 $|\theta_u-\theta_i|=\varphi>90°$,则 $\cos\varphi_z<0$,表明二端网络内含有电源,且向外发出有功功率。

在式(5.41)或(5.42)中,当电压的单位为伏特(V),电流的单位为安培(A)时,有功功率的单位为瓦特(W)。

5.6.3　无功功率

在正弦交流电路中,除了含有电阻元件外,还常常含有电感和电容这样的动态元件。像电力电路中用的发电机、发动机、变压器等电路模型中都含有电感元件,移相电容器是电容元件在交流电路中使用的例子。此外,在电子电路中也常常使用电容和电感来完成某种特定的电路功能。在大的电力网络和高频电路中的分布电容和电感对电路的影响也是人们必须加以研究的。

动态元件不消耗电能,它们只和外电路进行能量的交换,这种能量交换所引起的电流对电路也产生影响。例如交流电源向电路供电时,流经电源的电流除了电路的电阻元件消耗电能产生的电流(称为有功电流)外,还有动态元件与电源进行能量交换产生的电流(称为无功电流)。这样就须增加

电源的电流负载能力，使电源的容量得不到充分的利用。另外，传输线路上电流的增加也会增加线路的传输损耗。

我们将瞬时功率表达式(5.40)利用三角公式作恒等变换如下

$$\begin{aligned}p(t)&=UI\cos(\theta_u-\theta_i)+UI\cos(2\omega t+\theta_u+\theta_i)\\&=UI\cos(\theta_u-\theta_i)+UI\cos[2(\omega t+\theta_i)+(\theta_u-\theta_i)]\\&=UI\cos\varphi+UI\cos\varphi\cdot\cos 2(\omega t+\theta_i)-UI\sin\varphi\cdot\sin 2(\omega t+\theta_i)\\&=UI\cos\varphi[1+\cos 2(\omega t+\theta_i)]-UI\sin\varphi\cdot\sin 2(\omega t+\theta_i)\end{aligned}\tag{5.43}$$

上式中第一个分量的平均值为$UI\cos\varphi_z$(其中$\varphi=\theta_u-\theta_i$)，当$-90°<\varphi<90°$时，该分量总是大于零，表明它是二端网络消耗的功率。当$|\varphi|>90°$，该分量总是小于零，表明它是该二端网络与外电路进行能量交换的，为了衡量这种能量交换的程序，我们定义该正弦量的最大值为二端网络的无功功率，用Q表示，即

$$Q=UI\sin\varphi\tag{5.44}$$

式中，$\varphi=\theta_u-\theta_i$。当电压的单位为伏特(V)，电流的单位为安培(A)时，无功功率的单位为乏(var)。

对于无源二端网络，式(5.44)中$\varphi=\theta_u-\theta_i=\varphi_z$，当该二端网络的电压和电流为同相时，即当$\theta_u-\theta_i=\varphi_z=0$时，电路相当于一个纯电阻元件$R$，这时$\sin\varphi_z=0$，无功功率$Q=0$。当$\varphi_z=90°$时，二端网络相当于一个纯电感元件$L$，这时电路的无功功率$Q_L=U_L\cdot I_L=X_L\cdot I_L^2=U_L^2/X_L$。当$\varphi_z=-90°$时，二端网络相当于一个纯电容元件$C$，这时电路的无功功率$Q_C=-U_C\cdot I_C=-X_C\cdot I_C^2=-U_C^2/X_C$。电容元件和电感元件的无功功率符号相反，说明在同一个时刻，一个在吸收能量，另一个在释放能量。网络吸收的总无功功率等于各元件吸收的无功功率之和，即$Q=\sum Q_K$。

5.6.4 视在功率和复功率

二端网络端口上电压、电流有效值的乘积定义为视在功率，用S表示，即

$$S=U\cdot I\tag{5.45}$$

当电压的单位为伏特(V)，电流的单位为安培(A)时，视在功率的单位为伏安(VA)。视在功率常用来表示电气设备的容量，即电气设备在功率因数$\cos\varphi_z=1$时可能供出的最大有功功率。

根据(5.41)式、(5.44)式和(5.45)式可以看出，视在功率，有功功率和无功功率之间满足下列关系

$$\begin{cases}S^2=P^2+Q^2\\ \tan\varphi=\dfrac{Q}{P}\end{cases}\tag{5.46}$$

可以用一个直角三角形来表示S、P和Q之间的关系，这个三角形称为功率三角形，如图5.39所示。

有功功率一般小于视在功率，即有功功率等于视在功率乘以功率因数。功率因数用λ表示，$\lambda=\dfrac{P}{S}=\cos\varphi$。因为功率因数本身不能反映出电路的性质，因而在写功率因数时时常在后面加上“超前”或“滞后”字样。“超前”或“滞后”表示电路的电流超前或滞后于电压，为容性或感性电路。

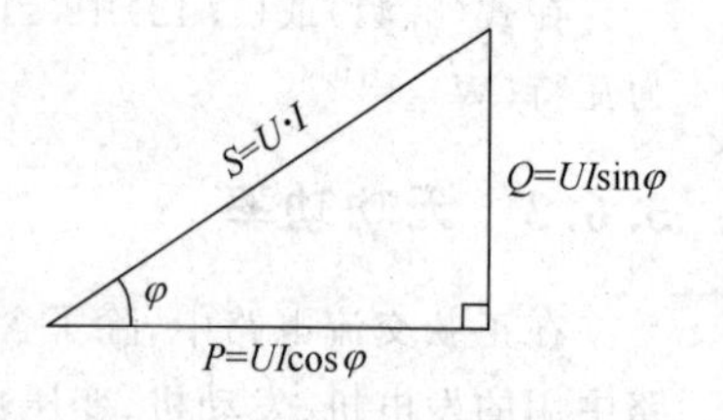

图5.39 功率三角形

视在功率S，平均功率P和无功功率Q之间的关系也可以用一个复数表示，称为复功率，用$\tilde{S}$表示，即

$$\tilde{S}=P+\mathrm{j}Q=U\cdot I\angle\theta_u-\theta_i=S\angle\varphi$$

因为 $\tilde{S}=U\cdot I\angle\theta_u-\theta_i=U\angle\theta_u\cdot I\angle-\theta_i$，而 $U\angle\theta_u$ 二端网络端子上的电压相量，$I\angle-\theta_i$ 二端网络端子上电流相量的共轭相量，用 $\dot{I}^*$ 表示，所以有复功率

$$\tilde{S}=\dot{U}\cdot\dot{I}^* \tag{5.47}$$

当二端网络内部不含独立源时，可以等效为一个阻抗 $Z=R\pm\mathrm{j}X$ 或一个导纳 $Y=G\pm\mathrm{j}B$。根据广义欧姆定律有

$$\begin{cases}\dot{U}=Z\dot{I}=(R\pm\mathrm{j}X)\dot{I}\\ \dot{I}=Y\dot{U}=(G\pm\mathrm{j}B)\dot{U}\end{cases} \tag{5.48}$$

将式(5.48)代入式(5.47)中，得复功率表达式为

$$\begin{cases}\tilde{S}=\dot{U}\cdot\dot{I}^*=Z\dot{I}\cdot\dot{I}^*=(R\pm\mathrm{j}X)\dot{I}^2\\ \tilde{S}=\dot{U}\cdot\dot{I}^*=\dot{U}\cdot(Y\dot{U})^*=(G\pm\mathrm{j}B)U^2\end{cases} \tag{5.49}$$

R、L、C 元件的复功率分别为

$$\begin{cases}\tilde{S}_R=\dot{U}_R\cdot\dot{I}_R^*=RI_R^2\\ \tilde{S}_L=\dot{U}_L\cdot\dot{I}_L^*=\mathrm{j}\omega LI_L^2\\ \tilde{S}_C=\dot{U}_C\cdot\dot{I}_C^*=-\mathrm{j}\dfrac{1}{\omega C}I_C^2\end{cases} \tag{5.50}$$

【例5.18】 某二端网络端口上的电压、电流分别为 $u(t)=100\sqrt{2}\cos(50t+45°)\mathrm{V}$，$i(t)=2\sqrt{2}\cos(50t-15°)\mathrm{A}$，电压、电流的参考方向关联。求该二端网络的视在功率，平均功率和无功功率。

解　利用式(5.41)计算平均功率为

$$P=U\cdot I\cos(\theta_u-\theta_i)=100\times2\times\cos(45°+15°)=200\times\frac{1}{2}\mathrm{W}=100\mathrm{W}$$

利用式(5.44)计算无功功率为

$$Q=U\cdot I\sin(\theta_u-\theta_i)=100\times2\times\sin60°=200\times\frac{\sqrt{3}}{2}\mathrm{var}=100\sqrt{3}\mathrm{var}$$

利用式(5.45)计算视在功率为

$$S=U\cdot I=100\times2=200\mathrm{V\cdot A}$$

【例5.19】 求图5.40(a)所示电路的有功功率，无功功率，视在功率和功率因数。

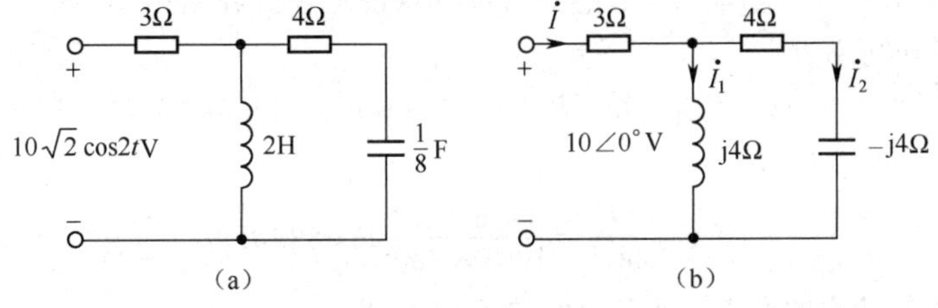

图5.40　例5.19图

解　方法一：先计算出电路的等效阻抗 Z，再求出端口上的电流 $\dot{I}$，然后利用式(5.41)、(5.44)、(5.45)计算 P、Q 和 S。

作图 5.40(a)电路的相量电路如图 5.40(b)所示。

$$Z=3+\frac{(4-j4)\cdot j4}{4-j4+j4}\Omega=\left(3+\frac{16+j16}{4}\right)\Omega=(3+4+j4)\Omega$$

$$=(7+j4)\Omega=8.06\angle 29.7°\Omega$$

则有
$$\dot{I}=\frac{\dot{U}}{Z}=\frac{10\angle 0°}{8.06\angle 29.7°}A=1.24\angle -29.7°A$$

$$P=U\cdot I\cos\varphi_z=10\times 1.24\times\cos 29.7°W\approx 10.8W$$

$$Q=U\cdot I\sin\varphi_z=10\times 1.24\times\sin 29.7°var\approx 6.14var$$

$$S=U\cdot I=10\times 1.24VA=12.4\ VA$$

$$\lambda=\cos\varphi_z=\cos 29.7°\approx 0.87\quad(滞后)$$

方法二:先算出流经各元件的电流,然后分别算出各元件的有功功率,无功功率,再算出电路总的 P、Q 和 S。

$$\dot{I}_2=\frac{j4}{4-j4+j4}\cdot\dot{I}=j1.24\angle -29.7°A=1.24\angle 60.3°A$$

$$\dot{I}_1=\frac{j4}{4-j4+j4}\cdot\dot{I}=(1-j)\times 1.24\angle -29.7°=1.24\angle 60.3°$$

$$=\sqrt{2}\angle -45°\times 1.24\angle -29.7°A=1.75\angle 74.7°A$$

则有 $P=\sum P_k=I^2\times 3+I_2^2\times 4=10.8W$

$$Q=\sum Q_K=I_1^2\times 4-I_2^2\times(+4)=6.10var$$

$$S=\sqrt{S^2+Q^2}=\sqrt{10.8^2+6.1^2}V\cdot A=12.4VA$$

这里需要特别说明的是

$$S\neq\sum S_K$$

$$\lambda=\frac{P}{S}=\frac{10.8}{12.4}\approx 0.87(滞后)$$

【例 5.20】 接在 220V/50Hz 电源上的一感性负载,其消耗的有功功率时 30 kW,$\lambda=0.8$,若要使电路的功率因数达到 0.95,问所需并联的电容值是多少?

解 根据功率三角形先计算出该感性负载的无功功率

$$\varphi_z=\cos^{-1}0.8=36.9°(滞后)$$

$$Q_L=P_L\cdot\tan\varphi_z=30\times\tan 36.9°=22.5kvar$$

再求并联补偿电容后电路总的无功功率

$$\varphi_z'=\cos^{-1}0.95=18.2°(滞后)$$

$$Q=P_L\cdot\tan\varphi_z'=30kvar\times 0.33=9.9kvar$$

电容元件的无功功率为

$$Q_C=Q_L-Q=(22.5-9.9)kvar=12.6kvar$$

应并联的电容器的电容为

$$C=\frac{Q_C}{\omega U^2}=\frac{12.6\times 10^3}{100\pi\times 220^2}F\approx 829\mu F$$

【例 5.21】 用复功率的概念求例(5.19)的 P、Q、S 及 λ。

解 在例 5.19 中,已知 $\dot{U}=10\angle 0°V$,算得 $\dot{I}=1.24\angle -29.7°A$,则有

$$\dot{I}^*=1.24\angle 29.7°A$$

电路的复功率为

$$\tilde{S}=\dot{U}\cdot\dot{I}^{*}=10\times1.24\angle29.7^\circ=12.4\angle29.7^\circ=S\angle\varphi_z=10.8+\mathrm{j}6.14=P+\mathrm{j}Q$$

由此得

$$S=12.4\mathrm{VA};P=10.8\mathrm{W};Q=6.14\ \mathrm{var};\lambda=\frac{P}{S}=\frac{10.8}{12.4}\approx0.87(\text{滞后})$$

思考与练习题

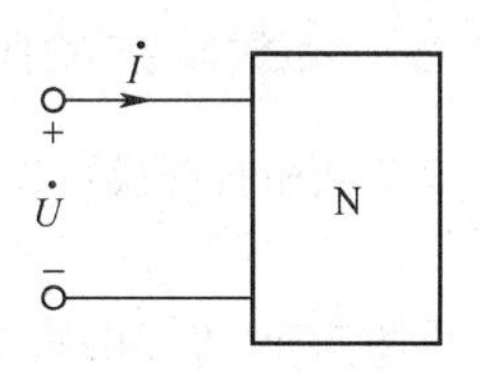

图 5.41 练习题 5.13 图

5.13 图 5.41 所示无源二端网络的电压、电流相量为 $\dot{U}=100\angle0^\circ\mathrm{V}$ 和 $\dot{I}=(0.8+\mathrm{j}0.6)\mathrm{A}$。求二端网络的平均功率、无功功率、视在功率和等效导纳 Y。

5.7 正弦电流电路的最大功率传递定理

在电子电路中,我们常常会遇到负载与电源的匹配问题,也就是负载在什么条件下能从电路中获得最大功率。直流电阻电路中,负载从电源获得最大功率的条件我们已经讨论过了。现在再来研究正弦交流电路中负载从电源获得最大功率的条件。

图 5.42 所示电路中,$\dot{U}_s$ 和 Z_s 可视为戴维南等效电源,电源内阻抗为 $Z_s=R_s+\mathrm{j}X_s=|Z_s|\angle\varphi_s$。负载阻抗 $Z=R+\mathrm{j}X=|Z|\angle\varphi_z$,它有两种情况,一是 R 和 X(或 $|Z|$ 和 φ_z)均可改变,另一种是其模 $|Z|$ 可改变,而阻抗角 φ_z 不能改变。下面分别就两种情况下,负载满足什么条件可以获得最大功率进行分析。

5.7.1 负载的电阻和电抗均可改变时的情况

在这种情况下,负载 Z 吸收的功率可表示为

$$P=I^2R$$

由图 5.42 有

$$\dot{I}=\frac{\dot{U}_s}{Z_s+Z}=\frac{\dot{U}_s}{(R_s+\mathrm{j}X_s)+(R+\mathrm{j}X)}=\frac{\dot{U}_s}{(R_s+R)+\mathrm{j}(X_s+X)}$$

电流有效值为

$$I=\frac{U_s}{\sqrt{(R_s+R)^2+(X_s+X)^2}}$$

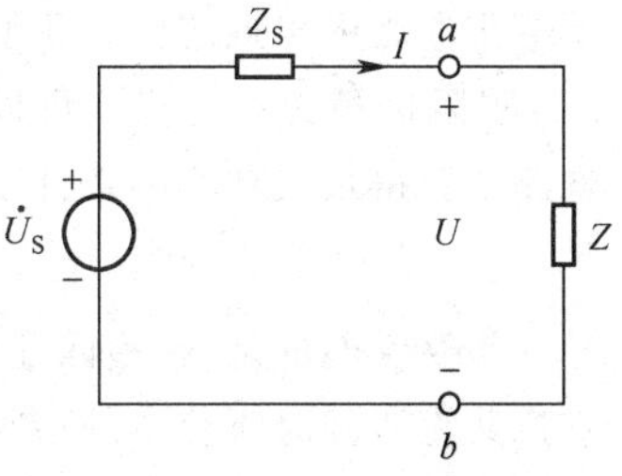

图 5.42 最大功率传递

将其代入 $P=I^2R$ 中得

$$P=I^2R=R\frac{U_s^2}{(R_s+R)^2+(X_s+X)^2}$$

分别调节 R 和 X,以使功率 P 最大。首先调节 X,R 不变,则当满足 $X=-X_s$ 时,负载吸收的功率最大,且

$$P=\frac{R}{(R_s+R)^2}U_s^2 \tag{5.51}$$

上式与直流电阻电路中最大功率分析的公式完全一样。现调节 R,以使式(5.51)的 P 为最大,由直流电阻电路的分析可知,只有当 $R=R_s$ 时,负载才能获得最大功率。

从以上分析可以看出,当负载阻抗中的电阻和电抗都可以独立的改变时,负载从电路中获得最大功率的条件是

$$R=R_s,X=-X_s \tag{5.52}$$

这时负载阻抗与等效电源内阻抗互为共轭复数，即 $Z=Z_s^*$。我们称这种阻抗匹配关系为共轭匹配。在满足共轭匹配条件时，负载获得的最大功率为

$$P_{max}=\frac{U_s^2}{4R_s}$$

5.7.2 负载阻抗的阻抗角恒定而模可改变时的情况

设负载阻抗的模可以改变，阻抗角不能改变，则负载阻抗可写成如下形式

$$Z=|Z|\angle\varphi_z=|Z|\cos\varphi_z+j|Z|\sin\varphi_z$$

由图 5.42 可知电路中电流 I 为

$$I=\frac{U_s}{|Z_s+Z|}=\frac{U_s}{|(R_s+jX_s)+|Z|\cos\varphi_z+j|Z|\sin\varphi_z|}$$

$$=\frac{U_s}{\sqrt{(R_s+|Z|\cos\varphi_z)^2+(X_s+|Z|\sin\varphi_z)^2}}$$

于是负载所消耗的功率为

$$P=I^2|Z|\cos\varphi_z=\frac{U_s^2|Z|\cos\varphi_z}{(R_s+|Z|\cos\varphi_z)^2+(X_s+|Z|\sin\varphi_z)^2}$$

负载阻抗角不能改变，只有调节阻抗模 $|Z|$ 的大小，以使 P 最大。令 $\frac{dP}{d|Z|}=0$，可得

$$(R_s+|Z|\cos\varphi_z)^2+(X_s+|Z|\sin\varphi_z)^2-2|Z|\cos\varphi_z(R_s+|Z|\cos\varphi_z)$$
$$-2|Z|\sin\varphi_z(X_s+|Z|\sin\varphi_z)=0$$

化简后得

$$R_s^2+X_s^2-|Z|^2=0$$

即

$$|Z|=\sqrt{R_s^2+X_s^2} \tag{5.53}$$

上式说明，当负载阻抗的模可以改变而阻抗角恒定时，负载获得最大功率的条件是负载阻抗的模等于电源内阻抗的模。我们称这种匹配关系为模匹配。我们常常遇到纯电阻的负载，即负载阻抗 $Z=R$（阻抗角为零），若 R 可以改变（注意，这是阻抗角仍为零，即阻抗角不能改变），则负载电阻 R 从电路中获得最大功率的条件是

$$R=\sqrt{R_s^2+X_s^2}=|Z_s| \tag{5.54}$$

需要说明的是，在模匹配的条件下，负载从电路中获得的功率并不是其可能获得的功率最大值，它比共轭匹配时所获得的最大功率要小，这是因为模匹配阻抗角不能调节的限制，而共轭匹配时负载阻抗不受任何限制。

【例 5.22】 电路如图 5.43(a)所示，试求下列条件下的负载功率。(1)负载为 20Ω 电阻；(2)负载为电阻与电路匹配；(3)负载与电路为共轭匹配。

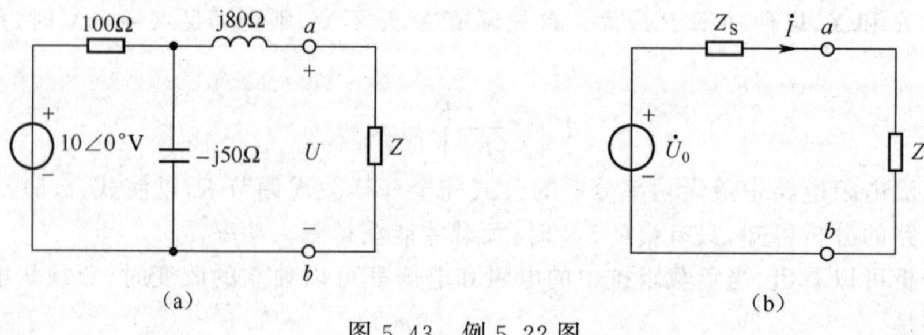

图 5.43 例 5.22 图

解　将负载阻抗 Z 从 a、b 端断开，求其电路的戴维南等效电路如下

$$\dot{U}_0=\dot{U}_{oc}=\frac{-j50}{100-j50}\times 10=\frac{-j10}{2-j}\mathrm{V}=\frac{-j10(2+j)}{(2-j)(2+j)}\mathrm{V}$$

$$=(2-4j)\mathrm{V}=\sqrt{20}\angle -63.4°\mathrm{V}$$

$$Z_s=\left(j80+\frac{100\times(-j50)}{100-j50}\right)\Omega=j80+\frac{-j100}{2-j}\Omega$$

$$=\left(j80+\frac{-j100(2+j)}{(2-j)(2+j)}\right)\Omega=(20+j40)\Omega=20\sqrt{5}\angle -63.4°\ \Omega$$

其戴维南等效电路与负载 Z 连接的电路如 5.43(b)所示。

(1)当 Z 为 20Ω 电阻时

负载电流为

$$\dot{I}_1=\frac{\dot{U}_0}{Z_s+R}=\frac{\sqrt{20}\angle -63.4°}{20+j40+20}=\frac{\sqrt{20}\angle -63.4°}{40\sqrt{2}\angle 45°}=79\angle -108.4°\mathrm{mA}$$

负载吸收的功率为

$$P_1=I_1^2R=(0.079)^2\times 20=0.125\mathrm{W}=125\mathrm{mW}$$

(2)当 Z 为电阻且与等效电源为模匹配时，匹配条件为

$$R'=|Z_s|=20\sqrt{5}\Omega$$

负载电流为

$$\dot{I}_2=\frac{\dot{U}_0}{Z_s+R'}=\frac{\sqrt{20}\angle -63.4°}{20+j40+20\sqrt{5}}=\frac{\sqrt{20}\angle -63.4°}{76.1\angle 31.7°}=0.059\angle -95.1°\mathrm{A}$$

负载吸收的功率为

$$P_2=I_2^2R'=(0.059)^2\times 20\sqrt{5}=0.156\mathrm{W}=156\mathrm{mW}$$

(3)当 Z 与电路为共轭匹配时

匹配条件为

$$Z=Z_s^*=20-j40$$

负载吸收的功率为

$$P_3=\frac{U_0^2}{4\cdot R_s}=\frac{(\sqrt{20})^2}{4\times 20}=0.25\mathrm{W}=250\mathrm{mW}$$

由此例可以看出，当负载阻抗与电路为共轭匹配时，从电路中获得的功率最大，模匹配时次之，而无匹配关系时比两种匹配关系时的功率都小。

思考与练习题

5.14　电路相量模型如图 5.44 所示，已知 $\dot{U}_s=20\angle 0°\mathrm{V}$。

(1) Z_L 为何值时获得最大功率？最大功率 $P_{L\max}$ 为多少？

(2)若 Z_L 为纯电阻，求 Z_L 获得的最大功率。

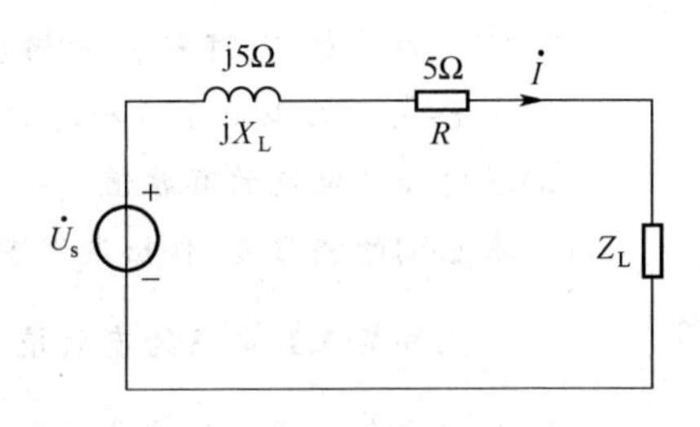

图 5.44　练习题 5.14 图

习题 5

5.1 试绘 $u(t)=\cos(2t+26°)$V 的波形图,分别用 t 和 ωt 为横坐标。

5.2 图 5.45 所示电压波形,其最大值为 1V,试写出时间起点分别定在 A、B、C、D、E 各点时电压 $u(t)$ 的表达式。

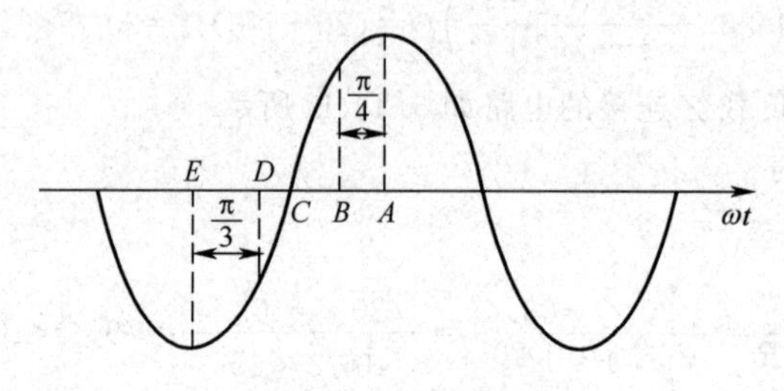

图 5.45 题 5.2 图

5.3 试计算图 5.46 所示各正弦波的相位差。

(1)$u=10\cos(314t+45°)$V 和 $i=20\cos(314t-20°)$A

(2)$u_1=4\cos(60t+10°)$V 和 $u_2=-8\cos(60t+95°)$V

(3)$u=5\cos(20t+5°)$V 和 $i=7\sin(20t-20°)$A

(4)$i_1=-6\sin 4t$A 和 $i_2=-9\cos(4t+30°)$A

5.4 试计算图 5.46 所示各周期波形的有效值。

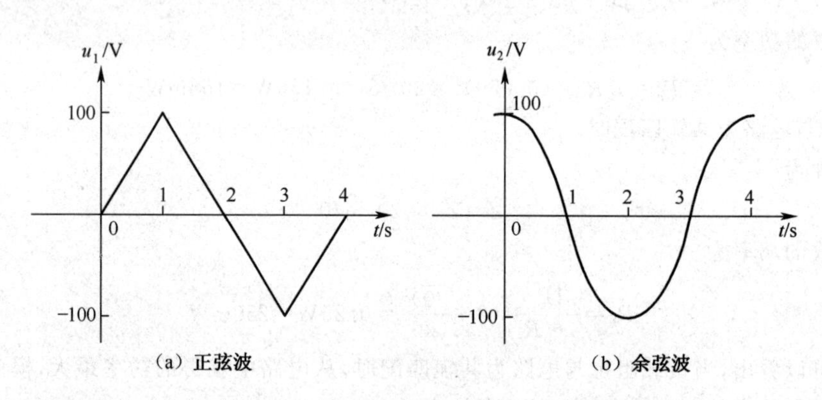

图 5.46 题 5.4 图

5.5 已知正弦电压、电流分别为

$$u(t)=10\cos\left(2\pi t-\frac{\pi}{6}\right)\text{V};i(t)=5\cos\left(2\pi t+\frac{\pi}{4}\right)\text{A}$$

(1)它们的周期 T、频率 f、初相 φ 各位多少?

(2)求 $t=0.5$ 秒及 0.125 秒时的 u 与 i 值。

(3)求电压与电流的有效值。

(4)求它们的相位差,作出波形图。

5.6 已知某正弦电压的有效值为 5V,周期为 20ms,初相为 $\frac{\pi}{6}$

(1)写出这个电压的余弦函数表达式;

(2)画出波形图

5.7　(1)把下列复数表示为直角坐标形式。

(a)$18\angle 26.6^{\circ}$　　(b)$40\angle -54.3^{\circ}$　　(c)$120\angle 80^{\circ}$

(d)$80\angle -150^{\circ}$　　(e)$7.5\angle 89^{\circ}$　　(f)$17.9\angle -34.5^{\circ}$

(2)把下列复数表示为极坐标形式。

(a)$3+\mathrm{j}4$　　(b)$4-\mathrm{j}3$　　(c)$7+\mathrm{j}18$

(d)$132-\mathrm{j}14$　　(e)$-6+\mathrm{j}8$　　(f)$-3.4+\mathrm{j}8.2$

5.8　计算下列各题,答案以复数的代数和极坐标形式表示。

(a)$10\angle 53.1^{\circ}+(4+\mathrm{j}2)$　　(b)$10\mathrm{e}^{\mathrm{j}90^{\circ}}+(8-\mathrm{j}2)$

(c)$\dfrac{5+\mathrm{j}5}{5\angle 80^{\circ}}$　　(d)$\dfrac{12-\mathrm{j}16}{0.23+\mathrm{j}0.75}$

5.9　(1)求对应于下列正弦量的相量。

(a)$[-20\cos 2t+30\sin 2t]$A　　(b)$-40\sin(5t+75^{\circ})$V

(2)求下列相量所对应的正弦量。

(a)$\dfrac{16-\mathrm{j}8}{\mathrm{j}2}$A　　(b)$(-8+\mathrm{j}16)$V　　(c)$-\mathrm{j}10$V

5.10　已知$u_1=100\cos(\omega t+30^{\circ})$V,$u_2=100\cos(\omega t+150^{\circ})$V,$u_3=100\cos(\omega t-90^{\circ})$V,求$u_{12}=u_1-u_2$,$u_{23}=u_2-u_3$,$u_{31}=u_3-u_1$,并作出上述各电压的相量图。

5.11　已知$i_1=20\cos(\omega t+25^{\circ})$A,$i_2=20\cos(\omega t+25^{\circ})$A,求$i=i_1+i_2$,并作出这三个电流的相量图。

5.12　电路如图5.47所示,$R=10\Omega$,$L=15\mathrm{mH}$,$C=330\mu\mathrm{F}$,$i=10\sqrt{2}\cos(314t+60^{\circ})$A,求各元件上的电压和总电压的相量及瞬时值,并绘相量图。

5.13　电路如图5.48所示,$R=5\Omega$,$L=0.5$ H,$C=0.1\mu\mathrm{F}$,$u=5\cos(1\,000t)$V,试求$i_R(t)$、$i_L(t)$、$i_C(t)$及$i(t)$的表达式。

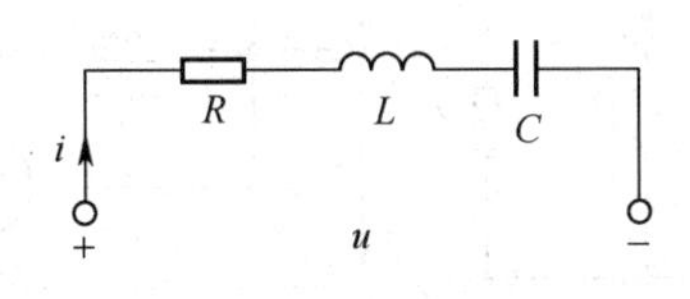

图5.47　题5.12图

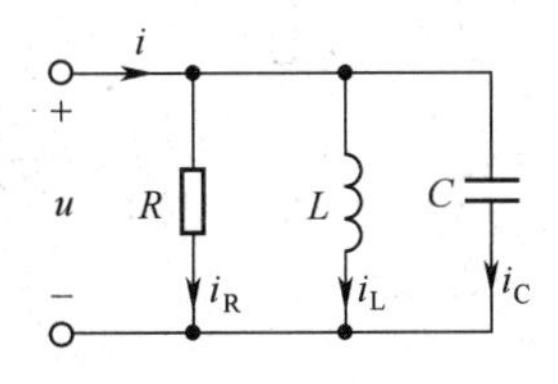

图5.48　题5.13图

5.14　如图5.49所示,电压表读数为有效值,图5.49(a)中V_1读数为30V,V_2读数为60V;图5.49(b)中V_1读数为15V,V_2读数为80V,V_3读数为100V,求

(1)两个电路端电压的有效值;

(2)如果外加电压为直流电压($\omega=0$),且等于25V,再求各表读数。

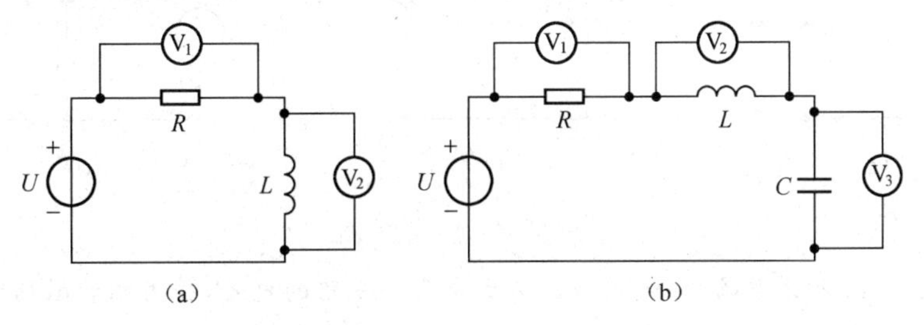

图5.49　题5.14图

5.15　如图5.50所示电路，已知各电流表读数为A_1为5A，A_2为20A，A_3为25A，求

(1)电流表A的读数。

(2)如果维持第一只表A_1的读数不变，而把电路的频率提高一倍，再求其他表的读数。

5.16　已知R、L、C串联电路如图5.51所示，其中$R=15\Omega$，$L=12\text{mH}$，$C=5\mu\text{F}$，端口电压$u=100\sqrt{2}\cos(5\,000t)V$，试求电路中的电流$i$和各元件上的电压(瞬时表达式)。

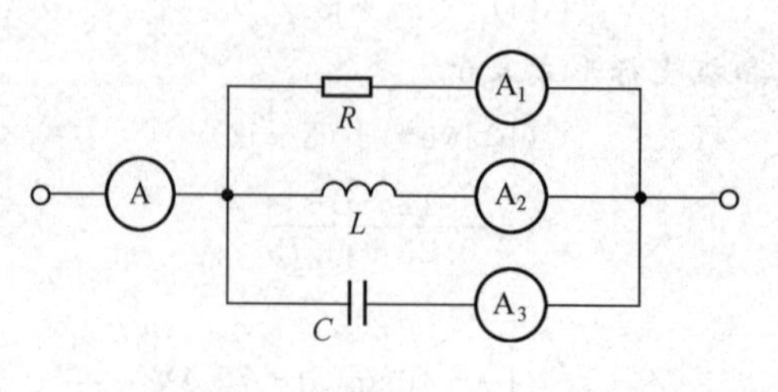

图5.50　题5.15图

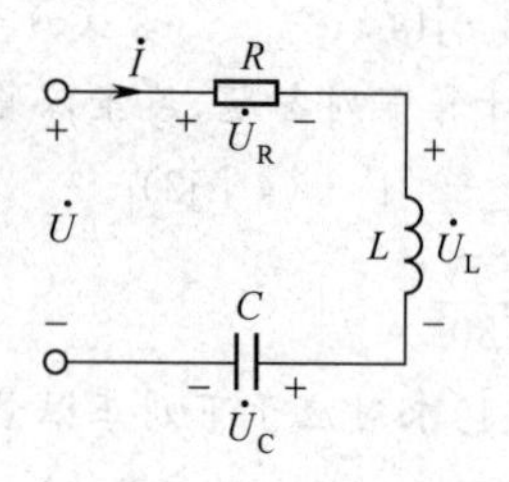

图5.51　题5.16图

5.17　已知正弦稳态电路如图5.52所示，$R_1=30\Omega$，$X_2=20\Omega$，$R_3=10\Omega$，$X_3=10\Omega R_4=16\Omega$，$\omega=314\text{rad/s}$。

(1)求该电路的最简等效串联电路的元件参数。

(2)求该电路的最简等效并联电路的元件参数。

5.18　图5.53所示电路中，已知$i_s=\sqrt{2}\cos(10\,000t)A$，$Z_1=(10+\text{j}50)\Omega$，$Z_2=-\text{j}52\Omega$，求支路电流$i_1$、$i_2$和端电压$u_1$。

5.19　电路如图5.54所示，各电压表指示有效值，试求电压表V_2的读数。

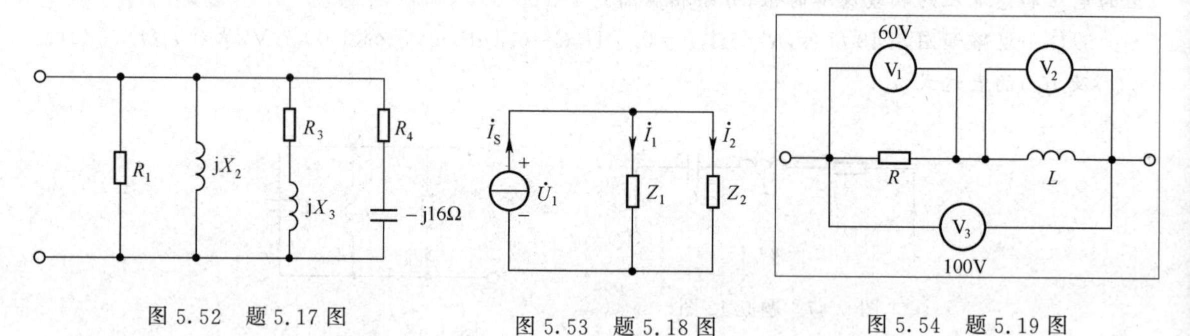

图5.52　题5.17图　　图5.53　题5.18图　　图5.54　题5.19图

5.20　在图5.55所示电路中，试用分压关系求$\dot{U}_{ab}$和$\dot{U}_{bc}$。并用相量图标明$\dot{U}$、$\dot{U}_{ab}$、$\dot{U}_{bc}$之间的关系。

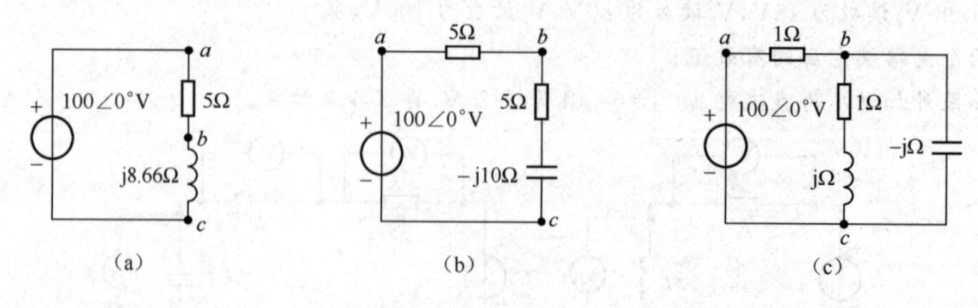

图5.55　题5.20图

5.21　在图5.56所示电路中，试用分流公式求每一支路的电流，并用相量图标明各电流相量之间的关系。

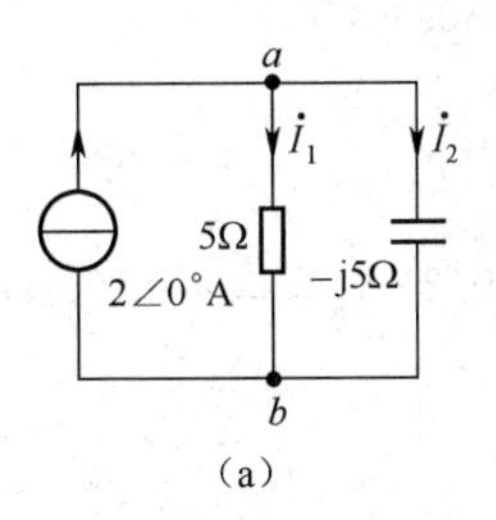

(a)

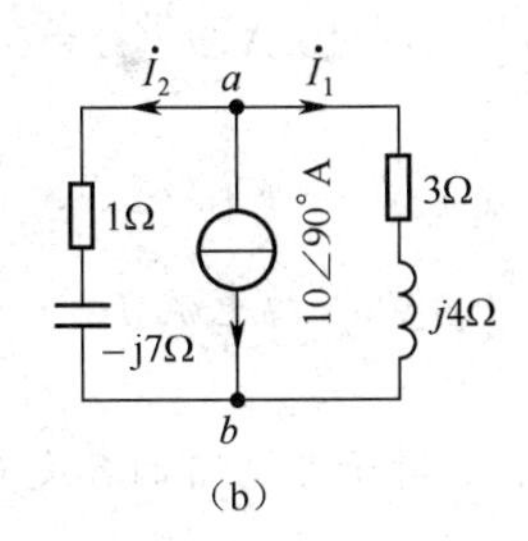

(b)

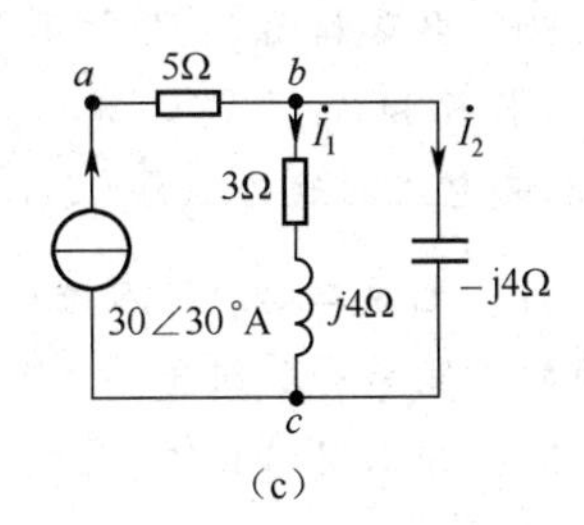

(c)

图5.56 题5.21图

5.22 试分别用网孔分析法和节点分析法求图5.57所示电路的$\dot{I}_0$。

5.23 试用戴维南定理求图5.57所示电路的电流$\dot{I}_0$。

5.24 电路如图5.58所示,试求电路消耗的功率及功率因数。

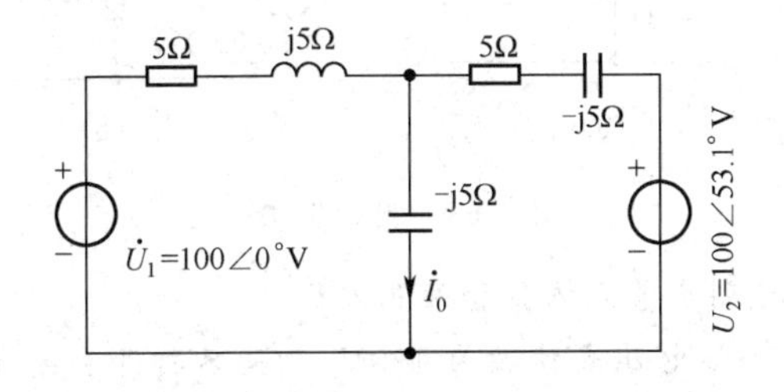

图5.57 题5.22图

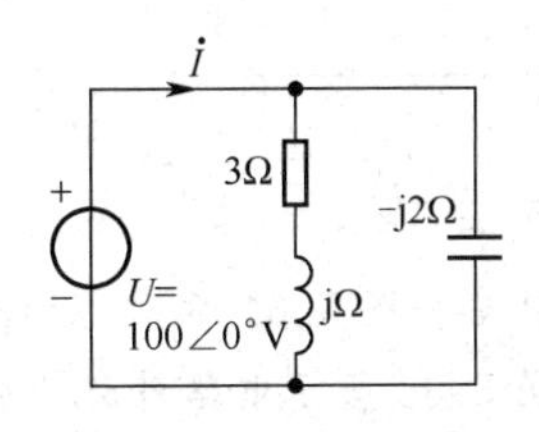

图5.58 题5.24图

5.25 电路如图5.59所示,求整个电路的瞬时功率$p(t)$,平均功率P及功率因数。

5.26 二端网络如图5.60所示,$u(t)=75\cos(\omega t)$V,$i(t)=10\cos(\omega t+30°)$A,求$P$、$Q$、$S$及$\lambda$。

5.27 电路如图5.60所示,$u=100\cos(100t)$V,负载的平均功率及无功功率为6W及8var。要使功率因数$\lambda=1$,应并联多大的电容C。

5.28 电路相量模型如图5.61所示,已知$\dot{U}=(100+\text{j}10)$V,求$\dot{I}_1$、$\dot{I}_2$、$\dot{I}_3$和$\dot{I}$,并作相量图(应显示$\dot{U}$与$\dot{I}$的相位关系以及$\dot{I}=\dot{I}_1+\dot{I}_2+\dot{I}_3$的关系)。

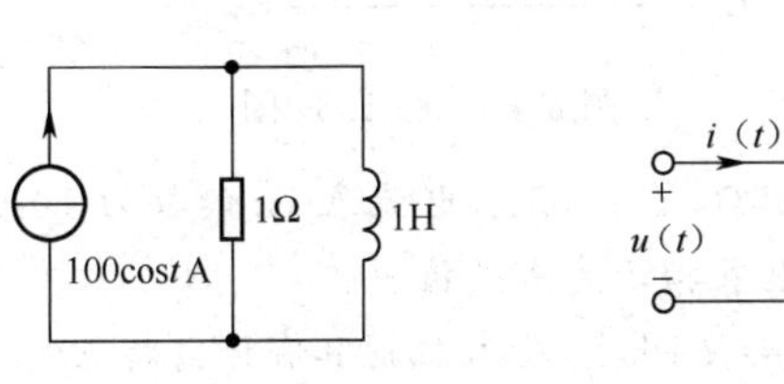

图5.59 题5.25图

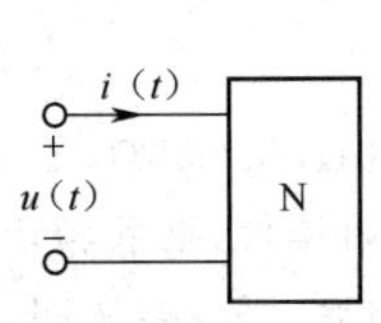

5.60 题5.26图

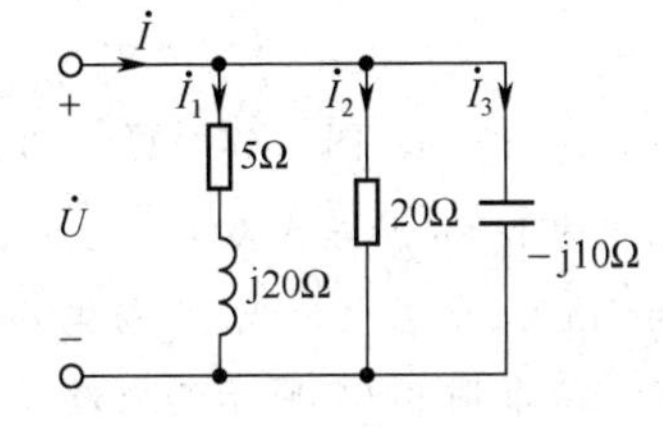

图5.61 题5.28图

5.29 已知无源二端网络的端电压$u(t)$和电流$i(t)$分别如下列所示,试求每种情况下的阻抗和导纳。(二端网络上u与i关联)

(1)$u(t)=20\cos(10t+45°)$V,$i(t)=12\cos(10t+35°)$A

(2)$u(t)=60\cos(2t-30°)$V,$i(t)=15\cos(2t+60°)$A

(3)$u(t)=10\cos(\pi t+45°)$V,$i(t)=4\sin(\pi t+35°)$A

(4)$u(t)=-5\cos2t+12\sin2t$V,$u(t)=1.3\cos(2t+40°)$A

(5)$u(t)=\text{Re}[\text{j}e^{\text{j}2t}]$V,$i(t)=\text{Re}[(1+\text{j})\text{j}e^{\text{j}(2t+30°)}]$mA

5.30 电路如图 5.62 所示，已知 $i(t)=5\cos10t\text{A}$，$u_{ab}(t)=\cos(10t-53.1°)\text{V}$。

(1)求 R 和 C；

(2)若电流源改为 $i(t)=5\cos5t\text{A}$，求 $u_{ab}(t)$。

5.31 无源二端网络入端电压 $\dot{U}=1+\text{j}1\text{V}$，入端电流 $\dot{I}=(-0.1+\text{j}0.2)\text{A}$，画出 $\omega=100\text{rad/s}$ 时的最简的串联和并联组合。

5.32 分别用网孔法、节点法求图 5.63 所示各电路的各支路电流。

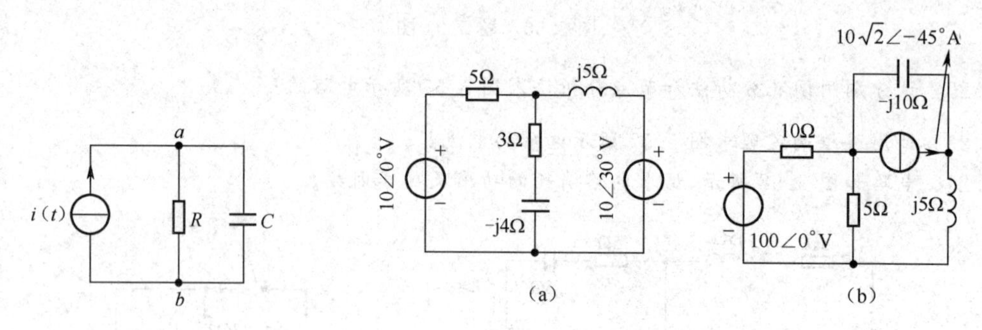

图 5.62 题 5.30 图

图 5.63 题 5.32 图

5.33 电路如图 5.64 所示，$\omega=2\text{rad/s}$，试列出节点方程和网孔方程。

5.34 图 5.65 所示电路外施正弦电压，已知电压表读数为 120V，开关 S 打开和闭合两种情况下电流表读数保持不变，均为 4A，容抗 $X_C=48\Omega$，求电阻 R 和感抗 X_L。

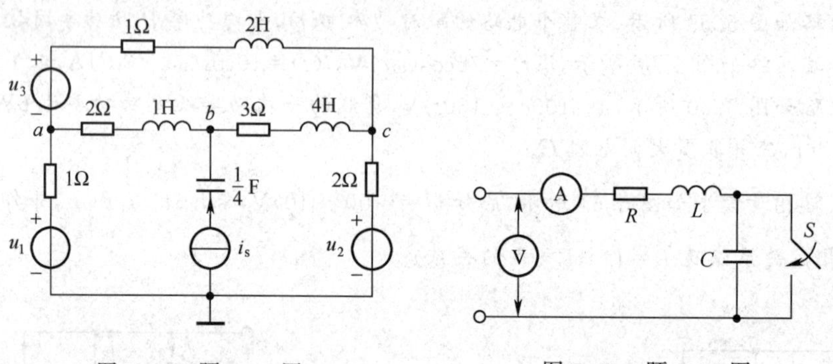

图 5.64 题 5.33 图

图 5.65 题 5.34 图

5.35 图 5.66 所示电路中，已知 $X_C=70\Omega$，$R=35\Omega$，$X_L=35\Omega$，电流表 A_1 读数为 10A，电压表 V_1 读数为 700V，试求电流表 A_2 与电压表 V_2 的读数，电表指示为有效值。

5.36 试求图 5.67 所示两电路的输入阻抗，若 $Z=R+\text{j}\omega L$，输入阻抗具有什么特点？

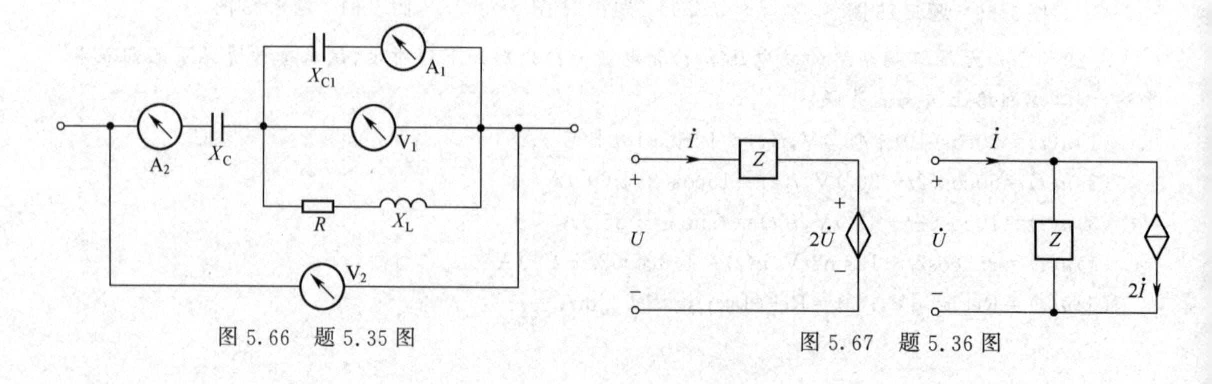

图 5.66 题 5.35 图

图 5.67 题 5.36 图

5.37　求图5.68所示电路的输入阻抗，设角频率 ω 为已知。

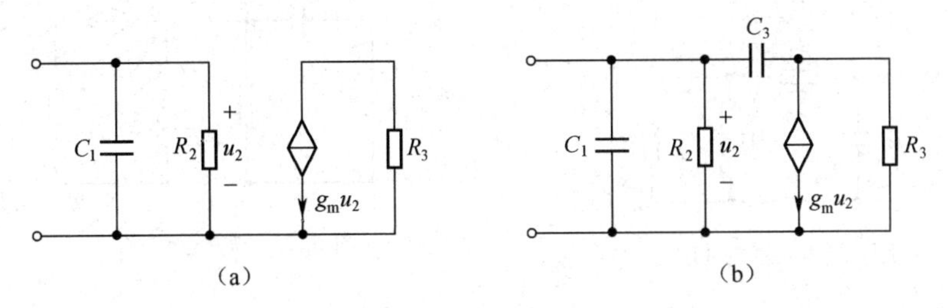

图5.68　题5.37图

5.38　求图5.69所示电路 A、B 两点间的电压。

5.39　求图5.70所示电路的输入阻抗，并求 i、i_1、i_2 值，已知 $u=10\sqrt{2}\cos 5t\,\text{V}$，$R_1=10\Omega$，$C=\frac{1}{100}\,\text{F}$，$R_2=5\Omega$。

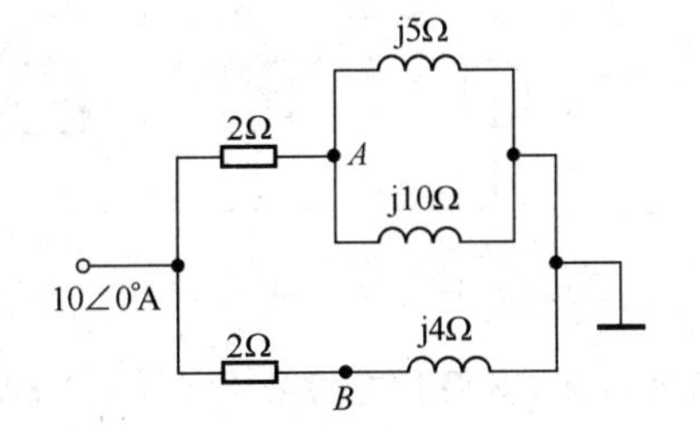

图5.69　题5.38图

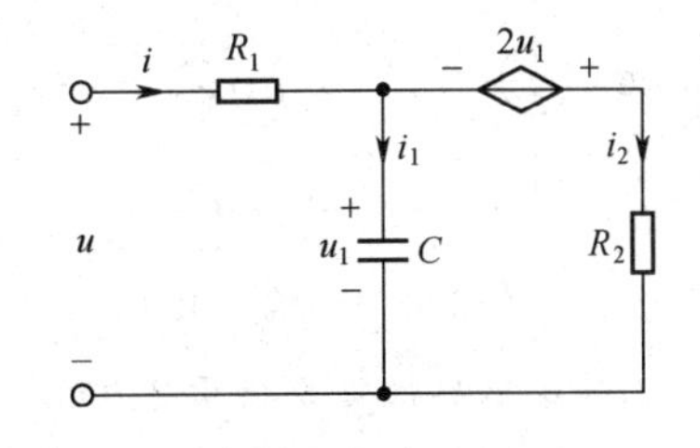

图5.70　题5.39图

5.40　电路如图5.71所示，试确定方框内最简单串联组合的元件值。

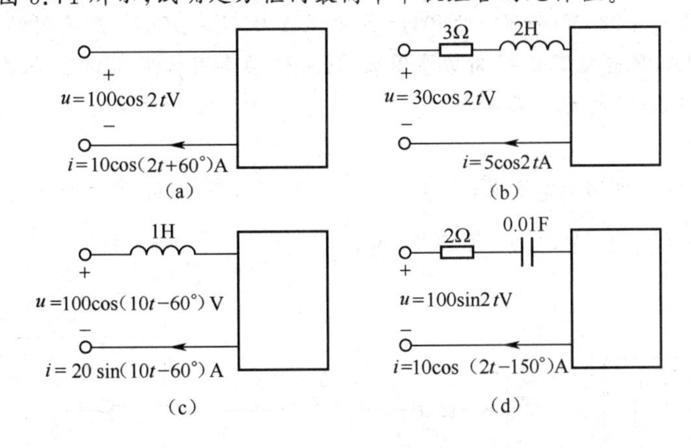

图5.71　题5.40图

5.41　图5.72所示电路，求等效阻抗 Z 及导纳 Y，若 $\omega=2\text{rad/s}$，求其串联及并联的元件值。

5.42　电路如图5.73所示，已知 $R_1=1\text{k}\Omega$，$R_2=10\text{k}\Omega$，$L=10\text{mH}$，$C=0.1\mu\text{F}$，$\mu=99$，$u_s(t)=\sqrt{2}\cos\omega t\,\text{V}$。

(1)求 a、b 端的戴维南等效电路 $\dot{U}_{oc}$ 及 Z_0。

(2)若 $\omega=10^4\,\text{rad/s}$，试确定戴维南等效电路。

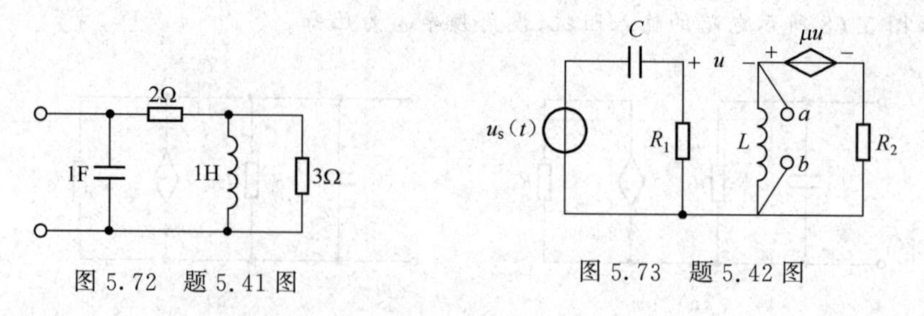

图 5.72　题 5.41 图　　图 5.73　题 5.42 图

5.43　计算图 5.74 所示电路中电源的平均功率和各电阻消耗的功率。

5.44　图 5.75 所示电路，已知 $\dot{U}=100\angle-90^\circ\text{V}$，$Z_1=0.5-\text{j}3.5\Omega$，$Z_2=5\angle53^\circ\ \Omega$，$Z_3=-\text{j}5\Omega$，求电流 $\dot{I}$ 及整个电路吸收的功率和功率因数。

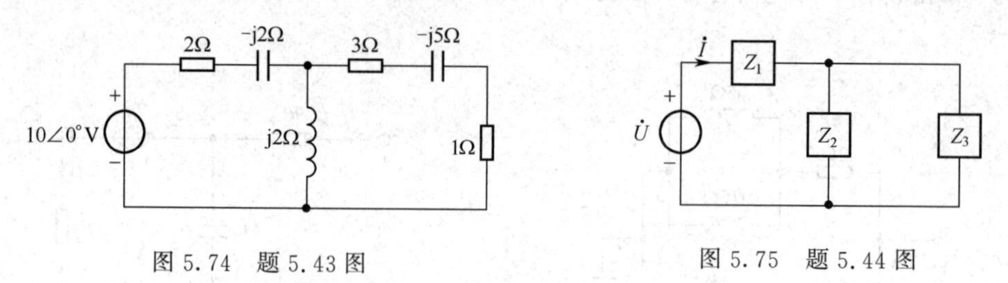

图 5.74　题 5.43 图　　图 5.75　题 5.44 图

5.45　已知某电感性负载接于 220V，50Hz 的正弦电压上，测得其有功功率 $P=7.5\text{kW}$，无功功率 $Q=5.5\text{kvar}$，求电路的功率因数，若以电阻与电感相串联作为其等效电路，求等效电阻与电感。

5.46　图 5.76 所示为荧光灯电路模型，图中 R 为灯管电阻，L 与 R_L 分别为镇流器电感和电阻。现已知外加正弦电压 $U=220\text{V}$，频率 $f=50\text{Hz}$，R 的端电压 $U_1=100\text{V}$，镇流器的端电压 $U_2=174\text{V}$，镇流器电流 $I_L=0.4\text{A}$，现并电容以提高功率因数，问要使功率因数提高到 1，求并联的 C 值。

5.47　电路如图 5.77 所示。各电压、电流均为有效值。已知电流输出的功率为 2 kW，求 R_1、X_1、R_2 的值。

5.48　图 5.78 所示电路，Z_L 可变，当 $Z_L=1+\text{j}1\Omega$，Z_L 上获得最大功率 $P_{\max}=25\text{W}$，已知 $X_C=2\Omega$，$\dot{I}_s=3\angle0^\circ\text{A}$，$\dot{U}_s=U_s\angle45^\circ\text{V}$，求 R、X_L 及 U_s 值。

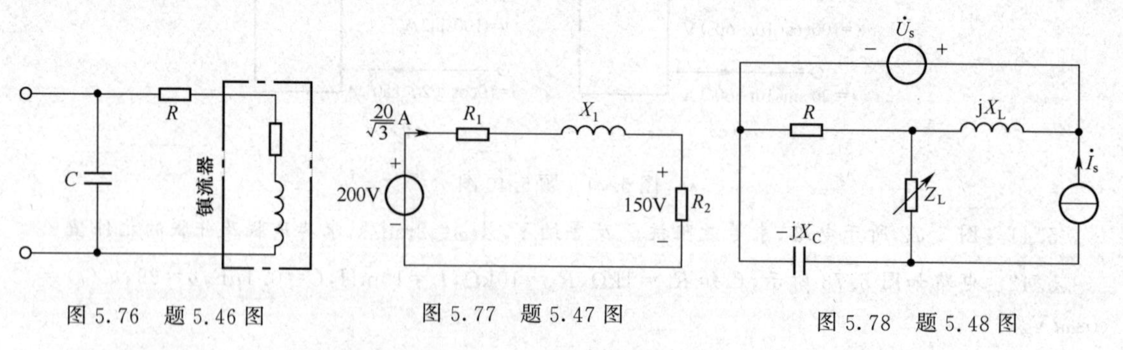

图 5.76　题 5.46 图　　图 5.77　题 5.47 图　　图 5.78　题 5.48 图

5.49　求图 5.79 所示电路的功率因数，要使功率因数为 0.95(滞后)，问并联电抗多大？

5.50　电路如图 5.80 所示，$U_s=50\text{V}$，电源提供的功率为 312.5W，求 X_C。

5.51　电路如图 5.81 所示，$u_s=100\sqrt{2}\cos200t\text{V}$

(1)求 200Ω 负载的功率；

(2)求从电源端看的功率因数；

(3)求 100Ω 电阻上消耗的功率；

(4)如果在负载两端并联电容 C，如果要使负载获得最大功率，问 $C=?$，负载得到的功率以及 100Ω 电阻消耗的功率各是多少？

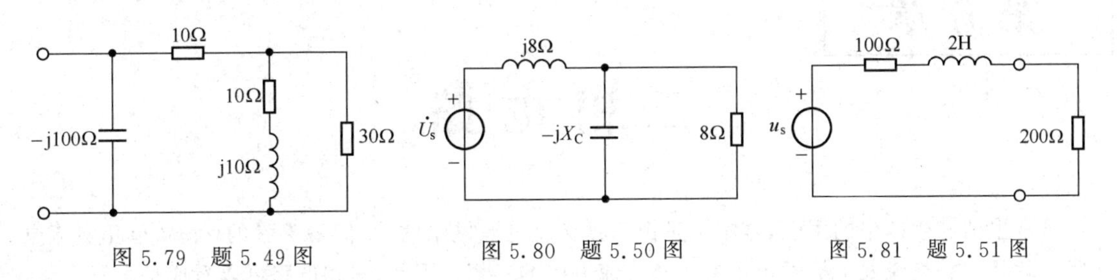

图 5.79　题 5.49 图　　图 5.80　题 5.50 图　　图 5.81　题 5.51 图

5.52　电路如图 5.82 所示，求：

(1)获得最大功率时 Z 为何值？

(2)最大功率值。

(3)若 Z 为纯电阻，求其获得的最大功率。

5.53　电路如图 5.83 所示，为了使负载获得最大功率，负载阻抗 Z_L 应为多少？并求此最大功率。

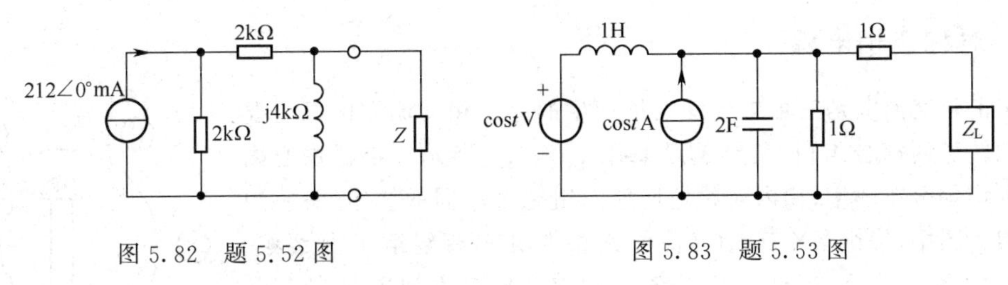

图 5.82　题 5.52 图　　图 5.83　题 5.53 图

5.54　电路如图 5.84 所示，$Z_L=?$ 负载可获得最大功率。

5.55　图 5.85 所示电路中，$\dot{I}_s=10\angle 0°\text{A}$，本别求三条支路所吸收的复功率。

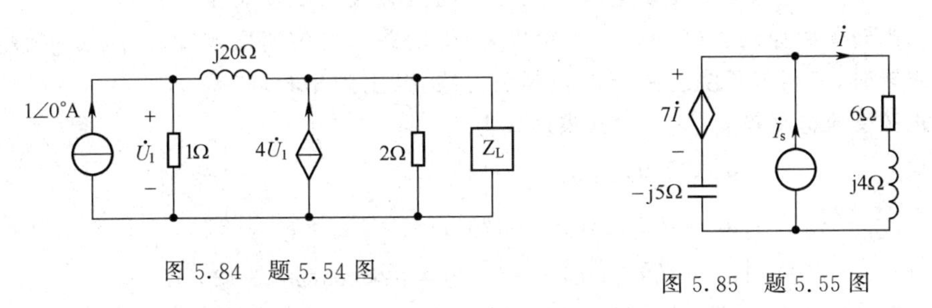

图 5.84　题 5.54 图　　图 5.85　题 5.55 图

5.56　电路如图 5.86 所示，$R_1=6\Omega$，$R_2=3\Omega$，$X_C=6\Omega$，$X_L=5\Omega$，$I=5\text{A}$，求电路的 P、Q、S 以及 λ。

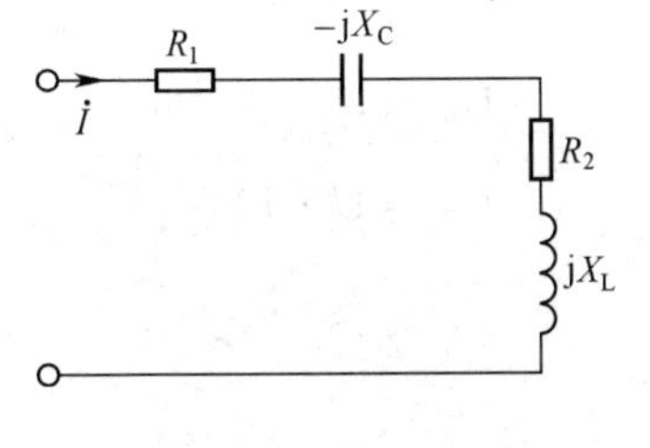

图 5.86　题 5.56 图

第6章

三相电路

日常生活和生产中的用电，基本上是由三相交流电源供给的，我们最熟悉的220V单相交流电，实际上就是三相交流发电机发出来的三相交流电中的一相。因此，三相电路可以看成是由三个频率相同但相位不同的单相电源的组合。对本章研究的三相电路问题而言，前面讨论的单相电流电路的所有分析计算方法完全适用。本章主要讨论对称三相正弦交流电源，对称三相正弦交流电路的计算和功率计算，不对称三相正弦交流电路的分析以及关于对称分量法的有关知识。

6.1 对称三相电源和三相负载

6.1.1 对称三相电源

三相正弦交流电是三相交流发电机产生的。三相交流发电机主要由定子和转子两部分组成，其结构示意图如图6.1所示。定子铁心内圆上冲有均匀分布的槽，槽内对称地嵌放三组完全相同的绕组，每一组称为**一相**。图中，绕组AX、BY、CZ简称A**相绕组**、B**相绕组**、C**相绕组**。三相绕组的各首端A、B、C之间及各末端X、Y、Z之间的位置互差120°，构成对称绕组。转子铁心上绕有直流励磁绕组，选用合适的极面形状和励磁绕组的布置，可以使发电机空气隙中的磁感应强度按正弦规律分布。当转子由原动机（汽轮机、涡轮机等）带动并以均匀速度顺时针方向旋转时，三相定子绕组将依次切割磁力线，产生频率相同、幅值相等的正弦交流电动势u_A、u_B、u_C，其表达式为

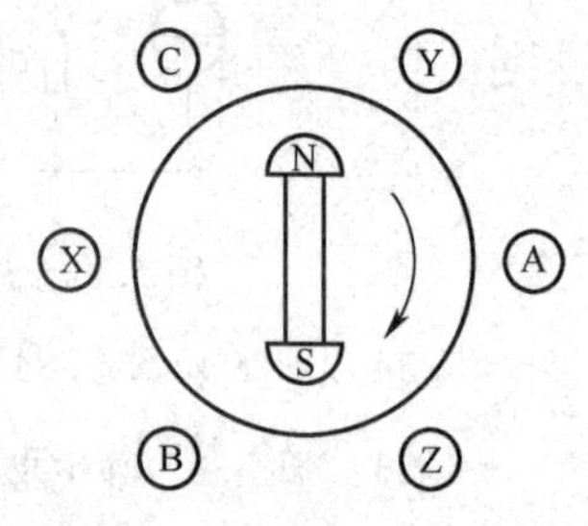

图6.1 发电机结构示意图

$$\begin{cases} u_A = \sqrt{2}U\cos\omega t \\ u_B = \sqrt{2}U\cos(\omega t - 120°) \\ u_C = \sqrt{2}U\cos(\omega t - 240°) = \sqrt{2}U\cos(\omega t + 120°) \end{cases} \tag{6.1}$$

图6.2为对称三相电压及其波形和相量图，三相对称电压有效值相量形式为

$$\begin{cases} \dot{U}_A = U\angle 0° \\ \dot{U}_B = U\angle -120° \\ \dot{U}_C = U\angle 120° \end{cases} \tag{6.2}$$

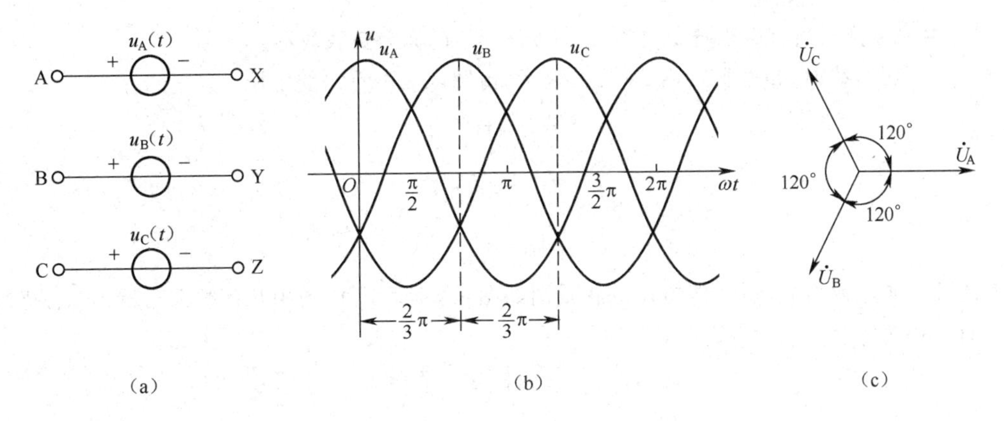

图 6.2　对称三相电压及其波形、相量图

相量图如图 6.2(c)所示，由相量图可看出 $\dot{U}_A$、$\dot{U}_B$、$\dot{U}_C$ 相量合成为 0，即

$$\dot{U}_A + \dot{U}_B + \dot{U}_C = 0 \tag{6.3}$$

由此得到一个重要结论，这就是频率和振幅相同而相位彼此差 120°的三个正弦量之和为零。对称三相电压之和为零，即任一瞬时对称三相电压的瞬时值之和为零。

三相电压依次出现极大值的次序，称为相序。当 A 相超前 B 相 120°，B 相超前 C 相 120°，相序为 ABC 时，称为正序或顺序。式(6.1)表示的为顺序的情况。如果 C 相超前 B 相 120°，B 相超前 A 相 120°，这种 CBA 的相序称为负序或逆序，如式(6.4)所示

$$\begin{cases} u_A = \sqrt{2}U\cos\omega t \\ u_B = \sqrt{2}U\cos(\omega t + 120°) \\ u_C = \sqrt{2}U\cos(\omega t - 120°) \end{cases} \tag{6.4}$$

电力系统一般采用正序。通常三相电路的相序如无特殊说明，均采用正序。

6.1.2　三相电路的Y形连接和△形连接

1. 星形连接

图 6.3 所示电路为三相四线制的三相电路。电源和负载均连接成星形的电路，又称Y-Y**电路**。电源侧，三相电源的负极端(尾端)X、Y、Z 连接在一起，正极端(首端)A、B、C 与外电路相连，这样就构成一个星形连接的对称三相电源，连在一起的 X、Y、Z 点称为电源的**中(性)点**，用 O 表示。O' 点为三相负载星形连接的中性点。O 点与 O' 点间的连线称为**中线**或**零线**。当中性点 O 或 O' 接地时，中线又称**地线**。由 A、B、C 向外引出的导线，称为端线或火线。电源每一相的电压称为**相电压**记为 $\dot{U}_A$、$\dot{U}_B$、$\dot{U}_C$ 或 $\dot{U}_{AO}$、$\dot{U}_{BO}$、$\dot{U}_{CO}$。端线之间的电压，称为**线电压**，记为 $\dot{U}_{AB}$、$\dot{U}_{BC}$、$\dot{U}_{CA}$。每相负载阻抗的电压 $\dot{U}_{AO'}$、$\dot{U}_{BO'}$、$\dot{U}_{CO'}$ 称为负载的**相电压**。每相负载阻抗上流过的电流称为**负载相电流**。端线上的电流 $\dot{I}_A$、$\dot{I}_B$、$\dot{I}_C$ 称为**线电流**。中线上的电

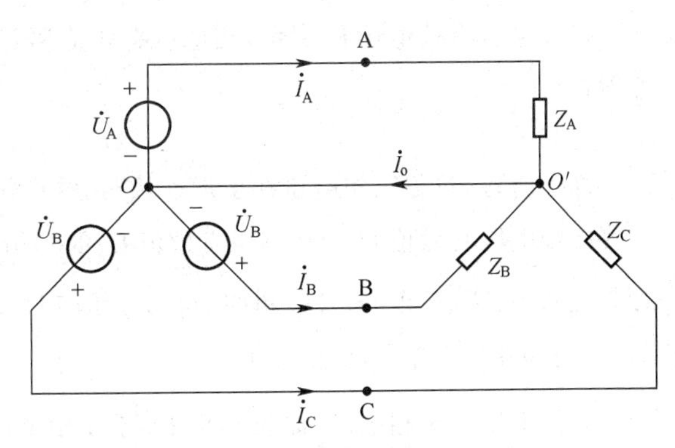

图 6.3　三相四线制

流 $\dot{I}_0$称为**中线电流**。当负载阻抗 Z_A、Z_B、Z_C 彼此相等时，称为**负载对称**。

当三相电压对称时，相电压可由式(6.2)表示，由图 6.3 可看出线电压

$$\dot{U}_{AB}=\dot{U}_A-\dot{U}_B$$

$$\dot{U}_{BC}=\dot{U}_B-\dot{U}_C$$

$$\dot{U}_{CA}=\dot{U}_C-\dot{U}_A$$

由此关系画电源各相电压、线电压的相量图如图 6.4 所示。由图中几何关系可看出 $\dot{U}_{AB}$ 超前 $\dot{U}_A$ 为 30°，有效值为

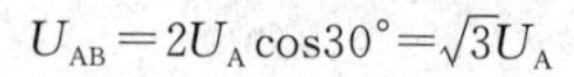

$$U_{AB}=2U_A\cos30°=\sqrt{3}U_A$$

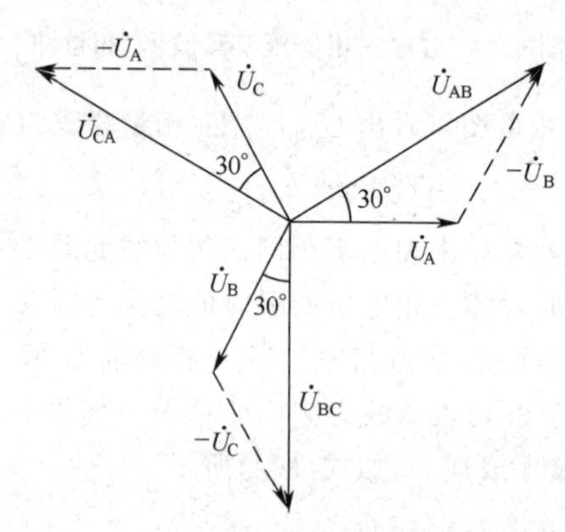

6.4 电源Y连接时的线电压与相电压

故有

$$\dot{U}_{AB}=\sqrt{3}\dot{U}_A\angle30°$$

同理有

$$\dot{U}_{BC}=\sqrt{3}\dot{U}_B\angle30°=\dot{U}_{AB}\angle-120°$$

$$\dot{U}_{BC}=\sqrt{3}\dot{U}_C\angle30°=\dot{U}_{AB}\angle120°$$

若线电压有效值用 U_l 表示，相电压有效值用 U_p 表示，则线电压与对应的相电压之间的关系可表示为

$$\dot{U}_l=\sqrt{3}\dot{U}_p\angle30°$$

综上所述，对称三相电压在星形连接时，线电压与相电压、线电流与相电流有如下关系：

①线电压有效值 U_l 是相电压有效值 U_p 的 $\sqrt{3}$ 倍，线电压相位超前各自对应的相电压的相位 30°。对应关系为：$\dot{U}_{AB}$ 超前 $\dot{U}_A$，$\dot{U}_{BC}$ 超前 $\dot{U}_B$，$\dot{U}_{CA}$ 超前 $\dot{U}_C$，满足下标轮换对称的关系。

②相电压 $\dot{U}_A$、$\dot{U}_B$、$\dot{U}_C$ 对称，则线电压 $\dot{U}_{AB}$、$\dot{U}_{BC}$、$\dot{U}_{CA}$ 也对称。

③线电流等于相电流，即线电流 $\dot{I}_A$ 与 A 相电压源 $\dot{U}_A$ 上流过的相电流 $\dot{I}_{OA}$ 相等。对星形连接的负载，由图 6.3 还可看出.线电流 $\dot{I}_A$ 即是负载相电流 $\dot{I}_{AO'}$。

2. 三角形连接

图 6.5 所示电路为三相三线制的三相电路。由于电源三个相电压接成三角形，负载的三个阻抗也连接成三角形，这样的三相电路称为△-△**连接三相电路**(简称△-△**电路**)。图 6.5 中，三相电压始端的引出线为**端线**(俗称**火线**)，端线电流为 $\dot{I}_A$、$\dot{I}_B$、$\dot{I}_C$。由于电源相电压是三角形连接，显然端

线间的线电压即是相电压,即

$$\begin{cases}\dot{U}_{AB}=\dot{U}_{A}\\ \dot{U}_{BC}=\dot{U}_{B}\\ \dot{U}_{AC}=\dot{U}_{C}\end{cases} \tag{6.5}$$

当△形连接的三个阻抗相等时,即

$$Z_{AB}=Z_{BC}=Z_{AC}=Z=|z|\angle\varphi$$

称△形连接的三相负载对称,此时负载的相电流

$$\begin{aligned}\dot{I}_{AB}&=\frac{\dot{U}_{AB}}{Z}=\frac{U_l\angle 0^\circ}{|z|\angle\varphi}=I_P\angle-\varphi\\ \dot{I}_{BC}&=\frac{\dot{U}_{BC}}{Z}=I_P\angle-120^\circ-\varphi=\dot{I}_{AB}\angle-120^\circ\\ \dot{I}_{CA}&=\frac{\dot{U}_{CA}}{Z}=I_P\angle-240^\circ-\varphi=\dot{I}_{BC}\angle-120^\circ\end{aligned} \tag{6.6}$$

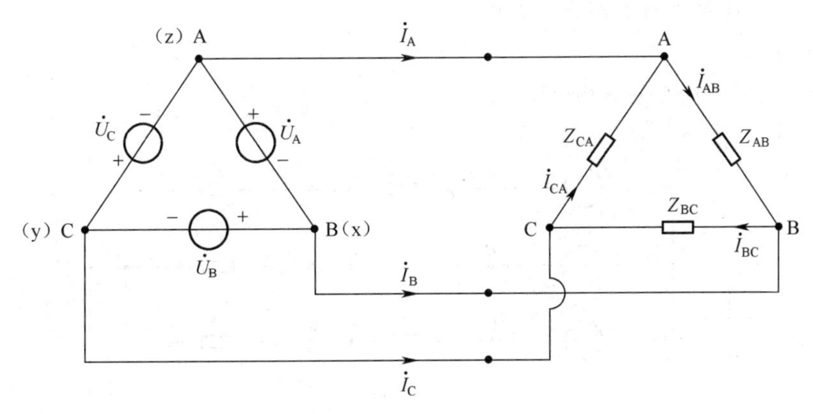

图 6.5　△-△连接的三相三线制电路

根据图 6.5 对 A 节点列 KCL 方程可得

$$\dot{I}_{A}=\dot{I}_{AB}-\dot{I}_{CA}=\sqrt{3}\dot{I}_{AB}\angle-30^\circ$$

同理

$$\dot{I}_{B}=\sqrt{3}\dot{I}_{BC}\angle-30^\circ$$

$$\dot{I}_{C}=\sqrt{3}\dot{I}_{CA}\angle-30^\circ$$

读者可自行画出相应相量图。

综上所述,对称三相电路负载三角形连接时,线电压与相电压、线电流与相电流有如下关系:

①线电压即是相电压。如 $\dot{U}_{AB}=\dot{U}_{A}$,即是三角形连接的一相负载阻抗 Z_{AB}上的电压。

②若相电流 $\dot{I}_{AB}$、$\dot{I}_{BC}$、$\dot{I}_{CA}$对称,线电流 $\dot{I}_{A}$、$\dot{I}_{B}$、$\dot{I}_{C}$也对称。

③线电流有效值是相电流有效值的$\sqrt{3}$倍,线电流相位滞后各自对应的相电流 30°。对应关系为

$$\dot{I}_{A}\rightarrow\dot{I}_{AB},\dot{I}_{B}\rightarrow\dot{I}_{BC},\dot{I}_{C}\rightarrow\dot{I}_{CA}$$

思考与练习题

6.1 什么是三相对称负载,试总结Y形连接和△形连接时相电压与线电压、相电流与线电流的关系。

6.2 中性线的作用是什么？为什么中性线不接开关,也不接熔断器？

6.3 有220V、100W的电灯66个,应如何接入线电压为380V的三相四线制电路？试画出接线示意图,并求负载在对称情况下的线电流。

6.4 某三相异步电动机的额定电压为380V/220V,在什么情况下需接成Y形或△形？

6.2 对称三相电路的分析

正弦交流电路的稳态分析的一般方法在前面的有关章节已讲述过了,这些方法对三相交流电路的正弦稳态分析和计算都是适用的。然而,对称三相电路具有对称的特点。利用三相电路的对称性,可使对称三相电路的计算分析大大简化。

1. Y-Y电路

图6.6所示为Y-Y连接的三相电路

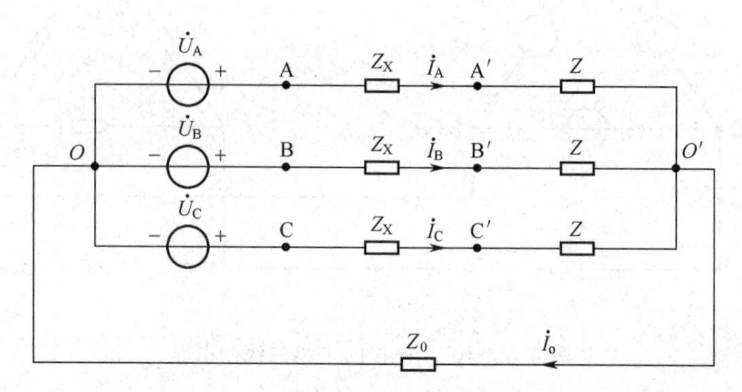

图6.6 Y-Y连接的三相电路

图6.6中,Z_X为三相电路的线路阻抗(对称端线阻抗),Z_0为中线阻抗。现取电源的中性点O为电位参考点,由节点电压法可得节点电压$U_{o'o}$的方程为

$$\left(\frac{3}{Z+Z_X}+\frac{1}{Z_O}\right)\dot{U}_{O'O}=\frac{\dot{U}_A+\dot{U}_B+\dot{U}_C}{Z_X+Z} \tag{6.7}$$

由于电源电压对称,则有$\dot{U}_A+\dot{U}_B+\dot{U}_C=0$,解式(6.7)得$\dot{U}_{O'O}=0$。这说明对称三相电路中性点$O$与$O'$间是等电位的,中线电流$I_O=0$。现将中线开路,$O$与$O'$短路,则A、B、C三相构成彼此独立的3个单回路,画出A相计算电路如图6.7所示。

由图6.7可求出线电流$\dot{I}_A$和负载相电压$\dot{U}_{A'O'}$

$$\dot{I}_A=\frac{\dot{U}_A}{Z_X+Z}$$

$$\dot{U}_{A'O'}=Z\dot{I}_A$$

根据三相电路的对称性,其他两相的相应线电流及负载相电压为

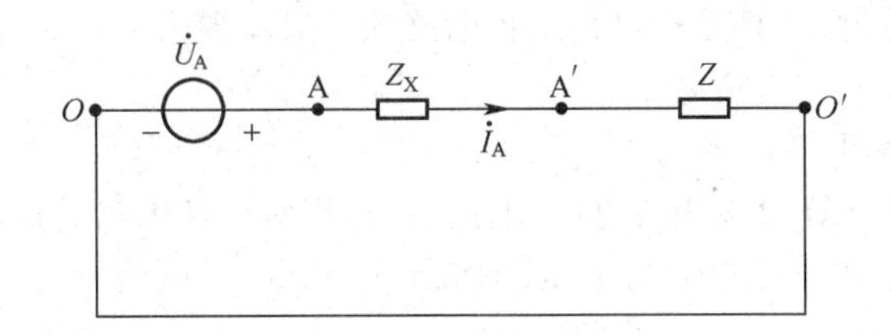

图 6.7　A 相计算电路

$$\dot{I}_{B}=\dot{I}_{A}\angle-120^{\circ},\dot{I}_{C}=\dot{I}_{A}\angle-240^{\circ}$$

$$\dot{U}_{B'O'}=\dot{U}_{A'O'}\angle-120^{\circ},\dot{U}_{C'O'}=\dot{U}_{A'O'}\angle-240^{\circ}$$

从以上讨论可以看出：

①Y-Y连接三相电路，由于电源负载都对称，只需求出其中一相(如 A 相)电压、电流，其他两相电压、电流可根据对称关系直接写出。

②由于 $\dot{U}_{O'O}=0$，各相的电流仅由各相的电压和各相的阻抗决定，各相的计算具有独立性。

③中线不起作用，中线阻抗不可画在单相计算图中。

2. Y-△连接电路

图 6.8 所示为三相电路的Y-△连接。

对图 6.8(a)，三相电源为星形连接，而负载为三角形连接。首先将三角形连接的负载变换成星形连接，如图 6.8(b)所示，然后画出 A 相的一相计算电路如图 6.8(c)所示。由图 6.8(c)可求得

$$\dot{I}_{A}=\frac{\dot{U}_{A}}{Z_{X}+\frac{Z}{3}},\quad \dot{U}_{A'O'}=\frac{Z}{3}\dot{I}_{A}$$

若图 6.8(a)所示电路中要求解电流 $\dot{I}_{A'B'}$。根据对称三相电路星形连接时线电压与相电压的关系，可求得

$$\dot{U}_{A'B'}=\sqrt{3}\dot{U}_{A'O'}\angle30^{\circ}$$

由图 6.8(a)可求得

$$\dot{I}_{A'B'}=\frac{\dot{U}_{A'B'}}{Z}$$

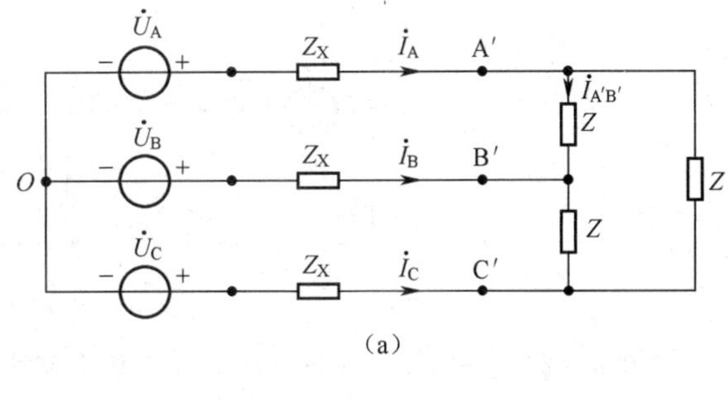

(a)

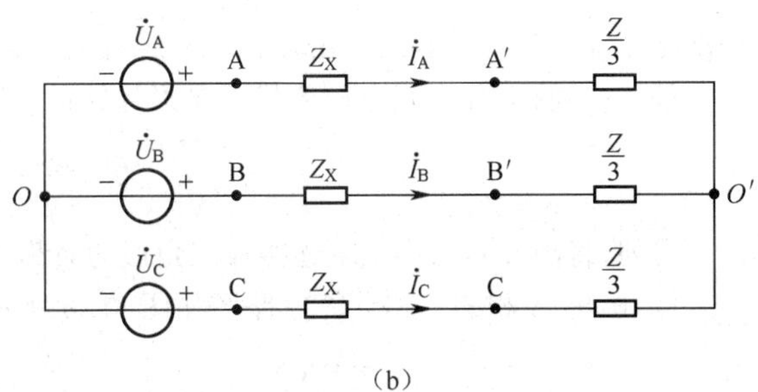

(b)

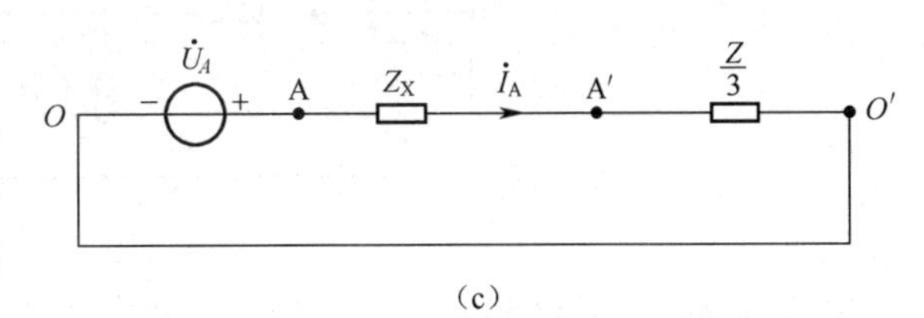

(c)

图 6.8　Y-△连接的三相电路

3. 复杂对称的三相电路

三相电路如图 6.9(a)所示，如果变换成Y-Y连接电路，就可采用归结为一相的计算方法去求解，于是将三角形连接的三相电源变换成星形连接，同时将负载的三角形连接部分变换成星形连接，如图 6.9(b)所示。

根据图 6.9(b)所示电路的对称性，可知 O'_{1} 与 O'_{2} 是等电位点。现将 O'_{1} 与 O'_{2} 短路，图 6.9(b)电路就变换成Y-Y连接电路。又根据对称三相电路的三相电源的中性点与三相负载的中性点等电位的特点. 可画出 A 相的一相计算电路如图 6.10所示。

由以上的讨论可以看出，计算分析对称三相电路的一般步骤为

①将三相电路变换成Y-Y连接电路；

②画出一相计算电路图；

③由一相计算电路图计算出该相的电压、电流后，根据对称性推出其他两相的电压、电流；

④由Y-△的变换关系求出原电路的电压、电流。

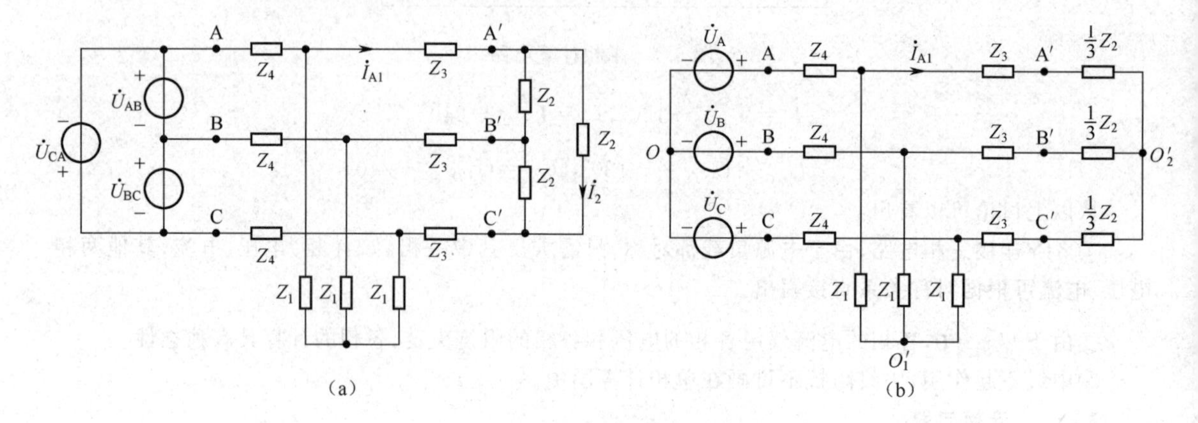

图 6.9　复杂对称的三相电路

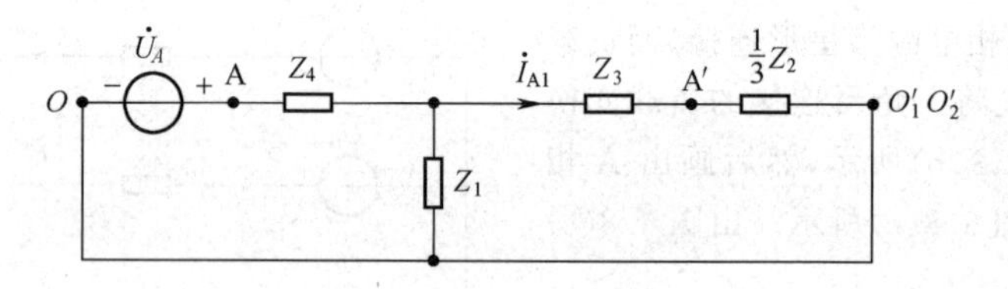

图 6.10　A 相的一相计算电路

【例 6.1】　已知图 6.9(a)所示对称三相电路中，三相电源的线电压有效值为 380V，阻抗 $Z_1=(1+\mathrm{j}2)\Omega$，$Z_2=(3+\mathrm{j}3)\Omega$，$Z_3=\mathrm{j}\Omega$，$Z_4=(0.5+\mathrm{j})\Omega$。试求电流 $\dot{I}_{A1}$ 及 $\dot{I}_2$。

解　(1)将对称三相电源变换成星形连接的三相电源，并取 A 相电压为参考正弦量，即

$$\dot{U}_A=\frac{U_l}{\sqrt{3}}\angle 0^\circ=\frac{380}{\sqrt{3}}\angle 0^\circ\mathrm{V}=220\angle 0^\circ\mathrm{V}$$

另外，将图 6.9(a)中三个连接成三角形的对称三相负载(Z_2)变换成星形连接，如图 6.9(b)所示。

(2)画出 A 相的一相计算电路图如图 6.10 所示，代入数据后，可变换成如图 6.11 所示电路。

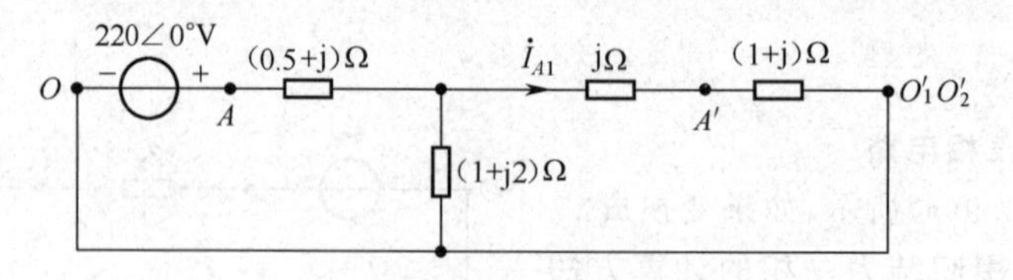

图 6.11　例 6.1 电路

(3)由图 6.11 可求出

$$\dot{I}_{A1}=\frac{220\angle 0^\circ}{(0.5+\mathrm{j})+(0.5+\mathrm{j})}\times\frac{1}{2}\mathrm{A}=\frac{110\angle 0^\circ}{1+\mathrm{j}2}\mathrm{A}$$

$$\approx\frac{110\angle 0^\circ}{\sqrt{5}\angle 63.4^\circ}\mathrm{A}=\frac{110}{\sqrt{5}}\angle -63.4\mathrm{A}=49.2\angle -63.4^\circ\mathrm{A}$$

$$\dot{U}_{A'O'_1}=(1+j)\dot{I}_{A1}=\sqrt{2}\angle 45°\times\frac{110}{\sqrt{5}}\angle -63.4°\text{V}$$

$$=\frac{110\sqrt{2}}{\sqrt{5}}\angle -18.4°\text{V}$$

由于线电压 $\dot{U}_{A'B'}$ 的有效值是相电压 $\dot{U}_{A'O_1'}$ 有效值的$\sqrt{3}$倍，且 $\dot{U}_{A'B'}$ 的相位超前 $\dot{U}_{A'O_1'}$ 的相位 30°，于是

$$\dot{U}_{A'B'}=\sqrt{3}\dot{U}_{A'O'}\angle 30°=\frac{110\sqrt{6}}{\sqrt{5}}\angle 11.6°\ \text{V}$$

(4)根据三相电路对称性，由线电压 $\dot{U}_{A'B'}$ 写出线电压

$$\dot{U}_{A'C'}=-\dot{U}_{C'A'}=-\dot{U}_{A'B'}\angle -240°=-\frac{110\sqrt{6}}{\sqrt{5}}\angle 11.6°\times\angle -240°\ \text{V}=\frac{110\sqrt{6}}{\sqrt{5}}\angle -108.4°\ \text{V}$$

由图 6.9(a)知

$$\dot{I}_2=\frac{\dot{U}_{A'C'}}{Z_2}=\frac{110\sqrt{6}}{\sqrt{5}}\angle -108.4°\times\frac{1}{3\sqrt{2}\angle 45°}\text{A}$$

$$=\frac{110}{\sqrt{15}}\angle -153.4°\text{A}=28.4\angle -153.4°\text{A}$$

思考与练习题

6.5　有一三相电动机，每相的等效电阻 $R=29\Omega$，等效感抗 $X_L=21.8\Omega$，试求在下列两种情况下电动机的相电流、线电流。并比较所得结果：(1)绕组连成星形接于 $U_1=380\text{V}$ 的三相电源上；(2)绕组连成三角形接于 $U_1=220\text{V}$ 的三相电源上。

6.6　有一三相负载，其每相的电阻 $R=8\Omega$，感抗 $X_L=6\Omega$。如果将负载连成星形接于线电压 $U_1=380\text{V}$ 的三相电源上，试求相电压、相电流及线电流。

6.7　△形连接的三相对称电路，已知线电压为 380V，每相负载的电阻 $R=24\Omega$，感抗 $X_L=18\Omega$，求负载的线电流，并画出各线电压、线电流的相量图。

6.3　不对称三相电路的分析

不满足对称三相电路的定义(三相电源对称，同时三相负载也对称)的三相电路统称为不对称三相电路。通常，我们所设计的三相电路理想的正常工作状态是在对称三相电路的状态下运行工作的。但是如果对称三相电路处于故障状态或对称三相电源被接上了不对称的三相负载，这时三相电路就成了不对称三相电路了。由于三相电路不对称，致使各相电压、电流之间不再存在对称关系，因而不能使用归结为一相的分析计算方法，即不对称三相电路没有一种统一简化的分析计算方法。因此，不对称三相电路一般按照正弦交流稳态分析的方法进行分析计算。下面讨论不对称三相电路的一些特点。

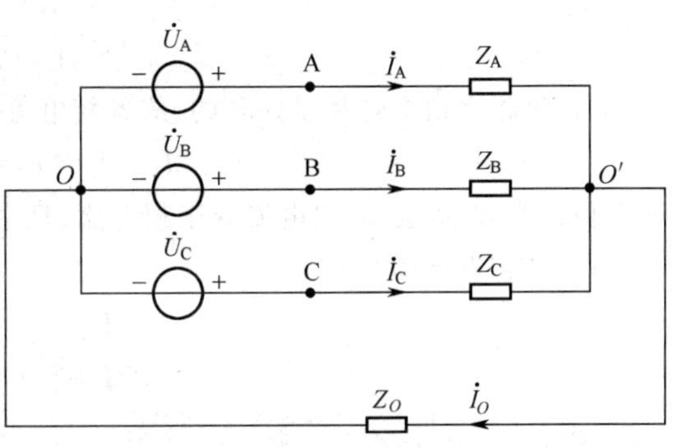

图 6.12　不对称三相电路

若三相电源对称，而负载不对称，如图 6.12 所示。

由节点法可求电压

$$\dot{U}_{O'O}=\frac{\dot{U}_A Y_A+\dot{U}_B Y_B+\dot{U}_C Y_C}{Y_A+Y_B+Y_C+Y_O} \tag{6.8}$$

式(6.8)中,尽管由于三相电压对称,但负载不对称,则 $Y_A=Y_B=Y_C$ 不成立,所以 $\dot{U}_{O'O}\neq 0$,这说明不对称三相电路电源的中性点与负载的中性点不等位。这与对称三相电路 $\dot{U}_{O'O}=0$ 相比是显然不同的。不对称三相电路的这一现象称为中性点位移。电压 $\dot{U}_{O'O}$ 称为中性点位移电压相量。

由于不对称三相电路中性点位移,$\dot{U}_{O'O}\neq 0$,中线阻抗 Z_0 上有电压 $\dot{U}_{O'O}$,故中线电流 $\dot{I}\neq 0$。实际上中线阻抗 Z_o 往往比负载阻抗 Z_A、Z_B、Z_C 小许多,这时可忽略 Z_o,即视中线短接了 O' 与 O,使 $\dot{U}_{O'O}=0$。这样,中线使得不对称三相电路的中性点位移趋于零,使各相彼此独立运行,保证不对称三相负载获得对称的三相电压。可见,在不对称三相电路中,中线起着重要的作用。图 6.13 画出了不对称三相电路中性点位移的相量图。

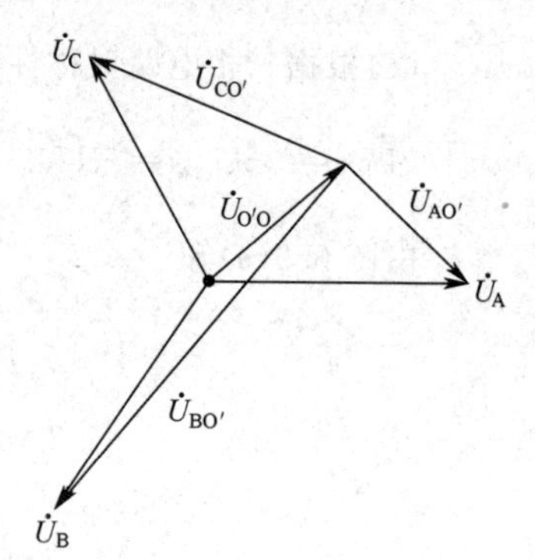

图 6.13 中性点位移

由图 6.13 可以看出,随着中性点位移相量增大,不对称三相负载的相电压 $\dot{U}_{AO'}$、$\dot{U}_{BO'}$、$\dot{U}_{CO'}$ 的不对称程度就越严重。负载相电压相差过大,就会使接在过高相电压上的设备因电压超过额定电压而损坏,而接在过低相电压上的设备却无法正常工作,这种情况是三相制电力系统供电所必须避免的。所以,接有随机开启或关闭的家用电器、照明等单相电器设备的供电线路,必须采用三相四线制。中线使中性点位移电压 $U_{O'O}$ 很小,从图 6.13 相量图中可以看到,这时 O 与 O' 两点接近重合,负载三个相电压 $\dot{U}_{AO'}$、$\dot{U}_{BO'}$、$\dot{U}_{CO'}$ 接近对称,可以保证单相电器在额定电压范围内正常工作。

【例 6.2】 若用图 6.12 所示的线电压为 380V 的三相四线制电源给某三相照明电路供电忽略中线阻抗 Z_o,即 Y_0 接法。(1)若 A、B、C 相各接有 20 盏 220V 、100W 的白炽灯,求各相的相电流、线电流和中性线电流。(2)若 A、C 相各接 40 盏,B 相接 20 盏 220V、100W 的白炽灯,求各相的相电流、线电流和中性电流。

解 因线电压为 380V,则各相电压为 $380/\sqrt{3}\text{V}=220\text{V}$。

每盏白炽灯的额定电流为

$$I_N=\frac{P_N}{U_N}=\frac{100}{220}\text{A}=0.45\text{A}$$

(1)每相上白炽灯都是并联的,故各相电流为

$$I_A=I_B=I_C=20\times 0.45\text{A}=9\text{A}$$

由于为 Y_0 接法,故线电流等于相电流,且中性线电流为零。

(2)各相电流为

$$I_A=I_C=40\times 0.45\text{A}=18\text{A}$$

$$I_B=20\times 0.45\text{A}=9\text{A}$$

若设 $\dot{U}_A=220\angle 0°\text{V}$,则

$$\dot{I}_A=18\angle 0°\text{A} \text{ ,} \dot{I}_B=9\angle -120°\text{A}, \dot{I}_C=18\angle 120°\text{A}$$

所以中性线电流为

$$\dot{I}_O=\dot{I}_A+\dot{I}_B+\dot{I}_C=18\angle0°+9\angle-120°+18\angle120°$$
$$=(18-4.5-j7.79-9+j15.59)\text{A}=9\angle60°\text{A}$$

可见，当负载对称时，中性线中无电流流过，但当负载不对称时，中性线中有电流流过，保证了每相负载上的相电压对称。

【例 6.3】 在上例负载不对称时，断开中性线（Y形接法），求各相负载上的电压及相电流。

解 设 $\dot{U}_A=220\angle0°\text{V}$，$\dot{U}_B=220\angle-120°\text{V}$，$\dot{U}_C=220\angle120°\text{V}$

各相负载为

$$Z_A=Z_C=\frac{1}{40}\times\frac{220^2}{100}\Omega=12.1\Omega,Z_B=24.2\Omega$$

则
$$\dot{U}_{O'O}=\frac{\dfrac{\dot{U}_A}{Z_A}+\dfrac{\dot{U}_B}{Z_B}+\dfrac{\dot{U}_C}{Z_C}}{\dfrac{1}{Z_A}+\dfrac{1}{Z_B}+\dfrac{1}{Z_C}}=\frac{\dfrac{220\angle0°}{12.1}+\dfrac{220\angle-120°}{24.2}+\dfrac{220\angle120°}{12.1}}{\dfrac{1}{12.1}+\dfrac{1}{24.2}+\dfrac{1}{12.1}}$$
$$=\frac{440\angle0°+220\angle-120°+440\angle120°}{2+1+2}\text{V}$$
$$=(88\angle0°+44\angle-120°+88\angle120°)\text{V}$$
$$=(88-22-22\sqrt{3}\text{j}-44+44\sqrt{3}\text{j})\text{V}$$
$$=(22+22\sqrt{3}\text{j})\text{V}=44\angle60°\text{V}$$

则各相负载的电压分别为：

$$\dot{U}_a=\dot{U}_A-\dot{U}_{O'O}=(220\angle0°-44\angle60°)\text{V}=176\angle88°\text{V}$$

$$\dot{U}_b=\dot{U}_B-\dot{U}_{O'O}=(220\angle-120°-44\angle60°)\text{V}=(-110-j190.5-22-j38.1)\text{V}$$
$$=(-132-j228.6)\text{V}=264\angle-120°\text{V}$$

$$\dot{U}_c=\dot{U}_C-\dot{U}_{O'O}=(220\angle120°-44\angle60°)\text{V}=(-110+j190.5-22-j38.1)\text{V}$$
$$=(-132+j152.4)\text{V}=201.6\angle130.9°\text{V}$$

由题计算可见，无中性线时，各相负载上的相电压不对称，高出额定电压的负载将易烧坏，而低于额定电压的负载则灯光不亮。所以在 Y_0 接时，不允许将中性线断开，即中性线内不接入熔断器或闸刀开关。

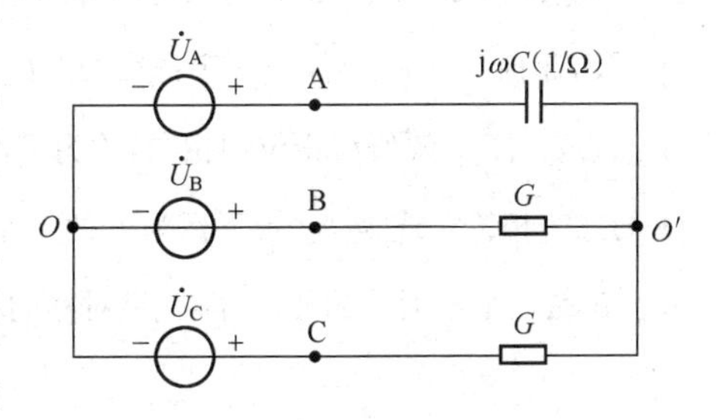

图 6.14　相序测定器电路

【例 6.4】 相序测定器是不对称三相电路用于测定对称三相电路相序的一个实例，其电路如图 6.14 所示。图中两个相同灯泡的电导为 G，选择适当的电容使 $\omega C=G$。在对称三相电压的作用下，现以电容 C 所连接相为 A 相，试根据两灯泡的亮度不同，确定 B 相和 C 相。

解 由节点法有

$$\dot{U}_{O'O}=\frac{j\omega C\dot{U}_A+G\dot{U}_B+G\dot{U}_C}{2G+j\omega C} \tag{6.9}$$

上式 $\omega C=G$，设 $\dot{U}_A=U\angle0°\text{V}$，$\dot{U}_B=U\angle-120°\text{V}$，$\dot{U}_C=U\angle120°\text{V}$，将这些数据代入式(6.9)，并将分子、分母同除 G，得

$$\dot{U}_{O'O}=\frac{jU\angle0°+U\angle-120°+U\angle120°}{2+j}\text{V}=0.632U\angle108.43°\text{V}$$

所以 B 相灯泡的电压

$$\dot{U}_{BO'}=\dot{U}_B+\dot{U}_{OO'}=\dot{U}_B-\dot{U}_{O'O}=U\angle-120°-0.632U\angle108.43°=1.496U\angle-101.58°\text{V}$$

C 相灯泡的电压

$$\dot{U}_{CO'}=\dot{U}_C-\dot{U}_{O'O}=U\angle-240°-0.632U\angle108.43°=0.401U\angle+138.4°\text{V}$$

可见，B 相与 C 相灯泡的电压有效值之比为

$$\frac{|\dot{U}_{BO'}|}{|\dot{U}_{CO'}|}=\frac{1.496U}{0.401U}=3.73$$

由以上相序测量仪电路的计算分析可知：以电容 C 所连接的相为 A 相，则灯泡较亮的相为 B 相，灯泡较暗的相为 C 相。

思考与练习题

6.8　用线电压为 380V 的三相四线制电源给照明电路供电。白炽灯的额定值为 220V、100W，若 A、B 相各接 10 盏，C 相接 20 盏。(1)求各相的相电流和线电流、中性线电流；(2)画出电压、电流相量图。

6.9　同上题。若(1)A 相输电线断开，求各相负载的电压和电流；(2)若 A 相输电线和中性线都断开，再求各相电压和电流，并分析各相负载的工作情况。

6.4 对称分量法

在三相电力系统中发生故障时，由于故障大多数是不对称的，为了保证电力系统及其各种电气设备的安全运行，必须进行各种不对称故障的分析和计算。利用对称分量法可以将三相不对称的相量唯一地分解为三组对称的相量：正序分量、负序分量和零序分量，给分析和解决电力系统中的不对称故障提供了有力的工具。

图 6.15(a)、(b)、(c)表示三组对称的三相相量。第一组 $\dot{F}_{a(1)}$、$\dot{F}_{b(1)}$、$\dot{F}_{c(1)}$ 幅值相等，相位为 a 超前与 b 120°，b 超前与 c 120°，称为正序；第二组 $\dot{F}_{a(2)}$、$\dot{F}_{b(2)}$、$\dot{F}_{c(2)}$ 幅值相等，但相序与正序相反，称为负序；第三组 $\dot{F}_{a(0)}$、$\dot{F}_{b(0)}$、$\dot{F}_{c(0)}$ 幅值和相位均相同，称为零序。在图 6.15(d)中将图 6.15(a)、(b)、(c)所示三组中带下标为 a 的三个相量合成为 $\dot{F}_a$，带下标为 b 的三个相量合成为 $\dot{F}_b$，带下标为 c 的三个相量合成为 $\dot{F}_c$，显然 $\dot{F}_a$、$\dot{F}_b$、$\dot{F}_c$ 是三个不对称的相量，即三组对称的相量合成得到三个不对称的相量。写成数学表达式为

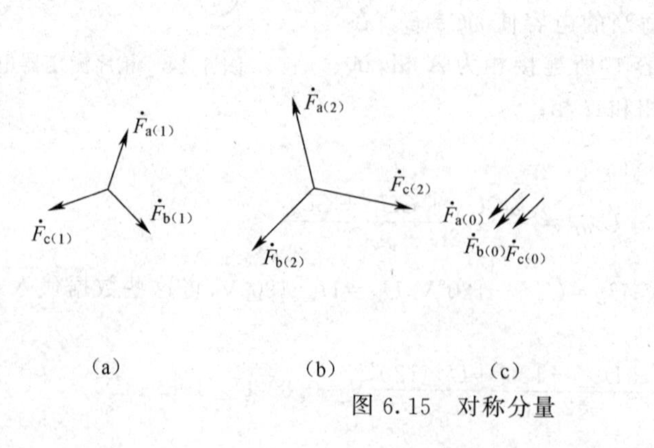

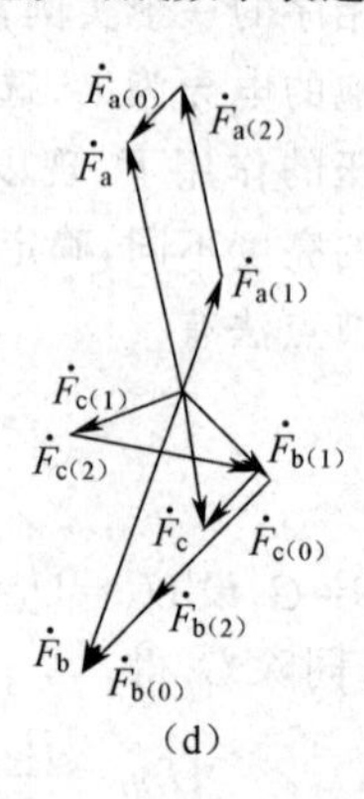

图 6.15　对称分量

$$\begin{cases}\dot{F}_a = \dot{F}_{a(1)} + \dot{F}_{a(2)} + \dot{F}_{a(0)} \\ \dot{F}_b = \dot{F}_{b(1)} + \dot{F}_{b(2)} + \dot{F}_{b(0)} \\ \dot{F}_c = \dot{F}_{c(1)} + \dot{F}_{c(2)} + \dot{F}_{c(0)}\end{cases} \tag{6.10}$$

由于每一组是对称的，故有下列关系：

$$\begin{cases}\dot{F}_{b(1)} = e^{j240°}\dot{F}_{a(1)} = a^2\dot{F}_{a(1)} \\ \dot{F}_{c(1)} = e^{j120°}\dot{F}_{a(1)} = a\dot{F}_{a(1)} \\ \dot{F}_{b(2)} = e^{j120°}\dot{F}_{a(2)} = a\dot{F}_{a(2)} \\ \dot{F}_{c(2)} = e^{j240°}\dot{F}_{a(2)} = a^2\dot{F}_{a(2)} \\ \dot{F}_{b(0)} = \dot{F}_{c(0)} = \dot{F}_{a(0)}\end{cases} \tag{6.11}$$

式中

$$a = e^{j120°} = -\frac{1}{2} + j\frac{\sqrt{3}}{2};\, a^2 = e^{j240°} = -\frac{1}{2} - j\frac{\sqrt{3}}{2}$$

将式(6.11)代入式(6.10)中可得：

$$\begin{cases}\dot{F}_a = \dot{F}_{a(1)} + \dot{F}_{a(2)} + \dot{F}_{a(0)} \\ \dot{F}_b = a^2\dot{F}_{a(1)} + a\dot{F}_{a(2)} + \dot{F}_{a(0)} \\ \dot{F}_c = a\dot{F}_{a(1)} + a^2\dot{F}_{a(2)} + \dot{F}_{a(0)}\end{cases} \tag{6.12}$$

式(6.12)表示三个不对称相量与三相对称相量中 a 相量的关系。其矩阵关系式为

$$\begin{pmatrix}\dot{F}_a \\ \dot{F}_b \\ \dot{F}_c\end{pmatrix} = \begin{pmatrix}1 & 1 & 1 \\ a^2 & a & 1 \\ a & a^2 & 1\end{pmatrix}\begin{pmatrix}\dot{F}_{a(1)} \\ \dot{F}_{a(2)} \\ \dot{F}_{a(0)}\end{pmatrix} \tag{6.13}$$

或简写为

$$F_p = TF_s \tag{6.14}$$

其中

$$T = \begin{pmatrix}1 & 1 & 1 \\ a^2 & a & 1 \\ a & a^2 & 1\end{pmatrix}$$

将式(6—13)两边同乘系数矩阵 T 的逆，可得

$$\begin{pmatrix}\dot{F}_{a(1)} \\ \dot{F}_{a(2)} \\ \dot{F}_{a(0)}\end{pmatrix} = \frac{1}{3}\begin{bmatrix}1 & a & a^2 \\ 1 & a^2 & a \\ 1 & 1 & 1\end{bmatrix}\begin{pmatrix}\dot{F}_a \\ \dot{F}_b \\ \dot{F}_c\end{pmatrix} \tag{6.15}$$

简写为

$$F_s = T^{-1}F_p \tag{6.16}$$

其中

$$T^{-1} = \frac{1}{3}\begin{pmatrix}1 & a & a^2 \\ 1 & a^2 & a \\ 1 & 1 & 1\end{pmatrix}$$

式(6.15)说明三个不对称的相量可以唯一地分解为三相对称相量(即对称分量):正序分量、负序分量和零序分量。实际上,式(6.13)和式(6.15)表示三个相量 $\dot{F}_a$、$\dot{F}_b$、$\dot{F}_c$ 和另外三个相量 $\dot{F}_{a(1)}$、$\dot{F}_{a(2)}$、$\dot{F}_{a(0)}$ 之间的线性变换关系。

如果电力系统某处发生不对称短路,尽管除短路点外三相系统的元件参数都是对称的,但三相电路电压、电流的基频分量都变成不对称分量。将式(6.15)的变换关系应用于基频电流(电压),则有:

$$\begin{pmatrix}\dot{I}_{a(1)}\\ \dot{I}_{a(2)}\\ \dot{I}_{a(0)}\end{pmatrix}=\frac{1}{3}\begin{pmatrix}1 & a & a^2\\ 1 & a^2 & a\\ 1 & 1 & 1\end{pmatrix}\begin{pmatrix}\dot{I}_a\\ \dot{I}_b\\ \dot{I}_c\end{pmatrix} \tag{6.17}$$

即将三相不对称电流 $\dot{I}_a$、$\dot{I}_b$、$\dot{I}_c$ 经过式(6.17)线性变换后,求出其中 a 相量的各序分量,再由式(6.11)求出 b、c 相的各序分量。构成 $\dot{I}_{a(1)}$、$\dot{I}_{b(1)}$、$\dot{I}_{c(1)}$ 组成的大小相等的正序分量;$\dot{I}_{a(2)}$、$\dot{I}_{b(2)}$、$\dot{I}_{c(2)}$ 组成的大小相等的负序分量;$\dot{I}_{a(0)}$、$\dot{I}_{b(0)}$、$\dot{I}_{c(0)}$ 组成的大小相等方向相同的零序分量,转变成三个对称电路进行对称电路的计算,计算结果(电压、电流)再由式(6.13)求出所需的各相电压,电流。

由式(6.17)知,只有当三相电流之和不等于零时才有零序分量。如果三相系统是三角形连接,或者是没有中线的星形接法,三相线电流之和总为零,则不可能有零序分量电流。只有在有中线的星形接法中才有可能 $\dot{I}_A+\dot{I}_b+\dot{I}_c\neq 0$,则中线中有电流 $\dot{I}_A+\dot{I}_b+\dot{I}_c=3\dot{I}_{a(0)}$,即为三倍零序电流,如图 6.16 所示。可见,零序电流必须以中线作为通路。

三相系统的线电压之和总为零,因此,三个线电压分解成对称分量时,其中不会有零序分量。

【例 6.5】 图 6.17 所示的简单电路中,c 相断开,流过 a、b 两相的电流为 10A。试以 a 相电流为参考相量,计算线电流的对称分量。

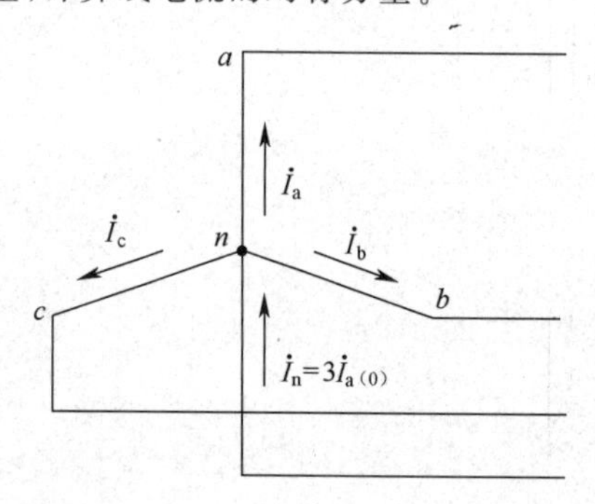

图 6.16 零序电流以中性线作通路

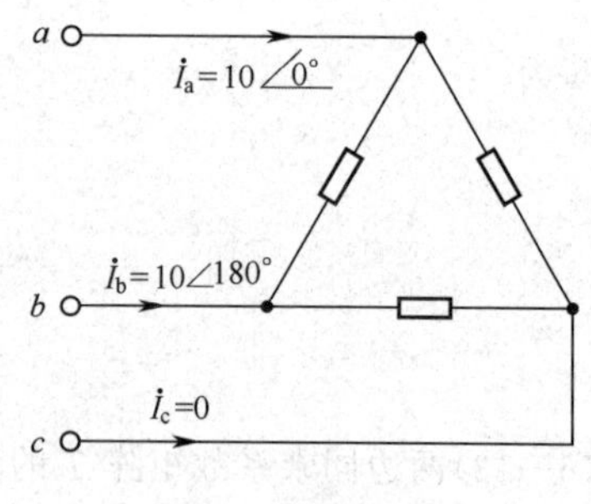

图 6.17 例 6.5 图

解 线电流为

$$\dot{I}_a=10\angle 0°(\text{A});\dot{I}_b=10\angle 180°(\text{A});\dot{I}_c=0$$

按式(6.17),a 相线电流的各序电流分量为

$$\dot{I}_{a(1)}=\frac{1}{3}(10\angle 0°+10\angle 180°+120°+0)=(5-\text{j}2.89)\text{A}=5.78\angle -30°\text{A}$$

$$\dot{I}_{a(2)}=\frac{1}{3}(10\angle 0°+10\angle 180°+240°+0)=(5+\text{j}2.89)\text{A}=5.78\angle 30°\text{A}$$

$$\dot{I}_{a(0)}=\frac{1}{3}(10\angle 0°+10\angle 180°+0)=0$$

按式(6.11)，b、c相线电流的各序电流分量为

$$\dot{I}_{b(1)}=5.78\angle-150^{\circ}\text{A};$$

$$\dot{I}_{b(2)}=5.78\angle150^{\circ}\text{A};$$

$$\dot{I}_{b(0)}=0$$

$$\dot{I}_{c(1)}=5.78\angle90^{\circ}\text{A};$$

$$\dot{I}_{c(2)}=5.78\angle-90^{\circ}\text{A};$$

$$\dot{I}_{c(0)}=0$$

线电流中没有零序分量电流。另外，虽然c相电流为零，但分解后的对称分量却不为零，当然，它的对称分量之和仍为零。其他两相的对称分量之和也仍为它们原来的值。

对称分量法实质上是一种叠加的方法，所以只有当系统线性时才能应用。

6.5 三相电路的功率

1. 三相对称电路的有功功率、无功功率和视在功率

对称三相电路，由于具有对称性，其功率的分析和计算具有一定的特殊性。由于对称三相电路的三相负载是对称的，因而每一相负载阻抗$|z|\angle\varphi$相等，每一相负载阻抗的功率因数$\cos\varphi$相等。由于对称三相电路的对称性，每一相负载阻抗的相电压、相电流的有效值相等。三相负载不论Y形连接还是△形连接，三相的有功功率应是各相有功功率之和，于是有

$$P=P_{A}+P_{B}+P_{C}=3U_{P}I_{P}\cos\varphi \tag{6.18}$$

当对称三相负载为Y形连接，这时线电压U_l与相电压U_p及线电流I_l与相电流I_p关系为

$$\begin{cases}U_{P}=\dfrac{U_{l}}{\sqrt{3}}\\ I_{P}=I_{l}\end{cases} \tag{6.19}$$

将式(6.19)代至式(6.18)，对称三相电路(Y形连接)的有功功率

$$P=\sqrt{3}U_{l}I_{l}\cos\varphi \tag{6.20}$$

当对称三相负载为△形连接，这时线电压U_l与相电压U_p及线电流I_l与相电流I_p关系为

$$\begin{cases}U_{P}=U_{l}\\ I_{P}=\dfrac{I_{l}}{\sqrt{3}}\end{cases} \tag{6.21}$$

将式(6.21)代至式(6.18)，对称三相电路(Y形连接)的有功功率

$$P=\sqrt{3}U_{l}I_{l}\cos\varphi \tag{6.22}$$

比较式(6.20)及式(6.22)可知，不论Y形连接还是△形连接，都可直接由线电压U_l、线电流I_l按式(6.20)求得对称三相电路的有功功率。其中，$\cos\varphi$为一相负载阻抗的功率因数；φ是△形或Y形连接负载的三个阻抗中任一阻抗的阻抗角。

同理，对称三相电路的三相无功功率为

$$Q=\sqrt{3}U_{l}I_{l}\sin\varphi \tag{6.23}$$

式(6.23)对△形连接或Y形连接的三相无功功率的计算都适用。其中，φ仍是一相负载阻抗的阻抗角。

对称三相电路视在功率为

$$S=\sqrt{P^2+Q^2}=\sqrt{3}U_1 I_1 \tag{6.24}$$

式(6.22)与式(6.24)相比，可得电路的功率因数

$$\frac{P}{S}=\frac{\sqrt{3}U_1 I_1\cos\varphi}{\sqrt{3}U_1 I_1}=\cos\varphi$$

可见，对称三相电路的功率因数即为一相电路的功率因数。

不对称三相负载吸收的有功功率、无功功率及视在功率分别为各相负载吸收的功率之和，即

$$\begin{aligned}P&=P_A+P_B+P_C=U_A I_A\cos\varphi_A+U_B I_B\cos\varphi_B+U_C I_C\cos\varphi_C\\Q&=Q_A+Q_B+Q_C=U_A I_A\sin\varphi_A+U_B I_B\sin\varphi_B+U_C I_C\sin\varphi_C\\S&=S_A+S_B+S_C=U_A I_A+U_B I_B+U_C I_C\end{aligned} \tag{6.25}$$

三相电路的功率因数为

$$\lambda=\frac{P}{S}$$

2. 瞬时功率

设负载的对称三相电压为

$$\dot{U}_A=U_P\angle 0°,\dot{U}_B=U_P\angle -120°,\dot{U}_C=U_P\angle +120°$$

对称三相负载 $Z_A=Z_B=Z_C=Z\angle\varphi$，则对称三相电流为

$$\dot{I}_A=I_P\angle -\varphi,\dot{I}_B=I_P\angle -120°-\varphi,\dot{I}_C=I_P\angle +120°-\varphi$$

由于三相电路的瞬时功率 $p(t)$ 为各相瞬时功率 $p_A(t)$、$p_B(t)$、$p_C(t)$ 之和，即

$$\begin{aligned}p(t)&=p_A(t)+p_B(t)+p_C(t)=u_A i_A+u_B i_B+u_C i_C\\&=\sqrt{2}U_P\cos\omega t\cdot\sqrt{2}I_P\cos(\omega t-\varphi)+\sqrt{2}U_P\cos(\omega t-120°)\\&\quad\cdot\sqrt{2}I_P\cos(\omega t-120°-\varphi)+\sqrt{2}U_P\cos(\omega t+120°)\\&\quad\cdot\sqrt{2}I_P\cos(\omega t+120°-\varphi)\end{aligned} \tag{6.26}$$

由三角函数关系，式(6.26)可写成

$$p(t)=3U_P I_P\cos\varphi+U_P I_P[\cos(2\omega t-\varphi)+\cos(2\omega t-240°-\varphi)+\cos(2\omega t+240°-\varphi)]$$

上式中，括号内的三个余弦函数是振幅相等，相位互差120°的对称正弦量，它们的瞬时值之和为零，所以上式可写为

$$p(t)=3U_P I_P\cos\varphi$$

可见，三相瞬时功率即等于三相有功功率 P，是一个常数。对称三相电路输出的任一瞬时的功率都是恒定的，因而三相电动机在转速一定的情况下，转矩是恒定的，有良好的机械加工特性。

3. 复功率

根据功率守恒原理，三相负载所吸收的复功率等于各相负载吸收的复功率之和，即

$$\widetilde{S}=\widetilde{S}_A+\widetilde{S}_B+\widetilde{S}_C$$

在对称三相电路中，显然有

$$\widetilde{S}_A=\widetilde{S}_B=\widetilde{S}_C=\widetilde{S}_P$$

这时三相复功率为

$$\widetilde{S}=3\widetilde{S}_P=3S_P\angle\varphi_Z=3P_P+j3Q_P=P+jQ \tag{6.27}$$

式中，S_P、P_P、Q_P 分别为各相负载的视在功率、有功功率和无功功率，φ_Z 为对称负载的阻抗角。

由此，式(6.27)可写成

$$\tilde{S}=3S\angle\varphi_Z=3P_p+j3Q_p=3U_P I_P\cos\varphi_Z+j3U_P I_P\sin\varphi_Z=\sqrt{3}U_l I_l\cos\varphi_Z+j\sqrt{3}U_l I_l\sin\varphi_Z$$

【例 6.6】 对称三相电路如图 6.18 所示。感性三相负载功率因数为 0.5，功率为 10kW，线电压 $U_l=380\text{V}$，频率 $f=50\text{Hz}$。现要提高功率因数到 0.9，接上了△形连接的电容 C。求电容 C 的值及功率因数提高后的线电流 $\dot{I}_2$。

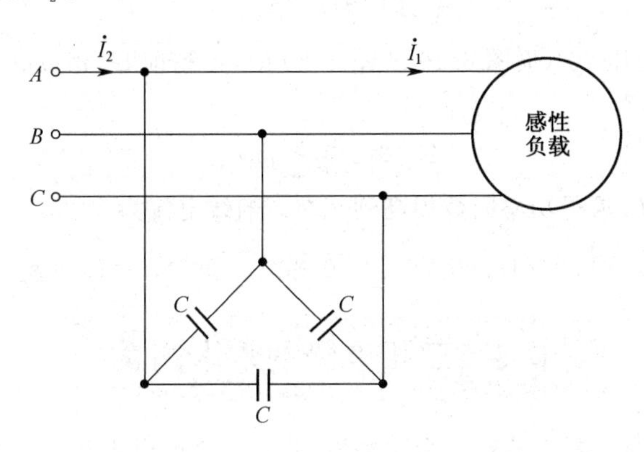

图 6.18 例 6.6 图

解 将△形连接的电容变换成Y形连接，并画出 A 相单相计算电路如图 6.19 所示，其电压、电流的相量如图 6.20 所示

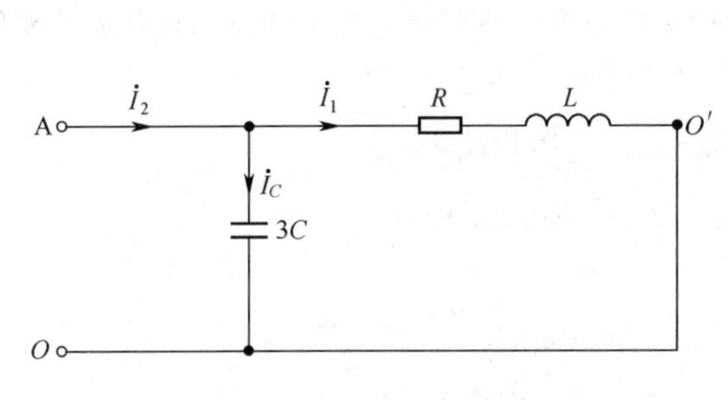

图 6.19 例 6.6A 相单相计算电路

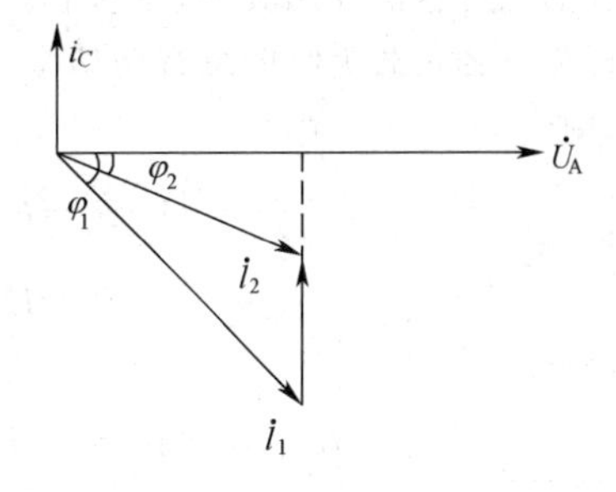

图 6.20 例 6.6 电压、电流的相量图

对称三相电路的功率因数即单相功率因数，所以感性负载的功率因数角 φ_1 为

$$\varphi_1=\arccos 0.5=60°$$

提高功率因数到 0.9 时，功率因数角

$$\varphi_2=\arccos 0.9=25.84°$$

又因为对称三相电路有功功率 $P=\sqrt{3}U_l I_l\cos\varphi$，所以

$$I_1=\frac{P}{\sqrt{3}U_1\cos\varphi_1}=\frac{10\ 000}{\sqrt{3}\times 380\times 0.5}\text{A}\approx 30.30\text{A}$$

取相电压 $\dot{U}_A$ 为参考正弦量：$\dot{U}_A=U_P\angle 0°=\frac{380}{\sqrt{3}}\angle 0°=220\angle 0°\text{V}$，所以

$$\dot{I}_1=30.30\angle -60°\text{A}$$

由向量图 6.20 知

$$\tan\varphi_2=\frac{I_1\sin\varphi_1-I_C}{I_1\cos\varphi_1}$$

代入相关数据，求得

$$I_C = 18.90\text{A}$$

又因为在图 6.19 中

$$I_C = \omega(3C)U_A = 2\pi \times 50 \times 3C \times 220$$

求得

$$C = 91.23\mu\text{F}$$

由于电容电流超前电压 90°，而图 6.19 及图 6.20 中，$\dot{I}_C$ 超前 $\dot{U}_A$ 相位 90°，而 $\dot{U}_A$ 是参考正弦量，所以

$$\dot{I}_C = 18.90\angle 90^\circ\text{A}$$

由图 6.19，根据 KCL，求得功率因数提高到 0.9 后的线电流为

$$\dot{I}_2 = \dot{I}_C + \dot{I}_1 = (18.90\angle 90^\circ + 30.30\angle -60^\circ)\text{A} = 16.8\angle 25.7^\circ\text{A}$$

6.6 三相电路的功率测量

三相四线制电路中，每一相电路接一个功率表，共用三个单相功率表分别测各相功率，三个功率表读数之和，即为三相总功率。这种测量法称为三表法。三相负载对称时，只需一个功率表测出一相功率，其读数的三倍即三相负载消耗的总功率。

三相三线制电路，不论负载对称与否均可采用二表法测量，二表法接线如图 6.21 所示。图中虚线隔开的三种接法仅用其一，习惯上常用第一种（左侧所示）。可以证明，图中两个功率表读数的代数和即为三相负载吸收的总有功功率。设第一种接法功率表的功率分别为 P_1 和 P_2，根据复功率的概念，则

$$P_1 = U_{AC} I_A \cos(\psi_{uAC} - \psi_{iA}) = \text{Re}[\dot{U}_{AC} \overset{*}{I}_A]$$

$$P_2 = U_{BC} I_B \cos(\psi_{uBC} - \psi_{iB}) = \text{Re}[\dot{U}_{BC} \overset{*}{I}_B]$$

因此

$$P_1 + P_2 = \text{Re}[\dot{U}_{AC} \overset{*}{I}_A] + \text{Re}[\dot{U}_{BC} \overset{*}{I}_B] = \text{Re}[\dot{U}_{AC} \overset{*}{I}_A + \dot{U}_{BC} \overset{*}{I}_B]$$

因为 $\dot{U}_{AC} = \dot{U}_A - \dot{U}_C$，$\dot{U}_{BC} = \dot{U}_B - \dot{U}_C$，$\overset{*}{I}_A + \overset{*}{I}_B = -\overset{*}{I}_C$，将它们代入上式得

$$P_1 + P_2 = \text{Re}[\dot{U}_A \overset{*}{I}_A + \dot{U}_B \overset{*}{I}_B + \dot{U}_C \overset{*}{I}_C] = \text{Re}[\tilde{S}_A + \tilde{S}_B + \tilde{S}_C] = \text{Re}[\tilde{S}]$$

而三相负载的有功功率 $P = \text{Re}[\tilde{S}]$，故有

$$P_1 + P_2 = P$$

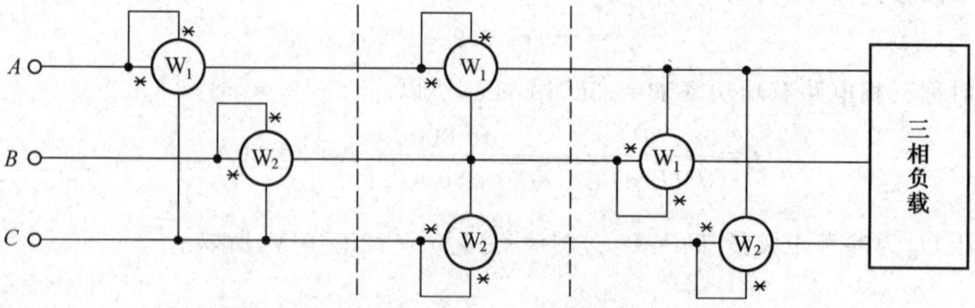

图 6.21　三相三线制二表法测功率接线图

二表法测功率需要注意以下几点：

(1) 只有在三相三线制条件下，才能用二表法，且不论负载对称与否；

(2)两块表读数的代数和为三相总功率,每块表单独的读数无意义;

(3)按正确极性接线时,二表中可能有一个表的读数为负,此时功率表指针反转,将其电流线圈极性反接后,指针指向正数,但此时读数应记为负值;

(4)两表法测三相功率的接线方式有三种,注意功率表的同名端。

【例 6.7】 对称三相电路如图 6.22 所示,线电压为 380V,三相电源提供的复功率 $\tilde{S}=(5+j20)$kV·A,试求:(1)功率表的读数;(2)设 $Z'=(0.5+j)\Omega$,求负载的复功率。

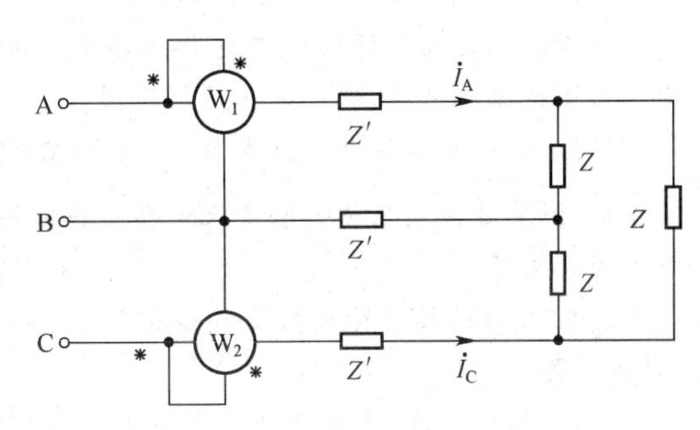

图 6.22 例 6.7 图

解 (1)设相电压 $\dot{U}_A=\frac{380}{\sqrt{3}}\angle 0°=220\angle 0°$V 为参考正弦量,则

$\dot{U}_{AB}=380\angle 30°$V,$\dot{U}_{BC}=(380\angle 30°-120°)V=380\angle -90°$V

因为 $\tilde{S}=(5+j20)$kV·A

所以功率因数角

$$\varphi=\arctan\frac{20}{5}=75.96°$$

$$\cos\varphi=\cos 75.96°=0.24$$

且整个三相电路的有功功率 $P=5\,000$W,所以线电流

$$I_l=\frac{P}{\sqrt{3}U_l\cos\varphi}=\frac{5000}{\sqrt{3}\times 380\times 0.24}\text{A}=31.69\text{A}$$

$$\dot{I}_A=31.69\angle -75.96°\text{A}$$

因 $\tilde{S}=(5+j20)$kV·A,无功功率 $Q>0$,可知三相负载是感性,所以线电流 $\dot{I}_A$(即等效Y形连接负载相电流)滞后 $\dot{U}_A$。

由对称三相电路的对称性可知

$$\dot{I}_C=\dot{I}_A\angle +120°=31.69\angle -75.96°+120°\text{A}=31.69\angle 44.04°\text{A}$$

所以 W_1 表的读数为

$$P_1=\text{Re}[\dot{U}_{AB}\dot{I}_A^*]=380\times 31.69\cos 105.96°\text{W}=-8.37\text{kW}$$

所以 W_2 表的读数为

$$P_2=\text{Re}[\dot{U}_{CB}\dot{I}_C^*]=380\times 31.69\cos(-45.96°)\text{W}=-3.31\text{kW}$$

(2)因

$$\dot{U}_{Z'}=\dot{I}_A Z'=31.69\angle -75.96°(0.5+j)\text{V}=35.49\angle -12.53°\text{V}$$

则线路三个 Z' 阻抗吸收的复功率为

$$\tilde{S}_{Z'}=3\dot{U}_{Z'}\dot{I}_A^*=3\times 35.49\angle -12.53°\times 3.69\angle -75.96°\text{V·A}=(1509+j3018)\text{V·A}$$

三相负载三个阻抗 Z 上吸收的复功率为

$$\tilde{S}_Z=\tilde{S}-\tilde{S}_{Z'}=(5000+j20000-1509-j3018)\text{V·A}=17.34\angle 78.38°\text{kV·A}$$

习题 6

6.1 图 6.23 所示电路，已知：$\dot{U}_{ab}=U\angle 0°\text{V}$，$\dot{U}_{cd}=U\angle 60°\text{V}$，$\dot{U}_{ef}=U\angle -60°\text{V}$。问这些电源应如何连接以组成对称Y形连接三相电源以及对称△形连接三相电源，试画出正确接线图。

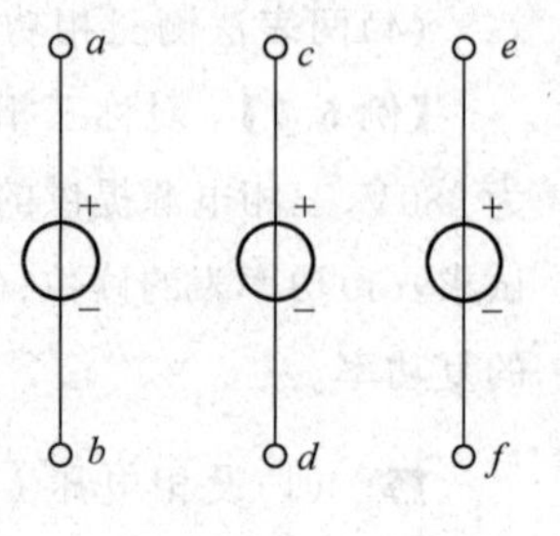

图 6.23 题 6.1 图

6.2 一对称三相电源接成星形，电源相电压为 U。若将 C 相电源极性接反，则电源线电压将如何变化。画出接线图。以 $\dot{U}_A$ 为参考相量，求各端线间的电压。

6.3 Y形连接对称三相负载每相阻抗 $Z=(8+\text{j}6)\Omega$，线电压为 380V（电源对称）。

(1)求各相电流、三相总功率 P 和 Q；

(2)以 $\dot{U}_A$ 为参考相量画相量图(包括相电压、线电压和电流)。

6.4 已知对称三相电路的星形连接负载阻抗 $Z=(165+\text{j}8)\Omega$，端线阻抗 $Z_l=(2+\text{j}1)\Omega$，中线阻抗 $Z_n=(1+\text{j}1)\Omega$，线电压 $U_l=380\text{V}$。求负载的电流、相电压和线电压，并作负载侧电路的相量图。

6.5 已知对称三相电路的三角形负载阻抗 $Z=(8+\text{j}6)\Omega$，线电压为 380V。

(1)求负载相电流、线电流、总功率 P 和 Q，并与题 6.3 中的(1)作比较(用文字运算作比较)并得出结论；

(2)以 $\dot{I}_{AB}$ 为参考相量画负载电流相量图(包括各相电流和线电流)。

6.6 已知对称三相电路的线电压 $U_l=380\text{V}$(电源端)，三角形连接负载阻抗 $Z=(4.5+\text{j}14)\Omega$，端线阻抗 $Z_l=(1.5+\text{j}2)\Omega$。求线电流和负载的相电流。

6.7 图 6.24 所示为对称三相电路，电源线电压 $U_l=380\text{V}$，Y形连接负载 $Z_1=30\angle 30°\Omega$，△形连接负载 $Z_2=60\angle 60°\Omega$。求各电压表和电流表的读数(有效值)，并求负载吸收的总功率 P 和 Q。

6.8 图 6.25 所示对称三相电路，线电压 $U_l=380\text{V}$，若三相负载吸收的功率为 11.4kW，线电流为 20A，求负载 Z。

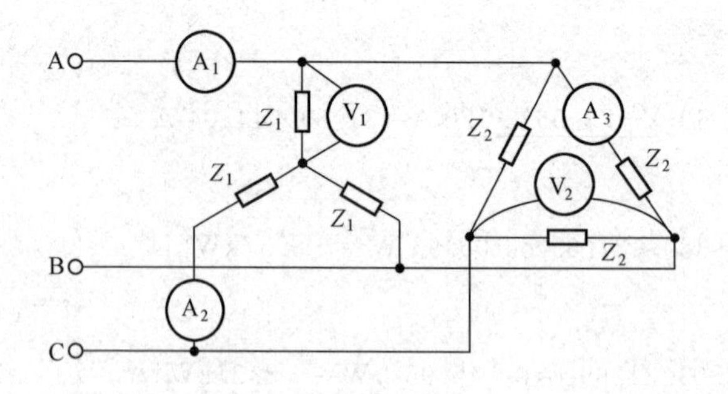

图 6.24 题 6.7 图

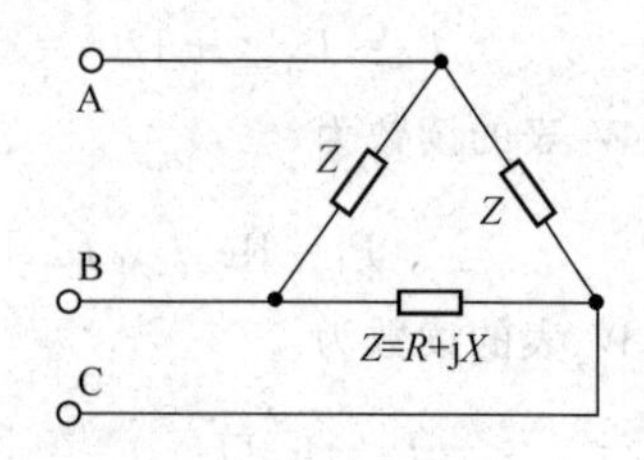

图 6.25 题 6.8 图

6.9 图 6.26 所示对称工频三相耦合电路接于对称三相电源，线电压 $U_l=380\text{V}$，$R=30\Omega$，$L=0.29\text{H}$，$M=0.12\text{H}$，求相电流和负载吸收的总功率。

6.10 图 6.27 所示电路，对称三相电源相电压为 220V，对称三相负载每相阻抗 $Z=(15+\text{j}30)\Omega$，阻抗 $Z'=(20+\text{j}10)\Omega$，求三相电源供出的线电流。

6.11 对称三相电路，负载为Y形连接。已知线电压 $U_{CB}=173.2\angle 90°\text{V}$，线电流 $I_C=2\angle 180°\text{A}$，试求三相负载吸收的功率 P。

6.12 图6.28所示对称三相电路中，$U_{A'B'}$为380V，三相电动机吸收的功率为1.4kW，其功率因数$\lambda=0.866$(滞后)，$Z_L=-j55\Omega$。求U_{AB}和电源端的功率因数λ'。

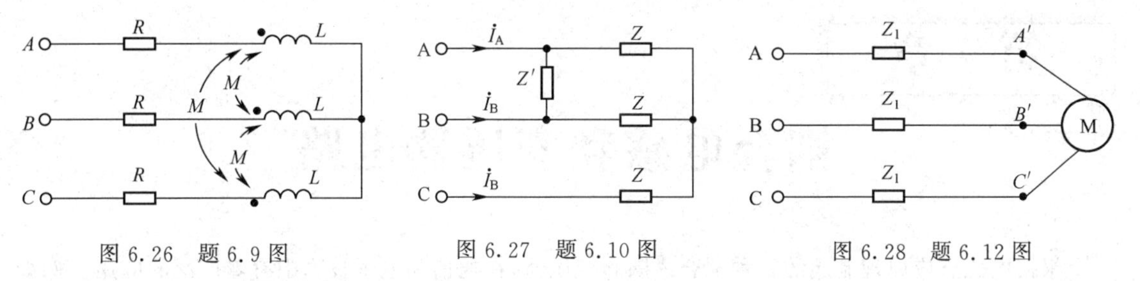

图6.26 题6.9图　　图6.27 题6.10图　　图6.28 题6.12图

6.13 图6.29所示电路。对称三相电源线电压为380V，接一组不对称负载$Z_A=(40+j20)\Omega$，$Z_B=(15+j25)\Omega$，$Z_C=(30+j10)\Omega$。

(1)求电源的线电流；

(2)用二表法测三相负载功率，试求每一功率表的读数。

6.14 对称电源接一组不对称Y形连接负载且有中线。已知电源线电压为380V，不对称各相负载分别为220V，100W灯泡一个、二个、三个。如果中线因故障断开，试问哪一相负载上的电压最高，其值为多少？以U_{AB}为参考相量画负载电压相量图(包括线电压、相电压和中点位移电压)。

6.15 图6.30所示为三相对称Y-Y电路，线电压为380V。

(1)如果A相负载开路(在A点左侧断开)，试求$U_{AN'}$、$U_{BN'}$、$U_{CN'}$及$U_{NN'}$，并以$\dot{U}_A$为参考相量画电压相量图(包括电源和负载各线、相电压及中点位移电压)；

(2)如果A相负载短路，重求(1)。

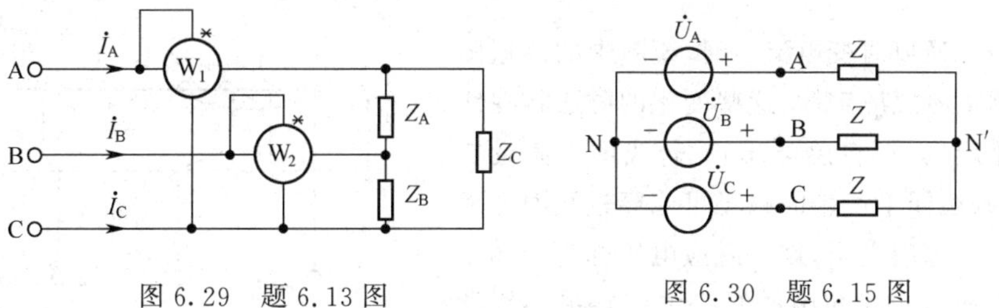

图6.29 题6.13图　　图6.30 题6.15图

6.16 图6.31所示对称三相电路，对称三相负载2的线电压为380V，功率为1.5kW，功率因数为0.91(滞后)。

(1)求电源端线电压和线电流；

(2)若用二表法测负载2的平均功率，试画接线图。

6.17 图6.32所示对称三相电路，负载$Z=50\angle 70°\Omega$，电源线电压为380V。求功率表的读数P_1和P_2，负载吸收的总功率P。功率表的电流线圈接线是否合理，若不合理应如何改接？

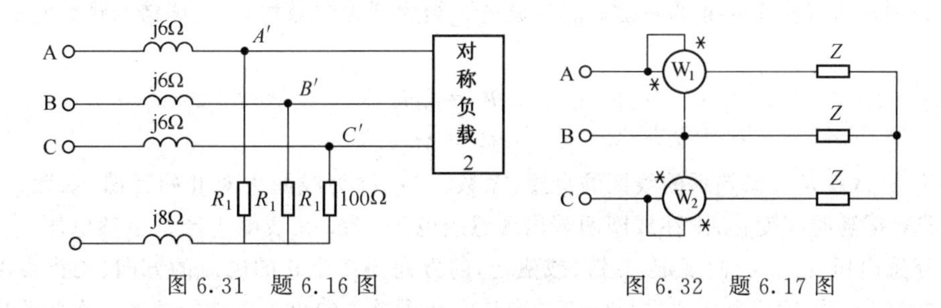

图6.31 题6.16图　　图6.32 题6.17图

第 7 章

耦合电感和变压器电路

根据电磁感应原理制成的各种耦合线圈和变压器,在通信和电子技术中有着广泛的应用。例如收音机中,用耦合线圈将天线接收到的电信号耦合到输入电路;在通信设备中利用变压器变换阻抗实现前级电路与后级负载之间的阻抗匹配;在电源设备中,用变压器来降低或升高电压等等。为了分析含有耦合线圈和变压器的电路,建立这一类实际器件的电路模型,仅仅依靠 R、L、C 三种基本元件是不够的。因此本章引入两种新的电路元件,即耦合电感和理想变压器。它们是构成实际耦合线圈和实际变压器电路模型不可缺少的元件。

本章讨论耦合电感与理想变压器这两个元件的伏安关系(VAR)以及含有这两个元件的电路分析方法。以正弦稳态分析为主,并分析全耦合变压器以及实际变压器电路。

7.1 耦合电感的伏安关系和同名端

7.1.1 互感电压、耦合电感的伏安关系

当某线圈Ⅰ通以时变电流 i_1 时,线圈中的磁通随之变化。根据电磁感应定律,这些变化的磁通将在线圈两端产生感应电压(自感电压)。若线圈Ⅰ附近有另一线圈Ⅱ,则线圈Ⅰ产生的磁场可能穿过线圈Ⅱ而使其两端也出现感应电压,这一感应电压称为线圈Ⅰ对Ⅱ的互感电压。一线圈中的时变电流在另一线圈中产生感应电压的现象称为磁耦合现象或互感现象,产生磁耦合现象的这对线圈称为互感线圈或耦合线圈。互感线圈的理想模型(忽略线圈的损耗电阻以及电场效应)即是耦合电感。下面分析耦合电感的 VAR。

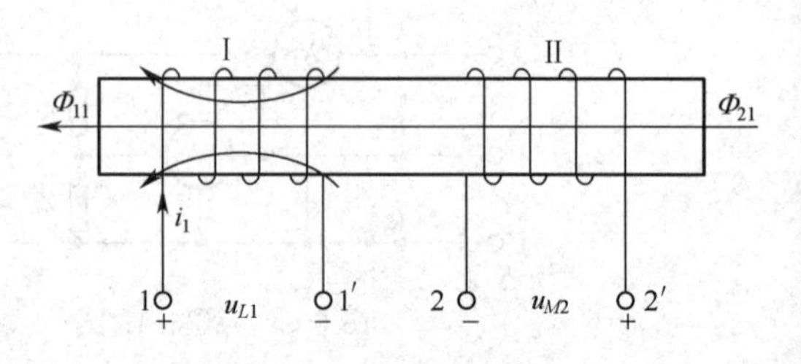

图 7.1 耦合电感

图 7.1 所示为两个耦合电感线圈。设仅线圈Ⅰ通有电流 i_1。i_1 在线圈Ⅰ中产生的磁通为 Φ_{11},磁链为 Ψ_{11},Φ_{11} 和 Ψ_{11} 分别称为线圈Ⅰ的自磁通和自磁链。i_1 在线圈Ⅱ产生的磁通为 Φ_{21},磁链为 Ψ_{21},Φ_{21} 和 Ψ_{21} 分别称为线圈Ⅰ对Ⅱ的互磁通和互磁链。当周围无铁磁物质时,磁链与产生它的电流成正比,即

$$\Psi_{11}=L_1 i_1$$

$$\Psi_{21}=M_{21} i_1$$

比例系数 L_1 就是大家熟悉的线圈的自感(系数);M_{21} 称为线圈Ⅰ对Ⅱ的**互感**(系数),单位也是亨(H)。若磁链随时间变化,则在线圈两端出现感应电压。Ψ_{11} 在线圈Ⅰ产生自感电压 u_{L1},Ψ_{21} 在线圈Ⅱ产生互感电压 u_{M2}。我们规定:磁链(或磁通)的方向与产生它的电流的方向(均指参考方向,以下同)为右螺旋关系,感应电压方向(极性)与产生它的磁链方向也为右螺旋关系。在此前提下,由图

7.1可以看出，u_{L1}的方向永远与i_1的方向关联，u_{M2}的方向则取决于i_1的方向以及两线圈的绕向。u_{L1}和u_{M2}分别为

$$u_{L1}=\frac{\mathrm{d}\Psi_{11}}{\mathrm{d}t}=L_1\frac{\mathrm{d}i_1}{\mathrm{d}t}$$

和

$$u_{M2}=\frac{\mathrm{d}\Psi_{21}}{\mathrm{d}t}=M_{21}\frac{\mathrm{d}i_1}{\mathrm{d}t}$$

在图7.1中，若仅线圈Ⅱ通有电流i_2，则它在线圈Ⅱ产生自感电压u_{L2}，在线圈Ⅰ产生互感电压u_{M1}。它们的分析与上面的完全类似，这时有

$$u_{L2}=\frac{\mathrm{d}\Psi_{22}}{\mathrm{d}t}=L_2\frac{\mathrm{d}i_2}{\mathrm{d}t}$$

$$u_{M1}=\frac{\mathrm{d}\Psi_{12}}{\mathrm{d}t}=M_{12}\frac{\mathrm{d}i_2}{\mathrm{d}t}$$

式中Ψ_{22}和Ψ_{12}分别为线圈Ⅱ的自磁链和线圈Ⅱ对Ⅰ的互磁链；L_2和M_{12}分别是线圈Ⅱ的自感和线圈Ⅱ对Ⅰ的互感。可以证明，在无铁磁物质情况下，$M_{12}=M_{21}$，今后将它们一律用M表示。

在图7.2中，设两耦合电感的电流分别为i_1和i_2，它们产生的磁链在图中分别用实线和虚线表示。图7.2(a)中，互磁链与自磁链方向相同，因而互感与自感电压极性相同。图7.2(b)中，互磁链与自磁链方向相反，因而互感电压与自感电压极性相反。图7.2(a)、(b)中线圈的电压分别为

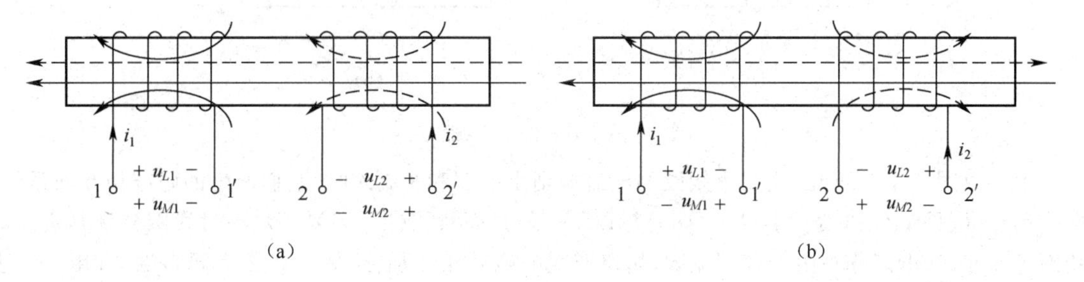

图7.2 耦合电感的伏安关系

$$\begin{cases}u_{11'}=u_{L1}+u_{M1}=L_1\dfrac{\mathrm{d}i_1}{\mathrm{d}t}+M\dfrac{\mathrm{d}i_2}{\mathrm{d}t}\\u_{22'}=-u_{L2}-u_{M2}=-L_2\dfrac{\mathrm{d}i_2}{\mathrm{d}t}-M\dfrac{\mathrm{d}i_1}{\mathrm{d}t}\end{cases}\tag{7.1}$$

和

$$\begin{cases}u_{11'}=u_{L1}-u_{M1}=L_1\dfrac{\mathrm{d}i_1}{\mathrm{d}t}-M\dfrac{\mathrm{d}i_2}{\mathrm{d}t}\\u_{22'}=-u_{L2}+u_{M2}=-L_2\dfrac{\mathrm{d}i_2}{\mathrm{d}t}+M\dfrac{\mathrm{d}i_1}{\mathrm{d}t}\end{cases}\tag{7.2}$$

式(7.1)和(7.2)即为耦合电感的VAR。若i_1和i_2为同频率正弦量，则上两式可写成相量形式，它们分别为

$$\begin{cases}\dot{U}_{11'}=\dot{U}_{L1}+\dot{U}_{M1}=\mathrm{j}\omega L_1\dot{I}_1+\mathrm{j}\omega M\dot{I}_2\\\dot{U}_{22'}=-\dot{U}_{L2}-\dot{U}_{M2}=-\mathrm{j}\omega L_2\dot{I}_2-\mathrm{j}\omega M\dot{I}_1\end{cases}\tag{7.3}$$

和

$$\begin{cases}\dot{U}_{11'}=\dot{U}_{L1}-\dot{U}_{M1}=\mathrm{j}\omega L_1\dot{I}_1-\mathrm{j}\omega M\dot{I}_2\\\dot{U}_{22'}=-\dot{U}_{L2}+\dot{U}_{M2}=-\mathrm{j}\omega L_2\dot{I}_2+\mathrm{j}\omega M\dot{I}_1\end{cases}\tag{7.4}$$

式(7.3)和(7.4)为耦合电感在正弦稳态时 *VAR* 的相量形式。

7.1.2 耦合电感的同名端

由以上分析看出，当两耦合电感均有电流流过时，其上的电压由两部分组成：一是自感电压，另一是互感电压。前者由本线圈的电流产生，后者由它线圈的电流产生。自感电压的方向永远与产生它的电流方向一致，互感电压的方向与自感电压的方向可能相同，也可能相反，这取决于互磁链与自磁链的方向是一致或是相反。互磁链与自磁链的方向取决于线圈中电流的方向以及线圈的绕向。为了便于判定互感电压的方向(极性)，引出了同名端的概念。两耦合电感的同名端是指这样一对端子：当电流分别从这一对端子流入或流出时，它们在线圈内产生的磁链方向一致(加强)。同名端用符号“·”或“*”或“△”表示。图 7.2(a)中点 1 与 2′(或点 1′和点 2)为同名端。图 7.2(b)中，1 与 2(或 1′与 2′)为同名端。

【例 7.1】 试确定图 7.3 所示三个耦合线圈的同名端。

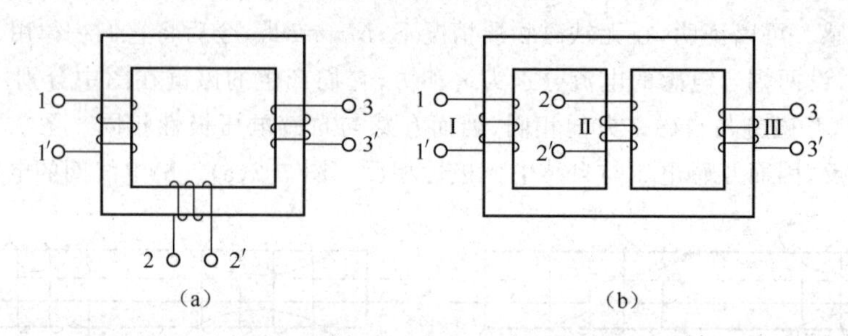

图 7.3 例 7.1 图

解 由图 7.3(a)可见，当三个线圈的电流分别由 1、2′和 3 流入时，它们产生的磁链相互加强(方向一致)。可见 1、2′、3 为同名端，可同时标以“·”号。而对图(b)，需要一对一对线圈分别判定。对线圈Ⅰ和Ⅱ，当电流分别由 1 和 2′流入时，所产生的磁链相互加强，故 1 和 2′为同名端，可用“·”表示；对线圈Ⅰ和Ⅲ，当电流分别从 1 和 3 流入时，所产生的磁链相互加强，故 1 和 3 为同名端，可用“*”表示；对线圈Ⅱ和Ⅲ，当电流分别从 2 和 3 流入时，它们产生的磁链相互加强，故 2 和 3 为同名端，可用“△”表示。

由此例可以看出，三个耦合线圈的同名端，在有些情况下可以全部用一个符号表明，如图 7.3(a)所示，而在另一些情况下，则必须两两分别标明，如图 7.3(b)所示。

利用同名端的概念可以判定互感电压的方向，因而图中不必画出线圈的绕向。实际的线圈，经过绝缘处理及固定后，其绕向已无法观察确定。耦合电感的电路模型是一个由 L_1、L_2、M 和同名端表征的四端元件。图 7.2 的电路模型如图 7.4 所示。在图 7.4(a)中，i_1 和 i_2 由同名端入，因此两耦合电感上的互感电压和自感电压极性相同；在图 7.4(b)中，i_1 和 i_2 由异名端入，因此两耦合电感上的互感电压和自感电压极性相反。自感电压和互感电压的极性均示于图 7.4 中。实际上，我们只需判定互感电压的极性就可确定耦合电感的端电压。互感电压是由它线圈的电流产生的，它与本线圈的电流无关，因而判定其极性时，只需考虑它线圈电流的方向以及同名端的位置即可。由同名端的概念可知，当某线圈的电流由“·”入时，其在另一线圈产生的互感电压的“+”极应该“·”端；反之，当某线圈的电流由“·”出时，其在另一线圈产生的互感电压的“—”极应在“·”端。由此可作出结论为：两耦合线圈，当某线圈的电流由同名端“·”流入时，则另一线圈的“·”端为互感电压的“+”极；反之，当电流由“·”端流出该线圈时，则另一线圈的“·”端为互感电压的“—”极。互感电压的这一定向法，读者要牢牢掌握。

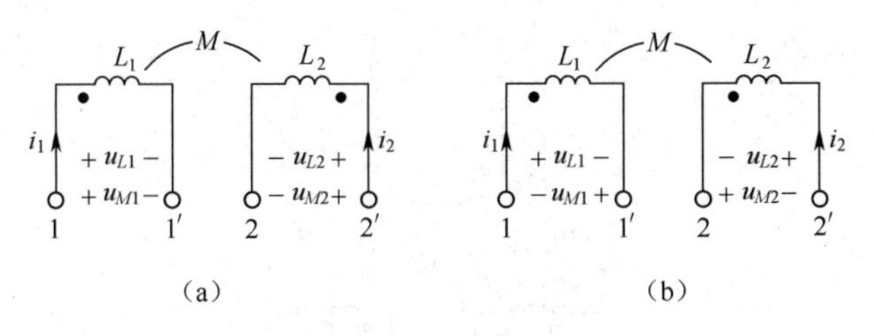

图 7.4　耦合电感的自感电压、互感电压

【例 7.2】　写出图 7.5 所示各耦合电感的 *VAR*；若电路为正弦稳态情况，试写出 *VAR* 的相量形式。

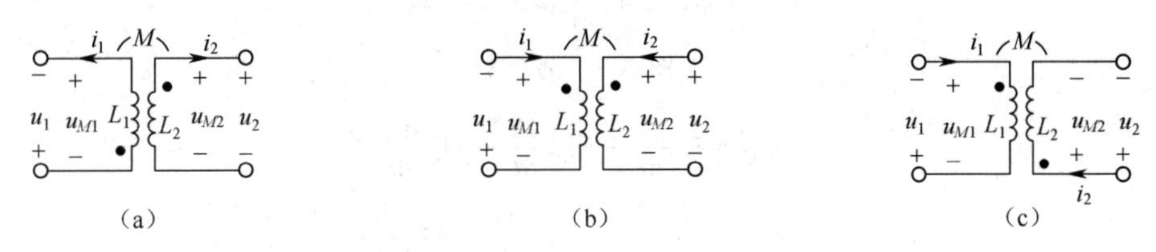

图 7.5　例 7.2 图

解　为了便于写出耦合电感的 *VAR*，可先在各线圈上标出互感电压的极性（见图 7.5）。自感电压的极性永远与电流方向关联，故未标明。

图 7.5(a)的 *VAR*：

$$u_1 = L_1 \frac{\mathrm{d}i_1}{\mathrm{d}t} - M \frac{\mathrm{d}i_2}{\mathrm{d}t}$$

$$u_2 = -L_2 \frac{\mathrm{d}i_2}{\mathrm{d}t} + M \frac{\mathrm{d}i_1}{\mathrm{d}t}$$

$$\dot{U}_1 = \mathrm{j}\omega L_1 \dot{I}_1 - \mathrm{j}\omega M \dot{I}_2$$

$$\dot{U}_2 = -\mathrm{j}\omega L_2 \dot{I}_2 + \mathrm{j}\omega M \dot{I}_1$$

图 7.5(b)的 *VAR*：

$$u_1 = -L_1 \frac{\mathrm{d}i_1}{\mathrm{d}t} - M \frac{\mathrm{d}i_2}{\mathrm{d}t}$$

$$u_2 = L_2 \frac{\mathrm{d}i_2}{\mathrm{d}t} + M \frac{\mathrm{d}i_1}{\mathrm{d}t}$$

$$\dot{U}_1 = -\mathrm{j}\omega L_1 \dot{I}_1 - \mathrm{j}\omega M \dot{I}_2$$

$$\dot{U}_2 = \mathrm{j}\omega L_2 \dot{I}_2 + \mathrm{j}\omega M \dot{I}_1$$

图 7.5(c)的 *VAR*：

$$u_1 = -L_1 \frac{\mathrm{d}i_1}{\mathrm{d}t} - M \frac{\mathrm{d}i_2}{\mathrm{d}t}$$

$$u_2 = L_2 \frac{\mathrm{d}i_2}{\mathrm{d}t} + M \frac{\mathrm{d}i_1}{\mathrm{d}t}$$

$$\dot{U}_1 = -\mathrm{j}\omega L_1 \dot{I}_1 - \mathrm{j}\omega M \dot{I}_2$$

$$\dot{U}_2 = \mathrm{j}\omega L_2 \dot{I}_2 + \mathrm{j}\omega M \dot{I}_1$$

熟练掌握了互感电压极性的判定法后，书写 *VAR* 时，可不必在图中标出互感电压的极性。

【例 7.3】　试写出图 7.6 所示三个耦合电感的伏安关系 $u_{11'}$，$u_{22'}$，$u_{33'}$ 及其相量形式。

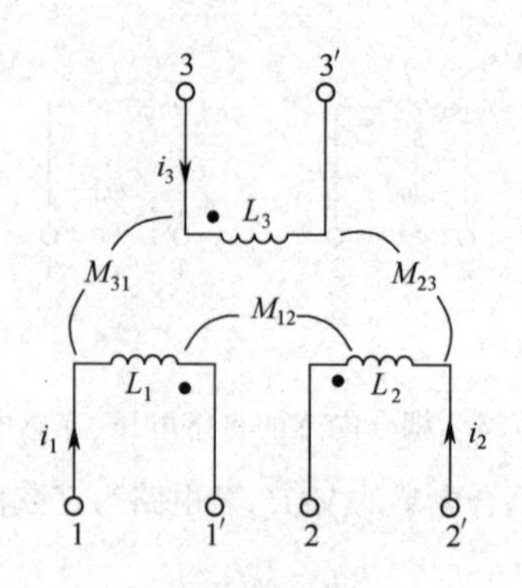

图 7.6 例 7.3

解

$$u_{11'}=L_1\frac{di_1}{dt}+M_{12}\frac{di_2}{dt}-M_{31}\frac{di_3}{dt}$$

$$u_{22'}=-L_2\frac{di_2}{dt}-M_{12}\frac{di_1}{dt}+M_{23}\frac{di_3}{dt}$$

$$u_{33'}=L_3\frac{di_3}{dt}-M_{31}\frac{di_1}{dt}-M_{23}\frac{di_2}{dt}$$

$$\dot{U}_{11'}=j\omega L_1\dot{I}_1+j\omega M_{12}\dot{I}_2-j\omega M_{31}\dot{I}_3$$

$$\dot{U}_{22'}=-j\omega L_2\dot{I}_2-j\omega M_{12}\dot{I}_1+j\omega M_{23}\dot{I}_3$$

$$\dot{U}_{33'}=j\omega L_3\dot{I}_3-j\omega M_{31}\dot{I}_1-j\omega M_{23}\dot{I}_2$$

同名端可用实验方法确定。设有耦合线圈Ⅰ和Ⅱ，当线圈Ⅰ的电流由"·"流入时，根据互感电压的判定法，线圈Ⅱ的"·"端为互感电压 u_{M2} 的"+"极，且 $u_{M2}=M\frac{di_1}{dt}$。设在某瞬间，$\frac{di_1}{dt}>0$，则此时 $u_{M2}>0$。若有一直流电压表接于线圈Ⅱ的两端，且电压表的"+"极与"·"相联，则在此瞬间，电压表指针正偏转。据此，我们可用图 7.7 电路进行实验。由图可见，开关 S 闭合瞬间，$\frac{di_1}{dt}>0$，若直流电压表指针在此瞬间正偏转，则 c 和 a 是同名端，反之，若电压表反偏转，则 c 和 a 是异名端，由此可作结论：两耦合线圈Ⅰ和Ⅱ，当Ⅰ接入直流电源的一瞬间，线圈Ⅱ所接直流电压表若指针正偏，则接电源"+"极端和接电压表的"+"极端为同名端，若指针反偏，则它们为异名端。在图 7.7 中，如果开关 S 已闭合，则在 S 断开的一瞬间，直流电压表指针也将偏转，其结论与上述相反。

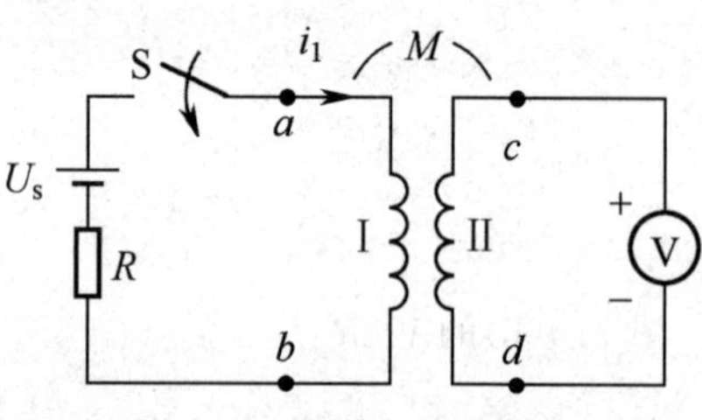

图 7.7 测同名端的电路

【例 7.4】 试判断图 7.8 中 S 断开瞬间，2、2′间电压的真实极性。

解 设电流 i_1 的方向如图示，根据互感电压极性判断法，可定 u_{M2} 极性，示于图中。因为 $u_{M2}=M\frac{di_1}{dt}$，S 断开瞬间，$\frac{di_1}{dt}<0$，故 $u_{M2}<0$，此时真实的极性是 2′为"+"，2 为"−"。

耦合电感的自感电压、互感电压分别与两线圈电流的变化率成正比，因而耦合电感是一个动态记忆元件。对含耦合电感的电路的分析，较前面各章的分析更为复杂。特别容易出错的是遗漏互感电压或判错其极性。为此，可将线圈中的互感电压用受控源（CCVS）表示，并将它与自感 L 串联。例如图 7.9(a)可画成图 7.9(b)的形

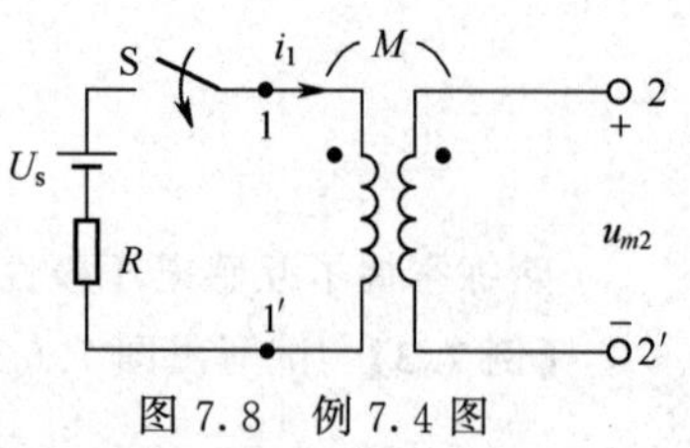

图 7.8 例 7.4 图

式，其相量模型如图7.9(c)所示。

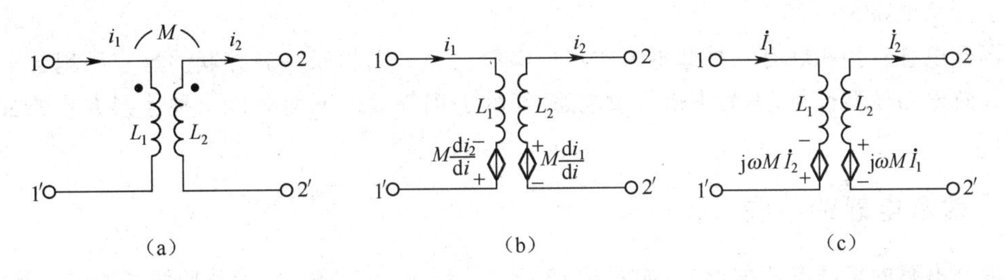

图7.9 耦合电感的等效模型

7.1.3 耦合系数

工程上为了定量描述两个耦合线圈（设为Ⅰ和Ⅱ）耦合的疏密程度，将$\dfrac{\Psi_{12}}{\Psi_{11}}$和$\dfrac{\Psi_{21}}{\Psi_{22}}$的几何平均值定义为它们的耦合系数，用$k$表示，即

$$k=\sqrt{\frac{\Psi_{12}}{\Psi_{11}}\cdot\frac{\Psi_{21}}{\Psi_{22}}} \tag{7.5}$$

将$\Psi_{11}=L_1i_1$，$\Psi_{12}=Mi_2$，$\Psi_{22}=L_2i_2$，$\Psi_{21}=Mi_1$代入上式，于是得到

$$k=\frac{M}{\sqrt{L_1L_2}}$$

或

$$M=k\sqrt{L_1L_2} \tag{7.6}$$

两线圈的耦合程度即k值，与线圈的结构、两线圈的相互位置以及周围磁介质有关。如果两线圈紧密叠绕在一起，则任一线圈电流产生的磁通全部与两线圈的每一匝相交链，这是一种理想状态，称为全耦合。设有线圈Ⅰ和Ⅱ的匝数分别为N_1、N_2，全耦合时，自磁通与互磁通相等，因此有$\Phi_{21}=\Phi_{11}$，$\Phi_{12}=\Phi_{22}$，于是，自互磁链分别为$\Psi_{11}=N_1\Phi_{11}$，$\Psi_{22}=N_2\Phi_{22}$和$\Psi_{12}=N_1\Phi_{22}$，$\Psi_{21}=N_2\Phi_{11}$。将它们代入式(7.5)，得$k=1$。如果两耦合线圈相隔甚远，或者它们的轴线互相垂直，则互磁链Ψ_{12}和Ψ_{21}均为零，这种状态称为无耦合。由式(7.5)可得无耦合时的$k=0$。由此可见，耦合系数k的范围是：$0\leqslant k\leqslant 1$。根据式(7.6)，可得M的范围是：$0\leqslant M\leqslant\sqrt{L_1L_2}$。$k$大则$M$大，表明两线圈耦合的紧，称为紧耦合，$k=1$为全耦合，此时$M=\sqrt{L_1L_2}$。$k$小则$M$小，表明两线圈耦合的松，称为松耦合，$k=0$为无耦合，此时$M=0$。在电子技术及电气工程中，为了更有效的传输信号或功率，总希望k值接近于1。为此，常将线圈绕在铁磁材料制成的芯柱上。由于铁磁物质的磁导率很高，因此线圈电流产生的磁通绝大部分集中在铁心内，而使耦合线圈近似为全耦合，即$k\approx1$。在工程上，有时又要尽量减小互感的作用以避免线圈之间互相干扰，除了采用屏蔽手段外，一个有效地方法就是合理地安排线圈的相互位置，以使k值尽量减小。

思考与练习题

7.1 两耦合电感L_1和L_2，(1)若$\omega L_1=2\Omega$，$\omega L_2=8\Omega$，耦合系数$k=0.8$，求ωM；(2)若$\omega L_1=4\Omega$，$\omega L_2=5\Omega$，$\omega M=2\Omega$求耦合系数k(取三位有效数字)。

7.2 耦合电感的去耦等效

含耦合电感的电路，用观察法或回路电流法直接列写电路方程时，往往容易将互感电压及其极性弄错。本节介绍采用等效变换的方法来消除两个耦合线圈之间的互感，以便可按无耦合电感电路的分析法计算电路。

两耦合电感直接相联有三种基本形式：(1)串联；(2)一点相联；(3)并联。这三种耦合电感用无耦合的等效电路模型代替，称为去耦等效电路，简称去耦等效。下面对这三种连接方式的去耦电路进行分析。

7.2.1 耦合电感的串联

两耦合电感的串联有两种形式，如图7.10所示。图7.10(a)中，电流从两线圈的同名端流入(或流出)，这种连接称为顺串或顺接；图(b)中，电流从两线圈的异名端流入(或流出)，这种连接称为反串或反接。先分析耦合电感串联支路的VAR。由图7.10有

$$u=u_{ac}+u_{cb}=(L_1\frac{\mathrm{d}i}{\mathrm{d}t}\pm M\frac{\mathrm{d}i}{\mathrm{d}t})+(L_2\frac{\mathrm{d}i}{\mathrm{d}t}\pm M\frac{\mathrm{d}i}{\mathrm{d}t})$$

$$=(L_1\pm M)\frac{\mathrm{d}i}{\mathrm{d}t}+(L_2\pm M)\frac{\mathrm{d}i}{\mathrm{d}t} \tag{7.7}$$

或

$$u=(L_1+L_2\pm 2M)\frac{\mathrm{d}i}{\mathrm{d}t}=L_{\mathrm{eq}}\frac{\mathrm{d}i}{\mathrm{d}t} \tag{7.8}$$

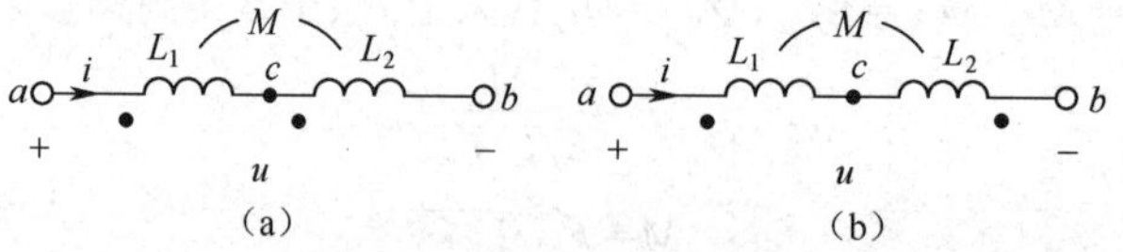

(a) (b)

图7.10 耦合电感的串联

式中 $L_{\mathrm{eq}}=L_1+L_2\pm 2M$。各式 M 前的符号，上面对应顺串，下面对应反串(以下同)。根据式(7.7)和(7.8)，图7.10[现示于图7.11(a)]等效为图7.11(b)和(c)，它们是耦合电感串联时的去耦等效电路。

(a) (b) (c)

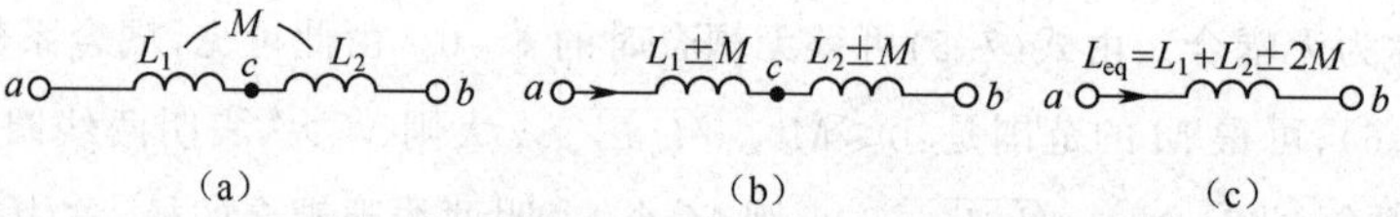

图7.11 两耦合电感串联时的去耦等效电路

在图7.11(b)中，$L_1\pm M$ 和 $L_2\pm M$ 分别为两耦合电感的去耦等效电感；在图7.11(c)中，L_{eq} 是两耦合电感串联后的总等值电感。可以看出，顺串时，各线圈的等值电感均增大(与无互感情况相比)，这表明顺串时的互感有加强电(自)感的作用；反串时，各线圈的等值电感均减小，这表明反串时的互感有削弱电(自)感的作用。互感的这种削弱作用，称为"容性"效应。M 值有可能大于 L_1(或 L_2)，故反串时，线圈Ⅰ(或Ⅱ)的等值电感为负，呈容性。但是反串的总等值电感 L_{eq} 不可能为负，这时因为耦合电感为储能元件，在任何时刻，其总磁场储能 $W_L(t)=\frac{1}{2}L_{\mathrm{eq}}i^2(t)$ 不可能为负，故必有 $L_{\mathrm{eq}}\geqslant 0$。这也可由机箱的全耦合情况予以证明：耦合电感圈耦合时，$M=\sqrt{L_1L_2}$，故反串等值电感

$$L_{\mathrm{eq}}=L_1+L_2-2M=L_1+L_2-2\sqrt{L_2L_2}=(\sqrt{L_1}-\sqrt{L_2})^2\geqslant 0$$

由上不等式可得

$$M\leqslant\frac{1}{2}(L_1+L_2)$$

这说明耦合电感的互感 M 不大于两自感的算术平均值。

耦合电感顺串时的总等值电感大于反串时的总等值电感。根据这一特点，可用实验方法测定耦合线圈的同名端。读者试自行拟一实验电路，并说明测定方法。利用式(7.8)也可测互感 M 值。设 L'_{eq} 和 L''_{eq} 分别为顺串和反串时的总等值电感，于是有

$$M=\frac{L'_{eq}-L''_{eq}}{4}$$

【例 7.5】 如图 7.12(a)所示，试求输入阻抗 Z_i、耦合电感的电压 $\dot{U}_{ab}$、$\dot{U}_{cd}$ 以及耦合系数 k。

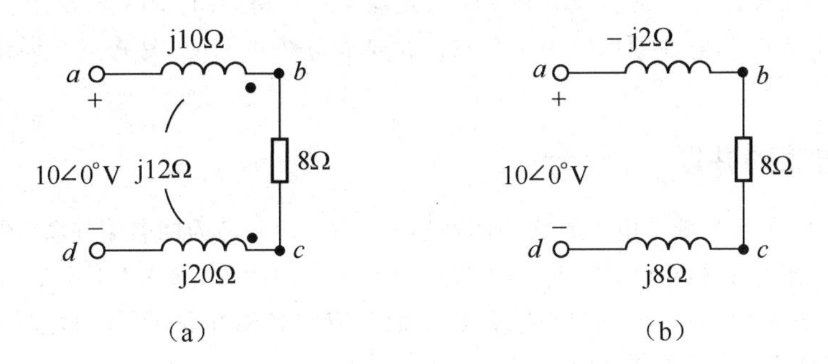

图 7.12　例 7.5 图

解　图 7.12(a)中两耦合电感反串，画出去耦等效电路如图 7.12(b)所示。由图 7.12(b)得

$$Z_i=Z_{ab}=-j2+8+j8=8+j6=10\angle 36.9^\circ\Omega$$

$$\dot{U}_{ab}=\frac{-j2}{8+j6}\times 10\angle 0^\circ=\frac{20\angle -90^\circ}{10\angle 36.9^\circ}=2\angle -126.9^\circ\text{V}$$

$$\dot{U}_{cd}=\frac{j8}{8+j6}\times 10\angle 0^\circ=\frac{80\angle 90^\circ}{10\angle 36.9^\circ}=8\angle 53.1^\circ\text{V}$$

$$k=\frac{12}{\sqrt{10\times 20}}=0.85$$

7.2.2　耦合电感有一点相联

图 7.13(a)、(b)为两耦合电感有一点相联的三端网络。图 7.13(a)为同名端相联；图 7.13(b)为异名端相联。现分析它们的 VAR。由图 7.13(a)、(b)有

$$u_{31}=L_1\frac{di_1}{dt}\pm M\frac{di_2}{dt} \tag{7.9}$$

$$u_{32}=L_2\frac{di_2}{dt}\pm M\frac{di_1}{dt} \tag{7.10}$$

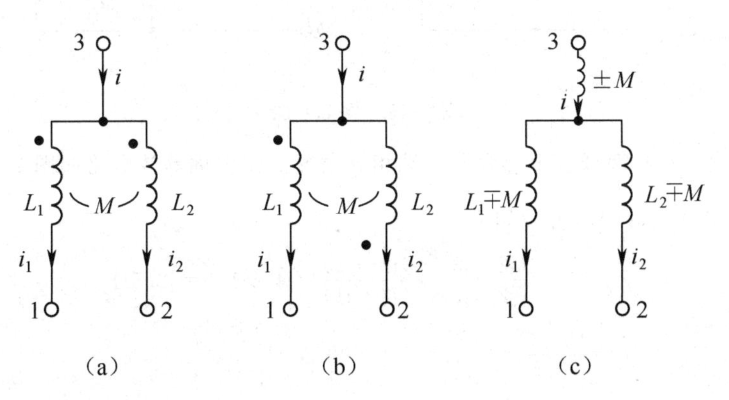

图 7.13　耦合电感一点相联时的去耦等效电路

上两式中,M前的符号,上面对应同名端相联情况,下面对应异名端相联情况(以下同)。将 $i_2=i-i_1$ 和 $i_1=i-i_2$ 分别代入(7.9)和(7.10),于是有

$$u_{31}=L_1\frac{\mathrm{d}i_1}{\mathrm{d}t}\pm M\frac{\mathrm{d}(i-i_1)}{\mathrm{d}t}=\pm M\frac{\mathrm{d}i}{\mathrm{d}t}+(L_1\mp M)\frac{\mathrm{d}i_1}{\mathrm{d}t} \tag{7.11}$$

$$u_{32}=L_2\frac{\mathrm{d}i_1}{\mathrm{d}t}\pm M\frac{\mathrm{d}(i-i_2)}{\mathrm{d}t}=\pm M\frac{\mathrm{d}i}{\mathrm{d}t}+(L_2\mp M)\frac{\mathrm{d}i_2}{\mathrm{d}t} \tag{7.12}$$

根据式(7.11)和式(7.12),图 7.13(a)、(b)的去耦等效电路如图 7.13(c)所示。需要指出,去耦电路中多出了一个节点 0,它在原电路中不存在。初学者分析电路时,易将点 0 误认为点 3,这要特别注意。

7.2.3 耦合电感的并联

图 7.14(a)、(b)所示为耦合电感并联的两种形式。图 7.14(a)为同名端并联,图 7.14(b)为异名端并联。它们只是图 7.13(a)、(b)中,将 1、2 两点相连接后的图形,其 VAR 不变,因此图 7.14(a)、(b)的去耦电路如图 7.14(c)所示,M前的符号,上面对应同名端并联,下面对应异名端并联。由图 7.14(c)可得等值电感 L_{eq}(见图 7.14d)为

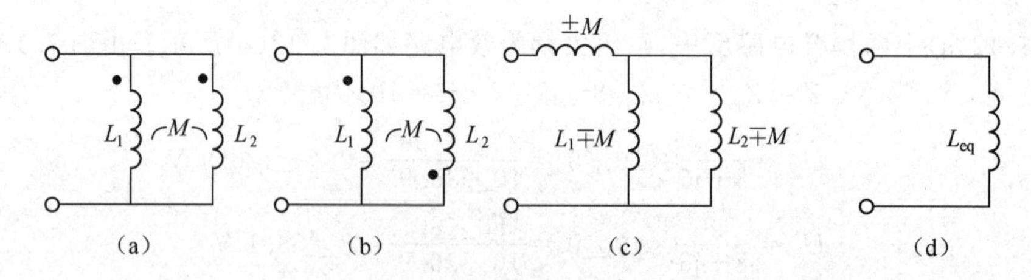

图 7.14 耦合电感并联的去耦合电路

$$L_{eq}=\pm M+\frac{(L_1\mp M)(L_2\mp M)}{(L_1\mp M)+(L_2\mp M)}=\frac{L_1L_2-M^2}{L_1+L_2\mp 2M}$$

【例 7.6】 在图 7.15(a)中,求 Z_{ab}、$\dot{I}_1$、$\dot{I}_2$、$\dot{I}$、$\dot{U}_1$、$\dot{U}_2$ 以及耦合系数 k。图中各阻抗单位为 Ω。

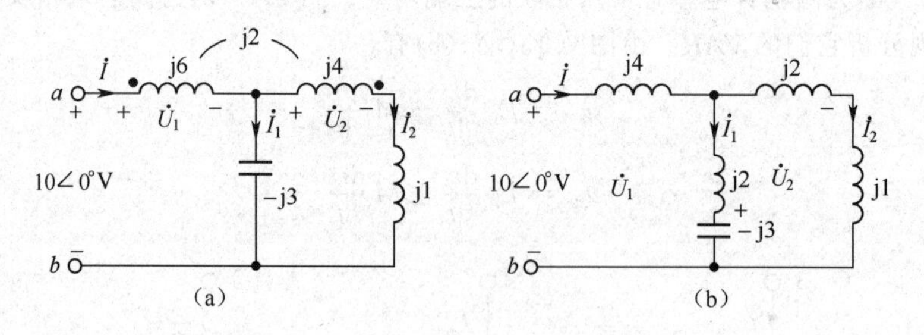

图 7.15 例 7.6 图

解 在图 7.15(a)中,两耦合电感属同名端相联情况。作去耦等效电路如图 7.15(b)所示,注意 $\dot{U}_1$、$\dot{U}_2$ 的位置。由图 7.15(b)求各量如下:

$$Z_{ab}=\mathrm{j}4+\frac{(\mathrm{j}2-\mathrm{j}3)\times(\mathrm{j}2+\mathrm{j}1)}{(\mathrm{j}2-\mathrm{j}3)+(\mathrm{j}2+\mathrm{j}1)}=\mathrm{j}4-\mathrm{j}1.5=\mathrm{j}2.5\Omega$$

$$\dot{I}=\frac{10\angle 0^\circ}{\mathrm{j}2.5}=-\mathrm{j}4=4\angle-90^\circ\mathrm{A}$$

$$\dot{I}_1=\frac{\mathrm{j}2+\mathrm{j}1}{(\mathrm{j}2-\mathrm{j}3)+(\mathrm{j}2+\mathrm{j}1)}\times 4\angle-90^\circ=6\angle-90^\circ\mathrm{A}$$

$$\dot{I}_2=\dot{I}-\dot{I}_1=2\angle 90°\text{A}$$

$$\dot{U}_1=\text{j}4\dot{I}+\text{j}2\dot{I}_1=\text{j}4(-\text{j}4)+\text{j}2(-\text{j}6)=28\angle 0°\text{V}$$

$$\dot{U}_2=-\text{j}2\dot{I}_1+\text{j}2\dot{I}_2=-\text{j}2(-\text{j}6)+\text{j}2\times\text{j}2=16\angle 180°\text{V}$$

$$k=\frac{2}{\sqrt{6\times 4}}=0.408$$

【例 7.7】 图 7.16(a)中各阻抗单位为 kΩ,试求输入阻抗 $Z_{11'}$。

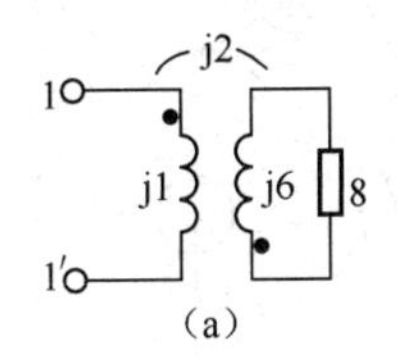

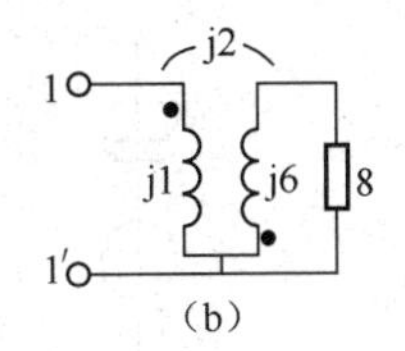

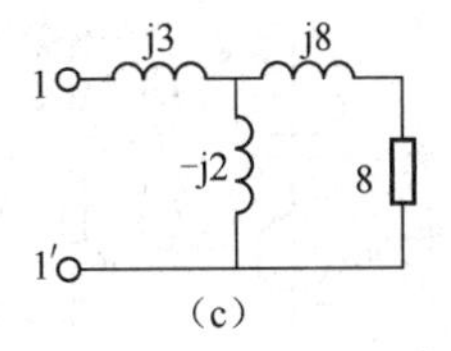

图 7.16 例 7.7 图

解 将图 7.16(a)画成图 7.16(b)形式,其去耦电路如图 7.16(c)所示。由图 7.16(c)有

$$Z_{11'}=\text{j}3+\frac{-\text{j}2(8+\text{j}8)}{-\text{j}2+8+\text{j}8}=0.32+\text{j}0.76=0.825\angle 67.17°\text{k}\Omega$$

练习题

7.2 如图 7.17 所示,试求各耦合电感的等值电感,并求电路的输入电感 L_i。若 $i=2\sqrt{2}\cos 2000tA$,求 u_{ab} 和 u_{cd}。

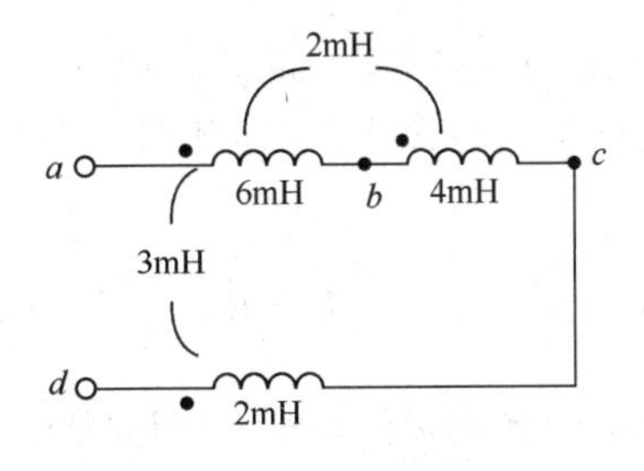

图 7.17 练习题 7.2 图

7.3 正弦稳态互感耦合电路的计算

正弦稳态互感耦合电路的计算,仍用相量法。对简单的互感耦合电路,用观察法计算,对复杂的互感耦合电路,常用回路(网孔)电流法分析,因为互感电压很容易用回路(网孔)电流表示。节点电压法所列的方程是节点电压方程,它不便考虑互感电压,故很少应用节点电压法直接分析互感耦合电路。本节通过例题说明正弦稳态互感耦合电路计算的观察法和回路电流法。

【例 7.8】 图 7.18 电路,22′开路,试写出$\dot{U}_2$的表达式。

解 22′开路,jwL_1上仅有自感电压,jwL_2上仅有互感电压。于是

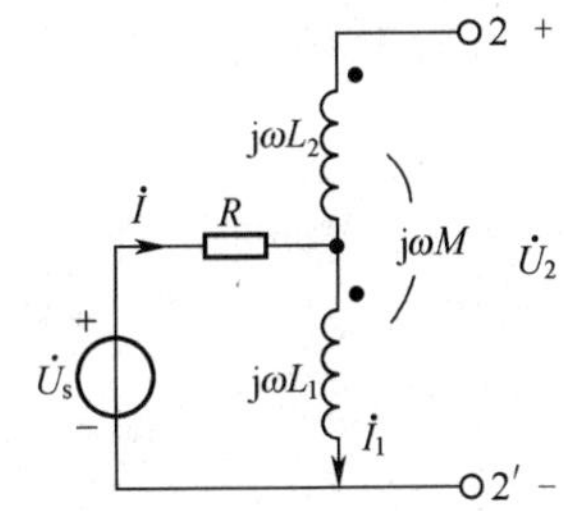

图 7.18 例 7.8 图

$$\dot{I}_1=\dot{I}=\frac{\dot{U}_s}{R+j\omega L_1}$$

$$\dot{U}_2=j\omega M\dot{I}+j\omega L_1\dot{I}=j\omega(M+L_1)\dot{I}=\frac{j\omega(L_1+M)}{R+j\omega L_1}\dot{U}_s$$

思考：若22′短路，此时$\dot{I}_1$仍为上面所求的吗？

【例7.9】 图7.19(a)中，u_{s1}和u_{s2}为同频率正弦量，试列网孔电流方程的相量形式。

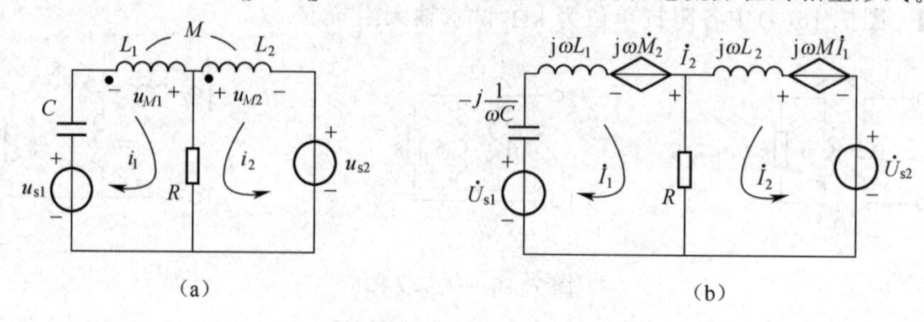

图7.19 例7.9图

解1 直接对图7.19(a)列网孔电流方程。将耦合电感上互感电压的极性示于图7.19(a)中，先按无耦合情况列网孔电流方程，然后将互感电压补入，于是有

$$\left(R+j\omega L_1-j\frac{1}{\omega C}\right)\dot{I}_1+R\dot{I}_2-j\omega M\dot{I}_2=\dot{U}_{s1}$$

$$R\dot{I}_1+(R+j\omega L_2)\dot{I}_2-j\omega M\dot{I}_1=\dot{U}_{s2}$$

即

$$\left(R+j\omega L_1-j\frac{1}{\omega C}\right)\dot{I}_1+(R-j\omega M)\dot{I}_2=\dot{U}_{s1}$$

$$(R-j\omega M)\dot{I}_1+(R+j\omega L_2)\dot{I}_2=\dot{U}_{s2}$$

解2 将图7.19(a)中互感电压用受控源表示，得到图7.19(b)，对图7.19(b)列网孔电流方程为

$$\left(R+j\omega L_1-j\frac{1}{\omega C}\right)\dot{I}_1+R\dot{I}_2=\dot{U}_{s1}+j\omega M\dot{I}_2$$

$$R\dot{I}_1+(R+j\omega L_2)\dot{I}_2=\dot{U}_{s2}+j\omega M)\dot{I}_1$$

将上式中互感电压移至等号左侧即为式(a)。

【例7.10】 在图7.20(a)中，$R_1=3\Omega$，$R_2=5\Omega$，$\omega L_1=7.5\Omega$，$\omega L_2=12.5\Omega$，$\omega M=6\Omega$，$\dot{U}_s=50\angle 0°\text{V}$。(1)开关S断开，求$\dot{I}$和$\dot{U}_{bc}$；(2)S闭合，求$\dot{I}$和$\dot{I}_1$。

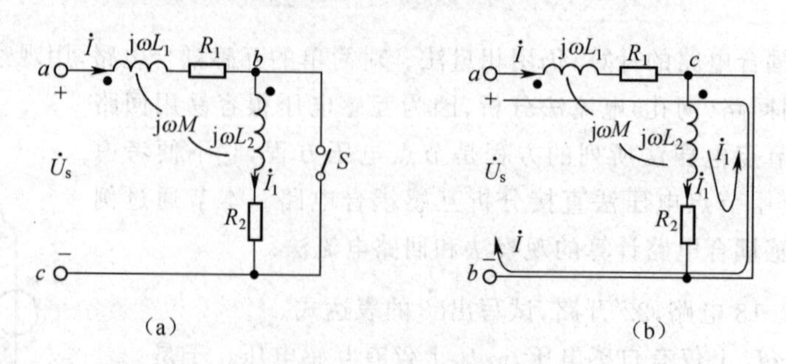

图7.20 例7.10图

解　(1)S断开时，$\dot{I}=\dot{I}_1$，列回路电流方程为

$$(j\omega L_1+j\omega M+R_1+j\omega L_2+j\omega M+R_2)\dot{I}=\dot{U}_s$$

$$\dot{I}=\frac{\dot{U}_s}{R_1+R_2+j(\omega L_1+\omega L_2+2\omega M)}=\frac{50\angle 0^\circ}{8+j32}=1.516\angle 75.96^\circ A$$

$$\dot{U}_{bc}=(j\omega L_2+j\omega M+R_2)\dot{I}=29\angle -1.08^\circ V$$

(2)S合，电路如图(b)所示，用回路电流法求 $\dot{I}$ 和$\dot{I}_1$。选回路如图(b)中所示，于是有

$$(j\omega L_1+R_1)\dot{I}+j\omega M\dot{I}_1=\dot{U}_s$$

$$j\omega M\dot{I}+(j\omega L_2+R_2)\dot{I}_1=0$$

即

$$(3+j7.5)\dot{I}+j6\dot{I}_1=50\angle 0^\circ$$

$$j6\dot{I}+(5+j12.5)\dot{I}_1=0$$

联立解得　$\dot{I}=7.79\angle -51.5^\circ A$，$\dot{I}_1=3.47\angle 150.3^\circ A$。

思考与练习题

7.3　如图7.21所示，$R_1=R_2=6\Omega$，$\omega L_1=\omega L_2=10\Omega$，$\omega M=5\Omega$，$\dot{U}_1=6\angle 0^\circ V$，22′开路，求$\dot{U}_2$。(3∠0°V)

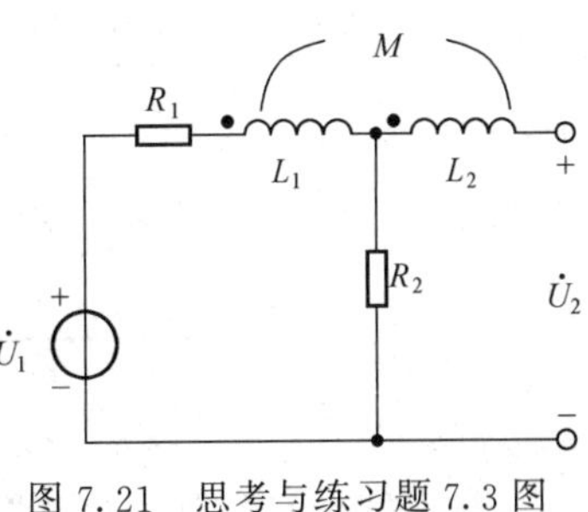

图7.21　思考与练习题7.3图

7.4　空芯变压器电路分析

变压器是利用互感耦合来实现从一个电路向另一个电路传递能量或信号的一种器件，它是由两个具有互感耦合的线圈(也称绕组)组成，一个线圈接电源，称为变压器的初级线圈或原边，另一线圈接负载，称为变压器的次级线圈或副边。线圈可以绕在铁心上，构成铁心变压器，也可以绕在非铁磁材料的芯子上，构成空芯变压器。铁心变压器耦合系数接近于1，属于紧耦合，空芯变压器耦合系数较小，属于松耦合。本节介绍空芯变压器电路的分析。

7.4.1　空芯变压器的电路方程

图7.22(a)为空芯变压器电路的相量模型。R_1、L_1和R_2、L_2分别为初级和次级线圈的电阻和电感，M为两耦合线圈的互感，Z_L为负载电阻。将图(a)电路中互感电压用受控源等效替代，如图7.22(b)所示。变压器初、次级回路电流方程为：

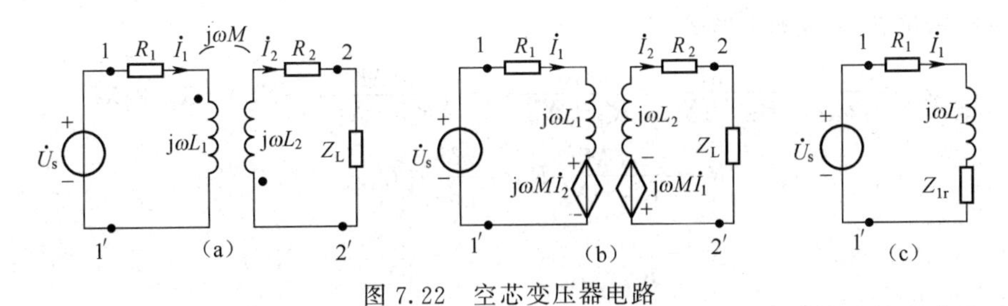

图7.22　空芯变压器电路

$$(R_1+j\omega L_1)\dot{I}_1+j\omega M\dot{I}_2=\dot{U}_s$$

$$j\omega M\dot{I}_1+(R_2+j\omega L_2+Z_L)\dot{I}_2=0$$

或写成

$$\begin{cases}Z_{11}\ \dot{I}_1+Z_{12}\ \dot{I}_2=\dot{U}_s\\ Z_{21}\ \dot{I}_1+Z_{22}\ \dot{I}_2=0\end{cases} \tag{7.13}$$

式中

$$Z_{11}=R_1+j\omega L_1=R_{11}+jX_{11}$$

$$Z_{22}=R_2+j\omega L_2+Z_L=R_{22}+jX_{22}$$

Z_{11}、Z_{22}分别为初、次级回路的自阻抗，R_{11}、R_{22}为自电阻，X_{11}、X_{22}为自电抗。式(7.13)中

$$Z_{12}=Z_{21}$$

为初、次级回路的互阻抗。由式(7.13)可得

$$\dot{I}_1=\frac{\begin{vmatrix}\dot{U}_s & Z_{12}\\ 0 & Z_{22}\end{vmatrix}}{\begin{vmatrix}Z_{11} & Z_{12}\\ Z_{21} & Z_{22}\end{vmatrix}}=\frac{Z_{22}\ \dot{U}_s}{Z_{11}Z_{22}-Z_{12}Z_{21}}=\frac{\dot{U}_s}{Z_{11}+\dfrac{\omega^2M^2}{Z_{22}}} \tag{7.14}$$

$$\dot{I}_2=\frac{\begin{vmatrix}Z_{11} & \dot{U}_s\\ Z_{21} & 0\end{vmatrix}}{\begin{vmatrix}Z_{11} & Z_{12}\\ Z_{21} & Z_{22}\end{vmatrix}}=\frac{-Z_{21}\ \dot{U}_s}{Z_{11}Z_{22}-Z_{12}Z_{21}}=\frac{-j\omega M\dot{U}_s}{Z_{11}Z_{22}+\omega^2M^2}=\frac{-j\omega M\dfrac{\dot{U}_s}{Z_{11}}}{Z_{22}+\dfrac{\omega^2M^2}{Z_{11}}} \tag{7.15}$$

图 7.22(a)中，若 $j\omega L_2$ 的“·”在下方，此时式(7.14)仍成立，即它与同名端的位置无关，但式(7.15)，则需将“−”号改为“+”号(请读者自行分析)。

7.4.2 初级反映电路

根据式(7.14)可作初级等效电路如图 7.22(c)所示，它也称为**初级反映电路**。利用初级反映电路可以很简便地求出 1、1′间的输入阻抗、初级电流以及耦合电感电压$\dot{U}_1$(见图 7.22 中所示)。输入阻抗 Z_i为

$$Z_i=R_1+j\omega L_1+\frac{\omega^2M^2}{Z_{22}}=Z_{11}+Z_{1r} \tag{7.16}$$

上式中，$Z_{1r}=\dfrac{\omega^2M^2}{Z_{22}}$称为**次级回路对初级回路的反映阻抗**，简称**初级反映阻抗**。式(7.16)表明，初级输入阻抗 Z_i由两部分组成，一是初级回路的自阻抗 Z_{11}，另一是初级反映阻抗 Z_{1r}。Z_{1r}是次级回路电流通过互感耦合而反映到初级的一个等效阻抗。对照图 7.22(b)可以看出，它就是初级回路受控源的等效阻抗，其上电压就是初级线圈的互感电压。

初级反映阻抗 Z_{1r}可成如下形式：

$$Z_{1r}=\frac{\omega^2M^2}{Z_{22}}=\frac{\omega^2M^2}{R_{22}+jX_{22}}=\frac{\omega^2M^2}{R_{22}^2+X_{22}^2}R_{22}+j\frac{\omega^2M^2}{R_{22}^2+X_{22}^2}(-X_{22})=R_{1r}+jX_{1r}$$

式中

$$R_{1r}=\frac{\omega^2M^2}{R_{22}^2+X_{22}^2}R_{22}=\frac{\omega^2M^2}{|Z_{22}|^2}R_{22}$$

$$X_{1r}=\frac{\omega^2M^2}{R_{22}^2+X_{22}^2}(-X_{22})=\frac{\omega^2M^2}{|Z_{22}|^2}(-X_{22})$$

它们分别称为**反映阻抗**和**反映电抗**。由上两式可以看出，R_{1r}恒为正；X_{1r}与 X_{22} 的符号相反。当

次级回路为感性时，初级反映电路为容性；次级回路为容性时，初级反映电路为感性。

由初级反映电路求得电源供出的功率 P_1 为

$$P_1 = I_1^2 R_1 + I_1^2 R_{1r}$$

上式表明，电源供出的功率由两部分组成，其中 $I_1^2 R_1$ 是消耗在初级电阻 R_1 上的功率，另一部分 $I_1^2 R_{1r}$，显然是通过互感耦合而传递到次级回路的功率，即次级回路自阻抗 R_{22} 所消耗的功率，因此有 $I_1^2 R_{1r} = I_2^2 R_{22}$。该式亦可通过计算得以证明。

7.4.3　次级反映电路

由式(7.15)可得变压器次级等效电路如图7.23(a)所示，也称为**次级反映电路**。

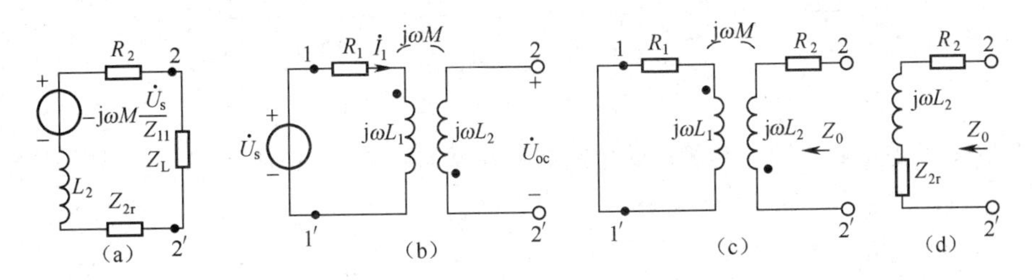

图7.23　变压器次级反映电路——戴维南电路

图中 $Z_{2r} = \omega^2 M^2 / Z_{11}$ 为初级对次级的反映阻抗，简称**次级反映阻抗**。图7.23(a)实质上是图7.22(a)的戴维南等效电路，图中 $-j\omega M \dot{U}_s / Z_{11}$ 是变压器次级的开路电压 $\dot{U}_{oc}$（图7.23(b)所示），显然它与同名端的相互位置有关；$R_2 + j\omega L_2 + Z_{2r}$ 是戴维南等效电源的内阻抗 Z_0，图7.23(c)为求 Z_0 的电路。用伏安法分析 Z_0 时，2、2′为初级，1、1′为次级，因此 Z_0 的等效电路为图7.23(d)，$Z_{2r} = \omega^2 M^2 / Z_{11}$，它们与同名端的位置无关。由图7.23(d)可见

$$Z_0 = R_2 + j\omega L_2 + Z_{2r} = R_2 + j\omega L_2 + \frac{\omega^2 M^2}{Z_{11}} \tag{7.17}$$

【例7.11】 将图7.24所示电路次级短路。已知：$L_1 = 0.1\text{H}$，$L_2 = 0.4\text{H}$。(1)若 $M = 0.12\text{H}$，求耦合系数 k 和 ab 端的等值电感 L_{eq}；(2)若 L_1 与 L_2 全耦合，求 M 和 L_{ab}。

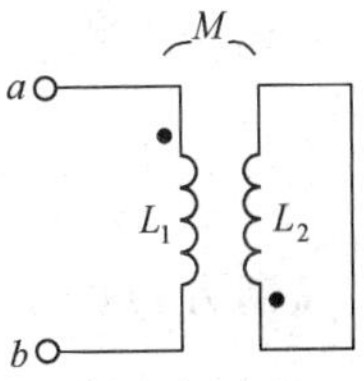

图7.24　例7.11图

解　(1) $k = \dfrac{M}{\sqrt{L_1 L_2}} = \dfrac{0.12}{\sqrt{0.1 \times 0.4}} = 0.6$

用初级反映电路求 L_{ab}。

$$Z_{ab} = j\omega L_1 + Z_{1r} = j\omega L_1 + \frac{\omega^2 M^2}{j\omega L_2} = j\omega\left(L_1 - \frac{M^2}{L_2}\right) = j\omega L_{11'}$$

故　$L_{ab} = L_1 - \dfrac{M^2}{L_2} = 0.1 - \dfrac{0.12^2}{0.4} = 0.064\text{H} = 64\text{mH}$

(2)全耦合时，$k=1$，于是

$$M = \sqrt{L_1 L_2} = \sqrt{0.1 \times 0.4} = 0.2\text{H}$$

$$L_{ab} = L_1 - \frac{M^2}{L_2} = L_1 - \frac{L_1 L_2}{L_2} = 0$$

由此例看出

$$L_{ab} = L_1 - \frac{M^2}{L_2} = L_1 - \frac{k^2 L_1 L_2}{L_2} = (1-k^2) L_1 < L_1$$

它表明，当次级短路时，初级等效电感 L_{ab} 小于初级自感 L_1，k 越大，L_{ab} 越小，当 $k=1$（全耦合）

时，$L_{ab}=0$，相当于初级短路，因此全耦合或紧耦合变压器，当低内阻压源供电时，次级不允许短路，否则变压器会被烧毁。

【例 7.12】 图 7.25(a)，已知 $L_1=3.6\text{H}$，$L_2=0.06\text{H}$，$M=0.456\text{H}$，$R_1=20\Omega$，$R_2=0.08\Omega$，$R_L=42\Omega$，$u_s=115\sqrt{2}\cos314t\text{V}$，求 i_1 和 u_1。

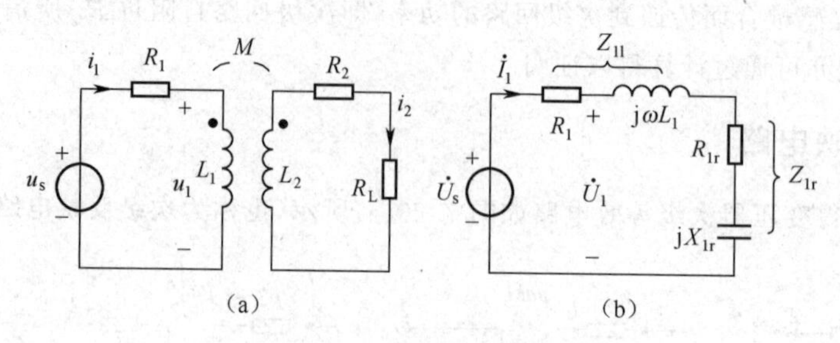

图 7.25　例 7.12 图

解　用初级反映电路求解。初级反映电路相量模型如图 7.25(b)所示。

$$j\omega L_1=j314\times3.6=j1130\Omega$$

$$Z_{11}=R_1+j\omega L_1=(20+j1130)\Omega$$

$$Z_{22}=R_2+R_L+j\omega L_2=42.08+j314\times0.06=42.08+j18.84=46.1\angle24.1^\circ\Omega$$

$$\omega M=314\times0.465=146\Omega$$

$$Z_{1r}=\frac{(\omega M)^2}{Z_{22}}=\frac{146^2}{46.1\angle24.1^\circ}=462.4\angle-24.1^\circ=422-j189\Omega$$

次级回路中的感性阻抗，反映到初级为容性，故可用电阻和电容串联表示。

$$\dot{I}_1=\frac{\dot{U}_s}{Z_{11}+Z_{1r}}=\frac{115\angle0^\circ}{442+j941}=\frac{115\angle0^\circ}{1040\angle64.8^\circ}=0.111\angle-64.8^\circ\text{A}$$

$$\dot{U}_1=(j\omega L_1+Z_{1r})\dot{I}_1=(422+j941)\times0.111\angle-64.8^\circ$$
$$=1031\angle65.8^\circ\times0.111\angle-64.8^\circ=114\angle1^\circ\text{V}$$

$$i_1(t)=111\sqrt{2}\cos(314t-64.8^\circ)\text{mA}$$

$$u_1(t)=114\sqrt{2}\cos(314t+1^\circ)\text{V}$$

【例 7.13】 接续例 7.12，求次级电流 $\dot{I}_2$。

初级电流 $\dot{I}_1$ 已求出，故可列次级回路电流方程求 $\dot{I}_2$。图 7.25(a)次级回路电流方程的相量形式为

$$Z_{22}\dot{I}_2-j\omega M\dot{I}_1=0$$

故

$$\dot{I}_2=\frac{j\omega M\dot{I}_1}{Z_{22}}=\frac{314\times0.465\angle90^\circ\times110.6\times10^{-3}\angle-64.8^\circ}{46.1\angle24.1^\circ}=0.35\angle1.1^\circ\text{A}$$

【例 7.14】 试用戴维南定理求解图 7.25(a)所示电路的次级电流 $\dot{I}_2$，图中参数及 u_s 同例 7.12。

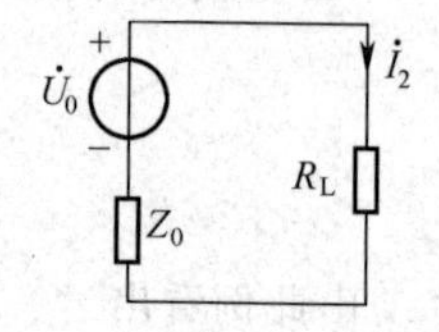

图 7.26　例 7.14 图

解　应用戴维南定理将图 7.25(a)等效为图 7.26。$\dot{U}_0$ 为变压器次级 c、d 开路时的开路电压 $\dot{U}_{oc}$，由图 7.25(a)可见

$$\dot{U}_0=\dot{U}_{oc}=j\omega M\dot{I}_0$$

式中$\dot{I}_0$为变压器次级开路(未接负载)时的初级电流,亦称为变压器的**空载电流**。

$$\dot{I}_0=\frac{\dot{U}_s}{Z_{11}}=\frac{115\angle 0^\circ}{20+\mathrm{j}1130}=\frac{115}{1130\angle 89^\circ}\mathrm{A}=101.7\angle -89^\circ\mathrm{mA}$$

于是

$$\dot{U}_0=\mathrm{j}\omega M\dot{I}_0=314\times 0.465\angle 90^\circ\times 101.7\times 10^{-3}\angle -89^\circ\mathrm{V}=14.8\angle 1^\circ\mathrm{V}$$

由式(7.17)有

$$Z_0=R_2+\mathrm{j}\omega L_2+\frac{\omega^2M^2}{Z_{11}}$$

而 $R_2+\mathrm{j}\omega L_2=0.08+\mathrm{j}18.84\Omega$

$Z_{11}=R_1+\mathrm{j}\omega L_1=20+\mathrm{j}1130=1130\angle 89^\circ\Omega$

$\omega^2M^2=2.13\times 10^4\Omega^2$

故得 $Z_0=0.08+\mathrm{j}18.84+\dfrac{2.13\times 10^4}{1130\angle 89^\circ}=0.41-\mathrm{j}0.04\Omega$

由图7.25可得

$$\dot{I}_2=\frac{\dot{U}_0}{Z_0+R_L}=\frac{14.8\angle 1^\circ}{0.41+42}=\frac{14.8\angle 1^\circ}{42.4}\mathrm{A}=0.35\angle 1^\circ\mathrm{A}$$

【例7.15】 图7.27(a),$U_1=10\mathrm{V}$,$R_1=7.5\Omega$,$\omega L_1=30\Omega$,$1/\omega C=40\Omega$,$R_2=45\Omega$,$\omega L_2=60\Omega$,$\omega M=30\Omega$,求R_2吸收的功率P_2。

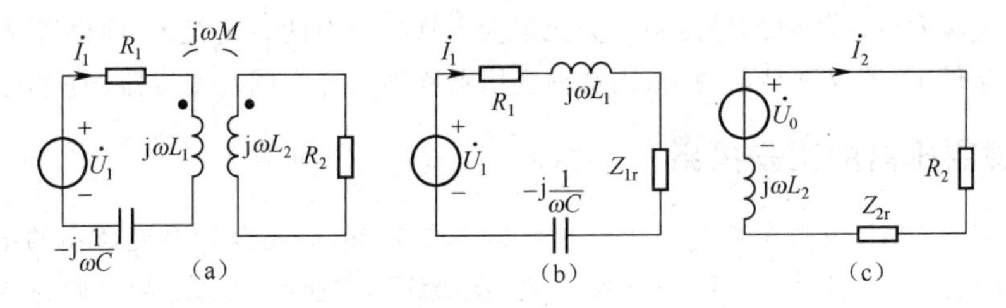

图7.27 例7.15图

解1 由初级反映电路求解。初级反映电路如图7.27(b)所示

$$Z_{11}=R_1+\mathrm{j}\omega L_1-\mathrm{j}\frac{1}{\omega C}=7.5-\mathrm{j}10=12.5\angle -53.13^\circ\Omega$$

$$Z_{22}=R_2+\mathrm{j}\omega L_2=45+\mathrm{j}60=75\angle 53.13^\circ\Omega$$

$$Z_{1r}=\frac{\omega^2M^2}{Z_{22}}=\frac{30^2}{75\angle 53.13^\circ}=12\angle -53.13^\circ=7.2-\mathrm{j}9.6\Omega=R_{1r}+\mathrm{j}X_{1r}$$

$$I_1=\frac{U_1}{|Z_{11}+Z_{1r}|}=\frac{10}{|14.7-\mathrm{j}19.6|}=\frac{10}{24.5}\mathrm{A}=0.408\mathrm{A}$$

$$P_2=I_1^2R_{1r}=0.408^2\times 7.2\mathrm{W}=1.2\mathrm{W}$$

解2 由次级反映电路求解。次级反映电路(戴维南电路)如图7.27(c)所示。

$$U_0=\omega M\frac{U_1}{|Z_{11}|}=30\times\frac{10}{12.5}\mathrm{V}=24\mathrm{V}$$

$$Z_{2r}=\frac{\omega^2M^2}{Z_{11}}=\frac{30^2}{12.5\angle -53.13^\circ}=72\angle 53.13^\circ=43.2+\mathrm{j}57.6\Omega$$

$$I_2=\frac{U_0}{|Z_{22}+Z_{2r}|}=\frac{24}{|88.2+\mathrm{j}117.6|}\mathrm{A}=\frac{24}{147}\mathrm{A}=0.163\mathrm{A}$$

$$P_2=I_2^2R_2=0.163^2\times45\text{W}=1.2\text{W}$$

思考与练习题

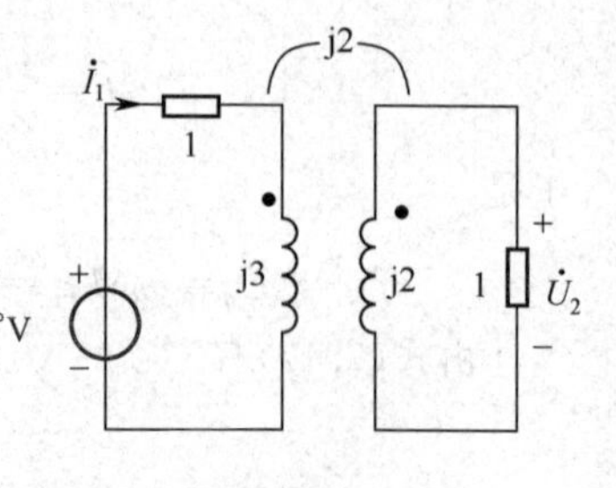

图 7.28　练习题 7.4 图

7.4 电路如图 7.28 所示，图中各阻抗值的单位为 Ω。(1)用初级反映电路求 $\dot{I}_1$，然后再求 $\dot{U}_2$；(2)用次级反映电路(戴维南电路)求 $\dot{U}_2$；(3)求耦合系数。(39.2∠−11.3°V;0.816)

7.5　理想变压器

理想变压器也是一种耦合元件，它是从实际的铁心变压器抽象出来的。铁心变压器的用途极广，可用来变换电压、电流，如电源变压器；还可以用来变换阻抗以达到阻抗匹配的目的，如级间变压器、输入变压器和输出变压器。铁心变压器的电磁性能比较复杂，一个性能良好的铁心变压器，若忽略一些次要因素，可近似为理想变压器。理想变压器的条件是：(1)无损耗；(2)全耦合；(3) L_1、L_2 无限大，但比值为常数。无损耗意味着忽略了初、次级线圈的电阻以及铁心内的损耗功率；全耦合意味着线圈无漏磁，即初、次级电流产生的磁通不仅全部穿过本线圈，而且还全部穿过耦合的另一线圈；L_1、L_2 无限大，意味着铁磁材料的导磁率 μ 为无限大。铁磁材料的 μ 值很大，理想情况视为∞。理想变压器的三个条件中，若仅满足前两个，则这种变压器称为无耗全耦合变压器，简称全耦合变压器。

7.5.1　理想变压器的伏安关系

理想变压器的 VAR 可由全耦合变压器推导出。图 7.29(a)是全耦合变压器的结构示意图，图(b)是它的电路模型，即全耦合电感。N_1、N_2 为初、次级线圈的匝数，L_1、L_2 为它们的自感。i_1 产生的自磁通 Φ_{11}(实线示)全部与 N_1、N_2 交链，故 $\Phi_{21}=\Phi_{11}$；i_2 产生的自磁通 Φ_{22}(虚线示)也全部与 N_1、N_2 交链，故 $\Phi_{12}=\Phi_{22}$。初、次级线圈中的总磁通相等，为 $\Phi=\Phi_{11}+\Phi_{22}$；初、次级线圈的总磁链分别为 $\Psi_1=N_1\Phi$ 和 $\Psi_2=N_2\Phi$，于是

$$u_1=\frac{\mathrm{d}\Psi_1}{\mathrm{d}t}=N_1\frac{\mathrm{d}\Phi}{\mathrm{d}t}$$

$$u_2=\frac{\mathrm{d}\Psi_2}{\mathrm{d}t}=N_2\frac{\mathrm{d}\Phi}{\mathrm{d}t}$$

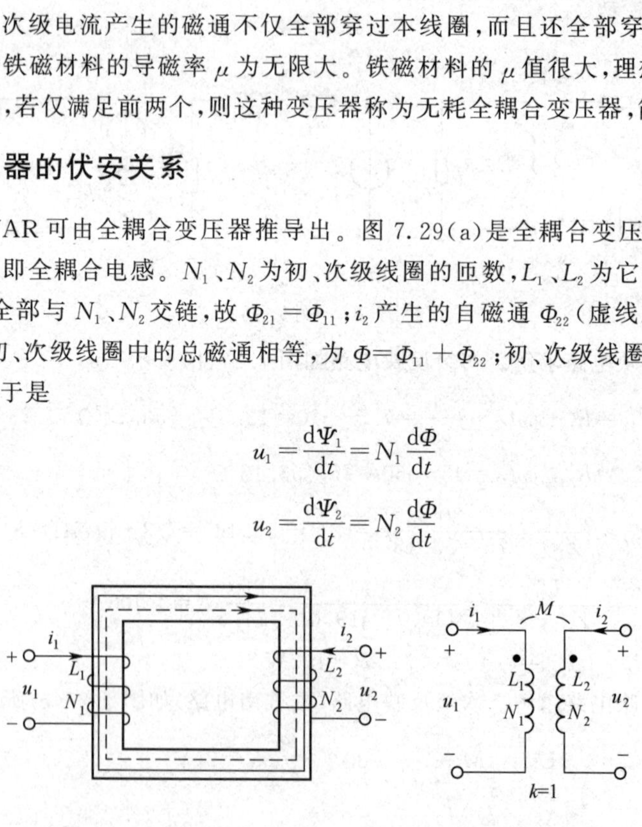

(a)　(b)

图 7.29　全耦合变压器及其电路模型

故
$$\frac{u_1}{u_2}=\frac{N_1}{N_2}=\frac{1}{n}$$

上式中 $n=N_2/N_1$ 称为变压器的匝比或变比。图 7.29(a),若 u_2 的极性为上"－"下"＋",或图(b)中的"·"在下方,这时有

$$\frac{u_1}{u_2}=-\frac{1}{n}$$

归纳之,初、次级电压关系为

$$\begin{cases}\dfrac{u_1}{u_2}=\pm\dfrac{1}{n}\\ u_2=\pm nu_1\end{cases}\tag{7.18}$$

正弦稳态电路中,上式的相量形式为

$$\begin{cases}\dfrac{\dot{U}_1}{\dot{U}_2}=\pm\dfrac{1}{n}\\ \dot{U}_2=\pm n\dot{U}_1\end{cases}\tag{7.19}$$

式(7.18)和(7.19)中正、负号的取法是:若 u_1、u_2 的"＋"(或"－")极在两耦合电感的同名端"·"处,则取正,反之若 u_1、u_2 的"＋"(或"－")极在异名端处,则取负。上两式表明,全耦合变压器的初、次级电压的大小与其匝数成正比。$N_1>N_2$,则 $u_1>u_2$ 或 $U_1>U_2$,此为降压变压器,反之为升压变压器;式中"＋"号,表示 u_1 与 u_2 或 $\dot{U}_1$ 与 $\dot{U}_2$ 同相,"－"表示它们反相。理想变压器满足无耗全耦合条件,故式(7.18)、(7.19)对理想变压器成立。

由图 7.29(b)有

$$u_1=L_1\frac{\mathrm{d}i_1}{\mathrm{d}t}+M\frac{\mathrm{d}i_2}{\mathrm{d}t}=L_1\frac{\mathrm{d}i_1}{\mathrm{d}t}+\sqrt{L_1L_2}\frac{\mathrm{d}i_2}{\mathrm{d}t}$$

$$\frac{u_1}{L_1}=\frac{\mathrm{d}i_1}{\mathrm{d}t}+\sqrt{\frac{L_2}{L_1}}\frac{\mathrm{d}i_2}{\mathrm{d}t}\tag{7.20}$$

根据自感、互感定义以及全耦合的特性,于是

$$\frac{L_2}{L_1}=\frac{\dfrac{\Psi_{22}}{i_2}}{\dfrac{\Psi_{11}}{i_1}}=\frac{\dfrac{N_2\Phi_{22}}{i_2}}{\dfrac{N_1\Phi_{11}}{i_1}}=\frac{N_2}{N_1}\frac{\dfrac{\Phi_{12}}{i_2}}{\dfrac{\Phi_{21}}{i_1}}=\frac{N_2^2}{N_1^2}\frac{\dfrac{N_1\Phi_{12}}{i_2}}{\dfrac{N_2\Phi_{21}}{i_1}}$$

$$=\left(\frac{N_2}{N_1}\right)^2\frac{\dfrac{\Psi_{12}}{i_2}}{\dfrac{\Psi_{21}}{i_1}}=\left(\frac{N_2}{N_1}\right)^2\frac{M_{12}}{M_{21}}=\left(\frac{N_2}{N_1}\right)^2=n^2\tag{7.21}$$

上式代入式(7.20),得

$$\frac{u_1}{L_1}=\frac{\mathrm{d}i_1}{\mathrm{d}t}+n\frac{\mathrm{d}i_2}{\mathrm{d}t}$$

当 $L_1\to\infty$ 时,上式为

$$\frac{\mathrm{d}i_1}{\mathrm{d}t}=-n\frac{\mathrm{d}i_2}{\mathrm{d}t}$$

积分后得
$$i_1=-ni_2+A$$

A 为积分常数,如略去两线圈中的任何直流电流,则 $A=0$,于是有

$$\frac{i_1}{i_2}=-n$$

图 7.29 中,若 i_2 由"·"流出,或次级线圈的"·"在下方,则上式改为

$$\frac{i_1}{i_2}=n$$

归纳之,初、次级电流关系为

$$\frac{i_1}{i_2}=\pm n \quad 或\ i_2=\pm\frac{1}{n}i_1 \tag{7.22}$$

上式的相量形式为

$$\frac{\dot{I}_1}{\dot{I}_2}=\pm n \quad 或\ \dot{I}_2=\pm\frac{1}{n}\dot{I}_1 \tag{7.23}$$

式(7.22)、(7.23)中"+"、"−"的取法是:若 i_1 和 i_2 分别由同名端"·"流入(或流出)线圈,则取"−",反之,若 i_1、i_2 由异名端流入线圈,则取"+"。需要指出,上两式仅对理想变压器成立。式(7.22)、(7.23)表明,理想变压器初、次级电流的大小与其匝数成反比,降压变压器次级电流大于初级电流,升压变压器则相反;式中"+"、"−"表示初、次级电流的相位关系,"+"号位同相,"−"号位反相。

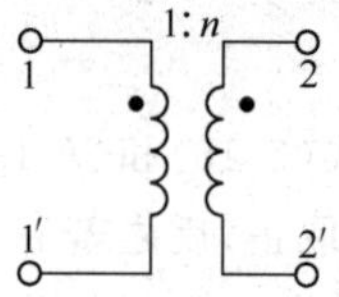

式(7.18)和(7.22)是理想变压器的 *VAR*,式(7.19)和(7.23)为其相量形式。它们都是一组代数方程,所以理想变压器是一种静态无记忆元件,*VAR* 中仅有一个参数 n,故 n 是理想变压器唯一的一个参数。理想变压器的电路模型如图 7.30 所示。图中 $1:n$ 表示,若初级为 1 匝,则次级位 n 匝。

图 7.30 理想变压器电路模型

图 7.30,设 u_1、u_2 的"+"极均在"·"端,i_1、i_2 均由"·"流入,于是 $u_2=nu_1$,$i_2=-i_1/n$。这时理想变压器初、次级瞬时功率之和为

$$p_1+p_2=u_1i_1+u_2i_2=u_1i_1+nu_1\left(-\frac{1}{n}i_1\right)=0$$

上式表明,在任何瞬间,从初级和次级输入理想变压器的总功率恒为零。所以理想变压器不消耗能量,也不储存能量,从初级输入的功率全部都从次级输出到负载。耦合电感是储能元件,其 *VAR* 是一组微分方程,因而是一个记忆元件,它需要由 L_1、L_2 和 M 三个参数表征。理想变压器不储存能量,也不消耗能量,是无记忆元件,其电路模型中的线圈只是一种符号,并不意味着任何电感的作用,并不代表 L_1、L_2,这是需要注意的。

【例 7.16】 求图 7.31 中的 $\dot{I}_1$、$\dot{I}_2$ 和 $\dot{I}_3$。

解 用回路电流法分析。设变压器初、次级电压 $\dot{U}_1$、$\dot{U}_2$ 如图所示。选三个回路,列回路电流方程如下:

$$\left.\begin{aligned}\dot{I}_1+\dot{U}_1&=10\angle 0^\circ\\ 2\dot{I}_2+\dot{I}_3-\dot{U}_2&=0\\ \dot{I}_2+2\dot{I}_3&=10\angle 0^\circ\end{aligned}\right\} \quad ①$$

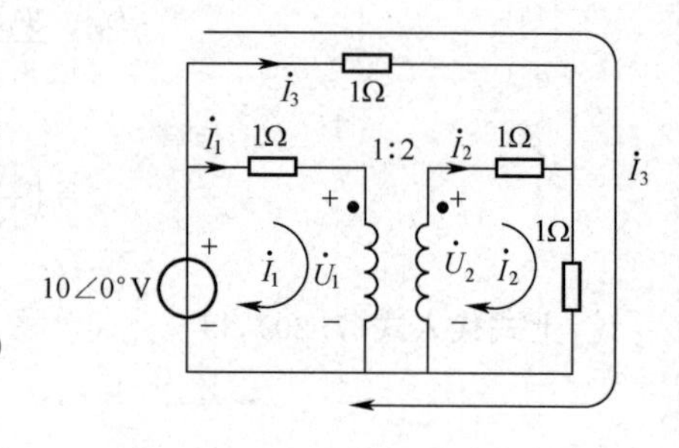

图 7.31 例 7.16

上面三个方程有五个未知量,还需补充两个方程。由理想变压器的 *VAR* 有

$$\left.\begin{aligned}\dot{U}_1&=\frac{1}{2}\dot{U}_2\\ \dot{I}_1&=2\dot{I}_2\end{aligned}\right\} \quad ②$$

将②式代入①式，有

$$2\dot{I}_2+\frac{1}{2}\dot{U}_2=10$$

$$2\dot{I}_2+\dot{I}_3-\dot{U}_2=0$$

$$\dot{I}_2+2\dot{I}_3=10$$

联立解得

$$\dot{I}_1=\frac{60}{11}=5.45\text{A}$$

$$\dot{I}_2=\frac{30}{11}=2.73\text{A}$$

$$\dot{I}_3=\frac{40}{11}=3.64\text{A}$$

【例 7.17】 电路如图 7.32 所示，试求初级线圈电压$\dot{U}_1$及 ab 两端的输入阻抗 Z_i。

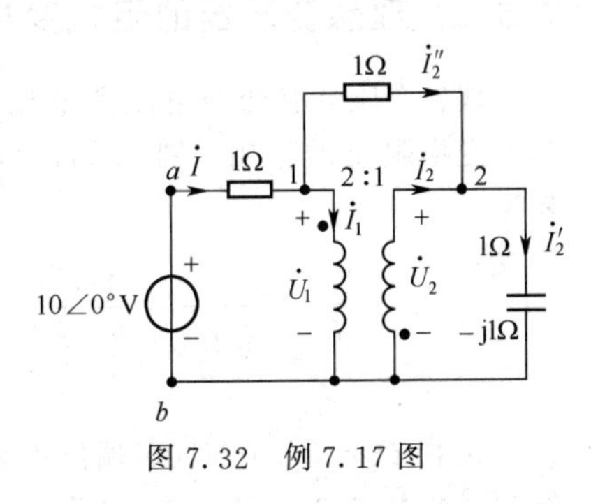

图 7.32　例 7.17 图

解　用节点电压法求$\dot{U}_1$。以 b 点位参考点，列节点电压方程为：

$$\left(\frac{1}{1}+\frac{1}{1}\right)\dot{U}_1-\frac{1}{1}\dot{U}_2=\frac{10}{1}-\dot{I}_1$$

$$-\frac{1}{1}\dot{U}_1+\left(\frac{1}{1}+\frac{1}{-\text{j}1}\right)\dot{U}_2=\dot{I}_2$$

即

$$\begin{cases}2\dot{U}_1-\dot{U}_2+\dot{I}_1=10\\-\dot{U}_1+(1+\text{j}1)\dot{U}_2-\dot{I}_2=0\end{cases}\qquad ①$$

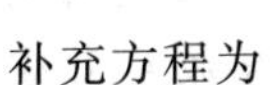
补充方程为

$$\begin{cases}\dot{U}_2=-\dot{U}_1/2\\\dot{I}_2=-2\dot{I}_1\end{cases}\qquad ②$$

②式代入①式，整理后得

$$5\dot{U}_1+2\dot{I}_1=20$$

$$-(3+\text{j}1)\dot{U}_1+4\dot{I}_1=0$$

解得

$$\dot{U}_1=3.07\angle-4.4^\circ\text{V}$$

ab 端输入阻抗为 $Z_i=10/\dot{I}$。由图可见

$$\dot{I}=\frac{10-\dot{U}_1}{1}=10-3.07\angle-4.4^\circ=6.941+\text{j}0.235=6.94\angle1.94^\circ\text{A}$$

故　$Z_i=10/\dot{I}=\dfrac{10}{6.94\angle1.94^\circ}=1.44\angle-1.94^\circ\Omega$

该题若仅要求输入阻抗 Z_i时，也可用观察法计算如下：

$$I'_2=\frac{\dot{U}_2}{-\text{j}1}=-\text{j}\,\frac{1}{2}\dot{U}_1$$

$$\dot{I}''_2=\frac{\dot{U}_1-\dot{U}_2}{1}=\dot{U}_1-\left(-\frac{1}{2}\dot{U}_1\right)=\frac{3}{2}\dot{U}_1$$

$$\dot{I}_2=\dot{I}'_2-\dot{I}''_2=-\left(\frac{3}{2}+\mathrm{j}\,\frac{1}{2}\right)\dot{U}_1$$

$$\dot{I}_1=-\frac{1}{2}\dot{I}_2=\frac{1}{2}\left(\frac{3}{2}+\mathrm{j}\,\frac{1}{2}\right)\dot{U}_1=\left(\frac{3}{4}+\mathrm{j}\,\frac{1}{4}\right)\dot{U}_1$$

$$\dot{I}=\dot{I}_1+\dot{I}''_2=\left(\frac{3}{4}+\mathrm{j}\,\frac{1}{4}\right)\dot{U}_1+\frac{3}{2}\dot{U}_1=(2.25+\mathrm{j}0.25)\dot{U}_1=2.264\angle 6.34^\circ\dot{U}_1$$

$$\dot{U}=1\times\dot{I}+\dot{U}_1=(2.25+\mathrm{j}0.25)\dot{U}_1+\dot{U}_1=3.26\angle 4.4^\circ\dot{U}_1$$

$$Z_i=\frac{\dot{U}}{\dot{I}}=\frac{3.26\angle 4.4^\circ}{2.264\angle 6.34^\circ}\Omega=1.44\angle -1.94^\circ\Omega$$

7.5.2 理想变压器的阻抗变换作用

理想变压器有变换电压和电流的作用，因而也必然具备变换阻抗的作用。图 7.33(a)电路，初级输入阻抗 Z_i为

$$Z_i=\frac{\dot{U}_1}{\dot{I}_1}=\frac{\dot{U}_2/n}{n\,\dot{I}_2}=\frac{1}{n^2}\frac{\dot{U}_2}{\dot{I}_2}=\frac{1}{n^2}Z_L=Z'_L \tag{7.24}$$

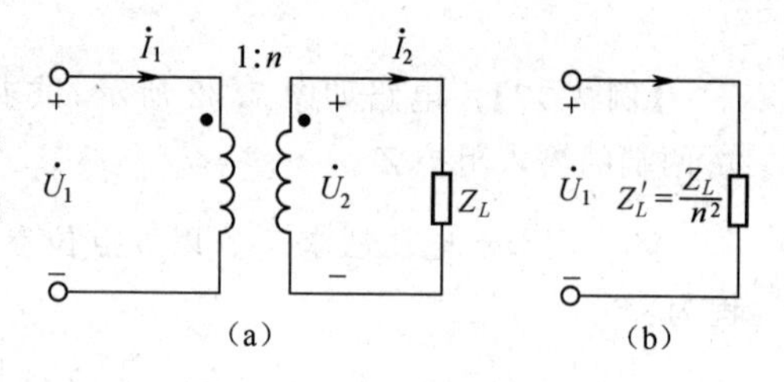

图 7.33 理想变压器阻抗变换

式中 $Z'_L=Z_L/n^2$与同名端位置无关，它是次级阻抗折合到初级的量，称为**初级折合**(或折算)**阻抗**。根据式(7.24)，图 7.33(a)等效为图 7.33(b)，称为理想变压器的**初级等效电路**或**初级折合**(**折算**)**电路**。可见，理想变压器有变换阻抗的作用。电子技术中常利用这一性质来实现阻抗匹配，通过改变匝比 n 以使负载获得最大功率。需要指出，匝比 n 只改变折合阻抗的大小(模)，并不改变阻抗角，因此匹配条件是模匹配，即$|Z'_L|=|Z_s|$，Z_s是信号源的内阻抗。电阻、电感的阻抗与参数 R、L 成正比，因此次级电阻、电感折合到初级时，应除以 n^2，即 $R'=R/n^2$，$L'=L/n^2$；电导、电容的阻抗与参数 G、C 成反比，因此次级电导、电容折合到初级时，应乘以 n^2，即 $G'=n^2G$，$C'=n^2C$。可见，$n<1$(降压变压器)时，变换后的电感、电阻值增大，而电导、电容值减小；$n>1$(升压变压器)时的情况与上述相反。次级阻抗折合到初级要除以 n^2，显然，初级阻抗折合到次级时应乘以 n^2。

理想变压器不消耗也不储存能量，因此图 7.33(a)中 Z_L 消耗的功率等于图 7.33(b)中 Z'_L所消耗的功率。我们常用图 7.33(b)电路分析阻抗匹配并计算最大功率。

【例 7.18】 图 7.34(a)，$\dot{U}_s=10\angle 10^\circ$V，$R_s=2\Omega$，负载 $R_L=32\Omega$，为使负载获得最大功率 P_{max}，试求 n 及 P_{max}。

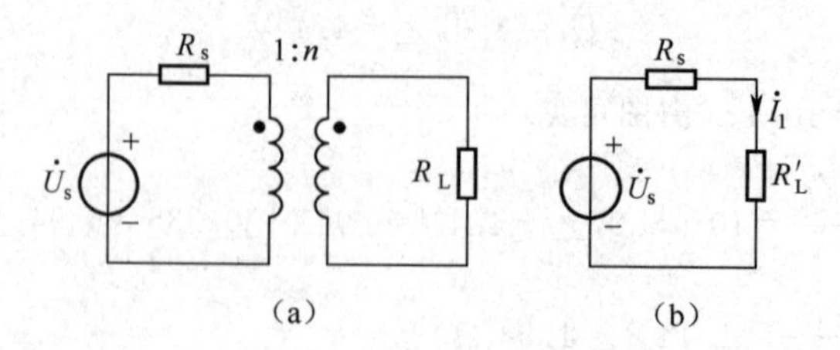

图 7.34 例 7.18 图

解 画出初级折合电路如图 7.34(b)所示。为使负载获得最大功率，应有

$$R'_{L}=R_{s}$$

即

$$\frac{32}{n^2}=2$$

$$n=\sqrt{\frac{32}{2}}=4$$

得

$$P_{max}=\frac{U_s^2}{4R_s}=\frac{10^2}{4\times 2}\mathrm{W}=12.5\mathrm{W}$$

【例7.19】 上例,负载改为 $Z_L=15+\mathrm{j}20\Omega$,重求 n 及 P_{max}。

解

$$Z_L=15+\mathrm{j}20\Omega=25\angle 53.1°\Omega$$

匹配条件为

$$|Z'_L|=R_s \quad 即\frac{|Z_L|}{n^2}=R_s$$

故

$$n=\sqrt{\frac{|Z_L|}{R_s}}=\sqrt{\frac{25}{2}}=\sqrt{12.5}=3.535$$

$$Z'_L=\frac{Z_L}{n^2}=\frac{15+\mathrm{j}20}{12.5}=1.2+\mathrm{j}1.6=R'_L+\mathrm{j}X'_L\Omega$$

$$P_{max}=I_1^2R'_L=\frac{U_s^2}{|R_s+Z'_L|^2}R'_L=\frac{100\times 1.2}{|2+1.2+\mathrm{j}1.6|^2}=\frac{120}{12.8}\mathrm{W}=9.375\mathrm{W}$$

【例7.20】 电路如图7.35所示,试求$\dot{U}_2$。

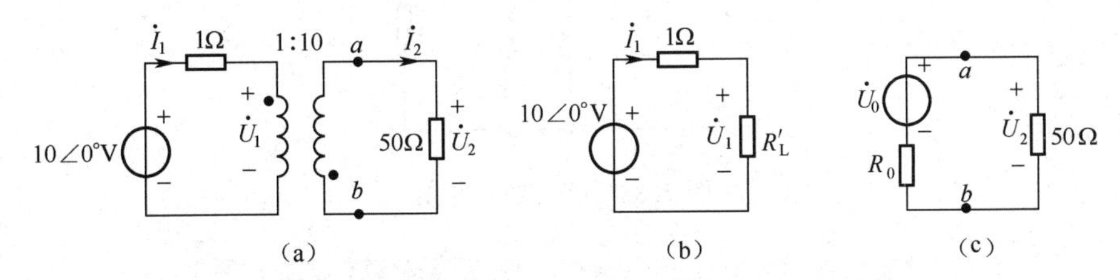

图7.35 例7.20图

解1 用回路电流法求。由图7.35(a)有

$$\begin{cases}1\times\dot{I}_1+\dot{U}_1=10\angle 0° \\ 50\dot{I}_2-\dot{U}_2=0\end{cases} \qquad ①$$

补充方程为

$$\begin{cases}\dot{U}_1=-\dot{U}_2/10 \\ \dot{I}_1=-10\dot{I}_2\end{cases} \qquad ②$$

将式①代入式②,最后求得

$$\dot{U}_2=-100/3=-33.3\mathrm{V}=33.3\angle 180°\mathrm{V}$$

解2 用初级折合电路求。折合电路如图7-35(b)所示

$$R'_L=\frac{1}{10^2}\times 50\Omega=0.5\Omega$$

$$\dot{U}_1=\frac{0.5}{1+0.5}\times 10\mathrm{V}=\frac{10}{3}\mathrm{V}$$

返回到原电路图7.35(a),

$$\dot{U}_2=-10\dot{U}_1=-\frac{100}{3}=-33.3\mathrm{V}=33.3\angle 180°\mathrm{V}$$

解 3 用戴维南定理求。图 7.35(a)的戴维南电路如图 7.35(c)所示，图中，$\dot{U}_0$ 为图 7.35(a)中 ab 端的开路电压。ab 开路，$\dot{I}_2=0$ 于是 $\dot{I}_1=0$，$\dot{U}_1=10\angle 0°\text{V}$ 故

$$\dot{U}_0=\dot{U}_{oc}=-10\,\dot{U}_1=-100=100\angle 180°\text{V}$$

等效电源内阻 R_0 为图(a)中外施电压为零(短路)时，ab 端向左看时的等效电阻，即初级 1Ω 折合到次级的电阻。R_0 为

$$R_0=10^2\times 1\Omega=100\Omega$$

于是 $\dot{U}_2=\dfrac{R}{R_0+R}\dot{U}_0=\dfrac{50}{150}\times 100\angle 180°\text{V}=33.3\angle 180°\text{V}$

练习题

7.5 求图 7.36 所示电路的输入电阻。

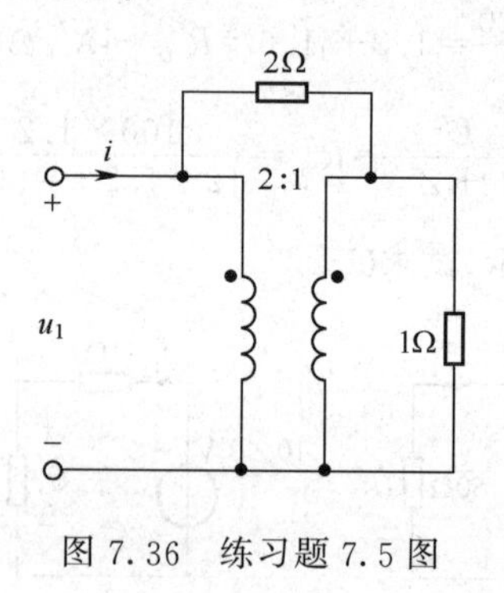

图 7.36 练习题 7.5 图

7.6 全耦合变压器和一般变压器

7.6.1 全耦合变压器

无损耗、全耦合，有限电感量的变压器简称为全耦合变压器。

图 7.37(a)为全耦合变压器电路，$M=\sqrt{L_1L_2}$，初、次级匝数为 N_1、N_2，匝比 $n=N_2/N_1=\sqrt{L_2/L_1}$。第五节已分析了全耦合变压器初、次级电压之关系，即式(7.18)、(7.19)。对于图 7.37(a)，则有

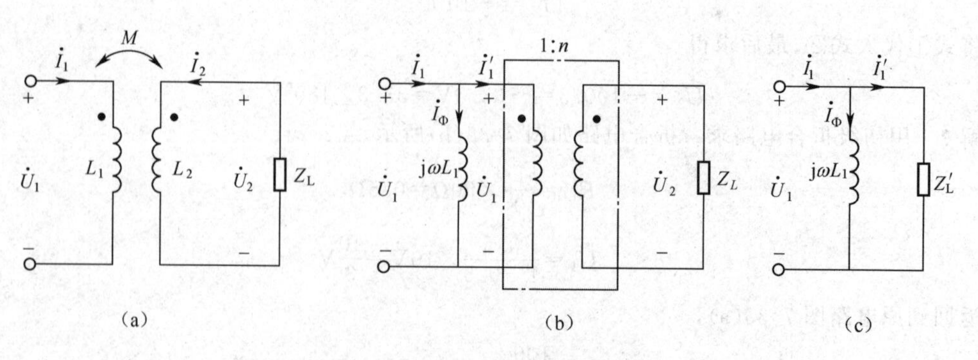

图 7.37 全耦合变压器的等效电路

$\dot{U}_1=\dot{U}_2/n$(7.24)　　下面分析全耦合变压器初、次级电流关系。由图7.37(a)有

$$\dot{U}_1=\mathrm{j}\omega L_1\dot{I}_1+\mathrm{j}\omega M\dot{I}_2$$

于是 $\dot{I}_1=\frac{\dot{U}_1}{\mathrm{j}\omega L_1}-\frac{M}{L_1}\dot{I}_2=\frac{\dot{U}_1}{\mathrm{j}\omega L_1}-\frac{\sqrt{L_1L_2}}{L_1}\dot{I}_2=\frac{\dot{U}_1}{\mathrm{j}\omega L_1}-\sqrt{\frac{L_2}{L_1}}\dot{I}_2=\dot{I}_\Phi-n\dot{I}_2$

或 $\dot{I}_1=\dot{I}_\Phi+\dot{I}'_1$ (7.25)

式中

$$\begin{cases}\dot{I}_\Phi=\dfrac{\dot{U}_1}{\mathrm{j}\omega L_1}\\ \dot{I}'_1=-n\dot{I}_2\end{cases}\tag{7.26}$$

式(7.24)和式(7.25)为全耦合变压器的*VAR*。式(7.24)和式(7.26)是理想变压器的*VAR*，其初级电压、电流分别为$\dot{U}_1$、$\dot{I}'_1$，次级电压、电流分别为$\dot{U}_2$、$\dot{I}_2$。因此，根据式(7.25)，图7.37(a)等效为图7.37(b)，其初级折合电路(等效电路)如图7.37(c)所示，折合阻抗$Z'_L=Z_L/n^2$。在图7.37(a)电路中，次级开路(未接负载)时，初级电流$\dot{I}_1=\dot{U}_1/\mathrm{j}\omega L_1=\dot{I}_\Phi$，故$\dot{I}_\Phi$称为**空载电流**。变压器空载时，次级回路不消耗功率，初级电流仅在铁心中激起磁通，故$\dot{I}_\Phi$又称为**激励电流**，其对应的支路和电感L_1(见图(b)和(c))分别称为**激励支路**和**激励电感**。实际铁心变压器的L_1都很大，因此激励电流$\dot{I}_\Phi$远小于其工作(接有负载情况)电流$\dot{I}'_1$。由图7.37(c)可见，L_1越大，$\dot{I}_\Phi$越小。当$L_1\to\infty$时，$\dot{I}_\Phi=0$，$\dot{I}_1=\dot{I}'_1=-n\dot{I}_2$，全耦合变压器演变成了理想变压器，初级折合电路变成了图7.33(b)所示形式。

7.6.2 全耦合自耦变压器

铁心上只绕有一个绕组，在绕组上引出一个可滑动的抽头，这样构成的四端网络，称为**自耦变压器**。由于铁心的μ值高，损耗电阻小可以忽略不计，因而可视为全耦合，其电路模型如图7.38(a)所示，图中N_1、N_2为所示绕组的匝数。无线电工程上用的带抽头的电感线圈，常密集地绕在高频磁芯上，这种线圈也可以看成是全耦合自耦变压器。由分析可得全耦合自耦变压器的*VAR*与双绕组全耦合变压器的*VAR*相同，因此图7.38(a)可等效为图7.38(b)。若全耦合自耦变压器的L_1、L_2均趋于∞，则就变成了理想变压器。

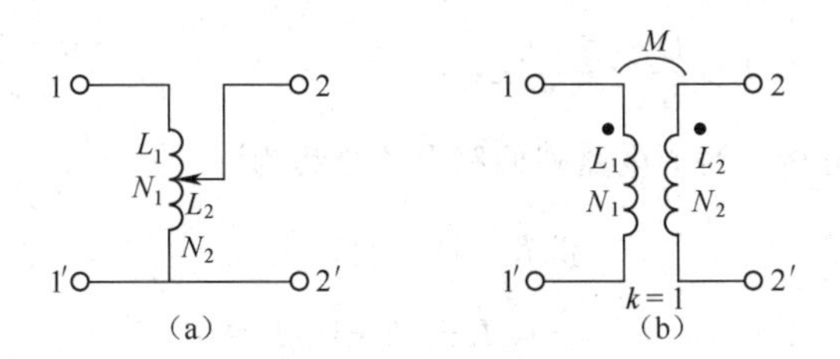

图7.38 全耦合自耦变压器的等效电路

7.6.3 一般变压器

一般变压器的电感既不能为无穷大，耦合系数也往往小于1。这就是说它们的磁通除了互磁通外，还有漏磁通Φ_s，如图7.39所示。漏磁通所对应的电感为漏感，变压器除了漏感外，绕组总还有损耗。设一般变压器如图7.40(a)所示，图中R_1、R_2分别是初、次级线圈的损耗电阻。如果从两个线圈的电感中减去各自所具有的漏感，则图7.40(a)等效为图7.40(b)。虚线框内所示为一个全耦合变

压器。对图 7.40(b)的分析即可按全耦合变压器理论进行。

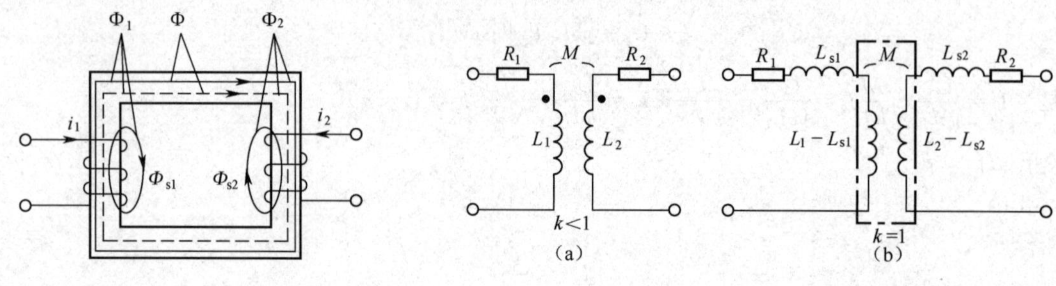

(a)　　(b)

图 7.39　一般变压器　　　图 7.40　一般变压器模型

【例 7.21】　图 7.41(a)电路，$\omega L_1=2\Omega$，$\omega L_2=8\Omega$，$\omega M=4\Omega$，$R_L=8\Omega$，$\dot{U}_s=1\angle 0°\text{V}$，求$\dot{I}_1$、$\dot{I}_2$和$\dot{U}_2$。

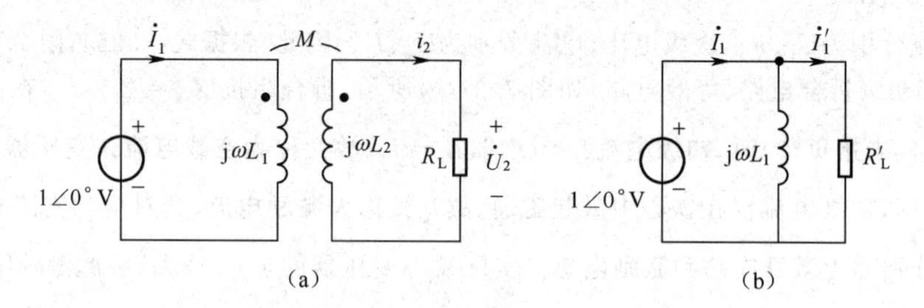

(a)　　(b)

图 7.41　例 7.21 图

解 1　$k=\dfrac{M}{\sqrt{L_1L_2}}=\dfrac{\omega M}{\sqrt{\omega L_1\omega L_2}}=\dfrac{4}{\sqrt{2\times 8}}=1$

因此变压器为全耦合，匝比 $n=\sqrt{\omega L_2/\omega L_1}=2$。用等效电路(折算电路)图(b)分析。

$$R'_L=\frac{R_L}{n^2}=\frac{8}{4}=2$$

$$\dot{I}_1=\frac{\dot{U}_1}{R'_L}+\frac{\dot{U}_s}{\text{j}\omega L_1}=\frac{1}{2}-\text{j}\,\frac{1}{2}=0.707\angle -45°\text{A}$$

$$\dot{U}_2=n\dot{U}_s=2\times 1\angle 0°\text{V}=2\angle 0°\text{V}$$

$$\dot{I}_2=\frac{\dot{U}_2}{R_L}=\frac{2\angle 0°}{8}\text{A}=0.25\angle 0°\text{A}$$

解 2　用回路电流法分析。对原电路列回路电流方程为

$$\text{j}2\,\dot{I}_1-\text{j}4\,\dot{I}_2=1$$

$$-\text{j}4\,\dot{I}_1+(8+\text{j}8)\dot{I}_2=0$$

解得

$$\dot{I}_1=\frac{1}{2}-\text{j}\,\frac{1}{2}=0.707\angle -45°\text{A}$$

$$\dot{I}_2=0.25\angle 0°\ \text{A}$$

于是

$$\dot{U}_2=R_L\dot{I}_2=8\times 0.25\text{V}=2\angle 0°\ \text{V}$$

【例 7.22】 使用戴维南定理求解图 7.42(a)所示电路的次级电流 $\dot{I}_2$。

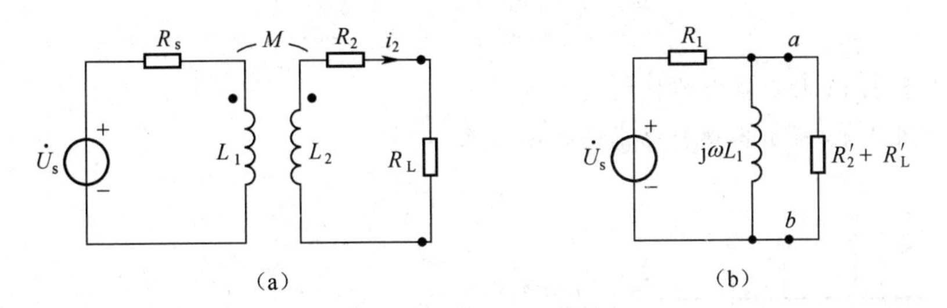

图 7.42 例 7.22

解 为方便起见，把图 7.25(a)重绘为图 7.42(a)，其中 $L_1=3.6\text{H}$，$L_2=0.06\text{H}$，$M=0.456\text{H}$，$R_1=20\Omega$，$R_2=0.08\Omega$，$R_L=42\Omega$，$u_s=115\sqrt{2}\cos 314t\text{V}$。由于

$$k=\frac{M}{\sqrt{L_1L_2}}=\frac{0.456}{\sqrt{3.6\times 0.06}}=1$$

故图 7.42(a)所示为全耦合变压器，得等效初级电路如图(b)所示。变压器匝比

$$n=\sqrt{\frac{L_2}{L_1}}=\sqrt{\frac{0.06}{3.6}}=\sqrt{\frac{1}{60}}$$

$$j\omega L_1=j314\times 3.6=j1130\Omega$$

$$R'_2+R'_L=\frac{R_2+R_L}{n^2}=60(0.08+42)\Omega\approx 2520\Omega$$

由图(b)可求得 ab 端左侧部分的戴维南等效电路，其中

$$\dot{U}_0=\dot{U}_{oc}=\frac{j1130\times 115\angle 0^\circ}{20+j1130}\text{V}\approx 115\angle 0^\circ\text{V}$$

$$Z_0=\frac{20\times j1130}{20+j1130}\approx 20\Omega$$

$$\dot{I}'_1=\frac{115\angle 0^\circ}{20+2520}=\frac{115}{2540}=0.045\text{A}=45\text{mA}$$

$$\dot{I}_2=\frac{1}{n}\dot{I}'_1=\sqrt{60}\times\frac{115}{2540}\text{A}=0.35\text{A}$$

思考与练习题

7.6 求图 7.43 所示电路的输入电流 $\dot{I}_1$ 和输出电压 $\dot{U}_2$，各阻抗的单位为 Ω(0，40∠0°V)

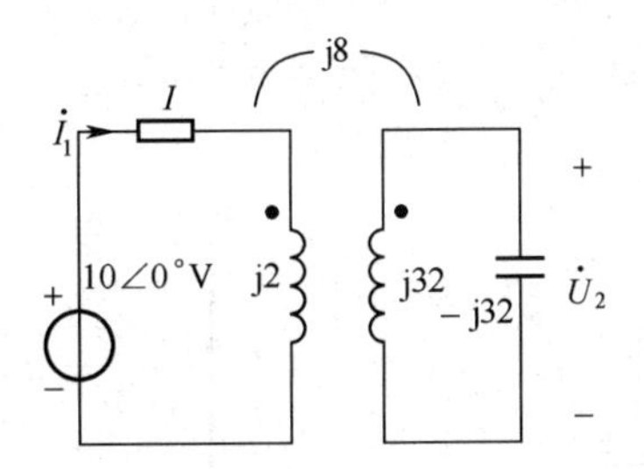

图 7.43 思考与练习题 7.6 图

习题 7

7.1　标出图 7.44 所示耦合线圈的同名端。

7.2　写出图 7.45 所示各耦合电感的伏安关系。

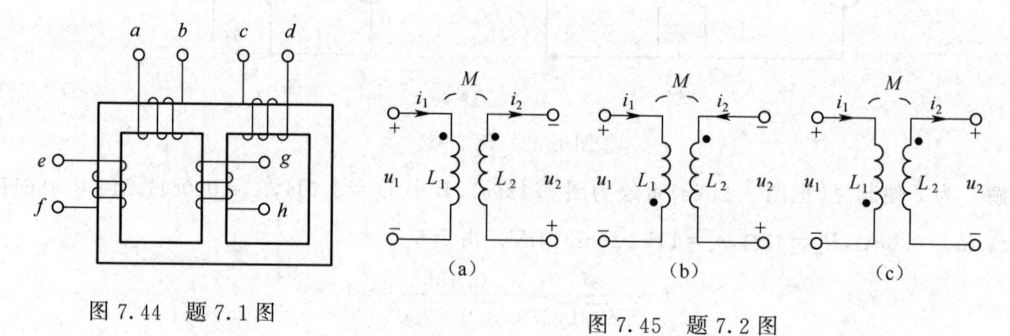

图 7.44　题 7.1 图

图 7.45　题 7.2 图

7.3　在图 7.46(a)所示电路中，已知 $i_1(t)$、$i_2(t)$波形如图 7.46(b)、(c)所示，试画出 $u_1(t)$、$u_2(t)$的波形。

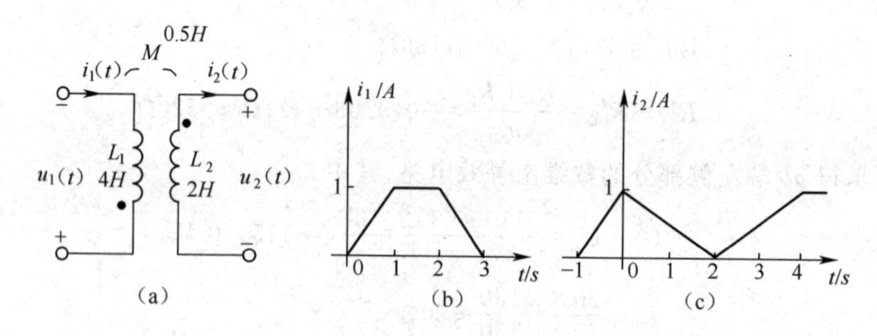

图 7.46　题 7.3 图

7.4　三线圈耦合电感如图 7.47 所示，试写出其伏安方程。

7.5　图 7.48 所示两个有损耗的电感线圈作串联连接，它们之间存在互感，通过测量电流和功率能够确定这两个线圈之间的互感量。现在将频率为 50Hz、电压有效值为 60V 的电源，加在串联线圈两端进行实验。当线圈顺接时，测得电流有效值为 2A，平均功率为 96W；当线圈反接时，测得电流为 2.4A，功率已变。试确定该两线圈间的互感值 M。(图中为反接情况)

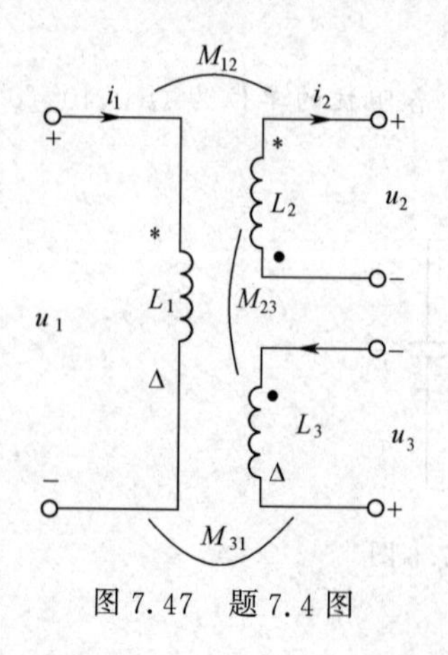

图 7.47　题 7.4 图

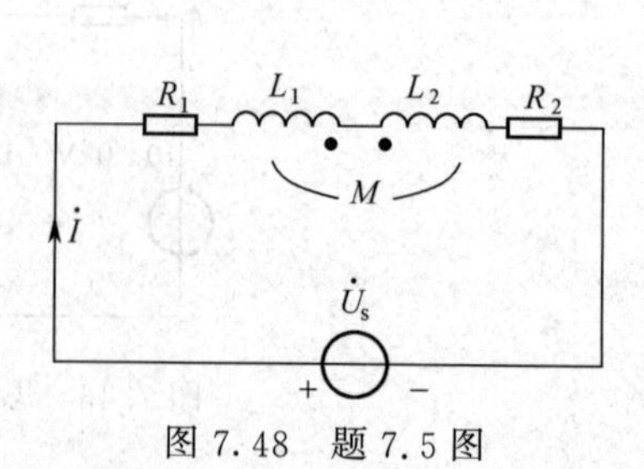

图 7.48　题 7.5 图

7.6　试按图7.49所示两种回路电流选取方法分别列写其回路电流方程。

7.7　图7.50所示电路为全耦合空芯变压器，求证：当次级短路时从初级两端看的输入阻抗 $Z_{in}=0$；当次级开路时从初级两端看的输入阻抗 $Z_{in}=j\omega L_1$。

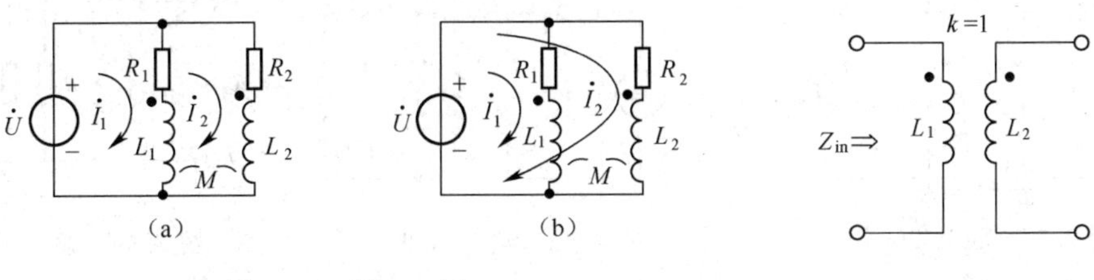

图7.49　题7.6图　　　　图7.50　题7.7图

7.8　求图7.51所示电路从 ab 端看去的电感 L_{ab}。

7.9　某变压器有两个额定电压为110V的线圈，次级有两个额定电压为12V、额定电流为1A的线圈，同名端标示于图7.52上。说明若要满足以下要求应如何接线。

(1)把初级接到220V电源，从次级得到24V、1A的输出。

(2)把初级接到220V电源，从次级得到12V、2A的输出。

7.10　电路如图7.53所示，$k=0.5$，$\dot{U}_s=100\angle 0°\text{V}$，各阻抗值的单位为Ω，求电压 $\dot{U}_2$。

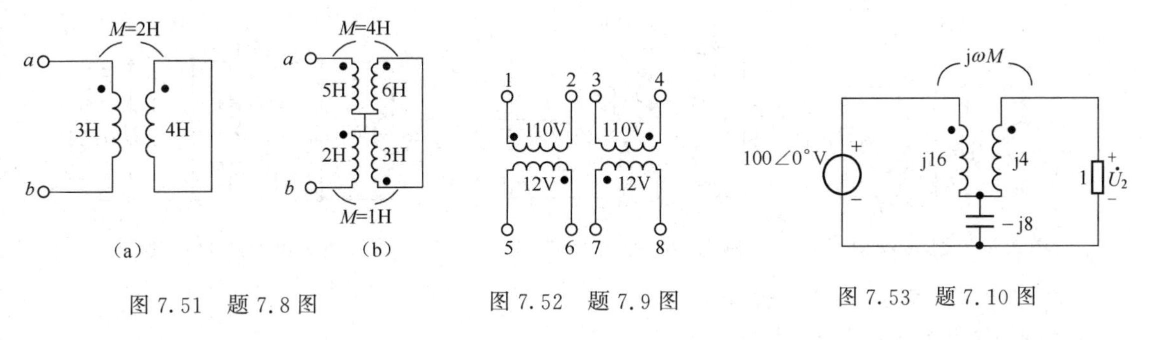

图7.51　题7.8图　　　　图7.52　题7.9图　　　　图7.53　题7.10图

7.11　电路如图7.54所示，求 $\dot{I}_1$ 和 $\dot{U}_2$。已知 $\dot{U}_1=10\angle 0°\text{V}$，各项阻抗的单位为Ω。

7.12　电路如图7.55所示，已知 $U=220\text{V}$，$f=50\text{Hz}$，$R_1=150\Omega$，$L_1=4\text{H}$，$R_2=4\Omega$，$L_2=0.05\text{H}$，$M=0.4\text{H}$，$R_L=4\Omega$，利用戴维南定理求次级回路电流和负载电阻 R_L 消耗的功率。

7.13　求图7.56所示电路中，为使负载 Z_L 获得最大功率，$Z_L=$？它所获得的最大功率又为多少？设 $\dot{U}_s=100\angle 0°\text{V}$。

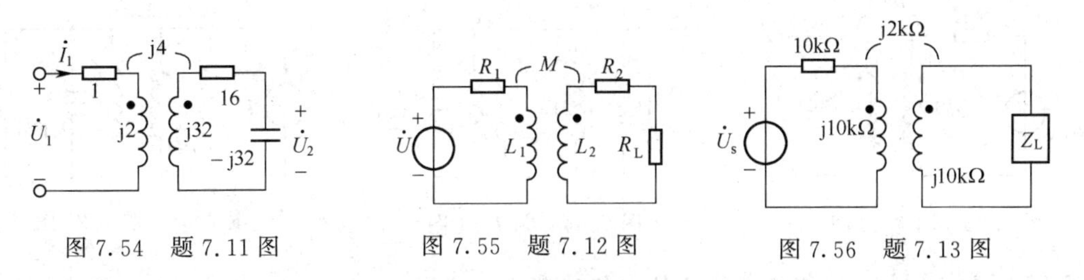

图7.54　题7.11图　　　　图7.55　题7.12图　　　　图7.56　题7.13图

7.14　图7.57所示电路中，虚线框部分为理想变压器。负载电阻可以任意改变，问 R_L 等于多大时其上可获得最大功率，并求出该最大功率 P_{Lmax}。

7.15　图7.58所示为含理想变压器电路，Z_L 可任意改变。问 Z_L 等于多大时其上可获得最大功率，并求该最大功率 P_{Lmax}。

7.16 图 7.59 所示电路中，两个理想变压器初级并联，次级分别接负载 R_1 和 R_2。已知 $R_1=12\Omega$，$R_2=50\Omega$，求 ab 端的输入电阻 R_{in}。

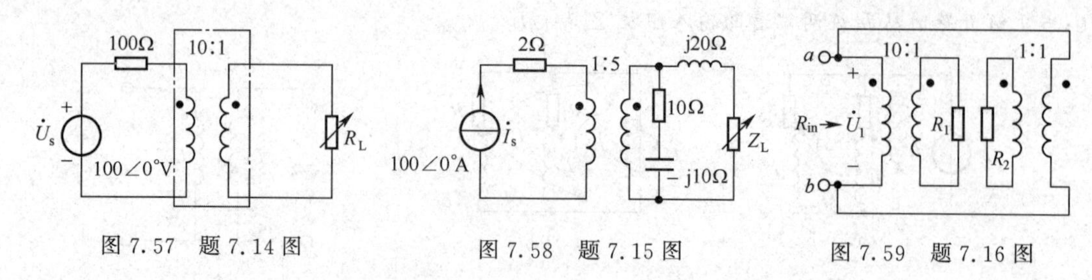

图 7.57 题 7.14 图　　图 7.58 题 7.15 图　　图 7.59 题 7.16 图

7.17 如图 7.60 所示的正弦稳态电路中，为使负载 R_L 上能获得最大功率，理想变压器的匝比 n 应等于多少？并求出 R_L 上吸收的最大功率 P_{Lmax}。

7.18 图 7.61 所示电路中，理想变压器的匝比为 2。$R_1=R_2=10\Omega$，$\frac{1}{\omega C}=50\Omega$，$\dot{U}=50\angle 0°\text{V}$，求流过 R_2 的电流。

7.19 试用节点分析法求图 7.62 所示电路的输入电压 $\dot{U}_1$。已知 $\dot{I}_s=100\angle 0°\text{A}$，图中各阻抗值单位为 Ω。

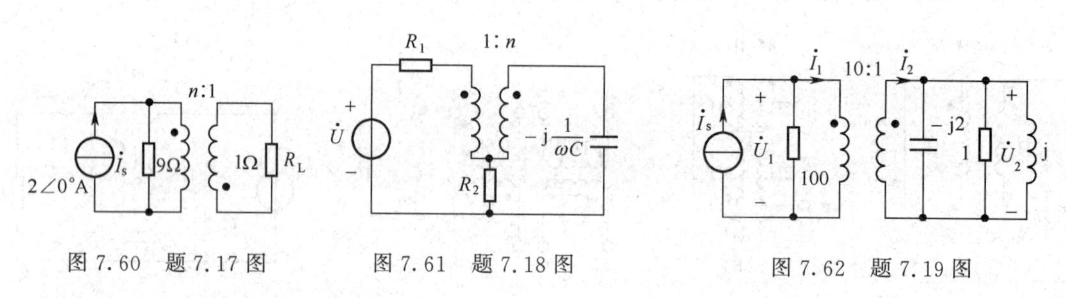

图 7.60 题 7.17 图　　图 7.61 题 7.18 图　　图 7.62 题 7.19 图

7.20 全耦合变压器电路如图 7.63 所示

(1)求 a、b 端的戴维南等效电路；

(2)若 a、b 端短路，求短路电流；

(3)若 a、b 端接负载 $Z_L=20+\text{j}35\Omega$，求 Z_L 中电流。

7.21 在图 7.64 所示电路中，设 $\omega=1\text{rad/s}$，求输入阻抗 Z_i。

7.22 在图 7.65 所示电路中，欲使 $\dot{U}$ 与 $\dot{I}_s$ 同相，试确定变比 n。

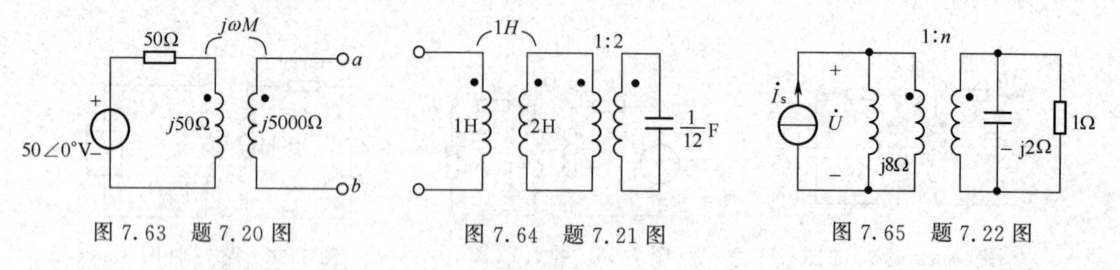

图 7.63 题 7.20 图　　图 7.64 题 7.21 图　　图 7.65 题 7.22 图

7.23 试计算图 7.66 所示电路中 R_2 上的功率。

7.24 如图 7.67 所示理想变压器电路，$\dot{U}_s=12\angle 30°\text{V}$，$R=6\Omega$。求(1)$c$、$d$ 开路时，$\dot{U}_1$、$\dot{U}_2$、$\dot{I}_1$、$\dot{I}_2$；(2)c、d 短路时，$\dot{U}_1$、$\dot{U}_2$、$\dot{I}_1$、$\dot{I}_2$。

7.25　试推导图 7.68 所示电路的输入电阻的表达式。

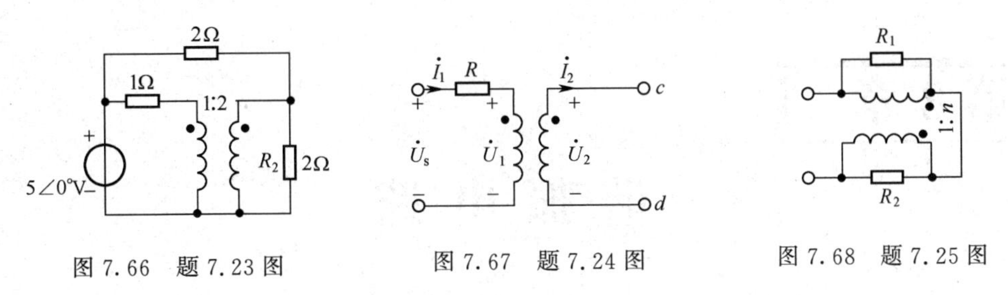

图 7.66　题 7.23 图　　图 7.67　题 7.24 图　　图 7.68　题 7.25 图

第 8 章

谐 振 电 路

前几章分析了单一频率正弦信号作用的电路，实际中常遇到许多不同频率信号同时作用于一个电路的情况。例如我们熟悉的收音机天线接收电路，许多不同频率的电台发出的广播信号都同时作用在收音机的天线上，于此类似的电路还很多。然而对于电路终端的负载，往往只要求获得一个频率或一带频(一群连续的频率)有用的信号(收音机收听广播时，就只有一个电台的信号在扬声器里播出)。如何从作用于电路的许多不同频率信号中挑选出一个或一带频有用信号，这在电子技术里往往是通过选频电路或滤波电路实现的。这里我们将有用频率的信号称为信号，其他频率信号相应地叫做干扰。所以选频电路或滤波电路的作用就是挑选信号、滤除干扰。图 8.1 示出了这一关系。选频电路很多，实际中用得较多的是由谐振电路构成的选频和滤波电路，它们在通信和电子技术中的应用极为广泛。本章介绍谐振电路。

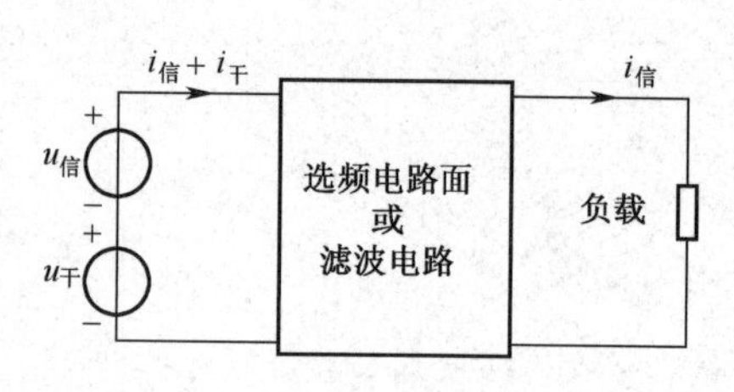

图 8.1　选频、滤波示意图

任何一个由电阻、电感和电容构成的无源二端网络，当输入电流与输入电压同相时，则它们之间出现和谐的起伏(同时出现最大值、最小值和零值)，这种物理现象称为谐振。能发生谐振的选频电路称为谐振电路，其中最简单且最常见的是 RLC 串联谐振电路和 RLC 并联谐振电路两种。

8.1　串联谐振电路

8.1.1　串联谐振的条件

图 8.2 为 RLC 串联电路，其电路阻抗为

$$Z = R + \mathrm{j}\left(\omega L - \frac{1}{\omega C}\right) = R + \mathrm{j}X \tag{8.1}$$

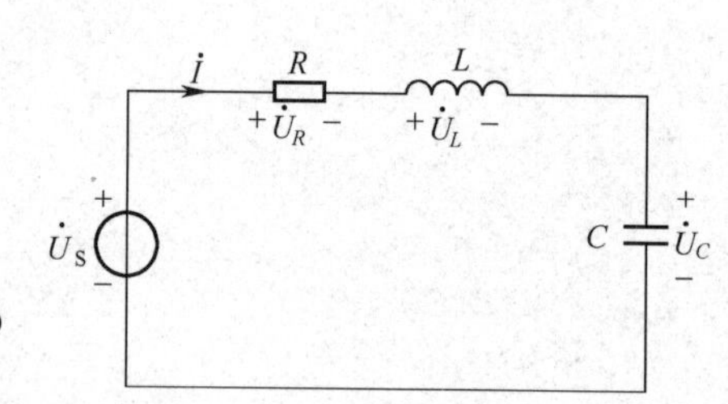

图 8.2　RLC 串联谐振电路

要使 $\dot{U}$ 与 $\dot{I}$ 同相，也就是电路发生串联谐振，则

$$\mathrm{Im}[Z] = X = \omega_0 L - \frac{1}{\omega_0 C} = 0 \tag{8.2}$$

设谐振时的角频率和频率分别为 ω_0 和 f_0，于是有

$$\begin{cases} \omega_0 = \dfrac{1}{\sqrt{LC}} \\ f_0 = \dfrac{1}{2\pi\sqrt{LC}} \end{cases} \tag{8.3}$$

式(8.3)表明，谐振频率只取决于电路参数 L、C，而与电路的激励无关。具有不同 L、C 的电路，其谐振频率不同，因此它是电路本身固有的，表示其特征的一个重要参数，故又称电路的固有谐振频

率。若电路参数 L、C 一定,则只有当信号源频率等于电路的固有谐振频率时,电路才谐振。若信号源频率一定,则可通过改变电路的 L 或 C 或同时改变 L、C,使电路对信号源谐振,从而取出有用信号。这种通过调节电路本身的参数以达到对信号源谐振的过程称为调谐。收音机的输入谐振电路就是调节可变电容器的电容量,以使电路对欲收电台频率发生谐振。

8.1.2 串联谐振的特点

RLC 串联谐振电路发生谐振时,输入电抗 $X=0$,所以输入阻抗和输入导纳分别为

$$Z_0=R+\mathrm{j}X=R=Z_{\min}$$

和

$$Y_0=\frac{1}{Z_0}=\frac{1}{R}=Y_{\max}$$

阻抗和导纳为纯阻性,且阻抗为最小值,导纳为最大值。由式(8-2)可见,串联谐振时的感抗与容抗相等,为

$$\omega_0 L=\frac{1}{\omega_0 C}=\frac{L}{\sqrt{LC}}=\sqrt{\frac{L}{C}}=\rho \tag{8.4}$$

式中,$\rho=\sqrt{L/C}$称为串联谐振电路的**特性阻抗**,单位为欧姆,它是一个由电路参数 L、C 决定的常数。

串联谐振时电路中的电流为

$$\dot{I}_0=\frac{\dot{U}_S}{Z_0}=\frac{\dot{U}_S}{R}=\dot{I}_{\max} \tag{8.5}$$

电流 $\dot{I}$ 与电压 $\dot{U}$ 同相,且达到最大值。这一特点是串联谐振电路的一个重要特性。

串联谐振时 R、L、C 上电压分别为

$$\begin{cases}\dot{U}_{R0}=R\dot{I}_0=\dot{U}_s\\ \dot{U}_{L0}=\mathrm{j}\omega_0 L\dot{I}_0=\mathrm{j}\dfrac{\omega_0 L}{R}\dot{U}_s=\mathrm{j}Q\dot{U}_s\\ \dot{U}_{C0}=-\mathrm{j}\dfrac{1}{\omega_0 C}\dot{I}_0=-\mathrm{j}\omega_0 L\dot{I}_0=-jQ\dot{U}_s\end{cases} \tag{8.6}$$

上列式中

$$Q=\frac{\omega_0 L}{R}=\frac{1}{\omega_0 CR}=\frac{\rho}{R}=\frac{1}{R}\sqrt{\frac{L}{C}} \tag{8.7}$$

称为串联谐振电路的品质因数,Q 无量纲。由式(8.7)可见,Q 仅取决于电路参数,因而他也是电路的一个固有量。串联谐振时,电流最大,故电阻电压 U_{R0} 也最大。由式(8.6)看出,串联谐振时,电感电压有效值与电容电压有效值相等,均为信号电压的 Q 倍。即

$$U_{L0}=U_{C0}=QU_S$$

通信和电子技术中的谐振电路。品质因数 Q 一般可达几十～几百,故电路发生串联谐振时,电感电压和电容电压为外施电压的几十～几百倍,即使信号电压不高,电感、电容上的电压仍可能较高,所以串联谐振又称为电压谐振。这种技术在电信技术中常用来提高所需信号的电压以达到选频的目的。需要指出,电力工程中,谐振时出现的高电压会使某些设备损坏,因此应设法避免谐振现象发生。

串联谐振时的相量图如图 8.3 所示。可见,电感电压和电容电压大小相等、相位相反,相互完全抵消。因此电抗 X 上的电压 $\dot{U}_{X0}$ 为零。$\dot{U}_{X0}=0$ 意味着 L、C 两元件总的对外表现为短路,可用一根短路线等效代替,如图 8.4 中虚线所示。这样,L、C 和短路线便构成一个震荡回路,L 与 C 之间互相交换能量,它们与信号源不进行能量交换,信号源只供电阻损耗。

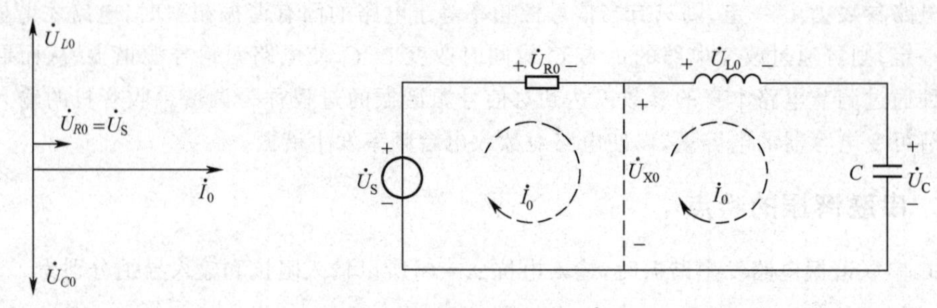

图 8.3　串联谐振相量图

图 8.4　$\dot{U}_{X0}=0$ 的物理概念

串联谐振电路的品质因数 Q 定义为电路的特性阻抗 ρ 与电阻 R 的比值，即

$$Q=\frac{\rho}{R}=\frac{\omega_0 L}{R}=\frac{1}{\omega_0 CR} \tag{8.8}$$

谐振电路的品质因数的广义定义是

$$Q=\frac{\text{谐振时 } L \text{ 或 } C \text{ 无功功率的绝对值}}{\text{谐振时电路损耗的有功功率}} \tag{8.9}$$

根据此定义，RLC 串联谐振电路的品质因数为

$$Q=\frac{I_0^2\omega_0 L}{I_0^2 R}=\frac{\omega_0 L}{R}=\frac{1}{\omega_0 CR}=\frac{1}{R}\sqrt{\frac{L}{C}}=\frac{\rho}{R}$$

此即式(8.8)。上式表明，Q 与回路电阻 R 成反比，R 越大耗能越多，Q 值愈低，反之 Q 值越高。Q 值的高低反映了电路损耗的大小，这就是为什么称 Q 为谐振电路品质因数的原因。

【例 8.1】　将一电感 $L=4\text{mH}$、电阻 $R=50\Omega$ 的线圈与 $C=160\text{pF}$ 的电容器串联接在 $U=2.5\text{V}$ 的正弦电压上。电源频率为多少时电路发生谐振，此时电路中电流 I_0 和电容电压 U_{C0} 各为多少。

解

$$f_0=\frac{1}{2\pi\sqrt{LC}}=\frac{1}{2\pi\sqrt{4\times10^{-3}\times160\times10^{-12}}}\text{Hz}=199\times10^3\text{Hz}=199\text{kHz}$$

$$I_0=\frac{U}{R}=\frac{2.5}{50}=0.05\text{A}=50\text{mA}$$

$$Q=\frac{\rho}{R}=\frac{1}{R}\sqrt{\frac{L}{C}}=\frac{1}{50}\sqrt{\frac{4\times10^{-3}}{160\times10^{-12}}}=100$$

$$U_{C0}=QU=100\times2.5\text{V}=250\text{V}$$

可见 U_{C0} 大大超过了外加电压。

【例 8.2】　某收音机输入调谐回路，可简化为一线圈和可变电容器串联的电路。线圈电感 $L=300\mu\text{H}$。今欲使谐振频率范围为 535～160kHz(中波频率范围)，求 C 的变化范围。

解

$$C=\frac{1}{\omega_0^2 L}=\frac{1}{(2\pi f_0)^2 L}$$

当 $f_{01}=535\text{kHz}$ 时，

$$C_1=\frac{1}{(2\pi\times535\times10^3)^2\times300\times10^{-6}}=295\times10^{-12}\text{F}=295\text{pF}$$

当 $f_{02}=1605\text{kHz}$ 时，

$$C_2=\frac{1}{(2\pi\times1605\times10^3)^2\times300\times10^{-6}}=32.8\times10^{-12}\text{F}=32.8\text{pF}$$

所以 C 的变化范围是 32.8～295pF。

思考与练习题

8.1　RLC串联谐振电路如图8.2所示，$R=0.5\Omega$，$L=100\text{mH}$，$u_S=5\sqrt{2}\cos(1\,000t)\text{V}$。(1)电路谐振时的$C$值为多少，并求回路特性阻抗$\rho$；(2)求谐振时的$Q$、$Z_0$、$\dot{I}_0$、$\dot{U}_{R0}$、$\dot{U}_{L0}$和$\dot{U}_{C0}$，画相量图；(3)求$i_0$、$u_{R0}$、$u_{L0}$和$u_{C0}$。(10μF，100Ω；200，0.5Ω，10/0°A，5/0°V，1000/90°V，1000/−90°V)

8.2　RLC串联谐振电路，$L=200\mu\text{H}$、$R=10\Omega$、$C=200\text{pF}$。求该回路的谐振频率f_0、电路的特性阻抗ρ和品质因数Q。(795kHz，1kΩ，100)

8.3　RLC串联谐振电路，$L=200\text{mH}$、$C=1000\text{pF}$、$R=20\Omega$。求谐振频率f_0和Q值。今再用一个1000pF的电容与原来电容并联，重求f_0和Q。

8.4　电感线圈(R、L串联)和电容C串联，谐振时，测得输入电压$U=2\text{mV}$，电容端电压$U_C=10\text{mV}$。(1)求回路的Q值；(2)画出电路的相量图(包括$\dot{U}$、$\dot{I}$、$\dot{U}_C$、$\dot{U}_R$、$\dot{U}_L$、$\dot{U}_{RL}$)，并由相量图求电感线圈的端电压U_{RL}。

8.2　RLC串联谐振电路的频率特性和通频带

以上分析了RLC串联谐振电路在谐振时的特点，但是，串联谐振电路是一种选频电路，为了研究其选频特性，必须全面地分析电路在不同频率信号作用下的情况。当信号的频率不等于电路的固有频率时，我们称电路对信号处于失谐或失调状态。研究电路的选频特性，就是研究电路处在谐振和失谐状态下的特性。

8.2.1　串联谐振电路的频率特性和选择性

图8.2所示RLC串联谐振电路中。设正弦信号$\dot{U}_S$为参考相量，即$\dot{U}_S=U_S\angle 0°$，于是电流

$$\dot{I}=\frac{\dot{U}_S}{Z}=\frac{U_S\angle 0°}{|Z|\angle\varphi_Z}=\frac{U_S}{\sqrt{R^2+\left(\omega L-\dfrac{1}{\omega C}\right)^2}}\angle-\varphi_Z=I\angle\varphi_i$$

电流有效值I和初相位φ_i分别为

$$I=\frac{U_s}{\sqrt{R^2+\left(\omega L-\dfrac{1}{\omega C}\right)^2}}\tag{8.10}$$

$$\varphi_i=-\varphi_Z=-\arctan\frac{\omega L-\dfrac{1}{\omega C}}{R}\tag{8.11}$$

式(8.10)、(8.11)分别反映了电流大小、初相位与频率的关系，它们分别称为电流的幅频特性和相频特性，对应的曲线分别如图8.5(a)、(b)所示。幅频特性曲线也称为谐振曲线。不同的电路，参数不同，对应的幅频、相频特性曲线也不同。信号$\dot{U}_S$的初相位若不为零，也将影响φ_i-ω曲线上$\omega=0$和$\omega=\infty$时所对应的纵坐标值。这些都给电路频率特性的分析带来了不便，为此我们用相对的概念来定义电路的频率特性。输入信号相量$\dot{U}_S$不变而频率改变时，将$\dot{I}/\dot{I}_0$随频率变化的特性定义为串联谐振电路的频率特性。$\dot{I}/\dot{I}_0$与频率的关系为

$$\frac{\dot{I}}{\dot{I}_0}=\frac{Y\dot{U}_s}{Y_0\dot{U}_s}=\frac{Z_0}{Z}=\frac{R}{R+\text{j}X}=\frac{R}{R+\text{j}\left(\omega L-\dfrac{1}{\omega C}\right)}\tag{8.12}$$

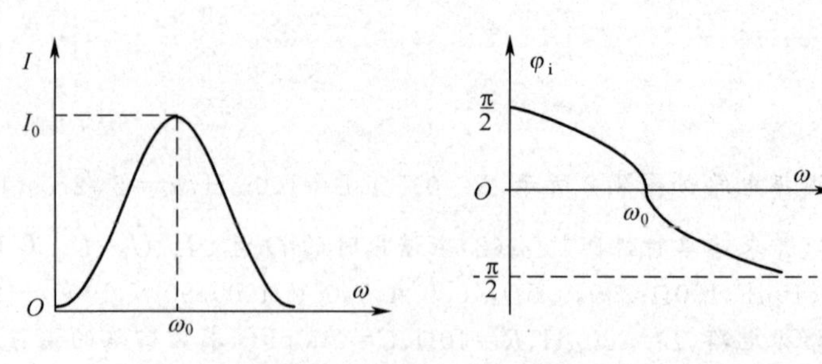

图 8.5 串联谐振电路的幅频特性

式(8.12)虽已将 $\dot{I}/\dot{I}_0$ 表示为 ω 的函数,但直接用以计算并不方便,因为在谐振频率附近,ωL 与$\frac{1}{\omega C}$数值都很大(相对于 R 而言)且接近相等,两个大数的差值在数学运算中极易产生大的误差。另外,为了反映电路 Q 值对频率特性的影响,故将式(8.12)改写如下:

$$\begin{aligned}\frac{\dot{I}}{\dot{I}_0}&=\frac{R}{R+\mathrm{j}\left(\omega L-\frac{1}{\omega C}\right)}=\frac{1}{1+\mathrm{j}\left(\frac{\omega L}{R}-\frac{1}{\omega CR}\right)}\\&=\frac{1}{1+\mathrm{j}\left(\frac{\omega}{\omega_0}\frac{\omega_0 L}{R}-\frac{\omega_0}{\omega}\frac{1}{\omega_0 CR}\right)}=\frac{1}{1+\mathrm{j}Q\left(\frac{\omega}{\omega_0}-\frac{\omega_0}{\omega}\right)}\end{aligned}\tag{8.13}$$

而

$$\frac{\dot{I}}{\dot{I}_0}=\frac{I}{I_0}\angle\varphi\tag{8.14}$$

故

$$\frac{I}{I_0}=\frac{1}{\sqrt{1+Q^2\left(\frac{\omega}{\omega_0}-\frac{\omega_0}{\omega}\right)^2}}\tag{8.15}$$

式(8.15)又称串联谐振电路的**幅频特性**。式(8.14)中的 φ 是 $\dot{I}$ 超前 $\dot{I}_0$ 的相位角,也即输入电流 $\dot{I}$ 超前输入电压 $\dot{U}_S$ 的相位角(因为 $\dot{I}_0$ 与 $\dot{U}_S$ 同相),因此 φ 是电路输入导纳的导纳角 φ_y 或负阻抗角 $-\varphi_z$,故

$$\begin{aligned}\varphi=\varphi_y=-\varphi_z&=-\arctan\frac{\omega L-\frac{1}{\omega C}}{R}=-\arctan\left(\frac{\omega L}{R}-\frac{1}{\omega CR}\right)\\&=-\arctan\left[Q\left(\frac{\omega}{\omega_0}-\frac{\omega_0}{\omega}\right)\right]\end{aligned}\tag{8.16}$$

式(8.16)又称串联谐振电路的**相频特性**。图 8.6 画出了串联谐振电路的幅频特性和相频特性曲线,幅频特性曲线也称为**谐振曲线**,以上各式和各曲线中的 ω/ω_0 也可改为 f/f_0。

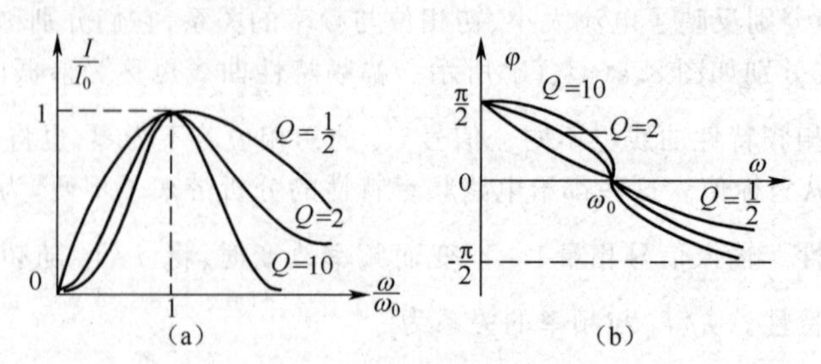

图 8.6 串联谐振电路的幅频特性

关于串联谐振电路的频率特性曲线有几点说明:

(1) 任何串联谐振电路在谐振时均有 $\omega/\omega_0=1$ 和 $I/I_0=1$,谐振曲线上对应的这一点称为**谐振点**。不同电路,它们的 ω_0、I_0 可能不等,但只要 Q 值相同,则它们的谐振曲线是同一条,故 I/I_0-ω/ω_0 曲线也称为通用谐振曲线;

(2) 谐振曲线呈山峰状,曲线的陡度取决于 Q 值的大小,Q 值愈高,曲线愈尖锐(由图 8.6(a)可以看出,$Q>10$ 以后,谐振曲线相当尖锐)。由谐振曲线还可以看出,当信号电压一定时,电路对不同频率信号的电流不同,对频率为 ω_0 及其附近的信号有较大的输入电流,而对远离 ω_0 的信号有较大的抑制能力。串联谐振电路的这一选择谐振频率及其附近频率信号的能力,称为选择性。显然 Q 值越高,选择性越好。

(3) 相频特性的 φ 等于电路输入导纳角 φ_y。由图 8.6(b)可以看出,当 $\omega/\omega_0<1$ 或 $\omega<\omega_0$ 时,$\varphi>0$,电路呈容性;当 $\omega/\omega_0>1$ 或 $\omega>\omega_0$ 时,$\varphi<0$,电路呈感性。Q 值越高,ω_0 附近相位曲线变化愈陡。

8.2.2 串联谐振电路电感电压和电容电压

实际电路中,通过串联谐振电路的有用信号通常是由电感或电容通过某种耦合(磁耦合或电容耦合)方式而输到下一级电路,为此我们讨论串联谐振电路中电感电压和电容电压的频率特性。

RLC 串联电路中,$U_L=\omega LI$,应用式(8.15)于是

$$U_L=\omega LI=\frac{\omega LI_0}{\sqrt{1+Q^2\left(\frac{\omega}{\omega_0}-\frac{\omega_0}{\omega}\right)^2}}=\frac{\omega}{\omega_0}\frac{\omega_0 LI_0}{\sqrt{1+Q^2\left(\frac{\omega}{\omega_0}-\frac{\omega_0}{\omega}\right)^2}}$$

$$=\frac{\omega}{\omega_0}\frac{QU_s}{\sqrt{1+Q^2\left(\frac{\omega}{\omega_0}-\frac{\omega_0}{\omega}\right)^2}} \tag{8.17}$$

或

$$\frac{U_L}{U_{L0}}=\frac{\omega}{\omega_0}\frac{1}{\sqrt{1+Q^2\left(\frac{\omega}{\omega_0}-\frac{\omega_0}{\omega}\right)^2}}$$

同样方法分析可得电容电压为

$$U_C=\frac{\omega_0}{\omega}\frac{QU_s}{\sqrt{1+Q^2\left(\frac{\omega}{\omega_0}-\frac{\omega_0}{\omega}\right)^2}}$$

和

$$\frac{U_C}{U_{C0}}=\frac{\omega_0}{\omega}\frac{1}{\sqrt{1+Q^2\left(\frac{\omega}{\omega_0}-\frac{\omega_0}{\omega}\right)^2}} \tag{8.18}$$

图 8.7 画出了 $U_L-\omega/\omega_0$ 和 $U_C-\omega/\omega_0$ 特性曲线。可以证明,当品质因数 $Q>1/\sqrt{2}=0.707$ 时,曲线上出现峰值,且有 $U_{C\max}=U_{L\max}$。Q 值越大,两峰愈靠近谐振频率。只要电路 Q 值不是太小,例如大于 10,就可以近似的看成 $U_{C\max}$ 和 $U_{L\max}$ 出现在谐振频率处,且为信号电压 U_S 的 Q 倍。

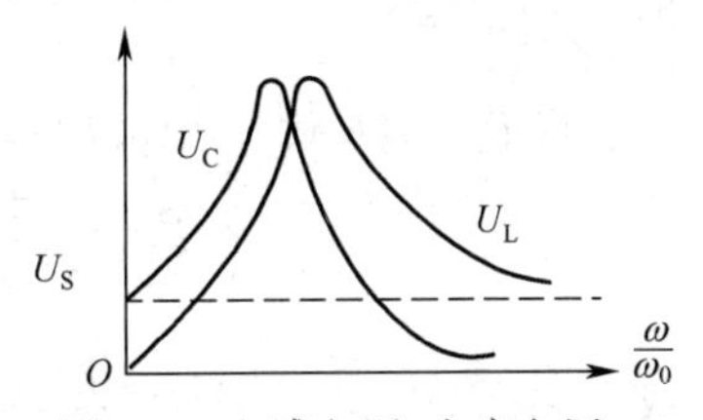

图 8.7 电感电压、电容电压的频度特性

【例 8.3】 某收音机调谐电路的电感线圈 $L=250\mu H$、$R=20\Omega$ 与可变电容器(损耗电阻不计)构成串联谐振电路。(1)若要收听频率为 $f_1=640kHz$ 的甲电台节目,问 C 应为多少?(2)若甲电台电磁波在谐振电路两端产生的电压为 u_1,其有效值为 $10\mu V$,试求 u_1 在回路中产生的电流 I_1 及 L 两端的电压 U_{L1};(3)频率为 $f_2=730kHz$ 的乙电台电磁波在谐振电路两端产生的电压为 u_2,其有效值也是 $10\mu V$,试求 u_2 产生的电流

I_2及电感电压U_{L2}，并求I_2/I_1和U_{L2}/U_{L1}。

解 (1) $C=C_0=\frac{1}{\omega_1^2 L}=\frac{1}{(2\pi\times 640\times 10^3)^2\times 250\times 10^{-6}}=247\times 10^{-12}\text{F}=247\text{pF}$

(2)
$$I_1=\frac{U_1}{R}=\frac{10}{20}=0.5\mu\text{A}$$
$$Q=\frac{\omega_0 L}{R}=\frac{2\pi\times 640\times 10^3\times 250\times 10^{-6}}{20}=50.3$$
$$U_{L1}=QU_1=50.3\times 10=503\mu\text{V}$$

(3)
$$\frac{I_2}{I_1}=\frac{I_2}{I_0}=\frac{1}{\sqrt{1+Q^2\left(\frac{f_2}{f_1}-\frac{f_1}{f_2}\right)^2}}=\frac{1}{\sqrt{1+50.3^2\left(\frac{730}{640}-\frac{640}{730}\right)^2}}=0.075$$
$$\frac{I_2}{I_1}=0.075=7.5\%$$
$$I_2=0.075I_1=0.0375\mu\text{A}$$
$$\frac{U_{L2}}{U_{L1}}=\frac{f_2}{f_1}\frac{1}{\sqrt{1+Q^2\left(\frac{f_2}{f_1}-\frac{f_1}{f_2}\right)^2}}=\frac{1}{\sqrt{1+Q^2\left(\frac{f_2}{f_1}-\frac{f_1}{f_2}\right)^2}}=\frac{730}{640}\times 0.075=0.086$$
$$\frac{U_{L2}}{U_{L1}}=8.6\%$$
$$U_{L2}=0.086U_{L1}=43\mu\text{V}$$

由上例可以看出串联谐振电路的选择性。

8.2.3 串联谐振电路的通频带

实际中的有用信号，一般为具有一定频率宽度的一群连续信号。为使它们通过串联谐振电路后不失真地输出，这就要求电路的谐振曲线不能太尖锐，也即Q值不宜太高。因此，谐振电路除有一个选择性指标外，还有一个通频带指标。通频带是指谐振曲线上以谐振频率ω_0为中心的一段频带，当这一频带的信号通过串联谐振电路时，它在电路中不致产生明显的失真，这一频带我们称为**通频带**。通频带的宽度按惯例是以语音信号而定义的。实践表明，功率变化不到一半的声音，人的听觉辩别不出它的变化，因此就以等于谐振功率之半的功率所对应的一段频带定义为电路的通频带。设RLC串联谐振电路在谐振时的功率为P_0，$P_0/2$所对应的电流为I，于是

$$\frac{P_0}{2}=I^2R$$

即
$$I=\sqrt{\frac{P_0}{2R}} \tag{8.19}$$

将$P_0=I_0^2R$代入式(8.19)，则

$$I=\sqrt{\frac{P_0}{2R}}=\sqrt{\frac{I_0^2R}{2R}}=\frac{1}{\sqrt{2}}I_0=0.707I_0$$

或
$$\frac{I}{I_0}=\frac{1}{\sqrt{2}}=0.707$$

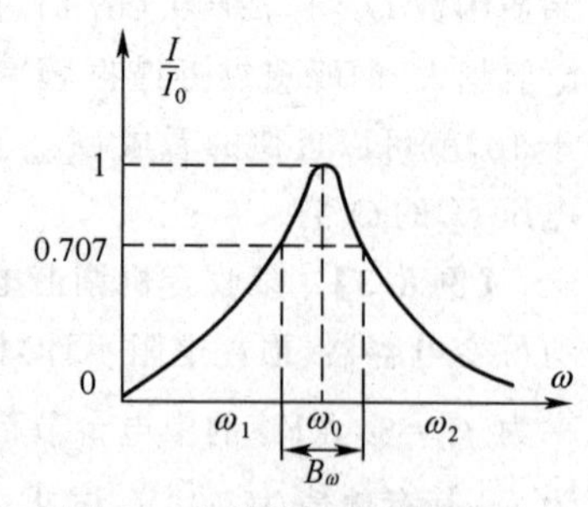

图 8.8 串联谐振电路通频带

所以在$I/I_0-\omega$(或)$I-\omega$曲线上对应于$I/I_0=0.707$(或$I=0.707I_0$)的那一段频带$\omega_2-\omega_1$见图8.8就是电路的通频带，简称**通带**，记为BW_ω，即

$$\text{BW}_\omega=\omega_2-\omega_1$$

两个边界频率 ω_2、ω_1 分别称为上边频(或上截止频率)和下边频(或下截止频率)。

现在分析通频带 BW_ω 与电路品质因数 Q 的关系。根据串联谐振电路的幅频特性,当

$$\frac{I}{I_0}=\frac{1}{\sqrt{1+Q^2\left(\frac{\omega}{\omega_0}-\frac{\omega_0}{\omega}\right)^2}}=\frac{1}{\sqrt{2}}$$

有

$$1+Q^2\left(\frac{\omega}{\omega_0}-\frac{\omega_0}{\omega}\right)^2=2$$

$$\frac{\omega}{\omega_0}-\frac{\omega_0}{\omega}=\pm\frac{1}{Q}$$

令 $\omega/\omega_0=\beta$,则

$$\beta-\frac{1}{\beta}=\pm\frac{1}{Q}$$

$$\beta=\frac{\pm\frac{1}{Q}+\sqrt{\frac{1}{Q^2}+4}}{2}$$

即

$$\frac{\omega}{\omega_0}=\sqrt{\frac{1}{4Q^2}+1}\pm\frac{1}{2Q}$$

所以

$$\omega_2=\left(\sqrt{\frac{1}{4Q^2}+1}+\frac{1}{2Q}\right)\omega_0$$

$$\omega_1=\left(\sqrt{\frac{1}{4Q^2}+1}-\frac{1}{2Q}\right)\omega_0$$

则串联谐振电路的通频带为

$$BW_\omega=\omega_2-\omega_1=\frac{\omega_0}{Q} \tag{8.20}$$

若通频带用 f 表示,则为 $BW_f=f_2-f_1=\frac{f_0}{Q}$　(8.21)

显见

$$BW_\omega=2\pi BW_f$$

式(8.20)、(8.21)表明,通频带与 f_0 成正比,与 Q 成反比。高 Q 电路的选择性好,但通带窄,若通带太窄,就会使有用信号频带中的一部分不能顺利通过电路而引起失真。可见电路的选择性与通频带之间有一定的矛盾,实际应用中要两者兼顾。

【例 8.4】 电感线圈和电容器(忽略损耗电阻)构成串联谐振电路。已知 $C=199\text{pF}$,谐振频率为 800kHz,通频带的上、下边频分别为 804kHz 和 796kHz。试求电路的品质因数 Q,线圈的 L 和 R 值。

解　电路的通频带为

$$BW_f=f_2-f_1=(804-796)\text{kHz}=8\text{kHz}$$

于是

$$Q=\frac{f_0}{BW_f}=\frac{800}{8}=100$$

由式(8.7)和(8.2)分别有

$$R=\frac{1}{\omega_0 CQ}=\frac{1}{2\pi\times800\times10^3\times199\times10^{-12}\times100}\approx10\Omega$$

$$L=\frac{1}{\omega_0^2 C}=\frac{1}{(2\pi\times800\times10^3)^2\times199\times10^{-12}}\approx199\mu\text{H}$$

【例 8.5】 某串联谐振电路选择性要求为:当频偏±5%(即频率偏离谐振频率±5%)时,回路

电流 I 不大于谐振电流 I_0 的 $1/\sqrt{2}$ 倍。试问电路的品质因数应取多少？

解 根据题意，当 $f=f_0(1\pm15\%)$ 时，$I\leqslant I_0/\sqrt{2}$。

$$\frac{f}{f_0}=1\pm0.05=\begin{cases}1.05\\0.95\end{cases}$$

取 $f/f_0=0.95$ 代入式(8.13)，对应品质因数设为 Q_1，于是

$$\frac{I}{I_0}=\frac{1}{\sqrt{1+Q_1^2\left(\frac{f}{f_0}-\frac{f_0}{f}\right)^2}}=\frac{1}{\sqrt{1+Q_1^2\left(0.95-\frac{1}{0.95}\right)^2}}=\frac{1}{\sqrt{1+0.0105Q_1^2}}\leqslant\frac{1}{\sqrt{2}}$$

解得

$$Q\geqslant\sqrt{\frac{2-1}{0.0105}}\approx9.76$$

取 $f/f_0=1.05$ 代入式(8.13)，对应品质因数设为 Q_2，与上类似算法解得 $Q_2\geqslant10.2$。根据上面的计算，故电路的品质因数应取为

$$Q\geqslant10.2$$

思考与练习题

8.5 RLC 串联电路，$R=10\Omega$，$L=5\text{mH}$，$C=8\mu\text{F}$，外加电压保持 $100\angle0^\circ$ V。试计算 $\omega=\omega_0$、$\omega=0.9\omega_0$ 和 $\omega=1.1\omega_0$ 时各元件上电压的有效值，定性画出三种情况下电路的相量图。(100V、250V、250V；88.42V、198.94V、245.6V；90.25V、248.2V、205.14V)

8.6 一串联谐振电路的谐振曲线如图 8.8 所示，$f_0=500\text{kHz}$，$f_1=480\text{kHz}$，$f_2=520\text{kHz}$。试求该电路的 Q 值。(12.5)

8.7 RLC 串联谐振电路，$R=10\Omega$，$L=200\mu\text{H}$，$C=200\text{pF}$。求该电路的通频带 BW_f。(8kHz)

8.3 信号源内阻和负载对串联谐振电路的影响

作为选频网络，串联谐振电路只是一个信号的通路，它必须有输入信号源，也必然有负载。分析谐振电路时，必须把信号源及负载考虑进去。RLC 回路未接信号源和负载时，称为**空载**，否则称为**有载**。一般信号源内阻可以看成是纯电阻性的，故不影响电路的谐振频率，但它将使回路总损耗电阻增大，电路有载 Q 值降低，选择性变差。信号源内阻过高，Q 值会降低到不能容许的程度，电路失去选频作用。因此，串联谐振电路只适用于低内阻电源激励的情况。

负载在一般情况下也可作为纯电阻看待。负载通常是通过变压器耦合或电容耦合而接入电路。图 8.9(a)示出了变压器耦合的情况。R_L 为负载电阻。图 8.9(b)为等效电路，R_{1r} 和 C_{1r} 分别为负载 R_L 反映到初级回路的反映电阻和反映电容(次级回路为感性，反映到初级则为容性)。C_{1r} 将使电路的谐振频率偏离空载谐振频率，一般通过调节 C 或 L 使电路谐振频率保持不变。反映电阻 R_{1r} 使回路总损耗电阻增加，品质因数下降，故有载品质因数低于空载品质因数。为了使有载 Q 值不低于必要的数值，一般通过恰当地选择负载与电路的耦合方式、耦合程度等来解决。图 8.10(a)和图 8.10(b)分别等效为图 8.10(c)和图 8.10(d)。图 8.10(c)中，N_{13} 和 N_{23} 分别为图 8.10(a)中 1、3 和 2、3 间的匝数。图 8.10(c)和图 8.10(d)中的并联部分可分别等效为电阻与电感、电阻与电容串联的形式，这时电路的谐振就不难分析了。

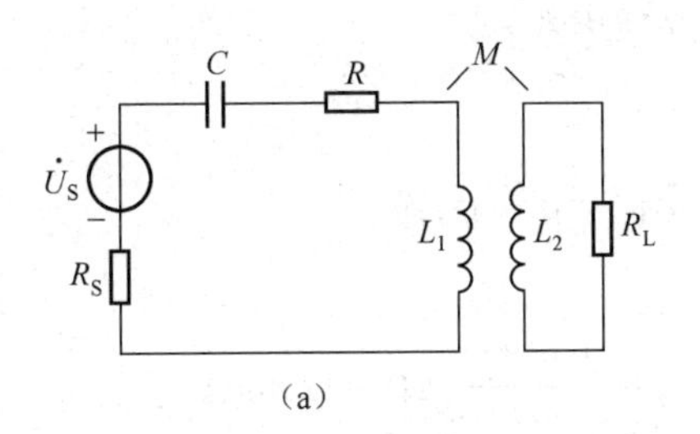

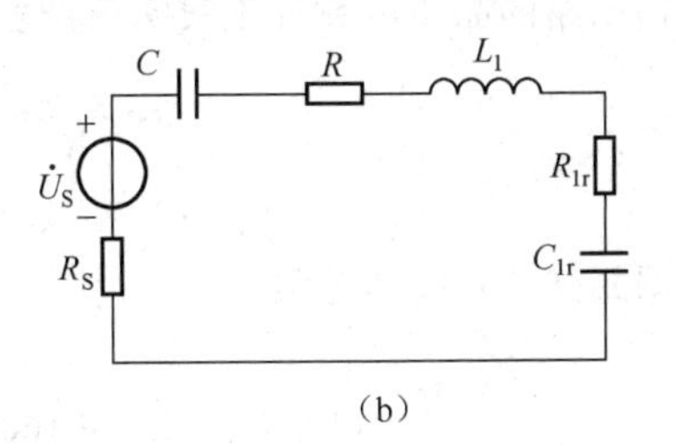

图 8.9　负载 R_L 通过变压器耦合接入电路

串联的 R、L(R、C)转换为等效串联的 R'、L'(R'和 C')时，根据阻抗、导纳转换关系，若满足 $R \gg \omega L$($R \gg 1/\omega C$)，则

$$R' \approx \frac{(\omega L)^2}{R} \quad \left(R' \approx \frac{1}{R(\omega C)^2}\right) \tag{8.22}$$

$$L' \approx L \quad (C' \approx C)$$

可见，等效的 L'(C')值与原有值相等，不变，而 R'很小，与 R 成反比。因此当跨接于 L 或 C 上的负载 R_L 满足上述条件时，负载的接入并不影响电路工作的谐振频率，对 Q 值的影响也较小。为了使与 L 并联的电阻尽量大，采用图 8.10(a)自耦变压器耦合方式是有利的。当自耦变压器全耦合时，由等效电路图 8.10(c)可以看出，跨接于 L 两端的折合电阻大于负载电阻 R_L，故它将比 R_L 直接跨接于 L 两端的情况为佳。调节图 8.10(a)中 R_L 的接入点 2，即可改变负载的折合电阻 $(N_{13}/N_{23})^2 R_L$，从而调节了电路的 Q 值。

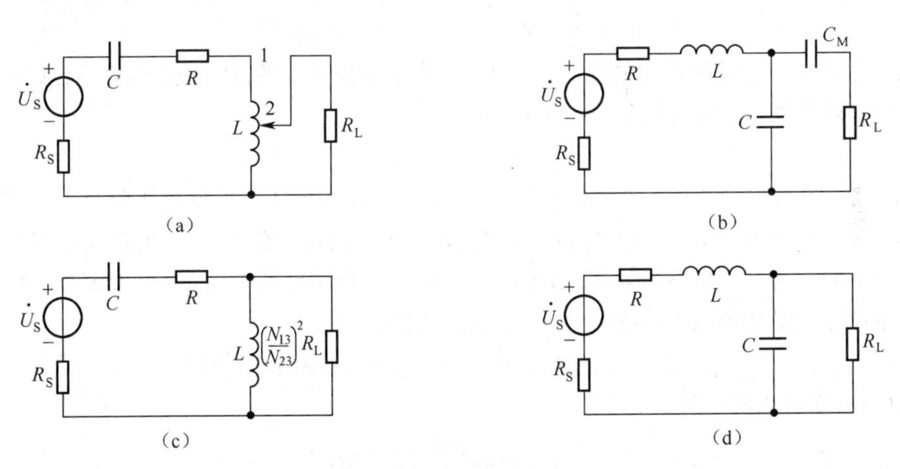

图 8.10　负载通过自耦变压器或电容耦合于电路

【例 8.6】　串联谐振电路如图 8.11(a)所示，R 为线圈的损耗电阻。已知 $L=1\text{mH}$，线圈在谐振时的品质因数 $Q_L=200$，$C=160\text{pF}$。信号源 $U_s=10\text{mV}$，其频率为电路的固有谐振频率。(1)电路未接负载 R_L，信号源内阻 $R_s=0$，求回路品质因数 Q 及输出电压 U_2；(2)未接负载，$R_s=12.5\Omega$，求回路品质因数 Q 和输出电压 U_2；(3)情况同(2)，但接有负载 $R_L=125\text{k}\Omega$，求回路品质因数 Q 和输出电压 U_2。

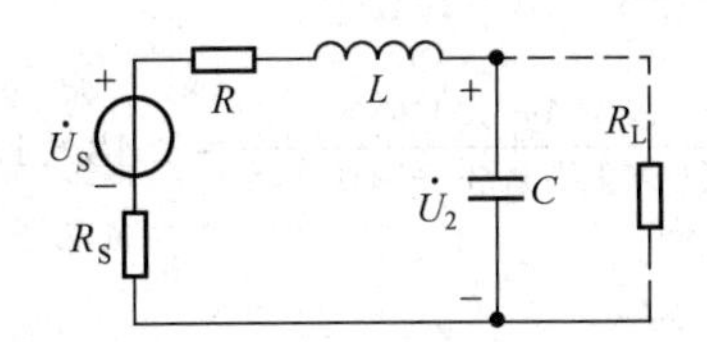

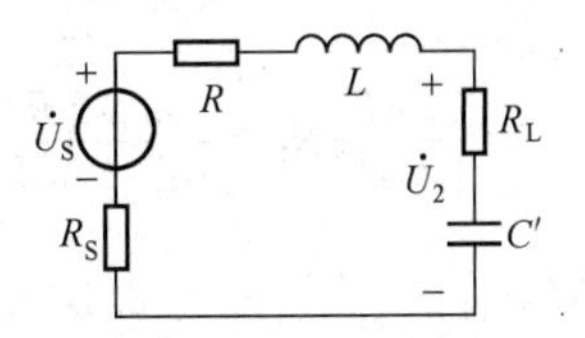

图 8.11　例 8.6　图

解 (1)回路的品质因数等于线圈在谐振时的品质因数,即

$$Q=\frac{\omega_0 L}{R}=Q_L=200$$

$$U_2=QU_s=200\times 10\times 10^{-3}\text{ V}=2\text{V}$$

(2)根据式(8.5),线圈电阻

$$R=\frac{1}{Q}\sqrt{\frac{L}{C}}=\frac{1}{200}\sqrt{\frac{1\times 10^{-3}}{160\times 10^{-12}}}=\frac{2.5\times 10^3}{200}\text{k}\Omega=12.5\text{k}\Omega$$

于是

$$Q=\frac{1}{R_s+R}\sqrt{\frac{L}{C}}=\frac{2.5\times 10^3}{12.5\times 12.5}=100$$

$$U_2=QU_S=100\times 10\text{mV}=1\,000\text{mV}=1\text{V}$$

(3)接负载 R_L 后,将图 8.11(a)等效为图 8.11(b)。图 8.11(a)中

$$\frac{1}{\omega_0 C}=\rho=2.5\text{k}\Omega$$

而 $R_L=125\text{k}\Omega\gg\frac{1}{\omega_0 C}=2.5\text{k}\Omega$

故图(b)中,$C'\approx C=160\text{pF}$,谐振频率不变,仍为 ω_0,回路特性阻抗 $\rho(=\sqrt{L/C})$ 也不变。根据式(8.19),则 R'_L 为

$$R'_L\approx\frac{1}{R_L(\omega_0 C)^2}=\frac{(2.5\times 10^3)^2}{125\times 10^3}\Omega=50\Omega$$

于是

$$Q=\frac{\rho}{R_s+R+R'_L}=\frac{2.5\times 10^3}{12.5+12.5+50}\approx 33.3$$

U_L 为 R'_L 和 C' 上电压相量和的模。由于 $R'_L\gg\rho$,根据分压原理,R'_L 的电压很小(远小于 U_s),故可忽略,故 U_s 只需考虑 C' 上的电压,于是有

$$U_2\approx QU_s=33.3\times 10=333\text{mV}=0.33\text{V}$$

【例 8.7】 图 8.9(a)所示串联谐振电路由 $L_1=300\mu\text{H}$、$Q_L=120$ 的电感线圈与一电容量可调的电容 C 组成。信号源频率 $\omega=6\times 10^6\text{ rad/s}$,内阻 $R_s=5\Omega$。负载电阻 $R_L=1000\Omega$ 通过互感耦合接于电路,$L_2=30\mu\text{H}$。调 C 使电路谐振,要求电路工作时的 Q 值不得低于 50,求最大耦合系数。

解 电路空载品质因数 $Q=Q_L=120$,回路特性阻抗

$$\rho=\omega_0 L=6\times 10^6\times 300\times 10^{-6}\Omega=1\,800\Omega=1.8\text{k}\Omega$$

由式(8.8)求得线圈电阻 R 为

$$R=\frac{\rho}{Q}=\frac{1800}{120}\Omega=15\Omega$$

电路有载时的等效电路为图 8.9(b),调 C 使电路仍对信号谐振,因此有载时回路的特性阻抗 ρ 不变,有载品质因数

$$Q=\frac{\rho}{R_s+R+R_{1r}}\geqslant 50$$

故

$$R_{1r}\leqslant\frac{\rho}{50}-R_s-R=\frac{1800}{50}-5-15=16\Omega$$

于是

$$R_{1r}=\frac{\omega^2 M^2}{|Z_{22}|^2}R_L=\frac{\omega^2 M^2 R_L}{R_L{}^2+\omega^2 L_2{}^2}=\frac{(6\times 10^6)^2 M^2\times 1000}{1000^2+(6\times 10^6\times 30\times 10^{-6})^2}=3.48\times 10^{10}M^2\leqslant 16$$

$$M\leqslant\sqrt{\frac{16}{3.48\times 10^{10}}}=2.14\times 10^{-5}H=21.4\mu\text{H}$$

耦合系数

$$k \leqslant \frac{M}{\sqrt{L_1 L_2}} = \frac{21.4}{\sqrt{300 \times 30}} = 0.226$$

最大耦合系数为 0.226。

思考与练习题

8.8 思考与练习题 8.2 的 RLC 回路与电源和负载相联后，回路电阻增加了 10Ω(其他不变)，这时 f_0、ρ 和 Q 改变了没有，若有改变，重求之。

8.9 思考与练习题 8.1，若负载 $R_L = 100\Omega$ 与电感 L 并联，重求 C、ρ、Z_0、Q、$\dot{I}_0$、$\dot{U}_{C0}$ 和 $\dot{U}_{L0}$。(20μF，500Ω，50.5Ω，9.9，99∠0°mA，49.5∠−90°V，7∠45°V)

8.4 并联谐振电路

前已叙及串联谐振电路中，若信号源内阻很大，则电路 Q 值很低，电路失去了选频能力。电子技术中的电源(等效电源)常为高内阻电源，这时不能用串联谐振电路选频，为此我们介绍适用于高阻电源的一种选频电路——并联谐振电路。

8.4.1 RLC 并联谐振电路谐振条件及特点

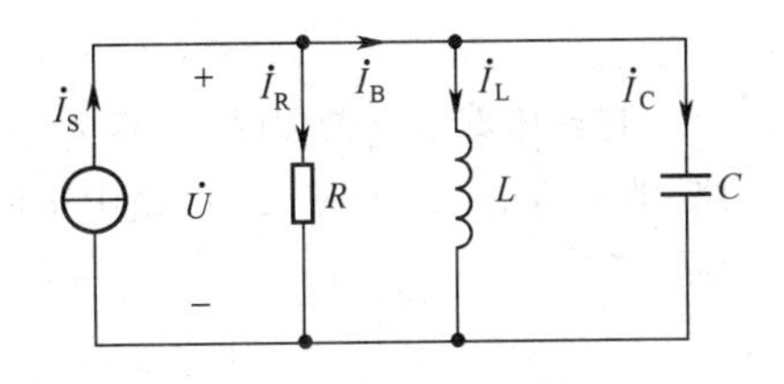

图 8.12 RLC 并联谐振电路

图 8.12 为 RLC 并联谐振电路。输入导纳为

$$Y = \frac{1}{R} + \mathrm{j}\left(\omega C - \frac{1}{\omega L}\right) = G + jB$$

式中 $G = 1/R$，$B = \omega C - \frac{1}{\omega L}$。当 $B = 0$ 时，$Y = G$ 为纯阻性，输入电压与输入电流同相，电路谐振。并联谐振的条件是输入导纳 $B = 0$，于是有

$$\omega C - \frac{1}{\omega L} = 0$$

谐振频率为

$$\begin{cases} \omega_0 = \dfrac{1}{\sqrt{LC}} \\ f_0 = \dfrac{1}{2\pi\sqrt{LC}} \end{cases} \tag{8-23}$$

上式与 RLC 串联电路的谐振频率公式相同。

并联谐振电路的谐振导纳和阻抗分别为

$$Y_0 = G + jB = G = Y_{\min}$$

和

$$Z_0 = \frac{1}{Y_0} = R = Z_{\max}$$

导纳和阻抗为纯阻性，导纳为最小，阻抗为最大。感抗和容抗为

$$\omega_0 L = \frac{1}{\omega_0 C} = \sqrt{\frac{L}{C}} = \rho \tag{8.24}$$

式中，$\rho = \sqrt{L/C}$为 LC 回路的特性阻抗。上式与式(8.4)完全相同。

品质因数，根据其定义式(8.9)有

$$Q=\frac{\frac{U^2}{\omega_0 L}}{\frac{U^2}{R}}=\frac{R}{\omega_0 L}=\omega_0 CR=\frac{R}{\rho} \tag{8.25}$$

它与 RLC 串联谐振电路式(8.7)的形式相反。

谐振时,电路的输入电压为

$$\dot{U}_0=Z_0\dot{I}_s=R\dot{I}_s \tag{8.26}$$

为最大。各支路电流为

$$\dot{I}_{R0}=\frac{\dot{U}_0}{R}=\dot{I}_s \tag{8.27}$$

$$\dot{I}_{L0}=\frac{\dot{U}_0}{\mathrm{j}\omega_0 L}=-\mathrm{j}\frac{R}{\omega_0 L}\dot{I}_s=-\mathrm{j}Q\dot{I}_s \tag{8.28}$$

$$\dot{I}_{C0}=\mathrm{j}\omega_0 C\dot{U}_0=\mathrm{j}\omega_0 CR\dot{I}_s=\mathrm{j}Q\dot{I}_s \tag{8.29}$$

由上可见,谐振时,$I_{L0}=I_{C0}=QI_S$. 一般谐振电路的 Q 值很高,所以即使信号源的 I_S 较小,但电感和电容中的电流仍可能很大,故并联谐振又称为电流谐振。电路谐振时的相量图如图 8.13 所示。图 8.12 中所示的 $\dot{I}_B$ 在谐振时为

$$\dot{I}_{B0}=\dot{I}_{L0}+\dot{I}_{C0}=0$$

它意味着电路谐振时,L、C 并联支路对外相当于开路,如图 8.14 所示。L、C 构成一个振荡回路,即回路电流 $i(t)$在 LC 回路中来回流动。L 与 C 之间相互交流能量,信号源输出能量只供给电阻 R 消耗。

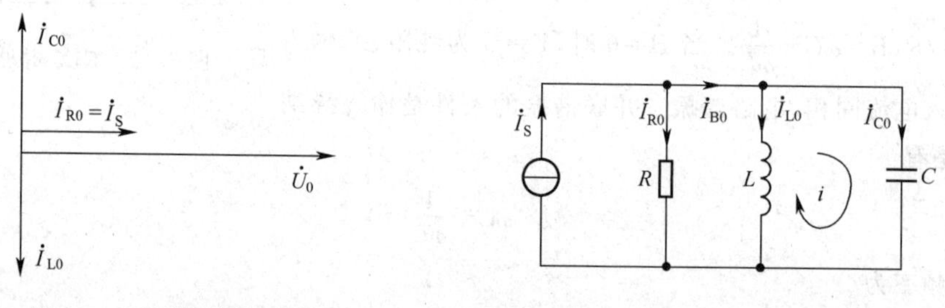

图 8.13 并联谐振相量图

图 8.14 $\dot{I}_{B0}=0$ 的物理概念

由上面的分析看出,RLC 并联谐振的输入电压与 RLC 串联谐振的输入电流有相同的特点,并联谐振时 R、L、C 中的电流与串联谐振时 R、L、C 中的电压有相同的特点。可见 RLC 并联谐振电路与 RLC 串联谐振电路是对偶电路。

8.4.2 电感线圈与电容器并联的谐振电路

通常并联谐振电路是由电感线圈与电容器并联组成(简称 L、C 并联谐振电路),如图 8.15(a)所示。图中 r_L为电感线圈的损耗电阻。图 8.15(a)可等效为图 8.15(b)形式。由阻抗、导纳等效转换公式可得等效并联参数

$$L'=\frac{r_L^2+\omega^2 L^2}{\omega^2 L} \tag{8.30}$$

$$R'=\frac{r_L^2+\omega^2 L^2}{r_L} \tag{8.31}$$

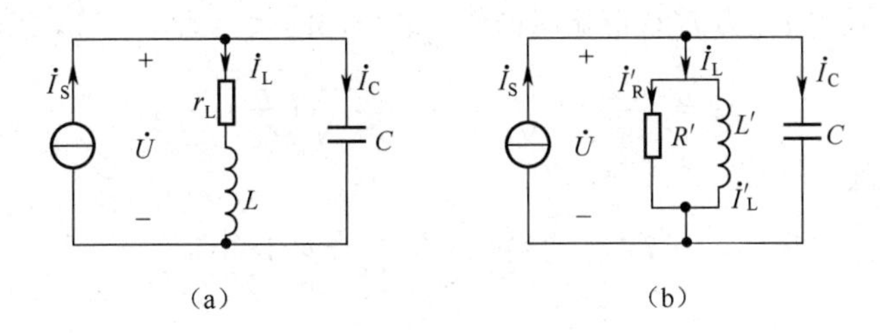

图 8.15 电感线圈与电容并联谐振电路

对图 8.15(b),谐振频率为

$$\omega_0=\frac{1}{\sqrt{L'C}}$$

将式(8.30)代入上式,于是得到

$$\begin{cases}\omega_0=\dfrac{1}{\sqrt{LC}}\sqrt{1-\dfrac{Cr_L^2}{L}}=\dfrac{1}{\sqrt{LC}}\sqrt{1-\dfrac{r_L^2}{\rho^2}}\\ f_0=\dfrac{1}{2\pi\sqrt{LC}}\sqrt{1-\dfrac{Cr_L^2}{L}}=\dfrac{1}{2\pi\sqrt{LC}}\sqrt{1-\dfrac{r_L^2}{\rho^2}}\end{cases}\tag{8.32}$$

式中,$\rho=\sqrt{L/C}$为 LC 回路(电感线圈与电容构成的回路)的特性阻抗。式(8.32)表明:

(1)电感线圈与电容并联的谐振频率不仅与 L、C 有关,而且还与损耗电阻 r_L 有关;

(2)相同的电感线圈和电容组成的并联电路的谐振频率要小于其串联电路的谐振频率;

(3)只有当 $1-r_L^2C/L>0$ 即 $r_L<\sqrt{L/C}=\rho$ 时,ω_0、f_0 才是实数,电路才可能发生谐振。

由式(8.32)有

$$\omega_0{}^2=\frac{L-r_L{}^2C}{L^2C}$$

$$\omega_0{}^2L^2=\frac{L-r_L{}^2C}{C}$$

于是谐振感抗为

$$\omega_0L=\sqrt{\frac{L-r_L^2C}{C}}=\sqrt{\rho^2-r_L^2}\tag{8.33}$$

谐振导纳

$$Y_0=\frac{1}{R'_0}=\frac{r_L}{r_L^2+\omega_0{}^2L^2}$$

为纯电阻且最小。上式中 R'_0 为 R' 在谐振时的值。式(8.33)代入上式得

$$Y_0=\frac{r_L}{r_L^2+(\omega_0L)^2}=\frac{r_L}{\rho^2}=\frac{r_LC}{L}\tag{8.34}$$

谐振阻抗

$$Z_0=\frac{1}{Y_0}=R'_0=\frac{L}{r_LC}=\frac{\rho^2}{r_L}\tag{8.35}$$

为纯电阻,且最大。电路的品质因数,根据定义式(8.9),对图 8.15(a)有

$$Q=\frac{I_{L0}^2\omega_0L}{I_{L0}^2r_L}=\frac{\omega_0L}{r_L}\tag{8.36}$$

对图 8.15(b)则为

$$Q=\frac{R'_0}{\omega_0L'_0}=R'_0\omega_0C$$

上两式等价。上式中 L'_0 为 L' 在谐振时的值。式(8.32)代入式(8.36),于是

$$Q=\frac{\omega_0 L}{r_L}=\sqrt{\frac{L}{r_L^2 C}-1}=\sqrt{\left(\frac{\rho}{r_L}\right)^2-1} \tag{8.37}$$

谐振时的输入电压

$$\dot{U}_0=Z_0\dot{I}_S=\frac{L}{r_L C}\dot{I}_S=\frac{\rho^2}{r_L}\dot{I}_S$$

为最大,且与 $\dot{I}_S$ 同相。图 8.15(b)中等效电感 L'_0 和 C 中的电流,根据式(8.28)和式(8.29)有

$$\dot{I}'_{L0}=-\dot{I}_{C0}=-jQ\dot{I}_s \tag{8.38}$$

$$I'_{L0}=I_{C0}=QI_s \tag{8.39}$$

等效电阻 R'_0 的电流,根据式(8.25)有

$$\dot{I}'_{R0}=\dot{I}_s \tag{8.40}$$

所以电感线圈的电流

$$\left.\begin{aligned}\dot{I}_{L0}&=\dot{I}'_{R0}+\dot{I}'_{L0}=(1-jQ)\dot{I}_s\\ I_{L0}&=\sqrt{1+Q^2}I_s\end{aligned}\right\} \tag{8.41}$$

电感线圈与电容器并联谐振相量图如图 8.16 所示。

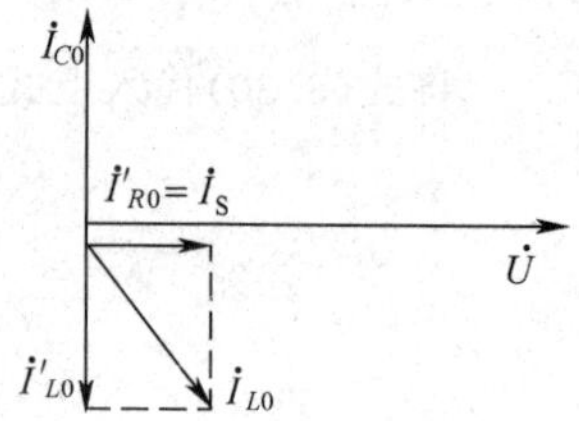

图 8.16 并联谐振相量图

8.4.3 电感线圈与电容器并联的高 Q 谐振电路

实用中的电感线圈与电容器并联谐振电路多为高 Q 值电路。由式(8.37)可见,当 $\rho\gg r_L$ 时,电路的品质因数

$$Q=\frac{\omega_0 L}{r_L}=\frac{\rho}{r_L}=\frac{1}{r_L}\sqrt{\frac{L}{C}} \tag{8.42}$$

且远大于1,电路为高 Q 值电路。上式与 $r_L LC$ 串联谐振电路的 Q 值相等(见式(8.7)),故也称为 LC 回路的 Q 值。

由上面的分析可见,当电路的 $\rho\gg r_L$ 或电感线圈谐振时的品质因数 $\omega_0 L/r_L$ 很大时,电路高 Q($Q\geqslant 10$ 即为高 Q 电路)。将 $\rho\gg r_L$ 获 $\omega_0 L\gg r_L$ 代入式(8.32)~(8.41),可得高 Q 并联谐振电路的各物理量为

$$\begin{cases}\omega_0=\dfrac{1}{\sqrt{LC}}\quad f_0=\dfrac{1}{2\pi\sqrt{LC}}\\ Q=\dfrac{\rho}{r_L}=\dfrac{1}{r_L}\sqrt{\dfrac{L}{C}}\\ \omega_0 L=\dfrac{1}{\omega_0 C}=\rho=\sqrt{\dfrac{L}{C}}\\ Z_0=R'_0=\dfrac{\rho^2}{r_L}=Q\rho\\ L'_0=L\\ \dot{U}_0=Z_0\dot{I}_s=\dfrac{\rho^2}{r_L}\dot{I}_s=Q\rho\dot{I}_s\\ \dot{I}_{R0}=\dot{I}_s\\ \dot{I}_{L0}=\dot{I}'_{L0}=-\dot{I}_{C0}=-jQ\dot{I}_s\end{cases} \tag{8.43}$$

实际上,只要掌握了 $L'_0=L$ 和 $R'_0=\rho^2/r_L$,就可直接按 R'_0、L、C 并联谐振电路进行分析,这样

可以很简便地得到上列各式。

【例8.8】 并联谐振电路如图8.15(a)所示。已知 $I_S=0.2\text{mA}$, $L=540\mu\text{H}$, $C=200\text{pF}$, $r_L=16.5\Omega$。求电路谐振频率 f_0, Q 值,谐振阻抗 Z_0,谐振电压 U_0 及谐振电流 I_{L0} 和 I_{C0}。

解 因为

$$\rho=\sqrt{\frac{L}{C}}=\sqrt{\frac{540\times10^{-6}}{200\times10^{-12}}}=1643\Omega\gg r_L=16.5\Omega$$

故电路为高 Q 电路。这时有

$$f_0=\frac{1}{2\pi\sqrt{LC}}=\frac{1}{2\pi\sqrt{540\times10^{-6}\times200\times10^{-12}}}=484.3\times10^3\text{Hz}=484.3\text{kHz}$$

$$Q=\frac{\rho}{r_L}=\frac{1643}{16.5}=99.6$$

$$Z_0=\frac{\rho^2}{r_L}=\frac{1643^2}{16.5}\Omega=163.6\times10^3\Omega$$

$$\dot{U}_0=Z_0\dot{I}_s=163.6\times0.2\text{V}=32.72\text{V}$$

$$I_{L0}=I_{C0}=QI_s=99.6\times0.2\text{A}=19.9\text{mA}$$

【例8.9】 某测量仪器中需设计一个如图8.15(a)所示电路。对它的要求是:谐振频率 $f_0=20\text{kHz}$,品质因数 $Q=100$,谐振阻抗 $Z_0=0.1\text{M}\Omega$,试确定电路参数 r_L、L 和 C。

解 本题为高 Q 值并联谐振电路,故

$$f_0=\frac{1}{2\pi\sqrt{LC}}$$

$$Q=\frac{\rho}{r_L}=\frac{1}{r_L}\sqrt{\frac{L}{C}}$$

$$Z_0=\frac{L}{r_LC}$$

则有

$$\frac{Q^2}{Z_0}=\frac{L/r_L^2C}{L/r_LC}=\frac{1}{r_L}$$

$$r_L=\frac{Z_0}{Q^2}=\frac{0.1\times10^6}{100^2}=10\Omega$$

且

$$\sqrt{\frac{L}{C}}=r_L, Q=10\times100=1000$$

$$L=C\times10^6$$

则

$$f_0=\frac{1}{2\pi\sqrt{LC}}=\frac{1}{2\pi\sqrt{C^2\times10^6}}=\frac{1}{2\pi C\times10^3}$$

于是

$$C=\frac{1}{2\pi f_0\times10^3}=\frac{1}{2\pi\times20\times10^3\times10^3}\text{F}=7960\text{pF}$$

代入 C 值得

$$L=C\times10^6=7960\times10\text{H}=7.96\text{mH}$$

思考与练习题

8.10 R、L、C 并联谐振电路如图8.12所示,$R=50\Omega$, $L=1.6\text{mH}$, $C=40\mu\text{F}$,输入电压 $U=20\text{V}$。试求谐振频率 f_0, Q 值,电路谐振时的输入电流 I_0 和 I_{R0}、I_{L0}、I_{C0},并画相量图。(629Hz,7.91,

0.4A,3.16A)

8.11　图8.15(a)电路,设,$I_S=10\mu A$,$L=50\mu H$,$C=1000pF$。若$r_L=80\Omega$(不一定是指线圈电阻),为使电路谐振,电源的频率应为多少?并求谐振时的输入阻抗Z_0、Q值、输出电压U_0、电流I_{L0}和I_{C0}。(665kHz,625Ω,2.61,6.5mV,26.1μA,28μA)

8.12　上题,若$r_L=8\Omega$,重求各量,并由这两题结果作出结论。(712kHz,6.25kΩ,27.95,62.5mV,280μA)

8.13　图8.15(a)电路,调C使对电源频率$f=1MHz$谐振。已知$Q=50$,谐振阻抗$Z_0=600k\Omega$,求r_L、L和C。(240Ω,1.91mH,13.3pF)

8.14　图8.15(a)电路,并联谐振时,$X_C=X_L=1k\Omega$、$r_L=10\Omega$。(1)求电路空载Q值;(2)若负载$R_L=50k\Omega$跨接在C两端,求有载Q值。(100,33.3)

8.5　RLC并联谐振电路的频率特性和通频带

图8.12所示RLC并联谐振电路是RLC串联谐振电路的对偶电路。根据对偶关系,并联谐振电路的频率特性应该用输入电压定义,即当输入电流$\dot{I}_S$不变仅频率改变时,输入端的电压$\dot{U}$与其在谐振时的电压$\dot{U}_0$之比随频率变化的特性,定义为并联谐振电路的频率特性。频率特性

$$\frac{\dot{U}}{\dot{U}_0}=\frac{Z\dot{I}_S}{Z_0\dot{I}_S}=\frac{Z}{Z_0}=\frac{Y_0}{Y}=\frac{G}{G+j\left(\omega C-\frac{1}{\omega L}\right)}$$

上式与式(8.12)对偶。与RLC串联谐振电路频率特性的分析方法相同,最后可得

$$\frac{\dot{U}}{\dot{U}_0}=\frac{U}{U_0}\angle\varphi=\frac{1}{1+jQ\left(\frac{\omega}{\omega_0}-\frac{\omega_0}{\omega}\right)} \tag{8.44}$$

$$\frac{U}{U_0}=\frac{1}{\sqrt{1+Q^2\left(\frac{w}{w_0}-\frac{w_0}{w}\right)^2}} \tag{8.45}$$

$$\varphi=\varphi_Z=\arctan\left[Q\left(\frac{\omega}{\omega_0}-\frac{\omega_0}{\omega}\right)\right] \tag{8.46}$$

式(8.45)称为并联谐振电路的**幅频特性**,对应的U/U_0-ω/ω_0曲线称为并联谐振电路的**谐振曲线**或**通用谐振曲线**。式(8.45)与式(8.15)形式完全一样,因此RLC并联谐振电路的谐振曲线与RLC串联谐振电路的谐振曲线[见图8.6(a)]完全相同,仅纵坐标改为U/U_0。并联谐振电路也具有选择谐振频率及其附近信号的能力,即具有选择性。Q值愈高,选择性愈好。

式(8.46)称为并联谐振电路的**相频特性**。式(8.44)中,因为$\dot{U}_0$与$\dot{I}_S$同相位,故φ为输入电压$\dot{U}$超前输入电流$\dot{I}_S$的相位角,即输入阻抗的阻抗角。式(8.46)与式(8.16)形式完全一样,因此对应的相频特性曲线也完全一样[见图8.6(b)]仅纵坐标改为φ_z。可见,当$\omega<\omega_0$即$\omega/\omega_0<1$时,$\varphi=\varphi_z>0$,电路呈感性;当$\omega>\omega_0$即$\omega/\omega_0>1$时,$\varphi=\varphi_z<0$,电路呈容性。这一关系与串联谐振电路的正好相反。

并联谐振电路通频带的概念和串联谐振电路的类似,只不过应以输入电压定义,即在U/U_0-ω曲线上对应$U/U_0=1/\sqrt{2}=0.707$的两点之间的频带宽BW_ω称为并联谐振电路的**通频带**。高Q并联谐振电路通频带的计算公式与RLC串联谐振电路的相同,即

$$\begin{cases} BW_{\omega}=\omega_2-\omega_1=\dfrac{\omega_0}{Q} \\ BW_f=f_2-f_1=\dfrac{f_0}{Q} \end{cases} \tag{8.47}$$

一般并联谐振电路为电感线圈和电容器并联[见图8.15(a)]的高Q电路，这种电路在谐振频率附近，其等效参数R'、L'[见图8.15(b)]基本不变：$R'=R'_0=\rho^2/r_L$，$L'=L'_0=L$。因此这种电路在谐振频率附近的幅频特性和相频特性与上面分析的相同，对应的曲线也一样。研究谐振电路频率特性，感兴趣的主要是在谐振频率附近的情况，因为它已能反映电路的选择性和通频带了。

【例8.10】 并联谐振电路如图8.15(a)所示，$L=50\mu H$，$C=100pF$，谐振时电路的品质因数$Q=100$。

(1)求线圈的电阻r_L、并联谐振阻抗Z_0、谐振频率f_0、通频带BW_{ω}及其上、下边界频率；

(2)若输入电流$i_S=i_{S1}+i_{S2}=0.2\cos\omega_0 t+0.2\cos 1.2\omega_0 t$mA，求输入电压$u$(用叠加定理求)。

解 (1)$Q=100$，电路为高Q电路，有

$$r_L=\frac{\rho}{Q}=\frac{1}{Q}\sqrt{\frac{L}{C}}=\frac{1}{100}\sqrt{\frac{50\times10^{-6}}{100\times10^{-12}}}\Omega=70.7\Omega$$

$$Z_0=R'_0=\frac{\rho^2}{r_L}=Q^2R=7.07k\Omega$$

$$f_0=\frac{1}{2\pi\sqrt{LC}}=\frac{1}{2\pi\sqrt{50\times10^{-6}\times100\times10^{-12}}}Hz=2.25MHz$$

$$BW_f=\frac{f_0}{Q}=\frac{2.25\times10^3}{100}=22.5kHz$$

下边频 $f'_1=f_0-\dfrac{BW_f}{2}=2250-11.25=2239kHz=2.24MHz$

上边频 $f'_2=f_0+\dfrac{BW_f}{2}=2250+11.25=2261kHz=2.26MHz$

(2)用叠加法求u，$u=u_1+u_2$。

i_{S1}单独作用时，因其频率为谐振频率，故

$$\dot{U}_{1m}=Z_0\dot{I}_{1m}=0.707\times0.2\angle0°=14.1\angle0°V$$
$$u_1(t)=14.1\cos(\omega_0 t)V$$

i_{S2}单独作用时，由于$\dot{I}_{S1}=\dot{I}_{S2}$(它们仅频率不等)。又$\dot{I}_{S1}$的频率是谐振频率，因此$\dot{I}_{S1}$和$\dot{I}_{S2}$分别产生的$\dot{U}_2$和$\dot{U}_1$之关系满足式(8.43)，故有

$$\frac{\dot{U}_{2m}}{\dot{U}_{1m}}=\frac{1}{1+jQ\left(\dfrac{1.2\omega_0}{\omega_0}-\dfrac{\omega_0}{1.2\omega_0}\right)}=\frac{1}{1+j36.7}\approx-j\frac{1}{36.7}$$

$$\dot{U}_{2m}=-j\frac{1}{36.7}\dot{U}_{1m}=-j\frac{14.1}{36.7}=-j0.38=0.38\angle-90°V$$

$$u_2(t)=0.38\cos(1.2\omega_0 t-90°)V$$

输入电压$u(t)$为

$$u=u_1+u_2=14.1\cos\omega_0 t+0.38\cos(1.2\omega_0 t-90°)V$$

i_{S2}的频率$f_2=1.2f_0=1.2\times2.25=2.7MHz$，它大于该电路通频带的上边频$f'_2=2.26MHz$，可见它在通频带之外，故电路选出了$\omega_0$信号$i_{S1}$，而滤除了$1.2\omega_0$信号$i_{S2}$。

思考与练习题

8.15　并联谐振电路，$f_0=1\text{MHz}$，$Q=50$，求通频带 BW_f 及其上、下边频。

8.16　某并联谐振电路的 $f_0=80\text{MHz}$，要求通频带为 7MHz，问电路的 Q 值应为多少？

8.17　电感线圈与电容 C 并联，已知 $r_L=5\Omega$，谐振频率 $f_0=1\text{MHz}$，谐振阻抗 $Z_0=50\text{k}\Omega$，试求 L、C 及通频带 BW_f。(7.96mH，318.47pF，10kHz)

8.6　信号源内阻及负载电阻对并联谐振电路的影响

以上讨论了并联谐振电路在理想电流源作用下的情况。但实际信号源具有内阻。图 8.17(a)所示为高 Q 并联谐振电路接于信号源的情况。图 8.17(b)、(c)为图 8.17(a)在谐振时的等效电路。图 8.17(c)中，R''_0 为信号源内阻 R_S 与并联谐振电路空载时的等效电阻 R'_0 的并联值。$R''_0<R'_0$，故电路的品质因数下降。电路空载品质因数 Q 由式(8.22)有

$$Q=\frac{R'_0}{\rho}$$

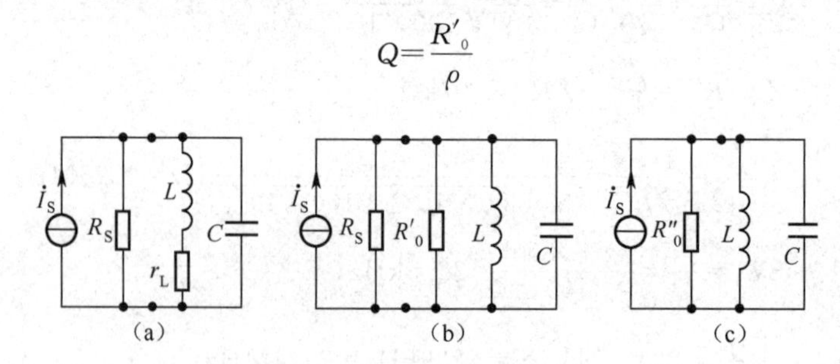

图 8.17　信号源内阻的影响

接入信号源后，电路的品质因数为

$$Q=\frac{R''_0}{\rho}=\frac{1}{\rho}\frac{R_sR'_0}{R_s+R'_0}=\frac{R'_0}{\rho}\frac{1}{1+\dfrac{R'_0}{R_s}}=\frac{Q}{1+\dfrac{R'_0}{R_s}}$$

上式表明，信号源内阻 R_s 使电路 Q 值降低。R_s 愈小，Q 值愈低，谐振曲线愈平缓。电路的选择性愈差，甚至失去了选频能力。所以并联谐振电路只适用于高内阻信号源。

负载电阻对并联谐振电路的影响使 Q 值进一步降低。负载从谐振电路取得功率，相当于谐振回路的损耗增加。负载从谐振电路取得的功率愈大，对谐振回路的影响也愈大。所以负载获得较大功率与其对谐振回路产生较小影响是相互矛盾的。

考虑了电源内阻和负载影响后的并联谐振电路如图 8.18(a)所示。图 8.18(b)中的 R''_0 为电源内阻 R_s、LC 并联谐振回路空载时的等效电阻 R'_0(即空载谐振阻抗 Z_0)和负载电阻 R_L 的并联值，即

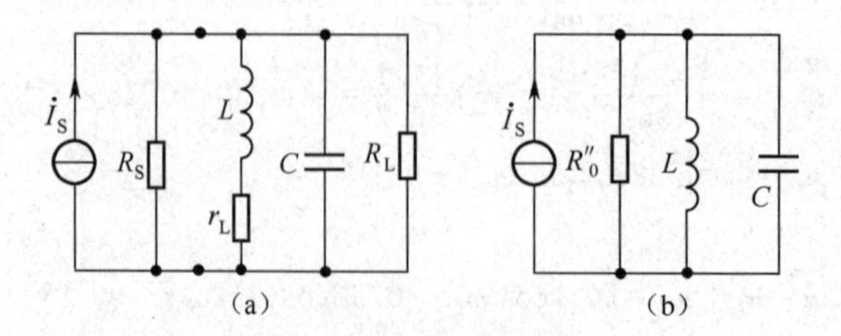

图 8.18　电源内阻和负载对谐振电路的影响

$$\frac{1}{R''_0}=\frac{1}{R_s}+\frac{1}{R'_0}+\frac{1}{R_L}$$

为便于比较，将有载谐振阻抗 Z'_0 与空载谐振阻抗 Z_0 以及有载 Q' 与空载 Q 的关系分别表示为

$$Z'_0=R''_0=\frac{1}{\dfrac{1}{R_S}+\dfrac{1}{Z_0}+\dfrac{1}{R_L}}=\frac{Z_0}{1+\dfrac{Z_0}{R_S}+\dfrac{Z_0}{R_L}} \tag{8.48}$$

$$Q'=\frac{R''_0}{\rho}=\frac{Z_0}{\rho}\frac{1}{1+\dfrac{Z_0}{R_S}+\dfrac{Z_0}{R_L}}=\frac{Q}{1+\dfrac{Z_0}{R_S}+\dfrac{Z_0}{R_L}} \tag{8.49}$$

由上两式可见，R_s 和 R_L 愈小，有载的 Z'_0 和 Q' 值愈低，因而对谐振电路的影响就愈大。

【例 8.11】 已知电感线圈和电容器并联谐振电路的空载 $Q=100$，谐振阻抗 $Z_0=200\text{k}\Omega$，负载阻抗 $R_L=100\text{k}\Omega$。求电路的有载 Q 值。

解　由式(8.54)

$$Q'=\frac{Q}{1+\dfrac{Z_0}{R_L}}=\frac{100}{1+\dfrac{200}{100}}=\frac{100}{3}\approx 33.3$$

【例 8.12】 已知机车信号中的选频放大器的等效电路如图 8.18(a)所示，$R_s=46\text{k}\Omega$，$R_L=30\text{k}\Omega$，$C=0.5\text{uF}$，$L=0.244\text{H}$，$r_L=32\Omega$，求谐振频率 f_0，回路的空载 Q 值，有载 Q 值和通频带宽度。

解　空载时的品质因数

$$Q=\frac{\rho}{R}=\frac{1}{R}\sqrt{\frac{L}{C}}=\frac{1}{32}\sqrt{\frac{0.244}{0.5\times10^{-6}}}=\frac{699}{32}\approx 21.8$$

一般把 $Q>10$ 的回路称为高 Q 回路，于是电感线圈的等值并联电感 $L'=L$，因此有

$$f_0=\frac{1}{2\pi\sqrt{L'C}}=\frac{1}{2\pi\sqrt{LC}}=\frac{1}{2\pi\sqrt{0.244\times0.5\times10^{-6}}}\text{Hz}\approx 456\text{Hz}$$

空载时的谐振阻抗

$$Z_0=\frac{\rho^2}{r_L}=\frac{L}{r_LC}=\frac{0.244}{0.5\times10^{-6}\times32}\text{k}\Omega\approx 15.3\text{k}\Omega$$

有载品质因数和通频带分别为

$$Q'=\frac{Q}{1+\dfrac{Z_0}{Z_s}+\dfrac{Z_0}{R_L}}=\frac{21.8}{1+\dfrac{15.3}{46}+\dfrac{15.3}{30}}\approx 11.8$$

和

$$\text{BW}_f=\frac{f_0}{Q}=\frac{156}{11.8}\text{Hz}\approx 38.6\text{Hz}$$

【例 8.13】 电路如图 8.19(a)所示，$\dot{U}_s=100\angle 0°\text{V}$，$R_s=100\text{k}\Omega$，$C=100\text{pF}$，$L=200\mu\text{H}$，$r_L=10\Omega$。(1)求电路谐振频率 f_0、空载(未接电源情况)品质因数 Q 和有载品质因数 Q'；(2)求谐振时的 U、I_1、I_2。

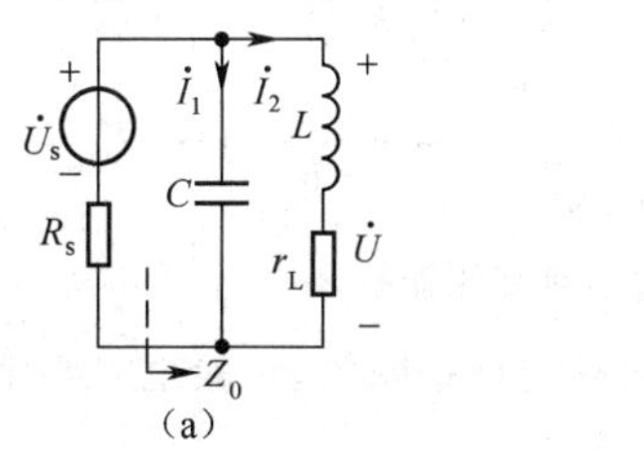

(a)

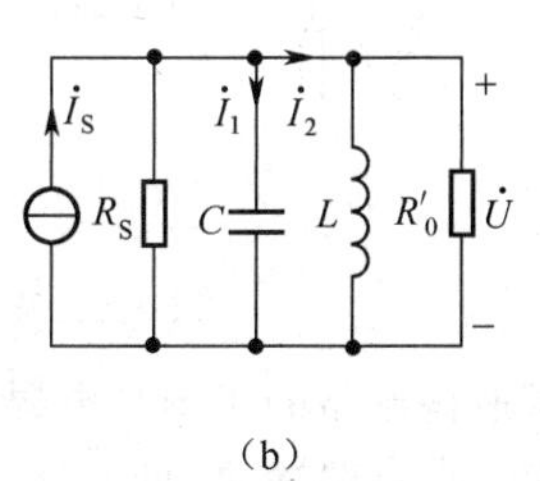

(b)

图 8.19　例 8.13 图

解　(1)$\rho=\sqrt{\dfrac{L}{C}}=\sqrt{\dfrac{200\times10^{-6}}{100\times10^{-12}}}=\sqrt{2}\times10^{3}\,\text{k}\Omega=1.41\text{k}\Omega$

因为 $\rho=1.41\text{k}\Omega\gg r_L=10\Omega$，故 LC 并联谐振回路为高 Q 电路，因此空载品质因数和谐振阻抗为

$$Q=\frac{\rho}{r_L}=\frac{1410}{10}=141$$

$$Z_0=\frac{\rho^2}{r_L}=\frac{(\sqrt{2}\times10^3)^2}{10}=2\times10^5\,\Omega=200\text{k}\Omega$$

画出图 8.19(a)谐振时的等效电路图(b)，$R'_0=Z_0=200\text{k}\Omega$。由图 8.19(b)可见，谐振频率

$$f_0=\frac{1}{2\pi\sqrt{LC}}=\frac{1}{2\pi\sqrt{200\times10^{-6}\times100\times10^{-12}}}\text{Hz}=1.13\times10^6\,\text{Hz}=1.13\text{MHz}$$

图 8.19(b)中 R_s 与 R'_0 的并联值为 R''_0，

$$R''_0=R_s\,/\!/\,R'_0=\frac{100\times200}{100+200}\text{k}\Omega=66.7\text{k}\Omega$$

即有载谐振阻抗

$$Z_0=R''_0=66.7\text{k}\Omega$$

有载品质因数

$$Q'=\frac{R''_0}{\rho}=\frac{66.7}{1.41}=47$$

(2)
$$I_s=\frac{U_s}{R_s}=\frac{100}{100}=1\text{mA}$$

$$U=|Z'_0|I_s=66.7\times1\text{mA}=66.7\text{V}$$

$$I_1=QI_s=47\times1\text{mA}=47\text{mA}$$

$$I_2\approx I_1=QI_s=47\times1\text{mA}=47\text{mA}$$

对于内阻不很高的信号源，例如晶体管高频放大器，当用并联谐振电路选频时，直接相联会使电路的 Q 值降低很多，严重影响谐振电路的选频能力。为解决这一矛盾，一般采用线圈中间抽头接信号源的方式，例如图 8.20(a)所示。这种中间抽头的电感线圈密绕在高频磁芯上，可近似为全耦合自耦变压器。图 8.20(a)中，设 LC 回路高 Q。根据全耦合自耦变压器的等效电路及阻抗变换性质，图 8.20(a)等效为图 8.20(b)。图 8.20(b)中，R'_0 为 LC 回路并联谐振时在 1、3 两端的等效电阻，$R'_0=L/rC$，其中 $r=r_1+r_2$，L 为线圈 1、3 之间的电感量，R'_s 为诺顿等效电路内阻 R_s 折合到 1、3 端的折合电阻，$R'_s=(N/N_2)^2R_s$，N 为线圈 1、3 的总匝数，$N=N_1+N_2$。N_1 和 N_2 分别为 1、2 和 2、3 间的匝数。R'_s 大于 R_s，从而减小了电源对 Q 值的影响。另外还可看出，电感抽头的位置并不影响电路的谐振频率(见图 8.20(b)，仍为 $\omega_0=1/\sqrt{LC}$。

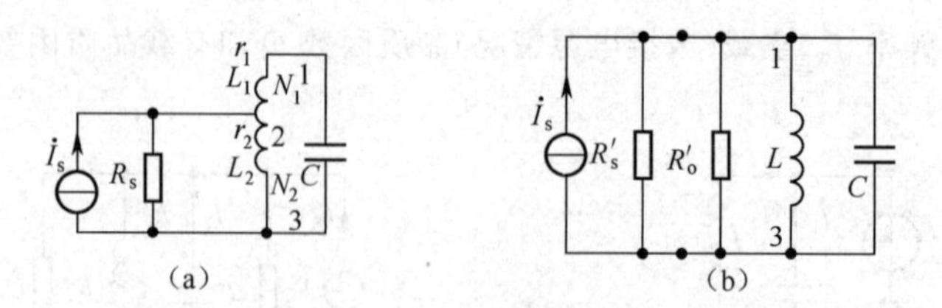

图 8.20　电源通过自耦变压器接入

负载电阻对并联谐振电路的影响与电源内阻的影响是相同的，一般也需要用自耦变压器或变压器耦合的方式与并联谐振电路连接(见下例)。

由上面的分析可见，电源和负载通过变压器耦合与 LC 并联谐振电路相联时，电感抽头的位置

不影响电路的谐振频率，但可调节电路的谐振阻抗，提高有载Q值及实现阻抗匹配。

【例8.14】 收音机中频变压器与200pF电容器阻抗谐振频率$f_0=465\text{kHz}$的并联谐振电路如图8.21(a)所示。谐振回路的固有Q值为100，设信号源内阻R_s为20kΩ，负载电阻R_L为1kΩ。中频变压器的全部线圈绕在同一铁氧体磁芯上，它们之间可视为全耦合，变压器1、2之间的匝数$N_1=115$匝，2、3之间的匝数$N_2=45$匝。要求并联谐振电路的有载Q值不低于50，试求次级线圈4、5之间的匝数$N_3=$？

解 画出图8.21(a)1、3间的等效电路如图8.21(b)、(c)、(d)所示。图(b)中，R'_0为LC并联电路谐振时的等效并联电阻。因为LC并联谐振回路的Q为100，属高Q回路，因此等效电路中的L、C值不变。根据式(8.43)、式(8.44)有

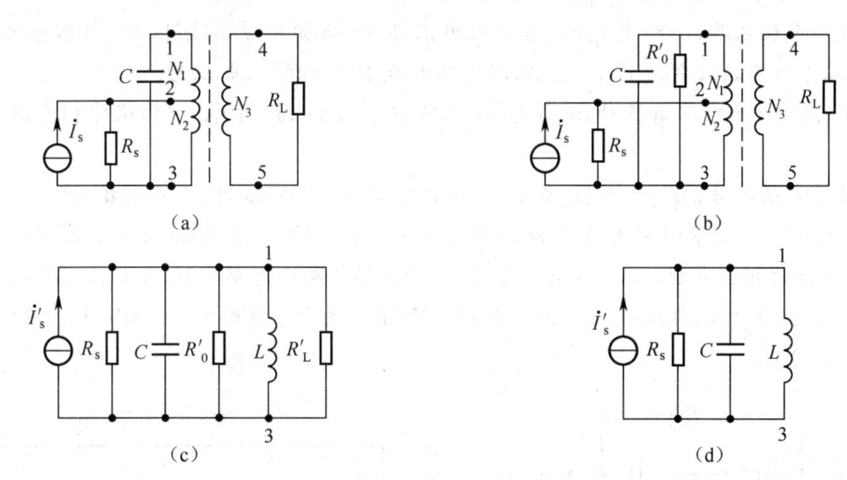

图8.21 例8.14图

$$\rho=\frac{1}{\omega_0 C}=\frac{1}{2\pi\times 465\times 10^3\times 200\times 10^{-12}}=1.72\times 10^3\ \Omega=1.72\text{k}\Omega \qquad ①$$

$$R'_0=Q\rho=100\times 1.72\text{k}\Omega=172\text{k}\Omega$$

由图8.21(d)可见，有载品质因数$Q'=R/\rho$，据题意应有

$$Q'=\frac{R}{\rho}\geqslant 50$$

故

$$R\geqslant 50\rho=50\times 1.72\text{k}\Omega=86\text{k}\Omega$$

即

$$\frac{1}{R'_0}+\frac{1}{R'_s}+\frac{1}{R'_L}\leqslant\frac{1}{86} \qquad ②$$

而

$$R'_s=\left(\frac{N_1+N_2}{N_2}\right)^2 R_s=\left(\frac{115+45}{45}\right)^2\times 20\text{k}\Omega=254\text{k}\Omega \qquad ③$$

$$R'_L=\left(\frac{N_1+N_2}{N_3}\right)^2 R_L=\frac{106^2}{N_3^2}\times 1\text{k}\Omega=\frac{25600}{N_3^2}\text{k}\Omega \qquad ④$$

式①、③、④代入式②，于是有

$$\frac{25600}{N_3^2}\geqslant\frac{1}{\frac{1}{86}-\frac{1}{172}-\frac{1}{254}}\approx 532.8$$

$$N_3\leqslant\sqrt{\frac{25600}{532.8}}\approx 7$$

故中频变压器次级线圈最多只能绕7匝。

该题LC并联谐振电路若直接与电源和负载并联，则有载品质因数将降为0.55，这时电路已失

去选频能力。由此可见变压器耦合的作用。

习题 8

8.1 RLC串联谐振电路，已知$L=160\mu H$、$R=10\Omega$、$C=250pF$，信号电压有效值$U_S=1V$，求电路特性阻抗ρ，频率f_0，品质因数Q，谐振电流I_0，电容电压U_{C0}和电感电压U_{L0}。

8.2 RLC串联谐振电路，$R=1\Omega$，$L=50mH$，$C=100\mu F$。(1)求电路的ρ和Q；(2)若输入电压$u=10\sqrt{2}\cos\omega t V$，求谐振时的$\omega_0$，$U_{R0}$，$U_{L0}$，$U_{C0}$和$I_0$；(3)若输入电压$u=10\sqrt{2}\cos(314t)V$，此时电路属何性质(感性或容性)，回路电流$I$是大于还是小于$I_0$。

8.3 RLC串联电路，$C=10.4\mu F$。当输入电压不变，而频率$f=1kHz$时，回路电流达最大，为11A，此时电容电压为输入电压的11.1倍，求电路参数R、L和输入电压U。

8.4 图8.22所示电路谐振时，测得$U_1=100V$，$U_2=50V$，$I=10A$。(1)试作相量图求U；(2)求R，Z_L，Z_C。

8.5 RLC串联电路，当$f=50Hz$时，$X_C=50k\Omega$；当$f=20kHz$时，电路谐振，求L。

8.6 Q表是用来测量线圈电感量和品质因数的仪表。图8.23为Q表测量原理电路，L_x是被测电感，r_L是电感的损耗电阻。$C=200pF$是标准电容(损耗极小忽略)，V_0与V_1是晶体管电压表，其内阻接近∞。当把电源u_S的频率调到900kHz时，V_1指示最大。这时$V_0=1mV$，$V_1=62mV$，求线圈的电感量L_x及Q值。

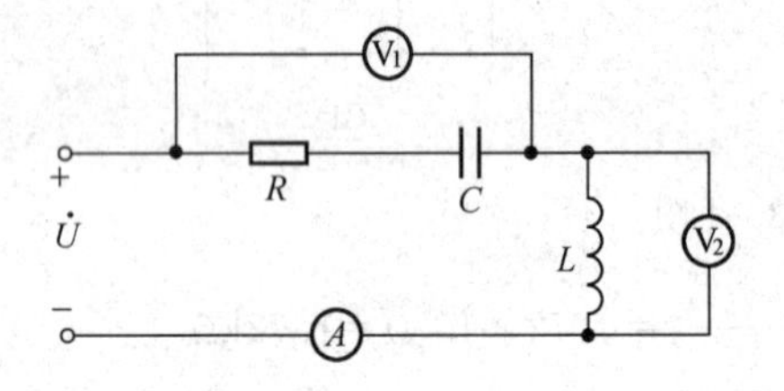

图8.22 题8.4图

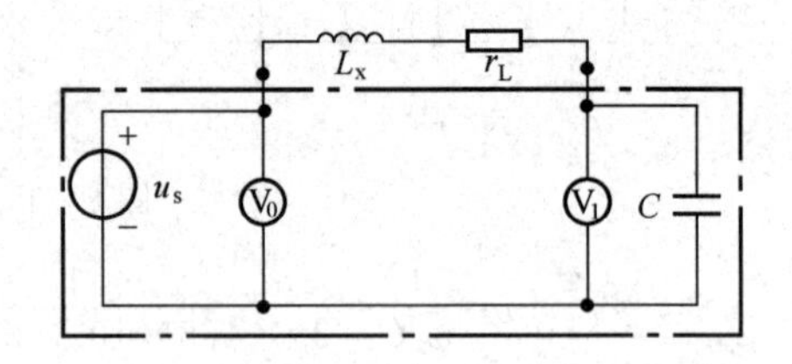

图8.23 题8.6图

8.7 一收音机的输入回路由$L=100\mu H$、$r_L=10\Omega$的电感线圈和一可变电容器C组成。今有频率分别为1000kHz和600kHz的两个电台在电感上产生的感应电压都是$U=0.1\mu V$，问：

(1)当电容调到$C=252.5pF$时，求在两种频率下U_C各为多少？并判明收到的是哪一电台？

(2)欲收另一电台广播，C应调为多少？

(3)当电路对1000kHz谐振时，求此时通频带BW_f。若另有一新的电台，频率为995kHz(在电感上的感应电压也为$0.1\mu V$)，能否收到？

8.8 一个$200\mu H$的线圈与一可变电容器C串联，外加电压频率固定。当$C=120pF$时，电路中电流I达最大值40mA，当$C=100pF$时，I为5mA，试求电源的角频率，电路的值Q、通频带BW_f和外加电压U。

8.9 RLC串联回路，当$f=60kHz$时，电路发生谐振。已知$L=150\mu H$，$R=5\Omega$，求电路的通频带BW_f。

8.10 电感线圈与电容C串联回路。(1)若要谐振频率$f_0=3.5MHz$，特征阻抗$\rho=1k\Omega$，应取C、L为何值；(2)如果线圈在谐振时的品质因数$Q_L=50$，输入电压有效值为U，求谐振时的U_C；(3)求此回路的通频带BW_f；(4)如果在电容两端跨接$R=10\rho$作为电路的负载，求回路参数—谐振频率、Q值、电压增益U_C/U和通频带BW_f的变化，并由此说明负载对回路性能的影响。

8.11 图8.24中，$I_S=1mA$，$R=20k\Omega$，$L=150\mu H$，$C=675pF$，负载$R_L=20k\Omega$。(1)求空载(未

接入 R_L)时的谐振频率 f_0,Q 值,谐振阻抗 Z_0、输出电压 U 和通频带 BW_f;(2)接入负载 R_L,重求上问;(3)在接入 R_L 的情况下,如欲使 f_0 不变,而 Q 提高至25,C 和 L 值应如何变化?

8.12 电感线圈与电容并联电路如图8.15(a)所示,$r_L=8\Omega$,$L=50\text{mH}$,$C=1\mu\text{F}$,$i_S=2\sqrt{2}\cos(2\pi ft)$ mA。(1)f 为何值可使输入电压 u 与输入电流 i_s 同相?并求特性阻抗 ρ、品质因数 Q 和谐振阻抗 Z_0;(2)求 $u(t)$,$i_L(t)$,$i_c(t)$。

8.13 电路如图8.15(a)所示,已知 $R=40\Omega$,$L=10\text{mH}$,$C=400\text{pF}$。(1)求 f_0、ρ、Z_0、Q、BW_f 及其上、下边频;(2)若 $I_S=10\mu\text{A}$,求 U、I_L 和 I_C。

8.14 图8.25中,$u=120\sqrt{2}\cos 2\pi\times 400t\text{V}$,$C=10\mu\text{F}$,谐振时,$I_C=10\text{A}$。试分别用解析法和相量图法求负载 R_L 和 L。

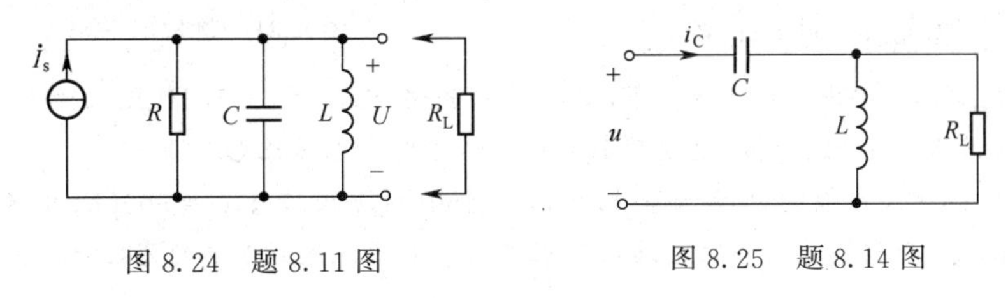

图8.24 题8.11图　　图8.25 题8.14图

8.15 图8.26电路谐振时,测得 $I_1=15\text{A}$,$I_2=12\text{A}$,试画相量图求 I。

8.16 图8.27所示电路中,$L=10\text{mH}$,$C_1=60\mu\text{F}$,$u=120\sqrt{2}\cos(400t)\text{V}$,谐振时 $I=12\text{A}$,试求 r_L 和 C_2。

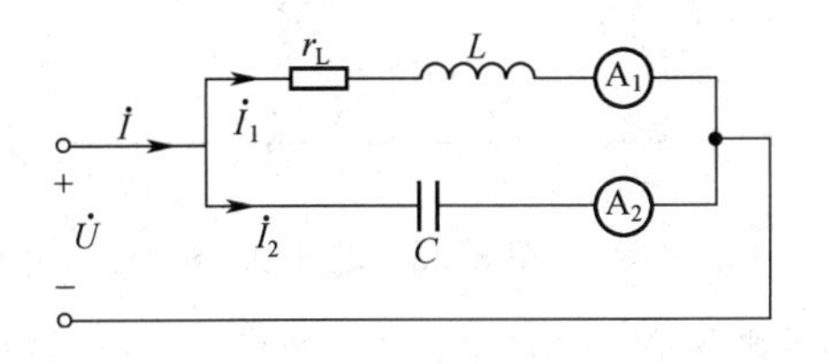

图8.26 题8.15图

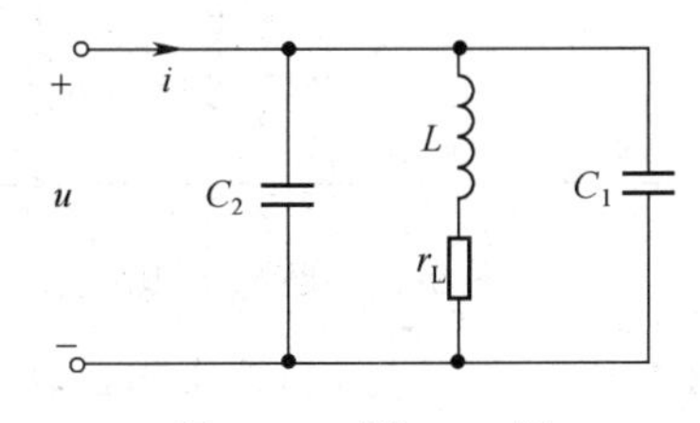

图8.27 题8.16图

8.17 如图8.28所示,$r_L=2\Omega$,$L=50\mu\text{H}$,$C=1000\text{pF}$,$R_S=500\text{k}\Omega$,电流源的频率等于电路的谐振频率,$I_S=100\text{mA}$。求:回路的输入电流 I_1,电阻 r 的功率损耗及电容、电感中的无功功率。

8.18 某中频放大器的谐振电路的等效电路如图8.29所示。已知:等效电源的内阻 $R_S=150\text{k}\Omega$,电感线圈的 $L=590\mu\text{H}$,损耗电阻 $r_L=14.3\Omega$,电容 $C=200\text{pF}$,等效负载电阻 $R_L=500\text{k}\Omega$。求该谐振电路的 f_0,BW_f。

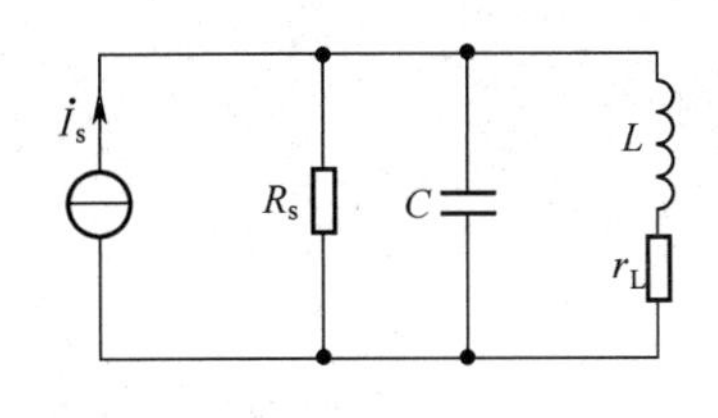

图8.28 题8.17图

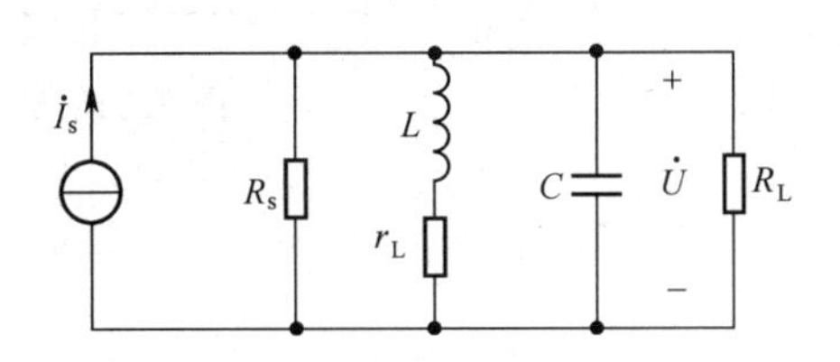

图8.29 题8.18图

8.19 图8.29所示电路处于谐振状态,$I_S=1\text{mA}$,$R_S=50\text{k}\Omega$,电源频率 $\omega_0=10^6$ rad/s,电感线圈的 $L=500\mu\text{H}$,品质因数 $Q_L=100$,(1)未并 R_L 时,求电路的通频带 BW_f 和输出电压 U;(2)并联 $R_L=30\text{k}\Omega$,求 BW_f 和 U。

8.20 图8.30电路,$L=10\text{mH}$,$R_L=20\Omega$,电源为理想电压源。要求当电源频率为100kHz时,

电流不通过 R_L，而在 50kHz 时通过的电流为最大值，试求 C_1 和 C_2。

8.21 图 8.31 电路，$R=10\Omega$，$L=2\text{mH}$，$C_1=375\mu\text{F}$，$C_2=125\mu\text{F}$，$u=100\sqrt{2}\cos(\omega t)\text{V}$，其频率可调。(1) $f=$？可使 $i=0$。并求这种情况的 $i_1(t)$ 和 $i_2(t)$；(2) $f=$？可使电流 I 为最大。并求这种情况的 $i_1(t)$ 和 $i_2(t)$。

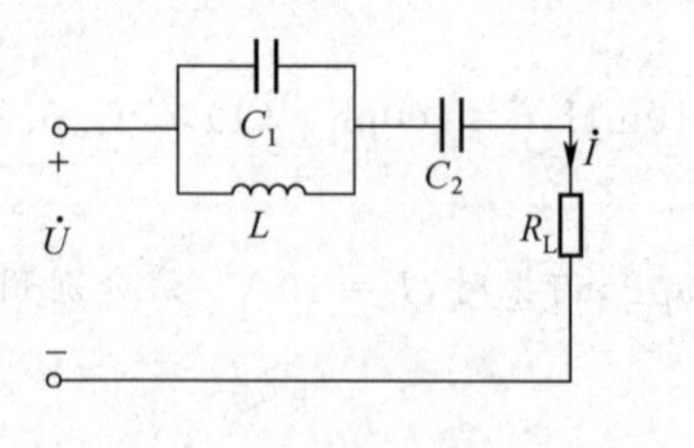

图 8.30 题 8.20 图

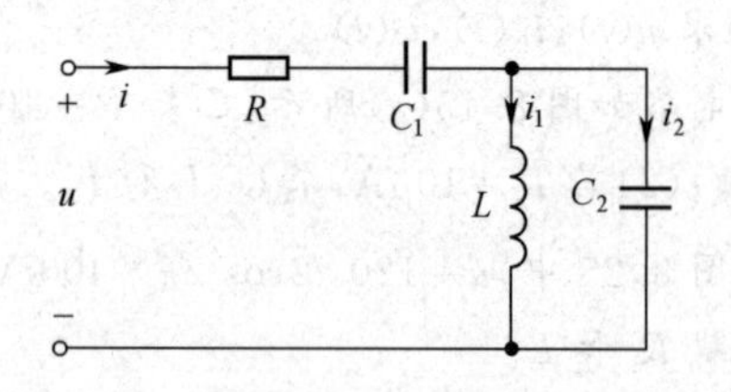

图 8.31 题 8.21 图

8.22 图 8.32，$R=20\text{k}\Omega$，$C=45.5\text{pF}$，变压器为全耦合，$L_1=45.5\mu\text{H}$，匝比为 6∶1，负载 $R_L=5\text{k}\Omega$。求电路的谐振频率 f_0、Q 值、通频带 BW_f 以及谐振时的电压比 U_2/U_1。

8.23 图 8.33 中，自耦变压器为全耦合，$L=150\mu\text{H}$，$r=10\Omega$，$C=500\text{pF}$，信号源内阻 $R_S=10\text{k}\Omega$。(1) 画出 1、3 两端的等效并联电路；(2) 求与信号源内阻达到匹配的匝比 N_2/N。

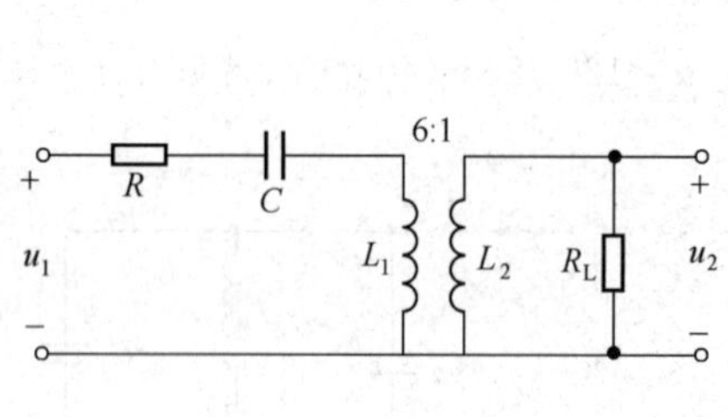

图 8.32 题 8.22 图

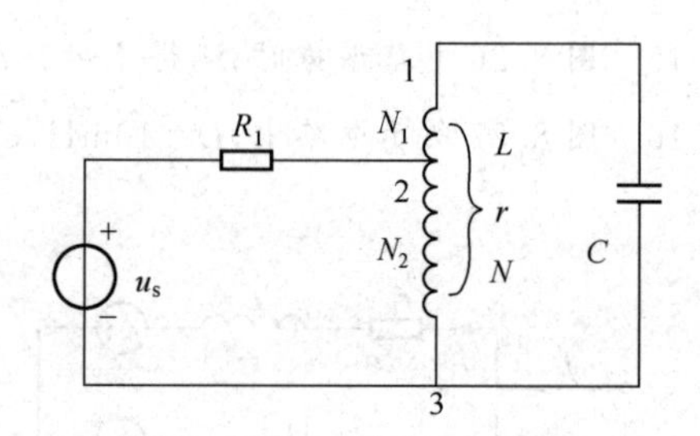

图 8.33 题 8.23 图

8.24 图 8.34 中变压器为全耦合，已知 L_{12}、L_{13}，匝数 N_{12}、N_{13}、N_{45}，(1) 画出 1、3 两端的等效并联电路，标明各元件参数；(2) 画出 1、2 两端的等效并联电路，标明元件参数。

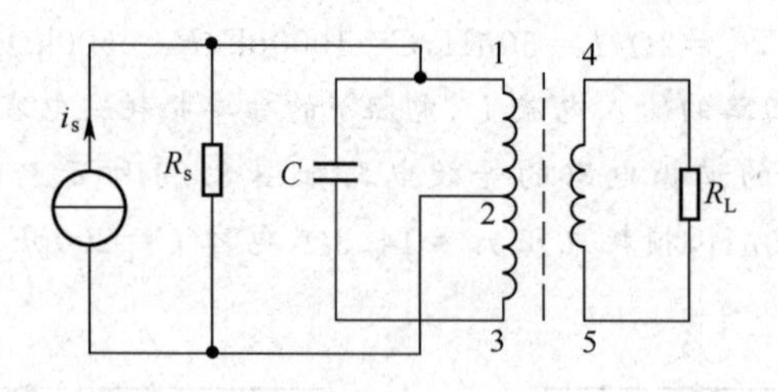

图 8.34 题 8.24 图

第9章

线性电路瞬态的时域分析

前面讨论的直流电流电路、正弦交流电路，以及非正弦周期电流电路，它们的响应（电流、电压）或为恒定、或周而复始的变化，电路的这种工作状态称为稳定状态，简称稳态。但是，电路接通电源后，如何达到稳态？达到稳态的过程中，响应如何变化？等等这些，是本章要讨论的内容。

9.1 瞬态及换路定律

9.1.1 瞬态过程

图9.1所示RC电路中，设开关S闭合前，电容未充电，$u_C=0$，开关闭合后，电路达到稳态时，$u_C=U_s$。u_C由零变化到U_s不会即刻完成，它必须经历一段时间，这是因为电容是贮能元件，而能量的变化需要一个过程。S闭合前，$u_C=0$，电容贮能($W_C=Cu_C^2/2$)为零，S闭合后，若电容电压立即跃变到U_s，则相应的能量由零跃变到$CU_s^2/2$。开关由开到闭这一无穷小的时间间隔($\Delta t\to 0$)内，电容能量的变化为一有限值，于是对应的功率趋于无穷大，这意味着要有一个供给无穷大功率的能源，而实际上这是不存在的。从电路的基本定律分析，若在无穷小的时间间隔内u_C发生了跃变，这时电容电流 $i=C\dfrac{\mathrm{d}u_C}{\mathrm{d}t}\to\infty$，电阻$R$的电压也趋于无穷大，回路电压不满足KVL，这也是不可能的。由此可见，u_C由零到U_s不会跃变，而必须有一个变化过程。对于RL电路，也可作出与上类似的结论。图9.1中，若C换成电感L，S闭合前，电流电感$i_L=0$，贮能W_L也为零。S闭合后，稳态时，$i_L=U_s/R$，贮能为$Li_L^2/2$。电感电流由零变到U_s/R也需要一个变化过程，它不会跃变。电路由一种稳态到另一种稳态的中间过程，称为过渡过程或瞬态过程。由上面的分析可见，瞬态过程是由电路中的贮能元件所引起，因此，电阻电路没有瞬态。

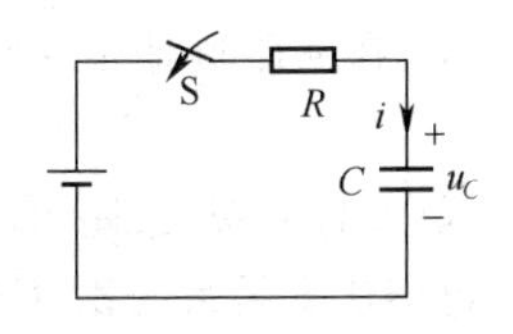

图9.1 RC电路瞬态分析

过渡过程的时间，从理论上讲是无穷大，但在大多数实际电路中，是极其短暂的，一般在微秒或毫秒的数量级内。尽管瞬态的时间如此短暂，但是其重要性却不可忽视。这是因为在瞬态过程中，电路的电压和电流具有完全不同于稳态时的变化规律，通信、计算机、自动控制都是利用这一规律完成某种功能。而在电力系统中可能出现比稳态值高出数倍或数十倍的电压或电流（称为过电压或过电流），以致损坏设备，应注意避免。当电路在非周期脉冲作用下，电路的响应根本达不到稳态，而总是处于一连串的过渡过程中，因此进行电路的瞬态分析，研究在过渡过程中电压、电流的变化规律和相应的分析方法，有着重要的意义。

瞬态分析主要涉及动态元件，其伏安特性是导数或积分的关系，因此瞬态分析列写的电路方程是微分方程或微积分方程。电路分析中常用的求解微分方程的方法有两类。其中直接求解微分方程的方法，称为经典法，经典法是瞬态分析的基本方法，它的优点是物理概念清楚。本章将采用这种方法分析一些简单的电路在典型信号激励下的响应，以帮助读者建立瞬态分析的基本概念。经典法是时域分析法中的一种，所谓时域分析法，就是以时间 t 为变量，直接分析瞬态响应的方法。瞬态分析的另一类方法称为变换法，第十三章我们将介绍目前应用十分广泛的拉普拉斯变换分析法。

9.1.2 换路、换路定律

电路中开关的开、闭，元件参数的变更，统称为换路。一般令换路瞬时为 $t=0$，换路前瞬时为 $t=0_-$，换路后瞬时为 $t=0_+$。0_- 和 0_+ 分别为零的左极限和右极限。前面从物理概念上说明了电容电压 u_C 和电感电流 i_L 在换路前后瞬时不能跃变，下面从数学上进行分析。

第一章分析了电容伏安关系的积分形式为

$$u_C(t)=\frac{1}{C}\int_{-\infty}^{t} i_C(\xi)\mathrm{d}\xi$$

设 t_0 为 $-\infty$ 到 t 这一段时间中的一个瞬时，以 t_0 分段积分，则上式变为

$$u_C(t)=\frac{1}{C}\int_{-\infty}^{t_0} i_C(\xi)\mathrm{d}\xi+\frac{1}{C}\int_{t_0}^{t} i_C(\xi)\mathrm{d}\xi=u_C(t_0)+\frac{1}{C}\int_{t_0}^{t} i_C(\xi)\mathrm{d}\xi$$

取 $t_0=0_-$、$t=0_+$ 代入上式，则有

$$u_C(0_+)=u_C(0_-)+\frac{1}{C}\int_{0_-}^{0_+} i_C(\xi)\mathrm{d}\xi$$

若 i_C 在换路瞬时为有限值，则上式第二项的积分为零，于是

$$u_C(0_+)=u_C(0_-) \tag{9.1}$$

式(9.1)表明，换路瞬时电容电流为有限值时，电容电压不会跃变。

电感伏安关系的积分形式为

$$i_L(t)=\frac{1}{L}\int_{-\infty}^{t} u_L(\xi)\mathrm{d}\xi$$

同样以 t_0 分段积分，得

$$i_L(t)=\frac{1}{L}\int_{-\infty}^{t_0} u_L(\xi)\mathrm{d}\xi+\frac{1}{L}\int_{t_0}^{t} u_L(\xi)\mathrm{d}\xi=i_L(t_0)+\frac{1}{L}\int_{t_0}^{t} u_L(\xi)\mathrm{d}\xi$$

取 $t_0=0_-$，$t=0_+$，得

$$i_L(0_+)=i_L(0_-)+\frac{1}{L}\int_{0_-}^{0_+} u_L(\xi)\mathrm{d}\xi$$

若 u_L 在换路瞬时为有限值，则上式为

$$i_L(0_+)=i_L(0_-) \tag{9.2}$$

式(9.2)表明换路瞬时电感电压为有限值时，电感电流不跃变。

式(9.1)和(9.2)称为**动态电路的换路定律**，它是分析瞬态过程的一个重要依据。需要说明，换路定律反映的是，在换路瞬间，仅电容电压和电感电流不能跃变，而其他量（i_C、u_L、i_R 和 u_R 等）可以跃变的。例如图 9.1 电路，换路前瞬间电容电流 $i(0_-)=0$，电压 $u_C(0_-)=0$，换路后瞬间 $u_c(0_+)=u_C(0_-)=0$，电容相当于短路，于是 $i(0_+)=\dfrac{U_s}{R}$。可见电容电流在换路瞬间发生了跃变。电路的换路时刻若为 t_0，则换路定律为

$$u_C(t_{0+})=u_C(t_{0-})$$

和

$$i_L(t_{0+})=i_L(t_{0-})$$

式中，t_{0-} 为换路前瞬时，t_{0+} 为换路后瞬时。上两式成立的前提条件分别是，换路瞬间 $i_C(t_0)$ 为有限值和 $u_L(t_0)$ 为有限值。

动态电路中，电容电压反映了电容贮能状态，电感电流反映了电感贮能状态。反映某时刻电路

贮能大小的电容电压和电感电流，称为电路在该时刻的状态，换路后瞬时的电容电压$u_C(0_+)$和电感电流$i_L(0_+)$称为电路的**初始状态**。初始状态为零的电路，称为**零状态电路**。

9.2　电路初始值的计算

动态元件的 VAR 为微分或积分形式，因此描述动态电路的响应—激励方程（输出-输入方程）是微分方程。解微分方程将出现积分常数，它需要由初始条件确定，也即由响应的初始值确定。本节分析电路初始值的计算。

初始值就是 $t=0_+$ 时的电流、电压值。计算初始值时，需要画出 $t=0_+$ 电路。设电路的$u_C(0_-)$和$i_L(0_-)$为已知，根据换路定律，则$u_C(0_+)=u_C(0_-)$和$i_L(0_+)=i_L(0_-)$为已知量。应用置换定理，将 C 用电压源$u_C(0_+)$替代，L 用电流源$i_L(0_+)$替代，于是 $t=0_+$ 电路中不存在 C 和 L，它是一个电阻电路。应用电阻电路的计算方法（观察法、串并联法，支路法，回路法，节点法和戴维南定理等）即可求得待求的初始值。求初始值的步骤如下：

(1)作 $t=0_-$ 电路，求出$u_C(0_-)$和$i_L(0_-)$。注意，其他各量一概不需要求。换路前电路若为直流稳态电路，则 $t=0_-$ 电路中，L 相当于短路，C 相当于开路。

(2)作 $t=0_+$ 电路，将电路中的电容 C 用电压源$u_C(0_+)$替代，$u_C(0_+)=u_C(0_-)$。电感 L 用电流源$i_L(0_+)$替代，$i_L(0_+)=i_L(0_-)$。替代电路如图 9.2 所示。需要注意的是，电压源$u_C(0_+)$的极性必须与$u_C(0_-)$的极性相同，电流源$i_L(0_+)$的方向必须与$i_L(0_-)$方向一致。替代后，$t=0_+$ 电路为电阻电路。

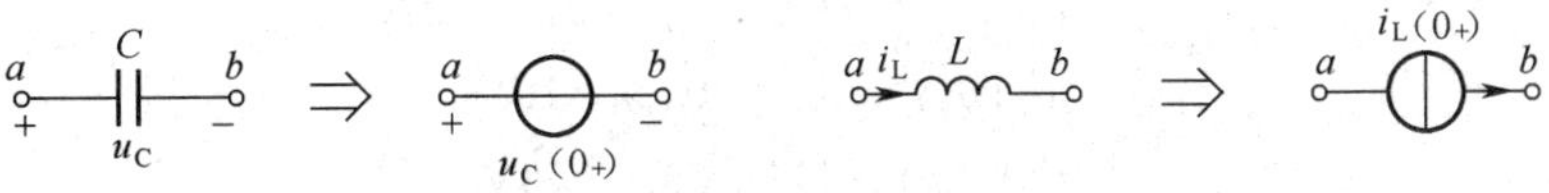

图 9.2　$i=0_+$ 电路中 C、L 的等效电路

(3)对 $t=0_+$ 电路求待求的初始值，计算方法同直流电阻电路。

【例 9.1】　求图 9.3 电路开闭合开后各电压、电流的初始值。已知换路前电路已处于稳态。

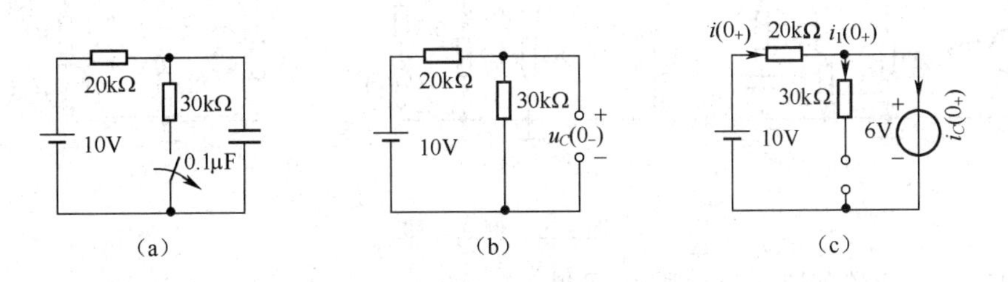

图 9.3　例 9.1 图

解　(1)作 $t=0_-$ 电路求$u_C(0_-)$。$t=0_-$ 电路如图 9.3(b)所示，可得

$$u_C(0_-)=10\times\frac{30}{30+20}\text{V}=6\text{V}$$

(2)作 $t=0_+$ 电路。C 用电压源$u_C(0_+)$替代。

$t=0_+$ 电路如图 9.3(c)所示。

$$u_C(0_+)=u_C(0_-)=6\text{V}$$

(3)对 $t=0_+$ 电路进行计算。

$$i_1(0_+)=0$$

$$i(0_+)=i_C(0_+)=\frac{10-6}{20}\text{mA}=0.2\text{mA}$$

$$u_R(0_+)=Ri(0_+)=4\text{V}$$

【例 9.2】 求图 9.4 图电路开闭合开后各电压、电流的初始值。已知换路前电路已处稳态。

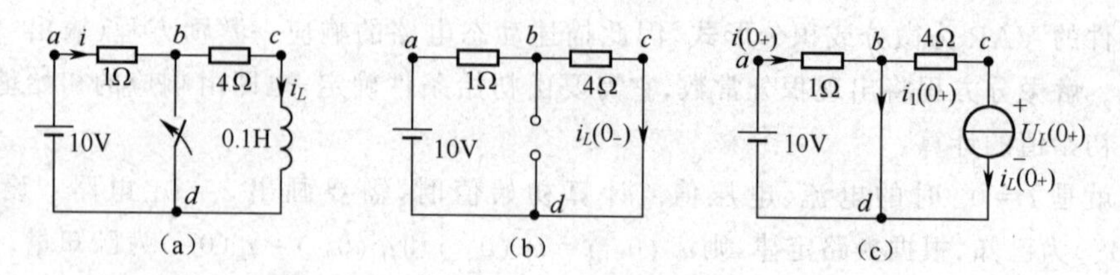

图 9.4　例 9.2 图

解(1)作 $t=0_-$ 电路如图 9.4(b)所示，可得

$$i_L(0_-)=\frac{10}{1+4}\text{A}=2\text{A}$$

(2)作 $t=0_+$ 电路如图 9.4(c)所示，图中流源 $i_L(0_+)=i_L(0_-)=2\text{A}$。

(3)对 $t=0_+$ 电路进行计算。

$$i_L(0_+)=2\text{A}$$

$$i(0_+)=\frac{10}{1}\text{A}=10\text{A}$$

$$i_1(0_+)=i(0_+)-i_L(0_+)=8\text{A}$$

$$u_{ab}(0_+)=1\times i(0_+)=10\text{V}$$

$$u_{bc}(0_+)=4\times i_L(0_+)=8\text{V}$$

$$u_L(0_+)=u_{cb}(0_+)=-8\text{V}$$

【例 9.3】 如图 9.5 所示，例 9.3 图电路换路前已稳定，$t=0$ 时开关打开，求 $i_C(0_+)$ 和 $u_a(0_+)$。

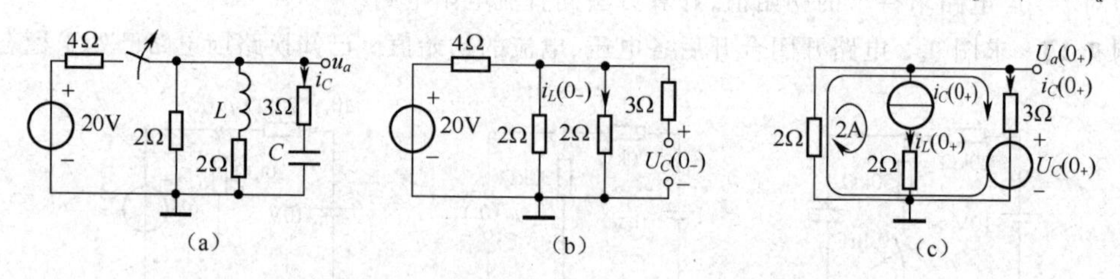

图 9.5　例 9.3 图

解(1)作 $t=0_-$ 电路如图 9.5(b)所示，可得

$$i_L(0_-)=\frac{20}{4+(2/\!/2)}\times\frac{1}{2}=\frac{20}{4+1}\times\frac{1}{2}=2\text{A}$$

$$u_C(0_-)=2\,i_L(0_-)=2\times 2=4\text{V}$$

(2)作 $t=0_+$ 电路如图 9.5(c)所示。图中电流源电流

$$i_L(0_+)=i_L(0_-)=2\text{A}$$

电压源电流

$$u_C(0_+)=u_C(0_-)=4\text{V}$$

(3)对 $t=0_+$ 电路用回路电流法求 $i_C(0_+)$。取独立回路如图 9.5(c)中所示，列回路电流方程

$$(2+3)i_C(0_+)+2\times2=-4$$

$$i_C(0_+)=\frac{-8}{5}\text{A}=-1.6\text{A}$$

于是
$$u_a(0_+)=3\,i_C(0_+)+4=[3(-1.6)+4]\text{V}=-0.8\text{V}$$

也可用节点电压法求$u_a(0_+)$和$i_C(0_+)$。列节点电压方程为

$$\left(\frac{1}{2}+\frac{1}{3}\right)u_a(0_+)=-2+\frac{4}{3}$$

即
$$\frac{5}{6}u_a(0_+)=\frac{-2}{3}$$

得
$$u_a(0_+)=\frac{-2}{3}\times\frac{5}{6}\text{V}=-\frac{4}{5}\text{V}=-0.8\text{V}$$

$$i_C(0_+)=\frac{u_a(0_+)-u_C(0_+)}{3}=\frac{-0.8-4}{3}\text{A}=-1.6\text{A}$$

掌握初始值计算，不仅是为了确定动态电路微分方程解中的积分常数，而且可以分析一些实际电路在换路瞬时所出现的过电压和过电流（见练习题 9.1），从而采取措施以保护之。

思考与练习题

9.1　图 9.6 所示电路，开关闭合时，伏特表的读数为 2V。求开关打开瞬间伏特表两端的电压。已知 $R=1\Omega$，伏特表内阻为 3kΩ。(6000V)

9.2　图 9.7 所示电路，换路前电路已处稳态，求开关闭合瞬间各电压、电流的初始值。

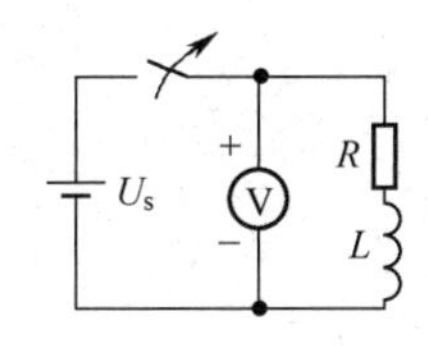

图 9.6　练习题 9.1 图

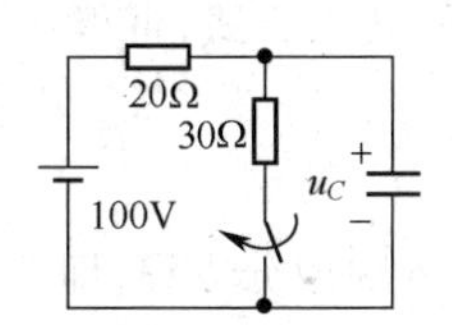

图 9.7　练习题 9.2 图

9.3　图 9.8 所示电路换路后电路已稳定，求换路后的 $i(0_+)$，$i_1(0_+)$和 $u_L(0_+)$。(3A，1A，40V)

9.4　图 9.9 所示电路，换路前电路已稳定，求开关由 1 点换接至 2 点时的$u_C(0_+)$，$i_L(0_+)$，$u'_c(0_+)$和$i'_L(0_+)$。$\left(注：u'_C=\frac{d_{u_C}}{d_t},i'_L=\frac{d_{i_L}}{d_t}\right)$

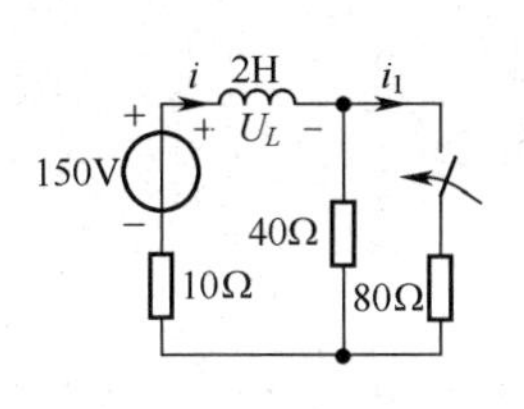

图 9.8　练习题 9.3 图

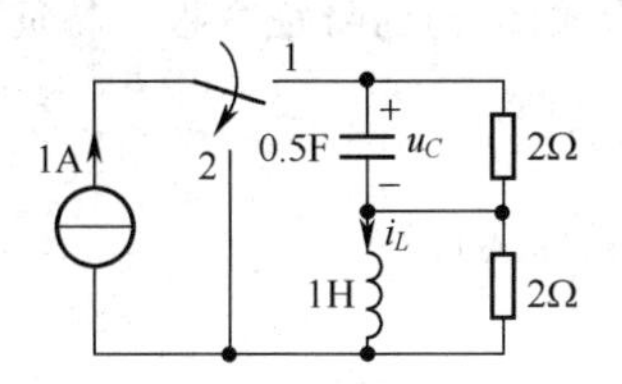

图 9.9　练习题 9.4 图

9.3　直流一阶电路瞬态分析的经典法

在实际工作中我们常遇到只含一个动态元件的线性、非时变电路，这种电路是用线性、常系数一

阶常微分方程来描述的。用一阶微分方程描述的电路称为一阶电路。一阶电路中的激励源是直流电源时,则称为**直流一阶电路**。本章只讨论线性、非时变动态电路的瞬态过程,因此所称的一阶电路都是指线性、非时变的一阶电路,所称的一阶微分方程也是指线性、常系数一阶微分方程。直流一阶电路的时域分析方法中,最基本的是经典法,所谓经典法就是求解电路响应微分方程的方法。本节用经典法分析直流一阶电路的瞬态过程。

9.3.1 直流一阶 RC 电路的瞬态分析

以图 9.10 为例说明直流一阶 RC 电路的经典分析方法。$t=0$ 时开关闭合,设 $u_C(0_-)=U_0$。换路后,由 KVL 有

$$Ri+u_C=U_s \quad t>0 \tag{9.3}$$

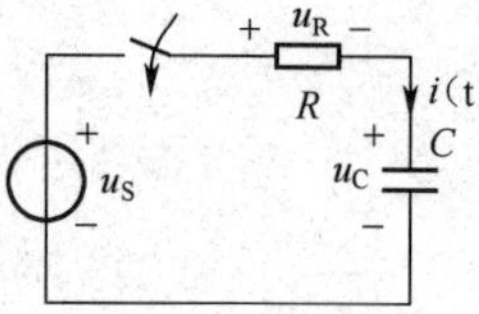

$i=C\dfrac{du_C}{dt}$ 代入上式,得

$$RC\frac{du_C}{dt}+u_C=U_s \quad t>0 \tag{9.4}$$

图 9.10 RC 电路瞬态分析

式(9.4)是线性非齐次微分方程,其解由两部分组成,一是特解 $u_{Cp}(t)$,另一是式(9.4)所对应的齐次微分方程的通解 $u_{Ch}(t)$,称为齐次解。因此,

$$u_C(t)=u_{Cp}(t)+u_{Ch}(t) \quad t>0 \tag{9.5}$$

特解 u_{Cp} 满足原微分方程(9.4)式,即

$$RC\frac{du_{Cp}}{dt}+u_{Cp}=U_s \quad t>0$$

取 $u_{Cp}(t)=A$(常数)代入上式,可得

$$A=U_S$$

故

$$u_{Cp}(t)=U_S \tag{9.6}$$

齐次解 $u_{Ch}(t)$ 满足齐次微分方程,即

$$RC\frac{du_{Ch}}{dt}+u_{Ch}=0 \quad t>0 \tag{9.7}$$

它的通解为

$$u_{Ch}(t)=Ke^{st} \quad t>0 \tag{9.8}$$

式中 K 是积分常数。上式代入式(9.7),得

$$RCKse^{st}+Ke^{st}=0$$

即

$$RCs+1=0 \tag{9.9}$$

式(9.9)称为式(9.7)的**特征方程**。特征方程的根 s 为

$$s=-\frac{1}{RC}$$

将 s 值代入式(9.8)得

$$u_{Ch}=Ke^{-\frac{1}{RC}t} \quad t>0 \tag{9.10}$$

式(9.6)和式(9.10)代入式(9.5)得

$$u_C(t)=U_s+Ke^{-\frac{1}{RC}t} \quad t>0 \tag{9.11}$$

积分常数 K 由电路的初始条件确定。将 $t=0_+$ 代入上式,于是

$$u_C(0_+)=U_s+K$$

而由换路定律有

$$u_C(0_+)=u_C(0_-)=U_0$$

故

$$U_s + K = U_0$$

$$K = U_0 - U_s$$

将 K 值代入式(9.11)，得

$$u_C(t) = U_s + (U_0 - U_s)e^{-\frac{1}{RC}t} \quad t>0 \tag{9.12}$$

图 9.10 电路中的电流 $i(t)$ 为

$$i(t) = C\frac{du_C}{dt} = \frac{U_s - U_0}{R}e^{-\frac{1}{RC}t} \quad t>0 \tag{9.13}$$

或

$$i(t) = \frac{u_R}{R} = \frac{U_s - U_C}{R} = \frac{U_s - U_0}{R}e^{-\frac{1}{RC}t} \quad t>0$$

图 9.11(a)、(b)画出了 $U_0 < U_s$ 情况下的 $u_{Cp}(t)$、$u_{Ch}(t)$、$u_C(t)$ 和 $i(t)$ 的波形。由图 9.11 可以看出，$t=0$ 时，u_C 未跃变，而 i 发生了跃变。

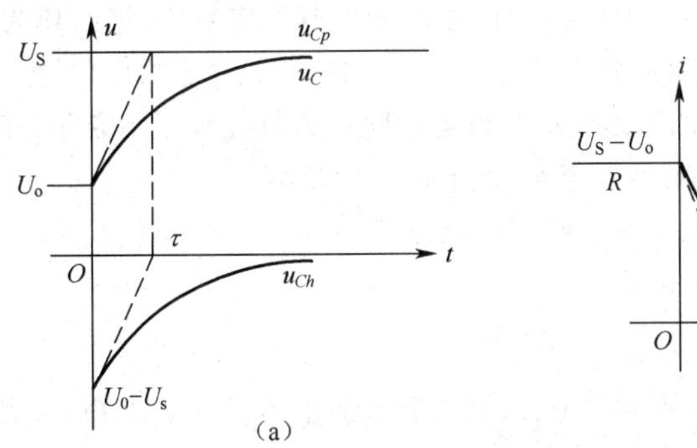

图 9.11　瞬态过程的波形

我们也可用经典法直接求出图 9.10 电路中的 $i(t)$。根据电容的 VAR，电容电压

$$u_C = \frac{1}{C}\int i\mathrm{d}t$$

将它代入式(9.3)，于是有

$$Ri + \frac{1}{C}\int i\mathrm{d}t = U_s \quad t > 0$$

对上式求导一次得

$$R\frac{di}{dt} + \frac{1}{C}i = 0 \tag{9.14}$$

这是一阶齐次微分方程，其解为

$$i(t) = Ke^{st}$$

式(9.14)的特征方程为

$$Rs + \frac{1}{C} = 0$$

所以 $s = -\frac{1}{RC}$

$$i(t) = Ke^{-\frac{1}{RC}t} \quad t>0 \tag{9.15}$$

图 9.10 的 $t=0_+$ 电路中，$u_C(0_+) = u_C(0_-) = U_0$，于是

$$i(0_+) = \frac{U_s - u_C(0_+)}{R} = \frac{U_s - U_0}{R}$$

$i(0_+)$ 代入式(9.15)，得到

$$i(t)=\frac{U_s-U_0}{R}e^{-\frac{1}{RC}t}\quad t>0$$

上式与式(9.13)完全相同。

微分方程的特解称为电路的强制响应分量,因为它是由外加激励强制产生的,其形式一般与激励形式相同。若强制响应为常量或周期函数,则这一分量又称为**稳态响应**。一阶微分方程的齐次解为一固定形式 Ke^{st},因此它称为电路的固有响应分量。由于 $s=-1/RC<0$,因此固有的响应随时间 t 的增大而减小,当 $t\to\infty$时,这一分量消失,故它又称为电路的**暂态响应分量**。微分方程的解从电路上讲,称为电路的**响应**。按响应的性质分,电路响应可写成

响应=强制响应+固有响应

而按电路工作状态分,则响应可写成

响应=稳态响应+暂态响应

式(9.12)所示的$u_C(t)$,其右侧第一项为$u_C(t)$的强制响应或稳态响应,第二项为固有响应或暂态响应,式(9.13)的 $i(t)$只有固有响应(或暂态响应),其强制响应(或稳态响应)为零。

由式(9.12)、(9.13)看出,u_C和 i 的暂态响应分量均按同一指数规律 $e^{-\frac{1}{RC}t}$变化,其衰减的快慢取决于电路参数 R 和 C 的乘积。乘积 RC 为一常数,具有时间的量纲

[R]·[C]=欧·法=欧·库/伏=欧·安秒/伏=秒

因此乘积 RC 称为**时间常数**,用 τ 表示,即

$$\tau=RC$$

τ 的单位为秒,而 $s=-\frac{1}{RC}=-\frac{1}{\tau}$的单位为$\frac{1}{秒}$,具有频率的量纲,故 s 称为电路的**固有频率**。

式(9.12)和(9.13)可改写成

$$u_C(t)=U_s+(U_0-U_s)e^{-\frac{1}{\tau}t}\quad t>0$$

$$i(t)=\frac{U_s-U_0}{R}e^{-\frac{1}{\tau}t}\quad t>0$$

它们的暂态响应分量衰减的快慢取决于电路时间,常数 τ 的大小,τ 愈大,衰减的愈慢,τ 愈小,衰减的愈快。需要指出,电路中所有的电压和电流都随时间按同一指数规律变化,它们具有相同的时间常数。这时因为电路中各元件的 VAR 或为代数关系(R 元件),或为微分或积分关系(L 和 C),指数函数 $e^{-\frac{1}{\tau}t}$代入后,结果仍为具有相同指数的指数函数。

时间常数 τ 是一阶电路的一个重要参数,它出现在电流、电压的暂态响应中,现以电压为例来说明 τ 的物理概念。设电压的暂态响应为

$$u_h(t)=Ke^{-\frac{1}{\tau}t}$$

$t=0_+$ 时

$$u_h(0_+)=K$$

$t=\tau$ 时

$$u_h(\tau)=Ke^{-1}=0.368K=36.8\%u_h(0_+)$$

由上式可见,τ 是暂态响应由其初始值降到该值的 36.8%时所对应的时间。

τ 的图示分析如下:

图 9.12 示出了$u_h(t)$的波形。$t=0_+$ 时,u_h 的变化

$$\left.\frac{du_h}{dt}\right|_{t=0_+}=-\frac{1}{\tau}Ke^{-\frac{t}{\tau}}\bigg|_{t=0_+}=-\frac{K}{\tau}\qquad(9.16)$$

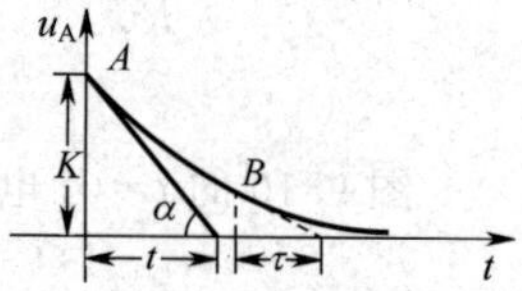

图 9.12 τ 的图示

在$u_h(t)$波形上 $t=0_+$ 的 A 点作切线$\overline{AB}$,它与横轴的夹角为 α,由图可见

$$\left.\frac{\mathrm{d}u_{\mathrm{h}}}{\mathrm{d}t}\right|_{t=0_{+}}=-\tan\alpha=-\frac{\overline{OA}}{\overline{OB}}=-\frac{K}{\overline{OB}} \tag{9.17}$$

对照式(9.16)和(9.17),于是有

$$\overline{OB}=\tau$$

$\overline{OB}$称为 A 点的**次切距**。同样分析方法可以证明,$u_h(t)$波形上任一点的次切距均等于 τ(见图 9.12)。这一结论对任何暂态响应均成立。根据这一概念,也可在响应波形上示出 τ(见图 9.11)。τ 的一般图示是:在响应波形上 $t=t_0$ 的点作切线,使之与稳态响应波形相交,该交点的横坐标到t_0之间的时间即为时间常数 τ。

电路中各暂态响应的形式均为 $K\mathrm{e}^{-\frac{1}{\tau}t}$,$t\to\infty$时,它为零,暂态响应消失,电路进入稳态,可见动态电路瞬态过程的时间为无限大。然而实际上并非如此。为了说明 $K\mathrm{e}^{-\frac{1}{\tau}t}$随时间增长而衰减的情况,列表 9.1。由表 9.1 可以看出,当 $t=(4\sim5)\tau$ 时,暂态响应已衰减到初值的 1.8%~0.67%,这时可近似认为电路已达到稳态,所以实际上瞬态过程的时间为 $4\tau\sim5\tau$。通信技术中 τ 的数量级是 ms~ns。

表 9.1

时间:t	0	τ	2τ	3τ	4τ	5τ
暂态响应:$K\mathrm{e}^{-\frac{1}{\tau}t}$	K	36.8%K	13.6%K	5%K	1.8%K	0.67%K

9.3.2　直流一阶 RL 电路瞬态分析

图 9.13(a)所示为 $t>0$ 时的直流 RL 电路。设$i_L(0_-)=I_0$。由 KVL 有

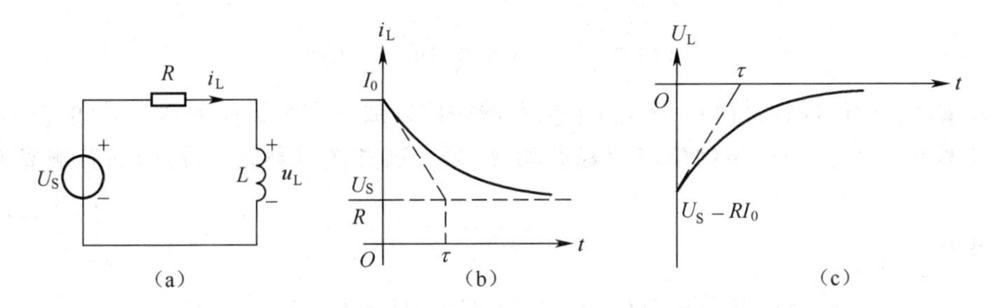

图 9.13　直流一阶 RL 电路的瞬态

$$R\,i_L+u_L=U_s\quad t>0$$

以i_L为变量,,将$u_L=L\dfrac{\mathrm{d}i_L}{\mathrm{d}t}$代入上式,则得

$$L\frac{\mathrm{d}i_L}{\mathrm{d}t}+R\,i_L=U_s\quad t>0 \tag{9.18}$$

式(9.18)之解为

$$i_L(t)=i_{Lp}(t)+i_{Lh}(t)\quad t>0 \tag{9.19}$$

i_{Lp}和i_{Lh}分别是式(9.18)的特解和齐次解。与直流 RC 电路的分析类似,i_{Lp}为一常数,将它代入式(9.18)后可得

$$i_{Lp}(t)=\frac{U_s}{R} \tag{9.20}$$

可见它是电路稳态时的i_L值,故$i_{Lp}(t)$也称为电流$i_L(t)$的**稳态响应分量**。$i_{Lh}(t)$满足齐次微分

方程,即

$$L\frac{\mathrm{d}i_{Lh}}{\mathrm{d}t}+Ri_{Lh}=0 \quad t>0$$

其解

$$i_{Lh}(t)=K\mathrm{e}^{st} \quad t>0$$

特征方程为

$$Ls+R=0$$

特征根 $s=-\frac{R}{L}$,于是有

$$i_{Lh}(t)=K\mathrm{e}^{-\frac{R}{L}t} \quad t>0 \tag{9.21}$$

式(9.20)、(9.21)代入(9.19),得

$$i_L(t)=\frac{U_s}{R}+K\mathrm{e}^{-\frac{R}{L}t} \quad t>0 \tag{9.22}$$

$t=0_+$ 代入上式,于是

$$i_L(0_+)=\frac{U_s}{R}+K$$

而由换路定律有

$$i_L(0_+)=i_L(0_-)=I_0$$

故

$$K=I_0-\frac{U_s}{R}$$

将 K 值代入式(9.22),得

$$i_L(t)=\frac{U_s}{R}=(I_0-\frac{U_s}{R})\mathrm{e}^{-\frac{R}{L}t} \quad t>0$$

或

$$i_L(t)=\frac{U_s}{R}+\left(I_0-\frac{U_s}{R}\right)\mathrm{e}^{-\frac{1}{\tau}t} \quad t>0 \tag{9.23}$$

式中,$\tau=L/R$,它具有时间的量纲。称为 RL 电路的**时间常数**,s 称为**固有频率**。式(9.23)右侧第一项特解在电路中称为$i_L(t)$的**强制响应**或**稳态响应**,第二项齐次解称为$i_L(t)$的**固有响应**或**暂态响应**。

电感电压

$$u_L(t)=L\frac{\mathrm{d}i_L}{\mathrm{d}t}=(U_s-RI_0)\mathrm{e}^{-\frac{R}{L}t}=(U_s-RI_0)\mathrm{e}^{-\frac{1}{\tau}t} \quad t>0 \tag{9.24}$$

或

$$u_L(t)=-Ri_L+U_s=(U_s-RI_0)\mathrm{e}^{-\frac{1}{\tau}t} \quad t>0$$

同样亦可由$u_L(t)$的微分方程求出$u_L(t)$,结果与上相同。

图 9.13(b)、(c)画出了$I_0>U_s/R$ 情况下的$i_L(t)$、$u_L(t)$波形,并示出了 τ。

由上面的分析可总结出直流一阶电路经典分析法的步骤如下:

(1)对换路后($t>0$)电路列响应的微分方程。

(2)求微分方程的特解,它等于电路稳态时的响应值。

(3)求微分方程的齐次解,它是以固定形式:$K\mathrm{e}^{st}$ 或 $K\mathrm{e}^{-t/\tau}$;

(4)求特征方程的根 s 或求时间常数 τ。电压源激励的 RC 串联电路或电流源激励的 RC 并联电路有 $\tau=RC$,对于同样形式的 RL 电路,则 $\tau=L/R$。

(5)响应微分方程的解等于其特解与齐次解之和。由初始条件定响应中的积分常数 K,最后求得响应。

(6)画出响应的波形,它由其初始值开始,按指数规律 $\mathrm{e}^{-t/\tau}$变化到其稳态值。

【例9.4】 图9.14中，$t=0$时开关断开，试用经典法$t>0$时的$u_C(t)$及其稳态响应和暂态响应，并画出它们的波形。

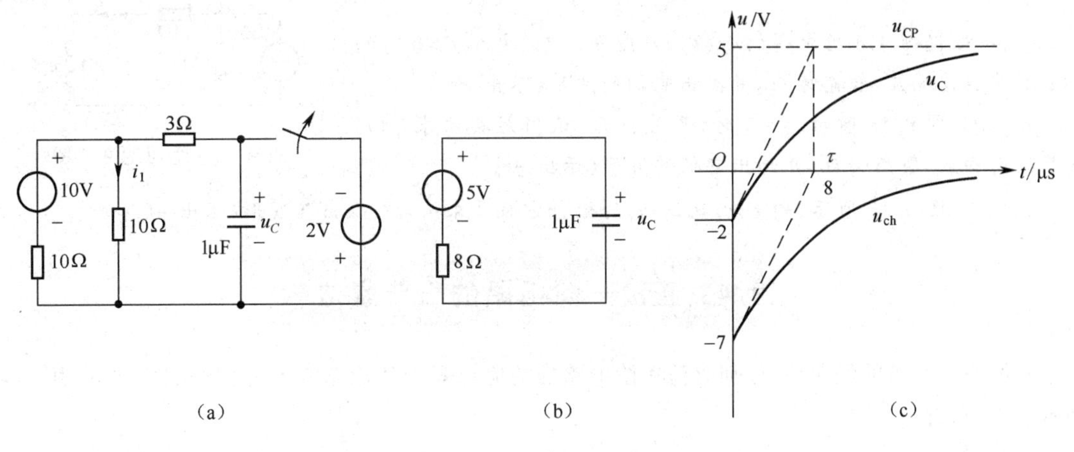

图9.14　例9.4图

解　由图可见，

$$u_C(0_-)=-2\text{V}$$

将换路后的电路用戴维南定理等效为图9.14(b)，由KVL有

$$u_C+8i=5$$

$i=10^{-6}\dfrac{\mathrm{d}u_C}{\mathrm{d}t}$代入上式得

$$8\times10^{-6}\frac{\mathrm{d}u_C}{\mathrm{d}t}+u_C=5$$

其解

$$u_C(t)=u_{Cp}(t)+u_{Ch}(t)$$

$$u_{Cp}(t)=5\text{V}$$

$$\tau=8\times10^{-6}s=8\mu\text{s} \qquad ①$$

$$u_{Ch}(t)=K\mathrm{e}^{-\frac{1}{\tau}t}=K\mathrm{e}^{-\frac{10^6}{8}t}=K\mathrm{e}^{-125\times10^3t}$$

于是

$$u_C(t)=u_{Cp}+u_{Ch}=5+K\mathrm{e}^{-95\times10^3t} \qquad ②$$

$$u_C(0_+)=5+K$$

由换路定律

$$u_C(0_+)=u_C(0_-)=-2\text{V}$$

故

$$5+K=-2$$

$$K=-7$$

K值代入式①、②得

$$\left.\begin{aligned}u_{Ch}(t)&=-7\mathrm{e}^{-125\times10^3t}\text{V}\\u_C(t)&=5-7\mathrm{e}^{-125\times10^3t}\text{V}\end{aligned}\right\}t>0\quad t:\text{s}$$

或

$$\left.\begin{aligned}u_{Ch}(t)&=-7\mathrm{e}^{-0.125}\text{V}\\u_C(t)&=5-7\mathrm{e}^{-0.125}\text{V}\end{aligned}\right\}t>0\quad t:\mu\text{s}$$

$u_{Cp}(t)$、$u_{Ch}(t)$和$u_C(t)$波形如图9.14(c)所示。

思考与练习题

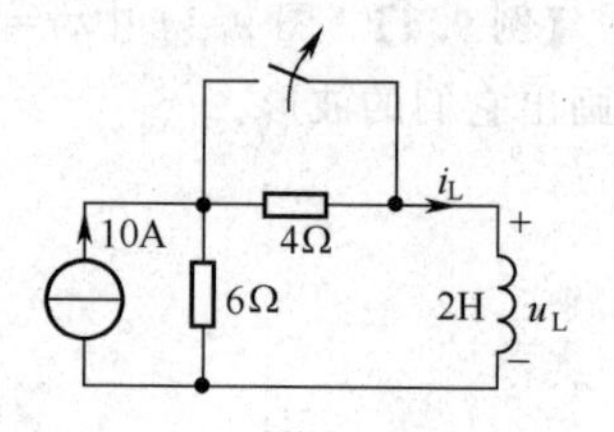

图 9.15 练习题 9.6 图

9.5 根据例 9.4 已求得的$u_C(t)$，求图 9.14(a)电路 $t>0$ 时的$i_1(t)$及其稳态响应、暂态响应，并画出它们的波形(示出 τ)。

9.6 如图 9.15 所示，$t=0$ 时，开关打开，试用经典法求$i_L(t)$及其稳态响应，暂态响应，并画出它们的波形(示出 τ)。

9.7 如图 9.15 所示，列 $t>0$ 时$u_L(t)$的微分方程并求$u_L(t)$，画出其波形(示出 τ)。

9.4 直流一阶电路的三要素法

根据瞬态分析的经典法，任何直流一阶电路的响应均等于其稳态响应与暂态响应之和，用 $r(t)$ 表示响应，则有

$$r(t)=r_p(t)+r_h(t)=r_p(t)+Ke^{-\frac{1}{\tau}t} \quad t>0$$

稳态响应$r_p(t)$等于 $r(t)$的稳态值，也即 $t\to\infty$时的值，用 $r(\infty)$表示，称为 $r(t)$的**终值**。于是上式可改写成

$$r(t)=r(\infty)+Ke^{-\frac{1}{\tau}t} \quad t>0$$

直流电源激励时，上式中的 $r(\infty)$是一常数，与时间常数无关，故 $t=0_+$ 代入上式有

$$r(0_+)=r(\infty)+K \tag{9.25}$$

于是

$$K=r(0_+)-r(\infty)$$

将 K 值代入式(9.25)，于是得到

$$r(t)=r(\infty)+[r(0_+)-r(\infty)]e^{-\frac{1}{\tau}t} \quad t>0 \tag{9.26}$$

用上式计算一阶电路响应的方法称为**三要素法**。式(9.29)称为**三要素公式**，其三要素是：初值 $r(0_+)$、终值 $r(\infty)$和时间常数 τ。对于响应 $u(t)$和 $i(t)$，三要素公式为

$$\begin{cases} u(t)=u(\infty)+[u(0_+)-u(\infty)]e^{-\frac{1}{\tau}t} & t>0 \\ i(t)=i(\infty)+[i(0_+)-i(\infty)]e^{-\frac{1}{\tau}t} & t>0 \end{cases} \tag{9.27}$$

若电路在t_0瞬时换路，则响应 $r(t)$的三要素公式为

$$r(t)=r(\infty)+[r(t_{0+})-r(\infty)]e^{-\frac{1}{\tau}(t-t_0)} \quad t>t_0 \tag{9.28}$$

三要素法是由经典法总结出来的。利用三要素法分析直流一阶电路时，不需要列微分方程，这是它的最大优点，而只要求出三个要素，并代入式(9.26)或式(9.28)，即可求得响应 $r(t)$。三要素法是分析直流一阶电路常用的方法。

三要素法中初值的计算在第二节中已作了详细分析。终值即稳态值可应用直流电阻电路的计算方法，直流稳态电路中，C 相当于开路，L 相当于短路，故它是一个纯电阻性电路。时间常数 τ，对压源激励 $RC(RL)$串联电路，$\tau=RC(\tau=L/R)$，对任意结构的一阶 $RC(RL)$电路，可将 $C(L)$以外部分用戴维南等效电源替代，于是 τ 中的电阻为戴维南等效电源的内阻R_0，τ 存在于固有响应中，固有响应对应齐次微分方程，也即对应激励源为零的电路，因此也可以这样求 τ：先令电路中的独立源为零，然后将电路简化为 R、$C(R$、$L)$串联的单回路，则 $\tau=RC(\tau=L/R)$。例如计算图 9.16(a)的时间常数 τ 时，可画出 τ 的计算电路如图 9.16(b)所示，简化为图 9.16(c)，图 9.16(c)中的R_0为

$$R_0=(R_1/\!/R_2)+R_3=\frac{R_1R_2}{R_1+R_2}+R_3=\frac{R_1R_2+R_2R_3+R_3R_1}{R_1+R_2}$$

于是
$$\tau = L/R_0 = \frac{(R_1+R_2)L}{R_1R_2+R_2R_3+R_3R_1}$$

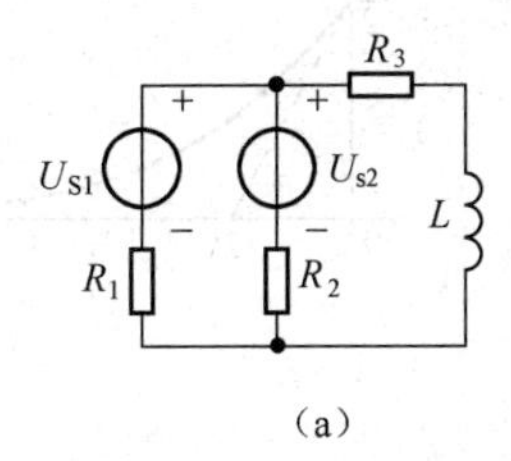

(a)

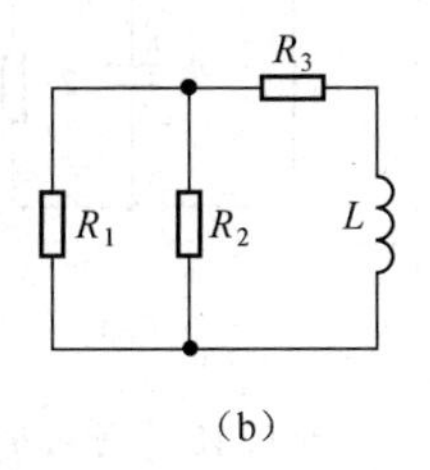

(b)

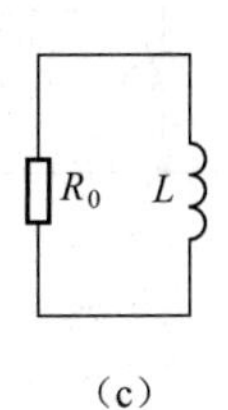

(c)

图 9.16　τ 的计算电路

根据三要素法公式(9.27)，不难画出 $u(t)$ 和 $i(t)$ 的波形，它们均从其初始值开始按指数规律 $e^{-\frac{t}{\tau}}$ 变化到其终值。

【例 9.5】 写出图 9.17(a)、(b)所示波形的 $i(t)$ 表达式。

解 图 9.17(a)中：

$$i(0_+) = -5\text{A}$$
$$i(\infty) = 10\text{A}$$
$$\tau = 2\text{ms} = 2\times10^{-3}\text{s}$$
$$i(t) = i(\infty) + [i(0_+) - i(\infty)]e^{-\frac{1}{\tau}t} = 10 - 15e^{-500t}\text{A}\quad t>0$$

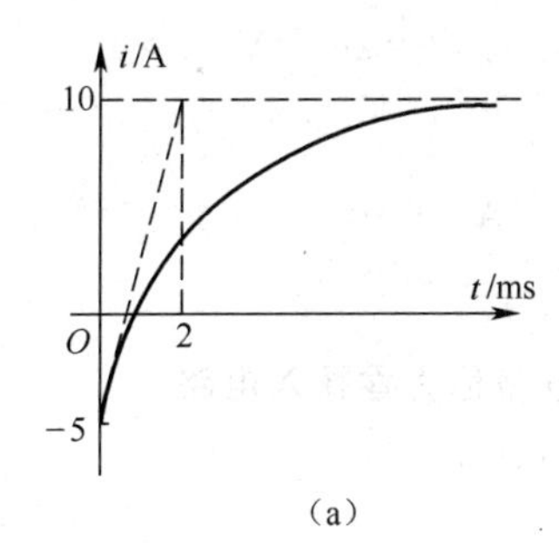

(a)

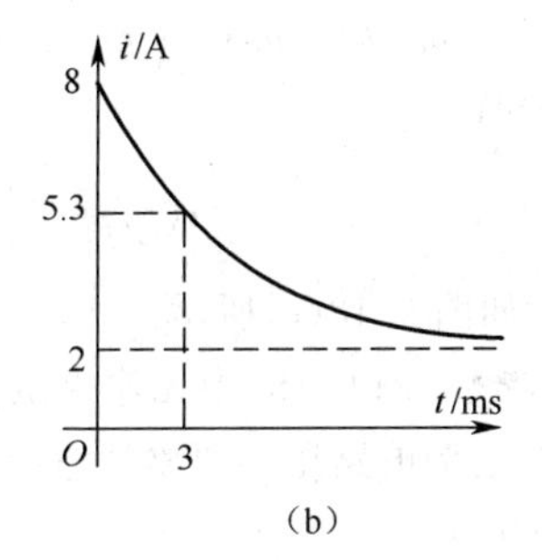

(b)

图 9.17　例 9.6 图

图 9.17(b)中：

$$i(0_+) = 8\text{A}$$
$$i(\infty) = 2\text{A}$$
$$i(t) = i(\infty) + [i(0_+) - i(\infty)]e^{-\frac{1}{\tau}t} = 2 + 6e^{-\frac{1}{\tau}t}\text{A}\quad t>0$$

由图 9.17(b)有

$$i(3) = 5.3\text{A}$$

故
$$i(3) = 2 + 6e^{-\frac{3}{\tau}} = 5.3$$
$$-\frac{3}{\tau} = \ln\frac{5.3-2}{6} = \ln\frac{3.3}{6}$$
$$\tau = \frac{-3}{\ln\frac{3.3}{6}} \approx 5\text{ms} = 5\times10^{-3}\text{s}$$

所以 $i(t) = 2 + 6e^{-200t}\text{A}\quad t>0$

【例 9.6】 图 9.18(a)，$t=0$ 时开关闭合，换路前电路已处稳态，试用三要素法求 $t>0$ 时的 $u_C(t)$ 和 $i(t)$，并画 $u_C(t)$ 波形。图中电阻单位为 Ω，电容为 F。

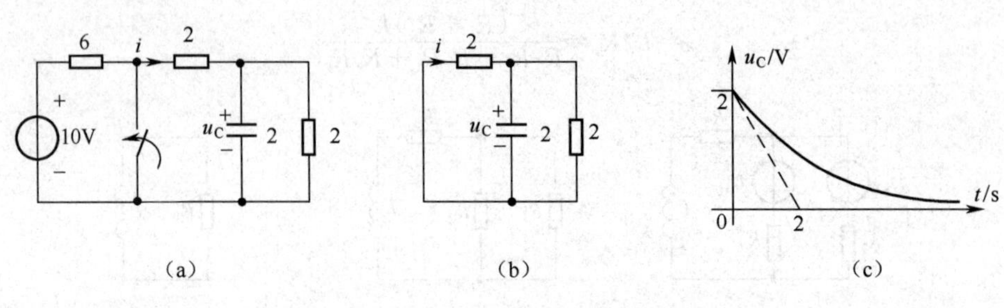

图 9.18 例 9.6 图

解 画出 $t>0$ 电路如图 9.18(b)所示,求 $u_C(t)$ 的三要素。

(1)求初值 $u_C(0_+)$。由 $t=0_-$ 电路可求得

$$u_C(0_-)=\frac{2}{6+2+2}\times 10\text{V}=2\text{V}$$

故

$$u_C(0_+)=u_C(0_-)=2\text{V}$$

(2)求终值 $u_C(\infty)$。由图 9.18(b)可见

$$u_C(\infty)=0$$

(3)求时间常数 τ

$$\tau=(2/\!/2)\times 2\text{s}=2\text{s}$$

(4)求 $u_C(t)$,$i(t)$

$$u_C(t)=u_C(\infty)+[u_C(0_+)-u_C(\infty)]\text{e}^{-\frac{1}{2}t}=2\text{e}^{-\frac{1}{2}t}\text{V}\quad t>0$$

由图 9.18(b)有

$$i(t)=-\frac{u_C(t)}{2}=-\text{e}^{-\frac{1}{2}t}\text{A}\quad t>0$$

画 $u_C(t)$ 波形如图 9.18(c)所示。

该例 $t>0$ 电路(见图 9.18)中无输入激励源,这种电路称为**零输入电路**。

【例 9.7】 对上例电路用三要素法直接求 $t>0$ 时的 $i(t)$。

解 (1)求 $i(0_+)$。

作 $t=0_+$ 电路如图 9.19(a)所示,图中电压源 $u_C(0_+)=u_C(0_-)=2\text{V}$。由图 9.19 可求得

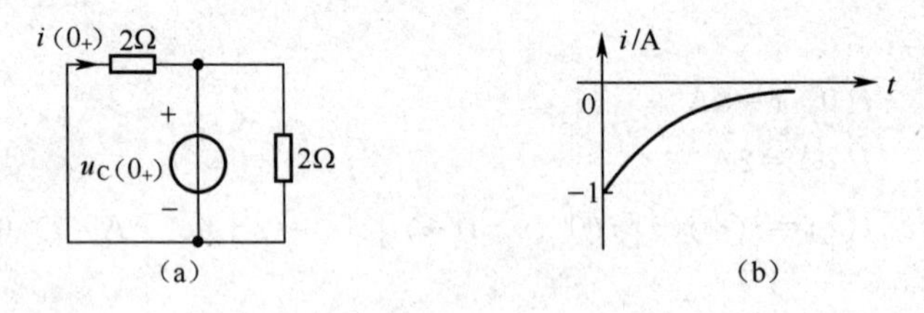

图 9.19 例 9.7 图

$$i(0_+)=-\frac{u_C(0_+)}{2}=-\frac{2}{2}\text{A}=-1\text{A}$$

(2)求 $i(\infty)$。由图 9.19(b)可见

$$i(\infty)=0$$

(3)求 τ。τ 同上例,即 $\tau=2\text{s}$。

(4)求 $i(t)$。

$$i(t)=i(\infty)+[i(0_+)-i(\infty)]\text{e}^{-\frac{1}{2}t}=-\text{e}^{-\frac{1}{2}t}\text{A}\quad t>0$$

它与上例求出的相同。

作 $i(t)$ 波形如图 9.19(b)所示

【例 9.8】 图 9.20(a)电路在换路前已稳定，$t=0$ 时换路，试求 $t>0$ 时的 $i_L(t)$、$i_1(t)$，并画出它们的波形。

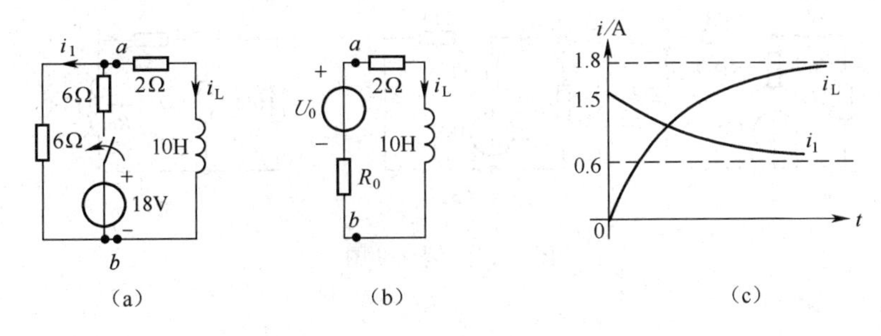

图 9.20 例 9.8 图

解 用戴维南定理将图 9.20(a)在 $t>0$ 时的电路等效为图 9.20(b)。图 9.20(b)中

$$U_0=\frac{6}{6+6}\times 18\text{V}=\frac{18}{2}\text{V}=9\text{V}$$

$$R_0=6/\!/6=3\Omega$$

(1)求 $i_L(t)$。

由图 9.20(a)电路可见 $i_L(0_-)=0$，故

$$i_L(0_+)=i_L(0_-)=0$$

由图 9.20(b)电路有

$$i_L(\infty)=\frac{U_0}{R_0+2}=\frac{9}{3+2}\text{A}=1.8\text{A}$$

$$\tau=\frac{10}{R_0+2}=\frac{10}{3+2}\text{s}=2\text{s}$$

$$i_L(t)=i_L(\infty)+[i_L(0_+)-i_L(\infty)]\text{e}^{-\frac{1}{\tau}t}=1.8(1-\text{e}^{-0.5t})\quad t>0$$

(2)求 $i_1(t)$。

由图 9.20(b)有

$$u_{ab}=U_0-R_0 i_L=9-3\times 1.8(1-\text{e}^{-0.5t})\text{V}=(3.6+5.4\text{e}^{-0.5t})\text{V}$$

或

$$u_{ab}=2\,i_L+10\frac{\text{d}i_L}{\text{d}t}=(3.6+5.4\text{e}^{-0.5t})\text{V}$$

返回到图 9.20(a)，则

$$i_1=\frac{u_{ab}}{6}=(0.6+0.9\text{e}^{-0.5t})\text{A}\quad t>0$$

【例 9.9】 直接用三要素法求上例的 $i_1(t)$。

解(1)求 $i_1(0_+)$。作 $t=0_+$ 电路如图 9.21(a)所示，因为 $i_L(0_+)=i_L(0_-)=0$，故 2Ω 电阻支路开路。

于是

$$i_1(0_+)=\frac{18}{6+6}\text{A}=1.5\text{A}$$

(2)求 $i_1(\infty)$。作 $t=\infty$ 电路(稳态电路)如图 9.21(b)所示，得

$$i_1(\infty)=\frac{18}{6+\frac{6\times 2}{6+2}}\times\frac{2}{6+2}\text{A}=0.6\text{A}$$

(3)求 τ。τ 的计算电路如图 9.21(c)所示

$$R_0=[2+(6/\!/6)]\Omega=5\Omega$$

$$\tau=\frac{10}{R_0}=\frac{10}{5}\text{s}=2\text{s}$$

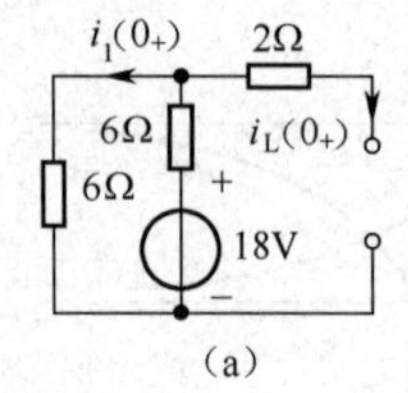

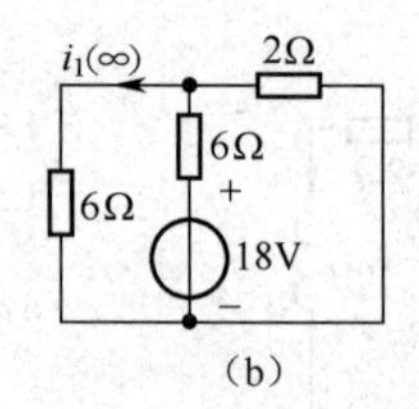

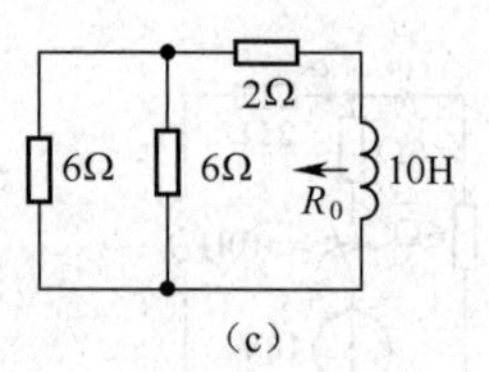

图 9.21　例 9.9 图

(4)求 $i_1(t)$

$$i_1(t)=i_1(\infty)+[i_1(0_+)-i_1(\infty)]e^{-\frac{t}{\tau}}=[0.6+(1.5-0.6)e^{-\frac{t}{\tau}}]\text{A}=(0.6+0.9e^{-0.5t})\text{A}$$

上两例电路中的初始状态 $i_L(0_+)=0$，这种初始状态为零的电路称为零状态电路。

【例 9.10】 图 9.22 电路，$t=0$ 是开关由 a 投向 b。试用三要素法求 $i(t)$、$i_L(t)$，并画出它们的波形图。设换路前电路已稳定。

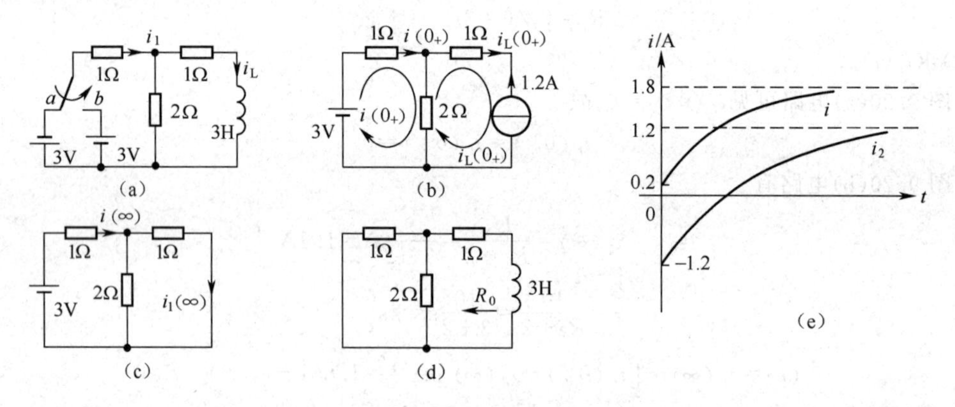

图 9.22　例 9.10 图

解　(1)求 $i_L(0_+)$ 和 $i(0_-)$。

换路前电路已处于稳态，电感相当于短路，故得

$$i_L(0_-)=-\frac{3}{1+\frac{1\times2}{1+2}}\times\frac{2}{1+2}\text{A}=-\frac{6}{5}\text{A}=-1.2\text{A}$$

$$i_L(0_+)=i_L(0_-)=-1.2\text{A}$$

$t=0_+$ 电路如图 9.22(b)所示，其中电感相当于 1.2A 的电流源。用网孔电流法可得

$$3i(0_+)-2i_L(0_+)=3$$

即

$$3i(0_+)+1.2\times2=3$$

$$i(0_+)=\frac{3-2.4}{3}\text{A}=0.2\text{A}$$

(2)求 $i_L(\infty)$ 和 $i(\infty)$：

$t=\infty$ 电路如图 9.21(c)所示，其中电感相当于短路，由此可得

$$i(\infty)=\frac{3}{1+\frac{2\times1}{2+1}}\text{A}=1.8\text{A}$$

$$i_L(\infty)=\frac{2}{2+1}\times1.8\text{A}=1.2\text{A}$$

(3)求 τ：

τ 的计算电路如图 9.22(d)所示，由此可得

$$R_0=1+\frac{2\times1}{2+1}\Omega=\frac{5}{3}\Omega$$

$$\tau=\frac{L}{R_0}=3\times\frac{3}{5}\text{s}=\frac{9}{5}\text{s}=1.8\text{s}$$

(4)求 $i(t)$ 和 $i_L(t)$。由三要素公式有

$$i(t)=i(\infty)+[i(0_+)-i(\infty)]\text{e}^{-\frac{1}{\tau}t}=(1.8-1.6\text{e}^{-\frac{1}{\tau}t})\text{A}\quad t>0$$

$$i_L(t)=i_L(\infty)+[i_L(0_+)-i_L(\infty)]\text{e}^{-\frac{1}{\tau}t}=(1.2-2.4\text{e}^{-\frac{1}{\tau}t})\text{A}\quad t>0$$

(5)画 $i(t)$ 和 $i_L(t)$ 的波形。$i(t)$、$i_L(t)$ 波形如图 9.22(e)所示。

【例 9.11】 图 9.23(a)电路，电容原未充电，$t=0$ 是开关接至 1 点，$t=20$ms 时，开关换至 2 点，试求 $t>0$ 时的 $u_C(t)$、$i_C(t)$，并画出的它们的波形。

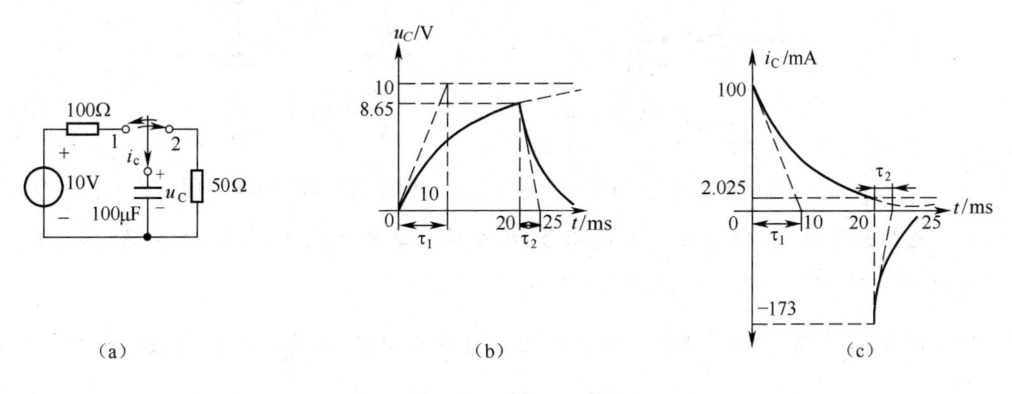

(a)　　(b)　　(c)

图 9.23　例 9.11 图

解　(1)$0<t<0.02$s：

由图 9.23(a)可见，这时电容为零状态电路，其瞬态过程为电容的充电过程。

$$u_C(0_+)=u_C(0_-)=0$$

$$u_C(\infty)=10\text{V}$$

$$\tau_1=100\times100\times10^{-6}=10^{-2}\text{s}=10\text{ms}$$

$$u_C=u_C(\infty)+[u_C(0_+)-u_C(0_-)]\text{e}^{-\frac{1}{\tau}t}=u_C(\infty)\text{e}^{-\frac{1}{\tau}t}=10(1-\text{e}^{-100t})\text{V}$$

$$i_C=C\frac{\text{d}u_C}{\text{d}t}=0.1\text{e}^{-100t}\text{A}=100\text{e}^{-100t}\text{mA}$$

或

$$i_C=\frac{10-u_C}{100}=0.1\text{e}^{-100t}\text{A}=100\text{e}^{-100t}\text{mA}$$

$t=0.02_-$ s 时

$$u_C(0.02_-)=10(1-\text{e}^{-100\times0.02})=8.65\text{V}$$

$$i_C(0.02_-)=100\text{e}^{-100\times0.02}=100\text{e}^{-2}=13.5\text{mA}$$

(2)$t>0.02$s 时。这时电路为零输入电路，其瞬态过程为电容的放电过程。换路时间 $t_0=0.02$s，因此应该用式(9.25)所示的三要素法公式进行分析。

$u_C(0.02_+)=u_C(0.02_-)=8.65\text{V}$

$u_C(\infty)=0$

$\tau_2=50\times100\times10^{-6}=5\times10^{-3}\text{s}=5\text{ms}$

$$u_C=u_C(\infty)+[u_C(0.02_+)-u_C(\infty)]e^{-\frac{t-t_0}{\tau_2}}=u_C(0.02_+)e^{-\frac{t-t_0}{\tau_2}}=8.65e^{-200(t-0.02)}\text{V}$$

$$i_C=-\frac{u_C}{50}=-0.173e^{-200(t-0.02)}\text{A}=-173e^{-200(t-0.02)}\text{mA}$$

$i_C(0.02_+)=-173\text{mA}$

(3)$u_C(t)$、$i_C(t)$波形。$u_C(t)$和$i_C(t)$的波形如图 9.23(b)和(c)所示，由图可见：①两次换路时，u_C均不跃变，而i_C跃变；②因为$\tau_1>\tau_2$，故电容充电过程变化慢，而放电过程变化快。

思考与练习题

9.8 电路如图 9.24，开关在 $t=0$ 时闭合，闭合前电路处于稳态。求 $i(t)$，并画出波形图。

9.9 绘出图 9.25 所示电路开关闭合后 a 点电位的波形，写出$u_a(t)$的表示式。($6-9e^{-t/RC}$V)

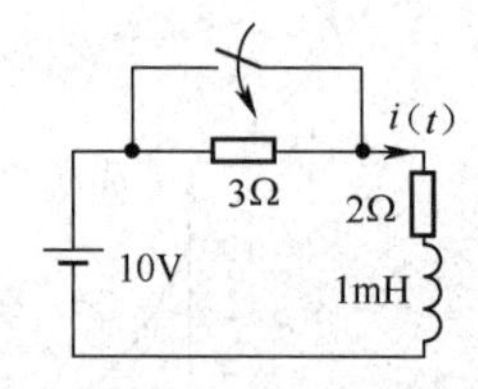

图 9.24 练习题 9.8 图

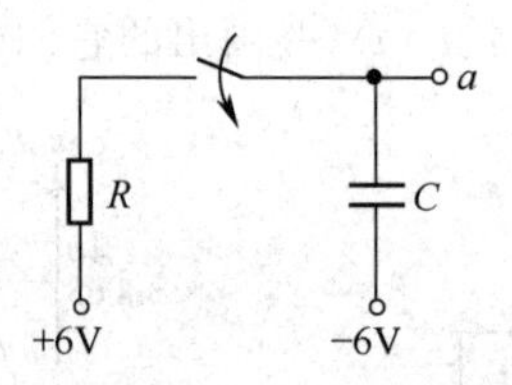

图 9.25 练习题 9.9 图

9.10 电路如图 9.26，开关在 $t=0$ 时闭合，闭合前电路处于稳态，求 $t>0$ 时的$u_C(t)$和 $i(t)$。($18.75+11.25e^{-10^6t/3}$V，$2.1875+2.8125e^{-10^6t/3}$A)

9.11 图 9.27 电路，设电感原无贮能。$t=0$ 时开关S_1闭合，经$\frac{1}{30}s$ 时间，开关S_2闭合。求 $t>0$ 时的$i_L(t)$、$u_L(t)$和$i_1(t)$，并绘出它们的波形。

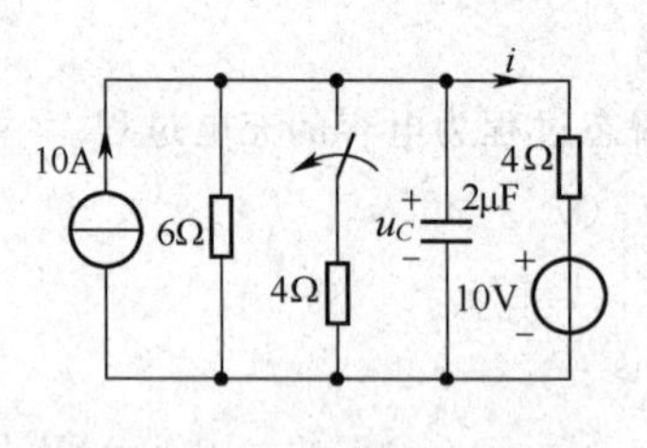

图 9.26 练习题 9.10 图

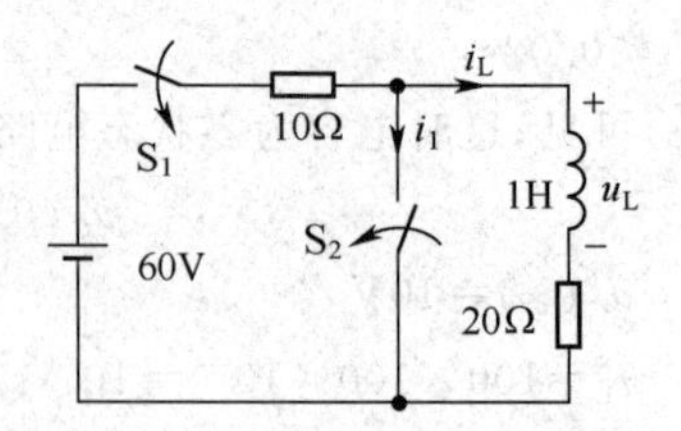

图 9.27 练习题 9.11 图

9.5 零输入响应、零状态响应

9.5.1 零输入响应

动态电路在没有输入激励情况下所产生的响应，称为**零输入响应**，对应电路称为**零输入电路**。零输入响应是仅仅由于非零初始状态[$u_C(0_+)\neq0$、$i_L(0_+)\neq0$]所引起的，也即由初始时刻电容中电场的贮能和电感中磁场的贮能所引起的。如果在初始时刻贮能为零，那么在没有电源作用的情况下，电路的响应也为零。例 9.6 所示 $t>0$ 时的 RC 电路[见图 9.18(b)]为零输入电路，该电路的响应即为零输入响应。

直流一阶电路的零输入响应仍可用三要素法计算，由于零输入电路中无输入激励，故稳态响应分量为零，即终值为零，因此式(9.26)所示的三要素公式变为

$$r(t)=r(0_+)\mathrm{e}^{-\frac{1}{\tau}t} \quad t>0 \tag{9.29}$$

式(9.29)中，响应初值可由 $t=0_+$ 电路求得。$t=0_+$ 电路中的激励源仅有 $u_C(0_+)$ 或 $i_L(0_+)$，根据线性电路激励与响应呈线性关系的特点，$r(0_+)$ 正比于 $u_C(0_+)$ 或 $i_L(0_+)$。由此可见，零输入响应与非零初始状态 $u_C(0_+)$ 或 $i_L(0_+)$ 成正比，这一关系称为**零输入比例性**，即若初始状态增加 α 倍，则零输入响应也相应地增大 α 倍。

【例 9.12】 图 9.28(a)电路，$t=0$ 时 S_1 开，S_2 合，求 $t>0$ 时的 $i_L(t)$ 和 $u_L(t)$。换路前电路已稳定。

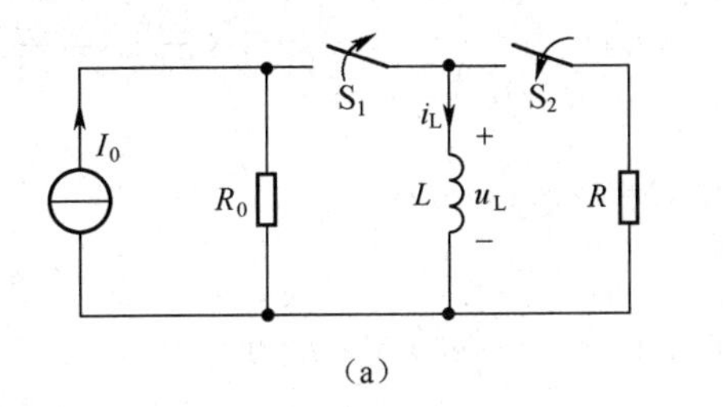

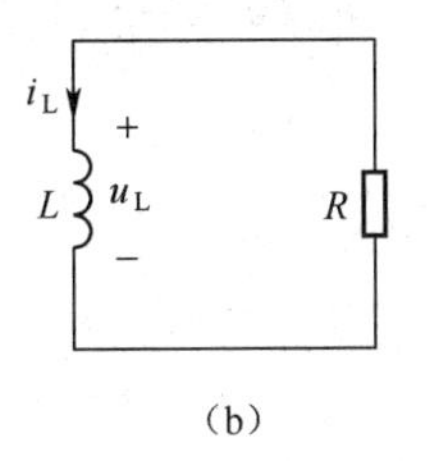

图 9.28 例 9.12 图

解 换路前，$i_L(0_-)=I_0$。换路后的电路如图 9.28(b)所示，它是一个零输入电路。由换路定律，$i_L(0_+)$ 为

$$i_L(0_+)=i_L(0_-)=I_0$$

时间常数

$$\tau=\frac{L}{R}$$

根据式(9.29)，$i_L(t)$ 为

$$i_L(t)=i_L(0_+)\mathrm{e}^{-\frac{1}{\tau}t}=I_0\mathrm{e}^{-\frac{R}{L}t} \quad t>0$$

由图 9.29(b)可得

$$u_L(t)=-Ri_L=-R_0I_0\mathrm{e}^{-\frac{R}{L}t} \quad t>0$$

由上两式可见，零入响应 $i_L(t)$ 均与初始状态 $i_L(0_+)=I_0$ 成正比。

【例 9.13】 图 9.29(a)电路中，各电阻单位为 Ω。$t=0$ 时开关打开，求 $t>0$ 时的 $u_{ab}(t)$。

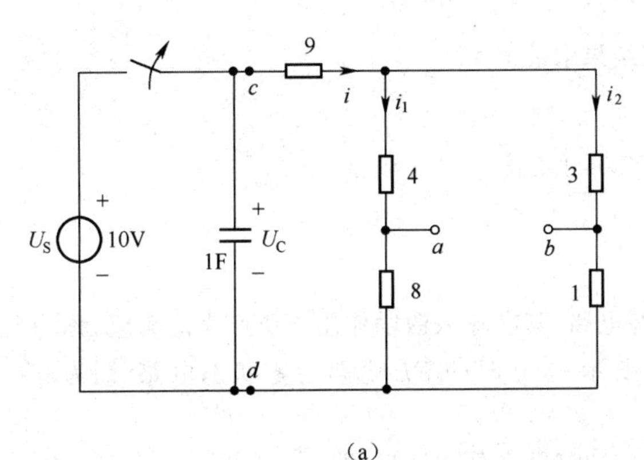

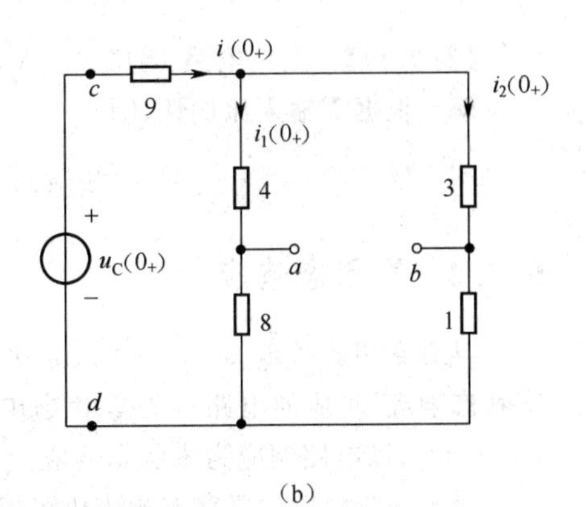

图 9.29 例 9.13 图

解 1 直接由三要素法求$u_{ab}(t)$。由图 9.29(a)有$u_C(0_-)=10\text{V}$,因此

$$u_C(0_+)=u_C(0_-)=10\text{V}$$

(1)求$u_{ab}(0_+)$。作 $t=(0_+)$电路如图 9.29(b)所示。由图 9.29(b)可求得

$$R_{cd}=9+\frac{(4+8)(3+1)}{4+8+3+1}\Omega=12\Omega$$

$$i(0_+)=\frac{u_C(0_+)}{R_{cd}}=\frac{10}{12}=\frac{5}{6}\text{A}$$

$$i_1(0_+)=\frac{3+1}{8+4+3+1}\times i(0_+)=\frac{4}{16}\times\frac{5}{6}\text{A}=\frac{5}{24}\text{A}$$

$$i_2(0_+)=\frac{8+4}{8+4+3+1}\times i(0_+)=\frac{12}{16}\times\frac{5}{6}\text{A}=\frac{15}{24}\text{A}$$

$$u_{ab}(0_+)=-4\,i_1(0_+)+3\,i_2(0_+)=\left(-4\times\frac{5}{24}+3\times\frac{15}{24}\right)\text{A}=\frac{25}{24}\text{A}$$

(2)求 τ

$$\tau=R_{cd}C=12\times1\text{s}=12\text{s}$$

(3)求$u_{ab}(t)$

$$u_{ab}(t)=u_{ab}(0_+)\text{e}^{-\frac{1}{\tau}t}=\frac{25}{24}\text{e}^{-\frac{1}{12}t}\text{V}\quad t>0$$

解 2 先求$u_C(t)$,再由$u_C(t)$求$u_{ab}(t)$。

$$u_C(0_+)=u_C(0_-)=10\text{V}$$

R_{cd}和 τ 的求法同解 1

$$\tau=R_{cd}C=12\text{s}$$

于是$u_C(t)=10\text{e}^{-\frac{1}{12}t}\text{V}\quad t>0$

由图 9.29(a)开关打开的情况有

$$i(t)=\frac{u_C(t)}{R_{cd}}=\frac{5}{6}\text{e}^{-\frac{1}{12}t}\text{A}\quad t>0$$

$$i_1(t)=\frac{4}{12+4}i(t)=\frac{5}{24}\text{e}^{-\frac{1}{12}t}\text{A}\quad t>0$$

$$i_2(t)=\frac{12}{12+4}i(t)=\frac{12}{24}\text{e}^{-\frac{1}{12}t}\text{A}\quad t>0$$

故得

$$u_{ab}(t)=-4\,i_1+3\,i_2=\frac{25}{24}\text{e}^{-\frac{1}{12}t}\text{V}\quad t>0$$

【例 9.14】 上例电路,若$U_s=12\text{V}$,试根据上例结果求$u_{ab}(t)$。

解 根据零输入比例性,则

$$u_{ab}(t)=\frac{12}{10}\times\frac{25}{24}\text{e}^{-\frac{1}{12}t}\text{V}=1.25\text{e}^{-\frac{1}{12}t}\text{V}$$

9.4.2 零状态响应

具有零初始状态[$u_C(0_+)=0$、$i_L(0_+)=0$]的动态电路,其在输入激励作用下所产生的响应,称为**零状态响应**,对应的电路称为**零状态电路**。例 9.8 所示 $t>0$ 时的 RL 电路为零状态电路[因为 $i_L(0_+)=0$],该电路响应为零状态响应。

直流一阶电路的零状态响应仍可用式(9.26)所示的三要素公式计算,即

$$r(t)=r(\infty)+[r(0_+)-r(\infty)]\text{e}^{-\frac{1}{\tau}t}\quad t>0$$

若零状态响应为$u_C(t)$和$i_L(t)$,则由于$u_C(0_+)=0$ 和$i_L(0_+)=0$,于是式(9.26)变为

$$u_C(t)=u_C(\infty)(1-e^{-\frac{1}{\tau}t})\quad t>0 \tag{9.30}$$

或

$$i_L(t)=i_L(\infty)(1-e^{-\frac{1}{\tau}t})\quad t>0 \tag{9.31}$$

需要指出,式(9.30)和(9.31)只能分别用于计算零状态时的电容电压和电感电流,至于其他的零状态响应,则必须用式(9.26)计算。这是因为零状态电路的初始值,仅$u_C(0_+)=0$、$i_L(0_+)=0$,而其他量的初值,例如$i_C(0_+)$、$u_L(0_+)$、$i_R(0_+)$等,并不一定为零。

零状态响应稳定值 $r(\infty)$和初值 $r(0_+)$所对应的电路(稳态电路和初始电路)中,只有输入激励源,根据线性电路响应与激励呈线性关系的特点,故 $r(\infty)$和 $r(0_+)$均与输入激励成线性关系,因此,任何零状态响应 $r(t)$与输入激励成线性关系,称为**零状态线性**。若电路中仅有一个输入激励源,则零状态响应与该激励成正比关系,称为**零状态比例性**。

【例 9.15】 图 9.30(a)电路,$t=0$ 时开关闭合,$i_L(0_-)=0$。试求 $t>0$ 时的$i_L(t)$。

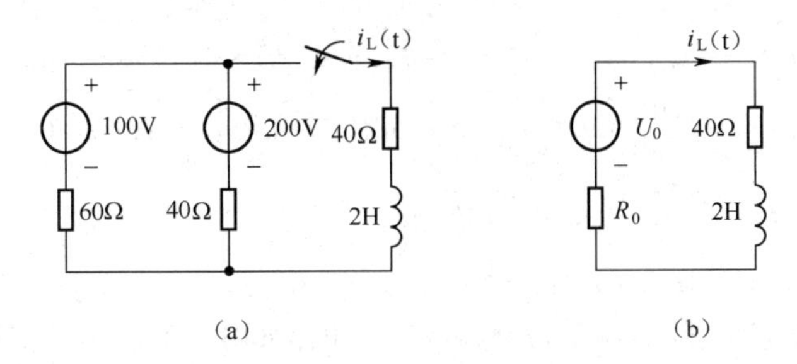

图 9.30　例 9.15 图

解　用戴维南定理将图 9.30(a)在 $t>0$ 时的电路等效为图 9.30(b),图 9.30(b)中等效电源的U_0和R_0分别为

$$U_0=\left(100+60\times\frac{200-100}{60+40}\right)\text{V}=160\text{V}$$

和

$$R_0=60\,/\!/\,40=\frac{60\times 40}{60+40}\Omega=24\Omega$$

图 9.30(b)中,

$$i_L(0_+)=i_L(0_-)=0$$

$$i_L(\infty)=\frac{U_0}{R_0+40}=\frac{160}{64}\text{A}=2.5\text{A}$$

$$\tau=\frac{U_0}{R_0+40}=\frac{1}{32}\text{s}$$

于是

$$i_L(t)=i_L(\infty)(1-e^{-\frac{1}{\tau}t})=2.5(1-e^{-32t})\text{A}\quad t>0$$

【例 9.16】 上例电路,若 200V 电压源改为 300V,试根据上例结果求 $t>0$ 时的$i_L(t)$。

解　这时图 9.30(b)中的U_0为

$$U_0=100+60\times\frac{300-100}{60+40}=220\text{V}$$

它是上例U_0的 220/160 倍,根据零状态比例性,故

$$i_L(t)=\frac{220}{160}\times 2.5(1-e^{-32t})\text{A}\approx 3.44(1-e^{-32t})\text{A}\quad t>0$$

【例 9.17】 图 9.31(a)电路,换路前电路已处于稳态,$t=0$ 时,开关打开,求 $t>0$ 时的$i_C(t)$和$i_1(t)$。

解 1　先求$u_C(t)$,再据$u_C(t)$求$i_C(t)$和$i_1(t)$

$$u_C(0_+)=u_C(0_-)=0$$

$$u_C(\infty)=\frac{5}{5+(3+2)}\times 6\times 2\text{V}=6\text{V}$$

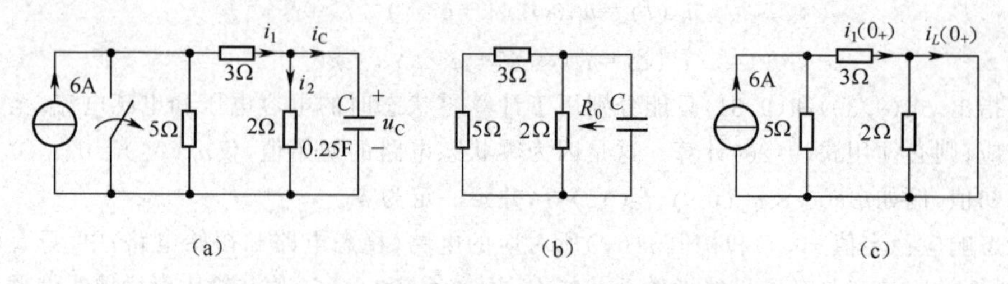

图 9.31　例 9.17 图

τ 的计算电路如图 9.31(b)所示

$$\tau=R_0C=(2/\!/8)\times0.25\text{s}=1.6\times0.25\text{s}=0.4\text{s}$$

于是可得

$$u_C(t)=u_C(\infty)(1-e^{-\frac{1}{\tau}t})=6(1-e^{-\frac{1}{0.4}t})=6(1-e^{-2.5t})\text{V}\quad t>0$$

$$i_C(t)=C\frac{du_C}{dt}=0.25\times6\times2.5e^{-2.5t}=3.75e^{-2.5t}\text{A}\quad t>0$$

$$i_2(t)=\frac{u_C(t)}{2}=3(1-e^{-2.5t})\text{A}\quad t>0$$

$$i(t)=i_C(t)+i_2(t)=3+0.75e^{-2.5t}\text{A}\quad t>0$$

解 2　直接用三要素法求 $i_C(t)$ 和 $i_1(t)$ 画出 $t=0_+$ 电路如图 9.31(c)所示，可求得

$$i_1(0_+)=i_c(0_+)=\frac{5}{5+3}\times6A=3.75\text{A}$$

由图 9.31(a)的稳态电路有

$$i_C(\infty)=0$$

$$i_1(\infty)=\frac{5}{5+(3+2)}\times6\text{A}=3\text{A}$$

时间常数 τ 的计算同解 1

$$\tau=0.4\text{s}$$

根据式(9.26)，则

$$i_C(t)=i_C(\infty)+[i_C(0_+)-i_C(\infty)]e^{-\frac{1}{\tau}t}=3.75e^{-2.5t}\text{A}\quad t>0$$

$$i_1(t)=i_1(\infty)+[i_1(0_+)-i_1(\infty)]e^{-\frac{1}{\tau}t}=3+(3.75-3)e^{-2.5t}=3+0.75e^{-2.5t}\text{A}\quad t>0$$

【例 9.18】　图 9.32(a)电路，电容源未充电，$t=0$ 时开关闭合，求 $t>0$ 时的 $u_1(t)$。

解　(1)求 $u_1(0_+)$。作 $t=0_+$ 电路如图 9.32(b)所示，因为 $u_C(0_+)=u_C(0_-)=0$，故 C 相当于短路。用节点电压法求 $u_1(0_+)$

$$\left(\frac{1}{4}+\frac{1}{4}+\frac{1}{2}\right)u_1(0_+)=\frac{10}{4}$$

即

$$u_1(0_+)=\frac{10}{4}\text{V}=2.5\text{V}$$

(2)求 $u_1(\infty)$。作 $t=\infty$ 电路如图 9.32(c)所示，由节点分析法有

$$\left(\frac{1}{4}+\frac{1}{4}\right)u_1(\infty)=\frac{10}{4}-u_1(\infty)$$

于是

$$u_1(\infty)=1\text{V}$$

(3)求 τ。$\tau=R_0C$，R_0 的计算电路如图 9.32(d)所示，由伏安法计算。设 u，于是有

$$i=i_1+2u_1=i_1+2\times2i_1=5i_1=5\times\frac{u}{2+2}=\frac{5}{4}u$$

故
$$R_0=\frac{u}{i}=\frac{4}{5}\Omega=0.8\Omega$$
$$\tau=R_0C=0.8\times500\times10^{-6}\text{ s}=4\times10^{-4}\text{ s}$$

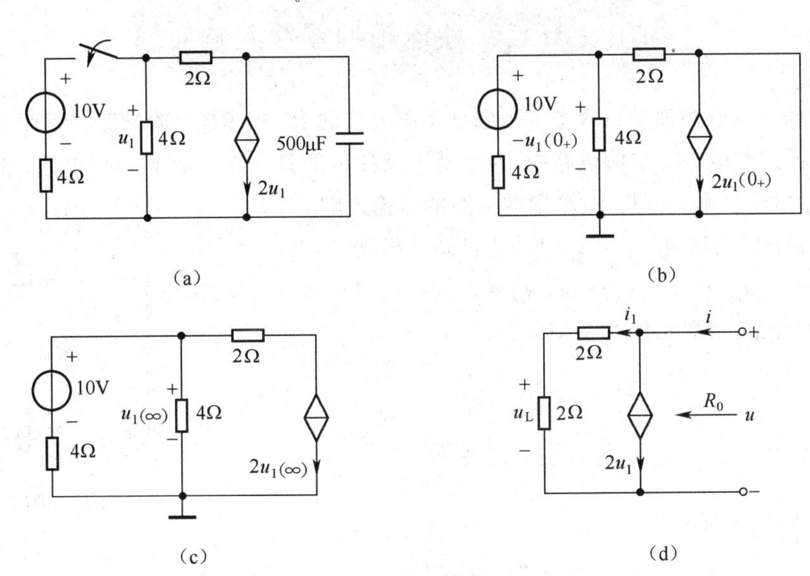

图 9.32　例 9.18 图

(4)求 u_1

$$u_1(t)=u_1(\infty)+[u_1(0_+)-u_1(\infty)]e^{-\frac{1}{\tau}t}=1+1.5e^{-2\,500t}\text{ V}\quad t>0$$

思考与练习题

9.12　电路如图 9.33，$t=0$ 时开关打开，换路前电路已处稳态，求 $t>0$ 时的 $i(t)$。($2e^{-t/3}$ A)

9.13　电路如图 9.34，$t=0$ 时开关由 a 换接至 b，换路前电路已处稳态，求 $t>0$ 时各电流。($i_L=e^{-10t}$ A)

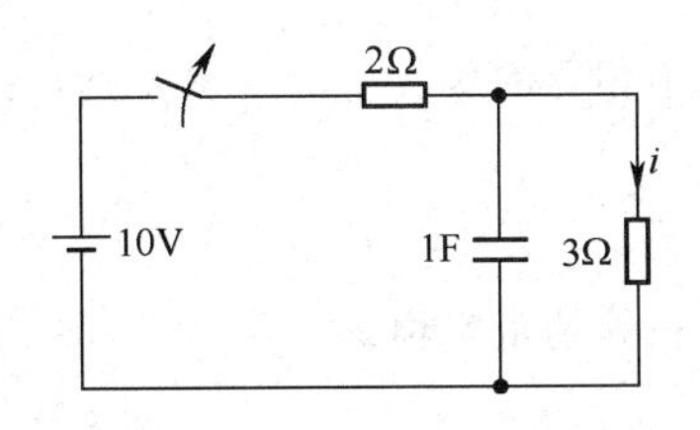

图 9.33　练习题 9.12 图

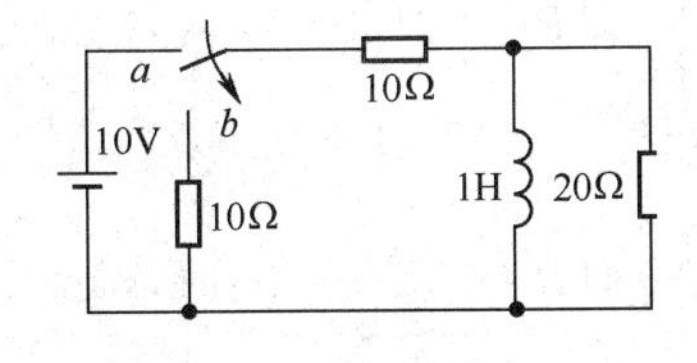

图 9.34　练习题 9.13 图

9.14　电路如图 9.35，$t=0$ 时开关闭合，$i_L(0_-)=0$，试求 $t>0$ 时的 $u_L(t)$、$i_L(t)$、$i(t)$ 和 $i_1(t)$。[$i_L=1.6(1-e^{-10t})$ A]

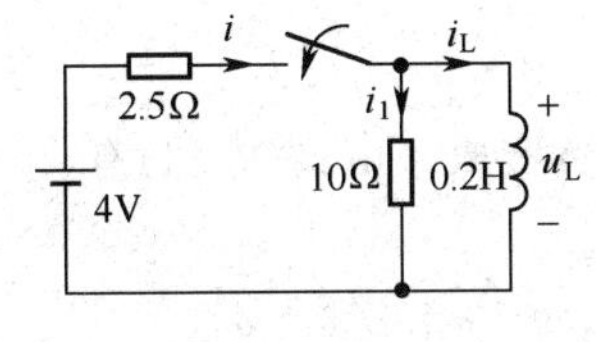

图 9.35　练习题 9.14 图

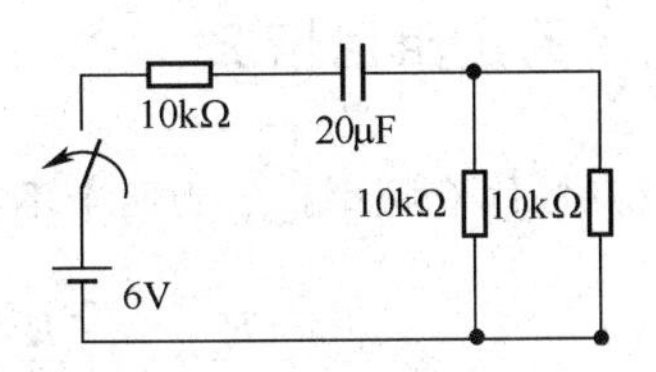

图 9.36　练习题 9.15 图

9.15 电路如图 9.36，$t=0$ 时开关闭合。在闭合前电容无贮能，试求 $t>0$ 时，电容电压 $u_C(t)$ 以及各电流。

9.6 RLC 串联电路的零输入响应

前面讨论的动态电路都是只含有一个独立动态元件的 RL 或 RC 一阶电路。下面介绍含有两个独立动态元件的二阶电路。二阶电路中，两个动态元件可能是一个电容和一个电感，或两个独立电容，或两个独立电感。本节分析 RLC 串联电路的零输入响应。

图 9.37，$t=0$ 时换路，$i(0_-)$、$u_C(0_-)$ 为已知。根据 KVL

$$u_R(t)+u_L(t)+u_C(t)=0 \quad t>0 \tag{9.32}$$

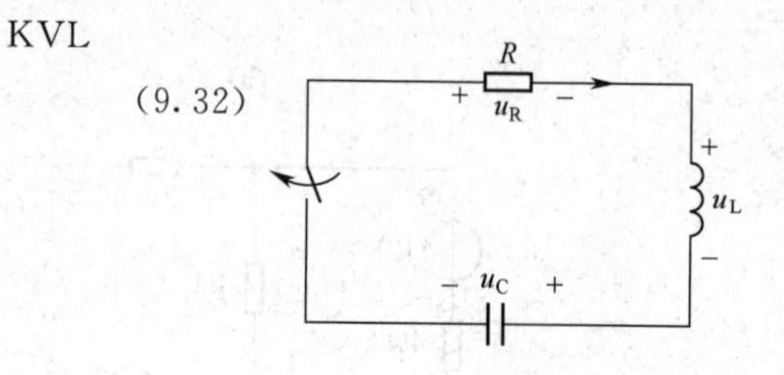

图 9.37 *RLC* 串联电路

以 $u_C(t)$ 为变量，根据元件的 VAR，于是

$$u_R(t)=Ri=RC\frac{du_C}{dt}$$

$$u_L(t)=L\frac{d_i}{d_t}=LC\frac{d^2u_C}{dt^2}$$

将它们代入式(9.32)，得

$$LC\frac{d^2u_C}{dt^2}+RC\frac{du_C}{dt}+u_C=0 \quad t>0 \tag{9.33}$$

这是一个二阶常系数线性齐次微分方程，其解的形式，由特征方程根的性质确定。式(9.33)的特征方程为

$$LCs^2+RCs+1=0$$

其根有两个，即

$$s_{1,2}=-\frac{R}{2L}\pm\sqrt{\left(\frac{R}{2L}\right)^2-\frac{1}{LC}} \tag{9.34}$$

由上式可见，特征根 s_1、s_2 由电路本身固有参数 R、L、C 的数值所决定。s_1、s_2 具有频率量纲，称为电路的固有频率。固有频率 s_1 和 s_2 可出现三种不同的情况：

(1) $\frac{R}{2L}>\frac{1}{\sqrt{LC}}$ 即 $R>2\sqrt{\frac{L}{C}}=2\rho$ 时，s_1、s_2 为两个不相等的负实根。式中 $\rho=\sqrt{\frac{L}{C}}$ 为图 9.37 所示电路的特性阻抗；

(2) $\frac{R}{2L}=\frac{1}{\sqrt{LC}}$ 即 $R=2\sqrt{\frac{L}{C}}=2\rho$ 时，s_1、s_2 为两个相等的负实根；

(3) $\frac{R}{2L}<\frac{1}{\sqrt{LC}}$ 即 $R<2\sqrt{\frac{L}{C}}=2\rho$ 时，s_1、s_2 为一对共轭复根。

下面对上述三种情况进行讨论。均假设 $u_C(0_-)=U_0$，$i_L(0_-)=0$。

9.6.1 $R>2\sqrt{\frac{L}{C}}$ 的过阻尼情况

$R>2\sqrt{\frac{L}{C}}=2\rho$ 时，固有频率 s_1、s_2 为两个不相等的负实根。由式(9.34)有

$$s_{1,2}=-\frac{R}{2L}\pm\sqrt{\left(\frac{R}{2L}\right)^2-\frac{1}{LC}}=-\alpha\pm\sqrt{\alpha^2-\omega_0^2}$$

式中，$\alpha=R/2L,\omega_0=1/\sqrt{LC}$。于是

$$s_1=-\alpha+\sqrt{\alpha^2-\omega_0^2}=-\alpha_1$$

$$s_2=-\alpha-\sqrt{\alpha^2-\omega_0^2}=-\alpha_2$$

式中α_1、α_2均为正实数，且$\alpha_1<\alpha_2$。式(9.33)的解为

$$u_C(t)=K_1\mathrm{e}^{-\alpha_1 t}+K_2\mathrm{e}^{-\alpha_2 t}\quad t>0 \tag{9.35}$$

对上式求导一次得

$$u'_c(t)=\frac{\mathrm{d}u_C}{\mathrm{d}t}=-\alpha_1K_1\mathrm{e}^{-\alpha_1 t}-\alpha_2K_2\mathrm{e}^{-\alpha_2 t}\quad t>0 \tag{9.36}$$

由初始条件$u_C(0_+)$和$u'_C(t)$可定积分常数K_1、K_2。由换路定律有

$$u_C(0_+)=u_C(0_-)=U_0$$

根据电容的VAR，$i_C(t)=C\dfrac{\mathrm{d}u_C}{\mathrm{d}t}$，于是

$$u'_C(t)=\frac{i_C(0_+)}{C}=\frac{i(0_+)}{C}=\frac{i(0_-)}{C}=0$$

$t=0_+$代入式(9.35)和(9.36)，并考虑到$u_C(0_+)=U_0$和$u'_C(0_+)=0$，于是得到

$$K_1+K_2=U_0$$

$$-\alpha_1K_1-\alpha_2K_2=0$$

联立上两方程，解得

$$K_1=\frac{\alpha_2}{\alpha_2-\alpha_1}U_0,\ K_2=\frac{-\alpha_1}{\alpha_2-\alpha_1}U_0$$

将K_1、K_2值代入式(9.35)，得到

$$u_C(t)=\frac{U_0}{\alpha_2-\alpha_1}(\alpha_2\mathrm{e}^{-\alpha_1 t}-\alpha_1\mathrm{e}^{-\alpha_2 t})\quad t>0 \tag{9.37}$$

电流

$$i(t)=C\frac{\mathrm{d}u_C}{\mathrm{d}t}=\frac{\alpha_1\alpha_2CU_0}{\alpha_2-\alpha_1}(\mathrm{e}^{-\alpha_2 t}-\mathrm{e}^{-\alpha_1 t})\quad t>0 \tag{9.38}$$

需要注意，式(9.37)和式(9.38)是在$u_C(0_+)=U_0$、$i(0_+)=0$的条件下得到的，若$i(0_+)\neq0$，则应由式(9.35)、式(9.36)重求K_1、K_2。

图9.38画出了$u_C(t)$和$i(t)$波形。式(9.37)和(9.38)中，由于$\alpha_1<\alpha_2$，$\mathrm{e}^{-\alpha_1 t}$比$\mathrm{e}^{-\alpha_2 t}$衰减得慢，故$u_C(t)$恒为正，$i(t)$恒为负。从图9.38看到，电容电压u_C从它的初始值U_0开始单调地下降，因此电容自始至终在放电，最后趋于零。电流的初始值和稳态值均为零，因此在某一时刻t_m，电流达到最大值，此时$\dfrac{\mathrm{d}i}{\mathrm{d}t}=0$，即

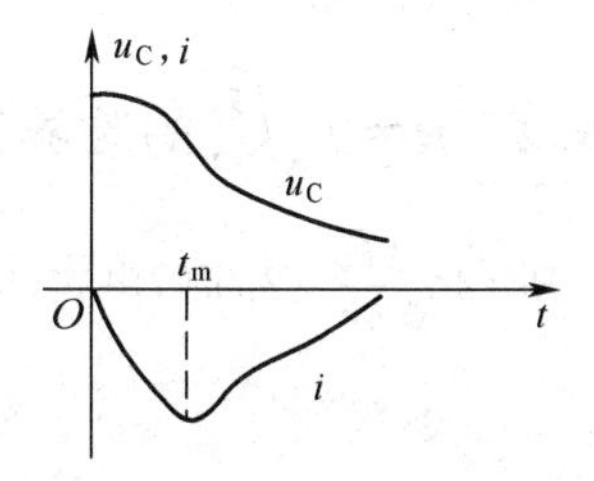

图9.38 临界阻尼u_C,t波形

$$\alpha_1\mathrm{e}^{-\alpha_1 t}-\alpha_2\mathrm{e}^{-\alpha_2 t}=0$$

或

$$\mathrm{e}^{(\alpha_2-\alpha_1)t}=\frac{\alpha_2}{\alpha_1}$$

故得

$$t=t_m=\frac{1}{\alpha_2-\alpha_1}\ln\frac{\alpha_2}{\alpha_1}$$

从$u_C(t)$、$i(t)$的波形可以看出电路中能量的转换过程。在$t<t_m$期间，u_C从U_0开始一直下降，i从零开始向它的负的最大值增加。因此在这个阶段，电容释放电场能量，一部分转化为电感中的磁场能量，并在t_m时达到最大值，另一部分转化为电阻中消耗的热能。在$t>t_m$期间，u_C继续单调下降，

i从负的最大值逐渐下降，直到u_C和i均下降到零值结束。在这个阶段内，电容和电感一起释放能量供给电阻消耗并转换为热能，直到耗尽为止。由于电路的电阻比较大($R>2\rho$)，电阻消耗能量迅速，因此不会出现电场能与磁场能反复不断的互相转换，所以整个过程为非振荡性的，称为**过阻尼情况**。

【例 9.19】 已知图 9.37 所示 RLC 串联电路中，$R=20\Omega, L=2\text{H}, C=\frac{1}{32}\text{F}, u_C(0_-)=3\text{V}, i(0_-)=0$，$t=0$ 时换路。求 $t>0$ 时的$u_C(t)$、$i(t)$、$u_L(t)$和$u_R(t)$。

解 $R=20\Omega>2\sqrt{\frac{L}{C}}=2\sqrt{\frac{2}{1/32}}\Omega=16\Omega$，因而电路为过阻尼情况。电路固有频率为

$$s_{1,2}=-\frac{R}{2L}\pm\sqrt{\left(\frac{R}{2L}\right)^2-\frac{1}{LC}}=-5\pm\sqrt{5^2-16}=-5\pm3=-\alpha_{1,2}$$

即
$$\alpha_1=2, \alpha_2=8$$
故
$$u_C(t)=K_1\text{e}^{-\alpha_1 t}+K_2\text{e}^{-\alpha_2 t}=K_1\text{e}^{-2t}+K_2\text{e}^{-8t} \quad t>0$$

$$\frac{\text{d}u_C}{\text{d}t}=-2\text{e}^{-2t}-8\text{e}^{-8t} \quad t>0$$

代入初始条件得

$$u_C(0_+)=u_C(0_-)=3\text{V}$$

$$u'_C(0_+)=\frac{i(0_+)}{C}=\frac{i(0_-)}{C}=0$$

于是
$$u_C(0_+)=K_1+K_2=3\text{V}$$
$$u'_c(0_+)=-2K_1-8K_2=0$$
可解得
$$K_1=4, K_2=-1$$
于是
$$u_C(t)=4\text{e}^{-2t}-\text{e}^{-8t}\text{V} \quad t>0$$

则有$i(t)=C\frac{\text{d}u_C}{\text{d}t}=\frac{1}{32}\times(-8\text{e}^{-2t}+8\text{e}^{-8t})=\left(-\frac{1}{4}\text{e}^{-2t}+\frac{1}{4}\text{e}^{-8t}\right)\text{A} \quad t>0$

$$u_R(t)=Ri=20\times\left(-\frac{1}{4}\text{e}^{-2t}+\frac{1}{4}\text{e}^{-8t}\right)=(-5\text{e}^{-2t}+5\text{e}^{-8t})\text{V} \quad t>0$$

$$u_L(t)=L\frac{\text{d}i}{\text{d}t}=2\times\left(\frac{1}{2}\text{e}^{-2t}-2\text{e}^{-8t}\right)=(\text{e}^{-2t}-4\text{e}^{-8t})\text{V} \quad t>0$$

9.6.2 $R=2\sqrt{\frac{L}{C}}$的临界阻尼情况

$R=2\sqrt{\frac{L}{C}}=2\rho$时，由式(9.34)有

$$s_1=s_2=-\frac{R}{2L}=-\alpha$$

s_1、s_2为两个相等的负实数。齐次微分方程(9.33)式之解为

$$u_C(t)=K_1\text{e}^{-\alpha t}+K_2t\text{e}^{-\alpha t} \quad t>0 \tag{9.39}$$

其一阶导数

$$u'_c(t)=-\alpha K_1\text{e}^{-\alpha t}+K_2\text{e}^{-\alpha t}-\alpha K_2t\text{e}^{-\alpha t} \quad t>0 \tag{9.40}$$

初始条件
$$u_C(0_+)=u_C(0_-)=U_0$$

$$u'_C(0_+)=\frac{i_C(0_+)}{C}=\frac{i(0_+)}{C}=\frac{i(0_-)}{C}=0$$

将初始条件代入式(9.39)、(9.40)，于是有

$$K_1=u_C(0_+)=U_0$$
$$-\alpha K_1+K_2=u'_C(0_+)=0$$

解得 $$K_1=U_0,K_2=\alpha U_0$$
故 $$u_C(t)=(1+\alpha t)U_0\mathrm{e}^{-\alpha t}\quad t>0$$

$$i(t)=C\frac{\mathrm{d}u_C}{\mathrm{d}t}=CU_0[\alpha\mathrm{e}^{-\alpha t}-\alpha(1+\alpha t)\mathrm{e}^{-\alpha t}]$$

$$=C\alpha^2U_0t\mathrm{e}^{-\alpha t}=-C\left(\frac{R}{2L}\right)^2U_0t\mathrm{e}^{-\alpha t}=-\frac{U_0}{L}t\mathrm{e}^{-\alpha t}$$

上两式是在$u_C(0_+)=U_0$、$i(0_+)=0$的条件下得到的，若$i(0_-)\neq0$，则需由式(9.39)和(9.40)重定积分常数。

$u_C(t)$、$i(t)$波形与图9.38所示的过阻尼情况的$u_C(t)$、$i(t)$波形基本相似，只是电流i的峰点要略迟一些出现，峰值要大一些，但电流经过峰值后衰减得稍快一些。这种情况的电路响应仍然是非振荡性的，但是如果电阻稍微减小以致$R<2\rho=2\sqrt{\frac{L}{C}}$，则响应将为振荡性的，因此称为**临界阻尼情况**。

【例9.20】　例9.19中改作$R=16\Omega$，$u_C(0_-)=3\text{V}$，$i_L(0_-)=0.1\text{A}$，其余条件不变，求$t>0$时的$u_C(t)$和$i(t)$。

解　由上例知$2\rho=2\sqrt{\frac{L}{C}}=16\Omega$，则有$R=2\rho$，因此为临界阻尼情况。电路固有频率为

$$s_{1,2}=-\alpha=-\frac{R}{2L}=-\frac{16}{2\times2}=-4$$

根据式(9.39)和(9.40)，故

$$u_C(t)=K_1\mathrm{e}^{-4t}+K_2t\mathrm{e}^{-4t}\quad t>0$$
$$u'_C(t)=-4K_1\mathrm{e}^{-4t}+K_2\mathrm{e}^{-4t}-4K_2t\mathrm{e}^{-4t}\quad t>0$$

代入初始条件得

$$u_C(0_+)=u_C(0_-)=3\text{V}$$
$$u'_C(0_+)=\frac{i_L(0_+)}{C}=\frac{i_L(0_-)}{C}=\frac{0.1}{1/32}\text{V/s}=3.2\text{V/s}$$

故有 $$u_C(0_+)=K_1=3$$
$$u'_C(0_+)=-4K_1+K_2=3.2$$

可得 $$K_1=3$$
$$K_2=3.2+4\times3=15.2$$

因此有

$$u_C(t)=3\mathrm{e}^{-4t}+15.2t\mathrm{e}^{-4t}\quad t>0$$
$$i(t)=C\frac{\mathrm{d}u_C}{\mathrm{d}t}=\frac{1}{32}\times(-12\mathrm{e}^{-4t}+15.2\mathrm{e}^{-4t}-60.8t\mathrm{e}^{-4t})\text{A}=(0.1\mathrm{e}^{-4t}-1.9t\mathrm{e}^{-4t})\text{A}\quad t>0$$

9.6.3　$R<2\sqrt{\frac{L}{C}}$的欠阻尼振荡情况

$R<2\sqrt{\frac{L}{C}}=2\rho$时，由式(9.34)有

$$s_{1,2}=-\frac{R}{2L}\pm\sqrt{\left(\frac{R}{2L}\right)^2-\frac{1}{LC}}=-\frac{R}{2L}\pm\mathrm{j}\sqrt{\frac{1}{LC}-\left(\frac{R}{2L}\right)^2}$$
$$=-\alpha\pm\mathrm{j}\sqrt{\omega_0^2-\alpha^2}=-\alpha\pm\mathrm{j}\,\omega_\mathrm{d}$$

式中，$\alpha=-R/2L$，$\omega_0=1/\sqrt{LC}$，$\omega_\mathrm{d}=\sqrt{\omega^2-\alpha^2}$由上可见，固有频率$s_1$、$s_2$为一对共轭负数，这时齐次微

分方程(9.33)式的解为

$$u_C(t)=\mathrm{e}^{-\alpha t}(K_1\cos\omega_d t+K_2\sin\omega_d t)\quad t>0 \tag{9.41}$$

上式也可写成

$$u_C(t)=K\mathrm{e}^{-\alpha t}\cos(\omega_d t-\theta)\quad t>0 \tag{9.42}$$

式中

$$K=\sqrt{K_1^2+K_2^2} \tag{9.43}$$

$$\theta=\arctan\frac{K_2}{K_1} \tag{9.44}$$

上两式中的K_1、K_2或K、θ由初始条件$u_C(0_+)$和$u'_C(0_+)$确定。下面分析式(9.41)。

对式(9.41)求导一次,得

$$u'_C(t)=-\alpha\mathrm{e}^{-\alpha t}(K_1\cos\omega_d t+K_2\sin\omega_d t)+\mathrm{e}^{-\alpha t}(-K_1\omega_d\sin\omega_d t+K_2\omega_d\cos\omega_d t)\quad t>0 \tag{9.45}$$

$t=0_+$代入式(9.41)和(9.45),并考虑到$u_C(0_+)=u_C(0_-)=U_0$和$u'_C(0_+)=i(0_+)/C=i(0_-)/C=0$,于是有

$$K_1=u_C(0_+)=U_0$$

$$K_2=\frac{\alpha K_1}{\omega_d}=\frac{\alpha U_0}{\omega_d}$$

将K_1、K_2值代入式(9.41),得到

$$u_C(t)=U_0\mathrm{e}^{-\alpha t}\left(\cos\omega_d t+\frac{\alpha}{\omega_d}\sin\omega_d t\right)$$

$$=\sqrt{1+\left(\frac{\alpha}{\omega_d}\right)^2}U_0\mathrm{e}^{-\alpha t}\left(\cos\omega_d t-\arctan\frac{\alpha}{\omega_d}\right)\quad t>0$$

因为

$$\sqrt{1+\left(\frac{\alpha}{\omega_d}\right)^2}=\sqrt{\frac{\omega_d^2+\alpha^2}{\omega_d^2}}=\sqrt{\frac{\omega_0^2}{\omega_d^2}}=\frac{\omega_0}{\omega_d}$$

上式可改写成为

$$u_C(t)=\frac{\omega_0}{\omega_d}U_0\mathrm{e}^{-\alpha t}\cos(\omega_d t-\theta)\quad t>0 \tag{9.46}$$

式中,$\theta=\arctan^{-1}\frac{\alpha}{\omega_d}$。 (9.47)

根据$i=C\frac{\mathrm{d}u_C}{\mathrm{d}t}$可求得电流为

$$i(t)=-\frac{1}{\omega_d L}U_0\mathrm{e}^{-\alpha t}\sin\omega_d t\quad t>0 \tag{9.48}$$

式(9.46)、式(9.48)说明$u_C(t)$、$i(t)$是衰减振荡,它们的波形如图9.39所示。$u_C(t)$和$i(t)$的振幅分别是$\omega_0 U_0\mathrm{e}^{-\alpha t}/\omega_d$和$U_0\mathrm{e}^{-\alpha t}/\omega_d L$,它们随时间作指数衰减。$\alpha$愈大,衰减愈快;$\omega_d$是衰减振荡的角频率,$\omega_d$愈大,振荡周期愈小,振荡加快。图中所示按指数规律衰减的虚线,称为包络线。显然,如果α增大,包络线就衰减的快,振荡的振幅衰减的更快。电路这种衰减振荡情况,称为欠阻尼情况,这时电路的固有频率s是复数,其实部α反映振荡的衰减情况,虚部ω_d即为振荡的角频率。

在欠阻尼情况下,由于电阻比较小($R<2\rho$),因而电容中电场能量与电感中磁场能量互相之间有许许多多次的能量交换,在这能量交换过程中,也有部分能量供给电阻损耗。如图9.39波形在$t=0\sim t_1$期间,u_C从最大值U_0开始下降,$|i|$从零开始上升,并到t_1时达最大。此阶段电容释放电场能量,除供电阻消耗外,另一部分转变为电感中的磁场能量,磁场能量从零开始增加到t_1时的最大值。在$t=t_1\sim t_2$期间,电容电压和电感电流一起下降,并在t_2时u_C降为零。这阶段电容和电感一起释放能量供电阻消耗。在$t=t_2\sim t_3$期间,$|i|$继续下降直到零,但$|u_C|$开始从零上升到最大。这阶段电

感释放磁场能量供电阻消耗外，还有一部分转换为电容中的电场能，其电场能从零开始增加直到最大。到 $t=t_3$ 时，过渡过程经历了半个周期。$t>t_3$ 以后，又重复前面从 $t=0$ 开始的过程，只是电容电压和电感电流都与前面反向而已。由于电阻消耗能量，电路初始贮能终归会消耗殆尽，因此最终有 $u_C\to 0$，$i\to 0$。

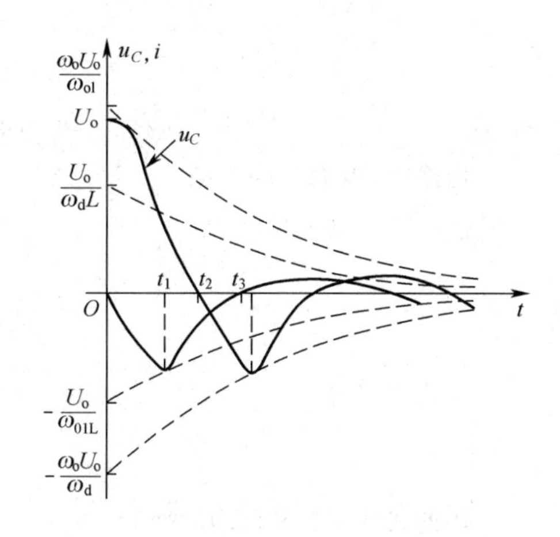

图 9.39 欠阻尼 $u_C(t)$、$i(t)$ 波形

式(9.46)和式(9.48)是在 $u_C(0_+)=U_0$ 和 $i(0_+)=0$ 的条件下得到的，若不满足这组条件，则应由式(9.41)或式(9.42)以及式(9.45)重新求积分常数。

【例 9.21】 例 9.19 中，将 R 改为 8Ω，其余条件不变，求 $t>0$ 时的 $u_C(t)$ 和 $i(t)$

解 由例 9.19 知，$2\rho=2\sqrt{\frac{L}{C}}=16\Omega$，现有 $R=8\Omega<2\rho$，因此电路为欠阻尼振荡情况，两个固有频率为

$$s_{1,2}=-\frac{R}{2L}\pm \mathrm{j}\sqrt{\frac{1}{LC}-\left(\frac{R}{2L}\right)^2}=-\frac{8}{4}\pm \mathrm{j}\sqrt{16-4}=-2\pm \mathrm{j}3.464=-\alpha\pm \mathrm{j}\omega_d$$

式中，$\alpha=2$，$\omega_d=3.464$。

根据式(9.41)有

$$u_C(t)=\mathrm{e}^{-\alpha t}(K_1\cos\omega_d t+K_2\sin\omega_d t)=\mathrm{e}^{-2t}(K_1\cos 3.464t+K_2\sin 3.464t)\quad t>0$$

代入初始条件

$$u_C(0_+)=3\mathrm{V}$$

$$u'_C(0_+)=\frac{i(0_+)}{C}=0$$

则有

$$u_C(0_+)=K_1=3\mathrm{V}$$

$$u'_c(0_+)=-\alpha K_1+K_2\omega_d=-2K_1+3.464K_2=0$$

可解得

$$K_1=3$$

$$K_2=\frac{2\times 3}{3.464}=1.732$$

故有

$$\begin{aligned}u_C(t)&=\mathrm{e}^{-2t}(3\cos 3.464t+1.732\sin 3.464t)\\&=\sqrt{3^2+1.732^2}\,\mathrm{e}^{-2t}\cos\left(3.464t-\tan^{-1}\frac{1.732}{3}\right)\\&=3.464\mathrm{e}^{-2t}\cos(3.464t-30^\circ)\mathrm{V}\quad t>0\end{aligned}$$

$$i(t)=C\frac{\mathrm{d}u_C}{\mathrm{d}t}=-0.433\mathrm{e}^{-2t}\sin(3.464t)\quad t>0$$

另一种求 $u_C(t)$ 的方法是直接根据式(9.42)来求得，即

$$u_C(t)=K\mathrm{e}^{-\alpha t}\cos(\omega_d t-\theta)=K\mathrm{e}^{-2t}\cos(3.464t-\theta)\quad t>0$$

代入初始条件有

$$u_C(0_+)=K\cos\theta=3$$

$$u'_C(0_+)=K(-\alpha\cos\theta+\omega_d\sin\theta)=-2K\cos\theta+3.464K\sin\theta=0$$

可解得

$$K=3.464$$

$$\theta=30°$$

于是
$$u_C(t)=3.464e^{-2t}\cos(3.464t-30°)\text{V}\quad t>0$$

电路中，当 $R=0$ 时，则

$$\alpha=\frac{R}{2L}$$

$$\omega_d=\sqrt{\omega_0^2-\alpha^2}=\omega_0=\frac{1}{\sqrt{LC}}$$

由式(9.47)

$$\theta=\arctan\frac{\alpha}{\omega_d}=0$$

因此式(9.46)和(9.48)变为

$$u_C(t)=U_0\cos\omega_0 t\quad t>0$$

$$i(t)=-\frac{U_0}{\omega_0 L}\sin\omega_0 t\quad t>0$$

并有
$$u_L(t)=-u_C(t)=-U_0\cos\omega_0 t\quad t>0$$

$u_C(t)$、$i(t)$和$u_L(t)$的波形如图 9.40 所示。此时电路的各响应均作等幅振荡，电路的这一工作情况称为**无阻尼情况**，它可看成欠阻尼情况下当 $R\to0$ 的极限情况。此时的振荡角频率为ω_0，称它为**自由振荡频率**($\omega_0=1/\sqrt{LC}$，可见它是电路的谐振频率)。由于 $R=0$，电路没有能量损耗，故电容与电感之间不断进行电场能量与磁场能量的往返转换，经久不息，形成周而得始的自由振荡。

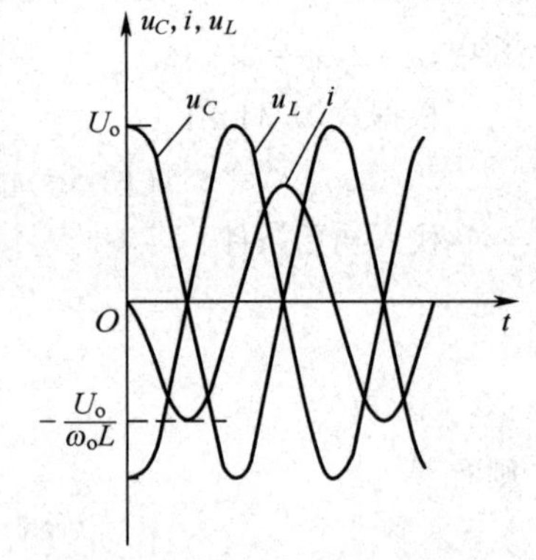

图 9.40 无阻尼u_C、i、u_L波形

【例 9.22】 例 9.19 中，若 $R=0$，$u_C(0_-)=3\text{V}$，$i(0_-)=0.1\text{A}$，其他条件不变，求 $t>0$ 时的$u_C(t)$和 $i(t)$。

解 因 $R=0$，故为无阻尼振荡情况，有

$$\alpha=\frac{R}{2L}=0$$

$$\omega_d=\omega_0=\frac{1}{\sqrt{LC}}=\frac{1}{\sqrt{2\times\frac{1}{32}}}\text{rad/s}=4\ \text{rad/s}$$

根据式(9.42)

$$u_C(t)=Ke^{-\alpha t}\cos(\omega_d t-\theta)=K\cos(\omega_0 t-\theta)\quad t>0$$

于是
$$u'_C(t)=-K\omega_0\sin(\omega_0 t-\theta)$$

代入初始条件

$$u_C(0_+)=u_C(0_-)=3\text{V}$$

$$u'_c(0_+)=\frac{i(0_+)}{C}=\frac{i(0_-)}{C}=\frac{0.1}{1/32}\text{V/s}=3.2\text{V/s}$$

则有
$$u_C(0_+)=K\cos\theta=3$$

$$u'_C(0_+)=K\omega_0\sin\theta=3.2$$

可解得

$$K_1=3.1$$

$$\theta=14.93°$$

故有

$$u_C(t)=3.1\cos(4t-14.93°)\text{V}$$

$$i(t)=C\frac{\mathrm{d}u_C}{\mathrm{d}t}=-\frac{1}{32}\times3.1\times4\sin(4t-14.93°)=0.385\cos(4t+75.07°)\text{A}\quad t>0$$

思考与练习题

9.16　在图 9.41(a)所示电路中，增添一如虚线所示电容，其结果是使电路成为过阻尼还是欠阻尼情况？在图 9.41(b)所示电路中，增添一如虚线所示的受控源($0<\alpha<1$)，其结果又如何？

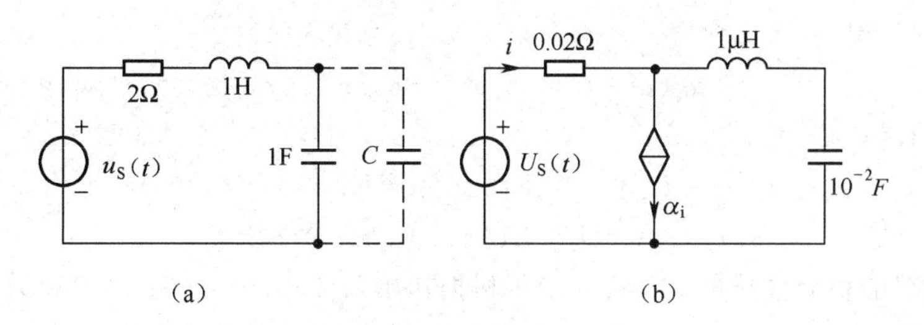

图 9.41　练习题 9.16 图

9.17　RLC 串联电路如图 9.37 所示，若其固有频率为

(1)$s_1=1, s_2=-3$

(2)$s_1=s_2=-2$

(3)$s_1=\mathrm{j}2, s_2=-\mathrm{j}2$

(4)$s_1=-2+\mathrm{j}3, s_2=-2-\mathrm{j}3$

试写出各情况时零输入响应$u_C(t)$及$i_L(t)$的表达式。

9.18　试绘出下列波形图：

(1)$5e^{-t}+10e^{-2t}$

(2)$3+2te^{-t}$

(3)$10e^{-t}\cos 5t$

(4)$10e^{-t}\cos(5t-\frac{2}{3}\pi)$

9.7　直流 RLC 串联电路的完全响应

图 9.42 所示电路，$t=0$ 时开关闭合，电路接通直流电压源U_s。$t>0$ 时响应$u_C(t)$的微分方程为

$$LC\frac{\mathrm{d}^2u_C}{\mathrm{d}t^2}+RC\frac{\mathrm{d}u_C}{\mathrm{d}t}+u_C=U_s\quad t>0\tag{9.49}$$

它是一个二阶常系数线性非齐次微分方程。与一阶微分方程一样，其解为特解$u_{Cp}(t)$和齐次通解$u_{Ch}(t)$所组成。

即

$$u_C(t)=u_{Cp}(t)+u_{Ch}(t)$$

特解$u_{Cp}(t)$为电路的强制响应，在这里即为电路的稳态响应，由图 9.42 可见

$$u_{Cp}(t)=U_s$$

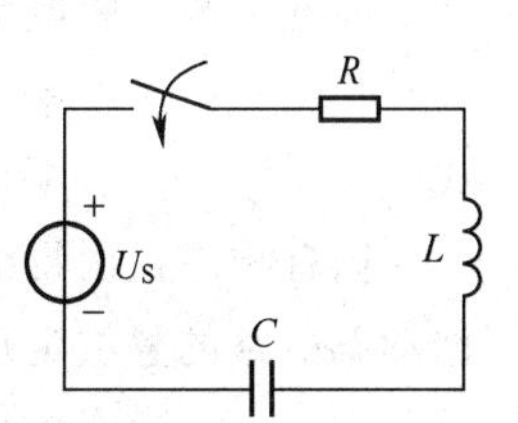

图 9.42　RLC 接通直流

齐次解$u_{Ch}(t)$为电路的固有响应，其形式由特征方程的根所决定。式

(9.49)的特征方程仍为

$$LCs^2+RCs+1=0$$

根据特征方程根(电路固有频率)s_1、s_2的三种不同情况,$u_{Cp}(t)$由三种不同形式,即过阻尼非振荡、临界阻尼非振荡和欠阻尼衰减振荡形式,它们的表达式仍分别如式(9.35)、式(9.39)和式(9.41)或式(9.42)所示。因此,在直流电压源激励下,不论是零状态下的零状态响应还是非零状态下的完全响应,$u_C(t)$都是下列三种形式之一。

(1)过阻尼情况

$$u_C(t)=u_{Cp}(t)+u_{Ch}(t)=U_s+K_1e^{-\alpha_1 t}+K_2e^{-\alpha t}\quad t>0$$

(2)临界阻尼情况

$$u_C(t)=U_s+K_1e^{-\alpha t}+K_2te^{-\alpha t}\quad t>0$$

(3)欠阻尼情况

$$u_C(t)=U_s+e^{-\alpha t}(K_1\cos\omega_d t+K_2\sin\omega_d t)\quad t>0$$

或

$$u_C(t)=U_s+Ke^{-\alpha t}\cos(\omega_d t-\theta)\quad t>0$$

以上三种情况的积分常数K_1、K_2或K、θ可根据初始条件$u_C(0_+)=u_C(0_-)$和$u'_C(0_+)=i(0_+)/C=i(0_-)/C$来确定。若$u_C(0_-)=0$和$i_L(0_-)=0$,则电路响应为零状态响应。若$u_C(0_-)$与$i_L(0_-)$两者至少有一个为零,则为完全响应。

【例9.23】 图9.42电路,$R=8\Omega$,$L=2\text{H}$,$C=\frac{1}{32}\text{F}$,$u_C(0_-)=0$,$i_L(0_-)=0$,$U_s=1\text{V}$,$t=0$时开关闭合。求$t>0$时的$u_C(t)$并作出其波形图。

解 该例的电路参数与例9.21的相同,故知电路为欠阻尼情况,两固有频率为$s_1=-2+\text{j}3.464$,$s_2=-2-\text{j}3.464$,因此$u_C(t)$的齐次解为

$$u_{Ch}(t)=e^{-2t}(K_1\cos 3.464t+K_2\sin 3.464t)\quad t>0$$

在直流压源$U_s=1\text{V}$的作用下,$u_C(t)$的特解即电路的稳态响应为

$$u_{Cp}(t)=U_s=1\text{V}$$

因而 $$u_C(t)=u_{Cp}(t)+u_{Ch}(t)=1+e^{-2t}(K_1\cos 3.464t+K_2\sin 3.464t)\quad t>0$$

该电路为零状态电路,故代入初始条件有

$$u_C(0_+)=1+K_1=0$$

$$u'_C(0_+)-2K_1+3.464K_2=\frac{i_L(0_+)}{C}=0$$

可解得 $$K_1=-1\quad K_2=-0.577$$

则有

$$\begin{aligned}u_C(t)&=1+e^{-2t}(-\cos 3.464t-0.577\sin 3.464t)\\&=1+1.155e^{-2t}\cos(3.464t+150^\circ)\text{V}\quad t>0\end{aligned}$$

$u_C(t)$的波形如图9.43所示。

线性直流二阶电路的响应,可以用经典法分析,即

响应=强制响应+固有响应

或 响应=稳态响应+暂态响应

固有响应根据特征根的不同而有三种形式。完全响应可以根据动态电路的叠加定理进行计算,即

完全响应=零输入响应+零状态响应

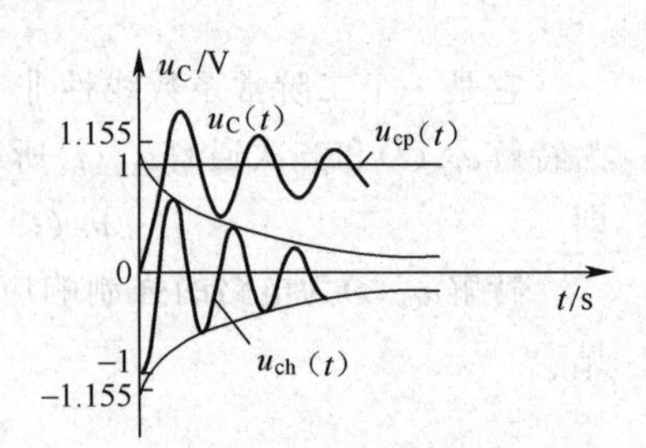

图9.43 例9.29 $u_C(t)$的波形图

与线性一阶电路一样,零输入响应与非零初始状态$u_C(0_+)$、$i_L(0_+)$是线性关系;零状态响应与输入激励u_s、i_s是线性关系。零

输入响应和零状态响应均可用经典法分别进行计算。零状态响应的时域分析，除了经典法外，还有卷积积分法和杜阿美尔积分法，这里不再介绍。

思考与练习题

9.19　图9.42电路，$t=0$时开关闭合，$L=1\text{H}$，$C=\frac{1}{3}F$，$R=4\Omega$，$U_s=16\text{V}$，初始状态为零，求$t>0$时的$u_C(t)$。

9.20　上题R改为2Ω，求$t>0$时的$i(t)$。

习题9

9.1　如图图9.44所示的RC串联电路为$t\geqslant 0$时的电路，已知$u_C(0_+)=10\text{V}$，$R=1\text{k}\Omega$，$C=1\mu\text{F}$。

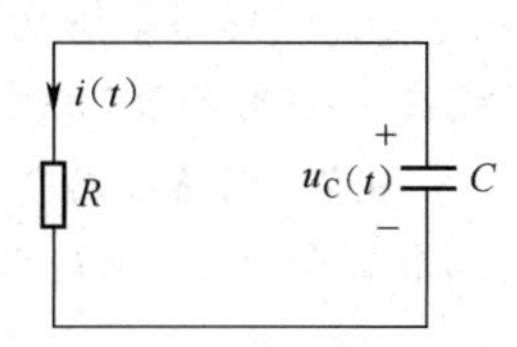

图9.44　题9.1图

(1)写出以$i(t)$为未知量的微分方程；(2)求$i(0_+)$；(3)求$i(t)$，并绘$i(t)$波形图；(4)求$t=1.5\text{ms}$时$i(t)$的值；(5)计算R所消耗的总能量。

9.2　图9.45各电路中，$R=100\Omega$，$R_2=200\Omega$，$R_3=300\Omega$，$L=2\text{mH}$，$C=1\mu\text{F}$。(1)把各电路除动态元件以外的部分化简为戴维南或诺顿等效电路；(2)利用化简后的电路列出图中所注明输出量u或i的微分方程。

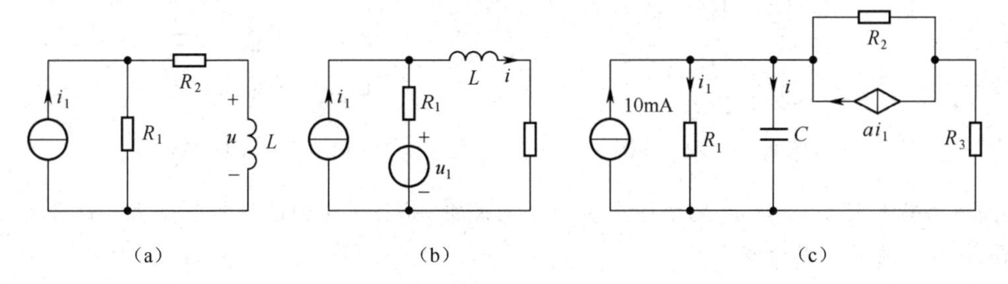

图9.45　题9.2图

9.3　电路如图9.46所示。$i_s=5\text{A}$，$R=10\Omega$，$R_1=5\Omega$，$R_2=5\Omega$。当$t=0$时，开关S闭合，S闭合前电路处于稳态。求$i(0_+)$，$i_1(0_+)$，$i_2(0_+)$。

9.4　图9.47所示电路，$U_s=60\text{V}$，$R_s=2\Omega$，$R_C=10\Omega$，$R_L=3\Omega$，$R=6\Omega$开关S打开前电路已处于稳态，$t=0$时S打开，求$i(0_+)$和$u_L(0_+)$。

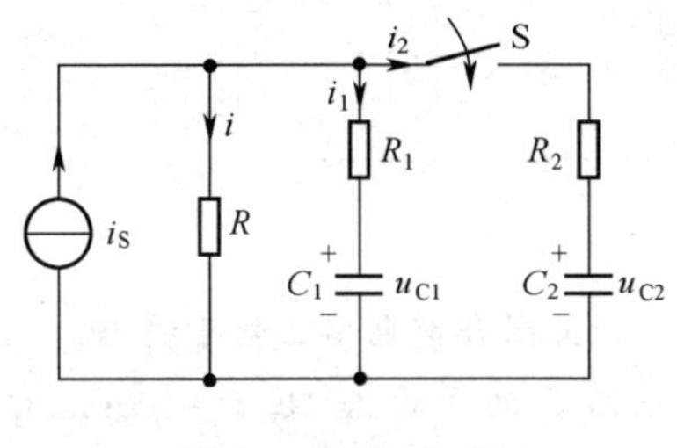

图9.46　题9.3图

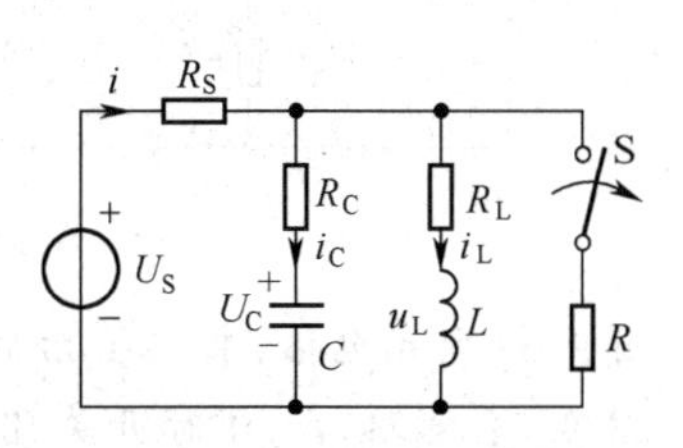

图9.47　题9.4图

9.5　图 9.48 所示电路在 $t=0$ 时开关动作，动作前电路已处于稳态。求开关动作后电路中所得各电压、电流的初始值与稳态值。

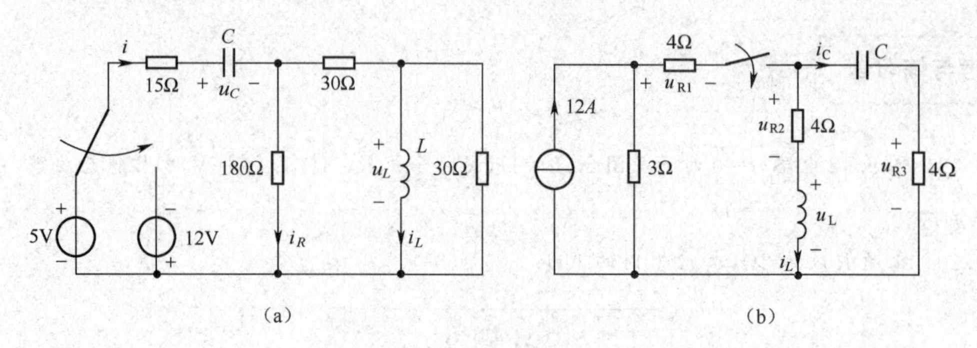

图 9.48　题 9.5 图

9.6　电路如图 9.49 所示，求 $i_L(0_-)$，$i(0_-)$，$i_1(0_-)$；$i_L(0_+)$，$i(0_+)$，$i_1(0_+)$，$u_L(0_+)$。已知开关在 $t=0$ 时闭合，闭合前电路已处于稳态。

9.7　电路如图 9.50 所示，在 $t=0$ 时 10V 电压源作用于电路，且已知 $i_1(0)=2\text{A}$，$u_4(0)=4\text{V}$，试求 $t=0$ 及 $t=\infty$ 时所有各电压、电流是多少？

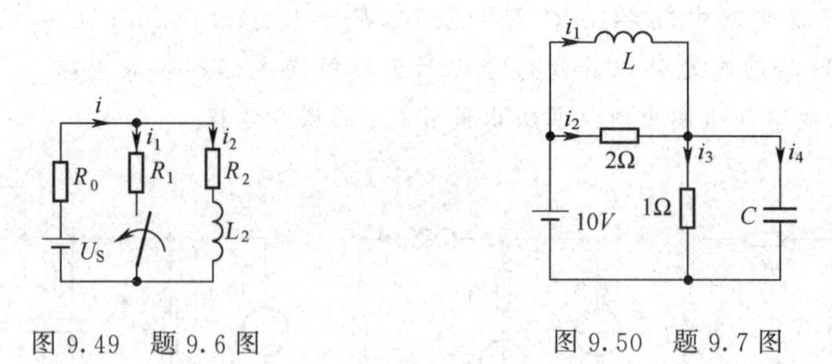

图 9.49　题 9.6 图　　　图 9.50　题 9.7 图

9.8　电路如图 9.51 所示，定性绘 i_L，u_L 及 i 的波形，并写出它们的解析表示式。设开关在 $t=0$ 时闭合，闭合前电路已处于稳态。

9.9　电路如图 9.52 所示，$t<0$ 时，S_1、S_2 均打开，$u_C(0)=0$。在 $t=0$ 时，S_1 闭合，到 $t=\ln 2\text{s}$ 时，S_2 也闭合，求 $t\geqslant 0$ 时的 $u_C(t)$ 及其波形。

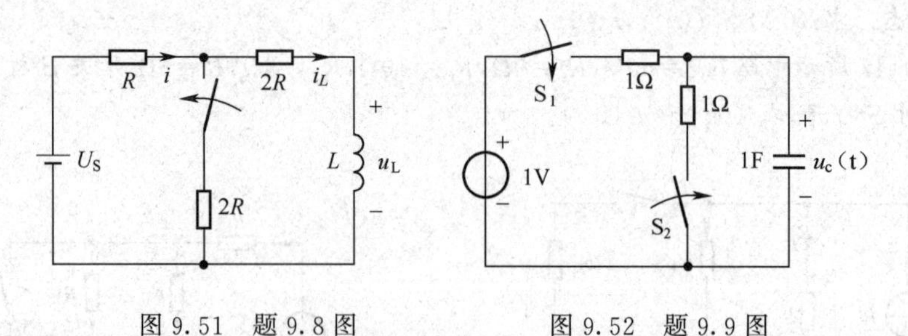

图 9.51　题 9.8 图　　　图 9.52　题 9.9 图

9.10　图 9.53 所示电路，求 $t>0$ 后的 $u(t)$ 和 $i(t)$，开关闭合前电路已处于稳态。

9.11　图 9.54 电路，$t=0$ 时开关闭合，闭合前电路已处于稳态，在 $t=100\text{ms}$ 时又打开，求 $u_{ab}(t)$，并绘波形图。

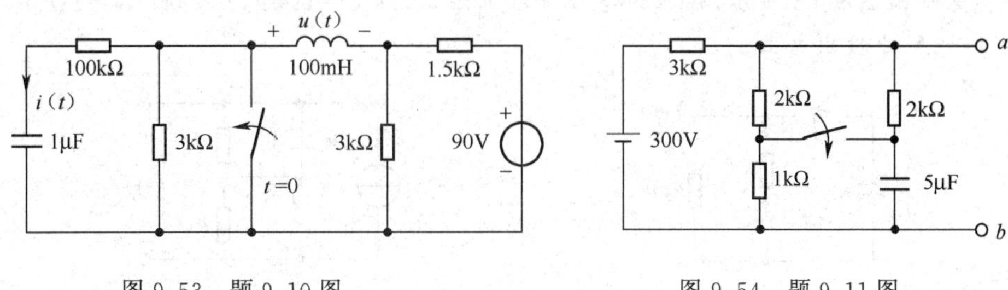

图 9.53　题 9.10 图　　　　图 9.54　题 9.11 图

9.12　图 9.55 所示电路中，1V 电压源在 $t=0$ 时作用于电路，已知 $i_L(t)=0.001+0.005e^{-\alpha t}$ A，$t\geqslant0$。若电源为 2V，$i_L(t)=$？

9.13　电路如图 9.56 所示，已知 $i_L(0_-)=1$A，求 $i_L(t)$ 的零输入响应，零状态响应和完全响应。若 $i_L(0_-)=-1$A，重求以上。

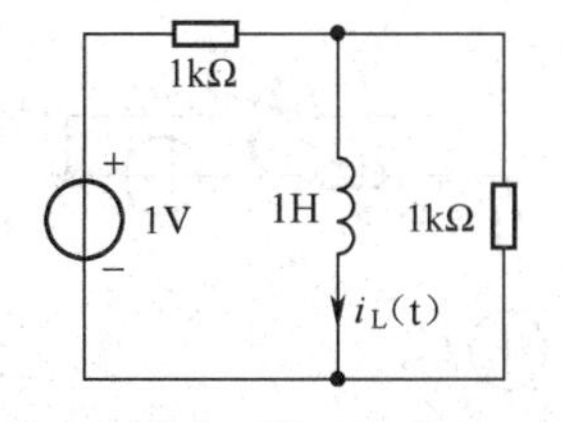

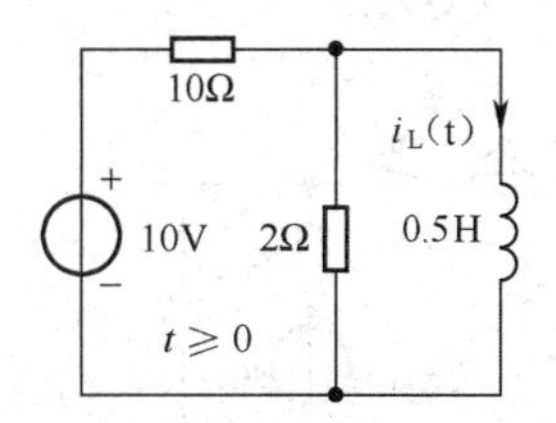

图 9.55　题 9.12 图　　　　图 9.56　题 9.13 图

9.14　电路如图 9.57 所示，$u(t)=U_0$ 开关接在 a 端为时已久，在 $t=0$ 时开关投向 b，然后在 $t=\tau$ 时又由 b 投向 a。(1)求 $u_C(0_-)$；(2)求 $i(t)$，$0<t<\tau$；(3) $i(t)$，$\tau<t<\infty$

9.15　电路如图 9.58 所示，求 $i(t)$，$t\geqslant0$。假定开关闭合前电路已处于稳态。

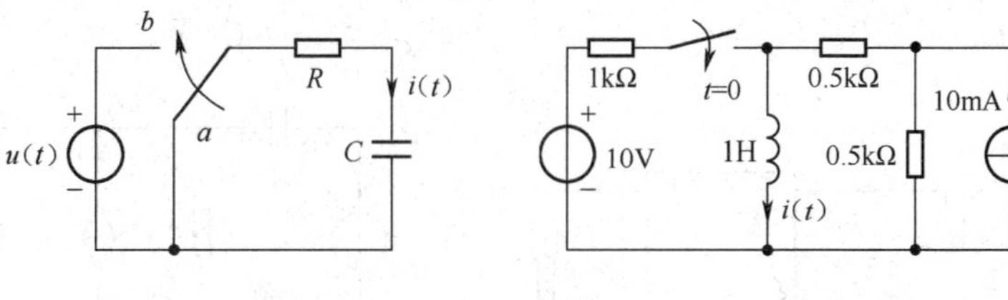

图 9.57　题 9.14 图　　　　图 9.58　题 9.15 图

9.16　图 9.59 所示电路，已知 $i(0)=0$，求 $i(t)$，$t\geqslant0$。

9.17　图 9.60 所示电路，$R=5\text{k}\Omega$，$C_1=1\mu\text{F}$，$C_2=2\mu\text{F}$，开关在 $t=0$ 时闭合，已知 $u_1(0_-)=100$V，$u_2(0_-)=0$V。(1)求 $u_1(t)$、$u_2(t)$，$t>0$；绘波形图；(2)计算电阻 R 在 $t>0$ 时获得的能量。

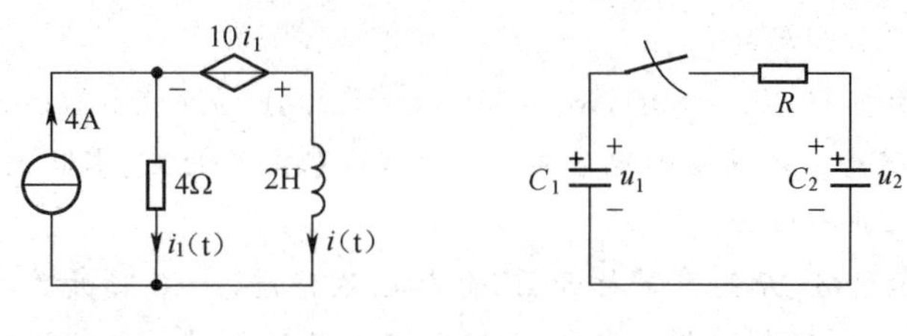

图 9.59　题 9.16 图　　　　图 9.60　题 9.17 图

9.18　图 9.61 电路，已知 $R_1=20\Omega$，$R_2=80\Omega$，$C=1\mu$F，$U_s=48$V，换路前 u_C 保持为 20V，开关在 $t=0$ 时闭合，求换路后 $u(t)=$？

9.19　电路如图 9.62 所示，输入为单位阶跃电流，已知 $C=0.5\text{F}$，$L=1\text{H}$，$R=2\Omega$，$u_C(0_-)=1\text{V}$，$i_L(0_-)=2\text{A}$，求输出电压 $u(t)$。

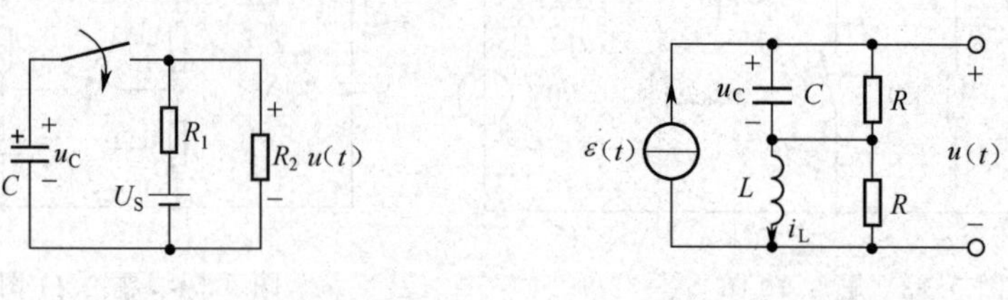

图 9.61　题 9.18 图　　　　图 9.62　题 9.19 图

9.20　图 9.63 电路，$U_{S1}=20\text{V}$，$U_{S2}=10\text{V}$，$R_1=6k\Omega$，$R_2=4k\Omega$，$C=5\mu\text{F}$，开关原已闭合，达稳态后拉开，求 $u_C(t)=?$

9.21　图 9.64 电路，，$U_{S1}=3\text{V}$，$U_{S2}=8\text{V}$，$R_1=10\Omega$，$R_2=15\Omega$，$L=0.1\text{H}$。$t=0$ 时开关拉开，拉开前电路已达稳态，求 $i_L(t)$。

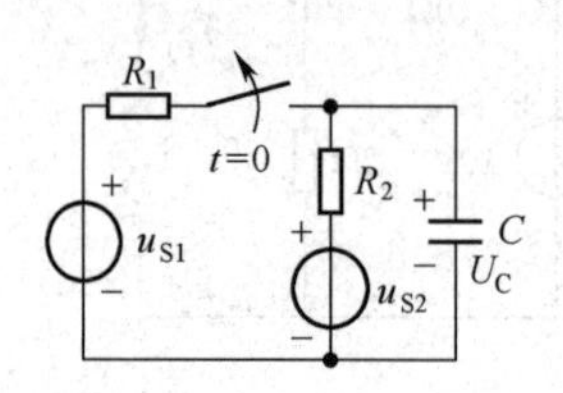

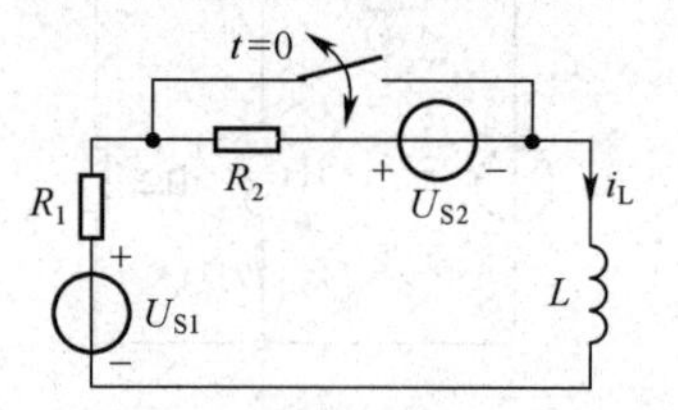

图 9.63　题 9.20 图　　　　图 9.64　题 9.21 图

9.22　图 9.65 电路，$C=1\text{F}$，$L=1\text{H}$，方框中为由电阻和直流电源组成的网络。电容、电感原无储能。已知当 S 在 1 端接入电容时，$i=2+e^{-0.5t}\text{A}$，问 S 在 2 端接入电感时，i 如何变化。

9.23　图 9.66 电路，$U_s=6\text{V}$，$C=0.5\text{F}$，$R_1=3\Omega$，$R_2=6\Omega$，开关闭合前电路已达稳态，$t=0$，S 闭合，求 $t\gg 0$ 时的 $i(t)$，

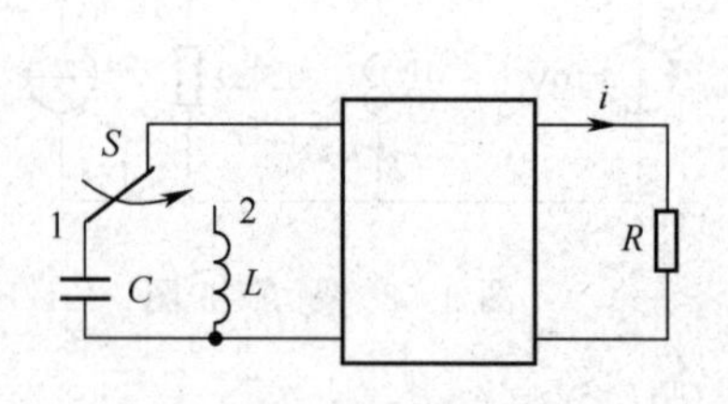

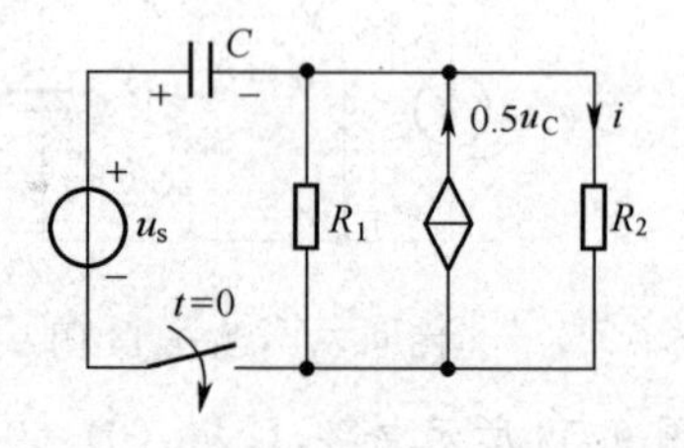

图 9.65　题 9.22 图　　　　图 9.66　题 9.23 图

9.24　图 9.67 电路，$U_s=16\text{V}$，$I_s=24\text{A}$，$R_1=10\Omega$，$R_2=2\Omega$，$R_3=1\Omega$，$L=4\text{H}$，$t=0$ 开关打开，打开前电路已达稳态，求 S 打开后的 u_{ab}。

9.25　图 9.68 所示电路，$R_1=80\Omega$，$R_2=60\Omega$，$C=100\mu\text{F}$，$u_s(t)=100\sin(125t+30°)\text{V}$，$U_s=100\text{V}$，换路前电路已达稳态。求换路后电容电压 $u_C(t)$ 的零输入响应、零状态响应，暂态响应分量、稳态响应分量和全响应，并画出曲线。

9.26　图 9.69 所示电路，开关 S 未打开前，电路已达稳态，$t=0$ 时开关打开。求(1)电感中电流；(2)电感上的电压；(3)在整个暂态过程中，电阻 R_2 所吸收的能量。设 $U_s=10\text{V}$，$R_1=2\text{k}\Omega$，$R_2=R_3=4\text{k}\Omega$，$L=200\text{mH}$。

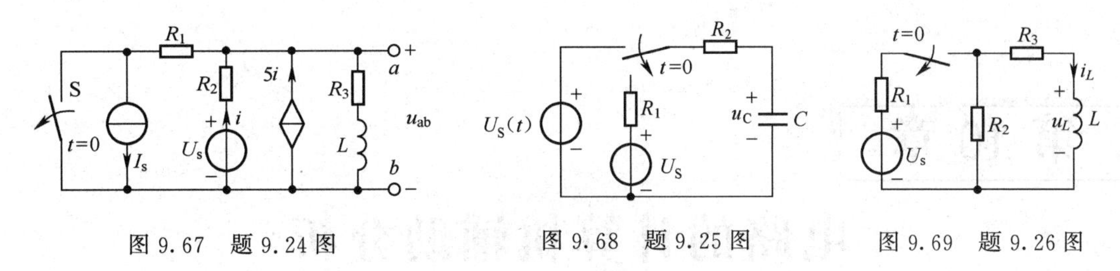

图 9.67　题 9.24 图　　图 9.68　题 9.25 图　　图 9.69　题 9.26 图

9.27　电路如图 9.70 所示,求开关闭合后 $u(t)$? 并画出它的曲线。

9.28　电路如图 9.71 所示,已知 $i(0_+)=2\text{A}$,求 $u(t)$,$t\geqslant 0$。

9.29　图 9.72 电路中,各电源均在 $t=0$ 时开始作用于电路,求 $i(t)$。已知电容电压初始值为零。

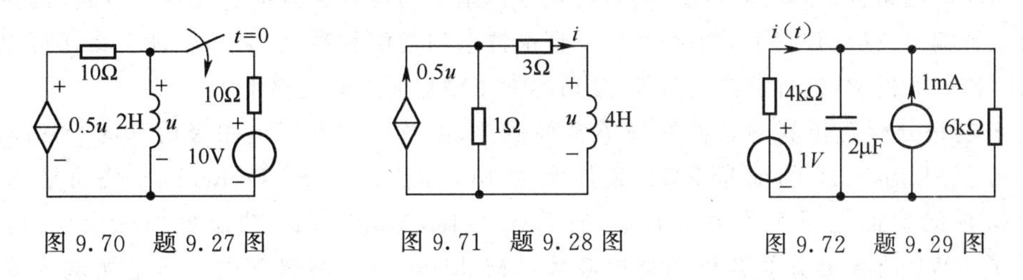

图 9.70　题 9.27 图　　图 9.71　题 9.28 图　　图 9.72　题 9.29 图

9.30　电路如图 9.73 所示,已知 $u(0_+)=0$,求 $u(t)$,$t\geqslant 0$。设 $C=0.01\text{F}$。

9.31　电路如图 9.74 所示,列出以 $i_L(t)$ 为未知量的微分方程,若初始条件 $u_C(0)=U_0$,$i_L(0)=0$,试求零输入响应 $i_L(t)$,$t\geqslant 0$。

9.32　电路如图 9.75 所示,开关在 $t=0$ 时打开,打开前电路已处于稳态。求 $u_C(t)$。选择 R 使两固有频率之和为 -5。

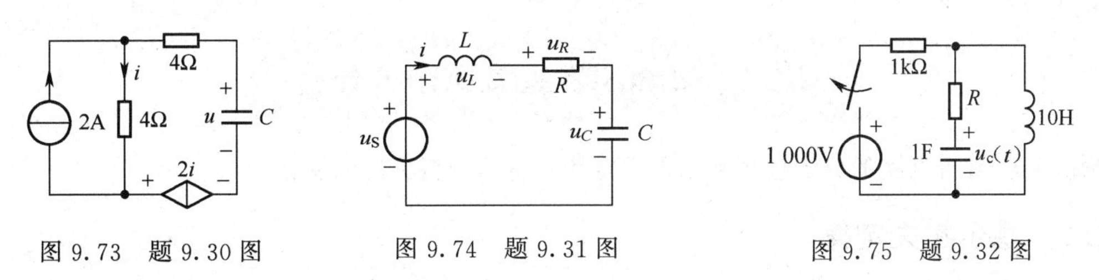

图 9.73　题 9.30 图　　图 9.74　题 9.31 图　　图 9.75　题 9.32 图

9.33　电路如图 9.74 所示 $R=4\Omega$、$L=1\text{H}$、$C=\dfrac{1}{4}$;$u_C(0)=4\text{V}$、$i_L(0)=2\text{A}$,试求零输入响应 $i_L(t)$,$t\geqslant 0$。

9.34　电路如图 9.76 所示,开关在 $t=0$ 时打开,打开前电路已处于稳态。求 $u_C(t)$、$i_L(t)$、$t\geqslant 0$。

9.35　电路如图 9.77 所示,开关在 $t=0$ 时打开,打开前电路已处于稳态,求 $i_L(t)$、$u_C(t)$、$t\geqslant 0$。

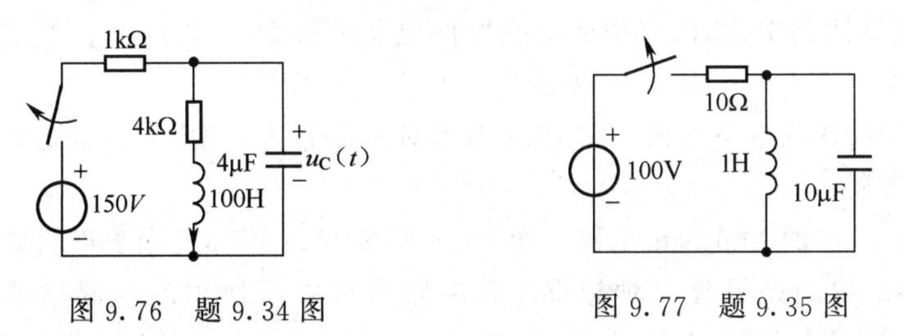

图 9.76　题 9.34 图　　图 9.77　题 9.35 图

第 10 章

电路的计算机辅助分析

目前电路分析软件与仿真软件的使用已经非常普及，本章引入计算机软件的应用，将软件方法作为必要内容来要求。将软件工具应用与电路理论教学相结合有很多好处：传统课程内容侧重教学方法描述和求解电路；而计算机软件工具可以在分析结果的可视化方面补充理论分析，能直观呈现电路的输入和输出波形，有利于对电路性质及理论概念的理解和掌握；利用软件工具还可以接触更接近于实际器件的模型，进行虚拟实验等，是培养学生创新能力的重要手段。

可用于电路分析与仿真的软件的种类多种多样，本章介绍基于电路级仿真的 Multisim10 电路仿真软件。Multisim10 的前身 EWB 是加拿大 Interactive Image Technology 公司推出的用于电子电路仿真的虚拟电子工作台软件。与 EWB 相比，Multisim10 功能更加强大。Multisim10 不仅继承了 EWB 的各类分立器件和集成芯片。Multisim10 还将最新的安捷伦测试仪器引入虚拟仪器中，这些优良的安捷伦测量仪器是其他仿真软件所没有的。安捷伦测试仪器的控制面板界面、旋钮操作以及测量结果和实际安捷伦仪器完全一样，使用户在使用 Multisim10 时能产生身临其境的感觉。

Multisim10 是一个优秀的电子技术训练工具，是能够替代电子实验室中的多种传统仪器的虚拟电子实验室，具有灵活、成本低、高效率的特点。

10.1 Multisim 直流电路的分析

Multisim 直流电路的分析包括基尔霍夫定律和电路分析方法的验证。

10.1.1 基尔霍夫定律

基尔霍夫电流定律的定义：在集总参数电路中，无论何时，对电路中的任意节点，流入该节点的电流和流出该节点的电流的代数和恒等于零。在基尔霍夫电流定律中，流入或流出某节点的电流的方向由参考方向确定。

基尔霍夫电压定律的定义是：在集总参数电路中，无论何时，在电路中的任意回路中，其回路中所有支路的电压的代数和恒等于零。在基尔霍夫电压定律中，需要指定回路的环形方向（逆时针或顺时针）作为参考方向。图 10.1 为验证基尔霍夫定律所使用的电路图。

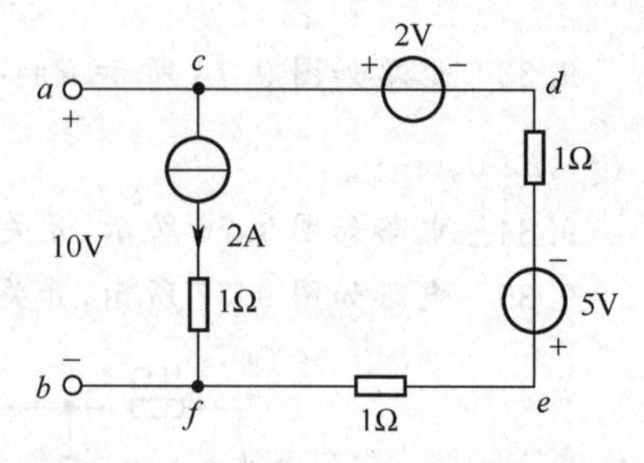

图 10.1 验证基尔霍夫定律电路图

图 10.2 为图 10.1 的 Multisim 电路。图 10.3 为图 10.2 添加万用表以后的电路。在 Multisim 中电阻外形符号采用的是另外一种标准。在电路分析中所使用的电源均从 Place/Component/Source 菜单中选取，所使用的电阻、电容、电感从 Place/Component/Basic 菜单中选取，也可以使用[Ctrl+ W]快捷键进行选取。所使用的仪器仪表可以从 Simulate/Instruments 中选取，其中

Multimeter为万用表,Oscilloscope 为示波器。仪器仪表也可以从浮动工具栏中选取。为了能够进行测试和测量,在 Multisim 中所有电路必须有接地符号(参考点)。双击万用表符号,可以看到图 10.4 所示的表头,表头上部是显示区域,从表头可以看出,万用表可以用来测量交直流电压、电流等参数,单击“Set”按钮,弹出界面如图 10.5 所示。可以看到可以设置万用表的相关参数,比如电流表或电压表的内阻等,一般情况下使用默认设置即可。本仿真中万用表 1 和 2 选择直流电流挡,万用表 3 和 4 选择直流电压挡。

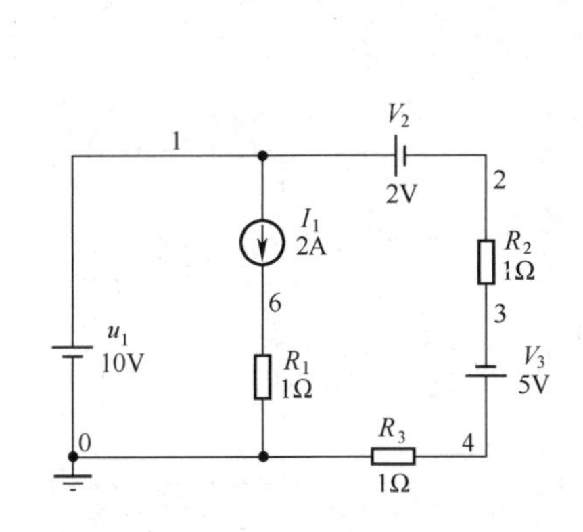

图 10.2　图 10.1 的 Multisim 电路

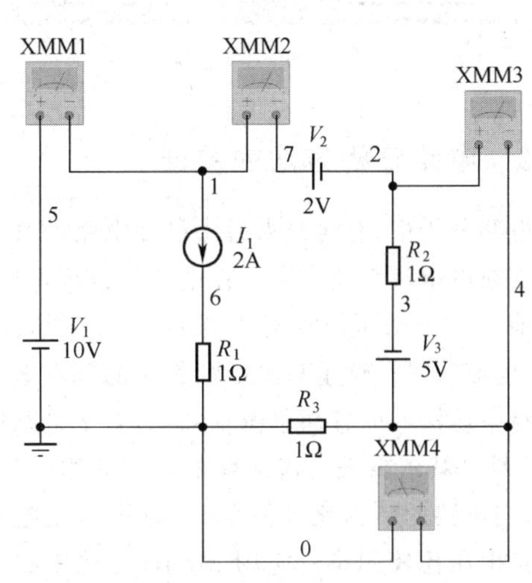

图 10.3　图 10.2 添加测试仪表

图 10.4　Multisim 中的万用表表头

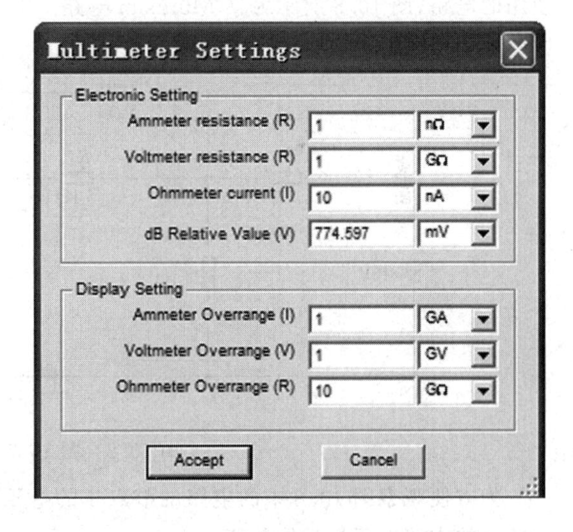

图 10.5　万用表参数设置界面

使用菜单 Simulate/Run 可以开始仿真过程,或使用[F5]键,或使用浮动工具栏中的相关按钮。仿真结果如图 10.6 所示。从仿真结果中可以看出图 10.1 中节点 c 满足基尔霍夫电流定律,回路 $adefb$ 满足基尔霍夫电流定律。

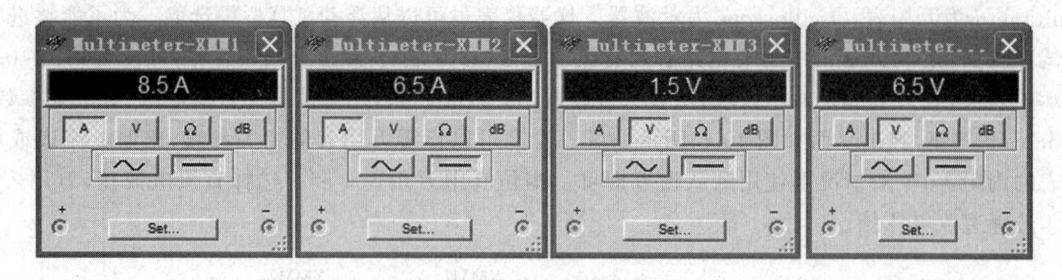

图 10.6 图 10.5 的仿真结果

10.1.2 电路分析方法的验证

在电路分析中,有时候求解出已知电路的某个节点电压或某条支路的电流至关重要。在电路分析理论中,结合图论的知识有多种方法可以求解。例如:节点电压法、回路电流法、网孔电流法等。这里只验证最常用的节点电压法。

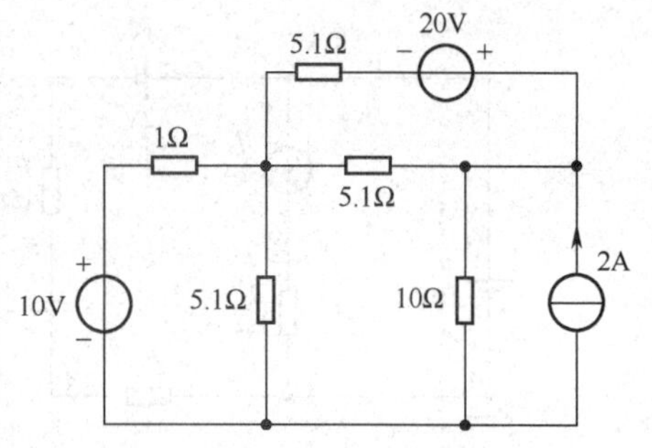

图 10.7 仿真节点电压法所用电路

节点电压法的内容简单概括如下:对于电路中的所有独立节点,列出基尔霍夫电流定律的方程式组,然后求解。可以想象,当电路的结构比较复杂时,应用节点电压法计算电路的节点电压比较困难。应用 Multisim 的电路仿真功能可以顺利地解决这一问题。图 10.7 所示为仿真节点电压法所使用的电路,图 10.8 所示为其 Multisim 电路。

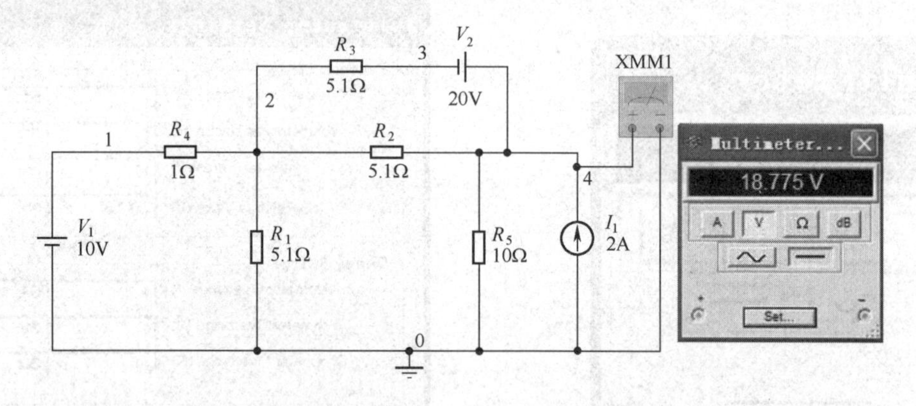

图 10.8 图 10.7 的 Multisim 电路

为方便观察图 10.8 中的电路的节点 4 的电压,在其输出端添加了一个直流电压表,从中可以看到节点的支路电压的具体数值。

如果想得到其他节点的电压值,可以添加更多的仪表。也可以采用 Multisim 提供的分析方法来解决这个问题。

选择 Simulate/Analysis/DC Operating Point Analysis 命令,在弹出的对话框中将图 10.8 中的节点 1、节点 2、节点 3 和节点 4 全部列为输出节点,单击 Simulate 按钮,开始仿真。得到如图 10.9 的分析结果。

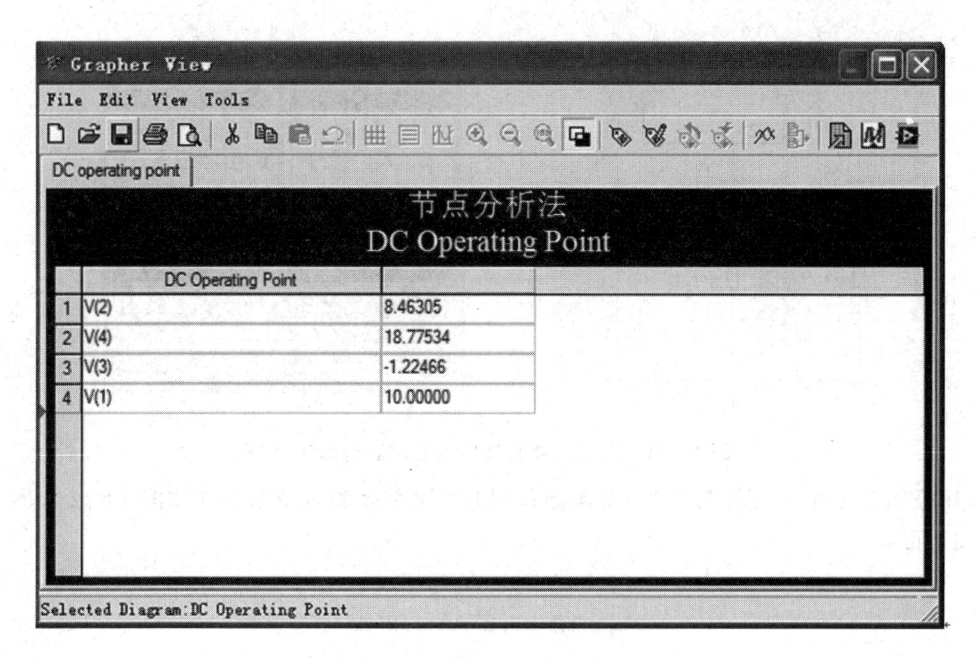

图 10.9　图 10.8 的节点分析法分析结果

从以上的分析中,可以看到 Multisim 的两种电路分析方法:用仪表测量和用提供的分析方法分析,其最终结果是等同的,只是在本例中利用直流静态工作点分析方法更方便而已。

10.2　常用电路定理计算机辅助分析

在电路分析中,经常用到一些公式或定理来分析电路,在本节中,选取比较常用的电路定理进行分析说明

10.2.1　叠加定理

叠加定理是分析线性电路的常用定理。叠加定理可表述为:在任何含有多个独立源的线性电路中,每一支路的电流(或电压)都可看成是各个独立源单独作用(该电源除外,其他独立源置零)时在该支路产生的电流(或电压)的代数和。定理中独立源置零,对电压源就是短路($u_s=0$),即电压源用短路线代之;对电流源就是开路($i_s=0$),即将电流源移去。

【例 10.1】　试用叠加法求图 10.10电路的电流 i_1、i_2 和 i_3。

解　直接在图 10.10 的相关支路中串入电流表,测试电流,结果如图 10.11所示,由图可知

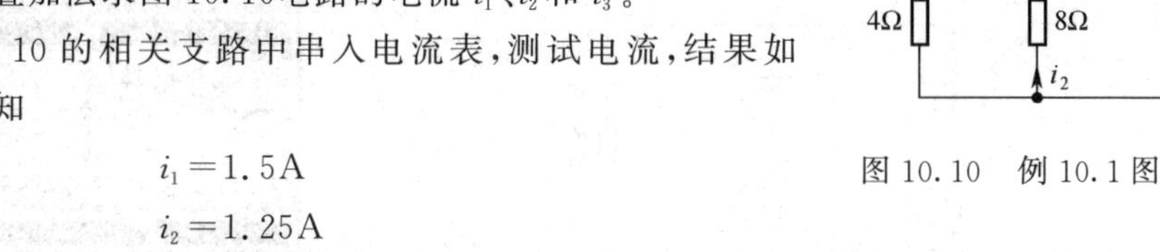

$$i_1=1.5\text{A}$$

$$i_2=1.25\text{A}$$

$$i_3=-0.25\text{A}$$

图 10.10　例 10.1 图

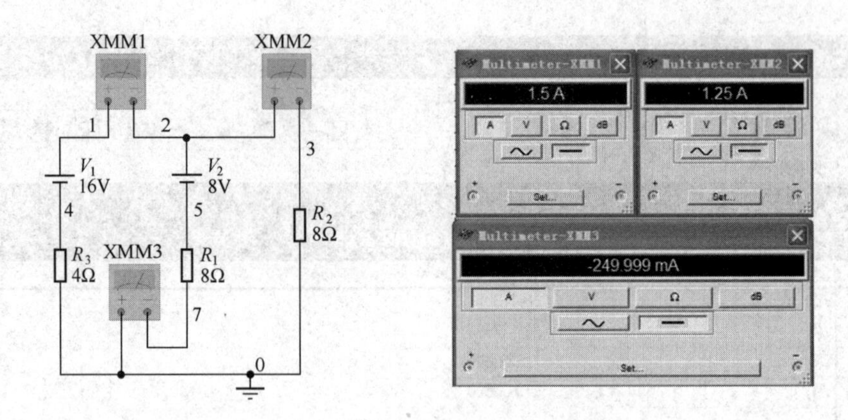

图 10.11 图 10.10 直接串入电流表的测试结果

使用叠加定理，16V 压源与 8V 压源单独作用时的电路及测试结果分别如图 10.12 和图 10.13 所示，由图可见

$$i_1 = 2\text{A} - 0.5\text{A} = 1.5\text{A}$$

$$i_2 = 1\text{A} + 0.25\text{A} = 1.25\text{A}$$

$$i_3 = -1\text{A} + 0.75\text{A} = -0.25\text{A}$$

与直接测量结果相同。

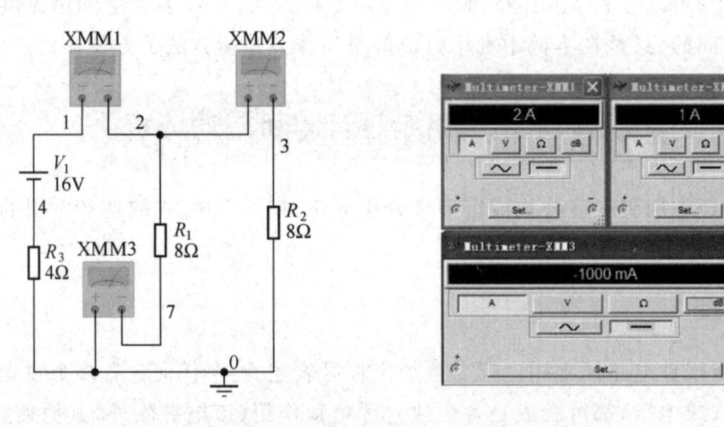

图 10.12 16V 压源单独作用时的测试结果

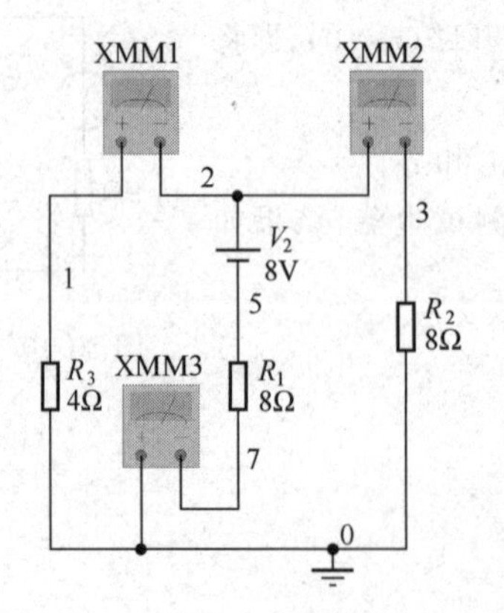

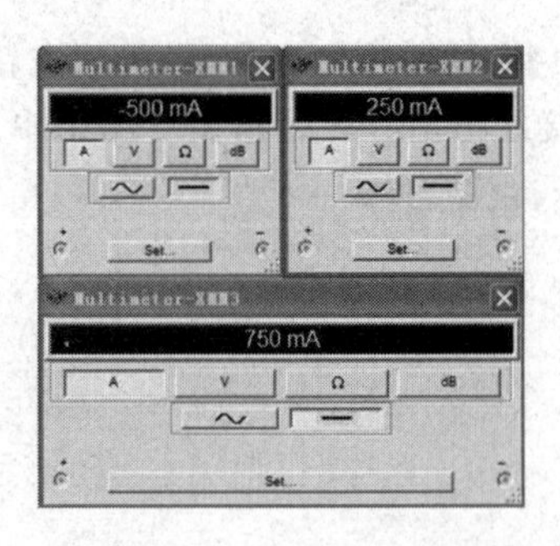

图 10.13 8V 压源单独作用时的测试结果

10.2.2 戴维南定理

戴维南定理是处理端口电路的常用方法。其内容简要概括如下:任意一个线性含独立源的二端网络 N_s,均可以等效为一个电压源 u_0 与一个电阻 R_0 相串联的支路。u_0 等于 N_s 网络输出端的开路电压 u_{OC};R_0 等于 N_s 中全部独立源置零后所对应的 N_0 网络输出端的等效电阻。

【例 10.2】 求图 10.14(a)所示含受控源电路的戴维南等效电路。

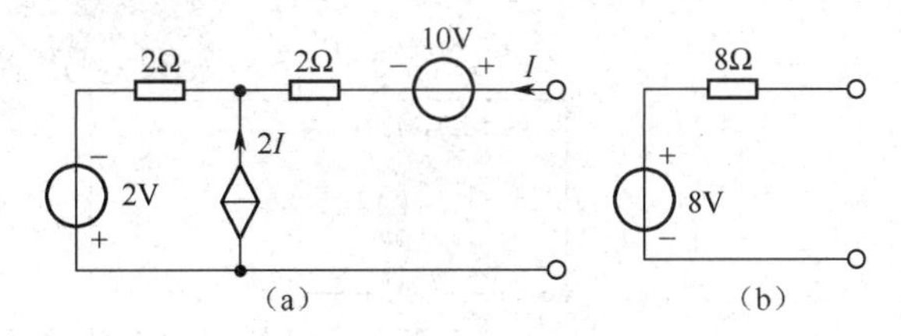

图 10.14 含受控源电路及其等效电路

解 用参数扫描分析的方法,用外加测试电源直接求端口的 $v-i$ 关系曲线,从而得到戴维南等效电路。为此建立仿真电路如图 10.15 所示。当外加电流源分别为 1A 和 2A 的时候可以测到输出端电压本别为 16V 和 24V,因而可以得到输出端电压电流关系为:

$$v=8i+8$$

从而得到其等效电路如图 10.14(b)所示。

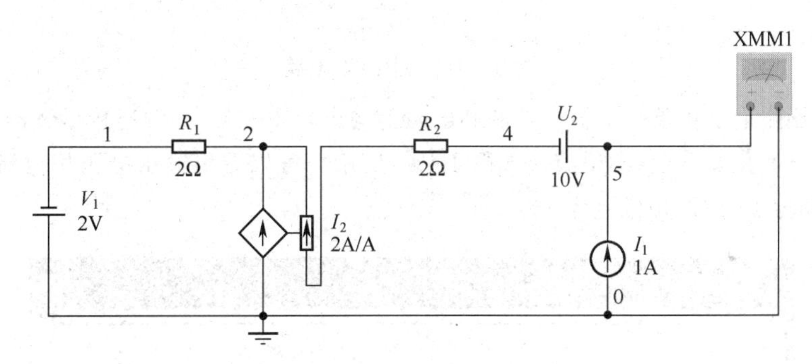

图 10.15 参数扫描电路

10.3 Multisim 正弦稳态电路分析

正弦稳态电路中元件电压与电流的相位关系,最基本就是:电阻两端的电压和流过电阻的电流是同相的;电容电流超前电容电压的角度为 90°;电感元件上电流滞后电压的角度为 90°。

【例 10.3】 用电压表和示波器测量简单 RL 串联电路的电压和相位关系。利用交互功能改变电容参数,让电感和电阻上的电压相等,测量电压相位关系。

解 (1)如图 10.16 建立仿真电路,其中设定电源频率 $f=1\text{kHz}$,选用可变电感 $L=10\text{mH}$。如图连接电压表,设定所有电压表为 AC 挡。为了使电感调整比较精确,设定电感值的增量为最小值 1%。

(2)启动仿真后,读各电压表的读数,调整 L_1,使得 M_2 和 M_3 显示电压相等(均约为 0.707V),得到 $L_1=7.9\text{mH}$。

根据理论计算 $\dot{U}_L=j\omega L\dot{I}$,$\dot{U}_R=R\dot{I}$,当 $R=\omega L$ 时,$U_R=U_L$。此时

$$\dot{U}_R=\frac{R}{R+j\omega L}\dot{U}_1=\frac{1}{\sqrt{2}}\angle-45^\circ$$

$$\dot{U}_{\mathrm{L}}=\frac{j\omega L}{R+j\omega L}\dot{U}_{1}=\frac{1}{\sqrt{2}}\angle+45^{\circ}$$

电压的幅度值已经得到验证，相位关系可以用示波器来测量。

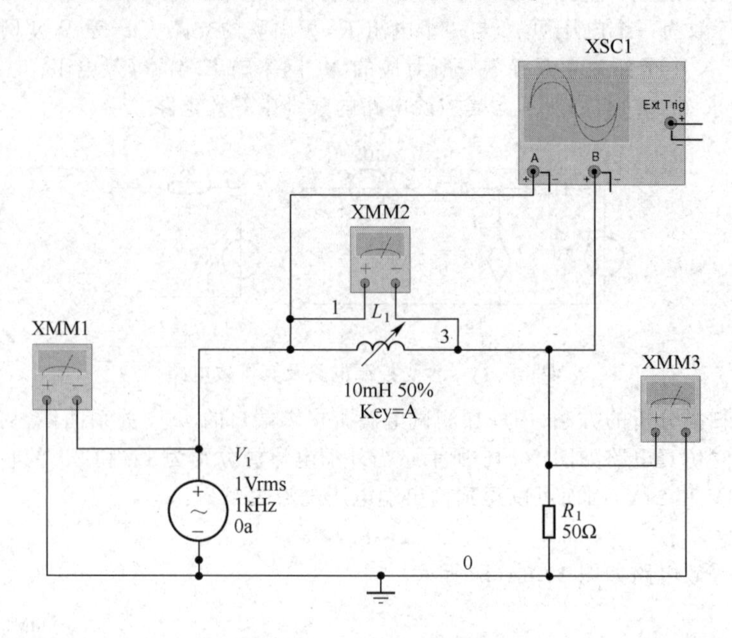

图 10.16　例 10.3 电路

(3)用示波器测量上述条件下输入电源和电阻上输出电压波形，如图连接示波器，输入电压加在 A 通道，电阻电压加在 B 通道，测得波形如图 10.17 所示。可以看出输出电压相位滞后电源电压约 125μS，信号周期为 1mS，即相位差为 45°。

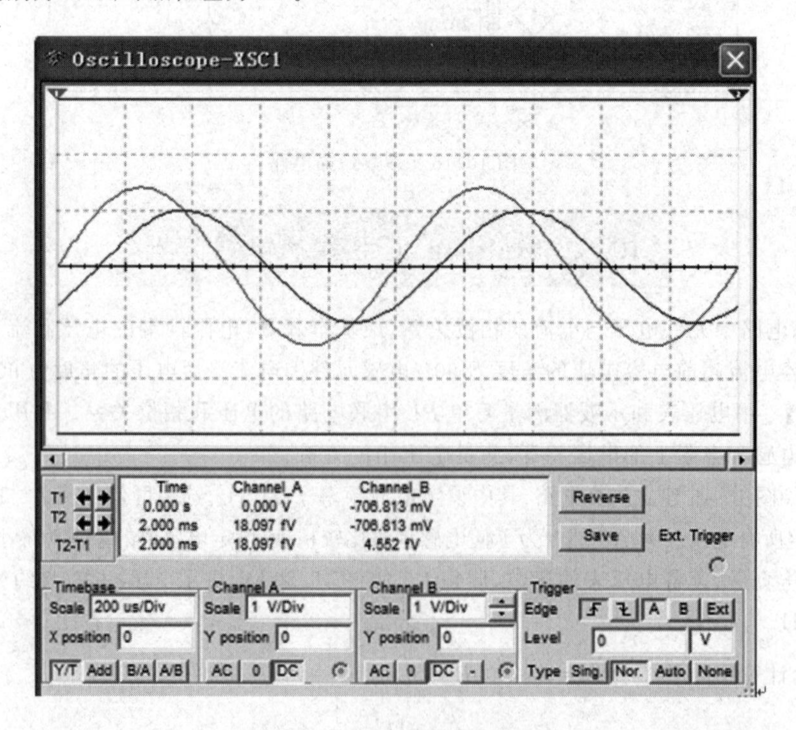

图 10.17　输入和输出波形

10.4　Multisim 频响分析

频率响应电路一般指串联谐振电路和并联谐振电路。在这里以简单串联谐振电路为例来简要说明。

在电路窗口建立如图10.18所示的电路。该电路由电阻、电容、电感串联而成。由于电容和电感的阻抗随着信号频率的变化而变化，因此串联回路的总阻抗为 $Z=R+\mathrm{j}\left(\omega L-\frac{1}{\omega C}\right)$。当串联回路的总阻抗表达式中虚部为0时，称所对应的频率值为串联谐振频率。根据计算得知，图10.18所示电路的串联谐振频率为159Hz。

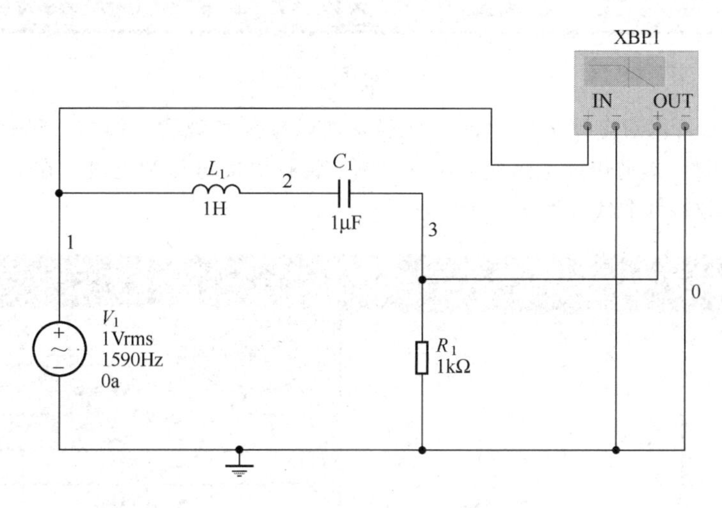

图10.18　串联谐振电路

为了便于观测，我们使用 Multisim 中的波特图仪来观测仿真结果。开始仿真后得到如图10.19和图10.20所示的结果。图10.19和图10.20分别给出了幅频特性曲线和相频特性曲线。

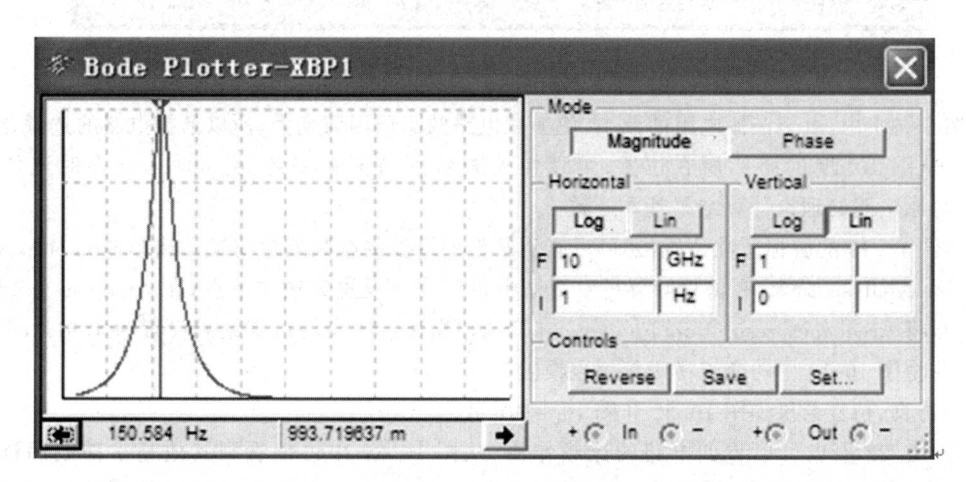

图10.19　幅频特性曲线

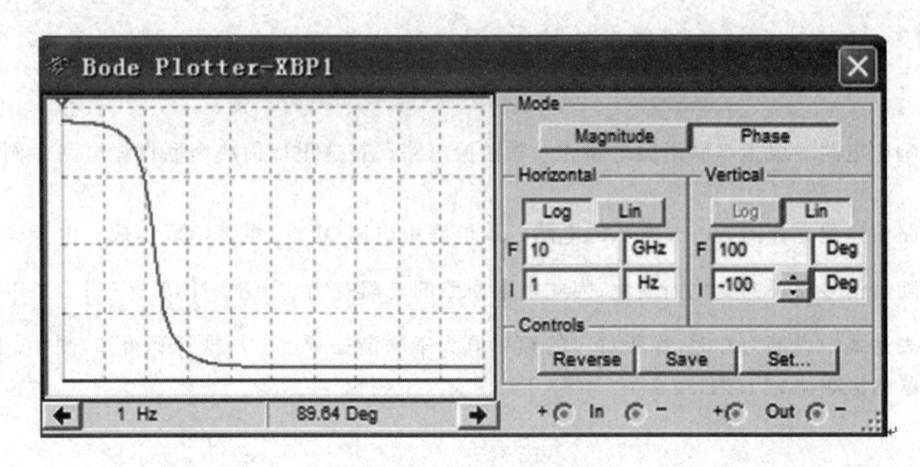

图 10.20　相频特性曲线

在 Multisim 中,可以对电路分析中的常见现象加以分析和观测。例如:当串联电路发生谐振时,该电路呈现纯阻性,因此串联电阻的大小可以调节谐振时的电压和电流。在上例中如果将电阻 R 改为 100Ω,则幅频特性曲线如图 10.21 所示。

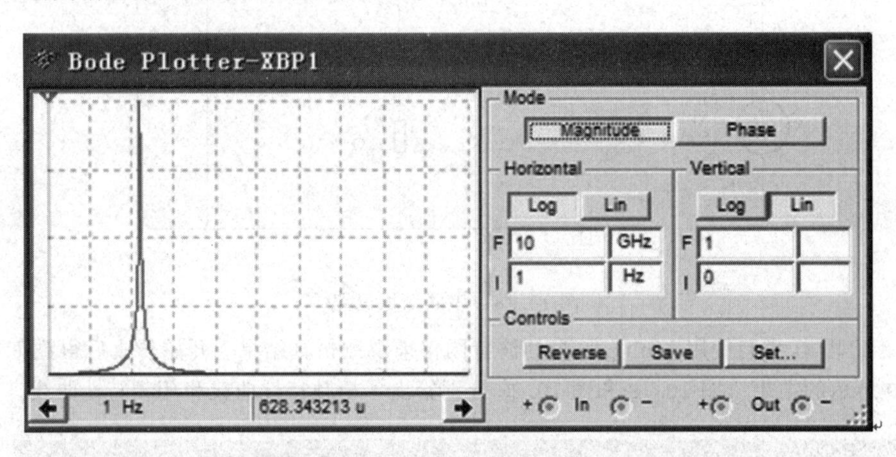

图 10.21　修改 R 后的幅频特性曲线

在图 10.21 中,由于谐振电阻的减小,使串联电路的品质因数变大,所以谐振电路的选频作用更加明显。从图 10.19 的游标所在位置,可以快速查看到谐振频率约为 160Hz,谐振时电压约为 990mV,与原电路的理论计算结果基本一致。

通过图 10.19 的游标所在位置,还可以查看其他的谐波的幅频响应情况。选择 Simulate/Analysis/Fourier Analysis 命令,在傅里叶分析对话框中将节点 3 设置为输出节点,在 Analysis Parameter 选项卡中,将 Frequency resolution(Fundamental)项根据波特图仪的仿真结果设置为 159Hz,即为谐振频率,并将图 10.18 中的交流激励频率也设置为 159Hz。

开始仿真,仿真结果如图 10.22 和图 10.23 所示。

从图 10.23 中也可以看到电路的选频作用,从图 10.22 中可以看到其他高次谐波的幅频响应,如果选频作用还不明显,则可以通过图 10.21 中所使用的办法继续衰减其他谐波的幅频响应输出。

Harmonic	Frequency	Magnitude	Phase	Nom.Mag	Nom.Phase
1	159	1.40854	0.718354	1	0
2	318	0.0089549	44.191	0.00635757	43.4726
3	447	0.00562925	28.7445	0.00399651	28.0261
4	636	0.00412103	22.3036	0.00292574	21.5853
5	795	0.00325869	18.928	0.00231352	18.2097
6	954	0.00269886	16.9767	0.00191607	16.2584
7	1113	0.00230467	15.8011	0.00163621	15.0858
8	1272	0.0020123	15.1223	0.00142864	14.404
9	1431	0.00178648	14.7609	0.00126832	14.0425

图 10.22　傅里叶仿真结果 1

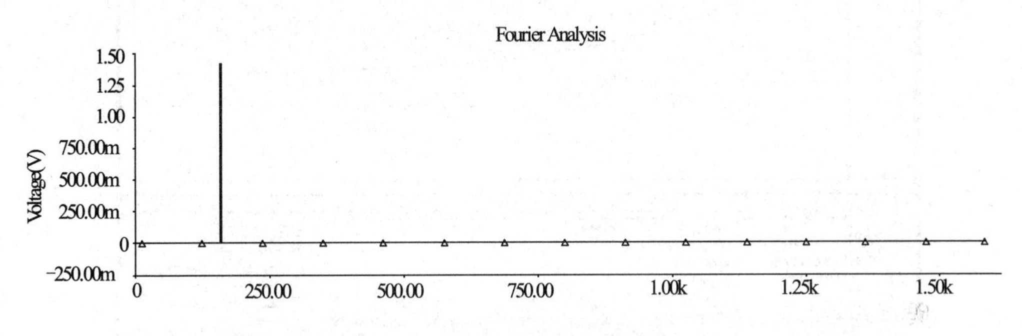

图 10.23　傅里叶仿真结果 2

10.5　Multisim 动态电路分析

在含有动态元件的电路中，当发生某种突然变化（称为"换路"）时，电路的响应会从原来的稳定状态经过短暂的变化过程（称为瞬态过程或过渡过程）从而达到一个新的稳定状态。本节讨论这个瞬态过程中，电路响应的变化规律。

【例 10.4】　如图 10.24 所示一阶电路。开关在 $t=0$ 时刻由触点 a 拨向 b，开关动作前电路已达稳态，用 Multisim 测量 $v_C(t)$ 的零输入响应波形。

解　在 Multisim 工作区中画出该电路，如图 10.25 所示。由图 10.24 不难求出电容电压的初始值为 1V，在图 10.25 中用开关和一个 1V 的电压源实现电容上 1V 的初始电压。打开示波器并选择合适量程后，启动仿真开关，可从示波器观察分析到的动态过程。示波器显示的波形为开关打开后的零输入响应波形，如图 10.26 所示。

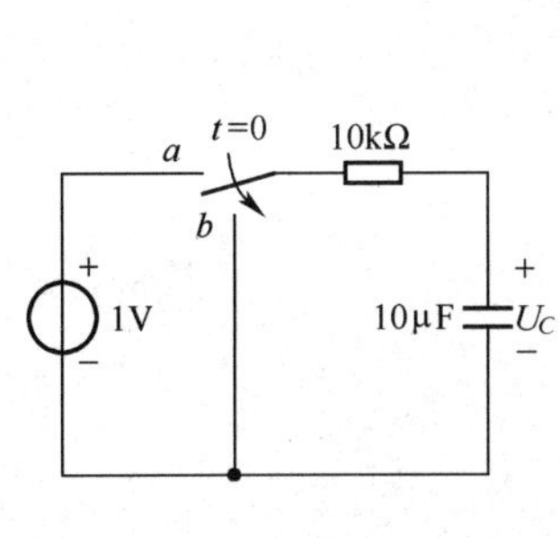

图 10.24　例 10.4 电路

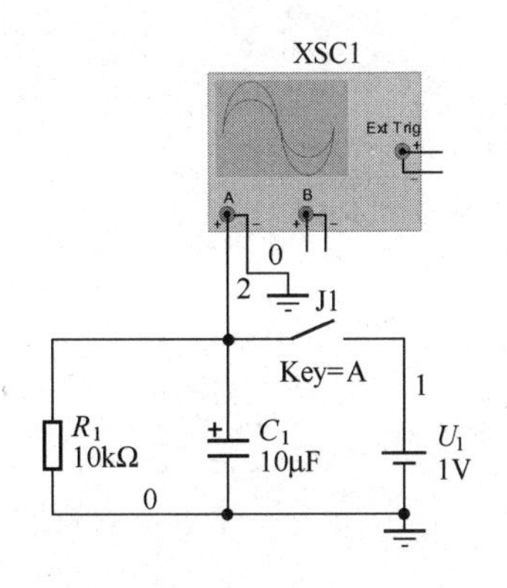

图 10.25　例 10.4 的 Multisim 电路

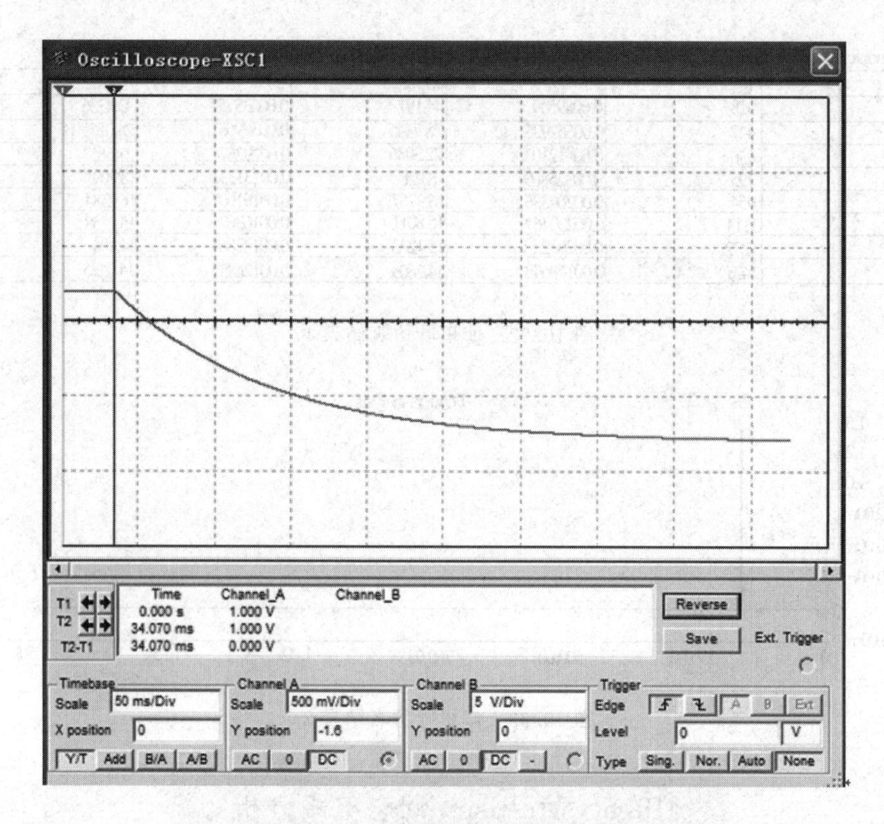

图 10.26 示波器观察到例 10.4 波形

由图 10.24 不难求出 $\tau=(10\times10^{3})\times(10\times10^{-6})\mathrm{s}=100\mathrm{ms}$，图 10.26 中约在 34.070ms 处开关打开，把示波器的标尺分别移动到 134.070ms(1τ)和 334.070ms(3τ)处，可以看到其值分别为 364mV(初始值的 36.4%)和 44mV(初始值的 4.4%)。

部 分 参 考 答 案

习题 1

1.1　10V　−1A　−4mW　−1A　100μW　−10V　2W　H　10mW(吸)　K　10mW(供)

1.2　(a)−2A　−2A　3A　−4A　3A　(b)−5A　0　2A　−6A　8A

1.4　(a)−6A　(b)−13A　−1A　(c)−8A　(d)−7A

1.5　(a)8V　−10V　18V　(b)$u_1=-5V$　$u_2=10V$　$u_6=14V$

1.6　−20W　10W　15W　−5W

1.7　5Ω　20W　−5Ω　−5W　4Ω　−1mA　10mW　−10V　10mW　−1mA　10μW

1.8　0.5Ω　0.5Ω　−0.5Ω

1.9　18.1Ω　20Ω　30Ω　3kW　5A　3A　600W

1.12　$\begin{cases}10+200t\\50-200t\end{cases}$

1.14　−4A　48W　2A　−4A　0V　0A　−1V

1.15　4V　0V　−2V　6V　2V　0V　25V　−95V　205V

1.16　2A　0A　−20W　7A　−2A　−64V　70V

1.17　3.75A　2.5A　6.2A　−3.75A　10A　6.25A　1.25Ω　5V　−7.5V　2.5V

1.18　−40V　−10V　−20V　−10A　7.6A　60V　20V　−8A　−15V　−5V　−20V　−45V　1A　7A

1.19　3A　−6V　13A　150V　−4A　50V

1.20　−7A　−32V　224W(供)

1.21　$-\frac{3}{4}$A　$-\frac{9}{8}$A　$\frac{1}{2}$A　5V　−10V

1.22　1.2V

1.23　0.1A

1.24　23.9A　−24V　72V

1.25　0.72V　19.28V

1.26　−40V

习题 2

2.1　1.448Ω,5Ω,3Ω,14Ω,1.5Ω,$\frac{R}{10}$

2.3　6.06Ω　10Ω　0Ω　30Ω

2.4　4A;2A,−2A,−2A,0A,4A,4A;5A,5A,−5A,5A,10A,10A。

2.5　(1)10.45mW(吸),41.8mW(吸),20.9mW(吸),45.72mW(供),27.43mW(供);(2)13.6A

2.6　0.6A;34.78μA,191.3V

2.7　−1A,−2V;0.2A,0V

2.8　(1)无载;2.5V,7.5V;有载;2.17V;(2)10.4V,2V,1A,0.4A

2.9　1.5A　25V　15W

2.12　6.25V;−2.16A

2.13　i=1A,2.5A,4.5A,0.5A

2.14　2.47A　7.53A　−1.53A　6A　4A　10A

2.15　0.23A

2.16　40Ω　9.47Ω　10Ω

2.17　$\frac{1}{1+\mu}$　$\frac{1}{1+\mu}$　$\frac{8}{6-\mu}+1$

2.18　300Ω　−25Ω　$\frac{R_3(R_1+R_2)}{R_1+R_2-\mu a R_3}$　−0.53Ω

2.19　1Ω　36Ω　2.18Ω　0.875Ω

2.20　9V

2.21　$-102\mu_i$

2.22　$1+\frac{R_2}{R_1}$　$-\frac{R_1 R_3}{R_2}$

2.23　−2　10S

2.24　(a) $\frac{R_S}{R_1}$；(b) R_S

习题 3

3.1　6A　12A　4A　53.3mA　144.4mA　25.7mA　28.6mA　115.7Ma

3.2　11.25A　1.42A　1.11A　0.3A　0.17A　0.14A

3.3　0.35mA　1.84mA　2.91mA

3.4　2.6V　14.5μA

3.7　10V

3.8　1.125A　13V

3.9　0A　4V

3.10　26.7W(吸)　44W(供)　13.3W　(供)　1W(供)　1W(供)

3.11　2.03W(吸)　4.3W(供)　10.2W(供)　0.72W(吸)

3.12　2.9V　0.8V

3.13　20mA　80mW(吸)

3.17　16.7V　0.96mA

3.20　10V

3.23　125W　350W

3.24　6.2V　17.1V

3.25　0.204A

3.32　1A

3.33　8.44A

3.34　1.875A　3.2A

习题 4

4.1　5.54V　3.7A

4.2　29.7V　0.27A

4.5　6.2V

4.6　0.32A

4.7　15V

4.8　2.4A

4.9　0.5A

4.10　12V

4.11　4.6Ω

4.13 6V 3.6Ω 12 V6Ω 14V 2.5Ω 13.3V 2.07kΩ 25V 0.67kΩ 43V 3.1kΩ

4.14 1.6mA 70V

4.15 155mA

4.16 10.667V

4.17 1.02A $\frac{1}{3}$V

4.24 10V 5kΩ

4.25 6V 2kω

4.26 0.75A

4.27 1.33mA 2.86V

4.28 0A 6

4.32 (a) i_x =11.33A R_0=0.8Ω i=1.33A (b)i=175.4A

4.33 (a)0V 8Ω (b)1.5A 6Ω

4.34 10V 0.5Ω 0.25Ω

4.35 0.5A 10.53Ω 62.5mA 7.06Ω

4.36 0.53A 0.204A

4.37 10Ω 1.6W 8.33%

4.38 (1)10Ω 35.16W (2)并联3.75A的电流源

4.39 4Ω 2.25W

4.40 0.75A

4.41 0.5A

习题5

5.2 $\cos(\omega t)$ $\cos\left(\omega t-\frac{\pi}{4}\right)$ $\sin(\omega t)$ $\cos\left(\omega t-\frac{2\pi}{3}\right)$ $-\cos(\omega t)$

5.3 65° 95° 115° −120°

5.4 $\frac{100}{\sqrt{3}}$ $\frac{100}{\sqrt{2}}$

5.8 14.14$\angle$−45°=10+j10 11.30$\angle$−45°=8+j8 1.414$\angle$−35° 25.5$\angle$−126.1°

5.9 (1)36.06$\angle$−123.06° 40$\angle$−15°

(2) $12.04\cos(\omega t-41.6°)$A $17.89\cos(\omega t+116.6°)$A $10\cos(\omega t-90°)$V

5.10 $173.2\cos\omega t$ $173.2\cos(\omega t+119.9°)$ $173.2\cos(\omega t-119.9°)$

5.11 $36.25\cos\omega t$A

5.12 $100\sqrt{2}\cos(314t+60°)$V $47.1\sqrt{2}\cos(314t+150°)$V

$96.5\sqrt{2}\cos(314t-30°)$V $111.5\sqrt{2}\cos(314t+33.7°)$V

5.13 cos1000tA $0.01\cos(1000t-90°)$A

$96.5\sqrt{2}\cos(1000t+90°)$A $50\cos(1000t+90°)$A

5.14 (1)67.08V 25V

(2)25V 0V 0V 0V 25V

5.15 (1)7.07A

(2)40.31A 10A 50A

5.16 $4\sqrt{2}\cos(5000t-53.1°)$A $60\sqrt{2}\cos(5000t-53.1°)$A

$240\sqrt{2}\cos(5000t+36.9°)$A $160\sqrt{2}\cos(5000t-143.1°)$A

5.17 (1)8.98Ω 8.3mH 9.71Ω 0.16H

5.18 $5\sqrt{2}\cos(10\,000t-90°)$A $5.1\sqrt{2}\cos(10\,000t+78.7°)$A $255\sqrt{2}\cos(10\,000t-11.3°)$V

5.19　80V

5.24　3 000W　0.6

5.25　$(25+25\cos2t-25\sin2t)$ W　25W

5.26　325W　187.5Var

5.27　16μF

5.28　1.65－j4.59　5－j0.5　－1＋j10　5.65＋j5.91

5.29　$1.67\angle10°\Omega$　$4\angle-90°\Omega$　$2.5\angle20°\Omega$　$10\angle-152.6°\Omega$　$707\angle15°\Omega$

5.30　(1)$\frac{1}{3}\Omega$　$\frac{2}{5}$F　(2) $1.389\cos(5t-33.7°)$

5.34　18Ω　24Ω

5.36　$-R-j\omega L$

5.38　$2.25\angle34.3°$V

5.39　$11.01\angle-4.27°\Omega$　$0.91\sqrt{2}\cos(50t+4.27°)$A

5.40　5Ω,0.05F　3Ω,0.0125F　0.02F　3Ω　29.33H

5.41　0.08Ω　0.09F

5.43　36.66W　27.77W　6.66W　2.22W

5.44　$10\angle-53°$A　798.6W　0.8

5.50　－8Ω

5.51　8W　0.6　4W　11.7μF　9.68W　5.76W

5.52　$2.83\angle-45°$kΩ　11.25W　9.32W

5.54　1.86＋j0.56 Ω

5.55　－500－j2500VA　7500＋j5000VA　－7000－j2500VA

习题 6

6.2　$\dot{U}_{AB}=\sqrt{3}U\angle30°, \dot{U}_{BC}=U\angle180°, \dot{U}_{CA}=U\angle-120°$

6.3　$21.94\angle-36.87°$A　$21.94\angle-156.87°$A　$21.94\angle83.13°$A　11.552kW　8.664kvar

6.4　1.171A　216.8V　375.5V

6.5　38A　65.82　34.6561kW　25.992kvar

6.6　30.08A　17.37A

6.7　219.4V　380V　17.69A　7.313A　6.333A　7776W　8668var

6.8　(28.5＋j16.5)Ω或(28.5－j16.5)Ω

6.9　3.593A　1162W

6.10　$20.5\angle-13.7°$A　$23.5\angle-179°$A　$6.56\angle56.6°$A

6.11　300W

6.12　332.9V　0.992

6.13　$18.5\angle-57.2°$A　$20.9\angle-190°$A　$16\angle48.4°$A　7022W　2748W

6.14　接一个灯的相电压最高　276.8V

6.15　(1)$329\angle0°$V　$190\angle-90°$V　$190\angle90°$V　$110\angle180°$V

(2)0V　$380\angle-150°$V　$380\angle150°$V　$220\angle0°$V

6.16　$395\angle36.8°$V　$4.6\angle-13.1°$A

6.17　－290.3W　1280.8W　990.5W

习题 7

7.1　$a-e$　$a-g$　$a-d$　$e-g$　$e-d$　$c-g$

7.2　(a) $u_1=L_1\frac{di_1}{dt}-M\frac{di_2}{dt}$　$u_2=-L_2\frac{di_2}{dt}+M\frac{di_1}{dt}$

(b) $u_1 = -L_1 \frac{di_1}{dt} + M\frac{di_2}{dt} \quad u_2 = -L_2 \frac{di_1}{dt} + M\frac{di_1}{dt}$

(c) $u_1 = L_1 \frac{di_1}{dt} + M\frac{di_2}{dt} \quad u_2 = -L_2 \frac{di_1}{dt} - M\frac{di_1}{dt}$

7.4 $u_1 = L_1 \frac{di_1}{dt} - M_{12}\frac{di_2}{d_t} + M_{31}\frac{di_3}{dt}$

7.5 8.76Mh

7.6 (a) $\begin{cases}(R_1 + j\omega L_1)\dot{I}_1 - [R_1 + j\omega(L_1 - M)]\dot{I}_2 = \dot{U} \\ -[R_1 + jw(L_1 - M)]\dot{I}_1 - [(R_1 + R_2) + j\omega(L_1 + L_2 - 2M)]\dot{I}_2 = 0\end{cases}$

(b) $\begin{cases}(R_1 + jwL_1)\dot{I}_1 + j\omega M\dot{I}_2 = \dot{U} \\ j\omega M\dot{I}_1 + (R_2 + j\omega L_2)\dot{I}_2 = \dot{U}\end{cases}$

7.8 (a)2H (b)6H

7.9 (1)初、次级均为顺接串联

(2)初级顺接串联,次级同名端相联并联

7.10 8.22/−99.4°V

7.11 $\dot{I}_1 = 3.54/-45°A\dot{U}_2 = 28.28/135°$ V

7.12 18.92W

7.14 $R_L = 1\Omega \quad P_{Lmax} = 25W$

7.16 48Ω

7.17 $n = 3 \quad P_{Lmax} = 9W$

7.18 1.41/45°A

7.19 4849.7/14.04°V

7.21 j2Ω

7.22 $n = \frac{1}{2}$

7.24 0 0 4/30°V 0 0 2/30°A 6/30°A

习题 8

8.1 800Ω 0.796MHz 80 0.1A 80V

8.2 22.36Ω 22.36 447.2rad/s 10V 223.6V 10A

8.3 1.38Ω 2.44mH 15.2V

8.4 86.6V

8.5 995μH

8.6 0.157mH 62

8.7 29μV 0.157μV 7.03pF 15.87kHz

8.9 6.3rad/s 35 32kHz

8.10 5308Hz

8.11 45.47pF 45.47μH 50V 70kHz 3.482MHz 8.3 420kHz

8.12 500kHz 42 20kΩ 20V 11.9kHz 21 10kΩ10V 23.8kHz 795pF 127μH

8.13 712Hz 223.6Ω 27.95 6.25kΩ

8.14 79.6kHz 5kΩ 625kΩ 125 636.8Hz 6.25V 1.25mA

8.16 9A

8.18 95mA 225W 25kvar

8.19 465kHz 10kHz

8.20　3.18kHz　25V　5.83kHz　13.64V

8.21　253pF　760pF

8.22　318.3Hz　$25\sqrt{2}\cos(2\,000t-90°)$A　$25\sqrt{2}\cos(2\,000t+90°)$A

159.1Hz　$13.33\sqrt{2}\cos1000t$A　$3.33\sqrt{2}\cos(1000t+180°)$A

8.23　3.5MHz　39　89kHz　6.5

8.24　0.58

习题 9

9.1　$\frac{di}{dt}+10^3 i=0$,(2)10 mA,(3)$10e^{-10^3 t}$mA,(4)2.23mA,(5)50μJ

9.2　$\frac{du}{dt}+1.5\times10^5 u=100\frac{di_1}{d_t}$

$\frac{di}{dt}+1.5\times10^5 i=500(u_1+100i_1)$

$\frac{di}{dt}+(12-4a)\times10^3 i=0$

9.3　$i(0_+)=3A$　$i_1(0_+)=-4A$　$i_2(0_+)=6A$

9.4　$i(0_+)=10.83A$　$u_L(0_+)=8.3V$

9.6　$\frac{U_s}{R_0+R_2}0\ \frac{(R_0+R_1+R_2)U_s}{(R_0+R_1)(R_0+R_2)}\ \frac{R_2U_s}{(R_0+R_1)(R_0+R_2)}\ \frac{-R_2R_0U_s}{(R_0+R_1)(R_0+R_2)}$

9.7　$i_3(0)=4A$　$i_2(0)=3A$　$i_4(0)=1A$　$i_1(\infty)=i_3(\infty)=10A$

9.8　$i_L(0_+)=\frac{U_s}{3R}u_L(0_+)=-\frac{2}{9}U_s i(0_+)=\frac{5}{9R}U_s$

$i_L(\infty)=\frac{U_s}{4R}u_L(\infty)=0$　$i(\infty)=\frac{U_s}{2R}\tau=\frac{3L}{8R}$

9.9　$1-e^{-t}V$　$0\leqslant t\leqslant \ln 20.5V$　$t>\ln 2$

9.10　$-0.45e^{-10t}$mA$-45e^{-10^4 t}$V

9.11　$120+67.5e^{-t/\tau_1}$　$0\leqslant t\leqslant 100ms$　$\tau_1=4ms$

$150-38.6e^{-(t-0.1)/\tau_2}\ t>100ms$　$\tau_2=17.5ms$

9.12　$0.002+0.004e^{-500t}$A

9.13　$e^{-\frac{10}{3}t}1-e^{-\frac{10}{3}t}1-2e^{-\frac{10}{3}t}$

9.15　$5+10(1-e^{-500t})$mA

9.16　$4(1-e^{-7t})$A

9.17　$u_1(t)=\frac{100}{3}+\frac{200}{3}e^{-300t}V$　$u_1(t)=\frac{100}{3}(1-e^{-300t})V\ \frac{1}{300}J$

9.18　$u(t)=u_C(t)=9.6+10.4e^{-\frac{1}{16}\times10^6 t}V$

9.19　$u(t)=2-e^{-t}-2e^{-2t}V$

9.25　$-9.57e^{-71.4t}V$　$100(1-e^{-71.4t})V-109.57e^{-71.4t}V$　100V

9.26　1.25×10^{-3}　$e^{-4\times10^4 t}A$　$-10e^{-4\times10^4 t}$　$7.81\times10^{-2}J$

9.27　$-20e^{-10t}V$

9.28　$-16e^{-2t}V$

9.29　$-0.5+0.75e^{-208t}$mA

9.30　$12(1-e^{-10t})V$

9.32　50Ω　$0.202(e^{-4.98t}-e^{-0.02t})V$

9.33　$2(1-4t)e^{-2t}A$

9.34　$0.0327e^{-20t}\cos(45.8t-23.6°)A$

9.35　$10\cos316tA$

参考文献

[1]高继森.电路与信号系统分析(上册)[M].兰州:兰州大学出版社.2003.

[2]徐贤敏.电路理论基础[M].兰州:兰州大学出版社.1996.

[3]闻跃.基础电路分析[M].北京:北方交通大学出版社.2002.

[4]冠华.*Multisim*8电路设计及应用[M].北京:国防工业出版社.2006.

[5]张永瑞.电路分析基础[M].西安:西安电子科技大学出版社.2003.

[6]张永瑞.电路分析基础[M]实验与题解.西安:西安电子科技大学出版社.1999.

[7]邱关源.电路[M].4版.北京:高等教育出版社.1999.

[8]王楚,余道衡.电路分析[M].北京:北京大学出版社.2000.

[9]周围.电路分析基础[M].北京:人们邮电出版社.2003.